KB267490

은노기의 JSP

웹 프로그래밍 입문

4th Edition

김은옥 저

(주) 삼양미디어

머리말

현재는 모바일 시대 입니다. 모바일 컴퓨터인 스마트폰 및 태블릿 PC를 사용해서 애플리케이션을 실행하고 모바일 브라우저로 웹 사이트에 접근합니다. 모바일 브라우저를 사용하는 모바일 웹 시대가 되었다고 해서, 모든 모바일 웹 사이트를 HTML5로만 작성하는 것은 아닙니다. 클라이언트인 모바일 기기에서 보이는 부분은 HTML5로 이루어져 있지만, DB와의 연동 및 내부 로직의 처리는 JSP와 같은 서버 사이드 스크립트를 사용해야 합니다. 대부분의 기업 및 기관 등에서 기존의 웹 사이트와 새로 구축한 모바일 웹 사이트를 연동하는 경우가 많은데, 이런 경우에도 서버 쪽의 처리는 JSP를 사용합니다.

이 책은 JSP를 처음 접하는 사용자들을 위해 만들어진 입문서 입니다. 입문자들을 위한 책의 내용이 너무 많으면 입문자들의 학습 의욕이 떨어지고, 선뜻 책에 다가가지 못하는 단점이 있습니다. 따라서 입문자들이 입문이라는 위치에서 반드시 알아야 하는 부분만을 담았습니다.

이 책은 JSP의 기본 문법인 JSP의 구성 요소부터 데이터베이스를 연동해서 게시판을 작성하는 기본 응용을 다루었습니다. JSP의 입문자로서 반드시 데이터베이스를 연동해서 웹 애플리케이션을 작성하는 부분까지는 필수로 익혀야하는 부분입니다. 그래야 JSP2.0부터 추가되는 EL, JSTL 등에 대한 이해를 더욱 잘할 수 있게 됩니다. 또한 이 책을 학습해 취업을 하거나, 창업을 하기 위한 분들을 위해 실무예제로써 쇼핑몰을 구축해서 사용하는 부분도 다루었습니다.

마지막으로 당부하고 싶은 것은, 좋은 프로그래머가 되기 위해서는 언제나 기본이 중요합니다. 기본을 제대로 쌓아야 응용을 할 수 있고, 응용을 할 수 있어야 좀 더 어려운 기술을 습득할 때 이해가 빨라지기 때문입니다. 프로그래머를 단순히 오래하였다는 경력도 중요하지만, 그 경력에 걸맞은 기술력을 가지고 있는 것이 경쟁력이 됩니다. 즉, 입문자는 입문자가 가져야 할 필수 기술을 반드시 습득해서 응용할 수 있어야 하고, 중급자나 고급자도 그에 걸맞은 기술을 반드시 알고 사용할 수 있어야 합니다.

마지막으로 이 책이 출간 될 수 있도록 도와주신 삼양미디어 편집진께 감사의 인사를 전합니다.

저자 김은옥

E-mail : probemedia@gmail.com

01 CHAPTER 웹 프로그래밍의 개요

02 CHAPTER JSP 개발 환경 설정

03 CHAPTER

JSP 프로그래밍의 개요

04 CHAPTER · JSP 페이지의 디렉티브(Directive)

05 CHAPTER · JSP 페이지의 스크립트 요소

06 CHAPTER JSP 페이지의 연산자, 제어문 및 한글처리

이 책의 소스는 JDK 7 기반의 이클립스 4.3에서 테스트 되었으며, 데이터베이스는 MySQL 5.5 버전을 사용했습니다. 다른 환경에서 사용했을 경우 결과가 다르게 나올 수 있습니다.

각 폴더에 수록된 내용은 다음과 같습니다.

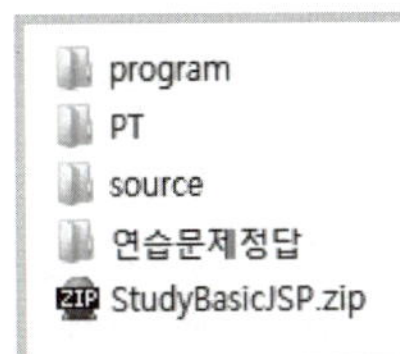

- [program] 폴더 : 자바 개발환경 구축을 위한 JDK 설치 프로그램, 이클립스 및 MySQL이 있습니다.
- [source 폴더] : 이 책에서 학습할 모든 예제 소스 파일이 수록되어 있습니다. 이 폴더에 있는 파일 및 폴더는 복사 & 붙여넣기를 사용해서 이클립스의 프로젝트에 추가해 실행할 수 있습니다.
- [연습문제정답] 폴더 : 각장의 연습 문제 정답을 pdf 파일 형태로 수록하였습니다.
- [PT] 폴더 : 각 장의 주요 내용을 파워포인트 파일(PT용)로 만들어 수록하였습니다.
- [StudyBasicJSP.zip] 파일 : 이 파일은 책에서 작성하는 모든 예제가 수록된 동적 웹 프로젝트의 압축 파일입니다.

※ 프로젝트를 통째로 이클립스로 가져오는 방법

먼저 [Server]를 먼저 작성 후 가져오기 합니다.

① 이클립스의 [Project Explorer]뷰에서 오른쪽 마우스 버튼을 눌러 [import] 메뉴를 선택한 후 [Genera] – [Existing Project into Workspace] 메뉴를 선택합니다.

② [Import] 창의 [Select archive file] 항목에서 [Browse] 버튼을 눌러 [StudyBasicJSP.zip] 파일을 선택한 후 [Finish] 버튼을 클릭합니다.

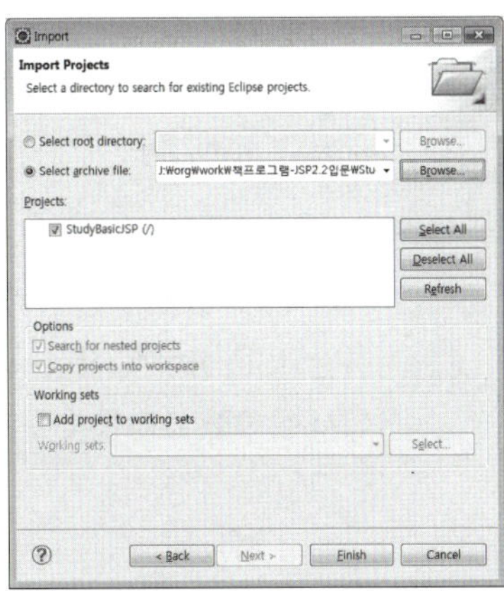

단, [ch04] 폴더의 bottom.jsp 파일 및 [ch09] 폴더의 date.jsp 파일에서의 에러는 책의 내용을 구성하면서 학습자들의 이해를 돕기 위해 소스상 추가 또는 고의로 발행시킨 에러로, 프로젝트 실행과는 상관없으며, 무시해도 됩니다.

이 책은 1~13장까지는 기본 문법부터 간단한 웹 애플리케이션을 작성하고, 14장은 앞에서 학습한 것을 토대로 좀 더 큰 웹 애플리케이션인 쇼핑몰을 작성하는 구조로 이루어져 있습니다. 즉, 1장부터 차근차근 학습하는 구조입니다.

❶ 1~13장 : 기본 문법부터 간단한 웹 애플리케이션 작성

1장 웹 애플리케이션의 가장 기본적인 용어, 웹 애플리케이션언어의 종류 및 특징 그리고 웹 애플리케이션 처리 방식과 구현 방식을 설명합니다.

2장 JSP기반의 웹 프로그래밍을 작성하기 위해 필요한 JDK, 톰캣, 이클립스를 설치하고, 이클립스기반에서 프로젝트를 작성해서 배포하는 방법을 설명합니다.

3장 JSP기반의 웹 프로그래밍이 처리되는 과정과 웹 애플리케이션 구조에 대해서 설명합니다.

4~9장 화면에 내용을 표시할 목적으로 사용되는 뷰(View)인 JSP 웹 페이지를 작성하기 위한 기본적인 문법을 설명합니다. JSP 디렉티브, 선언문, 스크립트릿, 표현식, 주석, 연산자 및 제어문 사용 문법, 내장객체, 액션태그, 에러제어는 JSP 페이지 작성에 필요한 가장 기본적인 문법입니다. 반드시 익숙해지도록 예제를 실행해서 이해해야합니다.

10장 자바빈은 DB와 연동하는 로직코드(자바코드)부분을 별도의 클래스 파일로 작성해서 처리하는 부분으로 DB 연동 전에 필요한 내용입니다. 따라서 자바빈의 작성 및 사용 그리고 JSP 페이지와의 관계까지 고려해서 설명합니다.

11장 DBMS의 설치부터 JDBC를 사용한 프로그래밍 연동 부분을 설명합니다. 특히 커넥션 풀 부분은 중요하니 반드시 제대로 세팅을 했는지 꼭 확인하시기 바랍니다.

12장 쿠키와 세션은 웹 페이지의 정보를 유지하는 방법을 설명합니다. 특히 세션은 사용자를 인가된 사용자와 비인가된 사용자로 구분해서 서비스할 때 사용되니, 잘 살펴보시기 바랍니다.

13장 4~11장까지의 내용이 모두 포함되는 게시판은, 모든 웹 애플리케이션 구조의 기본이 되는 부분입니다. 따라서 게시판의 기본 구조부터 테이블 작성, 자바빈 작성, 게시판 JSP 페이지 작성까지 순서대로 설명합니다. 게시판 구조를 이해해야만 14장에서 학습할 쇼핑몰의 구조가 더 잘 이해됩니다.

❷ 14장 : [핵심예제: 쇼핑몰 프로젝트]를 구현하기 위해 필요한 사항

14장 쇼핑몰은 4~12장까지의 기본 문법 및 13장의 게시판과 같은 기본 애플리케이션의 구조와 트랜잭션을 포함하고 있는 규모가 비교적 큰 웹 애플리케이션입니다.

이 장을 학습하기 전에 '11장 데이터베이스와 JSP의 연동' 부분의 세팅은 반드시 완벽히 해 놓아야 합니다. 또한 관리자와 사용자 영역이 나눠져 있는 규모가 큰 애플리케이션이기 때문에 '1. 파일 업로드' 부터 '2. 쇼핑몰 구축하기' 까지 순서대로 모두 학습해야 합니다.

▲ 쇼핑몰의 영역

이 장은 쇼핑몰의 구조를 이해하는 것이 목적이기 때문에 디자인은 최소화하고 프로그래밍 코딩 위주로 설명했습니다.

(1) 각 영역별 필수 구현 항목 및 쇼핑몰 영역별 실행 결과 화면

1) 관리자 영역

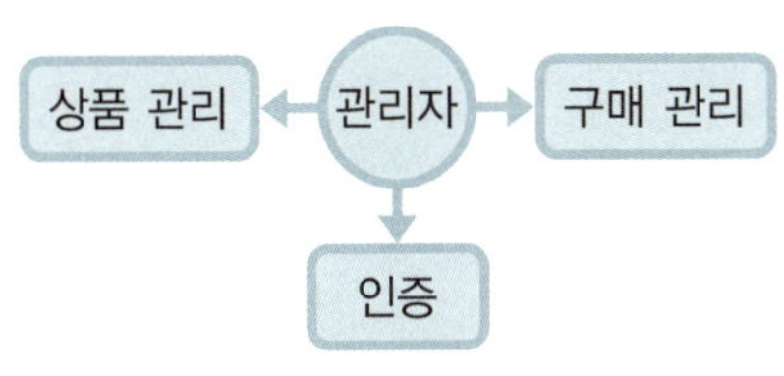

▲ 관리자 영역의 필수 구현 항목

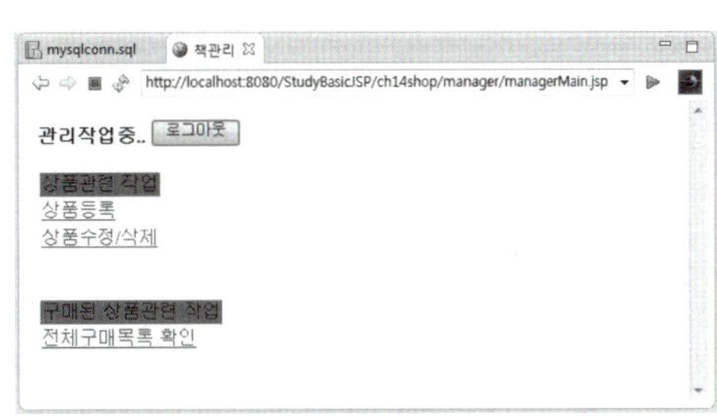

▲ 관리자의 메인 화면

2) 사용자 영역 : 쇼핑 화면

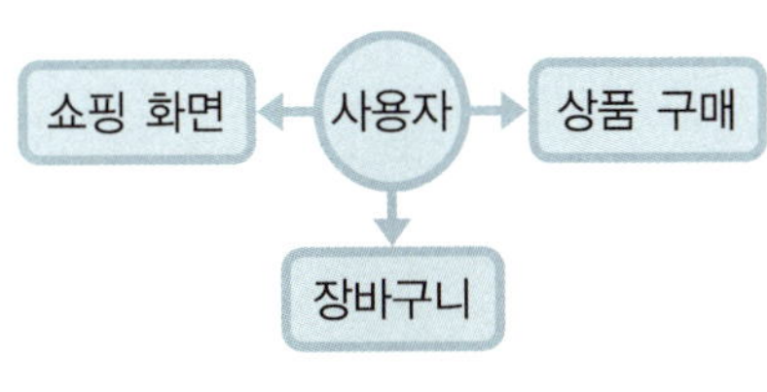

▲ 사용자영역의 필수 구현 항목

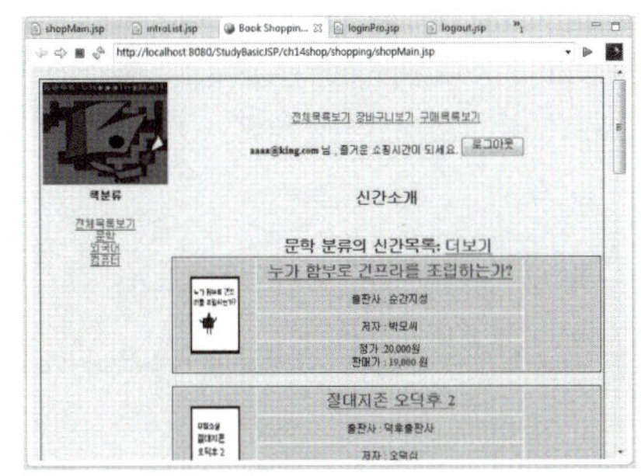

▲ 사용자의 메인 화면 : 쇼핑 화면

각 영역에는 화면에 표시되는 JSP 페이지 이외에 DB 연동 로직인 자바빈과 데이터를 저장한 테이블들이 필요합니다. 따라서 1장부터 차근차근 학습해야 14장 쇼핑몰을 구축할 때 세팅을 하지 않아서 발생하는 문제를 피할 수 있으며, 쇼핑몰 코드가 더 잘 이해됩니다.

웹 프로그래밍의 개요

이 장에서는 월드 와이드 웹(World Wide Web, WWW) 기반에서 동작되는 웹 프로그래밍에 대해 학습하고, 이러한 웹 기반에서 동작되는 웹 애플리케이션이 어떠한 방식으로 발전해 왔는지 알아본다. 또한 이러한 웹 애플리케이션의 처리 방식인 CGI 방식과 웹 애플리케이션 서버 방식에 대해 이해한다.

1. 웹 프로그래밍이란 무엇인가?　　　　2. 웹 프로그래밍 언어의 종류 및 개요
3. 웹 프로그래밍과 웹 애플리케이션　　　4. 웹 애플리케이션 처리 방식

01 | 웹 프로그래밍이란 무엇인가?

웹 프로그래밍이란 월드 와이드 웹(World Wide Web, WWW : 이하 웹(Web)) 기반에서 동작되는 프로그래밍 방식을 말한다. 웹 사이트, 개인 홈페이지 및 게시판, 자료실 등과 같이 웹에서 동작되는 프로그램이다. 이들 프로그램을 설명하기 전에 먼저 몇 가지 웹에 대한 기본 사항을 이해하고 넘어가자.

1 월드 와이드 웹(World Wide Web, WWW)

웹(Web)은 스위스의 CERN(세른, European Organization for Nuclear Research : 유럽 입자 물리연구소)에서 이루어진 수많은 연구를 바탕으로 만들어진 것으로, 1989년 3월 정보 공유를 목적으로 팀 버너스(Tim Berners)와 개발자 그룹의 제안으로 개발되었다. 웹 개발 이후 인터넷이 빠른 속도로 발전하였다. 이것은 후에 HTTP(HyperText Transfer Protocol)

로 전달되는 방법을 연구 및 개발함으로써, HTML(HyperText Markup Language)이라는 간단하면서도 유연한 구조를 갖는 마크업 언어(Markup Language : 태그를 사용하여 언어의 구조를 표시하는 언어의 한 종류)의 표준 프로토콜(Protocol : 통신의 송수신 규약)로 사용된다.

웹은 메뉴 방식으로 서비스되던 기존의 인터넷 서비스 대신 하이퍼텍스트를 기반으로 이루어진 것이다. 문서 활용에 엄청난 편리성을 제공한, 그야말로 대혁명이라고 할 수 있다.

Tip

하이퍼텍스트(HyperText)

하이퍼텍스트(HyperText)는 1960년대 테오도르 넬슨(Theodore Nelson)이 어떠한 것을 초월한다는 의미를 갖는 'hyper' 와 문자로 된 데이터를 의미하는 'text' 를 합성하여 만든 용어이다. 하이퍼텍스트는 순차적인 흐름이 아닌 사용자가 원하는 순서에 따라 원하는 정보를 얻을 수 있는 시스템이다. 한 문장의 일부 어구나 단어 또는 표제어를 모은 목차 등이 서로 관련된 문서 파일의 역할을 하는 것으로, 제각각 네트워크상의 노드(node) 역할을 하게 되어 효율적인 정보 검색을 구현할 수 있게 한다.

필자가 대학생이었던 시절 처음 인터넷을 접했을 때, 지금과 같이 화려하고(?) 수많은 정보를 한 번에 갖춘 페이지를 제공하는 웹이 아니었다. 그저 텍스트 기반의 까만 창에서 원하는 정보를 고퍼 서버나 아키 서버를 사용해서 정보의 위치를 확인하면 FTP를 사용하여 원하는 정보를 다운로드하는 수준에 머물렀다. 물론 한글을 지원하는 웹 브라우저도 없었다. 이러한 때에 하이퍼텍스트라는 것을 통해 원하는 정보를 얻어내기 위한, 정말 편리한 방법이 제공되었다.

Tip

고퍼(Gopher)

정보의 내용을 주제별, 종류별로 구분하여 메뉴 방식으로 구성한 인터넷 정보검색 서비스이다.

아키(Archie)

인터넷상의 Anonymous FTP(무명 FTP)에 공개되어 있는 파일을 검색할 수 있도록 제공하는 인터넷 정보검색 서비스이다.

FTP(File Transfer Protocol)

파일 송수신 프로토콜로 인터넷상의 Anonymous FTP(무명 FTP)에 접근해서 원하는 정보를 다운로드 또는 업로드할 때 사용되는 서비스이다.

웹의 개발로 웹 브라우저라는 일관된 사용자 인터페이스를 제공하게 되어 사용자들에게 편리성을 제공했다. 또한 웹 문서는 하이퍼텍스트로 구성되어 사용자가 하이퍼텍스트를 사용해 하나의 정보에 연결된 다른 정보에 쉽게 접근할 수 있게 되었다.

또한 인터넷상에서 조직된 가상의 단체(카페, 소셜 네트워크 서비스)의 능동적인 참여로 수많은 세세한 전문 자료들에 대한 접근이 쉬워지면서 현실적인 정보의 공유가 가능해졌다. 정보의 공유는 인터넷의 기본 정신으로 빈부의 격차에 관계없이 원하는 정보를 얻을 수 있는 것을 목적으로 한다. 물론 현실에서는 그 나름대로 한계가 있기는 하지만 말이다.

웹은 인터넷상에 존재하는 일반 텍스트 형식의 문서 및 그림, 음성, 그리고 동영상 등 각종 정보를 인터넷 주소인 URL을 사용해 하나의 문서 형태로 통합관리해서 사용자들에게 제공해준다.

2 HTML(HyperText Markup Language)

HTML은 웹의 발전에 가장 중요한 역할을 한 마크업 언어로, 정보를 한곳에 모아주는 역할을 한다. 마크업 언어(Markup Language)는 일련의 요소를 단순하게 나열한 것으로, 이때 각 요소들은 어떠한 특수 문자들에 의해 구분되며, 특수 문자 안에 포함되어 있는 일련의 구문이나 다른 항목을 어떻게 표시할지를 정하는 언어이다. 예를 들면 〈p〉문장의 단락〈/p〉와 같은 형태로 표현된다. 이러한 마크업 언어들 중에서 HTML은 문서의 내용을 표시하는 것에 중점을 둔 언어이다.

웹 페이지에 원하는 내용을 표현하기에 HTML의 사용은 획기적이었고 적절했다. 그러나 시간이 지남에 따라 변화하는 동적인 내용을 표시할 수 없는 한계가 생겼다. HTML은 변화하지 않는, 늘 같은 내용을 표현하는 정적인 웹 페이지를 작성하기에는 적합하나, 시간의 흐름에 따라, 혹은 상황에 따라 변화되는 내용을 표시하는 동적인 웹 페이지는 작성할 수 없다.

❸ 정적 웹 페이지와 동적 웹 페이지

늘 같은 내용을 표시하는 웹 페이지를 작성하기 위해서는 HTML로도 충분하다. 그러나 정보는 늘 바뀌므로 사실 항상 같은 내용을 표시한다는 것은 잘못된 정보를 표시할 가능성도 있다. 왜 HTML은 늘 같은 내용을 표시하는 정적인 웹 페이지밖에 작성할 수 없는 것일까? 이유는 여러 가지가 있지만 그 중에서도 가장 중요한 것은 프로그래밍 코드를 사용할 수 없다는 점과 데이터베이스 연동을 할 수 없다는 점이다. 프로그래밍을 사용할 수 없다는 것은 다양한 형태를 표현할 수 없고, 데이터베이스를 사용할 수 없다는 것은 정보를 저장하거나 얻어낼 수 없다는 것을 의미한다.

그래서 등장한 것이 동적 웹 페이지이다. 우리가 개인의 홈페이지를 만들 때는 HTML 태그와 CSS, JavaScript만으로도 충분하다. 그러나 요즘은 홈페이지보다는 블로그(Blog)나 SNS 등을 활용하고 있는 추세이다. 블로그나 SNS에서조차도 어떠한 정보를 입력한 글들이나 댓글들이 모두 데이터베이스에 저장되기 때문이다.

Tip

CSS(Cascading Style Sheet)

마크업 언어인 HTML 등이 실제 표현되는 방법을 기술하는 언어이다.

자바스크립트(JavaScript)

객체 기반의 스크립트 프로그래밍 언어로, Ajax 기술에서는 ActiveX(마이크로소프트사에서 개발한 재사용 컴포넌트)를 대체하며, HTML5에서는 Canvas를 사용해 플래시(Flash)를 대체할 때 사용한다.

Ajax(Asynchronous JavaScript + XML)

JavaScript에 의한 비동기적인(Asynchronous) 통신으로 XML 기반인 데이터를 클라이언트인 웹 브라우저와 서버 사이에서 교환하는 방법이다. 여기서 비동기적인(Asynchronous) 통신이란 서버가 응답을 받을 준비가 되어 있는지와 상관없이, 웹 브라우저가 서버로 정보를 전송하는 것을 뜻한다. 따라서 사용자는 언제 정보가 전송되었는지 알지 못하며, 이와 같은 방법을 사용하는 Ajax는 정보를 더 빨리 전송한다.

블로그(Blog)

웹(web)과 로그(log)를 합성한 단어로, 개인적인 생각이나 글 및 기업의 새로운 정보 등을 전달할 때에 사용된다. 소셜 네트워크 서비스의 초기 버전이라 할 수 있다.

하물며 기업의 웹 사이트는 말할 것도 없다. 이러한 사이트들은 방대한 데이터의 관리를 위해 데이터베이스를 사용하고, 동시에 접속하는 사용자의 수가 많으므로 사이트의 성능이 떨어지지 않도록 해야 하는 등 수많은 작업이 필요하다. 따라서 HTML만으로는 기업의 방대한 데이터나 쇼핑몰과 같은 실시간으로 수많은 데이터의 변화를 처리하거나 저장하기에는 불가능하다. 즉, HTML은 동적으로 변화는 데이터를 처리하고 표시하기에는 문제가 있다.

이런 불편을 해소하고 동적으로 변화하는 데이터를 처리하고 표시하기 위해서 개발된 것들이 CGI, ASP, PHP, JSP 등이다. 보통 웹 프로그래밍 하면 CGI, ASP, PHP, JSP 등을 일컫는데, 웹 프로그래밍은 기본적으로 클라이언트(Client)/서버(Server) 방식으로 다음과 같은 형태를 갖게 된다.

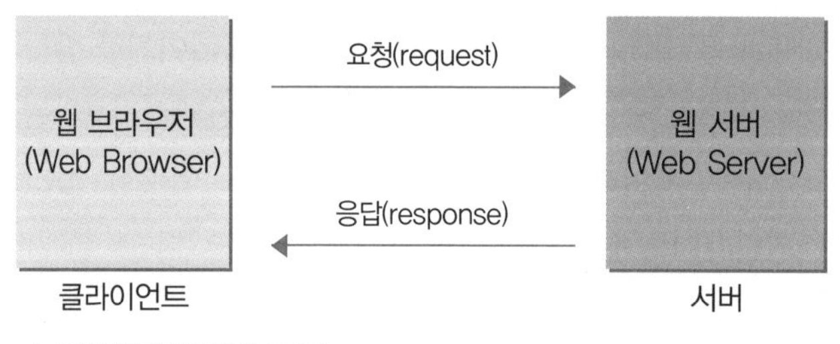

▲ 클라이언트/서버 방식의 구조

클라이언트(웹 브라우저)가 특정 페이지를 웹 서버에 요청(request)하면 웹 서버가 이를 처리한 후 결과를 클라이언트(웹 브라우저)에게 응답(response)하는 구조이다.

이번에는 웹 프로그래밍을 작성하는 웹 프로그래밍 언어에 대해 알아보자. 이들은 서버 쪽에서 실행되는 언어로 주로 어떠한 처리를 수행한다. 이들에 대해 간단히 살펴보자.

1 CGI(Common Gateway Interface) – C/C++언어 사용

웹 페이지에 동적으로 변화하는 데이터를 처리하고 표시하기 위해서 개발된 CGI(Common Gateway Interface) 기술은 웹 서버와 외부 프로그램 사이에서 정보를 주고받는 방법이나 규약들을 말한다. CGI는 웹 브라우저가 서버를 경유하여 데이터베이스 서버에 질의를 요구하는 작업을 처리하는 동적 웹 페이지를 작성할 때 사용된다.

CGI로 웹 프로그램을 작성하려면 C/C++ 등의 프로그래밍 언어를 숙달되게 사용할 줄 알아야 한다. 또한 해당 애플리케이션이 생성한 텍스트를 조금이라도 변경하는 작업을 한 경우, 실행할 때마다 파일을 다시 컴파일해야 하는 단점이 있다.

Perl(Practical Extraction and Reporting Language)은 CGI의 단점을 개선한 것으로, 스크립트 언어를 사용해서 페이지를 생성한다. Perl은 C/C++와 문법이 같으며, 간단하고 편하게 사용할 수 있다. 하지만 Perl 또한 C/C++에 대한 지식이 없는 사용자가 사용하기에는 쉽지 않다.

CGI는 CGI의 규약을 준수하는 언어는 어떤 것이든지 사용이 가능하다는 장점이 있다. 가령, 게이트웨이의 개발 언어는 UNIX 플랫폼에서는 문자열 처리가 간단한 Perl, Windows 플랫폼에서는 비주얼 베이직(Visual Basic) 등이 사용되는 경우가 많다. 그러나 CGI 기반의 언어는 개발 언어에 대한 지식이 충분하지 않으면 개발하기 어렵다는 점과 서버의 리소스를 많이 사용하는 문제 때문에 현재 UNIX 플랫폼 외에는 거의 사용되지 않는다.

플랫폼(Platform) Tip

운영체제(OS)가 설치된 개발 환경을 말한다. 예를 들어 윈도(Windows) 기반에서는 윈도 플랫폼이라 부른다.

---

2 ASP(Active Server Page)

ASP는 Microsoft 사에서 ISAPI(Internet Server Application Programming Interface)를 통해 IIS(Internet Information Server)를 연결하는 애플리케이션으로 개발된 것이다. ASP는

비주얼 베이직(Visual Basic) 언어를 기반으로 사용한다. 스크립트 방식으로 동적인 웹 페이지를 작성할 수 있도록 지원하는 기술로, 서버에서 실행하는 스크립트 언어라 할 수 있다.

ASP는 ActiveX라는 제공된 컴포넌트를 사용할 수도 있으며, 이것을 직접 개발하기 위한 기능도 제공한다. 그러나 최근 ActiveX는 보안에 취약하다는 점 때문에 사용하지 않는 것이 권고안이다. 대신 Ajax를 사용해서 처리하는 것이 국제표준이다. 닷넷(.Net) 기반의 ASP.Net도 있으나 우리나라에서는 그다지 사용되지 않는다. 우리나라에서는 비즈니스 로직으로 EJB(Enterprise Java Bean)을 채용하고 있기 때문이다. EJB는 웹 프로그래밍에서 같은 자바 계열인 JSP를 사용해서 처리한다.

또한 ASP의 치명적인 단점은 특정 플랫폼과 특정 웹 서버에서만 동작한다는 점이다. 오직 윈도 플랫폼에서 웹 서버로 IIS(Internet Information Server)만을 사용한다.

3 PHP(Personal HomePage tools, Professional Hypertext Preprocessor)

PHP는 ASP와는 달리 특정 플랫폼에서만 동작하지 않는다. C 언어를 기반으로 만들어진 PHP는 서버에서 실행되는 스크립트 언어로, 기존의 C 언어에 익숙한 개발자들이 보다 쉽게 접근할 수 있다는 장점이 있다. PHP는 배우기 쉽고, 개발 속도가 빠르다는 장점을 가지고 있어 한때 대대적인 환영을 받았다.

그러나 컴포넌트를 사용할 수 없을 뿐만 아니라, 보안에 취약해 PHP 기반으로 만들어진 웹 사이트들은 해킹의 대상이 되고 있다는 단점이 있다. 대표적인 예가 Malicious Source Injection에 의한 해킹이다. 한때 Ajax가 나온 초창기에 반짝 뜨는 듯했으나, 우리나라의 기관 웹 사이트들이 대부분 자바 기반이라서 곧 지고 말았다. 현재는 대규모 웹 사이트보다는 동시 접근 사용자의 수가 적은 소규모 웹 사이트에서 주로 사용된다.

4 Servlet과 JSP

Servlet(서블릿)은 Sun Microsystems(선 마이크로 시스템즈, 현 오라클)에서 발표한 기술로서 프로그래밍 언어인 자바를 통해 동적 웹 페이지를 작성할 수 있도록 지원한다. Servlet은 멀티쓰레딩(Multithreading)에 의해 사용자 요구를 처리하고 가공하여 이에 대한 결과를 사용자에게 응답한다.

CGI가 클라이언트를 프로세스로 처리하는 데 반해 Servlet은 클라이언트를 쓰레드로 처리한다. 그래서 많은 클라이언트의 요구를 효과적으로 처리할 수 있다. Servlet 객체는 쓰레드가 여러 개 돌아가면서 사용하므로 Servlet의 메소드들은 반드시 멀티쓰레드에 대한 고려를 해야 한다.

쓰레드(Thread)

프로세스 내의 명령어 블록으로 프로세스 내에 있는 것이다. 프로세스가 이미 메모리를 할당받았으므로 쓰레드는 메모리를 할당받지 않는다. 하나의 프로세스를 여러 개의 쓰레드로 나누어 동시에 처리하는 것을 다중 쓰레딩이라 한다. 다중 쓰레딩은 메모리는 점유하지 않으면서 프로그램의 수행 속도를 향상시킨다.

JSP와 Servlet은 자바 기반으로 만들어진 웹 프로그래밍 언어이다. JSP는 Servlet에 비해 자바 코드에 덜 의존적이라 프로그래밍하기가 보다 쉽고 편하다. JSP와 Servlet은 같은 처리 구조를 가진다. 보다 엄밀히 말하면 JSP는 페이지의 요청이 있을 때, 최초에 한 번 자바 코드로 변환된 후 Servlet 클래스로 컴파일된다. 결론적으로 JSP는 실행시 Servlet으로 변환된다. 단 한 번만 서블릿으로 변경되면 코드를 수정하기 전까지 재변환 작업이 일어나지 않으므로 수행 속도에서는 JSP나 서블릿 간에 별 차이가 없다.

서블릿과 JSP는 상호 연계되어 작동하는데, JSP에서 정적인 부분을 담당하고 서블릿에서 보다 동적인 부분을 담당하여 효율적인 웹 사이트 구성이 가능하다. JSP는 주로 사용자용 화면인 뷰(View)의 구현에 사용되고, 서블릿은 사용자용 뷰와 프로그램 로직 사이를 제어하는 역할에 사용된다.

쓰레드 기반으로 사용자의 요청을 받아들이므로 동시에 다수의 사용자를 받아들이더라도 서버의 응답 속도가 많이 떨어지지 않는다는 장점에도 불구하고 Servlet은 그다지 사랑받지 못하고 있다. 이유는 Java 프로그램을 작성하는 형식과 같은 방식으로 웹 페이지를 작성하기 때문에 Java를 미리 학습하지 않으면 작성하기가 어렵기 때문이다.

JSP는 Servlet과 마찬가지로 Java 언어를 기반으로 한다. 하지만 ASP나 PHP와 같이 서버에서 실행되는 스크립트 언어 방식으로 동적인 웹 페이지를 작성하므로 서블릿의 장점은 그대로 갖추고 있으면서 작성하기 쉽다는 장점이 더해진 것이다. 게다가 서블릿에서 문제가 되었던 표현부와 구현부 분리의 어려움이 해결되어 작성이 더욱 편해졌다. 또한 JSP 2.0이 되면서 JSTL을 완전히 지원하고, 사용자 정의 태그의 작성이 더욱 쉬워짐에 따라 코드의 가독성이 좋아지고, 프로그램의 작성과 유지보수가 더욱 쉬워졌다.

JSTL(Java Server Pages Standard Tag Library)

JavaEE 웹 애플리케이션 개발 플랫폼의 컴포넌트

JSP는 Java Server Pages의 약자로 선 마이크로시스템즈(Sun Microsystems) 사의 자바 서블릿 기술을 확장시켜 웹 환경상에서 100% 순수한 자바만으로 서버 사이드 모듈을 개발할 수 있는 기술이다.

JSP도 서블릿과 마찬가지로 서버 사이드에서 DBMS와 같은 백 엔드 서버와 연동하여 이들 백 엔드 서버의 데이터를 가공하여 웹상의 최종 사용자에게 표시할 수 있다. 또한 여러 조건에 따라 표시할 수 있는 내용들을 동적으로 처리할 수 있는 기능을 제공하고 있다.

DBMS(Database Management System)

데이터베이스를 관리하는 시스템으로 Oracle 사의 Oracle, IBM 사의 DB2, INFORMIX, Microsoft 사의 MS-SQL, SYBASE 등이 해당한다.

백 엔드 서버(Back-end Server)

Back-end는 보통 데이터가 저장되는 저장소인 데이터베이스를 뜻한다. Back-end Server는 데이터베이스 서버를 뜻한다.

정리하면 JSP는 웹 프로그래밍 언어들 중의 하나로, 자바 기반의 동적인 페이지를 생성하기 위해 서버에서 실행되는 스크립트 언어이다. 다만, JSP가 자바 언어를 기반으로 작성되었기 때문에 다음과 같은 자바 언어의 특징을 그대로 가지고 있다.

- 객체 지향적이다.
- 보안성이 뛰어나다.
- C 언어 기반으로 코드의 접근성이 용이하다.
- 플랫폼에 독립적이다.
- 멀티쓰레드를 지원한다.
- 분산 프로그래밍을 지원한다.

자바는 J2SE(Standard Edition), J2EE(Enterprise Edition), J2ME(Micro Edition)로
나누어져 개발되는데, JSP는 J2EE를 구성하는 기술 중 하나이다.

웹 애플리케이션이란 웹을 기반으로 실행되는 프로그램을 말한다. 웹 프로그래밍과 웹 애
플리케이션의 관계는 웹 프로그래밍을 통해 웹 애플리케이션을 구현한다고 할 수 있다. 웹
애플리케이션의 구조는 다음과 같다.

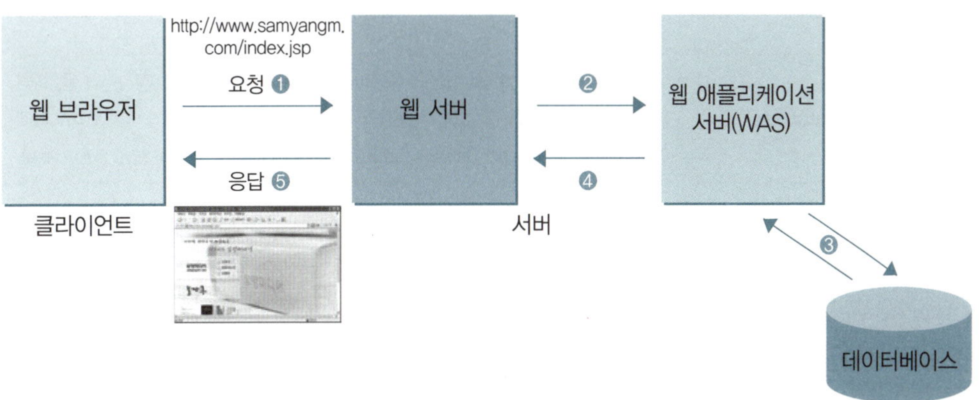

▲ 웹 애플리케이션의 구조

웹 애플리케이션의 처리 순서는 다음과 같다.

❶ 웹 브라우저가 웹 서버에 어떠한 페이지를 요청하게 한다.

❷ 해당 웹 서버는 웹 브라우저의 요청을 받아서 요청된 페이지의 로직 및 데이터베이스와
의 연동을 위해 웹 애플리케이션 서버에 이들의 처리를 요청한다.

❸ 웹 애플리케이션 서버는 데이터베이스와의 연동이 필요하면 데이터베이스와 데이터의
처리를 수행한다.

❹ 로직 및 데이터베이스 작업의 처리 결과를 웹 서버에 돌려보낸다.

❺ 결과를 받은 웹 서버는 그 결과를 다시 웹 브라우저에 응답하게 된다.

웹 애플리케이션 구조를 보면 웹 브라우저, 웹 서버, 웹 애플리케이션 서버, 데이터베이스로 구성되었다는 것을 알 수 있다. 이들 각각의 기능은 다음과 같다.

웹 애플리케이션의 구성 요소	기능
웹 브라우저(Web Browser)	웹 애플리케이션에서 클라이언트이며, 사용자의 작업창이라 할 수 있다. 모든 사용자의 요청은 웹 브라우저를 통해 웹 서버로 전달된다(예 : 인터넷 익스플로러, 크롬).
웹 서버(Web Server)	웹 브라우저의 요청을 받아들이는 곳으로, 웹 브라우저가 요청한 작업의 결과를 웹 브라우저에 응답하는 곳이다. 또한 요청된 페이지 로직의 수행 및 데이터베이스와의 연동을 위해 웹 애플리케이션 서버에 이들의 처리를 요청하는 작업을 수행한다(예 : 아파치, IIS).
웹 애플리케이션 서버 (Web Application Server, WAS)	웹 브라우저가 요청한 작업에 필요한 프로그래밍 로직의 처리 및 데이터베이스와의 연동을 처리하는 부분이다. 이때 처리 결과를 웹 브라우저로 응답하기 위해 처리 결과를 웹 서버로 보낸다(예 : Tomcat, jeus, jrun).
데이터베이스(Database)	데이터의 저장소로 웹에서 발생한 데이터는 모두 이곳에 저장된다. 게시판의 글, 회원의 정보 등을 예로 들 수 있다. 사용자의 입장에서 가장 안쪽에 있기 때문에 데이터베이스 서버를 Back-end Server라고도 부른다(예 : Oracle, Mssql, Mysql, Sybase).

웹 브라우저가 요청한 작업을 받아들이는 대표적인 웹 서버의 종류로는 아파치 웹 서버(Apache Web Server)와 IIS(Internet Information Server)를 들 수 있다. IIS는 Windows 플랫폼에서만 사용할 수 있다는 한계가 있다. 넷크래프트(Netcraft) 서베이에서 2007년 9월에 조사한 전세계 웹 서버 사용 분포를 보면 아파치 웹 서버가 가장 많이 사용되고, 그 다음로 IIS를 사용하는 것을 확인할 수 있다.

로직 처리 및 데이터베이스 연동에 필요한 대표적인 웹 애플리케이션 서버(WebApplication Server, 영어권에서는 Application Server로 불린다)로는 BEA 사(현 오라클)의 웹 로직(WebLogic), IBM 사의 웹 스피어(WebSphere), 국내 티멕스 사의 제우스(Jeus), Caucho 사의 레진(Resin), Oracle 사의 글래스피시 등이 있다. 또한 자바 기반이나 Java EE 비준수 웹 애플리케이션 서버인 아파치 톰캣(Apache Tomcat)이 있다.

위에서 설명한 제품 중 아파치 웹 서버와 톰캣을 제외한 대부분은 유료 제품이다. 우리는 자카르타 프로젝트(Jakarta Project)에서 무료로 제공하는 웹 애플리케이션 서버의 기능을 가지고 있는 웹 컨테이너인 톰캣을 사용해서 학습할 것이다. 톰캣은 웹 애플리케이션 서버라기보다는 JSP와 서블릿을 서비스해 주는 웹 컨테이너 역할을 주로 하기 때문에 보통 웹 컨테이너로 불린다. 톰캣은 무료라서 유료로 제공하는 프로그램에 비해 처리해야 하는 자잘한 작업이 많다. 물론 이들은 귀찮고 불편하나, 오히려 제공하는 기능이 별로 없기 때문에 기본을 이해하고 익혀야 하는 초보자들이 사용하기에는 좋다. 미리 제공되는 것을 사용하는 것이 아니라, 자신이 일일이 코딩해서 처리하는 작업을 하다 보면 JSP에 대한 공부를 더 많이 할 수 있어 좋은 프로그래머가 될 수 있는 기회가 될 것이다.

04 | 웹 애플리케이션 처리 방식

웹 애플리케이션을 처리하는 방식에는 CGI 방식과 웹 애플리케이션 서버 방식이 있다. 기본적인 처리 구조는 같다. 그러나 차이점은 웹 서버가 웹 애플리케이션 프로그램을 사용하는 방식에 있다.

예를 들어 5명의 사용자가 abc라는 페이지를 요청했고, 거기에 ABC라는 프로그램이 사용되었다고 하자. 이러한 요청 처리를 CGI 방식과 웹 애플리케이션 서버 방식은 각각 어떤 식으로 처리하는지 알아보자.

1 CGI(Common Gateway Interface) 방식

CGI 방식은 웹 서버가 애플리케이션 프로그램을 직접 호출하는 구조를 가지고 있다. 이때 애플리케이션 프로그램의 처리 방식은 프로세스를 생성하여 처리한다. 하나의 요청에 대해 한 개의 프로세스가 생성되어 그 요청을 처리한 뒤 종료한다.

그럼 위의 예에서 5명의 사용자가 모두 같은 abc 페이지를 요청하면, abc 페이지에서 ABC 프로그램을 사용하는 부분은 각각 프로세스가 생성된다. 즉, 아래의 그림과 같이 요청의 개수 5개에 해당하는 5개의 프로세스가 생성된다.

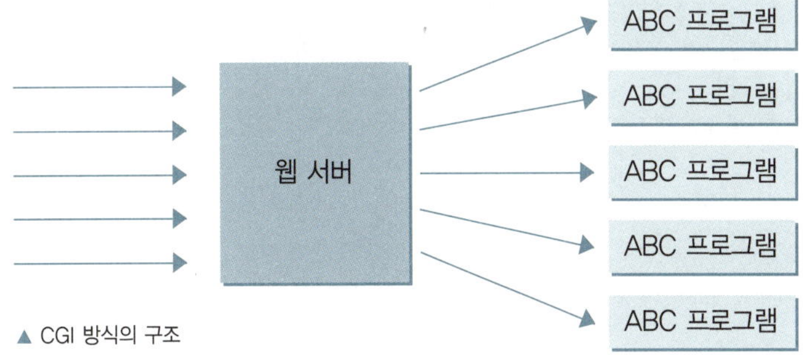

▲ CGI 방식의 구조

이러한 프로세스 기반의 CGI 프로그램은 많은 사용자가 몰리는 웹 사이트에 요청되는 수많은 요청에 대해 하나의 요청마다 새로운 프로세스가 생성되고, 처리하고, 종료하는 식의 운영 방식을 갖는다. 즉, 1,000명의 사용자가 요청하면 1,000개의 프로세스가 생성되어 처리된다. 시스템에 많은 부하를 주기 때문에 이 부분은 중대한 결점이다. 이 때문에 현재 일부의 UNIX 플랫폼을 제외하고는 CGI 방식을 사용하지 않는다.

프로세스(Process)

메모리 할당을 받은 프로그램으로 실행중인 프로그램을 뜻한다. 프로세스는 메모리 할당을 받으므로 과도한 프로세스는 시스템에 부하를 준다. 즉 시스템의 성능(Performance)이 떨어진다.

② 웹 애플리케이션 서버(Web Application Server) 방식

애플리케이션 서버 방식은 웹 서버가 직접 애플리케이션 프로그램을 처리하는 것이 아니라, 웹 애플리케이션 서버에 처리를 넘겨주고 애플리케이션 서버가 애플리케이션 프로그램을 처리한다. 애플리케이션 서버 방식은 여러 명의 사용자가 동일한 페이지를 요청하여 같은 애플리케이션 프로그램을 처리할 때 오직 한 개의 프로세스만을 할당하고, 사용자의 요청을 쓰레드(Thread) 방식으로 처리한다.

앞의 예에서 5명의 사용자가 모두 같은 abc 페이지를 요청하면, abc 페이지에서 ABC 프로그램을 사용하는 부분은 한 번만 프로세스가 생성된다. 즉, 아래의 그림과 같이 요청의 개수가 5개여도 1개의 프로세스만 생성되고, 사용자의 요청은 쓰레드로 처리된다.

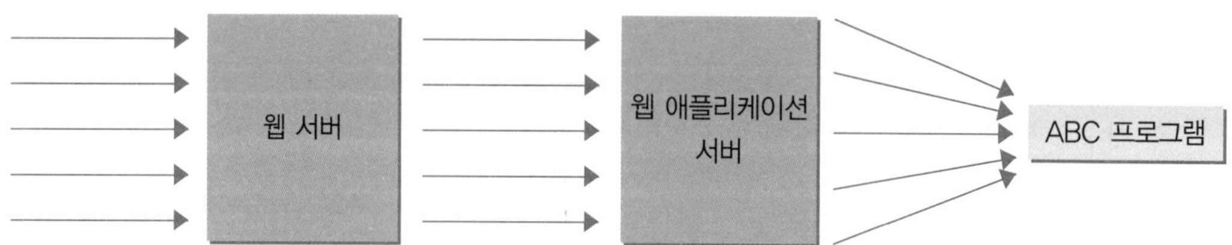

▲ 웹 애플리케이션 서버 방식의 구조

여러 개의 요청에 오직 1개의 프로세스만을 할당하고 사용자의 요청을 쓰레드 방식으로 처리하면 메모리를 절약할 수 있으므로 CGI 방식에 비해 동시에 더 많은 사용자에게 서비스를 할 수 있다. 이것은 전체적인 성능의 향상을 가져와 보다 안정적인 웹 서비스를 제공하는 것이 가능하다. 따라서 대기업의 웹 사이트나 포털 사이트의 경우 웹 애플리케이션 서버 방식을 채택하고 있다. 현재 가장 많이 사용되고 있는 웹 프로그래밍 언어인 JSP와 ASP(우리나라를 제외하고는 비교적 많이 사용됨)는 모두 웹 애플리케이션 서버 방식을 취하고 있다.

05 | 웹 애플리케이션 구현 방식

웹 애플리케이션 프로그램은 구현 방식에 따라 실행 코드 방식과 스크립트 코드 방식으로 구분된다. 우리가 알고 있는 JavaScript, VBScript는 처리를 클라이언트 쪽에서 하기 때문에 클라이언트 사이드 스크립트(Client Side Script)라고 한다. ASP, JSP, PHP는 처리를 서버 쪽에서 하므로 서버 사이드 스크립트(Server Side Script)라고 한다. 즉, 이들은 스크립트 코드 방식으로 처리된다.

실행 코드 방식은 미리 컴파일된 실행 프로그램을 사용자가 요청하면 실행한다. 반면 스크립트 코드 방식은 사용자의 요청이 있을 때, 스크립트 코드를 번역해서 번역된 코드를 실행한다. "미리 컴파일된 프로그램을 사용하므로 실행 코드가 더 빠른 것이 아닌가?"라는 생각이 들 것이다. 왜냐하면 이미 컴파일되었으므로 번역에 시간이 걸리지 않기 때문이다. 그러나 실제로는 그렇지 않다. 스크립트 코드의 번역은 해당 페이지가 최초로 요청된 맨 처음 단 한번만 실행된다. 이후에는 해당 페이지의 요청이 있는 경우에 번역된 코드가 실행된다. 따라서 실제적인 속도의 체감은 거의 없다.

또한 스크립트 코드 방식을 사용하는 것은 ASP, JSP 등의 웹 애플리케이션 서버 방식이므로 CGI 방식의 실행 코드 방식을 사용하는 것보다 전체적인 성능이 뛰어나다. 스크립트 코드 방식 즉, 스크립트 언어를 사용하는 것이 보다 쉽고 빠르게 웹 애플리케이션을 구현할 수 있다. 현재 대부분의 사이트가 이러한 장점 때문에 스크립트 언어를 기반으로 웹 애플리케이션을 구현하고 있다.

01 웹 프로그래밍이란 월드 와이드 웹 기반에서 동작되는 프로그래밍 방식을 말한다.

02 늘 같은 내용을 표시하는 정적인 웹 페이지는 프로그래밍 코드와 데이터베이스 연동을 할 수 없다. 이에 비해 동적 웹 페이지는 연동이 가능하므로 실시간으로 변동되는 정보를 표시할 수 있다.

03 웹 프로그래밍은 기본적으로 클라이언트(Client)/서버(Server) 방식으로, 웹 브라우저가 특정 페이지를 웹 서버에 요청(request)하면 웹 서버가 이를 처리한 후 결과를 클라이언트(웹 브라우저)에게 응답(response)을 하는 구조이다.

04 CGI 방식은 웹 서버가 애플리케이션 프로그램을 직접 호출하는 구조를 가지고 있다. 이때 애플리케이션 프로그램은 처리 방식에 있어서 프로세스를 생성하여 처리하게 되는데, 하나의 요청에 대해 하나의 프로세스가 생성되어 그 요청을 처리한 뒤 종료한다.

05 애플리케이션 서버 방식은 웹 서버가 직접 애플리케이션 프로그램을 처리하는 것이 아니라, 웹 애플리케이션 서버에게 처리를 넘겨주고 애플리케이션 서버가 애플리케이션 프로그램을 처리한다.

06 실행 코드 방식은 미리 컴파일된 실행 프로그램을 사용자의 요청에 의해 실행한다. 반면 스크립트 코드 방식은 사용자의 요청이 있을 때 스크립트 코드를 번역하여 번역된 코드를 실행한다.

07 스크립트 코드의 번역은 해당 페이지가 최초로 요청된 맨 처음 단 한 번만 실행된다. 그 이후에는 해당 페이지의 요청이 있는 경우에만 번역된 코드가 실행된다.

08 스크립트 코드 방식을 사용하는 것은 ASP, JSP 등의 웹 애플리케이션 서버 방식이므로 CGI 방식의 실행 코드 방식을 사용하는 것보다 전체적인 성능이 뛰어나다.

01 웹 프로그래밍이란 무엇인지 기술하시오.

02 마크업 언어가 무엇인지 기술하시오.

03 정적 웹 페이지와 동적 웹 페이지의 차이점을 기술하시오.

04 웹 브라우저가 웹 서버에 정보를 요청해서 결과를 응답받는 일련의 과정에 대해서 기술하시오.

05 웹 애플리케이션의 구성 요소를 나열하고, 각 기능을 간단히 기술하시오.

06 웹 애플리케이션을 처리하는 방식에는 무엇이 있는지 기술하시오.

07 웹 애플리케이션 프로그램의 구현 방식에 무엇이 있는지 나열하고, 각 방식에 대해 간단히 설명하시오.

JSP 개발 환경 설정

이 장에서는 JSP 페이지를 작성하기 위한 개발 환경을 설정하고, 웹 애플리케이션 개발을 위해 반드시 이해해야 할 웹 애플리케이션 폴더 구조에 대해 학습한다. 또한 요청된 JSP 페이지가 어떤 처리 과정을 거쳐 응답이 이루어지는가에 대해서도 학습한다.

1. JDK(Java Development Kit) 다운로드 및 설치
2. 웹 컨테이너 톰캣(Tomcat) 다운로드 및 설치
3. 통합 개발 환경 이클립스(Eclipse) 다운로드 및 설치
4. 이클립스에서 웹 애플리케이션 작성
5. 이클립스에서 작성한 웹 애플리케이션 배포 – WAR 내보내기

01 | JDK 다운로드 및 설치

JSP 기반에서 웹 프로그래밍을 개발하려면 먼저 JDK를 설치해야 한다. JSP는 자바를 기반으로 이루어져 있기 때문에 JSP의 개발 환경을 설정하려면 반드시 JDK를 설치해야 한다.

자바가 아닌 다른 프로그래밍 언어를 공부한다고 해도 그 언어를 컴파일할 수 있는 컴파일러가 반드시 필요하다. 우리가 작성한 프로그램은 사람이 이해할 수 있도록 영어 기반에서 만들어진다. 대부분의 프로그래밍 언어들은 특정 명령어로 영어의 단어들을 사용한다. 그럼 "이렇게 사람이 이해할 수 있도록 만들어진 프로그램들을 컴퓨터가 이해할 수 있을까?" 정답을 말하자면 '이해하지 못한다.' 이다. 프로그램을 작성하는 사람들이 이해할 수 있는 형식으로 만들어진 프로그램을 기계인 컴퓨터가 해석할 수 있는 형식의 기계어로 번역하는 과정이 필요하다. 이러한 과정을 컴파일(Compile)이라 하고, 이런 번역을 수행하는 프로그램을 컴파일러(Compiler)라고 한다.

당연히 자바 언어도 작성하는 사람이 이해할 수 있는 형식의 문법 구조를 가진 프로그래밍 언어이다. 따라서 자바도 기계인 컴퓨터가 이해할 수 있는 형식으로 변환하는 프로그램을 제공한다. 이것이 JDK(Java Development Kit, 자바 개발 도구)이다. 즉, JDK는 자바 기반에서 작성되는 자바프로그래밍 및 JSP 페이지를 실행할 수 있는 환경으로 만들어주는 개발 환경도구이다. 자바를 실행할 수 있는 환경이 되어야만 자바 기반의 프로그램을 작성할 수 있으므로 자바 기반에서는 반드시 JDK를 설치해야 한다.

자바는 플랫폼에 독립적이므로 어떠한 플랫폼에서도 설치할 수 있다. 이 책에서는 JDK를 설치하기 위한 개발 플랫폼으로 Windows 플랫폼을 선택했다.

우리가 JDK를 설치한다고 하면 일반적으로 Java SE(Standard Edition)를 설치하는 것을 말한다. 자바 기반에서 프로그램을 작성하기 위해서는 반드시 Java SE를 설치해야 한다. 만일 서버 쪽의 비즈니스 로직을 개발하려면 여기에 추가로 Java EE(Enterprise Edition)를 설치해야 하고, 모바일 쪽 로직을 개발하려면 Java SE를 설치하고, Java ME(Mobile Edition)를 추가로 설치해야 한다. 다만 최근에는 자바 기반에서는 안드로이드 SDK를 설치해 안드로이드 애플리케이션을 작성한다. 사실 안드로이드 때문에 Java ME가 망했다.

그럼 우리도 JSP 기반의 웹 프로그래밍을 작성할 수 있는 환경 설정의 1단계로 JDK을 다운로드해서 설치해 보자. 자, 이제 마음의 준비가 되었으면 시작하자.

1 JDK 다운로드

우리가 설치할 JDK는 부록CD의 program 폴더에서도 제공되니 다운로드 하지 않고 부록 CD의 jdk-8u60-windows-i586.exe 또는 jdk-8u60-windows-x64.exe 파일을 사용해도 된다.

01 웹 브라우저의 주소에 http://www.oracle.com/technetwork/java/javase/downloads/index.html을 입력한 후 Enter 키를 누르면 J2SE를 다운로드 할 수 있는 페이지로 이동한다.

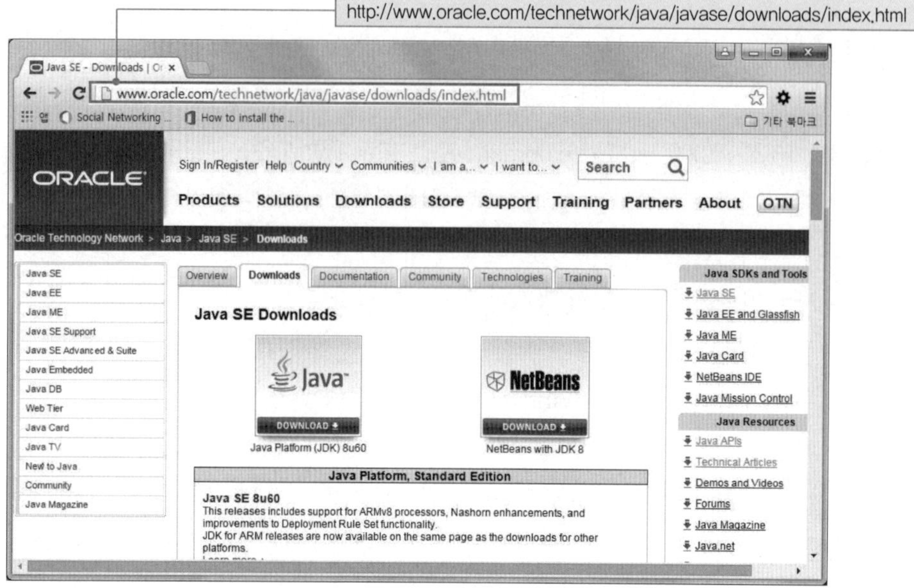

▲ JDK 다운로드 1

02 [Java SE Downloads] 화면이 표시되면 스크롤바를 조금 내려 [Java Platform, Standard Edition] 부분의 [JDK] 항목의 [DOWNLOAD] 버튼을 클릭한다. 이 Java Platform, Standard Edition] 부분의 [JDK] 항목의 왼쪽에 표시된 버전이 현재 시점에서 가장 최신 버전이다.

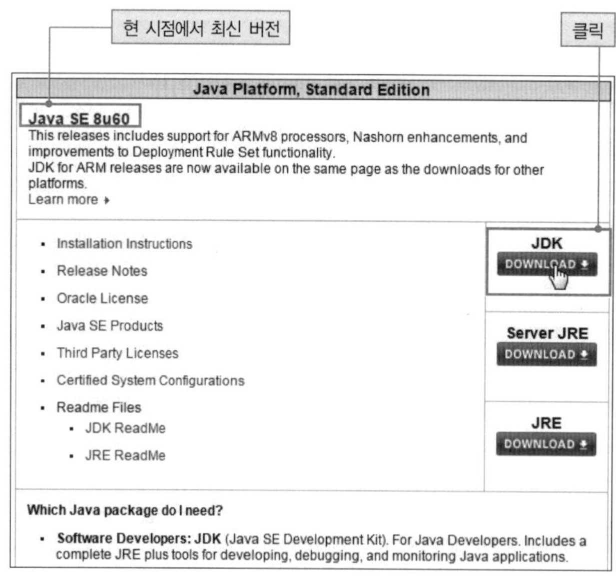

▲ JDK 다운로드 2

자바의 업데이트 버전

필자는 Java를 1.2부터 써 왔는데, 언제나 새 버전은 버그가 있었다. 그 버그를 개선하는 부분이 J2SE1.4버전 대에서는 뒤에 _01이란 식으로 업데이트가 되고, J2SE5.0에서는 Update 1이란 식으로 업데이트가 된다. 또한 J2SE6.0, 7.0, 8.0에서는 u 다음에 업데이트 번호가 표시된다. 따라서 뒤에 붙은 숫자가 큰 것을 택하는 것이 버그를 개선한 안정적인 프로그램이란 의미이기도 하다. 필자의 경험에 의하면 최소 업데이트가 3은 넘어야 어떤 프로그램을 개발해도 문제가 없다.

03 [Java SE Development Kit 8 Downloads] 화면으로 이동하면 스크롤바를 내려 [Java SE Development Kit 8u업데이트 버전] 항목으로 이동한다. 필자가 다운로드 받은 시점에서는 [Java SE Development Kit 8u60] 항목이다. 여기서 라이선스에 동의하는 [Accept License Agreement] 항목을 선택한다.

Java SE Development Kit 8u60

You must accept the Oracle Binary Code License Agreement for Java SE to download this software.

Accept License Agreement | Decline License Agreement

Product / File Description	File Size	Download
Linux ARM v6/v7 Hard Float ABI	77.69 MB	jdk-8u60-linux-arm32-vfp-hflt.tar.gz
Linux ARM v8 Hard Float ABI	74.64 MB	jdk-8u60-linux-arm64-vfp-hflt.tar.gz
Linux x86	154.66 MB	jdk-8u60-linux-i586.rpm
Linux x86	174.83 MB	jdk-8u60-linux-i586.tar.gz
Linux x64	152.67 MB	jdk-8u60-linux-x64.rpm
Linux x64	172.84 MB	jdk-8u60-linux-x64.tar.gz
Mac OS X x64	227.07 MB	jdk-8u60-macosx-x64.dmg
Solaris SPARC 64-bit (SVR4 package)	139.67 MB	jdk-8u60-solaris-sparcv9.tar.Z
Solaris SPARC 64-bit	99.02 MB	jdk-8u60-solaris-sparcv9.tar.gz
Solaris x64 (SVR4 package)	140.18 MB	jdk-8u60-solaris-x64.tar.Z
Solaris x64	96.71 MB	jdk-8u60-solaris-x64.tar.gz
Windows x86	180.82 MB	jdk-8u60-windows-i586.exe
Windows x64	186.16 MB	jdk-8u60-windows-x64.exe

▲ JDK 다운로드 3

04 [Accept License Agreement] 항목을 선택하고 나면 다운로드가 가능한 항목으로 변경된다.

여기서 PC의 운영체제가 Windows XP, Vista 32bit, Windows7/8 32bit인 경우, Windows x86 항목의 jdk-8u업데이트버전-windows-i586.exe를 클릭해 다운로드 받는

64bit 운영체제

32bit 운영체제

Java SE Development Kit 8u60

You must accept the Oracle Binary Code License Agreement for Java SE to download this software.
Thank you for accepting the Oracle Binary Code License Agreement for Java SE; you may now download this software.

Product / File Description	File Size	Download
Linux ARM v6/v7 Hard Float ABI	77.69 MB	jdk-8u60-linux-arm32-vfp-hflt.tar.gz
Linux ARM v8 Hard Float ABI	74.64 MB	jdk-8u60-linux-arm64-vfp-hflt.tar.gz
Linux x86	154.66 MB	jdk-8u60-linux-i586.rpm
Linux x86	174.83 MB	jdk-8u60-linux-i586.tar.gz
Linux x64	152.67 MB	jdk-8u60-linux-x64.rpm
Linux x64	172.84 MB	jdk-8u60-linux-x64.tar.gz
Mac OS X x64	227.07 MB	jdk-8u60-macosx-x64.dmg
Solaris SPARC 64-bit (SVR4 package)	139.67 MB	jdk-8u60-solaris-sparcv9.tar.Z
Solaris SPARC 64-bit	99.02 MB	jdk-8u60-solaris-sparcv9.tar.gz
Solaris x64 (SVR4 package)	140.18 MB	jdk-8u60-solaris-x64.tar.Z
Solaris x64	96.71 MB	jdk-8u60-solaris-x64.tar.gz
Windows x86	180.82 MB	jdk-8u60-windows-i586.exe
Windows x64	186.16 MB	jdk-8u60-windows-x64.exe

▲ JDK 다운로드 4

다. PC의 운영체제가 Vista 64 bit, Windows7/8 64bit인 경우, Windows x64 항목의 jdk-8u업데이트버전-windows-x64.exe를 클릭해 다운로드 한다.

여러분의 다운로드 시점에서 최신 파일이 다운로드될 것이다. 필자의 경우 [jdk-8u60-windows-i586.exe] 또는 [jdk-8u60-windows-x64.exe]를 다운로드 했다.

만일 다운로드가 되지 않고 웹 브라우저의 상단에 노란색의 긴 박스가 표시되면, 노란 박스를 클릭하여 [파일 다운로드(D)...] 메뉴를 선택하면 파일이 다운로드 된다.

2 JDK 설치하기

01 파일이 다운로드 되면 다운로드 받은 파일을 더블클릭해서 적당한 위치에 설치한다. Windows XP의 경우 보안경고가 표시되면 [실행] 버튼을 클릭하고, Window 7의 경우 권한 부여에 대한 창이 표시되면 [예] 버튼을 클릭하여 설치를 시작한다.

▲ Java SE의 설치 1

02 기본 위치에 설치할 경우에는 그냥 [Next] 버튼을 클릭한다.

만일 설치 드라이브를 변경할 경우 [Change...] 버튼을 클릭하여 변경한 후 [Next] 버튼을 클릭한다.

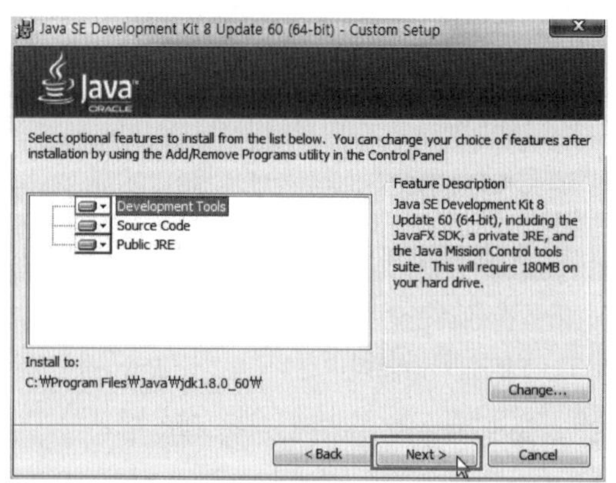

▲ Java SE의 설치 2

03 JDK의 설치가 시작된다. 이어서 JRE를 설치하는 화면으로 변경되면 [다음] 버튼을 클릭한다.
만일 JDK 설치시 설치 드라이브를 변경한 경우 여기서도 [Change...] 버튼을 클릭하여 설치 드라이브를 변경한다.

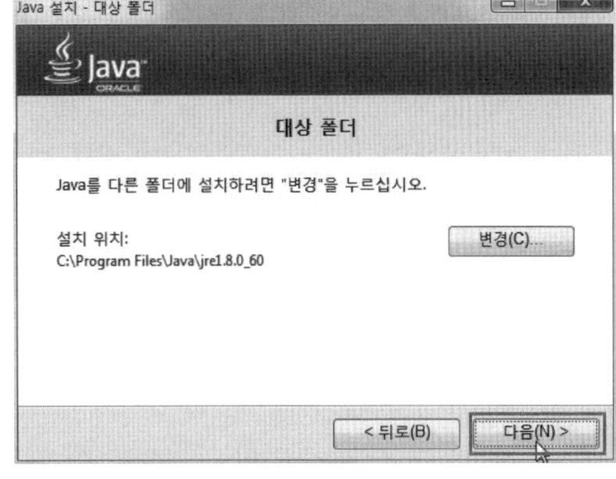

▲ Java SE의 설치 3

04 JRE의 설치가 시작된다. 대화 상자의 타이틀 바가 설치 완료를 표시하는 [Java(TM) SE Decelopment Kit 8 ~ - Complete]로 변경되면 [Close] 버튼을 눌러 설치를 끝낸다.

▲ Java SE의 설치 4

05 설치 폴더를 변경하지 않았을 경우, 설치된 후 탐색기에서 설치 드라이브:\Program Files\Java 폴더로 이동하면 다음과 같이 설치된 것을 확인할 수 있다.

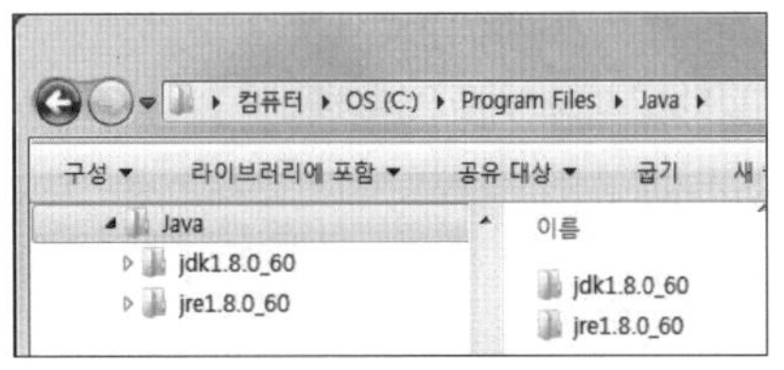

▲ Java SE 설치 후 탐색기에서 확인한 결과

③ 자바 환경 변수 설정

자바를 설치한 후에는 자바 컴파일 명령어(javac)와 실행 명령어(java)가 컴퓨터상에서 어디에 있는가를 컴퓨터에게 인식시켜 어느 위치에서도 그 명령어를 사용할 수 있도록 해야 한다. 또한 자바 기반에서 작업을 해야 하는 다른 프로그램이 제대로 작동하기 위해서는 어떠한 변수들을 설정해 주어야 한다. 이러한 변수들을 환경 변수라고 하는데, 이들의 설정을 통해 자바 기반의 프로그램을 작성할 수 있게 된다.

Windows 플랫폼에서는 환경 변수를 설정하지 않아도 자바가상머신(JVM)이 작동하므로 환경 변수의 작성을 하지 않는 경우도 있다. 하지만 이는 자바만 단독으로 사용할 경우이고 DBMS들과의 연동시 또는 지금처럼 JSP 기반의 웹 프로그래밍을 개발할 때는 반드시 환경 변수를 설정해야 한다. 또한 자바만 단독으로 사용할 경우에도 환경 설정을 하는 것이 좋다.

설정해야 하는 환경 변수는 아래와 같이 3개이며, 환경 변수명 이름은 가급적 대문자로 쓴다. 경우에 따라서 환경 변수 이름이 소문자인 경우 제대로 동작되지 않기도 한다.

환경 변수 이름	환경 변수 값
PATH	;%path%;C:\Program Files\Java\jdk1.8.0_60\bin;
CLASSPATH	.;C:\Program Files\Java\jdk1.8.0_60\lib\tools.jar
JAVA_HOME	C:\Program Files\Java\jdk1.8.0_60

01 Windows XP의 경우 [제어판]-[시스템] 항목을 클릭하고, Windows 7의 경우 [제어판]-[시스템] 항목을 선택 후 표시되는 화면에서 [고급 시스템 설정] 항목을 클릭한다.

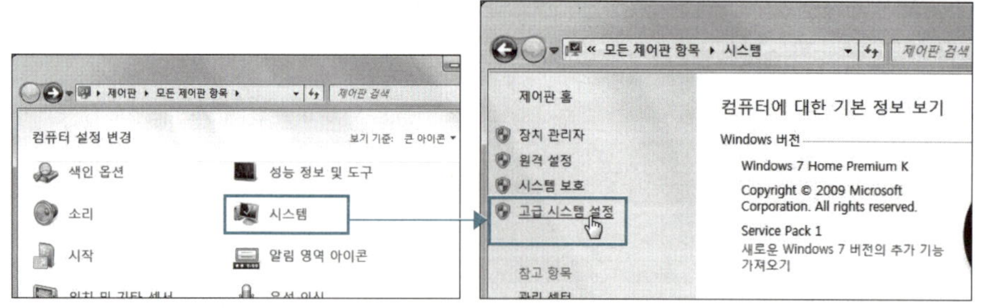

▲ Windows 7 제어판의 [시스템] 메뉴　　　　▲ Windows 7 제어판의 [고급 시스템 설정] 항목

02 [시스템 등록 정보] 또는 [시스템 속성] 대화 상자의 [고급] 탭의 [환경 변수] 버튼을 클릭하면 환경 변수를 편집할 수 있는 창으로 이동한다.

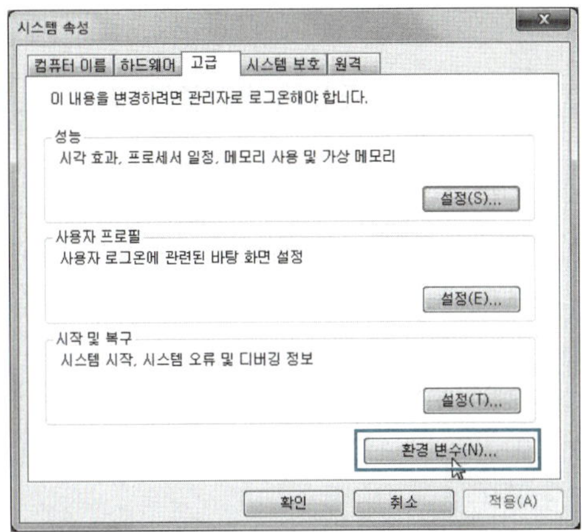

▲ 시스템 속성의 [고급]의 [환경 변수]

03 PATH 설정 : [시스템 변수] 항목에서 [편집] 버튼을 클릭해서 변수값의 제일 마지막에 추가해 작성한다. 작성 후 [확인] 버튼을 클릭한다.

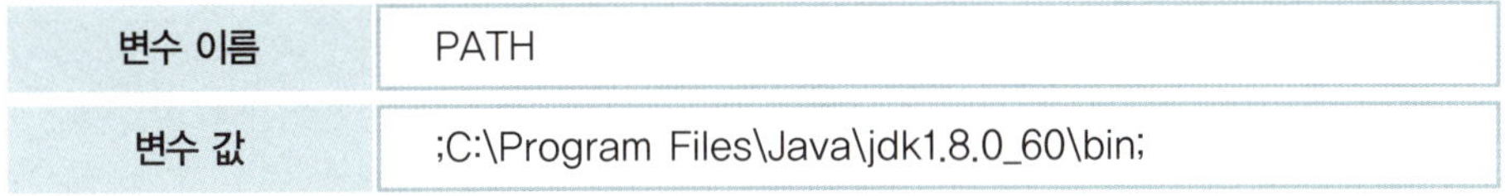

변수 이름	PATH
변수 값	;C:\Program Files\Java\jdk1.8.0_60\bin;

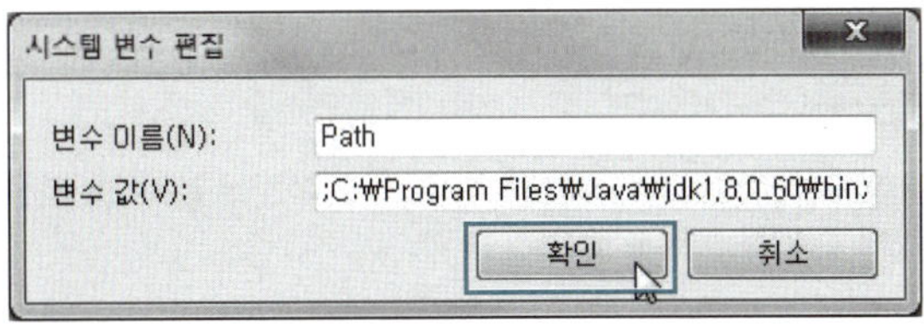

▲ PATH 설정, 자바가 C드라이브에 설치된 경우 예시

PATH 설정

오라클의 9i가 설치된 경우 JDK와의 우선권 문제가 발생하면 이를 해결하기 위해 JDK의 path 값을 제일 앞에 기술한다.

04 CLASSPATH 설정 : [시스템 변수] 항목에서 CLASSPATH가 없는 경우, [새로 만들기]
버튼을 클릭해서 작성 후 [확인] 버튼을 클릭한다.

변수 이름	CLASSPATH
변수 값	.;C:\Program Files\Java\jdk1.8.0_60\lib\tools.jar;

▲ CLASSPATH 설정, 자바가 C드라이브에 설치된 경우 예시

05 JAVA_HOME 설정 : [시스템 변수] 항목에서 JAVA_HOME가 없는 경우, [새로 만들기]
버튼을 클릭해서 작성 후 [확인] 버튼을 클릭한다.

변수 이름	JAVA_HOME
변수 값	C:\Program Files\Java\jdk1.8.0_60

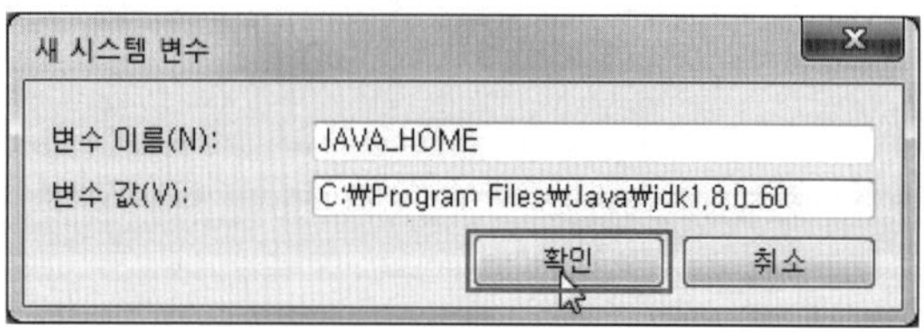

▲ JAVA_HOME 설정, 자바가 C드라이브에 설치된 경우 예시

06 [환경 변수] 창의 [확인] 버튼을 클릭한 후 [시스템 등록 정보] 또는 [시스템 속성] 창의
[확인] 버튼도 클릭한다. [제어판]을 닫는다.

07 환경 변수의 설정이 제대로 되었는지 확인하기 위해 명령 프롬프트 창을 연다. 명령 프
롬프트 창은 [시작]-[실행] 메뉴를 실행해서 실행 창에 "cmd"를 입력하고 [확인] 버튼을
클릭하거나 [보조 프로그램]-[명령 프롬프트] 메뉴를 선택해서 한다.

08 [명령 프롬프트] 창이 표시되면 이때 "javac"(경로는 어디든 상관없다.)라고 입력하고 엔터키를 누른다. 이때 javac 명령어와 함께 쓸 수 있는 옵션에 대한 설명이 나오면 제대로 설치된 것이다.

c:\)javac

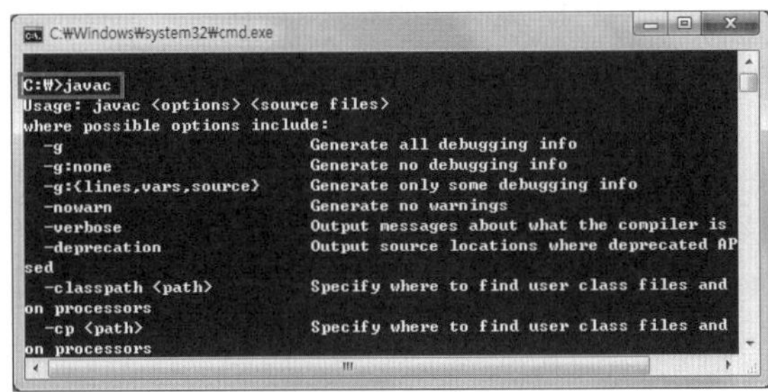

▲ 자바 환경 변수 설정 확인 1

09 java 명령어로 실행되는지 확인한다.

c:\)java

JDK7부터 java 명령어를 사용하면 옵션에 대한 설명이 한글로 표시된다.

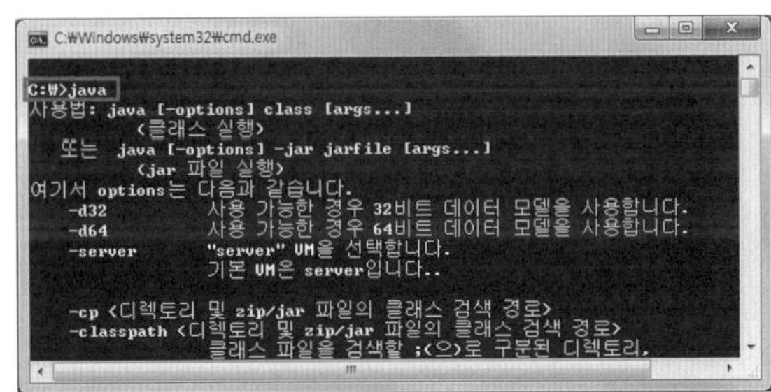

▲ 자바 환경 변수 설정 확인 2

위의 그림과 같은 결과가 표시되지 않을 경우는 환경 변수의 설정이 잘못된 것이다. 다시 한 번 [제어판]의 [시스템] 메뉴의 [고급] 탭의 [환경 변수] 버튼을 클릭해서 오타가 없는지를 확인한다. 거의 대부분 오타에 의한 것이니 잘 살펴보자. 실제 JDK의 설치 경로와 환경 변수의 경로가 같아야 한다.

JSP는 서버 측에서 동작하고 웹 서버와 연동이 되어 동적인 웹 페이지를 생성한다. 즉, JSP가 동작하는 곳은 서버이다.

따라서 우리가 JSP를 사용하기 위해서는 웹 서버의 작업 환경을 구축하여야 한다. 일반적으로 JSP를 학습할 목적이라면 고사양의 웹 서버를 설치할 필요는 없다. 기본적으로 웹 서버와 웹 컨테이너의 기능을 가지고 있는 것을 설치하면 된다. 또한 JSP를 서비스하기 위해서는 반드시 웹 컨테이너가 필요하다.

대부분의 웹 컨테이너는 웹 서버 기능을 가지고 있다. 상업용으로 JSP를 서비스할 목적이라면 웹 컨테이너 이외에 웹 서버를 따로 설치해야 한다. 또한 여기에 웹 애플리케이션 서버도 따로 설치해야 한다.

우리는 단지 JSP를 학습할 목적으로 설치하는 것이기 때문에, 일단 웹 서버의 기능 + 웹 컨테이너 + 웹 애플리케이션 서버의 기능을 가지고 있는 톰캣(Tomcat)만을 설치하도록 하겠다. 단지 이것은 JSP 기반의 웹 프로그래밍의 학습을 위해서만 이렇게 하는 것이다.

여러분이 실제로 현업에서 일을 하게 되면 웹 서버와 웹 애플리케이션 서버를 따로 설치한 환경에서 개발을 한다. 그럼 웹 컨테이너인 톰캣 하나만 설치하는 것과 웹 서버와 웹 애플리케이션 서버를 따로 설치하는 것이 프로그래밍 코딩에 영향을 미치지 않을까? 라는 의문을 품을 수 있다. 결론을 말하면 그다지 영향을 미치지 않는다. 한글 처리와 몇 가지의 설정만 차이가 날 뿐이다.

다만 웹 서버와 웹 애플리케이션 서버를 설치하는 이유는 앞에서도 말한 바와 같이 성능을 향상시키기 위한 것이다. 우리는 어떤 웹 사이트에 접속할 때, 해당 웹 페이지가 빨리 표시되지 않으면 그 사이트의 접속을 끊고 다른 사이트로 이동한다. 이것은 필자도 마찬가지이다. 응답이 느린 사이트에서 느긋이 기다리는 사용자들은 없다. 이렇게 해당 사이트에 사용자들이 접속하지 않게 되면 그 사이트는 존재 가치를 잃게 되고, 영업 이익이 떨어지게 된다.

자 그럼 지금부터 웹 서버 기능 + 웹 애플리케이션 서버의 기능을 갖고 있는 웹 컨테이너인 톰캣을 설치해 보자.

1 톰캣(Tomcat) 다운로드

톰캣은 아파치(Apache) 사와 선 마이크로 시스템즈(Sun microsystems) 사의 공동 프로젝트인 아파치 자카르타 프로젝트(Apache Jakarta Project)에 의해 만들어진 웹 컨테이너이다. 무료로 제공되기 때문에 많은 사람들이 부담 없이 사용하고 있다.

우리가 설치할 파일은 부록CD의 program 폴더에서도 제공되니 다운로드 하지 않고 부록CD의 apache-tomcat-8.0.26.zip 파일을 사용해도 된다.

01 웹 브라우저의 주소에 http://tomcat.apache.org/를 입력하면 톰캣 사이트로 이동한다. 왼쪽의 [Downloads]의 하위 항목인 [Tomcat 8.0]을 클릭한다.

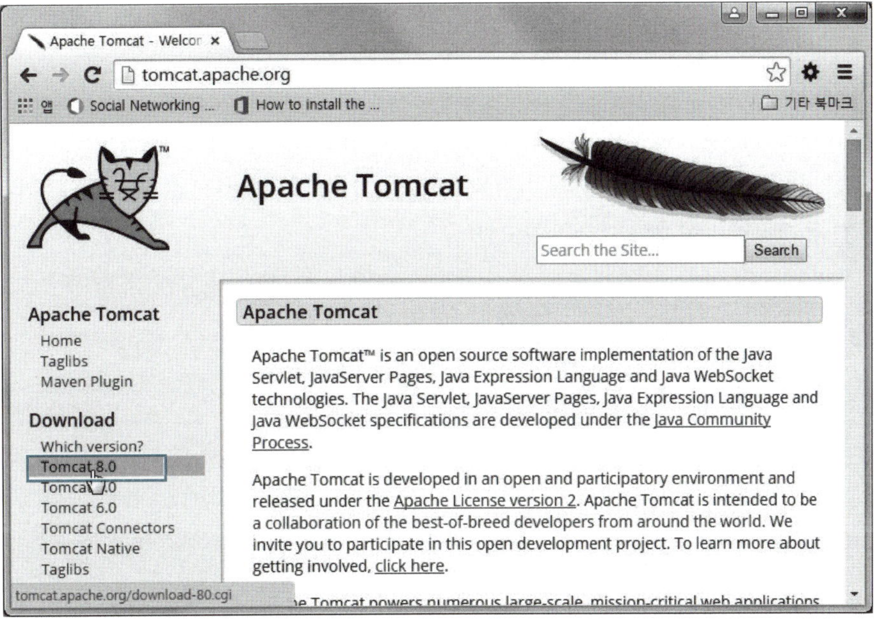

▲ 톰캣(Tomcat) 다운로드 1

02 Download 화면으로 이동하면 스크롤바를 내려서 [톰캣버전] 항목으로 이동한다. 최신 버전이 표시되는데, 책을 쓰는 시점에서 8.0.26 버전이므로 [8.0.26] 항목이 표시된다. 이 [8.0.26]-[Binary Distributions]-[Core]-[zip]을 클릭하면 apache-tomcat-8.0.26.zip 파일이 다운로드 된다. Windows 32bit, Windows 64bit에 상관없이 이 버전을 다운받아 사용하면 된다.

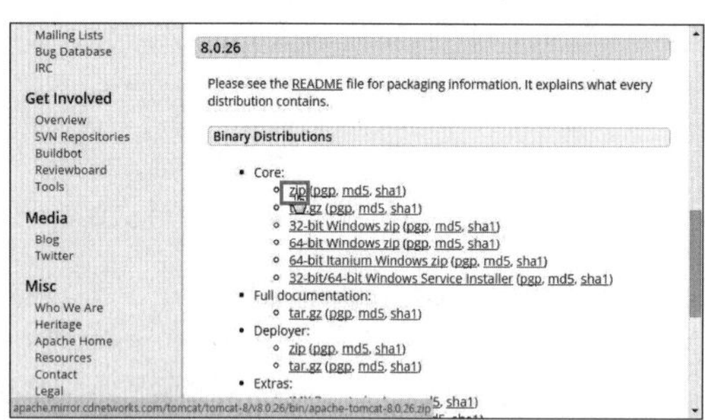

▲ 톰캣(Tomcat) 다운로드 2

JDK의 버전이 1.8이므로 톰캣의 버전을 8.0.x를 다운로드 받았다. JDK 버전에 따라 설치 해야 할 톰캣버전은 아래의 그림을 참고한다.

Servlet Spec	JSP Spec	EL Spec	WebSocket Spec	Apache Tomcat version	Actual release revision	Support Java Versions
4.0	TBD (2.4?)	TBD (3.1?)	TBD (1.2?)	9.0.x	None	8 and later
3.1	2.3	3.0	1.1	8.0.x	8.0.26	7 and later
3.0	2.2	2.2	1.1	7.0.x	7.0.64	6 and later (WebSocket 1.1 requires 7 or later)
2.5	2.1	2.1	N/A	6.0.x	6.0.44	5 and later
2.4	2.0	N/A	N/A	5.5.x (archived)	5.5.36 (archived)	1.4 and later
2.3	1.2	N/A	N/A	4.1.x (archived)	4.1.40 (archived)	1.3 and later
2.2	1.1	N/A	N/A	3.3.x (archived)	3.3.2 (archived)	1.1 and later

▲ 톰캣(Tomcat)의 버전별 개발 환경(tomcat.apache.org/whichversion.html)

필자의 경우 8.0.26을 선택해서 apache-tomcat-8.0.26.zip 파일이 다운로드 되었다.

2 톰캣(Tomcat) 설치하기

01 다운로드 받은 톰캣 파일의 압축을 해제하면 톰캣이 설치된다. 필자의 경우 다운받은 apache-tomcat-8.0.26.zip 파일의 압축을 해제했다.

02 압축 해제의 위치는 드라이브의 루트를 선택한다. 예를 들어 C드라이브의 루트 아래에 해제하기 위해서 C드라이브를 선택한다. 각자 원하는 드라이브의 루트를 선택해서 압축을 해제한다.

03 탐색기를 열어 톰캣을 설치한 드라이브로 이동하면, 설치된 것을 확인한다. C드라이브에 설치한 경우 C드라이브에 apache-tomcat-톰캣버전 폴더가 생성된 것을 확인할 수 있다. 각자가 설치한 드라이브로 이동하여 확인한다.

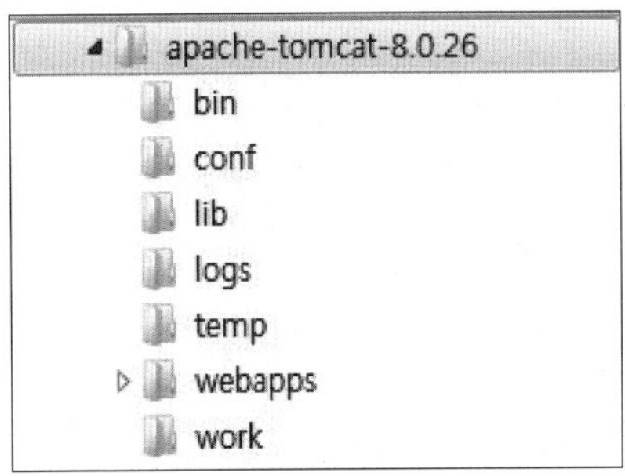

▲ 탐색기에서 톰캣이 설치된 것을 확인

04 톰캣의 환경 변수를 설정하기 위해 Windows XP의 경우 [제어판]-[시스템] 항목을 클릭하고, Windows 7의 경우 [제어판]-[시스템] 항목을 선택한 후 표시되는 화면에서 [고급 시스템 설정] 항목을 클릭한다.

05 [시스템 등록 정보] 또는 [시스템 속성] 창의 [고급] 탭의 [환경 변수] 버튼을 클릭하면 환경 변수를 편집할 수 있는 창으로 이동한다.

06 CATALINA_HOME 설정 : [시스템 변수] 항목에서 [새로 만들기] 버튼을 클릭하여 작성하고, 작성 후 [확인] 버튼을 클릭한다.

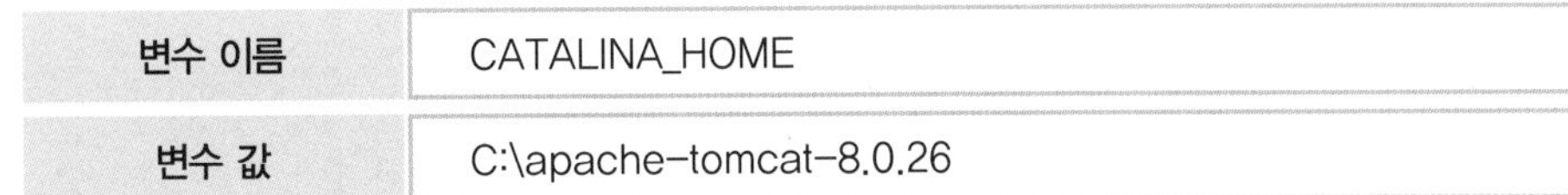

변수 이름	CATALINA_HOME
변수 값	C:\apache-tomcat-8.0.26

▲ CATALINA_HOME 설정, C드라이브에 설치된 경우 예시

07 제대로 설치가 되었는지 확인하기 위해 톰캣 설치 환경의 하위 폴더인 "bin" 폴더 (apache-tomcat-톰캣버전\bin) 안의 "startup.bat" 파일을 더블클릭한다. 톰캣 서비스를 올리기 위한 파일이다.

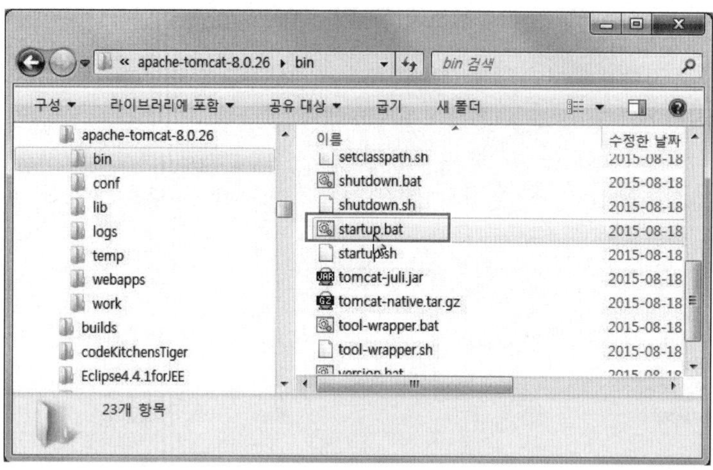

▲ 톰캣(Tomcat) 설치 확인 1

08 [Tomcat] 창이 표시되면서 각종 서비스가 올라오는 것을 확인할 수 있다. JSP를 서비스하기 위해서는 이 창을 닫으면 안 된다. 물론 이클립스의 경우에는 자체적으로 톰캣을 실행시킬 수 있다. 그러나 실제로 서비스를 하는 경우에는 반드시 이 창이 열려 있어야만 JSP 기반의 작업을 할 수 있다. Window 플랫폼에서는 [Tomcat] 창이 표시될 때 경고창이 표시될 수 있는데 이때 [액세스 허용] 버튼을 클릭한다.

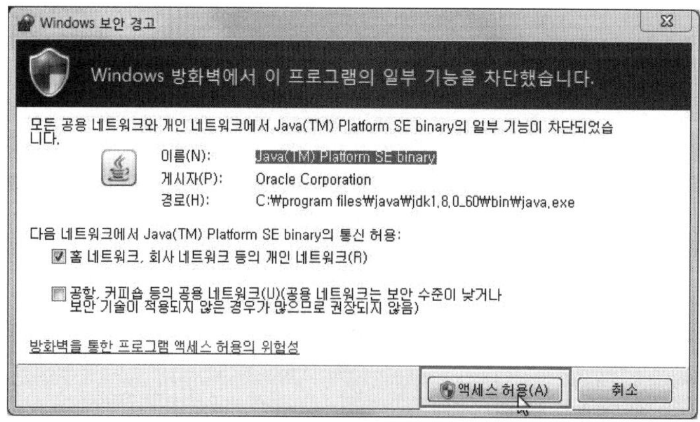

▲ Windows 보안 경고

만일 [Tomcat] 창이 뜨다가 사라지면 이는 제어판의 환경 변수 중에서 "JAVA_HOME" 변수가 없거나 변수 값이 잘못되어서 그렇다. 반드시 JDK 설치 디렉토리를 확인해서 "JAVA_HOME" 변수 값을 확인한다. 그리고 "CATALINA_HOME" 변수도 잘못되었는지 확인한다.

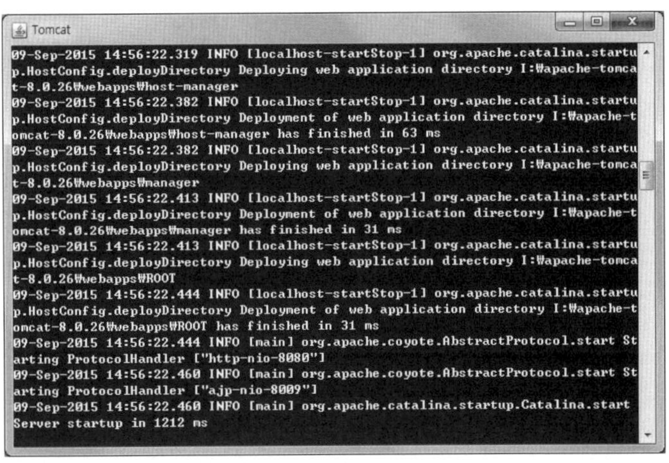

▲ 톰캣(Tomcat) 설치 확인 2

09 웹 브라우저를 열고 주소에 http://127.0.0.1:8080/을 입력한다. 아래와 같은 화면이 표시되면 제대로 설치된 것이다.
만일 아래와 같은 화면이 표시되지 않으면 주소에 입력한 URL에 오타가 있는지를 확인한다.

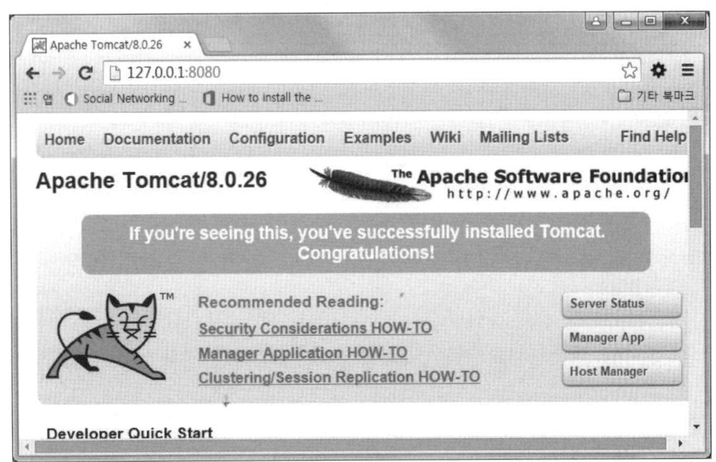

▲ 톰캣(Tomcat) 설치 확인 3

⑩ 톰캣 서비스를 내릴 때는 톰캣 설치 환경의 하위폴더인 "bin" 폴더(apache-tomcat-톰캣버전\bin) 안의 "shutdown.bat" 파일을 더블클릭해서 한다.

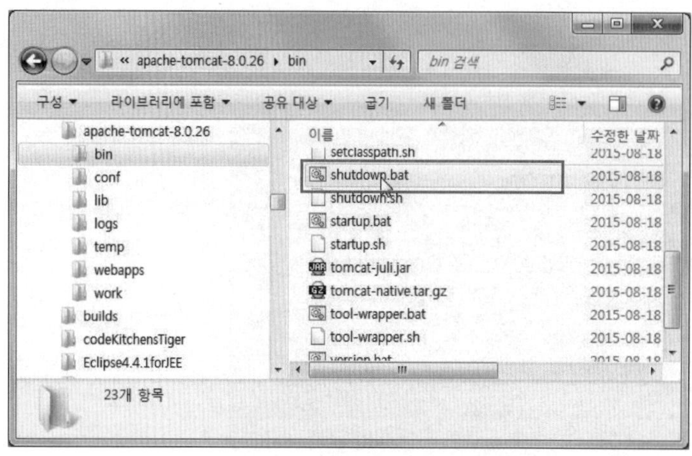

▲ 톰캣 서비스 관련 파일

여기까지 하면 JSP 웹 애플리케이션 개발 환경의 기본 설정이 끝난다. 이제는 애플리케이션을 개발하는 툴로 이클립스를 사용하기 위해 이클립스를 설치하고 프로젝트 작업 환경을 설정하는 작업이 남아 있다.

03 │ 통합 개발 환경 이클립스 다운로드 및 설치

최근에는 애플리케이션을 개발할 때 이클립스(Eclipse)와 같은 오픈개발 플랫폼을 사용한다. 자바프로젝트, 웹 애플리케이션, 안드로이드 애플리케이션 및 C/C++, PHP를 사용해서 개발할 때도 이클립스를 사용한다.

이 책은 JSP를 맨 처음 입문하는 입문자들을 위한 책이다. '아직 익숙하지 않은 사용자들에게는 이클립스가 너무 어려운 것 아닌가?'라는 의문을 가질 수 있다. 그러나 현업에서 대부분의 애플리케이션을 작성할 때 이클립스를 쓰는 것이 이미 표준화 되어 있기 때문에 조금 어렵더라도 이클립스를 사용해서 개발하는 것이 좋다. 특히 공공기관의 애플리케이션을 수주하기 위해 사용하는 전자정부 프레임워크도 이클립스 기반으로 만들어져 있다. 조금 어렵더라도 메모장이나 에디트 플러스(Editplus)를 쓰지 말고 이클립스를 사용해서 개발해 보자.

1 이클립스(Eclipse) 소개

자바 기반의 프로그램을 작성하려면 편집 프로그램을 설치해야 한다. 아무 편집기나 사용해도 되나 가급적이면 자바 기반 오픈소스 플랫폼인 이클립스를 사용해야 한다. 이클립스는 무료로 사용할 수 있는 개발 플랫폼으로 편리하게 애플리케이션을 개발할 수 있어서 각광을 받고 있다.

이클립스 컨소시엄은 이클립스의 개발을 중심으로 소프트웨어 개발 방법을 발전시키기 위해 소프트웨어 개발 환경에 대해 토론하는 오픈 커뮤니티이다. 1999년 IBM과 OTI를 중심으로 시작된 자바 기반의 프로젝트로 개발자가 여러 종류의 IDE(Integrated Development Environment : 통합개발환경)를 사용하며 작업할 필요 없이 조화롭게 사용할 수 있도록 해주는 프레임워크(Framework) 개발을 목표로 했다. 2001년 IBM이 이를 오픈소스 프로젝트로 만들었고, Borland, METANT, QNX Software System, Relational Software, Red Hat, SuSE, TogetherSoft, Webgain이 합류하여 Eclipse.org 컨소시엄이 결성되었다. 그후 HP, Fujitsu, Sybase, Oracle, OMG 등 많은 소프트웨어 벤더 및 우리나라의 ETRI(한국전자통신연구원)도 참여하여 통합 개발 환경을 위한 산업 표준적인 플랫폼을 만들기 위해 노력하고 있다.

이클립스 프로젝트가 지향하는 바를 요약하면 다음과 같다.

- 애플리케이션 개발 툴을 위한 개방형 플랫폼 : 다양한 OS 지원, GUI와 비GUI를 모두 지원한다.
- 언어 중립성 : 콘텐츠의 형식(HTML, JAVA, C, JSP, EJB, XML,..)은 제한하지 않는다.
- 다양한 툴을 조화롭게 통합 : UI(User Interface)는 물론 더 깊은 수준에서 통합, 이미 설치된 제품에 새로운 도구를 자유롭게 추가할 수 있게 한다.

이클립스는 CPL(Common Public License)이라는 라이선스로 배포되고 있다. CPL은 다음과 같은 특징을 가지고 있다. 이클립스 플러그인을 만들거나, 어떤 소프트웨어를 개발하기 위해 이클립스를 사용한 개발자는 CPL에 따라 자신이 사용하거나 수정한 모든 이클립스 코드를 공개해야 한다. 그러나 자신이 직접 개발하여 추가한 부분에 대해서는 소스를 공개하지 않을 수도 있고 유료화할 수도 있다. 이것이 오픈 라이선스와 다른 점으로, 공동체의 이익과 상업성 사이의 균형에 신경 쓴 것이다. 따라서 이클립스는 무료로 사용할 수 있고, 마음껏 수정할 수 있으나 비용을 지불해야 하는 플러그인도 존재할 수 있다.

② 이클립스(Eclipse) 다운로드 및 설치

이클립스로 프로젝트를 개발하려면 먼저 이클립스 SDK를 설치한 후, 필요한 플러그인 설치나 어떠한 프로젝트 개발을 위한 다른 SDK 혹은 툴 등을 이클립스 SDK에 추가로 설치해야 한다. 그러나 이클립스의 버전이 좋아지면서 이러한 것들이 하나로 묶여 통째로 한 번에 설치할 수 있도록 제공되고 있는데, 그것이 Eclipse IDE 버전이다.

우리도 Eclipse IDE 버전을 다운로드 받아서 한 번에 개발 환경을 세팅할 것이다. 그런데 IDE 버전은 두 가지가 제공된다. Eclipse IDE for Java Developers와 Eclipse IDE for Java EE Developers가 있는데, 웹 프로젝트를 작성하려면 Eclipse IDE for Java EE Developers를 다운받아 설치한다. 이 파일은 부록 CD의 program 폴더에서도 제공되니 다운로드 받지 않고 부록 CD의 파일을 사용해도 된다.

01 웹 브라우저를 열고 http://www.eclipse.org/downloads/를 입력해 이클립스 다운로드 사이트로 이동한다. 페이지가 표시되면 [Eclipse IDE for Java EE Developers] 항목에서 Windows XP, Vista, Window 7 32bit일 경우 [32bit]를 클릭하고, Vista 64bit, Window 7 64bit일 경우 [64bit]를 클릭한다.

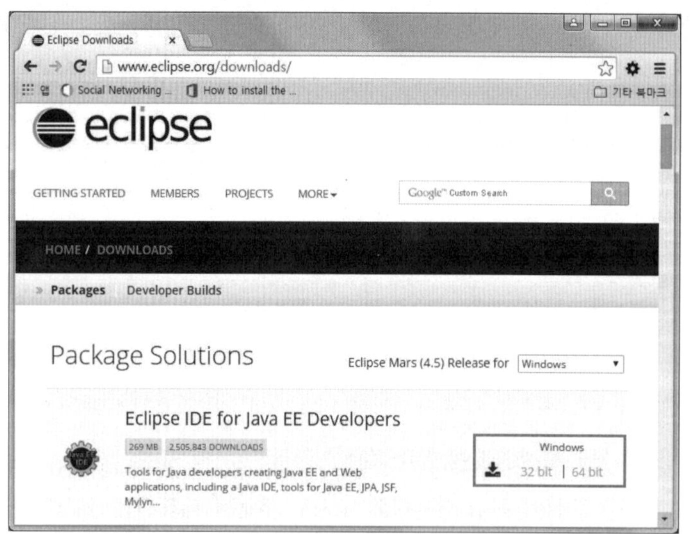

▲ 이클립스(Eclipse) 다운로드 1

02 [Eclipse Downloads – mirror selection] 화면으로 이동하면, [DOWNLOAD] 버튼을 클릭한다.

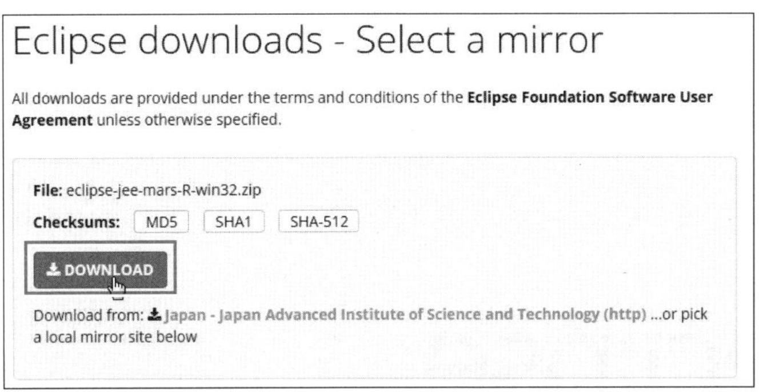

▲ 이클립스(Eclipse) 다운로드 2

03 다운로드 중간에 35달러를 기부하라거나, Eclipse Letter 서비스에 가입하라는 화면이 나오더라도 무시한다. 열심히 영어 메시지를 읽는 동안 파일의 다운로드가 끝난다.

04 다운로드 받은 파일의 압축을 드라이브의 루트에 해제한다. 예를 들어 C드라이브의 루트 아래에 해제하기 위해서 C드라이브를 선택한다. 각자 원하는 드라이브 루트를 선택하여 압축을 해제한다. 이클립스도 압축을 해제하면 설치가 된다.

05 탐색기를 열어 이클립스가 설치된 것을 확인한다.

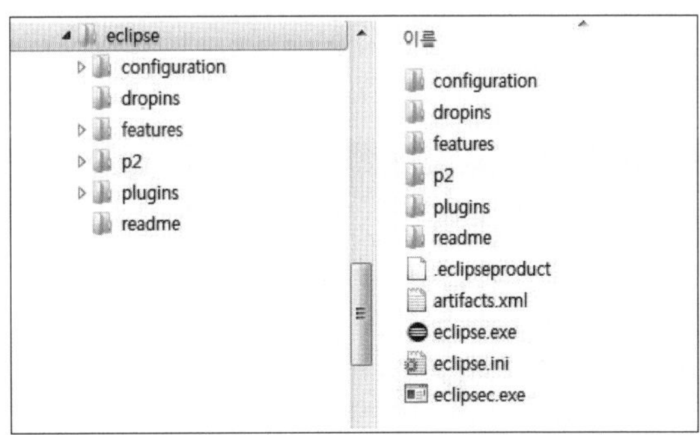

▲ 탐색기에서 이클립스 설치 확인

❸ 이클립스(Eclipse) 실행 및 환경 설정

이클립스를 실행 후 이클립스 환경 설정을 해야 한다.

(01) 설치된 [eclipse] 폴더에 있는 eclipse.exe 파일을 더블클릭해 이클립스를 실행한다.

▲ 이클립스 실행 1

(02) 이클립스가 실행되면서 [Workspace Launcher] 창이 표시된다. [Workspace] 항목에 C:\project를 입력한다. 이러면 해당 폴더가 존재하지 않으면 생성하고, 존재하면 해당 폴더를 사용한다. 또한 [Use the as default and do not ask again] 항목은 이 창을 다시 표시하지 않으려면 체크하는데, 워크스페이스 전환을 위해 체크를 하지 않은 채로 둔 후 [OK] 버튼을 클릭한다.

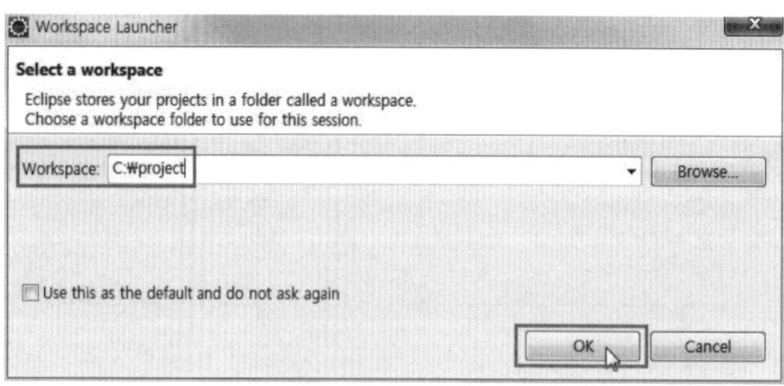

▲ 이클립스 실행 2

03 [Welcome] 탭이 표시되면, 오른쪽 상단의 [Workbench]를 클릭한다.

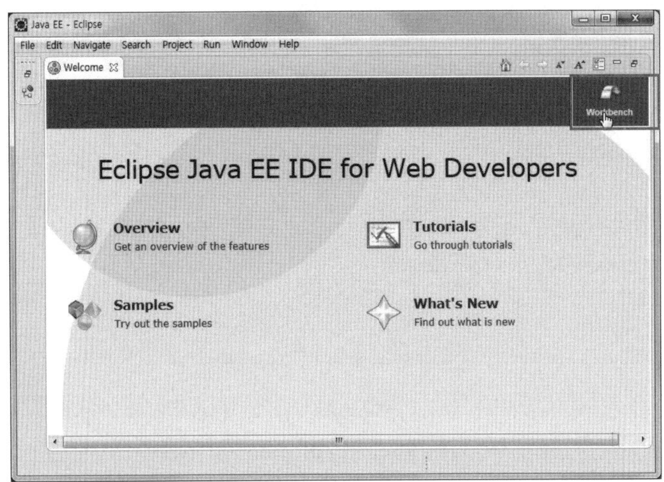

▲ 이클립스 실행 3

[Overview]는 이클립스의 개요 설명, [Tutorials]는 이클립스의 사용법, [Samples]는 샘플 코드, [What' s New]는 새로 추가된 기능에 대한 설명을 가지고 있다.

04 이클립스 작업창이 표시된다.

[Java EE] 퍼스펙티브는 현재 Java SE 프로젝트 및 Java EE 프로젝트를 작성할 수 있는 작업 환경임을 나타낸다.

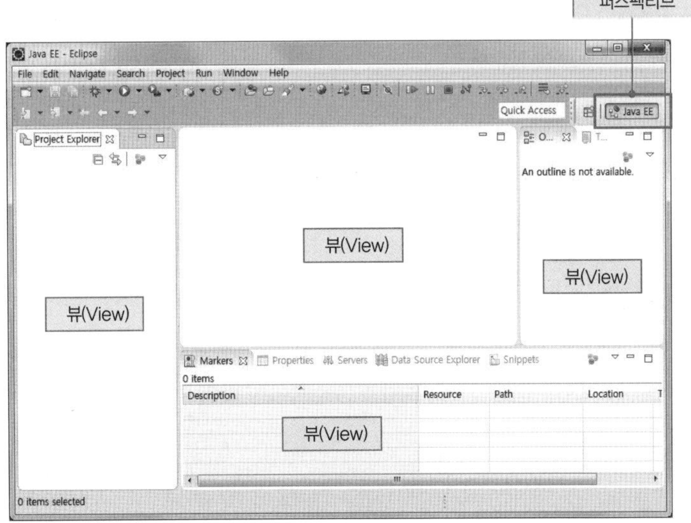

▲ 이클립스 실행 4

퍼스펙티브(Perspective)

어떤 작업을 수행하기 위한 뷰의 레이아웃 세트로, 퍼스펙티브(Perspective)는 다양한 뷰의 배치 레이아웃이다. 이클립스에서는 여러 개의 뷰 중에서 필요에 따라 사용되는 뷰를 결합 배치해 사용하지만, 하나하나의 뷰를 호출해서 배치한 후 작업을 하는 것은 매우 번거로운 작업이다. 따라서 이를 보완하기 위해 상황에 따라 필요한 뷰의 레이아웃 정보를 세트로 호출함으로써 뷰의 배치 레이아웃이 상황에 따라 자동적으로 변경되도록 제공하는 것이 퍼스펙티브(Perspective)이다.

뷰(View)

전체 화면을 구성하는 요소로 개별적인 판넬의 형태를 취한다.

05 이클립스 작업 환경을 설정하기 위해 [Window]-[Preferences] 메뉴를 선택한다.

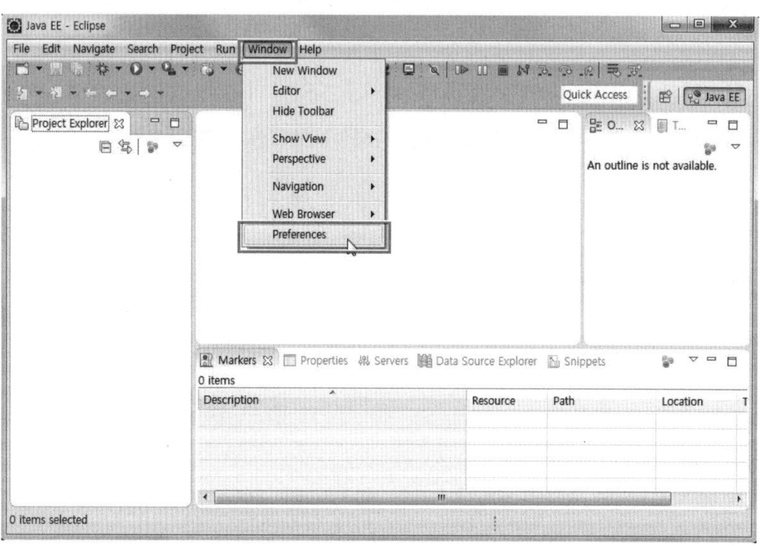

▲ 이클립스 작업 환경 설정 1

06 웹 페이지에서 한글이 깨지지 않게 처리하는 환경 설정을 한다. [Preferences] 창이 표시되면 [General]-[Workspace] 항목을 선택한다. 오른쪽에 표시되는 내용 중 [Text file encoding] 항목에서 [Other]를 선택 후 [UTF-8]을 선택한다. 변경 사항을 적용하기 위해 [Apply] 버튼을 클릭한다.

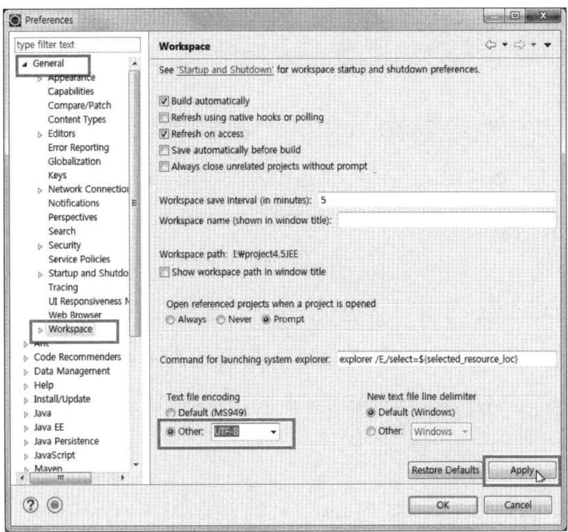

▲ 이클립스 작업 환경 설정 2

07 이번에는 에디터 뷰에 표시되는 소스 코드에 라인 번호를 부여하는 환경 설정을 한다. [Preferences] 창에서 [General]-[Editors]-[Text Editors] 항목을 선택한다. 오른쪽에 표시되는 내용에서 [Show line numbers] 항목을 선택 후 [OK] 버튼을 클릭한다.

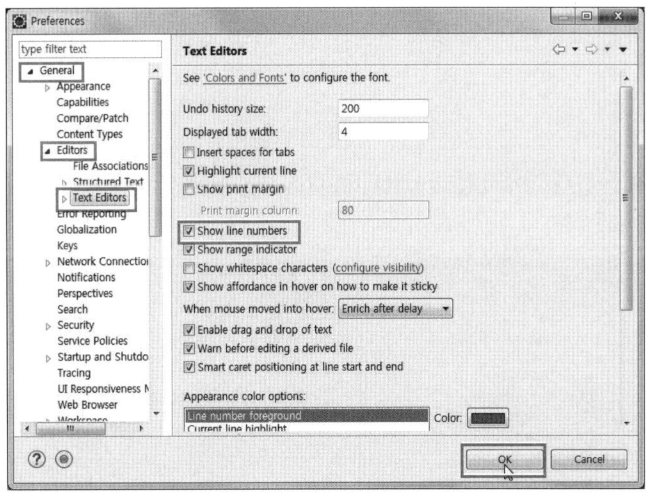

▲ 이클립스 작업 환경 설정 3

이제 모든 설치가 끝났다. 이제부터는 JSP 페이지를 작성하기 위해 이클립스에서 웹 서버를 설정하고 동적 웹 프로젝트(Dynamic Web Project)를 작성하면 된다.

이클립스에서는 작성한 웹 프로젝트가 웹 애플리케이션이다. 쉽게 말하면 웹 사이트나 게시판 등도 모두 웹 애플리케이션이라 할 수 있다. 이 웹 애플리케이션을 이루기 위해서는 웹 페이지인 JSP나 Servlet(서블릿)을 작성해야 한다.

이클립스에서 JSP 페이지 및 Servlet을 작성하려면 동적 웹 프로젝트(Dynamic Web Project)를 작성한 후에 만들어야 한다. 또한 동적 웹 프로젝트를 동작시키려면 설정한 서버(Server)에 웹 프로젝트를 추가해야 한다. 따라서 동적 웹 프로젝트를 작성하기 전에 먼저 서버를 설정해야 한다.

지금부터 웹 서버를 설정하고, 동적 웹 프로젝트를 작성하여 웹 페이지를 작성하는 일련의 과정을 살펴보자.

1 이클립스에서 웹 서버(Web Server) 설정

이클립스에서 설정하는 서버는 웹 서버를 뜻한다. 여기서 우리는 Tomcat 8.0을 서버로 설정할 것이다. 톰캣은 앞에서 미리 설치했으므로 여기서는 가져다 사용하면 된다.

이제부터 설치되어 있는 Tomcat 8.0을 사용해 서버를 설정해 보자.

01 서버 설정을 하기 위해 이클립스에서 [File]-[New]-[Other] 메뉴를 선택한다.

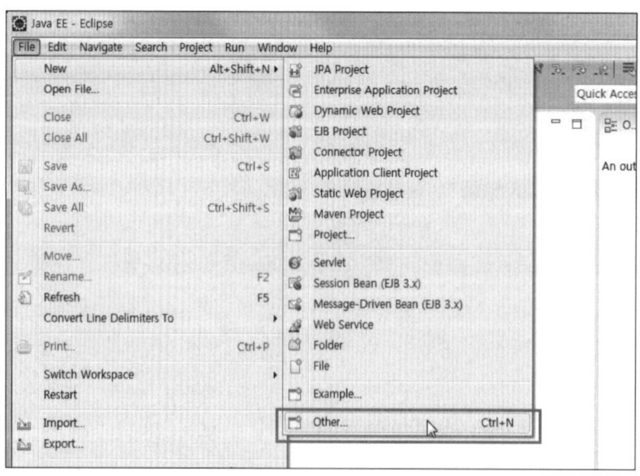

▲ Tomcat 8.0 서버 설정 1

02 [New] 창에서 스크롤바를 내려 [Server] 항목의 하위 항목인 [Server] 항목을 선택하고 [Next] 버튼을 클릭한다. 이것은 서버 설정을 작성하기 위한 것이다.

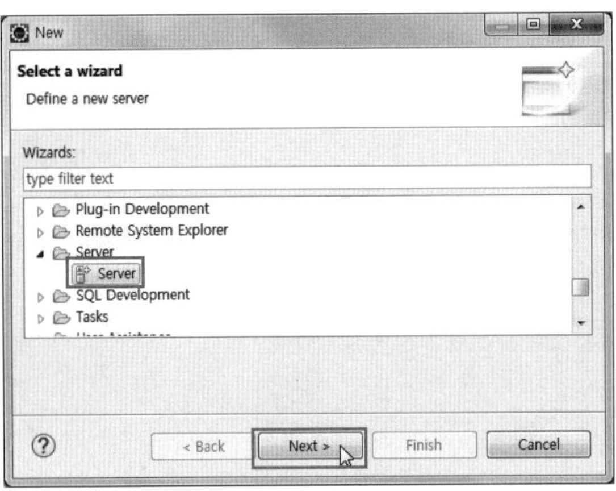

▲ Tomcat 8.0 서버 설정 2

03 [New Server] 창이 표시되고 [Define a New Server] 화면으로 진행하면, [Apache] 항목에서 [Tomcat v8.0 Server]를 선택 후 [Next] 버튼을 클릭한다. 여기서는 작성할 서버의 종류에 대한 설정을 하는 것으로 나머지는 기본값을 그대로 사용한다.

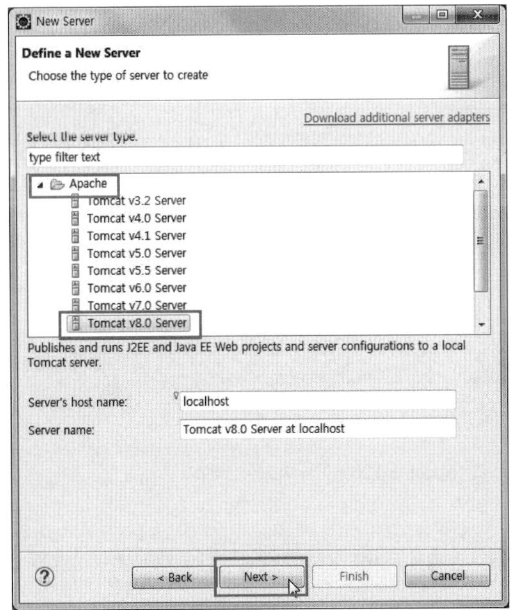

▲ Tomcat 8.0 서버 설정 3

04 [Tomcat Server] 화면이 표시되는데, 여기서는 선택한 서버의 종류에 따른 설정이 표시된다. Tomcat의 경우는 사용하는 Tomcat 서버에 대해 다음과 같은 항목을 설정한다. 설정한 후에는 [Finish] 버튼을 클릭한다.

Name	설정 이름을 입력할 때는 기본적으로 서버명과 버전이 그대로 지정된다. 기본값을 그대로 사용한다.
Tomcat installation directory	사용하는 Tomcat 서버가 설치되어 있는 폴더의 경로를 지정한다. 오른쪽의 [Browse...] 버튼을 클릭하여 지정한다. 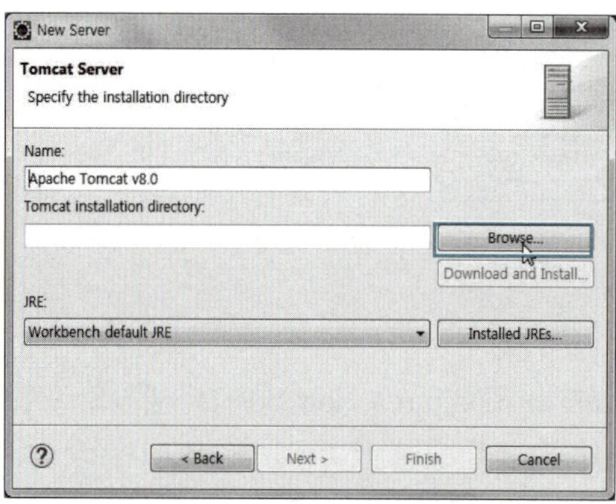 ▲ Tomcat 설치 디렉토리 설정 1 [폴더 찾아보기] 대화 상자에서 톰캣 홈을 선택한 후 [확인] 버튼을 클릭한다. 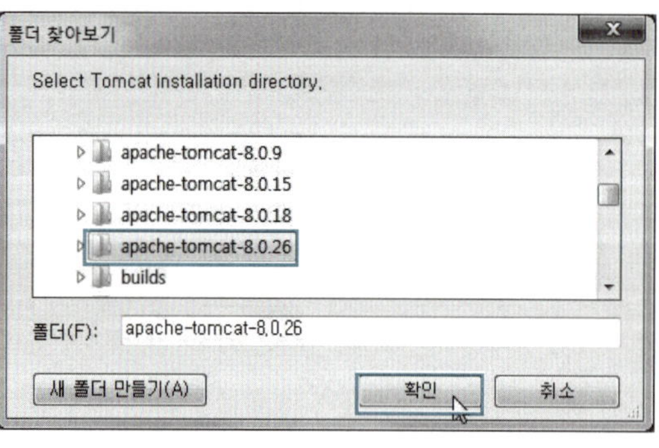 ▲ Tomcat 설치 디렉토리 설정 2 필자의 경우 톰캣 홈이 [apache-tomcat-8.0.26]이어서 이것을 선택했다.
JRE	설치된 JRE에서 어떤 JRE를 사용해서 서버를 실행할지를 지정한다. 여기서는 기본값을 그대로 사용한다.

필자의 경우 다음과 같이 설정한 후 [Finish] 버튼을 클릭했다.

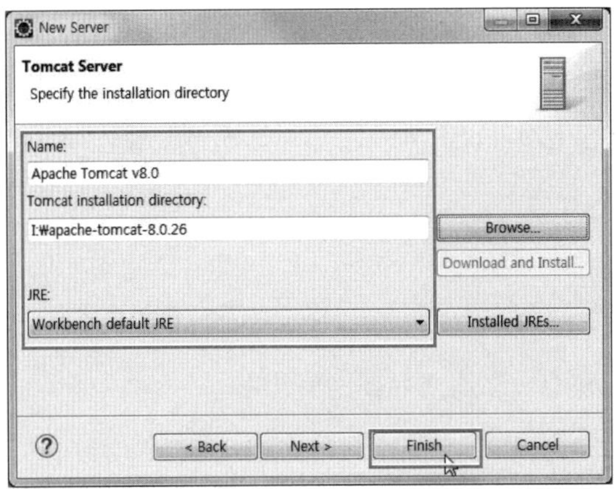

▲ Tomcat 8.0 서버 설정 4

05 이것으로 Tomcat v8.0 Server가 이클립스에 등록되는데, 이것은 [Project Explorer] 뷰에서 확인할 수 있다.

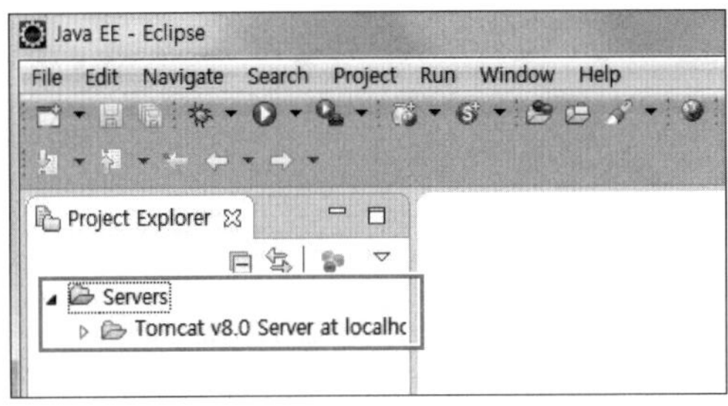

▲ Tomcat 8.0 서버 설정 확인

같은 방식으로 다른 서버도 등록할 수 있다. JEE에서는 복수의 서버 설정을 제공하며, 프로젝트마다 원하는 서버에 배치할 수 있다.

❷ 이클립스에서 동적 웹 프로젝트(Dynamic Web Project) 작성

이제 동적 웹 프로젝트(Dynamic Web Project)를 작성하는 것에 대해 알아보자. 서버를 설정하는 것과 마찬가지로 마법사를 따라 진행하면 프로젝트가 작성된다. 또한 여기서 작성하는 프로젝트에는 웹 애플리케이션에 필요한 설정과 JSP 페이지, 그리고 서블릿 등을 작성한다.

1) 동적 웹 프로젝트 작성

01 이클립스의 메뉴에서 [File]-[New]-[Project] 메뉴를 선택한다.

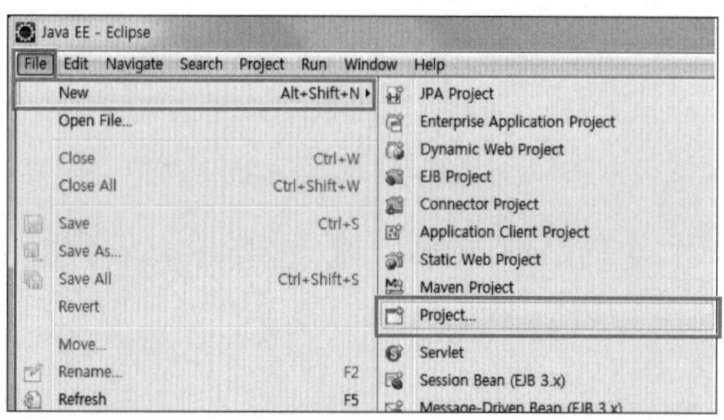

▲ 동적 웹 프로젝트(Dynamic Web Project) 작성 1

02 [New Project] 창에서 [Web] 항목의 하위 항목인 [Dynamic Web Project] 항목을 선택한 후 [Next] 버튼을 클릭한다.

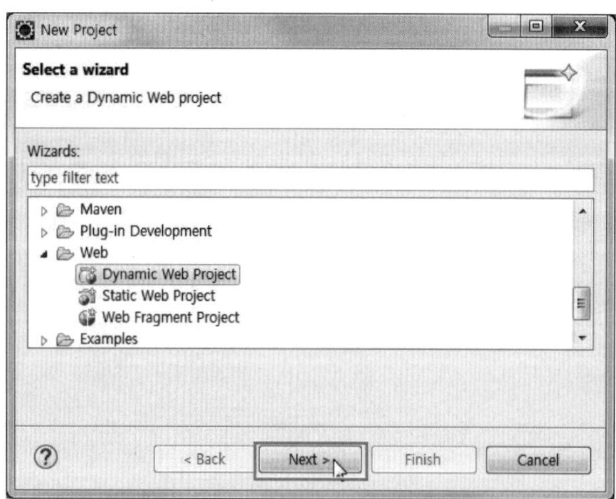

▲ 동적 웹 프로젝트(Dynamic Web Project) 작성 2

03 [New Dynamic Web Project] 창의 내용이 [Dynamic Web Project] 화면으로 진행되면 [Project name] 항목에 StudyBasicJSP를 입력 후 나머지 항목은 기본값을 그대로 사용 후 [Next] 버튼을 클릭한다.

여기에서 프로젝트의 기본적인 정보를 설정하는 것으로, 각 항목의 설명은 다음과 같다.

Project name	프로젝트의 이름을 지정하는 곳으로, 직접 입력한다. 예 StudyBasicJSP
Project location	프로젝트의 배치 장소에 관한 지정으로, 보통은 [Use default location] 항목이 선택되어 있다. 선택을 해제하면 프로젝트의 배치 장소를 변경할 수 있다.
Target runtime	프로젝트의 실행에 사용하는 서버 설정을 선택하는 것으로, 앞에서 설정한 Apache Tomcat v8.0이 기본값으로 선택되어 있다.
Configuration	사전에 특수한 기능 등을 결합한 형태로 구성 완료된 프로젝트를 사용하기 위한 것이다. 특별히 사용하지 않으려면 기본값을 그대로 쓴다.
EAR membership	EAR(Enterprise Archive)라는 엔터프라이즈 아카이브 파일에 포함시키기 위한 것으로, 이것은 자바 EE 규정에 의거한 J2EE Server에서 사용가능하다. Tomcat에서는 사용할 수 없다. Target runtime에서 자바 EE 규정에 의거한 J2EE Server를 선택하면, [Add project to an EAR] 항목이 선택 가능해진다. 이 항목을 선택하고, [EAR project name] 항목을 설정하면 특정 EAR에 프로젝트가 결합된다.

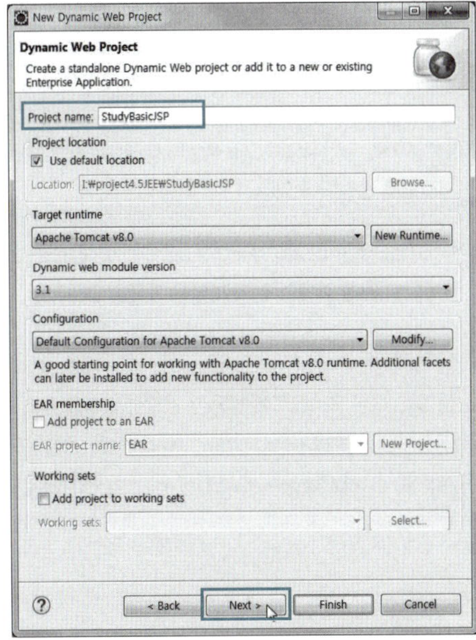

▲ 동적 웹 프로젝트(Dynamic Web Project) 작성 3

04 [Java] 화면이 표시된다. [Java] 화면은 자바 애플리케이션 빌드에 대한 것으로, 기본 소스 .java가 저장된 폴더 src에 대응되는 .class 파일이 저장되는 폴더를 지정하는 것이다. 여기서는 기본값 [build\classes]을 그대로 사용하고 [Next] 버튼을 클릭한다.

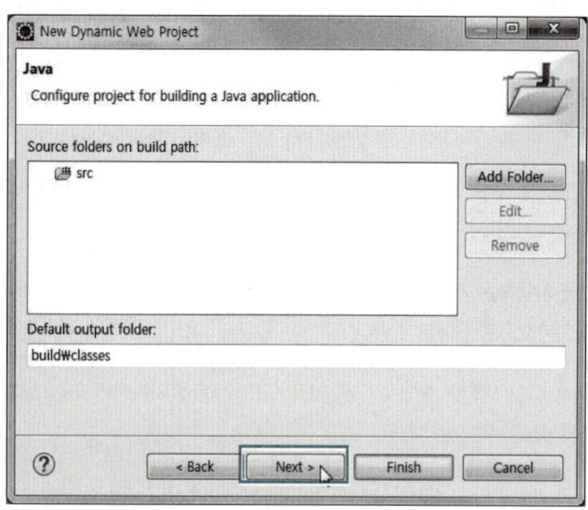

▲ 동적 웹 프로젝트(Dynamic Web Project) 작성 4

05 [Web Module] 화면이 표시된다. 웹 모듈은 프로젝트에서 작성되는 웹 애플리케이션의 부분으로 여기에서 작성할 웹 모듈에 관한 설정을 한다. [Context root] 항목과 [Content Directory] 항목은 기본값을 그대로 사용하고, [Generate web.xml deployment descriptor] 항목을 체크해 선택 후 [Finish] 버튼을 클릭한다.

Context Root	콘텍스트 루트의 장소를 지정하는 것으로, 일반적으로 프로젝트의 디렉토리가 선택된다. 여기서는 'StudyBasicJSP'가 기본값으로 설정되어 있다.
Content Directory	콘텐츠의 배치 장소를 지정하는 것으로, 일반적으로 'WebContent'가 기본값으로 설정되어 있다. 이 폴더가 웹 모듈이다. 콘텐츠는 .java 파일과 설정 파일을 제외한 jsp, html, css, js 파일 등을 위치시킨다.
Generate web.xml deployment descriptor	이 항목은 동적 웹 프로젝트를 생성시, 해당 프로젝트에 필요한 개별적인 설정 정보 등을 기술하는 디플로이먼트 디스크립터(deployment descriptor)인 web.xml을 생성할지의 여부를 선택한다. 이 파일은 [프로젝트명]─[WebContent]─[WEB─INF] 안에 위치한다.

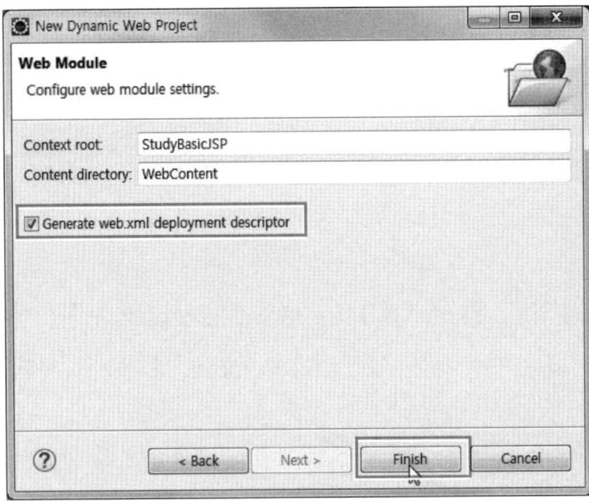

▲ 동적 웹 프로젝트(Dynamic Web Project) 작성 5

06 [Project Explorer] 뷰에 [StudyBasicJSP] 프로젝트가 생성된 것을 확인할 수 있다.

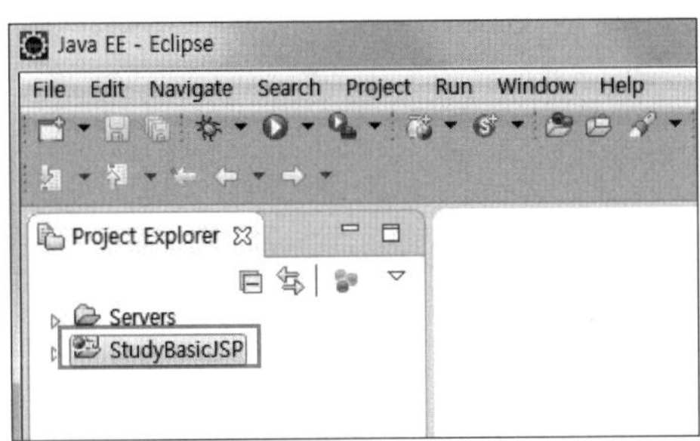

▲ 작성된 동적 웹 프로젝트 확인

07 작성된 [StudyBasicJSP] 프로젝트는 이클립스의 워크스페이스(workspace) 폴더에 프로젝트명과 같은 이름의 폴더로 관리된다.

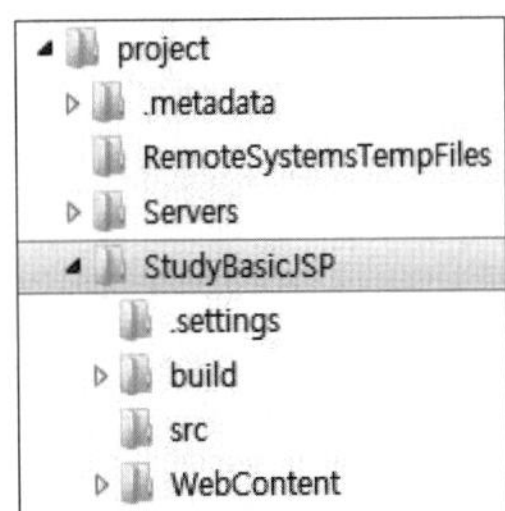

▲ 워크스페이스 내에 작성된 프로젝트 확인

2) 동적 웹 프로젝트를 서버에 추가

생성된 동적 웹 프로젝트를 서버에 추가해야 제대로 동작될 수 있다. 작성한 [StudyBasic JSP] 프로젝트를 [Tomcat v8.0 Server]에 추가해 보자.

01 이클립스 창 하단의 [Servers] 뷰의 [Tomcat v8.0 Server at localhost ~]를 선택 후 오른쪽 마우스 버튼을 눌러 표시되는 메뉴에서 [Add and Remove...] 메뉴를 선택한다.

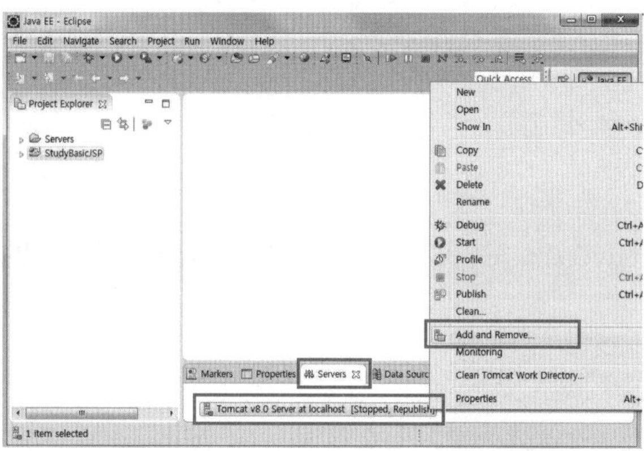

▲ 프로젝트를 톰캣 서버에 추가 1

02 [Add and Remoce...] 창이 표시되면 [Available] 항목에 있는 추가할 프로젝트인 [StudyBasicJSP]를 선택 후 [Add] 버튼을 클릭한다. 프로젝트가 [Configured] 항목에 표시되면 [Finish] 버튼을 클릭한다.

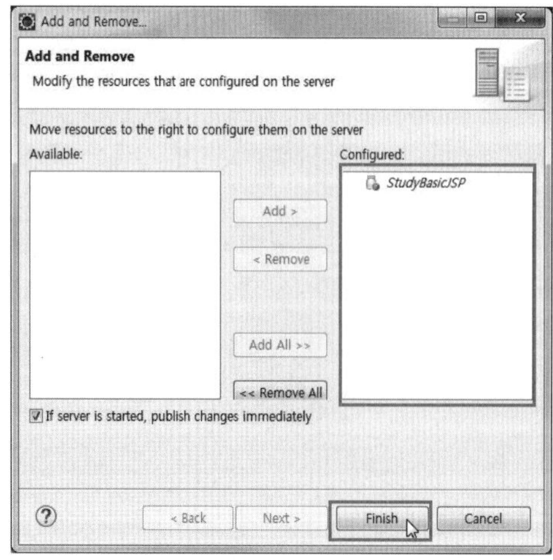

▲ 프로젝트를 톰캣 서버에 추가 2

03 [Servers] 뷰의 [Tomcat v8.0 Server at localhost ~] 항목을 펼치면 [StudyBasicJSP]
프로젝트가 추가된 것을 알 수 있다.

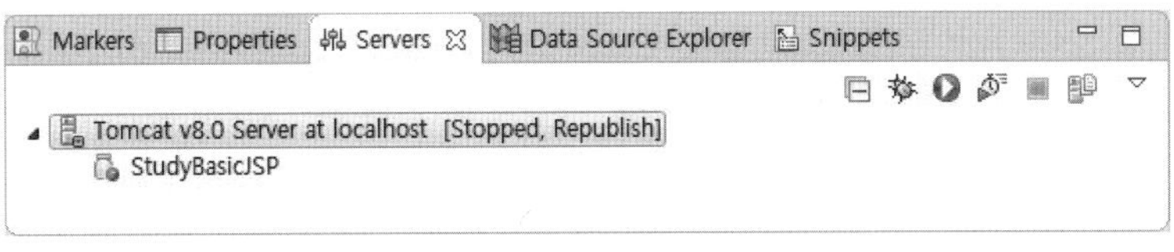

▲ 프로젝트를 톰캣 서버에 추가 3

서버의 설정과 동적 웹 프로젝트의 작성이 끝났으니, 이제 JSP 페이지와 서블릿을 작성해
서 서버에서 웹 페이지를 실행해 보자.

③ 이클립스에서 JSP 페이지와 서블릿 작성 및 실행

작성한 프로젝트에 JSP 페이지와 서블릿 페이지를 추가 후 톰캣 서버에서 실행시켜 보자.

1) JSP 페이지 작성 및 실행

여기서는 JSP 페이지의 인코딩과 템플릿을 변경하고, JSP 페이지를 작성 후 실행하는 방
법을 학습한다.

❶ JSP 페이지의 인코딩 설정 및 템플릿 페이지 변경

앞으로 작성할 JSP 페이지의 인코딩을 utf-8로 지정하고, 템플릿 페이지에서 JSP의
html 코드 부분을 html5 문법으로 작성하기 위한 환경 설정을 한다.

01 [Window]-[Preferences] 메뉴를 선택한다.

02 [Preferences] 창이 표시되면 스크롤바를 내린 후 [Web] 항목을 펼친 후 하위 항목인
[JSP Files] 항목을 선택한다. [JSP Files] 항목의 오른쪽에 표시되는 내용에서
[Encoding] 항목의 값을 [ISO 10646/Unicode(UTF-8)]로 지정 후 나머지는 기본값을
그대로 사용하고 [Apply] 버튼을 클릭한다.

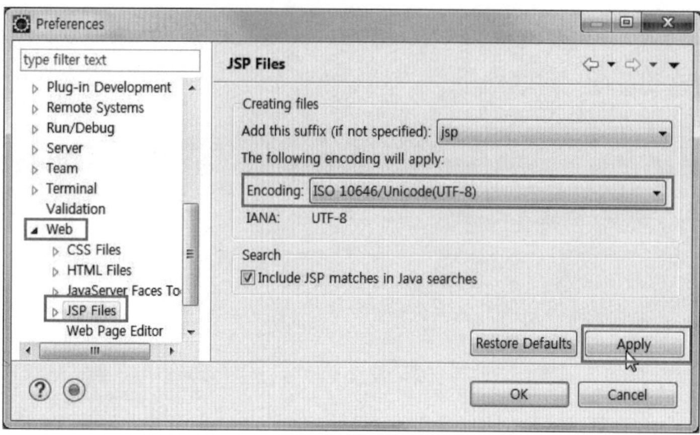

▲ JSP 페이지의 인코딩 설정

03 [JSP Files]–[Editor]–[Templates]를 선택하면 오른쪽에 [Templates]의 내용이 표시된다. 이때 [New...] 버튼을 클릭한다.

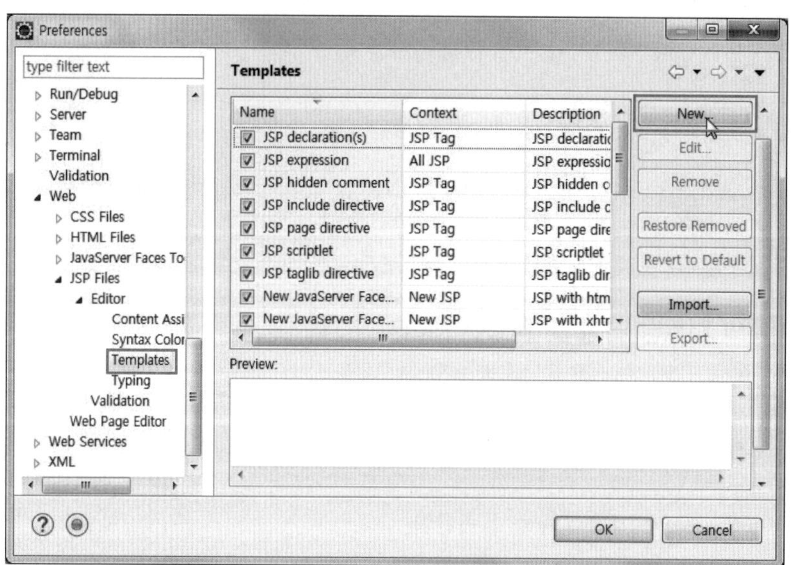

▲ JSP 페이지의 템플릿 설정 1

04 [New Template] 창이 표시되면, [Name] 항목에 "New JSP File (html5)"을 입력하고
[Context] 항목에서 [New JSP]를 선택한다. [Pattern] 항목에 부록 CD의 [source]-
[ch02]에서 제공하는 jsptemplate.txt의 내용을 복사하여 붙여넣기 한 후 [OK] 버튼을
클릭한다.

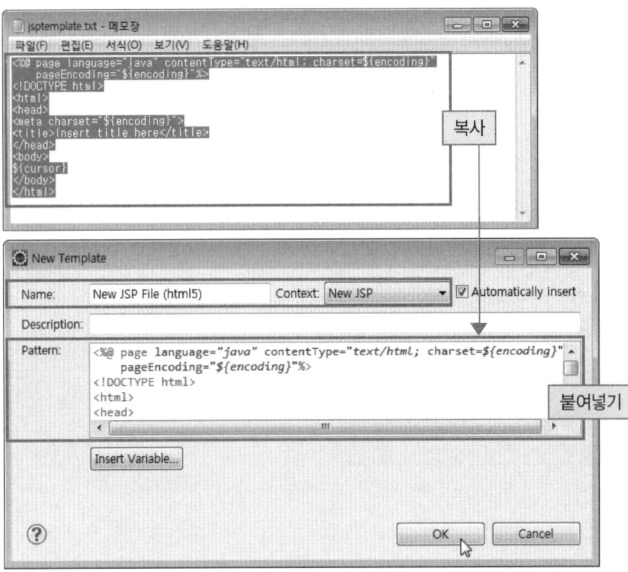

▲ JSP 페이지의 템플릿 설정 2

05 [Create, edit or remove templates:] 항목에 [New JSP File (html5)] 항목이 추가된
것을 확인 후 [OK] 비튼을 클릭한다.

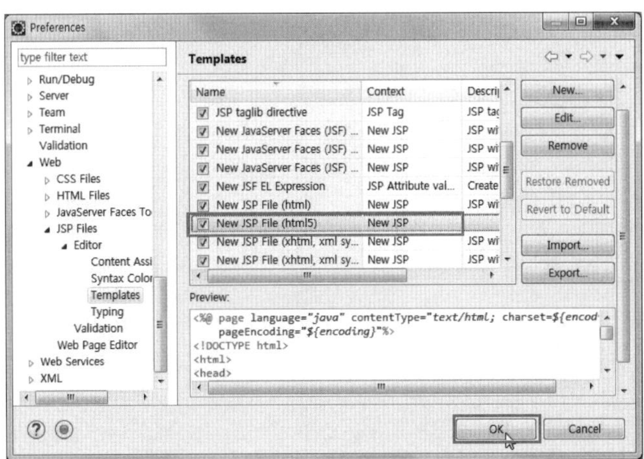

▲ JSP 페이지의 템플릿 설정 3

❷ JSP 페이지 작성

이클립스 프로젝트에서 JSP 페이지는 [프로젝트]-[WebContent] 폴더에 생성한다. JSP 페이지를 작성해 보자.

01 [Project Explorer] 뷰에서 [StudyBasicJSP] 프로젝트의 [WebContent] 폴더를 선택한 후 마우스 오른쪽 버튼을 클릭하여 표시되는 단축 메뉴에서 [New]-[JSP File] 메뉴를 선택한다.

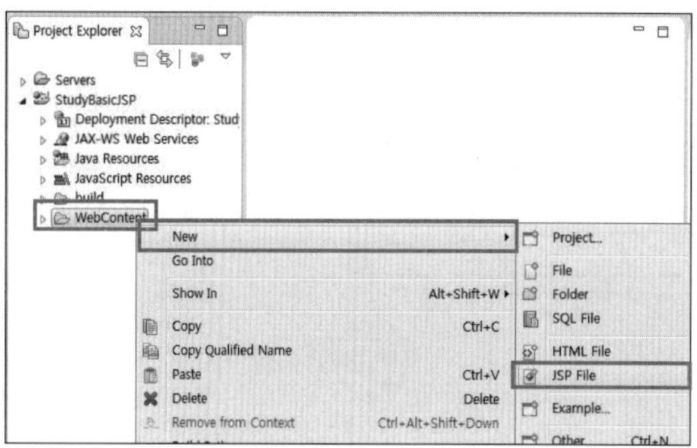

▲ 이클립스에서 JSP 페이지 작성 1

02 [New JSP File] 창이 표시되면, 파일 작성 위치로 [StudyBasicJSP] 프로젝트의 [WebContent]를 선택하고, [File name] 항목에 "index.jsp"를 입력한 후 [Next] 버튼을 클릭한다.

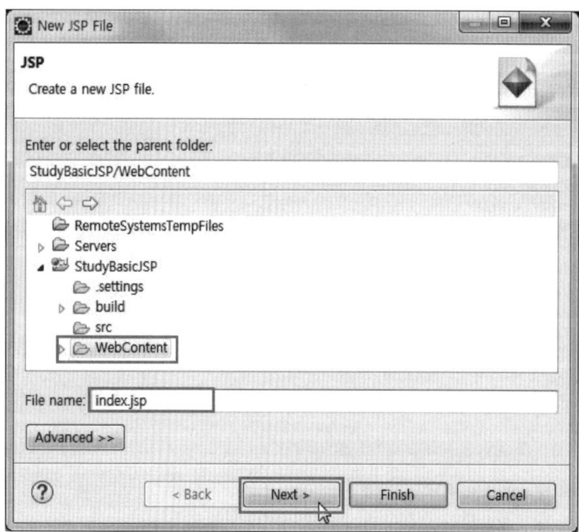

▲ 이클립스에서 JSP 페이지 작성 2

03 [New JSP File] 창에 [Select JSP Template] 화면이 표시되면, 앞에서 생성한 [New JSP File (html5)] 항목을 선택하고 [Finish] 버튼을 클릭한다.

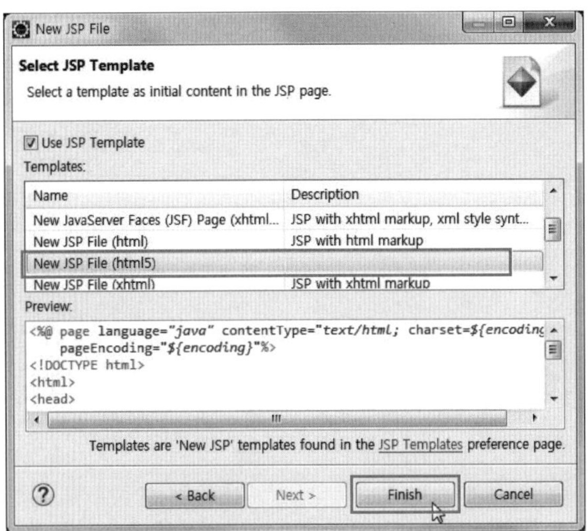

▲ 이클립스에서 JSP 페이지 작성 3

04 다음과 같이 index.jsp 페이지가 작성된 것을 확인할 수 있다.

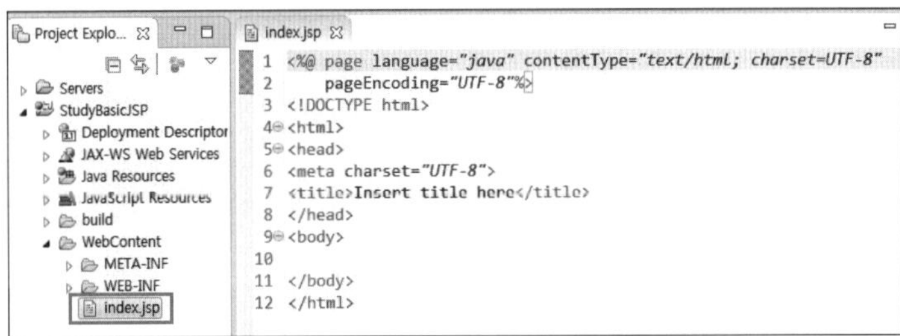

▲ 이클립스에서 JSP 페이지 작성 4

❸ JSP 페이지 실행

이번에는 작성된 index.jsp 페이지를 이클립스에서 실행하는 방법에 대해 알아보자.

01 작성된 index.jsp 페이지에 다음과 같이 내용을 변경한 후 [New]−[Save] 메뉴를 선택해 저장한다. 변경 및 추가된 부분은 진하게 표시했다.

```
01  <%@ page language="java" contentType="text/html; charset=UTF-8"
02      pageEncoding="UTF-8"%>
03  <!DOCTYPE html>
04  <html>
05  <head>
06  <meta charset="UTF-8">
07  <title>JSP 입문</title>
08  </head>
09  <body>
10    <h2>JSP 입문</h2>
11    <hr/>
12    <%= "처음으로 작성하는 JSP 페이지" %>
13  </body>
14  </html>
```

02 완성된 소스를 실행하기 위해서는 톰캣 서버의 서비스를 시작해야 한다. 먼저 이클립스에서 톰캣 서버의 서비스를 실행하기 위해서는 서버가 실행중인지 중단되어 있는지를 확인해야 한다. [Servers] 뷰의 [Tomcat v8.0 Server at localhost]가 "Tomcat v8.0 Server at localhost [Stoppted, Republish]"로 표시되어 있으면 현재 서비스가 중단된 상태라는 의미이다.

서비스를 실행하기 위해 "Tomcat v8.0 Server at localhost [Stoppted, Republish]"를 선택하고 [Servers] 뷰 [Start the Server] 아이콘을 클릭한다.

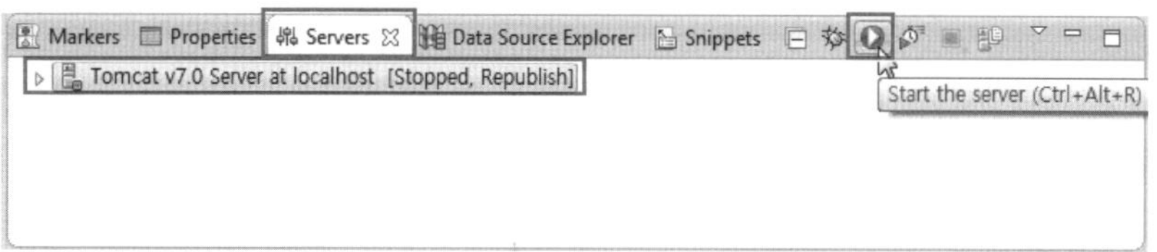

▲ 톰캣 서버 서비스 시작하기 1

보안경고창이 표시되면 [액세스 허용] 버튼을 클릭한다.

03 그러면 화면의 제어가 [Console] 뷰로 넘어가 서비스에 필요한 파일들을 로딩한다.

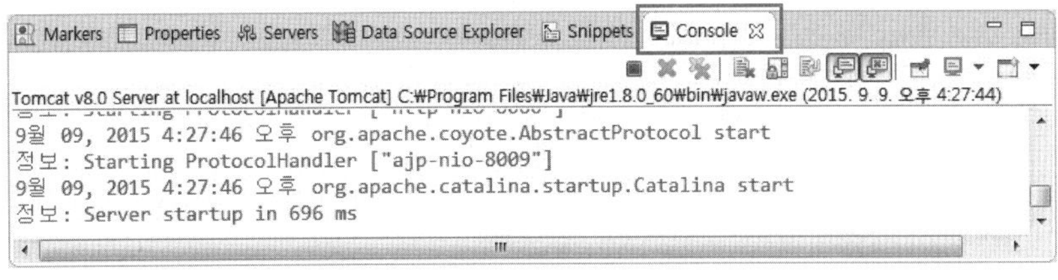

▲ 톰캣 서버 서비스 시작하기 2

04 로딩이 끝나면 제어가 다시 [Servers] 뷰로 돌아오고 톰캣 서버가 "Tomcat v8.0 Server at localhost [Started, Synchronized]"로 변경된 것을 확인할 수 있다. 이것은 톰캣 서버가 현재 서비스 중이라는 의미이다.
톰캣 서버를 중단시킬 때는 [Stop the Server] 아이콘을 클릭한다.

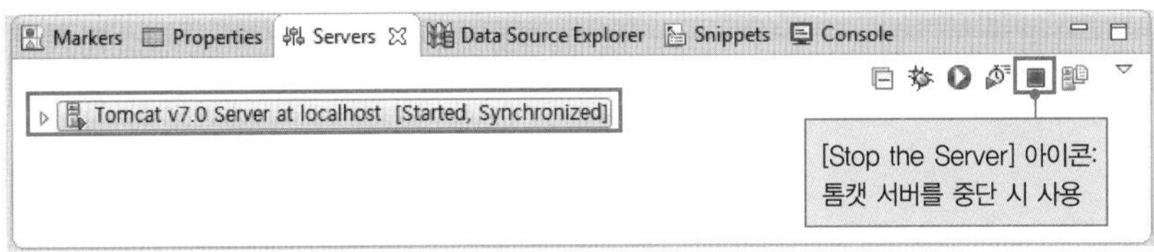

▲ 톰캣 서버 서비스 시작하기 3

05 서버가 성공적으로 실행되면 실행할 JSP 페이지인 index.jsp 페이지를 선택한 후, 마우스 오른쪽 버튼을 클릭하여 [Run As]-[Run on Server] 메뉴를 선택한다.

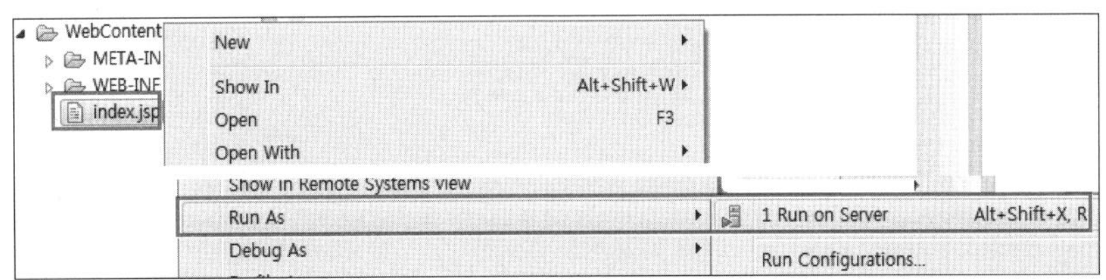

▲ index.jsp 페이지 실행 1

06 [Run on Server] 창이 표시되면 기본값을 그대로 사용하고 [Finish] 버튼을 클릭한다.

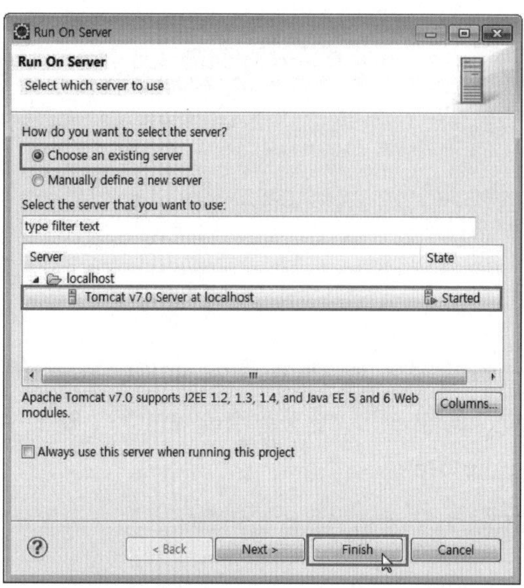

▲ index.jsp 페이지 실행 2

07 index.jsp가 이클립스 자체 내장 웹브라우저에서 실행되어 표시된다.

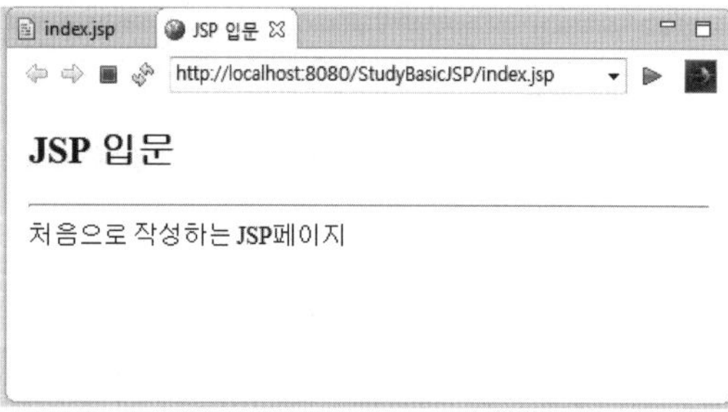

▲ index.jsp 페이지 실행 3

자바의 설치부터 JSP 페이지의 작성까지의 일련의 과정이 끝났다. 입문 과정이어서 서블릿을 컨트롤러로 사용하는 MVC 패턴은 학습하지 않는다. 그래서 할 필요가 없다고 생각할 수도 있다. 서블릿은 이클립스 버전이 달라질 때마다 작성 방법이 바뀌어 우리를 분노케 하므로 기본적인 작성 방법을 모르면 정작 필요할 때 만들지 못할 수 있다. 그러니 일단 작성 방법은 알아두자.

2) 서블릿(Servlet) 작성 및 실행

　서블릿은 웹 페이지를 자바 클래스로 작성하는 방법이다. 자바 클래스를 만드는 방식이라 JSP 페이지를 만드는 것보다 까다롭고 한눈에 페이지의 구조를 알기도 어렵다. 이런 특징 때문에 서블릿은 화면에 내용을 표시하는 JSP와는 쓰이는 목적이 다르다. 최근에 서블릿은 JSP 페이지처럼 화면에 내용을 표시할 목적으로 쓰지 않고, MVC 패턴에서 로직인 Model과 화면에 결과를 표시하는 View 사이에서 제어를 하는 Controller로 사용된다. 나중에 MVC 패턴을 사용하는 작업할 것을 대비해 일단 이클립스에서 작성하는 방법을 학습해 보자.

　서블릿은 .java 파일이므로 저장되는 위치가 [Java Resources]-[src]이다. 자바 기반의 모든 애플리케이션에서 .java 파일은 항상 [src]에 위치한다. 또한 자바 파일들은 패키지로 관리하는 것이 편하기 때문에 먼저 패키지를 작성하는 것이 좋다.

❶ 패키지 작성

　패키지(package)는 관련된 자바 클래스들을 모아서 관리하는 것으로, 애플리케이션을 개발할 때 일반적으로 패키지를 생성해 로직 파일들을 관리한다. 여기서도 간단하게 서블릿을 작성해 보는 것이나, 일단 처음부터 체계적으로 작성해 보는 것이 중요하므로 패키지를 작성해서 한다.

　여기서는 [Java Resources]-[src] 안에 [ch02] 패키지를 만든다.

01 [Project Explorer] 뷰의 [StudyBasicJSP] 프로젝트에서 [Java Resources]-[src]를 선택 후 마우스 오른쪽 버튼을 눌러 [New]-[Package] 메뉴를 선택한다.

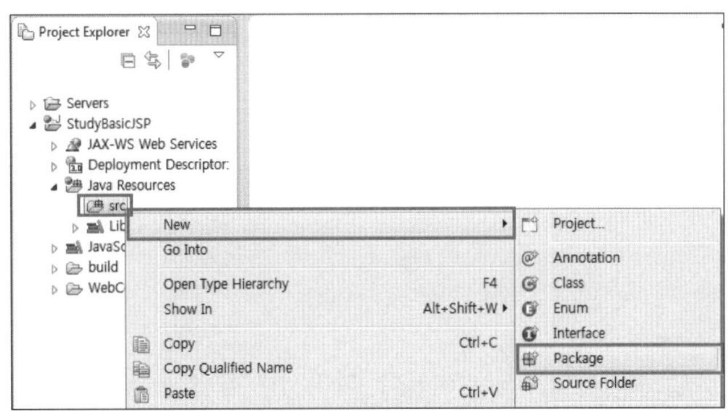

▲ [ch02] 패키지 생성 1

02 [Source folder] 항목의 내용이 [StudyBasicJSP/src]인 것을 확인 후 [Name] 항목에
"ch02"를 입력하고 [Finish] 버튼을 클릭한다.

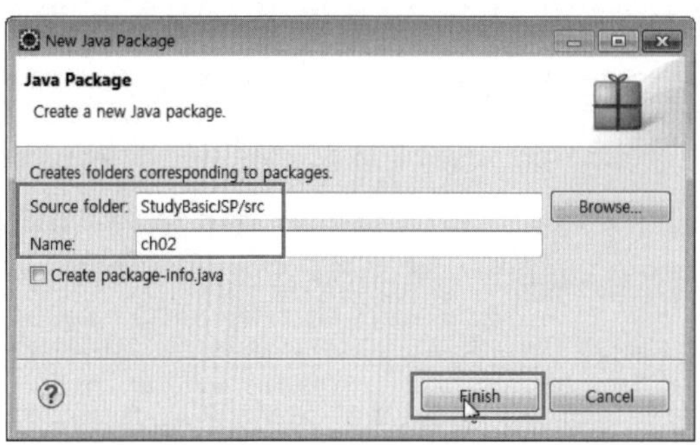

▲ [ch02] 패키지 생성 2

03 [Java Resources]-[src] 안에 [ch02] 패키지가 만들어진 것을 확인할 수 있다. 패키지
의 색이 투명한 것은 안에 자바 클래스가 하나도 없어서이다. 자바 클래스를 만들고 나
면 황토색으로 바뀐다.

만일 [ch02] 패키지가 [src] 아래에 만들어지지 않으면, 프로젝트명을 선택 후 `F5` 키를
눌러 새로 고침 한다. 그래도 안 되면 제거 후 다시 만든다. 간혹 이클립스 버전에 따라
이런 일이 발생할 수 있다.

▲ [ch02] 패키지 생성 3

❷ 서블릿 작성

서블릿은 자바 클래스로 .java 파일로 만들어져서 관리된다. 따라서 서블릿 클래스를 생성
하면 서블릿이 생성된다. 여기서는 작성한 [ch02] 패키지에 HelloServlet 클래스를 생성한다.

01 [Project Explorer] 뷰의 [StudyBasicJSP] 프로젝트에서 [Java Resources]-[src]-[ch02] 패키지를 선택 후 마우스 오른쪽 버튼을 눌러 [New]-[Servlet] 메뉴를 선택한다.

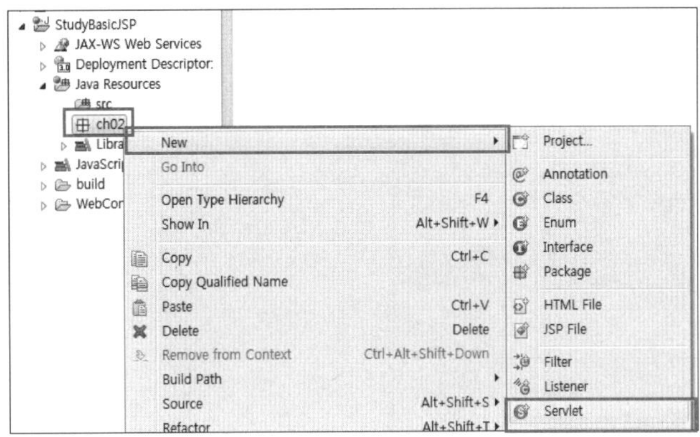

▲ HelloServlet 서블릿 작성 1

02 [Create Servlet] 창이 표시되면 [Class name] 항목에 "HelloServlet"을 입력 후 [Next] 버튼을 클릭한다.

▲ HelloServlet 서블릿 작성 2

03 서블릿을 실행할 때 필요한 파라미터, URL 매핑 등을 기술하는 곳으로, 여기서는 기본 값을 그대로 사용하고 [Next] 버튼을 클릭한다.

URL 매핑이 /HelloServlet이라는 것은 이 서블릿을 이클립스 밖에서 직접 실행할 때

http://127.0.0.1:8080/StudyBasicJSP/HelloServlet과 같이 쓴다.

http://127.0.0.1:8080/StudyBasicJSP는 웹 애플리케이션 루트로 현재의 프로젝트명
이다.

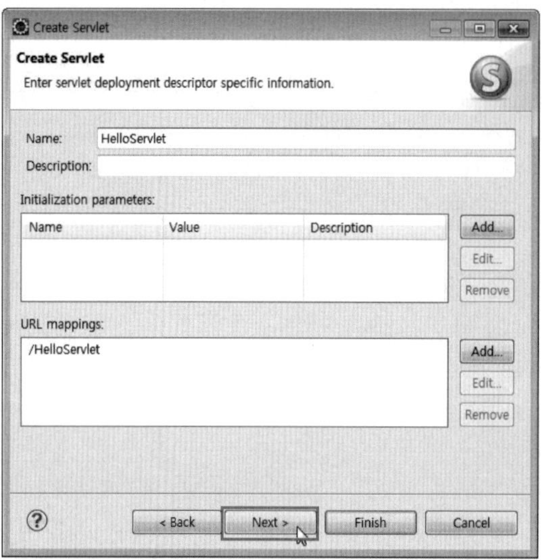

▲ HelloServlet 서블릿 작성 3

04 서비스 메소드를 선택하는 것으로, 기본값을 그대로 사용하고 [Finish] 버튼을 클릭한다.

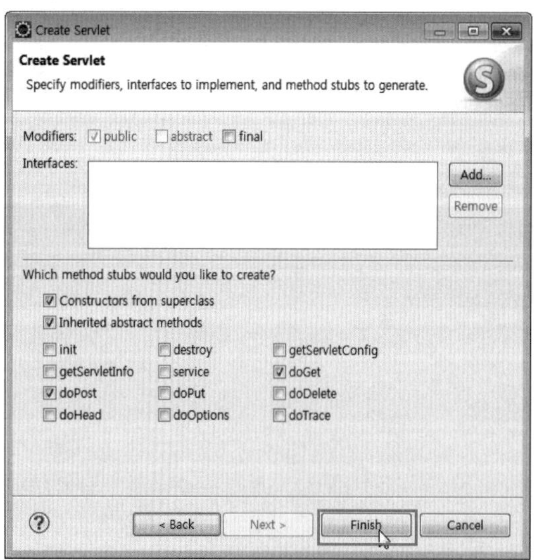

▲ HelloServlet 서블릿 작성 4

05 [ch02] 패키지 안에 HelloServlet.java가 생성된 것을 확인할 수 있다.

```
Project Explorer 23                         HelloServlet.java 23
                                        1  package ch02;
  Servers                               2
  StudyBasicJSP                         3  import java.io.IOException;
    Deployment Descriptor: Stuc         9
    JAX-WS Web Services                10  /**
    Java Resources                     11   * Servlet implementation class HelloServlet
      src                              12   */
        ch02                           13  @WebServlet("/HelloServlet")
          HelloServlet.java            14  public class HelloServlet extends HttpServlet {
    Libraries                          15      private static final long serialVersionUID = 1L;
    JavaScript Resources               16
    build                              17      /**
    WebContent                         18       * @see HttpServlet#HttpServlet()
                                       19       */
                                       20      public HelloServlet() {
```

▲ HelloServlet 서블릿 작성 5

❸ 서블릿 실행

앞에서 작성한 서블릿인 HelloServlet.java를 톰캣 서버에서 실행한다. 실행하는 방법은 JSP 페이지와 같다.

01 [HelloServlet.java] 서블릿의 내용을 수정한 후 저장한다. 변경 및 추가된 부분은 진하게 표시했다.

화면에 "처음 작성하는 Servlet"이라는 문구를 출력하기 위해 4, 35, 37~48라인을 코딩해야 한다. JSP에 비해 너무 불편하다는 것을 볼 수 있다. 이것은 서블릿이 화면에 내용을 표시하는 것으로 사용하기에는 구조가 너무 복잡하다는 것을 알 수 있다. 이런 작업은 JSP 페이지를 사용해서 하는 것이다. 여기서는 서블릿 작성법을 배우기 위해 한 번 작성해 본 것이다.

```
01    package ch02;
02
03    import java.io.IOException;
04    import java.io.PrintWriter;
05
06    import javax.servlet.ServletException;
```

```java
07    import javax.servlet.annotation.WebServlet;
08    import javax.servlet.http.HttpServlet;
09    import javax.servlet.http.HttpServletRequest;
10    import javax.servlet.http.HttpServletResponse;
11
12    /**
13     * Servlet implementation class HelloServlet
14     */
15    @WebServlet("/HelloServlet")
16    public class HelloServlet extends HttpServlet {
17        private static final long serialVersionUID = 1L;
18
19       /**
20        * @see HttpServlet#HttpServlet()
21        */
22       public HelloServlet() {
23          super();
24          // TODO Auto-generated constructor stub
25       }
26
27       /**
28        * @see HttpServlet#doGet(HttpServletRequest request, HttpServletResponse
response)
29        */
30       protected void doGet(HttpServletRequest request,
31                         HttpServletResponse response)
32                                    throws ServletException, IOException {
33          // TODO Auto-generated method stub
34
35          response.setContentType("text/html;charset=utf-8");
36
37          try {
38              PrintWriter out = response.getWriter();
39              out.println("〈HTML〉");
40              out.println("〈HEAD〉〈TITLE〉Servlet 연습〈/TITLE 〉〈/Head〉");
41              out.println("〈BODY〉");
```

```
42              out.println("처음 작성하는 Servlet");
43              out.println("〈/BODY〉");
44              out.println("〈HTML〉");
45              out.close();
46          }catch(Exception e){
47              getServletContext().log("Error in HelloServlet:",e);
48          }
49      }
50
51      /**
52       * @see HttpServlet#doPost(HttpServletRequest request, HttpServletResponse
response)
53       */
54      protected void doPost(HttpServletRequest request,
55              HttpServletResponse response)
56                      throws ServletException, IOException {
57          // TODO Auto-generated method stub
58      }
59
60  }
```

02 [Servers] 뷰의 [Tomcat v8.0 Server at localhost]가 "Tomcat v8.0 Server at localhost [Started, Syncronized]"로 표시되어 있으면 [Stop the Server] 버튼을 눌리 서버를 내린 후 다시 서버를 기동시키기 위해 [Servers] 뷰의 [Start the Server] 아이콘을 클릭한다. 서블릿은 새로 작성하거나 내용 변경이 있는 경우 서버를 다시 기동시켜야 한다.

03 서버가 실행되면 실행할 서블릿인 [HelloServlet.java]를 선택한 후, 오른쪽 마우스 버튼을 클릭하여 [Run As]-[Run on Server] 메뉴를 선택한다.

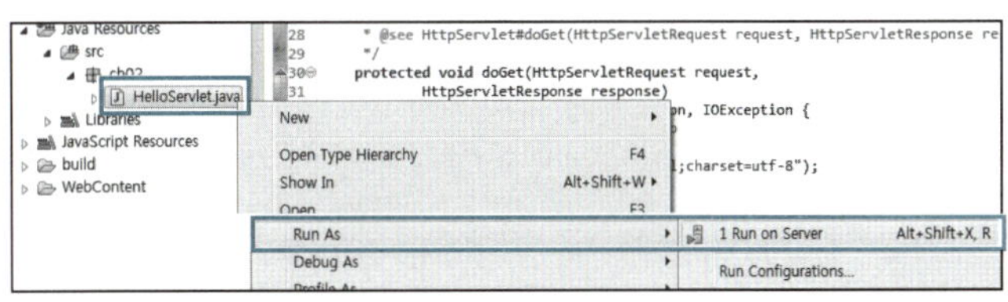

▲ HelloServlet 서블릿 실행 1

04 [Run on Server] 창이 표시되면 기본값을 그대로 사용하고 [Finish] 버튼을 클릭한다.

05 서블릿 [HelloServlet.java]가 이클립스 자체 내장 웹 브라우저에서 실행되어 표시된다.

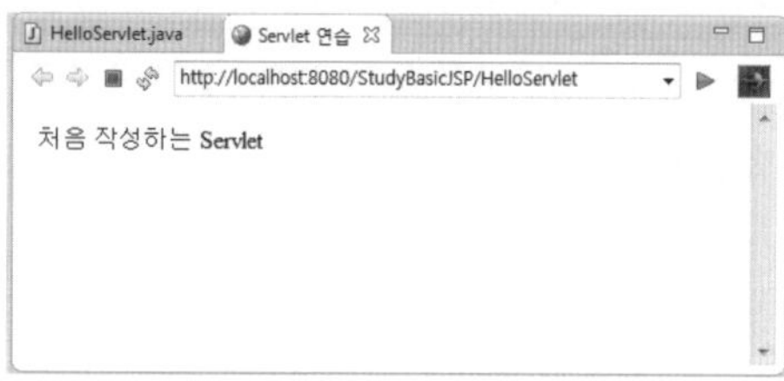

▲ HelloServlet 서블릿 실행 2

지금까지 이클립스에서 웹 서버로 톰캣을 지정하고, 동적 웹 프로젝트를 작성해 JSP 페이지와 Servlet을 작성하는 방법을 공부했다. 동적 웹 프로젝트는 웹 애플리케이션으로 서비스된다. 사실 우리가 이클립스에서 실행하는 것은 테스트 환경이다. 또한 우리가 작업하는 컴퓨터는 개발 컴퓨터이다. 즉, 실제로 서비스를 하는 서버가 아니라는 것이다.

웹 애플리케이션을 웹상에서 서비스를 하려면, 애플리케이션 개발 후 실제로 서비스하는 배포 파일인 WAR 파일로 보내야 한다. JSP는 서비스하는 서버의 운영체제가 UNIX, LINUX, Windows Server이건 상관없이 개발자가 사용하기 편한 개발컴퓨터 환경에서 개발해 배포 파일이 WAR 파일을 만들면 된다. 이 WAR 파일만을 FTP(알FTP 등의 프로그램)를 사용해 웹 서비스 위치로 보내면, 서비스 시 알아서 파일의 압축이 해제되어 우리가 이클립스에서 테스트해 보았던 화면 그대로 클라이언트에게 서비스한다.

05 │ 이클립스에서 작성한 웹 애플리케이션 배포 – WAR 내보내기

자, 이제부터 WAR 파일을 생성해 서비스하는 일련의 과정에 대해 학습해 보자.

먼저 웹 서비스를 위해 WAR 파일을 만들어 서비스 환경에서 실행해 보는 방법을 알아보자. 웹 애플리케이션(여기서는 웹 사이트를 의미)은 완성 후 서비스하기 위해 꼭 WAR 파일을 만든다는 것을 명심한다. 원래 WAR 파일은 수동으로 만들었는데 복잡해서 만들기가 쉽지 않았다. 그런데 이클립스에서는 이 과정을 쉽게 처리할 수 있도록 WAR 파일을 만드는 것을 메뉴로 제공했다. 우리는 이것을 사용해 WAR 파일을 만든다.

1 WAR 파일 생성

우리가 작성한 [StudyBasicJSP] 프로젝트는 서비스할 웹 사이트가 된다. 이 [StudyBasicJSP] 프로젝트를 WAR 파일을 작성해 서비스한다. 책을 모두 학습해야 [StudyBasicJSP] 프로젝트가 완성되나 일단 학습한다는 의미에서 해보자.

01. 톰캣 서버가 올라와 있는 경우에 서버를 내린 후 [StudyBasicJSP] 프로젝트를 선택한 후 마우스 오른쪽 버튼을 눌러 [Export]–[WAR file] 메뉴를 선택한다.

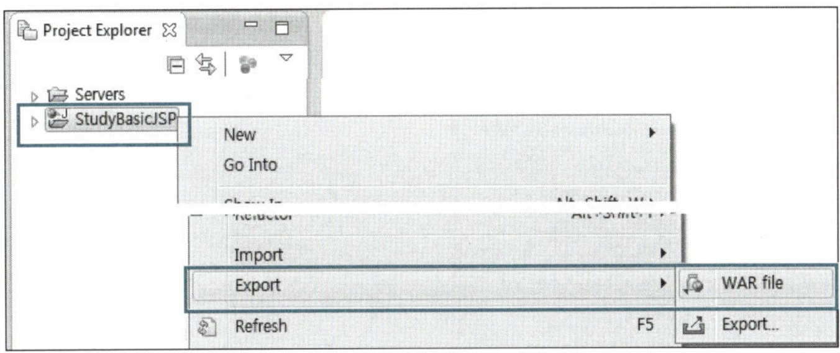

▲ [StudyBasicJSP] 프로젝트의 WAR 내보내기 1

02. [Export] 창이 표시되면 [Destination] 항목의 [Browse] 단추를 클릭해서 내보낼 위치를 지정한다.

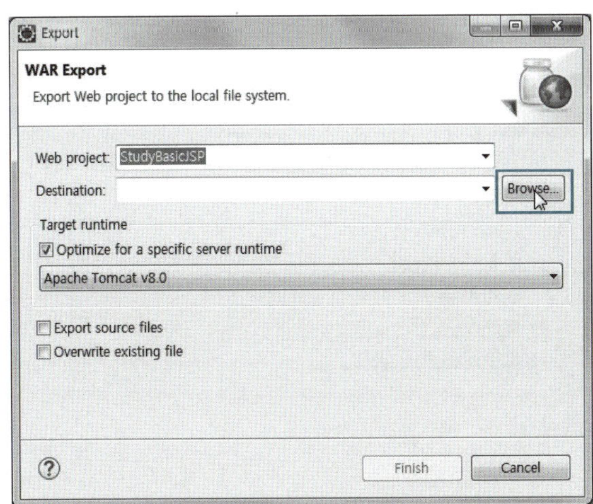

▲ [StudyBasicJSP] 프로젝트의 WAR 내보내기 2

03 [다른 이름으로 저장] 대화 상자가 표시되면 [톰캣홈]–[webapps] 폴더를 선택 후 [저장] 단추를 클릭한다.

04 [Destination] 항목의 값이 원하는 위치인지 확인하고 [Overwrite existing file] 항목을 체크해 선택한 후 [Finish] 단추를 클릭한다.

이때 [Overwrite existing file] 항목은 기존에 같은 이름의 WAR 파일이 있는 경우에는 덮어쓰기를 할 것인가의 여부를 지정하는 것으로, 필자의 경우는 웹 애플리케이션의 내용이 업데이트된 경우, 업데이트된 내용이 적용되도록 이 항목을 선택했다.

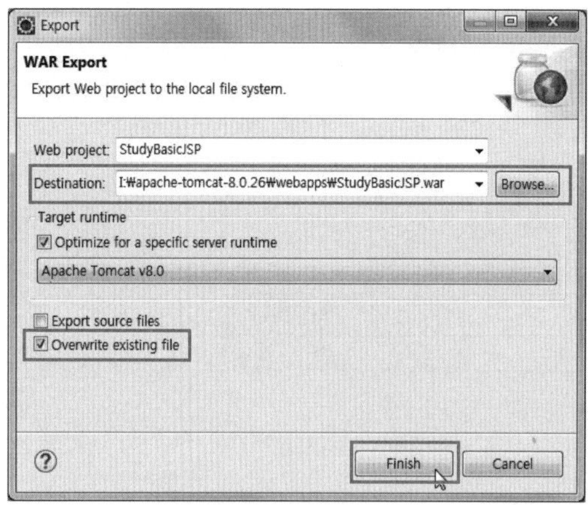

▲ [StudyBasicJSP] 프로젝트의 WAR 내보내기 3

05 탐색기에서 [톰캣홈]–[webapps] 폴더에 StudyBasicJSP 파일이 생성된 것을 확인할 수 있다.

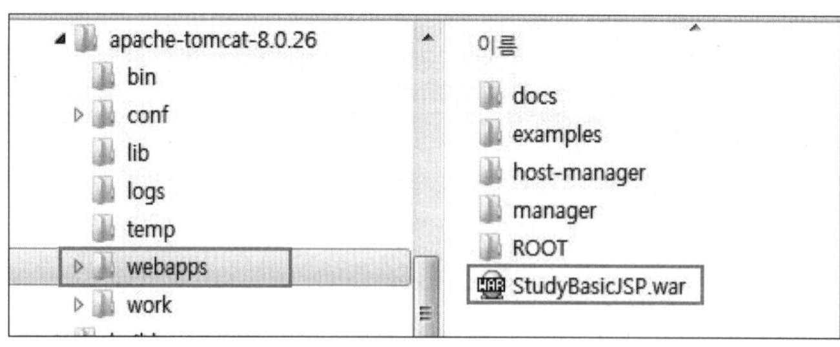

▲ [StudyBasicJSP] 프로젝트의 WAR 내보내기 4

2 내보낸 WAR 파일을 실제 서비스 환경에서 실행

이제부터 내보낸 WAR 파일을 실제 서비스 환경에서 실행해 보자. 우리는 학습용으로 실행하는 것이기 때문에 특별히 별도의 서버로 전송해 실행하지 않고, 자신의 컴퓨터에서 한다.

01 탐색기에서 [톰캣홈]–[bin] 폴더에 있는 startup.bat 파일을 더블클릭해 톰캣 서버를 올린다(설치 드라이브:\apache-tomcat-톰캣버전\bin 안에 있다). 톰캣 서버가 올라올 때 WAR 파일을 인식하는 것을 확인할 수 있다.

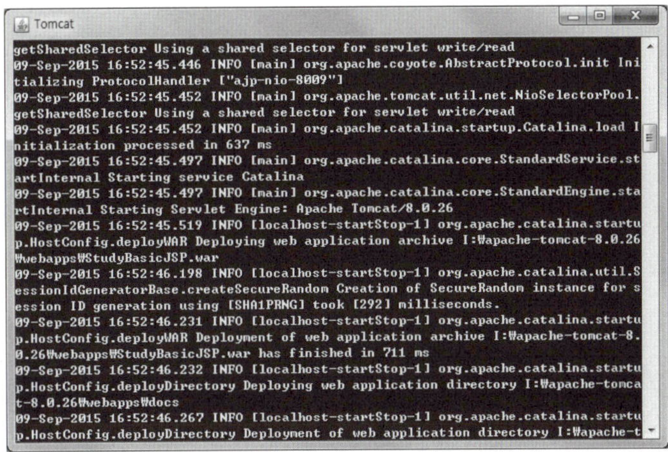

▲ [StudyBasicJSP] 프로젝트를 실제 환경에서 실행 1

02 톰캣 서버가 정상적으로 올라오면 [톰캣홈]–[webapps] 폴더에 있는 StudyBasicJSP.war 파일의 내용이 풀려서 [StudyBasicJSP] 웹 애플리케이션 폴더가 생성된 것을 확인할 수 있다.

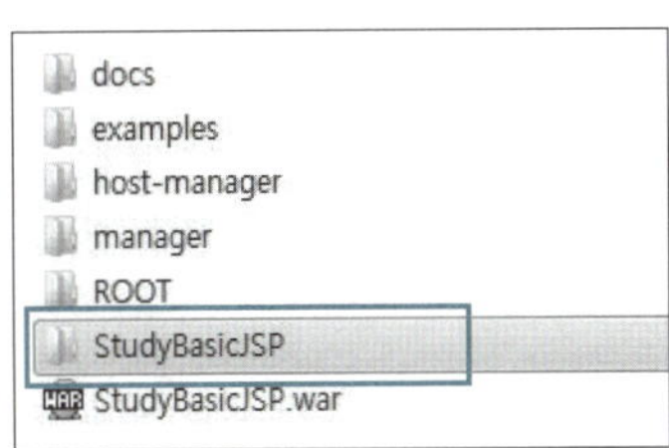

▲ [StudyBasicJSP] 프로젝트를 실제 환경에서 실행 2

03 웹 브라우저에 http://127.0.0.1:8080/StudyBasicJSP/를 입력해서 실행하면
index.jsp를 이클립스에서 실행한
것과 같은 결과가 표시된다. 다만
차이는 아래의 화면은 실제로 사
용자들에게 서비스하는 화면인 것
이다. 이때 주의할 점은 URL 입
력시 대소문자에 유의한다. 톰캣
은 대소문자를 구별한다.

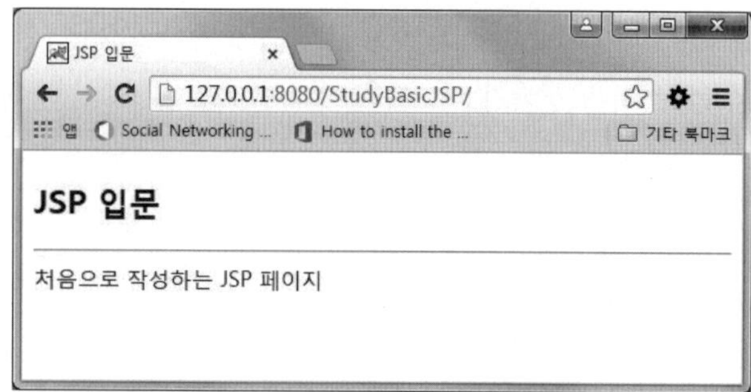

▲ [StudyBasicJSP] 프로젝트를 실제 환경에서 실행 3

04 이번에는 웹 브라우저에 http://127.0.0.1:8080/StudyBasicJSP/HelloServlet을 입력해
서 실행하면, 마찬가지로 이클립스
에서 서블릿 HelloServlet을 실행
한 것과 같은 결과가 표시된다.

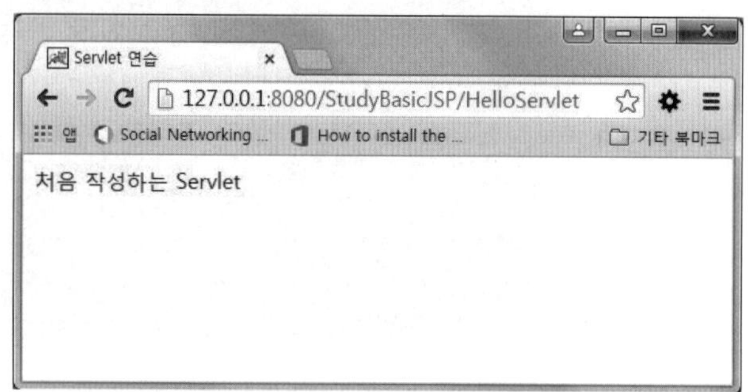

▲ [StudyBasicJSP] 프로젝트를 실제 환경에서 실행 4

05 탐색기에서 [톰캣홈]-[bin] 폴더에 있는 shutdown.bat 파일을 더블클릭해 톰캣 서버를
내린다. 앞으로는 이클립스에서 톰캣을 실행할 것이기 때문에 이 서비스는 내린다. 톰
캣 서비스는 한 번만 올라올 수 있으며, 두 번을 동시에 올리면 두 번째로 올려진 서버
는 서비스시 에러가 발생한다.

　이 책을 모두 배운 후에 완성한 [StudyBasicJSP] 프로젝트를 다시 한 번 WAR 파일을 작
성해 서비스해 실제 환경에서 테스트해 보는 것이 좋다.
　다음 장부터는 세팅을 해놓은 개발 환경의 기반 아래에서 JSP 페이지의 기본 사항부터 구
성 요소에 이르는 일반적인 사항들을 학습한다.

01 JDK 다운로드 및 설치

JDK는 http://www.oracle.com/technetwork/java/javase/downloads/index.html 사이트에서 다운로드하여 설치한다.

02 Tomcat 다운로드 및 설치

Tomcat은 http://tomcat.apache.org/ 사이트에서 다운로드하여 설치한다.

03 통합개발 환경 Eclipse 다운로드 및 설치

[Eclipse IDE for Java EE Developers]를 http://www.eclipse.org/downloads/ 사이트에서 다운로드하여 설치한다.

04 이클립스에서 웹 애플리케이션 작성

이클립스에서 JSP 페이지를 작성하려면 먼저 서버(Server)를 설정하고, 동적 웹 프로젝트(Dynamic Web Project)를 작성한 후 JSP 페이지를 작성해서 실행한다.

05 이클립스에서 삭성한 웹 애플리케이션 배포 – WAR 내보내기

작성한 웹 애플리케이션을 WAR 파일로 내보낸 후 실제 서버 환경에서 실행한다.

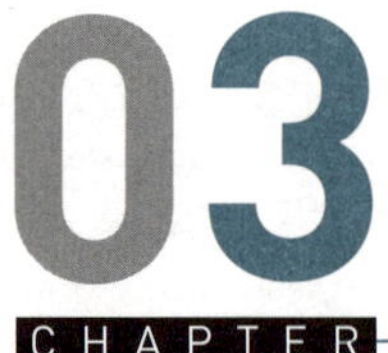

JSP 프로그래밍의 개요

이 장에서는 JSP 페이지의 기본적인 개요 설명과 JSP 페이지의 처리 과정, 그리고 웹 애플리케이션의 구조에 대해서 학습한다.

1. JSP 페이지의 개요
2. JSP 페이지의 처리 과정
3. 웹 애플리케이션의 구조

01 | JSP 페이지의 개요

우리가 2장의 끝부분에서 작성했던 index.jsp 페이지의 구조를 살펴보면 재미있는 부분을 볼 수 있다.

index.jsp

```
01  <%@ page language="java" contentType="text/html; charset=UTF-8"
02     pageEncoding="UTF-8"%>
03  <!DOCTYPE html>
04  <html>
05  <head>
06  <meta charset="UTF-8">
07  <title>JSP 입문</title>
08  </head>
```

```
09    〈body〉
10    〈h2〉JSP 입문〈/h2〉
11    〈hr/〉
12    〈%= "처음으로 작성하는 JSP 페이지" %〉
13    〈/body〉
14    〈/html〉
```

그것은 이 index.jsp 페이지가 한 가지 코드로 이루어져 있지 않다는 것이다. 즉, HTML 코드와 JSP 코드가 함께 포함되어 있다. 1~2라인, 12라인은 JSP 코드이고, 나머지는 HTML 코드이다. 〈%@%〉은 JSP의 디렉티브로 특히 1라인은 〈%@ page로 시작되므로 page 디렉티브이다. page 디렉티브는 JSP 페이지가 웹 브라우저에 표시될 때에 관한 것을 설정한다. 〈%=%〉은 JSP의 스크립트 중 표현식으로 웹 브라우저에 어떤 내용을 출력할 때 사용된다.

HTML 코드에도 웹 브라우저에 해당 페이지가 표시될 때에 관한 설정이 6라인에 기술되어 있고, 〈body〉〈/body〉 태그 안에 기술한 내용은 웹 브라우저에 출력된다. 그럼 JSP 코드와 HTML 코드의 다른 점은 무엇일까? HTML을 가지고도 위의 JSP 코드가 하는 일은 모두 처리할 수 있는데 말이다.

분명 차이점은 있다. 아직 우리가 JSP 페이지의 구성 요소를 배우지 않아서 느낌이 오지 않을 것이나, HTML 코드에는 프로그래밍에 필요한 로직 관련 코드를 기술할 수 있다. 로직 관련 코드는 반드시 서버사이드 스크립트인 JSP, ASP, PHP 또는 클라이언트 사이드 스크립트인 javascript 코드에만 기술할 수 있다. JSP에서는 로직 관련 코드는 스크립트인 〈%%〉에 주로 기술한다.

또한 HTML은 소스 코드의 정보가 모두 표시되나, JSP 코드는 화면에 표시되지 않고 실행 결과만 표시된다. 실행 결과와 무관한 JSP의 디렉티브(〈%@%〉)는 표시조차 되지 않는다.

실제로 JSP 코드가 화면에 표시되지 않는 것을 확인해 보자.

---

 index.jsp 페이지에서 HTML 코드와 JSP 코드의 차이점 확인

index.jsp 페이지를 이클립스 내장 웹 브라우저에서 실행한 후 [소스 보기]를 사용해 HTML 코드와 JSP 코드의 차이점을 확인한다.

01 이클립스가 실행되어 있지 않으면 실행한다. [Servers] 뷰의 [Tomcat v8.0 Server at localhost]가 중단된 상태이면, 서비스를 실행하기 위해 "Tomcat v8.0 Server at localhost [Stopped, Republish]"을 선택하고 [Servers] 뷰의 [Start the Server] 아이콘을 클릭한다.

02 [StudyBasicJSP] 프로젝트의 [WebContent] 폴더의 [index.jsp]를 선택하고, 마우스 오른쪽 버튼을 클릭해 [Run As]-[Run on Server] 메뉴를 선택한다.

03 [Run on Server] 창이 표시되면 기본값을 그대로 사용하고 [Finish] 버튼을 클릭한다.

04 index.jsp 페이지가 이클립스 자체 내장 웹 브라우저에서 실행되어 표시된다.

05 이때 결과가 표시되는 웹 브라우저 창에 마우스 포인터를 놓은 후, 마우스 오른쪽 버튼을 클릭하여 [소스 보기] 메뉴를 선택한다.

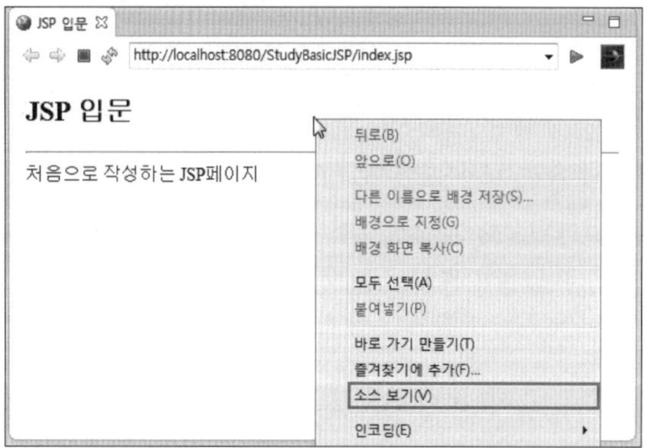

06 그러면 index.jsp 페이지를 웹 브라우저에서 실행한 결과 화면에 대한 소스코드를 확인할 수 있다.

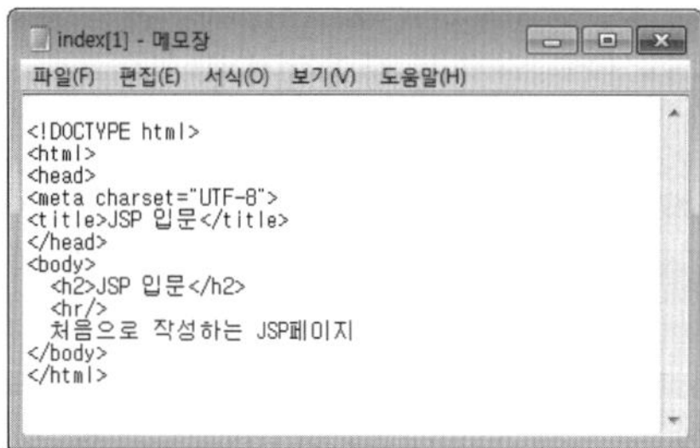

그런데 〈index.jsp의 실행 결과 소스〉와 〈index.jsp의 원래 소스〉를 비교해 보면 안 보이는 코드가 있는 것을 확인할 수 있다. JSP 페이지의 디렉티브(〈%@%〉)가 그것이다. 또한 표현식인 〈%=%〉 코드도 보이지 않고 다만 실행 결과인 문장만이 표시된 것을 확인할 수 있다.

```
1  <%@ page language="java" contentType="text/html; charset=UTF-8"
2    pageEncoding="UTF-8"%>
3  <!DOCTYPE html>
4  <html>
5  <head>
6  <meta charset="UTF-8">
7  <title>JSP 입문</title>
8  </head>
9  <body>
10   <h2>JSP 입문</h2>
11   <hr/>
12   <%= "처음으로 작성하는 JSP페이지" %>
13 </body>
14 </html>
```

▲ index.jsp의 원래 소스

```
<!DOCTYPE html>
<html거
<head>
<meta charset="UTF-8">
<title>JSP 입문</title>
</head>
<body>
<h2>JSP 입문</h2>
 <hr/>
 처음으로 작성하는 JSP페이지
</body>
</html>
```

▲ index.jsp의 실행 결과 소스

JSP 페이지에서 JSP 코드에 기술한 코드는 노출되지 않아서, 일종의 코드 보완 기능을 가지고 있다. 따라서 중요한 정보를 가지고 있는 코드나 프로그래밍 로직코드는 JSP 코드에 기술해서 중요 정보가 표시되는 것을 막고, 프로그래밍이 원활히 동작하도록 작성해야 한다.

또한 단순히 화면에 표시해야 하는 내용의 경우에는 HTML 태그를 사용해서 표시한다. 어차피 화면에 표시될 내용은 HTML 태그 내에 기술되는 것과 같은 결과를 갖기 때문이다.

02 | JSP 페이지의 처리 과정

이번에는 JSP 페이지가 내부적으로 어떠한 처리 방식에 의해 동작되는지 살펴보자.

웹 브라우저에서 JSP 페이지를 웹 서버로 요청하면, 웹 서버는 JSP에 대한 요청을 웹 컨테이너로 넘기게 된다. 이러한 요청을 받은 웹 컨테이너는 해당 JSP 페이지를 찾아서 서블릿(.java 파일 생성)으로 변환하는 파싱(parsing)의 과정을 거친 후 컴파일(.class 파일 생성)한다. 컴파일된 서블릿(.class)은 최종적으로 웹 브라우저에 응답하여 사용자는 응답 결과를 보게 된다.

이러한 과정은 해당 jsp 페이지가 최초로 요청되었을 때 단 한번만 실행되고, 이후 같은 페이지에 대한 요청이 있으면 변환된 서블릿 파일로 서비스를 처리한다.

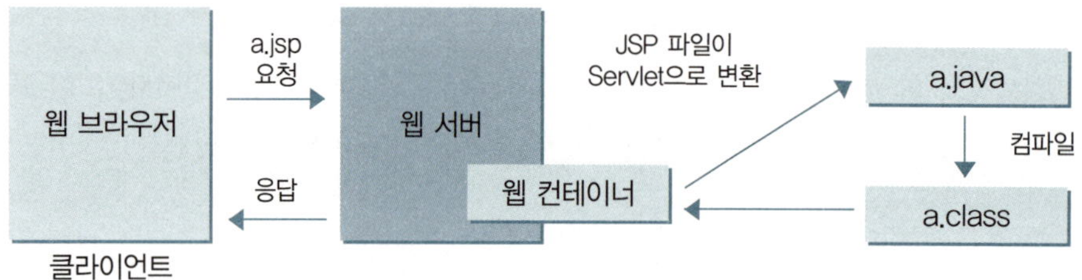

▲ JSP 페이지의 내부적 처리 과정

이런 JSP 페이지가 서블릿으로 변화하는 과정을 단계별로 알아보기 위한 아래의 그림을 살펴보자.

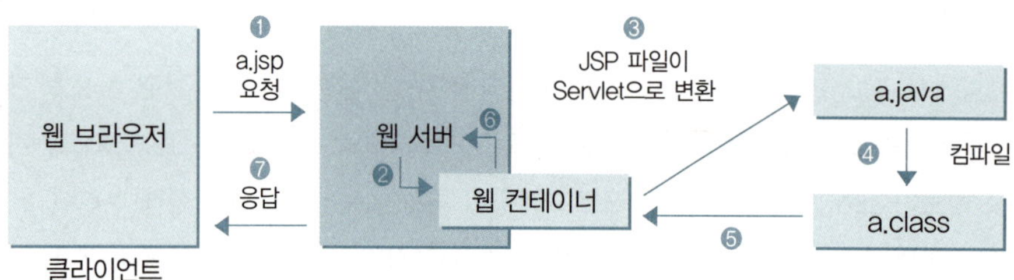

▲ 단계별 JSP 페이지의 내부적 처리 과정

① 단계 : 사용자의 웹 브라우저에서 http://serverURL/xxx.jsp와 같은 형태로 해당 페이지를 요청한다.

② 단계 : 웹 서버는 요청한 해당 페이지를 처리하기 위해서 JSP 컨테이너에 페이지의 처리를 넘긴다.

③ 단계 : 해당 JSP 페이지가 처음 요청된 것이면 JSP 페이지를 서블릿으로 파싱(변환)한다. 이전에 요청되었던 페이지일 경우 다시 파싱할 필요가 없으므로 바로 ⑤단계로 넘어간다.

파싱(parsing)　　　　　　　　　　　　　　　　　　　　　　　　　　Tip

컴파일러 또는 인터프리터가 프로그램을 이해해서 기계어로 번역하는 과정 중 하나의 단계이다. 각 문장의 문법적인 구성 및 구문을 분석하는 과정이다. 여기서는 JSP 페이지를 서블릿인 자바파일로 변환하는 과정을 말한다.

JSP 파일은 실행을 위해 서블릿으로 파싱되고 클래스 파일로 컴파일되는데 이러한 과정은 JSP 파일이 처음으로 호출되었을 때만 거치게 된다. 만일 이전에 어떤 JSP 파일이 호출이 된 적이 있었다면, 이후로 들어오는 해당 JSP 파일의 요청에 대해서는 ③단계, ④단계의 과정을 거치지 않는다.

그러나 이미 요청되었던 JSP 페이지의 내용이 변경된 경우에는 다시 서블릿으로 변환되고, 컴파일되는 과정을 다시 거쳐서 웹 브라우저의 요청에 응답한다.

④ **단계** : 서블릿 파일은 자바에서 실행 가능한 상태인 클래스 파일로 컴파일이 된다.

⑤ **단계** : 클래스 파일은 메모리에 적재가 되어 실행된다.

⑥ **단계** : 이 실행 결과는 다시 웹 서버에 넘겨진다.

⑦ **단계** : 웹 서버는 웹 브라우저가 인식할 수 있는 HTML 형태로 결과를 웹 브라우저에 응답한다. 웹 서버로부터 응답 받은 결과물인 HTML 페이지를 웹 브라우저에서 실행시켜 해당 페이지가 웹 브라우저에 표시된다.

웹 브라우저는 HTML 태그로 구성된 페이지를 실행시켜 주는 프로그램으로, 웹 서버에서 HTML 페이지가 실행되는 것이 아니라 웹 브라우저에서 HTML 태그들이 실행되어 보여지는 것이다.

지금까지 JSP 파일의 동작 방식과 순서에 대해 알아보았다. 이미 설명한 대로 처음 요청된 페이지에 대해서 JSP 페이지는 서블릿 파일로 다시 생성이 되고 다시 컴파일 단계를 거쳐 메모리에 적재되는 것이다.

JSP 파일의 서비스 동작 방식과 순서를 한 마디로 요약하면 "JSP 페이지는 서블릿으로 변환되어 웹 브라우저의 요청에 대한 응답을 HTML 문서로 생성한다."라고 할 수 있다. JSP 페이지가 서블릿으로 변환되더라도 처리 속도가 떨어지지 않는 것은 이러한 처리를 처음에 한 번만 하기 때문이다

03 | 웹 애플리케이션의 구조

■1 웹 애플리케이션과 웹 애플리케이션 폴더

우리가 웹 애플리케이션을 구축할 때, 하나의 웹 애플리케이션에 하나의 웹 애플리케이션

폴더가 대응되는 구조로 작성한다. 웹 애플리케이션은 우리가 웹상에서 보는 http://127.0.0.1:8080/StudyBasicJSP에서 /StudyBasicJSP와 같이 하나의 시스템을 서비스하기 위한 프로그램이라 할 수 있다. 이것은 웹상의 가상적인 경로로 실제 이들 웹 애플리케이션을 서비스하기 위한 파일은 로컬상에 웹 애플리케이션과 쌍을 이루는 폴더로 만들어진다.

Tomcat의 경우, C드라이브에 설치되었다는 가정 하에 기본적으로 C:\apache-tomcat-톰캣버전\webapps 폴더 안에 하나의 폴더로서 서비스된다. 즉, 웹 애플리케이션 http://127. 0.0.1:8080/StudyBasicJSP는 C:\apache-tomcat-톰캣버전\webapps\StudyBasicJSP 폴더와 쌍을 이루게 된다.

그런데 우리는 이클립스에서 프로그램을 작성하기 때문에 C:\apache-tomcat-8.0.26\webapps 폴더에 웹 애플리케이션 폴더를 작성해서 서비스하고 있는 것이 아니다. 즉, 여러분의 경우에는 C:\project 폴더에 웹 애플리케이션 폴더가 있는 상황이다. 즉, 이것은 http://127.0.0.1:8080/StudyBasicJSP와 같이 실제로 서비스되고 있는 것이 아니다. 실제로 서비스가 되게 하려면, 웹을 서비스할 수 있는 폴더에 우리가 작성한 웹 애플리케이션 폴더를 배포(deploy)해야 한다. 그래서 우리는 "2장 JSP 개발 환경 설정"의 "5. 이클립스에서 작성한 웹 애플리케이션 배포 – WAR 내보내기"에서 웹 애플리케이션을 WAR 파일로 배포해 실제 서비스 환경에서 테스트했던 것이다.

물론 웹 애플리케이션 폴더를 배포하는 것은 사이트가 완성된 후 하는 것이 효율적이다. 그전까지는 이클립스에서 실행시켜서 테스트의 과정을 거친 후 완성된 웹 애플리케이션 폴더를 한 번에 올리는 것이 효율적이기 때문이다. 그러나 중간중간 실제 서비스에서 테스트 상황이 필요한 경우 배포해 확인해도 된다.

2 JSP 페이지의 Servlet 자동 파싱

이번에는 우리가 웹에서 서비스한 index.jsp 페이지가 실행 시 실제로 서블릿 파일인 index.java로 변환된 후 index.class 파일로 컴파일되는지 확인해 보도록 하자. 물론 이것을 확인하려면 반드시 "2장 JSP 개발 환경 설정의 5. 이클립스에서 작성한 웹 애플리케이션 배포 – WAR 내보내기"를 해야 한다.

index.jsp 페이지가 실행되면 실제 서비스 환경에서는 C:\apache-tomcat-톰캣버전\work\Catalina\localhost\StudyBasicJSP\org\apache\jsp 폴더에 index.jsp 페이지에 매핑되는 index.java 파일이 생성되는 것을 확인할 수 있다. 또한 index.class 파일도 확인

할 수 있다.

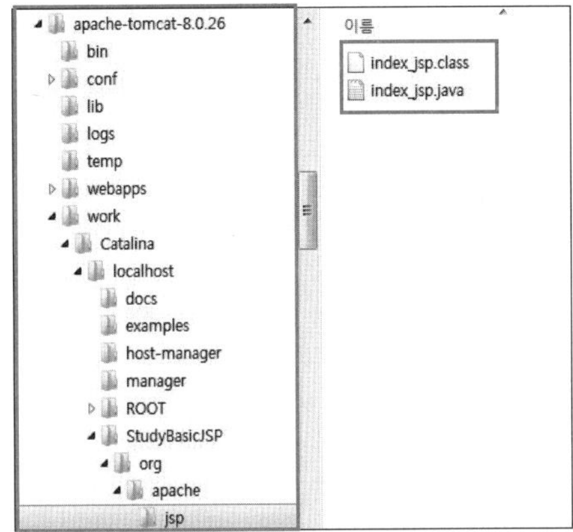

▲ 실제 서비스 환경에서 index.jsp 페이지에 매핑되는 index.java 파일의 위치

이클립스 가상 환경에서는 C:\워크스페이스명\.metadata\.plugins\org.eclipse.wst.server.core\tmp0\work\Catalina\localhost\StudyBasicJSP\org\apache\jsp 폴더에서 index.java와 index.class 파일을 확인할 수 있다.

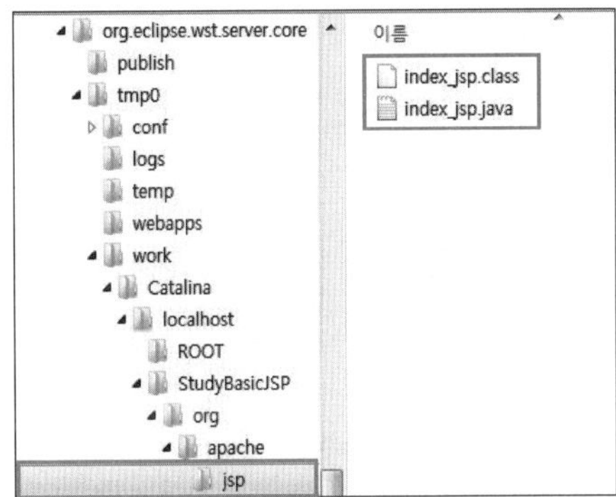

▲ 이클립스 가상환경에서 index.jsp 페이지에 매핑되는 index.java 파일의 위치

index.java 파일을 더블클릭해서 확인하면 다음과 같은 내용이 표시된다.

```
/*

 * Generated by the Jasper component of Apache Tomcat

 * Version: Apache Tomcat/8.0.26
```

```java
 * Generated at: 2015-09-09 07:30:43 UTC
 * Note: The last modified time of this file was set to
 *       the last modified time of the source file after
 *       generation to assist with modification tracking.
 */
package org.apache.jsp;

import javax.servlet.*;
import javax.servlet.http.*;
import javax.servlet.jsp.*;

public final class index_jsp extends org.apache.jasper.runtime.HttpJspBase
    implements org.apache.jasper.runtime.JspSourceDependent,
               org.apache.jasper.runtime.JspSourceImports {

  private static final javax.servlet.jsp.JspFactory _jspxFactory =
          javax.servlet.jsp.JspFactory.getDefaultFactory();

  private static java.util.Map<java.lang.String,java.lang.Long> _jspx_dependants;

  private static final java.util.Set<java.lang.String> _jspx_imports_packages;

  private static final java.util.Set<java.lang.String> _jspx_imports_classes;

  static {
    _jspx_imports_packages = new java.util.HashSet<>();
    _jspx_imports_packages.add("javax.servlet");
    _jspx_imports_packages.add("javax.servlet.http");
    _jspx_imports_packages.add("javax.servlet.jsp");
    _jspx_imports_classes = null;
  }
```

```java
private javax.el.ExpressionFactory _el_expressionfactory;
private org.apache.tomcat.InstanceManager _jsp_instancemanager;

public java.util.Map<java.lang.String,java.lang.Long> getDependants() {
  return _jspx_dependants;
}

public java.util.Set<java.lang.String> getPackageImports() {
  return _jspx_imports_packages;
}

public java.util.Set<java.lang.String> getClassImports() {
  return _jspx_imports_classes;
}

public void _jspInit() {
  _el_expressionfactory =
_jspxFactory.getJspApplicationContext(getServletConfig().getServletContext()).getExpressionFa
ctory();
  _jsp_instancemanager =
org.apache.jasper.runtime.InstanceManagerFactory.getInstanceManager(getServletConfig());
 }

public void _jspDestroy() {
 }

public void _jspService(final javax.servlet.http.HttpServletRequest request, final
javax.servlet.http.HttpServletResponse response)
      throws java.io.IOException, javax.servlet.ServletException {

final java.lang.String _jspx_method = request.getMethod();
if (!"GET".equals(_jspx_method) && !"POST".equals(_jspx_method) && !"
```

```java
HEAD".equals(_jspx_method) &&
!javax.servlet.DispatcherType.ERROR.equals(request.getDispatcherType())) {
response.sendError(HttpServletResponse.SC_METHOD_NOT_ALLOWED, "JSPs only permit
GET POST or HEAD");
return;
}

  final javax.servlet.jsp.PageContext pageContext;
  javax.servlet.http.HttpSession session = null;
  final javax.servlet.ServletContext application;
  final javax.servlet.ServletConfig config;
  javax.servlet.jsp.JspWriter out = null;
  final java.lang.Object page = this;
  javax.servlet.jsp.JspWriter _jspx_out = null;
  javax.servlet.jsp.PageContext _jspx_page_context = null;


  try {
    response.setContentType("text/html; charset=UTF-8");
    pageContext = _jspxFactory.getPageContext(this, request, response,
                    null, true, 8192, true);
    _jspx_page_context = pageContext;
    application = pageContext.getServletContext();
    config = pageContext.getServletConfig();
    session = pageContext.getSession();
    out = pageContext.getOut();
    _jspx_out = out;

    out.write("\r\n");
    out.write("<!DOCTYPE html>\r\n");
    out.write("<html>\r\n");
    out.write("<head>\r\n");
```

```java
      out.write("<meta charset=\"UTF-8\">\r\n");
      out.write("<title>JSP 입문</title>\r\n");
      out.write("</head>\r\n");
      out.write("<body>\r\n");
      out.write("  <h2>JSP 입문</h2>\r\n");
      out.write("  <hr/>\r\n");
      out.write("  ");
      out.print("처음으로 작성하는 JSP 페이지");
      out.write("\r\n");
      out.write("</body>\r\n");
      out.write("</html>");
    } catch (java.lang.Throwable t) {
      if (!(t instanceof javax.servlet.jsp.SkipPageException)){
        out = _jspx_out;
        if (out != null && out.getBufferSize() != 0)
          try {
            if (response.isCommitted()) {
              out.flush();
            } else {
              out.clearBuffer();
            }
          } catch (java.io.IOException e) {}
        if (_jspx_page_context != null) _jspx_page_context.handlePageException(t);
        else throw new ServletException(t);
      }
    } finally {
      _jspxFactory.releasePageContext(_jspx_page_context);
    }
  }
}
```

index.jsp 페이지가 파싱된 서블릿인 파일인 index.java의 소스 코드를 보는 순간 질릴 것이다. "정말 이것이 index.jsp 페이지와 같은 내용을 표시하는 것일까?"라는 의문도 들 것이다. 물론 자동으로 생성하는 코드이다 보니 실제 코드보다 더 많이 만들어지기는 하나, 거의 이것과 비슷한 수준의 코드가 필요하다.

서블릿은 간단한 내용을 화면에 표시할 때조차 위와 같이 엄청난 라인의 코딩이 필요하다. 이것이 실제로 페이지를 서비스할 때 서블릿으로 작성하지 않는 이유이다. 물론 화면에 표시되는 표현부와 로직에 관련된 로직부를 분리하는 것도 어렵다. 이렇다 보니 실제적으로 모델 2 기반에서 콘트롤러(Controller)를 작성할 때를 제외하고는 거의 서블릿을 쓰지 않는다. JSP 페이지로 작성해도 웹 컨테이너가 알아서 자동으로 서블릿으로 변환해 주기 때문이다.

이번 장에서는 JSP 페이지의 개략적인 구성과 처리 과정에 대해서 학습해 보았다. 다음 장부터는 JSP 페이지에서 기본적으로 알아야 할 JSP 페이지의 구성 요소에 대해 학습해 보도록 하겠다.

01 JSP 페이지의 개요

- JSP 페이지에는 HTML 코드와 JSP 코드가 함께 포함되어 있다.

- HTML은 소스 코드의 정보가 모두 표시되는 데 반해서, JSP 코드는 화면에 표시되지 않고 실행 결과만 표시된다.

- 실행 결과와 무관한 JSP의 디렉티브(⟨%@%⟩)는 표시조차 되지 않는다.

02 JSP 페이지의 처리 과정

- 웹 브라우저에서 JSP 페이지를 웹 서버로 요청하면, 웹 서버는 JSP에 대한 요청을 웹 컨테이너로 넘기게 된다. 이러한 요청을 받은 웹 컨테이너는 해당 JSP 페이지를 찾아 서블릿(.java파일 생성)으로 변환하는 파싱(parsing)의 과정을 거친 후 컴파일(.class파일 생성)한다. 컴파일된 서블릿(.class)은 최종적으로 웹 브라우저에 응답하여 사용자는 응답 결과를 보게 된다.

03 웹 애플리케이션의 구조

- 웹 애플리케이션를 구축할 때는 하나의 웹 애플리케이션에 하나의 웹 애플리케이션 폴더가 대응되는 구조로 작성한다.

- 웹 애플리케이션은 우리가 웹상에서 보는 http://127.0.0.1:8080/StudyBasicJSP에서 /StudyBasicJSP와 같이 하나의 시스템을 서비스하기 위한 프로그램이라 할 수 있다.

- 이것은 웹상의 가상적인 경로로 실제 이들 웹 애플리케이션을 서비스하기 위한 파일은 로컬상에 웹 애플리케이션과 쌍을 이루는 폴더로 만들어진다.

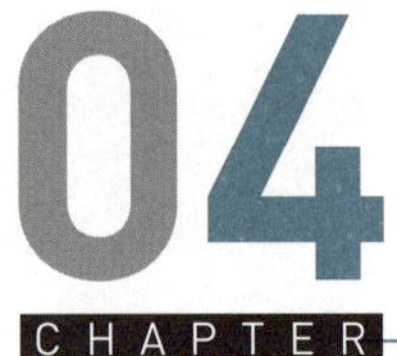

JSP 페이지의 디렉티브(Directive)

이 장에서는 JSP 페이지를 구성하는 요소 중 하나인 디렉티브에 대해 학습한다. 웹 브라우저가 요청한 JSP 페이지가 실행될 때, 필요한 설정 정보의 지정에 사용되는 JSP 페이지의 디렉티브는 page, include, taglib의 세 가지가 있는데 각각 이들에 대해 학습한다.

1. page 디렉티브(Directive) – 〈%@ page%〉   2. include 디렉티브(Directive) – 〈%@ include%〉
3. taglib 디렉티브 – 〈%@ taglib%〉

이 장을 학습하기 전에 한 가지 당부의 말을 하자면, 여기 있는 코딩은 가급적이면 모두 직접 쳐서 작성해보기 바란다. 프로그래밍의 입문자가 프로그래머가 되기 위한 필수 과정은 "모든 코딩은 직접 친다."이다. 물론 눈으로 보고 이해하는 것도 중요하다. 하지만 이해하고, 코드를 작성하고, 오류를 수정하는 과정을 통해 프로그래밍 입문자가 프로그래머가 되는 것이다.

자신이 실수해서 에러가 발생한 코드는 에러를 수정하는 과정에서 머리를 쥐어짜는 과정을 거친다. 이 과정을 통해서 해결한 코드는 절대로 잊어버리지 않고, 절대로 같은 실수를 되풀이하지 않는다. 이러한 과정을 통해 프로그래머로 연마해 가는 것이다.

좋은 프로그래머는 처음부터 태어나지 않는다. 물론 수학적 두뇌를 타고난 드문 인재들이 있으나 머리만 믿고 노력하지 않으면 그저 그런 프로그래머로 끝난다. 노력에 당할 장사 없다는 말이 있다. 끊기 있게 열심히 노력하면 여러분은 좋은 프로그래머가 될 수 있을 것이다.

필자가 대학교 1학년 때 처음 접한 C언어 프로그래밍 책 첫 장의 첫 페이지에 "백견이 불여 일타"라는 말이 있었다. 프로그래밍하는 프로그래머의 마음자세를 잘 표현한 것이다. 여러분도 이 구절을 잊지 말기 바란다. 노파심에서 잔소리가 많아졌다. 자! 이제부터 JSP 프로그래밍을 시작해 보자.

JSP 페이지에 대한 정보는 page 디렉티브(Directive)의 속성들을 사용해서 정의한다. 즉, 생성되는 문서의 타입, 스크립팅언어, import할 클래스, 세션 및 버퍼의 사용 여부, 버퍼의 크기 등 JSP 페이지에서 필요한 설정 정보를 지정한다.

page 디렉티브의 속성에 대한 요약은 다음과 같다.

▼ 표 04-01 page 디렉티브에 사용할 수 있는 속성 및 속성값

속성	속성의 기본값	사용법	속성 설명
info		info="설명…"	페이지를 설명해 주는 문자열을 지정하는 속성
language	"java"	language="java"	JSP 페이지의 스크립트 요소에서 사용할 언어를 지정하는 속성
contentType	"text/html;charset=ISO–8859–1"	contentType="text/html;charset=utf–8"	JSP 페이지가 생성할 문서의 타입을 지정하는 속성
extends		extends="system.MasterClass"	자신이 상속받을 클래스를 지정할 때 사용하는 속성
import		import="java.util.Vector" import="java.util.*"	다른 패키지에 있는 클래스를 가져다 쓸 때 사용하는 속성
session	"true"	session="true"	HttpSession을 사용할지의 여부를 지정하는 속성
buffer	"8kb"	buffer="10kb" buffer="none"	JSP 페이지 출력 버퍼의 크기를 지정하는 속성
autoFlush	"true"	autoFlush="false"	출력 버퍼가 다 찰 경우에 저장되어 있는 내용의 처리를 설정하는 속성
isThreadSafe	"true"	autoFlush="false" isThreadSafe="true"	현재 페이지에 다중 쓰레드를 허용할지의 여부를 설정하는 속성
errorPage		errorPage="error/fail.jsp"	에러 발생 시 에러를 처리할 페이지를 지정하는 속성
isErrorPage	"false"	isErrorPage="false"	해당 페이지를 에러 페이지로 지정하는 속성
pageEncoding	"ISO–8859–1"	pageEncoding="utf–8"	해당 페이지의 문자 인코딩을 지정하는 속성
isELIgnored	jsp 버전 및 설정에 따라 다르다.	isELIgnored="true"	표현 언어(EL)에 대한 지원 여부를 설정하는 속성

info 속성은 해당 JSP 페이지에 대한 설명을 기술하는 속성으로, 속성값의 내용이나 문자열의 길이 제한은 없다. 이 속성은 설정하지 않아도 해당 JSP 페이지의 처리 내용에는 아무런 영향을 미치지 않는다.

```
<%@page info="copyright by Kim"%>
```

info 속성에 대한 예제를 작성하기 전에 JSP 파일을 제대로 관리하기 위해 이번에 학습하는 파일은 [WebContent]-[ch04] 폴더 안에 작성한다. 먼저 작업 폴더 [ch04]를 만들어 보자.

[ch04] 폴더 작성

웹 페이지 저장 폴더 [WebContent]에 [ch04] 폴더를 생성한다.

01 [StudyBasicJSP]의 [WebContent] 폴더를 선택하고, 마우스 오른쪽 버튼을 클릭해 [New]-[Folder] 메뉴를 선택한다.

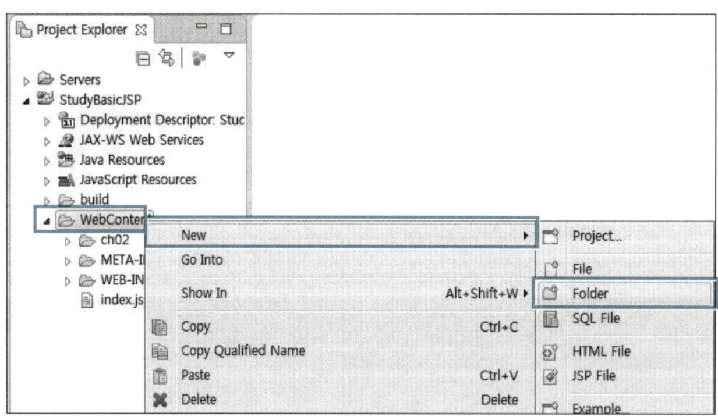

▲ [ch04] 폴더 생성 1

02 [New Folder] 창이 표시된다. [Enter or select the parent folder] 항목의 값이 [Study BasicJSP/WebContent]이면 [Folder name] 항목에 "ch04"를 입력하고 [Finish] 버튼을 클릭한다.

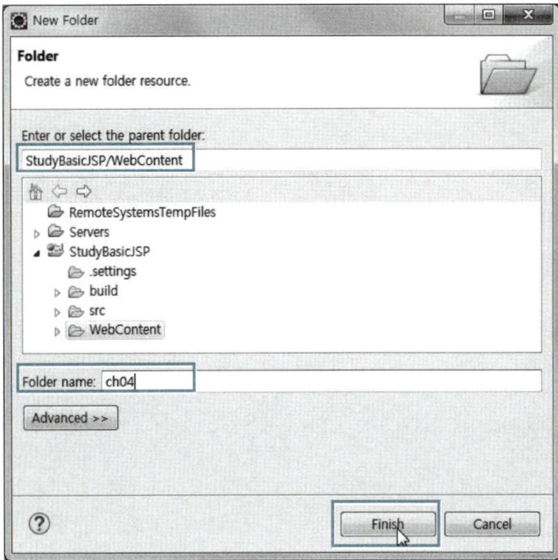

▲ [ch04] 폴더 생성 2

03 [Project Explorer] 뷰에서 [WebContent] 폴더 안에 [ch04] 폴더가 생성된 것을 확인할 수 있다.

▲ [ch04] 폴더 생성 3

 **page 디렉티브 예제 - info 속성**

이 예제는 page 디렉티브의 속성 중 info 속성을 사용해 웹 페이지에 설명을 추가한다.
작성 파일의 정보는 다음과 같다.

작성파일명	pageDirectiveInfo.jsp
작성위치	StudyBasicJSP/WebContent/ch04
부록CD에서의 제공위치	source/ch04

01 pageDirectiveInfo.jsp 페이지를 작성하기 위해 [ch04] 폴더를 선택 후, 마우스 오른쪽 버튼을 클릭하여 [New]–[JSP File] 메뉴를 선택한다.

02 [New JSP File] 창이 표시된다. [Enter or select the parent folder] 항목이 [StudyBasicJSP/WebContent/ch04]이면 [File name] 항목에 "pageDirectiveInfo. jsp"를 입력하고 [Finish] 버튼을 클릭한다.

03 pageDirectiveInfo.jsp 페이지의 기본적인 코딩이 작성된다.

04 기본적인 코딩이 작성되어 있는 pageDirectiveInfo.jsp 페이지를 다음과 같이 수정한 후 저장한다.

```
01  <%@ page language="java" contentType="text/html; charset=UTF-8"
02     pageEncoding="UTF-8"%>
03  <%@ page info="copyright by Kim"%>
04
05  <!DOCTYPE html>
06  <html>
07  <head>
08  <meta charset="UTF-8">
09  <title>page디렉티브 연습 - info 속성</title>
10  </head>
11  <body>
12   <h2>page디렉티브 연습 - info 속성</h2>
13   <%=getServletInfo() %>
14  </body>
15  </html>
```

소스 코드 설명

03 `<%@ page info="copyright by Kim"%>`은 page 디렉티브의 info 속성의 값을 "copyright by Kim"으로 지정했다.

09 〈title〉 태그는 웹 브라우저 창의 타이틀 바에 표시할 내용을 지정할 때 사용한다.

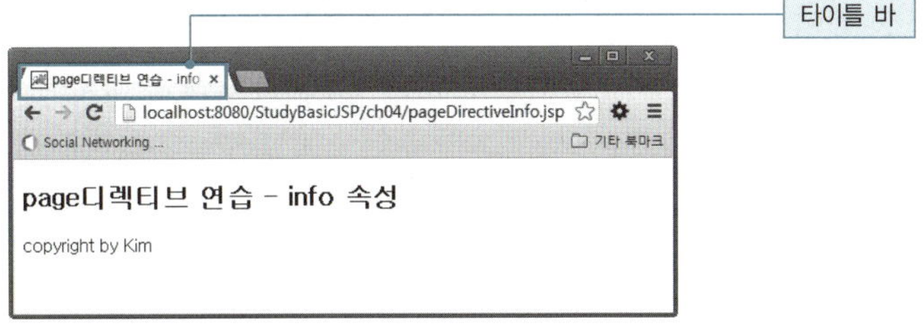

12 HTML 태그로 〈h2〉 태그에서 지정한 글꼴의 크기로 화면에 〈h2〉〈/h2〉 사이의 문장을 표시한다.

13 〈%=getServletInfo( )%〉은 page 디렉티브의 info 속성의 값을 화면에 출력하라는 의미이다. 〈%= %〉은 표현식으로 어떤 내용을 화면에 출력할 때 사용한다.

05 pageDirectiveInfo.jsp 페이지의 변경 사항을 저장 후 [Servers] 뷰의 Tomcat 서버가 시작되었는지 확인한다. 시작되지 않았으면 ▶[Start the Server] 버튼을 클릭하여 Tomcat 서버를 작동시킨다.

Tomcat 서버가 시작된 것을 확인한 후, pageDirectiveInfo.jsp 파일을 선택하고 마우스 오른쪽 버튼을 클릭해 [Run As]–[Run on Server] 메뉴를 선택한다.

물론 Tomcat 서버가 시작되지 않아도 실행시킬 페이지를 선택하고, 단축메뉴에서 [Run As]–[Run on Server] 메뉴를 선택하면 자동으로 Tomcat 서버가 기동되고 해당 페이지를 실행시키기 위한 [Run on Server] 창이 표시된다.

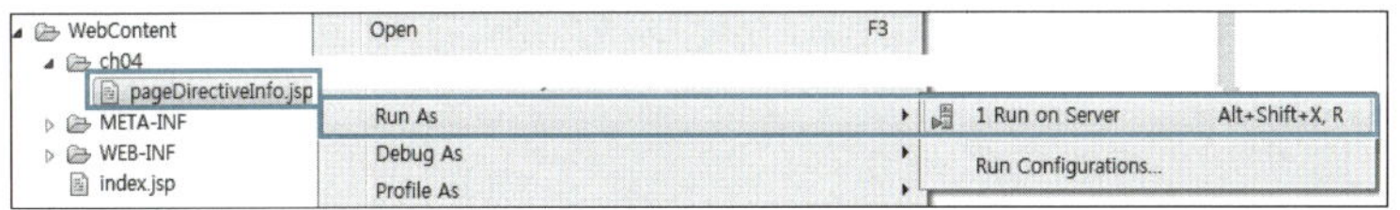

06 [Run on Server] 창이 표시되면 기본값을 그대로 사용하고 [Finish] 버튼을 클릭한다.

07 pageDirectiveInfo.jsp 페이지가 실행되어 결과가 화면에 표시된다.

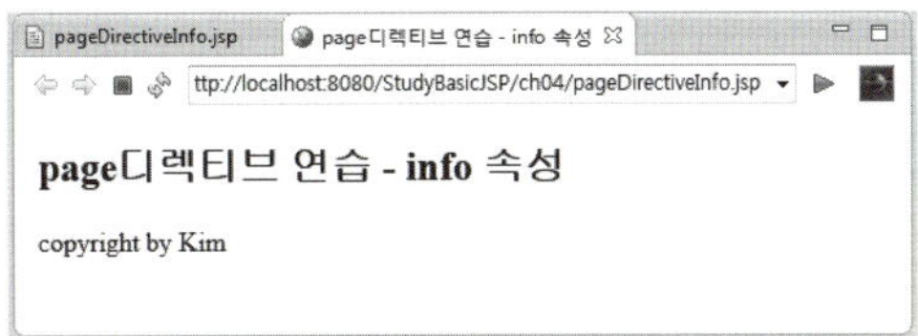

2 language 속성

language 속성은 JSP 페이지의 스크립트에서 사용할 프로그램언어를 지정하는 속성이다. 이 속성은 생략해도 되며, 생략 시 기본값으로 java가 지정된다. 현재 시점에서도 스크립트 언어로서 java만을 지원한다.

```
<%@page language="java"%>
```

3 contentType 속성

contentType 속성은 JSP 페이지의 내용이 어떠한 타입의 문서로 생성되는지를 지정하는 하는 속성이다. 즉, 사용자 요청에 대한 응답 결과가 어떤 형태로 웹 브라우저에 출력(표시) 될지를 MIME Type으로 지정하는 속성이다.

> **MIME(Multi-Purpose Internet Mail Extensions)**　　Tip
>
> MIME는 송신되는 문서의 내용을 기술하는 MIME 유형을 사용함으로써 ASCII 이외의 텍스트나 멀티미디어 데이터를 전송할 수 있도록 한다. MIME 유형의 하나인 text에는 plain, html 등 몇 가지의 세부 유형이 있는데 text/html이라는 MIME 유형은 HTML로 기록된 텍스트가 포함되어 있는 파일이라는 것을 뜻한다. MIME은 HTTP의 일부분이며, 웹 브라우저와 웹 서버는 MIME을 사용하여 그들이 송신하고 수신하는 파일을 해석한다.

지정할 속성값으로는 text/html, text/plain, text/xml 등 여러 가지 형태의 문서를 생성할 수 있으며, 기본값은 text/html이다. text/html은 응답 결과를 html 문서 형식으로 생성하여 출력하겠다는 의미이다.

```
<%@ page contentType ="text/html"%>
```

contentType 속성에는 응답 결과를 보여줄 때 사용할 문자의 인코딩을 지정할 수 있는데 이때 charset이라는 것을 사용한다. charset의 기본값은 ISO-8859-1(서유럽 언어)이고 한글로 된 문서를 생성할 때는 euc-kr 또는 utf-8을 사용한다. 모바일에서의 표준이 utf-8이므로, 여기서도 웹 브라우저에 표시되는 한글이 깨지지 않게 하려면 "charset=utf-8"로 설정하는 것이 좋다.

```
<%@ page contentType ="text/html;charset = utf-8"%>
```

page 디렉티브의 예제 - contentType 속성

이 예제는 page 디렉티브의 속성 중 contentType 속성을 지정한다.
작성파일의 정보는 다음과 같다.

작성파일명	pageDirectiveContentType.jsp
작성위치	StudyBasicJSP/WebContent/ch04
부록CD에서의 제공위치	source/ch04

01 pageDirectiveContentType.jsp 페이지를 작성하기 위해 [ch04] 폴더를 선택 후, 마우스 오른쪽 버튼을 클릭하여 [New]-[JSP File] 메뉴를 선택한다.

02 [New JSP File] 창이 표시된다. [Enter or select the parent folder] 항목이 [StudyBasicJSP/WebContent/ch04]이면 [File name] 항목에 "pageDirectiveContentType.jsp"를 입력하고 [Finish] 버튼을 클릭한다.

03 기본적인 코딩이 작성되어 있는 pageDirectiveContentType.jsp 페이지를 다음과 같이 수정한 후 저장한다.

```
01  <%@ page language="java" contentType="text/html; charset=UTF-8"
02     pageEncoding="UTF-8"%>
03  <!DOCTYPE html>
04  <html>
05  <head>
06  <meta charset="UTF-8">
07  <title>page디렉티브 연습 - contentType 속성 </title>
08  </head>
09  <body>
10   <h2>page디렉티브 연습 - contentType 속성 </h2>
11   <%="한글이 제대로 표시됩니다." %>
12  </body>
13  </html>
```

이 예제의 경우 1, 2, 6라인에서 한글을 처리하는 인코딩인 'utf-8'을 사용했기 때문에 한글이 제대로 표시된다.

04 pageDirectiveContentType.jsp 페이지의 변경 사항을 저장 후 Tomcat 서버가 시작되었는지 확인한다. Tomcat 서버가 시작된 것을 확인한 후, pageDirectiveContentType.jsp 파일을 선택하고 마우스 오른쪽 버튼을 클릭해 [Run As]-[Run on Server] 메뉴를 선택한다.

05 [Run on Server] 창이 표시되면 기본값을 그대로 사용하고 [Finish] 버튼을 클릭한다

06 pageDirectiveContentType.jsp 페이지가 실행된 결과가 화면에 표시된다.

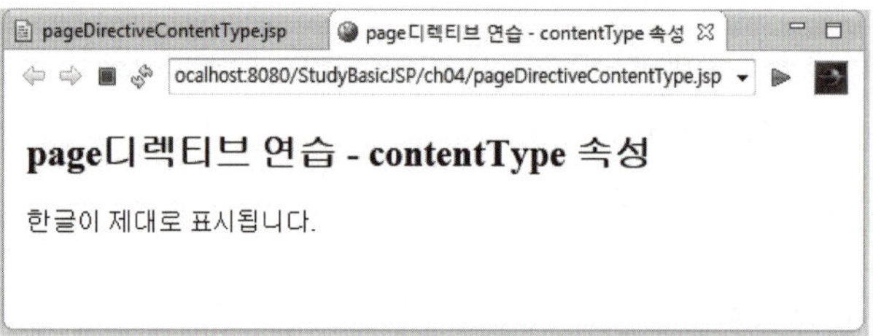

4 extends 속성

extends 속성은 해당 JSP 페이지가 상속받을 클래스를 지정하는 속성이다. JSP 페이지가 서블릿으로 변환(파싱)되는 과정에서 상속받을 클래스를 지정할 때 사용된다. 그러나 사실 이 작업은 별로 필요 없는 작업이다. 이유는 JSP 컨테이너가 알아서 적절한 클래스들을 상속시켜 변환해 주기 때문이다. 따라서 extends 속성은 사용할 일이 거의 없다. extends 속성을 사용한 소스 코드는 본 적이 없을 만큼 거의 사용되지 않는 속성이다.

```
<%@ page extends="com.samyangm.ClassDef"%>
<%--com.samyangm.ClassDef 클래스를 상속받겠다는 의미이다. --%>
```

5 import 속성

다른 패키지에 있는 클래스를 가져다 쓸 때 사용되는 속성으로, 자바의 import 문과 같다. import 속성은 page 디렉티브 중에 유일하게 한 페이지 내에 여러 번 기술이 가능한 속성이다.

> **풀네임 클래스명** Tip
>
> 풀네임 클래스명이란 패키지명을 포함하는 클래스명을 말한다. 예를 들어 com.samyangm.ClassDef가 풀네임 클래스명이다. com.samyangm.ClassDef에서 com.samyangm까지가 패키지명이고 ClassDef가 클래스명이다.

```
<%@ page import= "java.util.*, java.sql.*" %>
<%@ page import= "java.io.*" %>
<%-- 은 JSP 주석이다. --%>
<%-- 여러 개의 패키지를 쉼표로 구분해서 사용할 수 있다. --%>
<%-- page 디렉티브의 속성 중에서 여러 번 기술해서 사용할 수 있다. --%>
```

실습 ▌ page 디렉티브의 예제 - import 속성

다음 예제는 page 디렉티브의 속성 중 import 속성을 사용한 예제이다.
작성파일의 정보는 다음과 같다.

작성파일명	pageDirectiveImport.jsp
작성위치	StudyBasicJSP/WebContent/ch04
부록CD에서의 제공위치	source/ch04

01 pageDirectiveImport.jsp 페이지를 작성하기 위해 [ch04] 폴더를 선택 후, 마우스 오른쪽 버튼을 클릭하여 [New]-[JSP File] 메뉴를 선택한다.

02 [New JSP File] 창이 표시된다. [Enter or select the parent folder] 항목이 [Study BasicJSP/WebContent/ch04]이면 [File name] 항목에 "pageDirectiveImport.jsp"를 입력하고 [Finish] 버튼을 클릭한다.

03 기본적인 코딩이 작성되어 있는 pageDirectiveImport.jsp 페이지를 다음과 같이 수정한 후 저장한다.

```jsp
01  <%@ page language="java" contentType="text/html; charset=UTF-8"
02     pageEncoding="UTF-8"%>
03  <%@ page import="java.sql.Timestamp" %>
04  <%@ page import="java.text.SimpleDateFormat" %>
05
06  <!DOCTYPE html>
07  <html>
08  <head>
09  <meta charset="UTF-8">
10  <title>page디렉티브 연습 - import 속성</title>
11  </head>
12  <body>
13   <h2>page디렉티브 연습 - import 속성</h2>
14   <%
15     Timestamp now = new Timestamp(System.currentTimeMillis());
16     SimpleDateFormat format = new SimpleDateFormat("yyyy-MM-dd");
17     String strDate = format.format(now);
18   %>
19
20   오늘은 <%=strDate %> 입니다.
21
22  </body>
23  </html>
```

소스 코드 설명

03	15라인에서 Timestamp 클래스를 사용하기 위해 import받았다.
04	16라인에서 SimpleDateFormat 클래스를 사용하기 위해 import받았다.
14~18	JSP의 로직코드를 기술하기 위해 JSP 스크립트릿을 사용한 부분이다. 로직코드는 이곳에 기술한다.

15 Timestamp now = new Timestamp(System.currentTimeMillis( )); 은 현재 시간을 포함한 오늘 날짜를 얻어내기 위해서 Timestamp 클래스의 객체(인스턴스) now를 생성했다. 자바계열(JAVA,JSP포함)에서 오늘 날짜를 얻어내기 위해서는 15라인과 같은 방법으로 객체를 생성해서 얻어내야 한다. 그러면 오늘 날짜에 대한 모든 정보는 now가 가지고 있다. 참고 사항으로 알고 있어야 할 점은 now는 Timestamp 클래스의 객체(인스턴스)이면서 이 객체가 어느 위치에 있는지 가리키는 레퍼런스 변수이다. 레퍼런스 변수는 객체의 위치를 가리키는 변수로 주로 객체의 위치를 저장한다.

16 일반적인 자바 기반의 날짜 데이터 표시는 우리가 사용하는 방식과 조금 다르다. 그래서 우리가 보기 편한 방식으로 날짜의 표기 방식을 변환할 필요가 있는데, 그때 사용되는 것이 SimpleDateFormat 클래스이다. SimpleDateFormat 클래스도 사용하려면 당연히 객체를 생성해야 한다. 객체를 생성할 때는 SimpleDate Format format = new SimpleDateFormat("yyyy-MM-dd");과 같이 괄호 안에 표기할 형식을 기술해야 한다. "yyyy-MM-dd" 이것은 연도 4자리 월 2자리 일 2자리 표기법을 사용한다는 의미이다. 이때 한 가지 의문점을 갖게 될 것이다. 왜 월을 표기하는 MM만 대문자일까? 이유는 분을 표기하는 m과 구분하기 위해서이다. 대문자 M이면 월(month)을, 소문자 m이면 분(minute)을 의미한다.

17 String strDate = format.format(now);은 지정한 날짜표기방식을 현재 날짜의 정보를 가지고 있는 now 객체에 적용하기 위한 것이다. 실제로 날짜표기방식을 적용하는 것은 SimpleDateFormat 클래스의 format( ) 메소드이기 때문이다. format.format(now)에서 앞의 format은 SimpleDateFormat 클래스의 객체이고, 뒤의 format(now) 메소드는 SimpleDateFormat 클래스의 format( ) 메소드를 사용해서 오늘 날짜의 정보를 가지고 있는 now 객체에 적용하는 부분이다. 이렇게 변환된 오늘 날짜의 정보는 strDate 변수에 저장된다.

20 표기 방식이 변환된 오늘 날짜의 정보를 가지고 있는 strDate 변수의 내용을 화면에 표시하는 부분이다.

04 pageDirectiveImport.jsp 페이지의 변경 사항을 저장 후 pageDirectiveImport.jsp 파일을 선택하고 마우스 오른쪽 버튼을 클릭해 [Run As]-[Run on Server] 메뉴를 선택한다.

05 [Run on Server] 창이 표시되면 기본값을 그대로 사용하고 [Finish] 버튼을 클릭한다.

06 다음과 같이 pageDirectiveImport.jsp 페이지가 실행된 결과가 화면에 표시된다.

6 session 속성

    session 속성은 해당 JSP 페이지가 HttpSession을 사용할지 여부를 지정하는 속성으로, 이 속성의 값은 "true" 또는 "false"의 값을 갖는다. session 속성의 값이 "true"일 경우에는 현재의 JSP 페이지가 세션을 사용하는 것으로 세션을 유지한다. 만일 세션이 존재하지 않을 경우에는 새로운 세션을 생성하여 연결한다. session 속성의 값이 "false"일 경우에는 세션을 사용하지 않는다. session 속성의 기본값은 "true"로 session 속성을 기술하지 않으면 자동으로 세션을 사용한다.

    세션을 유지하지 않을 경우, 다음과 같이 session 속성의 속성값을 false로 지정할 수 있다.

```
<%@ page session="false"%>
```

session에 대한 자세한 사항은 12장 쿠키와 세션에 자세히 설명되어 있다.

> **Tip**
>
> **세션(session)**
>
> 네트워크 환경에서 사용자 간 또는 컴퓨터 간의 대화를 위한 논리적인 연결을 뜻하는 것으로, 여기서는 웹 서버에 웹 브라우저(클라이언트)가 연결되어 있는 상태를 말한다.

실습 | page 디렉티브의 예제 - session 속성

이 예제는 page 디렉티브의 속성 중 session 속성을 활용한 예제이다.
작성파일의 정보는 다음과 같다.

작성파일명	pageDirectiveSession.jsp
작성위치	StudyBasicJSP/WebContent/ch04
부록CD에서의 제공위치	source/ch04

01 pageDirectiveSession.jsp 페이지를 작성하기 위해 [ch04] 폴더를 선택 후, 마우스 오른쪽 버튼을 클릭하여 [New]-[JSP File] 메뉴를 선택한다.

02 [New JSP File] 창이 표시된다. [Enter or select the parent folder] 항목이 [StudyBasicJSP/WebContent/ch04]이면 [File name] 항목에 "pageDirective Session.jsp"를 입력하고 [Finish] 버튼을 클릭한다.

03 기본적인 코딩이 작성되어 있는 pageDirectiveSession.jsp 페이지를 다음과 같이 수정한 후 저장한다.

```jsp
01  <%@ page language="java" contentType="text/html; charset=UTF-8"
02      pageEncoding="UTF-8"%>
03  <%@ page session="true"%>
04
05  <!DOCTYPE html>
06  <html>
07  <head>
08  <meta charset="UTF-8">
09  <title>page디렉티브 연습 - session 속성</title>
10  </head>
11  <body>
12    <h2>page디렉티브 연습 - session 속성</h2>
13    <%="이 페이지는 세션이 유지되는 페이지입니다."%>
14  </body>
15  </html>
```

소스 코드 설명

03 이 페이지에서 세션이 유지되도록 session 속성의 값을 "true"로 설정하였다.

04 pageDirectiveSession.jsp 페이지의 변경 사항을 저장 후 Tomcat 서버가 시작되었는지 확인한다. Tomcat 서버가 시작된 것을 확인한 후, pageDirectiveSession.jsp 파일을 선택하고 마우스 오른쪽 버튼을 클릭해 [Run As]-[Run on Server] 메뉴를 선택한다.

05 [Run on Server] 창이 표시되면 기본값을 그대로 사용하고 [Finish] 버튼을 클릭한다.

 다음과 같이 pageDirectiveSession.jsp 페이지가 실행된 결과가 화면에 표시된다.

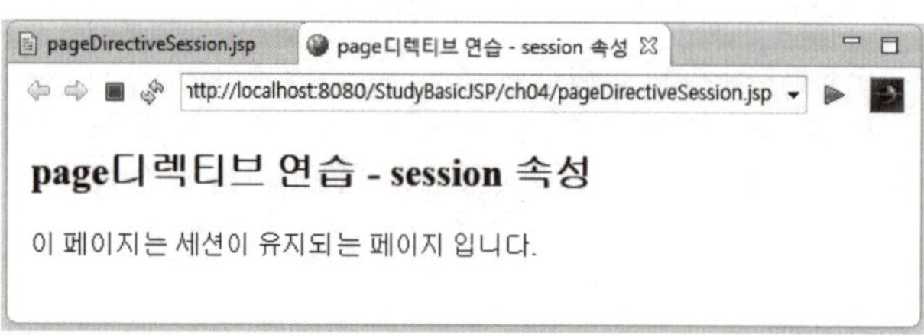

7 buffer 속성

buffer 속성은 JSP 페이지의 출력 버퍼의 크기를 지정하는 속성으로, 기본값은 "8KB"이다. buffer 속성의 값을 "none"으로 지정한 경우 출력 버퍼를 사용하지 않는다는 의미로, 이때는 JSP 페이지가 출력 버퍼를 거치지 않고 바로 웹 브라우저에 출력된다.

기본값으로 "8KB"를 사용하는 이유는 프로그래머들의 오랜 경험 끝에 JSP 페이지에서 가장 타당한 크기로 인식되었기 때문이다. 거의 대부분 8KB로 충분하다. 만일 더 많은 내용을 출력한다면 이에 맞게 크기를 늘려주면 된다.

```
<%@ page buffer="10kb"%>
<%@ page buffer="none"%>
```

> **버퍼(buffer)**   Tip
>
> 입출력 데이터 등의 정보를 전송할 때 사용되는 일시적인 데이터의 저장 장소이다. 한 장치에서 다른 장치로 데이터를 송신할 때 일어나는 시간의 차이나 데이터 흐름 속도의 차이를 보정(맞추기)하기 위해 사용하는 저장 장치이다.

8 autoFlush 속성

autoFlush 속성은 JSP 페이지의 내용들이 웹 브라우저에 출력되기 전에 출력 버퍼가 다 찰 경우, 저장되어 있는 내용들을 어떻게 처리할지를 지정하는 속성이다.

만일 autoFlush 속성의 속성값을 "true"로 설정하면, 버퍼가 다 찼을 경우 자동적으로 버퍼의 내용이 웹 브라우저에 출력되고, 출력 버퍼는 비워진다.

```
<%@ page autoflush="false"%>
```

autoFlush 속성의 기본값은 "true"이다. buffer 속성의 값을 "none"으로 지정한 경우 autoflush 속성값은 "false"로 지정할 수가 없다. 버퍼를 사용하지 않으므로 출력할 내용을 바로바로 화면에 표시해야 하기 때문이다.

⑨ isThreadSafe 속성

isThreadSafe 속성은 JSP 페이지에서 다중 쓰레드(Thread)를 사용할 수 있는가를 지정하는 속성으로 기본값은 "true"이다. JSP 페이지에서는 하나의 요청을 하나의 쓰레드로 처리하기 때문에 한 페이지에서 여러 사용자의 요청을 동시에 받아들 수 있게 되어 있다. isThreadSafe 속성값이 "true"인 경우 해당 JSP 페이지가 여러 사용자 요청을 동시에 받아들일 수 있다는 뜻이다. 만일 속성값을 "false"로 지정해 놓으면, 다수 사용자의 요청을 동시에 처리하지 않고 요청한 순서대로 처리하므로 웹 브라우저의 요청을 처리하는 데 많은 시간이 걸린다.

이 속성은 "쓰레드의 프로세스화"라고 불리는 것으로, JSP의 장점인 다중 쓰레드를 사용할 수 없어서 처리 속도가 떨어진다. 가급적이면 사용하지 않는 것이 좋다.

```
<%@ page isThreadSafe="false"%>
```

> **Tip**
>
> **쓰레드(Thread)**
>
> 쓰레드가 프로세스화하면 하나의 사용자 요청이 하나의 프로세스가 되어 많은 메모리를 요구한다. JSP의 경우 하나의 페이지에 대해 하나의 프로세스만 설정되고, 다수의 사용자 요청은 쓰레드로 처리되어 사이트가 많은 사용자의 요청을 받더라도 서비스의 시간이 많이 걸리지 않도록 되어 있다.
>
> 쓰레드(Thread)는 프로세스(Process : 메모리 할당을 받은 프로그램) 내에 있는 것으로 프로세스가 이미 메모리 할당을 받았기 때문에, 쓰레드는 메모리 자원을 사용하지 않는다. 또한 하나의 프로세스 내에서 여러 쓰레드가 동시에 작업을 수행하기 때문에 프로그램의 수행 속도도 빨라진다.

⑩ errorPage 속성

errorPage 속성은 JSP 페이지를 처리하는 도중에 해당 페이지에서 예외(Exception)가 발생할 경우, 예외를 처리할 페이지를 지정하는 속성이다. 해당 페이지에서 예외를 처리하지 않고 errorPage 속성값으로 지정한 다른 페이지에서 예외를 처리한다.

아래의 예시는 현재의 페이지에서 예외가 발생하면 에러를 처리하는 페이지인 errorPro.jsp에서 예외를 처리한다.

```
<%@ page errorPage="errorPro.jsp"%>
```

그러나 JSP 2.0부터는 위와 같은 방법으로 예외를 처리하지 않는다. 실제로 Tomcat의 버전이 5.5.9 이상이면 위의 속성을 인식하지 못하는 경우가 발생한다. 원래 JSP 2.0 버전에서의 예외처리 권고안은 web.xml 파일에서 <error-page> 태그를 사용해 처리하도록 되어 있다. web.xml 파일에서 <error-page> 태그의 사용은 이 책 9장에서 배울 것이다.

⑪ isErrorPage 속성

isErrorPage 속성은 현재의 JSP 페이지가 일반적인 페이지인지, 예외를 처리하는 페이지인지를 지정할 때 사용되는 속성이다. 요청된 현재의 페이지가 발생된 예외를 처리하는 페이지이면 isErrorPage 속성의 속성값을 "true"로 지정한다. 기본적으로 일반적인 JSP 페이지는 예외를 처리하는 페이지가 아니므로 isErroPage 속성의 기본값은 "false"이다.

다음 예시는 현재의 페이지가 예외를 처리하는 페이지라는 뜻을 갖는다.

```
<%@ page isErrorPage="true"%>
```

errorPage 속성에서 예외를 처리할 것으로 명시된 페이지에서 기술하는 속성으로, 마찬가지로 현재는 별로 사용되지 않는다.

12 pageEncoding 속성

pageEncoding 속성은 JSP 페이지에서 사용하는 문자(character)의 인코딩을 지정할 때 사용되는 것으로, 생략시 기본값으로 ISO-8859-1을 사용한다. 한글을 처리할 때는 utf-8을 사용한다.

아래의 예시는 현재 페이지의 문자 인코딩으로 utf-8을 사용하겠다는 뜻이다.

```
<%@ page pageEncoding ="utf-8"%>
```

pageEncoding 속성값은 contentType 속성값의 charset의 설정과 같다.

```
<%@ page contentType="text/html" pageEncoding="utf-8"%>
```

위의 예시는 아래의 contentType 속성의 값을 지정해 준 것과 같은 결과를 갖는다.

```
<%@ page contentType ="text/html;charset=utf-8"%>
```

02 | include 디렉티브(Directive) - <%@ include%>

JSP 페이지에서는 여러 JSP 페이지에서 공통적으로 사용되는 내용이 있을 때, 이러한 내용을 별도의 파일로 저장해 두었다가 필요한 JSP 페이지 내에 삽입할 수 있는 기능을 제공한다. 이때 공통적으로 포함될 내용을 가진 파일을 해당 JSP 페이지 내에 삽입하는 기능을 제공하는 것이 include 디렉티브이다.

include 디렉티브는 <%@ include로 시작되며, 포함시킬 파일명을 file 속성의 값으로 기술한다. include 디렉티브의 사용 방법은 다음과 같다.

```
<%@ include file="포함될 파일의 url"%>
```

include 디렉티브는 단순히 포함될 파일의 내용을 복사해서 붙여넣기 하는 방식으로 해당 페이지에 가져오므로 처리 방식이 정적이라고 할 수 있다. 따라서 include 디렉티브를 사용한 JSP 페이지가 컴파일되는 과정에서 include되는 JSP 페이지의 소스 내용을 그대로 포함하여 컴파일을 하게 된다. 즉, 복사 & 붙여넣기 방식으로 두 개의 파일이 하나의 파일로 합쳐진 후 하나의 파일로서 변환되고 컴파일된다.

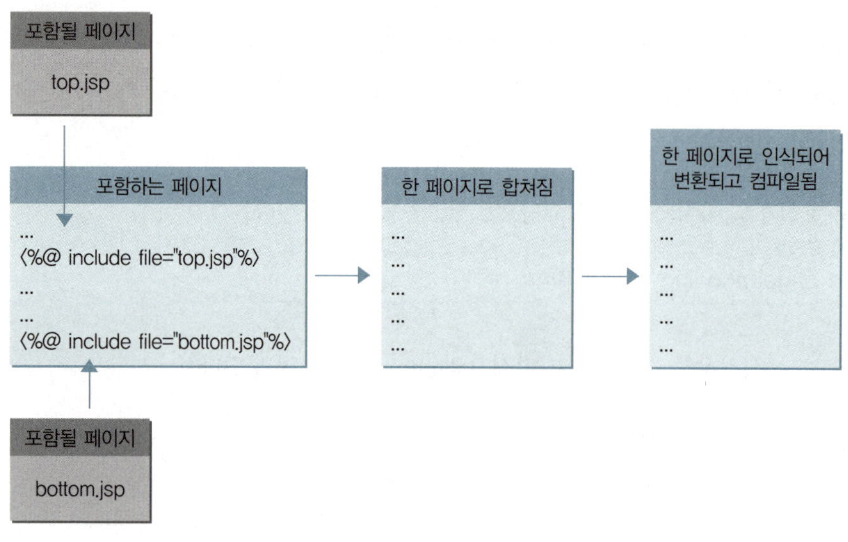

▲ include 디렉티브의 처리 과정

  ## include 디렉티브의 예제

이 예제는 include 디렉티브를 학습하는 예제로 includeDirective.jsp 페이지에 include 디렉티브를 사용하여 top.jsp 페이지와 bottom.jsp 페이지를 포함시키는 예제이다.

이 예제를 실행한 결과 화면은 다음과 같다.

▲ includeDirective.jsp의 결과 화면

이 예제는 3개의 JSP 페이지를 모두 작성한 후에 실행해야 한다. 작성할 파일의 정보는 다음과 같다.

포함할 페이지 includeDirective.jsp 페이지

작성파일명	includeDirective.jsp
작성위치	StudyBasicJSP/WebContent/ch04
부록CD에서의 제공위치	source/ch04

include 디렉티브를 사용해서 포함될 페이지 top.jsp 페이지

작성파일명	top.jsp
작성위치	StudyBasicJSP/WebContent/ch04
부록CD에서의 제공위치	source/ch04

include 디렉티브를 사용해서 포함될 페이지 bottom.jsp 페이지

작성파일명	bottom.jsp
작성위치	StudyBasicJSP/WebContent/ch04
부록CD에서의 제공위치	source/ch04

01 includeDirective.jsp 페이지를 작성하기 위해 [ch04] 폴더를 선택 후, 마우스 오른쪽 버튼을 클릭하여 [New]-[JSP File] 메뉴를 선택한다.

02 [New JSP File] 창이 표시된다. [Enter or select the parent folder] 항목이 [Study BasicJSP/WebContent/ch04]이면 [File name] 항목에 "includeDirective.jsp"를 입력하고 [Finish] 버튼을 클릭한다.

03 기본적인 코딩이 작성되어 있는 includeDirective.jsp 페이지를 다음과 같이 수정한 후 저장한다.

```jsp
01  <%@ page language="java" contentType="text/html; charset=UTF-8"
02     pageEncoding="UTF-8"%>
03  <!DOCTYPE html>
04  <html>
05  <head>
06  <meta charset="UTF-8">
07  <title>include디렉티브 연습</title>
08  </head>
09  <body>
10    <h2>include디렉티브 연습</h2>
11    <%
12      String name = "Kim";
13    %>
14    <%@ include file="top.jsp"%>
15    포함하는 페이지 includeDirective.jsp의 내용입니다.
16    <%@ include file="bottom.jsp"%>
17  </body>
18  </html>
```


12	String 타입의 변수 name을 선언해서 name 변수에 문자열 값을 지정했다.
14	<%@ include file="top.jsp"%>은 현재의 위치에 top.jsp 페이지의 내용을 넣으라는 것으로, 실제적으로 top.jsp 페이지의 내용이 복사된다.
16	<%@ include file="bottom.jsp"%> 현재의 위치에 bottom.jsp 페이지의 내용을 넣으라는 것으로, 실제적으로 bottom.jsp 페이지의 내용이 복사된다.

위의 예제를 수정한 후 저장하면 다음과 같이 14라인과 16라인에서 에러 메시지가 표시된다. 이것은 top.jsp와 bottom.jsp를 아직 작성하지 않았기 때문에 발생한다. 이 파일들을 작성하면 에러가 사라진다.

```
  13      %>
⊗14      <%@ include file="top.jsp"%>
  15    포함하는 페이지 includeDirective.jsp의 내용입니다.
⊗16    <%@ include file="bottom.jsp"%>
  17  </body>
  18  </html>
```

04 이번에 top.jsp 페이지를 작성해 보자. top.jsp 페이지를 작성하기 위해 [ch04] 폴더를 선택 후, 마우스 오른쪽 버튼을 클릭하여 [New]-[JSP File] 메뉴를 선택한다.

05 [New JSP File] 창이 표시된다. [Enter or select the parent folder] 항목이 [StudyBasicJSP/WebContent/ch04]이면 [File name] 항목에 "top.jsp"를 입력하고 [Finish] 버튼을 클릭한다.

06 기본적인 코딩이 작성되어 있는 top.jsp 페이지를 다음과 같이 수정한 후 저장한다.

```
01  <%@ page language="java" contentType="text/html; charset=UTF-8"
02      pageEncoding="UTF-8"%>
03  <%@ page import="java.sql.Timestamp" %>
04
05  <!DOCTYPE html>
06  <html>
07  <head>
08  <meta charset="UTF-8">
09  <title>top.jsp</title>
10  </head>
11  <body>
12    <%
13      Timestamp now = new Timestamp(System.currentTimeMillis());
14    %>
15
16  top.jsp입니다. <p>
17    <%=now.toString()%>
18    <hr>
19
20  </body>
21  </html>
```

01 top.jsp 페이지는 포함되는 페이지이니 4~6라인에 걸친 페이지 문자 인코딩이 필요 없는 것으로 생각될 것이다. 아무리 포함되는 페이지라고 할지라도 한글이 있다면 반드시 문자 인코딩을 처리해야 한다.

03 13라인에서 Timestamp 클래스를 사용하기 위해 jjava.sql.Timestamp를 import했다.

17 <%=now.toString()%>은 현재의 날짜 정보를 서버의 컴퓨터에 지정되어 있는 날짜 방식으로 표시된다. 우리의 경우에는 지금 학습에 사용하는 컴퓨터가 각자의 서버이니 [제어판]–[국가 및 언어 옵션]에 지정된 방식으로 날짜가 표시된다.

18 <hr> 태그는 화면에 수평선을 표시한다.

07 이번에 bottom.jsp 페이지를 작성해 보자. bottom.jsp 페이지를 작성하기 위해 [ch04] 폴더를 선택 후, 마우스 오른쪽 버튼을 클릭하여 [New]–[JSP File] 메뉴를 선택한다.

08 [New JSP File] 창이 표시된다. [Enter or select the parent folder] 항목이 [Study BasicJSP/WebContent/ch04]이면 [File name] 항목에 "bottom.jsp"를 입력하고 [Finish] 버튼을 클릭한다.

09 기본적인 코딩이 작성되어 있는 bottom.jsp 페이지를 다음과 같이 수정한 후 저장한다.

```
01   <%@ page language="java" contentType="text/html; charset=UTF-8"
02        pageEncoding="UTF-8"%>
03   <!DOCTYPE html>
04   <html>
05   <head>
06   <meta charset="UTF-8">
07   <title>bottom.jsp</title>
08   </head>
09   <body>
10     <hr>
11     bottom.jsp입니다. <p>
12     작성자는 <b> <%=name%> </b> 입니다
13   </body>
14   </html>
```

12 〈%=name%〉은 name 변수의 내용을 화면에 표시하라는 의미이다. 그런데 name 변수를 선언하지 않아서 이 예제를 수정한 후 저장하면 오류가 표시된다. name 변수는 이 bottom.jsp 페이지를 포함시킬 페이지인 includeDirective.jsp에서 선언했으므로 오류가 나더라도 프로그램 수행에는 문제가 없다. 이 오류는 이클립스에서만 표시되는 것이므로 무시한다. 페이지 간의 유기적인 처리에 의해 실제로 오류는 없다.

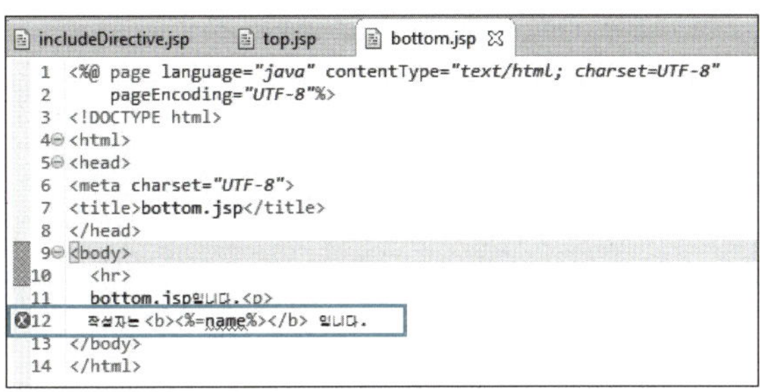


```
1  <%@ page language="java" contentType="text/html; charset=UTF-8"
2      pageEncoding="UTF-8"%>
3  <!DOCTYPE html>
4  <html>
5  <head>
6  <meta charset="UTF-8">
7  <title>bottom.jsp</title>
8  </head>
9  <body>
10     <hr>
11     bottom.jsp입니다.<p>
12     작성자는 <b><%=name%></b> 입니다.
13 </body>
14 </html>
```

실제로 이클립스는 사소한 오류나 페이지 간의 유기적으로 해결될 오류가 발생해도 무슨 큰 사고가 터진 것 마냥 프로젝트 이름으로부터 오류를 유발한 페이지까지 전체를 오류 표시로 도배한다. 하지만 지금은 실제의 수행과 관련이 없으니 무시한다.

10 includeDirective.jsp 파일을 선택하고, 마우스 오른쪽 버튼을 클릭해 [Run As]-[Run on Server] 메뉴를 선택한다.

11 [Run on Server] 창이 표시되면 기본값을 그대로 사용하고 [Finish] 버튼을 클릭한다.

12 다음과 같이 includeDirective.jsp 페이지가 실행된 결과가 화면에 표시된다.

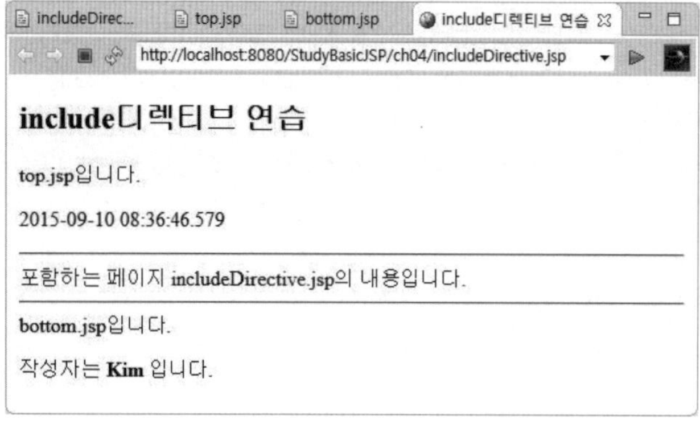

▲ includeDirective.jsp의 결과 화면

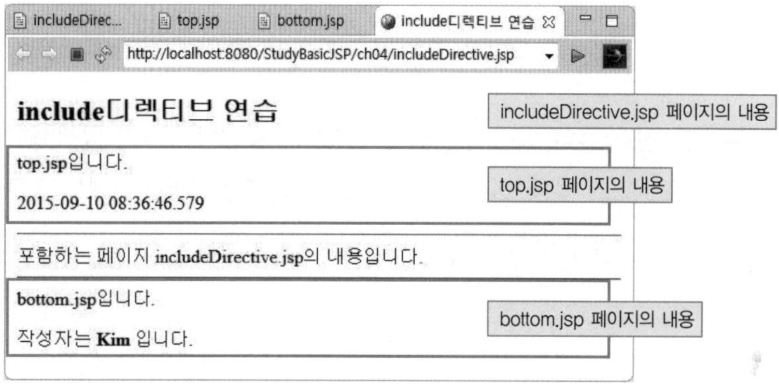

▲ includeDirective.jsp 페이지의 구조

include 디렉티브는 주로 조각코드를 삽입할 때 사용된다. 예를 들면 color.jspf와 같이 조각코드를 가지는 페이지의 내용은 어떤 값을 가지는 변수를 정의하고 있는 경우에 주로 사용된다.

```
<%//color.jspf의 내용
String bodyback_c="#e0ffff";
String back_c="#8fbc8f";
String title_c="#5f9ea0";
String value_c="#b0e0e6";
String bar="#778899";
%>
```

이 변수들의 값이 필요한 페이지에서 조각코드 페이지를 include 디렉티브를 사용해서 포함한다. 이렇게 사용하고 나면 후에 변수의 값이 바뀌게 되어도 조각코드 페이지의 내용만 변경하면 된다. 이것을 사용하는 페이지는 소스 코드를 변경할 필요 없이 사용하면 되므로 페이지의 유지보수가 쉬워진다.

```
<!--write.jsp의 내용 -->
--생략--
<%@ include file="color.jspf"%>
--중략--
<table width="407" border="0" cellspacing="0" cellpadding="0"
bgcolor="<%=bodyback_c%>" align="center">
  <tr>
   <td align="right">
   <a href="List.jsp?Page=1">
     <img src=images/list.gif alt='리스트' border=0></a>
  </td>
  </tr>
  <tr>
  <td width="70" bgcolor="<%=title_c%>" align="center">이 름</td>
  <td width="337" bgcolor="<%=value_c%>">
    <input type="text" size="10" maxlength="6" name="writer"></td>
  </tr>

--생략--
```

조각코드를 가지는 페이지는 확장자를 jspf를 사용하는데 이것은 완전한 소스코드 페이지와 구별하기 위한 것이다. 확장자를 꼭 jspf가 아니라 jsp를 써도 상관없다. 다만 프로젝트 같은 것을 작성할 때 혼자 작업을 하는 것이 아니라 주로 팀 작업을 수행한다. 이럴 때 모두가 조각 코드라는 것을 알아볼 수 있도록 확장자를 사용할 때, jsp보다는 jspf를 사용하는 것이 좋다는 것이다.

어떤 파일의 내용을 현재 페이지로 포함하는 방법에는 include 디렉티브 이외에 include 액션태그라는 것이 있다. include 디렉티브는 소스코드를 복사한 후 같이 변환되어 컴파일되지만, include 액션태그는 포함되는 페이지의 실행 결과만을 삽입한다. 둘의 쓰임은 다르다. 반드시 둘 다 사용할 수 있도록 알아두어야 한다.

taglib 디렉티브는 표현 언어(EL : Expression Language), JSTL(JSP Standard Tag Library), 커스텀 태그(Custom Tag)를 JSP 페이지 내에 사용할 때 필요하다. xml에 대한 이해가 조금 필요한 부분이다.

사용 방법은 아래와 같이 두 개의 속성인 prefix 속성과 uri 속성의 값을 지정해 주어야 한다. 사용자가 정의한 어떤 태그의 설정 정보는 uri 속성의 값이 가지고 있고, 이것을 해당 페이지 내에서 사용할 때 uri 속성의 값이 복잡하므로 prefix 속성의 값이 별명과 같은 역할을 한다. 즉, prefix 속성의 값을 사용하면 uri 속성의 값을 사용하는 것과 같다.

```
〈%@ taglib prefix="c" uri="http://java.sun.com/jsp/jstl/core" %〉
--중략--
〈c:set var="alnt" value="123"%〉
```

uri 속성값을 왜 이렇게 복잡하게 주는 것일까? 이것은 XML의 네임스페이스(namespace)와 같은 의미이다. 우리가 어떠한 값을 지정할 때 누구와도 겹치지 않는 유일한 값을 원할 때 무엇을 사용해야 하는가? 그것에 대한 해답은 URL(URI)이다. URL은 전 세계적으로 유일한 값을 가진다. 그래서 자신들만의 네임스페이스를 정의할 때 거의 대부분 URL을 사용한다.

하지만 URL에는 태그의 엘리먼트(Element)명으로 사용할 수 없는 특수문자를 포함하고 있다. 따라서 XML 문법에 어긋나기 때문에 prefix의 값을 대신 사용한다. 프로젝트를 작성할 때 실제로 회사의 URL을 사용한다. 마찬가지로 자바로 어떤 모듈을 만들 때도 패키지명을 URL로 사용하는 경우가 많다.

Tip

엘리먼트(Element)명

〈html〉 태그에서 〈html〉 자체는 〈html〉 태그이고, 이때 〈,〉사이에 있는 html이 이 태그의 엘리먼트명이 된다. XML에서는 주로 엘리먼트명을 지칭할 때가 많으므로 잘 알아두자.

---

taglib 디렉티브에 대한 설명을 이 장에는 그만 마치기로 한다. 이 책은 입문서이기 때문에 이것까지 다루게 되면 입문서보다 상위 레벨의 책인 기본서로 씌어져야 하기 때문이다. 아쉽지만 이 책에서는 여기서 설명을 마치도록 하겠다.

단원 정리

01 page 디렉티브(Directive) – 〈%@ page%〉

- JSP 페이지에 대한 정보를 page 디렉티브(Directive)의 속성들을 사용해서 정의하는데, 생성되는 문서의 타입, 스크립팅언어, import할 클래스, 세션 및 버퍼의 사용 여부, 버퍼의 크기 등 JSP 페이지에서 필요한 설정 정보를 지정한다.

- page 디렉티브(Directive)의 속성에 대한 요약

속성	속성의 기본값	사용법	속성 설명
info		info="설명…"	페이지를 설명해 주는 문자열을 지정하는 속성
language	"java"	language="java"	JSP 페이지의 스크립트 요소에서 사용할 언어를 지정하는 속성
contentType	"text/html;charset=ISO–8859–1"	contentType="text/html;charset=utf–8"	JSP 페이지가 생성할 문서의 타입을 지정하는 속성
extends		extends="system.MasterClass"	자신이 상속받을 클래스를 지정할 때 사용하는 속성
import		import="java.util.Vector" import="java.util.*"	다른 패키지에 있는 클래스를 가져다 쓸 때 사용하는 속성
session	"true"	session="true"	HttpSession을 사용할지의 여부를 지정하는 속성
buffer	"8kb"	buffer="10kb" buffer="none"	JSP 페이지의 출력 버퍼의 크기를 지정하는 속성
autoFlush	"true"	autoFlush="false"	출력 버퍼가 다 찰 경우에 저장되어 있는 내용의 처리를 설정하는 속성
isThreadSafe	"true"	autoFlush="false" isThreadSafe="true"	현재 페이지에 다중쓰레드를 허용할지의 여부를 설정하는 속성
errorPage		errorPage="error/fail.jsp"	에러 발생시 에러를 처리할 페이지를 지정하는 속성
isErrorPage	"false"	isErrorPage="false"	해당 페이지를 에러 페이지로 지정하는 속성
pageEncoding	"ISO–8859–1"	pageEncoding="utf–8"	해당 페이지의 문자 인코딩을 지정하는 속성
isELIgnored	jsp 버전 및 설정에 따라 다르다.	isELIgnored="true"	표현 언어(EL)에 대한 지원 여부를 설정하는 속성

02 include 디렉티브(Directive) – 〈%@ include%〉

- 공통적으로 포함될 내용을 가진 파일을 해당 JSP 페이지 내에 삽입하는 기능을 제공하는 것이 include 디렉티브이다.

- include 디렉티브는 〈%@ include로 시작되면 포함시킬 파일명을 file 속성의 속성값으로 기술한다. 사용법은 다음과 같다.

```
〈%@ include file="포함될 파일의 url"%〉
```

- include 디렉티브는 주로 조각코드를 삽입할 때 사용된다.

03 taglib 디렉티브 – 〈%@ taglib%〉

- taglib 디렉티브는 표현언어(EL : Expression Language), JSTL(JSP Standard Tag Library), 커스텀 태그(Custom Tag)를 JSP 페이지 내에 사용할 때 사용되어진다.

- 사용 방법은 아래와 같이 두 개의 속성인 prefix 속성과 uri 속성의 속성값을 지정해 주어야 한다.

```
〈%@ taglib prefix="c" uri="http://java.sun.com/jsp/jstl/core" %〉
--중략--
〈c:set var="alnt" value="123"%〉
```

01 JSP 페이지에서 제공하는 세 개의 디렉티브를 나열하고, 이들이 하는 역할을 기술하시오.

02 다음의 조건을 만족하도록 page 디렉티브를 작성하시오.

> **조건**
> - JSP 페이지를 웹 브라우저에 표시할 때 출력 형식을 text/html로 지정하시오.
> - 문자의 인코딩은 utf-8로 지정하시오
> - 버퍼의 크기는 10k로 지정하고, autoFlush 속성을 true로 지정하시오.

03 다음 ex04_3.jsp, ex04_top.jsp, ex04_bottom.jsp 페이지를 작성한 후 ex04_3.jsp 페이지의 실행 결과를 확인하시오.

ex04_3.jsp

```
01  <%@ page language="java" contentType="text/html; charset=UTF-8"
02     pageEncoding="UTF-8"%>
03  <!DOCTYPE html>
04  <html>
05  <head>
06  <meta charset="UTF-8">
07  <title>ex04_3.jsp 페이지</title>
08  </head>
09  <body>
10    <%@ include file="ex04_top.jsp"%>
11    <h2>ex04_3.jsp 페이지</h2>
12    <%@ include file="ex04_bottom.jsp"%>
13
14  </body>
15  </html>
```

ex04_top.jsp

```
01  <%@ page language="java" contentType="text/html; charset=UTF-8"
02      pageEncoding="UTF-8"%>
03  <!DOCTYPE html>
04  <html>
05  <head>
06  <meta charset="UTF-8">
07  <title>ex04_top.jsp 페이지</title>
08  </head>
09  <body>
10    <b> <%="ex04_top.jsp 페이지" %> </b>
11    <hr>
12  </body>
13  </html>
```

ex04_bottom.jsp

```
01  <%@ page language="java" contentType="text/html; charset=UTF-8"
02      pageEncoding="UTF-8"%>
03  <!DOCTYPE html>
04  <html>
05  <head>
06  <meta charset="UTF-8">
07  <title>ex04_bottom.jsp 페이지</title>
08  </head>
09  <body>
10    <hr>
11    <b> <%="ex04_bottom.jsp 페이지" %> </b>
12
13  </body>
14  </html>
```

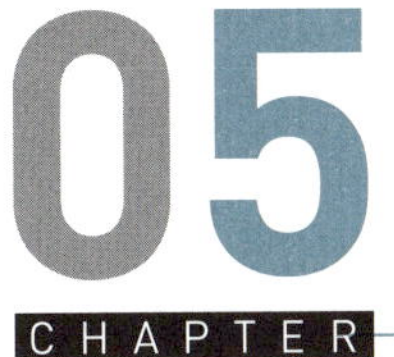

JSP 페이지의 스크립트 요소

이 장에서는 JSP 페이지를 구성하는 요소 중 하나인 스크립트 요소를 학습하는 장으로 JSP 페이지 스크립트의 3가지 요소인 선언문(Declaration), 스크립트릿(Scriptlet), 표현식 (Expression)에 대해 학습한다.

1. 스크립트 요소의 이해
2. 선언문(Declaration)
3. 스크립트릿(Scriptlet)
4. 표현식(Expression)
5. 주석(Comment)

01 | 스크립트 요소의 이해

JSP 페이지에서는 선언문(Declaration), 스크립트릿(Scriptlet), 표현식(Expression)이라는 3가지의 스크립트 요소를 제공한다. 이들은 JSP 페이지에서 다음과 같은 형식으로 사용한다.

> 선언문(Declaration) – 〈%! %〉 : 전역 변수 선언 및 메소드 선언에 사용
>
> 스크립트릿(Scriptlet) – 〈% %〉 : 프로그래밍 코드 기술에 사용
>
> 표현식(Expression) – 〈%=%〉 : 화면에 출력할 내용 기술에 사용

이들에 대한 자세한 설명은 뒤에서 하기로 하고, 이들이 실제로 어떻게 사용되는지에 대해 예제를 통해 이들의 기능에 대해 개괄적으로 알아보자.

먼저 이 장에서 작성할 예제를 저장하고 관리하기 위한 [ch05] 폴더를 생성한다.

웹 페이지 저장 폴더 [WebContent]에 [ch05] 폴더를 생성한다.

01 [StudyBasicJSP] 프로젝트의 [WebContent] 폴더를 선택하고, 마우스 오른쪽 버튼을 클릭해 [New]-[Folder] 메뉴를 선택한다.

02 [New Folder] 창이 표시된다. [Enter or select the parent folder] 항목의 값이 [Study BasicJSP/WebContent]이면 [Folder name] 항목에 "ch05"를 입력하고 [Finish] 버튼을 클릭한다.

03 [Project Explorer] 뷰에서 [WebContent] 폴더 안에 [ch05] 폴더가 생성된 것을 확인할 수 있다.

이 예제는 JSP 페이지 내에서 선언문(Declaration), 스크립트릿(Scriptlet), 표현식 (Expression)이 어떻게 쓰이는지를 알아보는 예제이다.

이 예제의 결과는 다음과 같다.

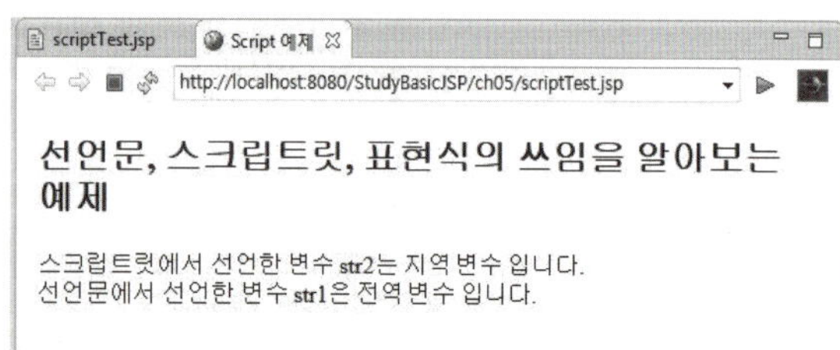

작성파일의 정보는 다음과 같다.

작성파일명	scriptTest.jsp
작성위치	StudyBasicJSP/WebContent/ch05
부록CD에서의 제공위치	source/ch05

01 scriptTest.jsp 페이지를 [ch05] 폴더에 작성한다.

02 scriptTest.jsp 페이지의 기본적인 코딩이 작성되면 다음과 같이 수정한 후 저장한다.

```
01  <%@ page language="java" contentType="text/html; charset=UTF-8"
02      pageEncoding="UTF-8"%>
03  <!DOCTYPE html>
04  <html>
05  <head>
06  <meta charset="UTF-8">
07  <title>Script 예제</title>
08  </head>
09  <body>
10    <h2>선언문, 스크립트릿, 표현식의 쓰임을 알아보는 예제</h2>
11    <%! //선언문 - 전역 변수 선언
12      String str = "전역 변수 입니다.";
13    %>
14
15    <%! //선언문 - 메소드 선언
16      String getStr(){
17        return str;
18      }
19    %>
20
21    <% //스크립트릿
22      String str2 = "지역 변수 입니다.";
23    %>
24
25    스크립트릿에서 선언한 변수 str2는 <%=str2 %> <br> <!-- 표현식 -->
26    선언문에서 선언한 변수 str1은 <%=getStr()%> <!-- 표현식 -->
27
28  </body>
29  </html>
```

11~13	선언문으로 선언문 안에서 선언한 12라인의 str 변수는 전역 변수가 된다.
15~19	선언문으로 이 부분은 getStr() 메소드를 선언한 부분이다.
21~23	스크립트릿으로 스트립트릿 안에 선언한 22라인의 str2 변수는 지역 변수가 된다.

03 scriptTest.jsp 페이지의 수정이 끝나면 scriptTest.jsp 파일을 선택하고 마우스 오른쪽 버튼을 클릭해 [Run As]-[Run on Server] 메뉴를 선택 후 [Finish] 버튼을 눌러 실행한다.

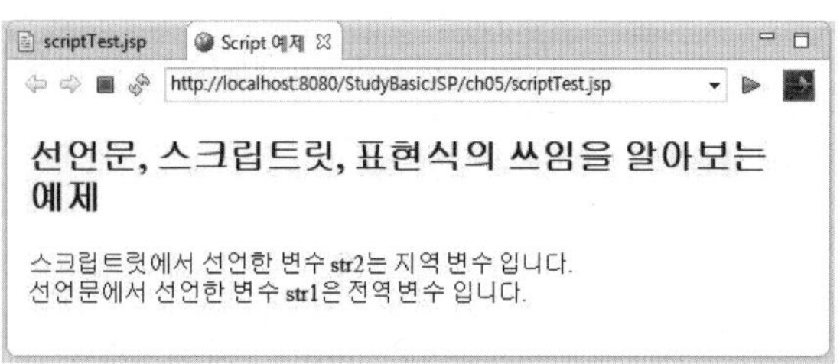

간단하게나마 선언문, 스크립트릿, 표현식이 JSP 페이지 내에서 어떻게 쓰이는지 확인했다. 이제부터 이들에 대해 좀 더 상세한 학습을 시작하는데, 문법적인 부분이라 다소 딱딱하고 지루할 수 있다. 그러나 이런 것들이 모여서 하나의 JSP 페이지를 이룬다는 점을 잊지 말자. 자! 시작해 보자.

02 | 선언문(Declaration)

선언문은 JSP 페이지 내에서 필요한 멤버 변수나 메소드가 필요할 때 선언해서 쓰기 위한 요소이다. 뒤에 나오는 스크립트릿(Scriptlet)과 비슷한 점도 있지만 확실한 차이점이 있다. 그 차이점에 관해서는 스크립트릿에서 비교 설명을 하도록 하겠다.

선언문(<%! %>)에서 선언된 변수는 자바에서와 마찬가지로 전역 변수 역할을 하는 멤버 변수가 된다. 또한 선언문에서 선언된 메소드는 일반 메소드들과 똑같은 역할을 한다. 스크립트릿(<% %>)에서 선언되는 변수는 지역 변수이다.

Tip

• 멤버 변수(Member Variable)

C언어의 전역 변수와 유사한 것으로 사물을 클래스로 정의시 해당 사물의 속성을 기술할 때 사용된다. 멤버 변수를 선언시에는 변수의 데이터 타입과 변수 명들을 기술해야 하며, 멤버 변수는 초기값을 기술하지 않을 때에는 선언한 변수의 데이터 타입의 기본값으로 초기화된다. 숫자 타입은 0으로 String(문자열) 타입과 레퍼런스 타입은 null 값으로 초기화된다.

• 지역 변수(Local Variable)

메소드(method) 안에서 선언된 변수를 지역 변수(local variable)라고 한다. 이 지역 변수는 초기화가 자동으로 일어나지 않기 때문에 코드에서 초기화를 하지 않고 사용하면 컴파일 에러가 발생한다. 그리고 선언된 메소드(method) 내에서만 사용되며, 메소드 밖에서는 접근할 수 없는 변수이다. 지역 변수는 해당 메소드의 사용이 완료되면 메모리에서 자동 제거되므로 자동 변수라고도 부른다.

선언문의 문법은 다음과 같다.

<%! 문장 %>

1 선언문에서 변수 선언

선언문에서 선언된 변수는 JSP 페이지가 서블릿(Servlet)으로 파싱(parsing)될 때 서블릿의 멤버 변수가 된다.

```
<%!
    private String name= "Kingdora";
    private int year = 2015;
%>
```

위에서 선언한 변수 name과 year는 해당 JSP 페이지의 스크립트 요소들이 모두 참조할 수 있는 멤버 변수이다. 따라서 이 변수를 참조하는 스크립트릿 요소보다 선언문에서 선언한 변수가 뒤에 있다 해도 name과 year 변수를 참조할 수 있다.

C언어 등에서는 반드시 변수 선언한 뒤에 그 변수를 참조할 수 있으나, 자바에서는 변수의 선언이 그 변수를 사용하는 라인보다 뒤에서 선언이 되어도 사용가능하다. 따라서 자바 기반의 JSP에서도 그 특징이 그대로 적용된다.

그러면 다음의 예제를 통해 좀 더 자세히 살펴보도록 하자.

선언문 예제 - 변수선언

이 예제는 선언문에서 변수선언을 하는 것을 학습하는 것으로, 이것을 통해 멤버 변수의 참조를 이해한다.

이 예제의 결과는 다음과 같다.

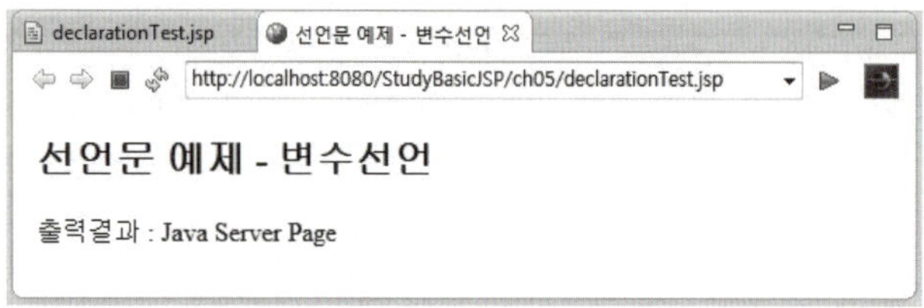

작성파일의 정보는 다음과 같다.

작성파일명	declarationTest.jsp
작성위치	StudyBasicJSP/WebContent/ch05
부록CD에서의 제공위치	source/ch05

01 declarationTest.jsp 페이지를 [ch05] 폴더에 작성한다.

02 declarationTest.jsp 페이지의 기본적인 코딩이 작성되면 다음과 같이 수정한 후 저장한다.

```
01  <%@ page language="java" contentType="text/html; charset=UTF-8"
02      pageEncoding="UTF-8"%>
03  <!DOCTYPE html>
04  <html>
05  <head>
06  <meta charset="UTF-8">
07  <title>선언문 예제 - 변수선언</title>
08  </head>
09  <body>
```

```
10    <h2> 선언문 예제 - 변수선언 </h2>
11    <%
12      String str1 = str2 + " Server Page";
13    %>
14
15    <%!
16      String str2 = "Java";
17    %>
18
19    출력결과 : <%=str1 %>
20    </body>
21    </html>
```


11~13 스크립트릿에서 변수를 선언에서 값을 할당한 부분으로 12라인에서는 아직 선언하지도 않은 변수 str2
를 참조하고 있다. 또한 str2 + " Server Page"에서 문자열과 문자열 사이에 "+"를 사용하면 이때 "+"는 문자열
을 결합하는 문자열 결합 연산자로 쓰인다.

15~17 선언문에서 str2 변수를 선언해서 값을 할당했다. 이때 str2 변수는 메소드 간에 참조할 수 있는 멤버
변수가 된다.

19 str1 변수의 내용을 화면에 출력한다.

03 declarationTest.jsp 페이지의 수정이 끝나면 declarationTest.jsp 파일을 선택하고,
마우스 오른쪽 버튼을 클릭해 [Run As]-[Run on Server] 메뉴를 선택 후 [Finish] 버
튼을 눌러 실행한다.

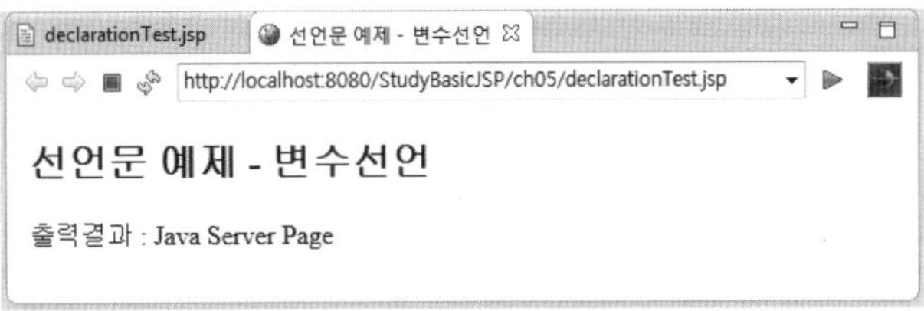

② 선언문에서 메소드 선언

선언문에서 선언된 메소드는 JSP 페이지 내에서 일반적인 메소드로 사용된다.

```
<%!
  String id = "Kingdora";
  public String getId( ) {
      return id;
  }
%>
```

위에서 선언한 getId( ) 메소드는 멤버 변수 id 값을 리턴(반환)하는 메소드이다. 이것은 id
변수가 선언문에서 선언된 멤버 변수이므로 getId( ) 메소드에서 접근하는 것이 가능한 것이
다. 이 부분에 대해서는 다음의 예제를 통해 자세히 살펴보자.

  선언문 예제 – 메소드 선언

이 예제는 선언문에서 메소드를 선언하는 것을 학습하는 것으로, 이를 통해 메소드를 선언
해서 사용하는 방법을 이해한다.
이 예제의 결과는 다음과 같다.

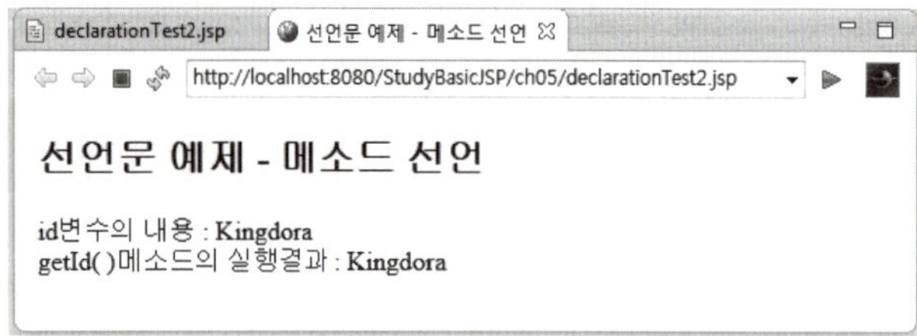

작성파일의 정보는 다음과 같다.

작성파일명	declarationTest2.jsp
작성위치	StudyBasicJSP/WebContent/ch05
부록CD에서의 제공위치	source/ch05

01 declarationTest2.jsp 페이지를 [ch05] 폴더에 작성한다.

02 declarationTest2.jsp 페이지의 기본적인 코딩이 작성되면 다음과 같이 수정한 후 저장한다.

```
01  <%@ page language="java" contentType="text/html; charset=UTF-8"
02      pageEncoding="UTF-8"%>
03  <!DOCTYPE html>
04  <html>
05  <head>
06  <meta charset="UTF-8">
07  <title>선언문 예제 - 메소드 선언</title>
08  </head>
09  <body>
10    <h2>선언문 예제 - 메소드 선언</h2>
11
12    <%!
13    String id = "Kingdora";
14
15    public String getId() {
16       return id;
17    }
18  %>
19
20    id 변수의 내용 : <%=id %> <br>
21    getId( ) 메소드의 실행 결과 : <%= getId() %>
22
23  </body>
24  </html>
```

소스 코드 설명

12~18	멤버 변수 id와 메소드 getId( )를 선언하는 부분이다.
20~21	id 변수의 내용과 getId( )의 실행 결과를 출력하는 부분이다.

03 declarationTest2.jsp 페이지의 수정이 끝나면, declarationTest2.jsp 파일을 선택 후 [Finish] 버튼을 눌러 실행한다.

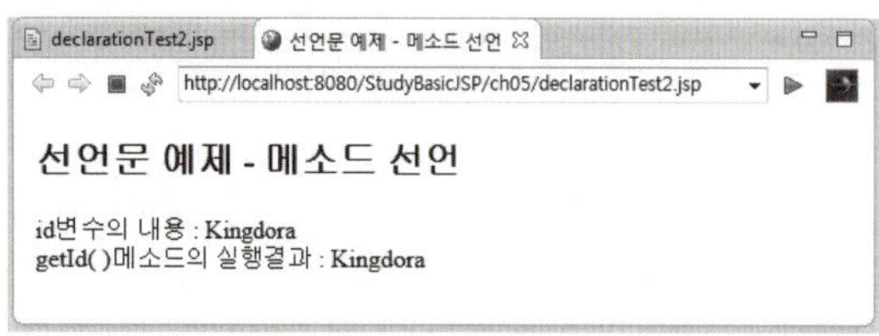

03 | 스크립트릿(Scriptlet)

스크립트릿(Scriptlet)은 JSP 페이지에서 가장 일반적으로 쓰이는 스크립트 요소로 주로 프로그래밍의 로직을 기술할 때 많이 쓰인다. 스크립트릿(⟨% %⟩)은 JSP 페이지가 서블릿으로 변환되고, 이 페이지가 호출될 때 _jspService 메소드 안에 선언이 된다. 스크립트릿에서 선언된 변수는 지역 변수로 선언된다.

스크립트릿의 문법은 다음과 같다.

⟨% 문장%⟩

그러면 먼저 간단한 JSP 페이지가 서블릿으로 변환된 소스를 보면서 선언문과 스크립트릿에서 선언한 변수의 위치가 실제로 얼마나 다른가에 대해 알아보자.

실습 | JSP 페이지가 서블릿으로 변환된 소스 확인

이 예제는 JSP 페이지가 서블릿으로 변환된 소스를 통해서 스크립트릿과 선언문에서 선언된 변수의 차이점을 확인한다.

작성파일의 정보는 다음과 같다.

작성파일명	scriptletTest.jsp
작성위치	StudyBasicJSP/WebContent/ch05
부록CD에서의 제공위치	source/ch05

01 scriptletTest.jsp 페이지를 [ch05] 폴더에 작성한다.

02 scriptletTest.jsp 페이지의 기본적인 코딩이 작성되면 다음과 같이 수정한 후 저장한다.

```
01  <%@ page language="java" contentType="text/html; charset=UTF-8"
02      pageEncoding="UTF-8"%>
03  <!DOCTYPE html>
04  <html>
05  <head>
06  <meta charset="UTF-8">
07  <title>스크립트릿과 선언문에서 선언된 변수의 차이</title>
08  </head>
09  <body>
10      <h2>스크립트릿과 선언문에서 선언된 변수의 차이점 확인</h2>
11
12      <%!
13      String str1 = "선언문에서 선언한 변수";
14      %>
15
16      <%
17      String str2 = "스크립트릿에서 선언한 변수";
18      %>
19
20  </body>
21  </html>
```

소스 코드 설명

12~14	선언문에서 멤버 변수 str1을 선언해서 값을 할당했다.
16~18	스크립트릿에서 지역 변수 str2를 선언해서 값을 할당했다.

03 scriptletTest.jsp 페이지의 수정이 끝나면 scriptletTest.jsp 파일을 선택하고, 마우스 오른쪽 버튼을 클릭해 [Run As]-[Run on Server] 메뉴를 선택 후 [Finish] 버튼을 눌러 실행한다.

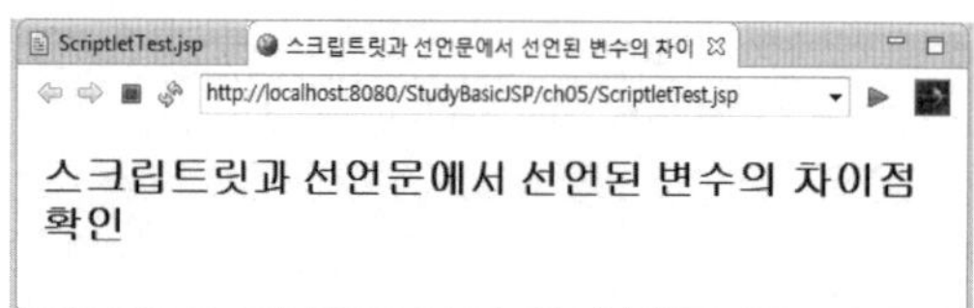

04 scriptletTest.jsp가 서블릿으로 변환된 것을 확인하기 위해 이 페이지를 Tomcat에서 직접 실행해야 한다. 따라서 [StudyBasicJSP]를 WAR로 다시 내보내기 해야 한다. [StudyBasicJSP] 프로젝트를 선택하고 오른쪽 마우스 버튼을 클릭해 [Export]-[WAR file] 메뉴를 선택한다.

05 [Export] 창이 표시되면 대상은 톰캣 설치 드라이브\apache-tomcat-톰캣버전\webapps\StudyBasicJSP.war를 선택하고 [Overwrite existing file] 항목을 선택한 후 [Finish] 버튼을 클릭한다.

앞장에서 우리는 이미 StudyBasicJSP.war 파일을 내보내기 한 적이 있다. 이렇게 기존 파일이 있을 경우, 수정된 파일로 변경하려면 [Overwrite existing file] 항목을 선택해야 한다.

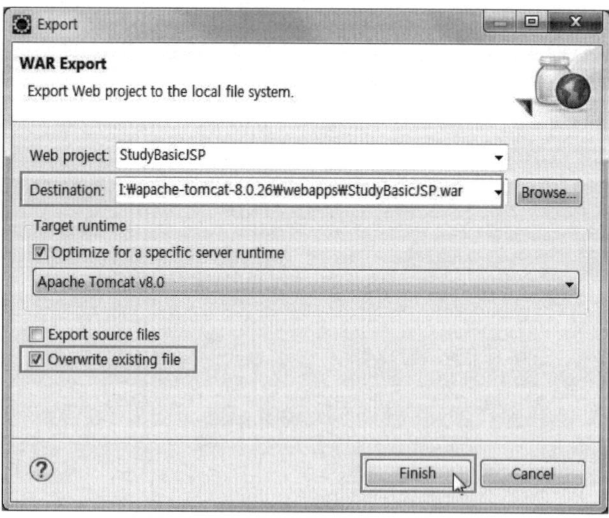

06 이클립스의 Tomcat 서버가 실행중이면 중지시킨다.

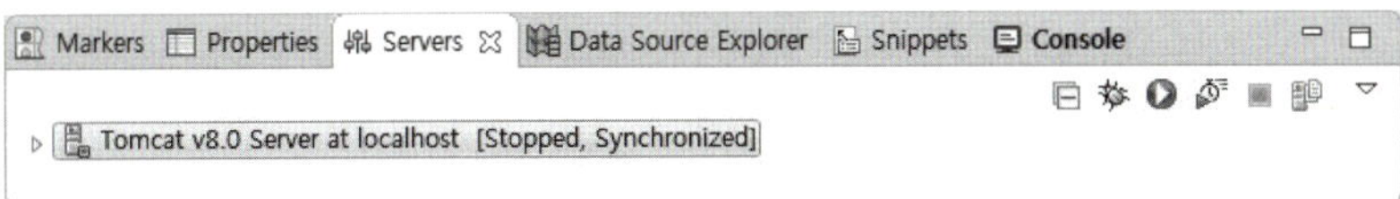

07 탐색기에서 C:\apache-tomcat-톰캣버전\webapps에서 기존의 [StudyBasicJSP] 웹 애플리케이션 폴더는 제거한다. 이 과정을 거치지 않으면 수정된 StudyBasicJSP.war 파일이 적용되지 않을 수 있으니 꼭 수행한다.

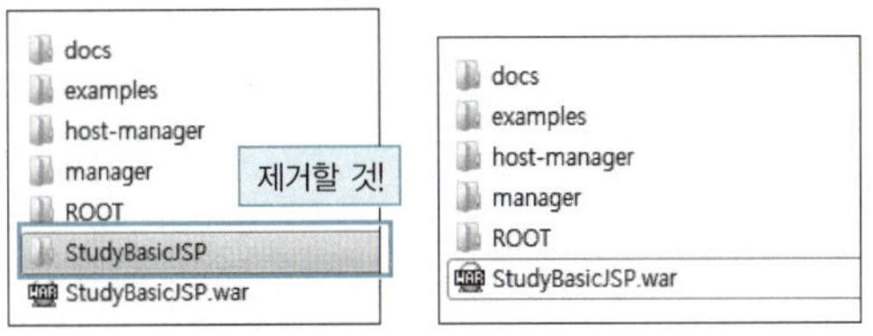

▲ 기존 [StudyBasicJSP] 웹 애플리케이션 폴더 제거 후

08 톰캣 설치 드라이브\apache-tomcat-톰캣버전\bin 폴더에 있는 startup.bat 파일을 더블클릭해서 Tomcat 서버를 실행시키면 StudyBasicJSP.war 파일의 압축이 해제되어 새로운 [StudyBasicJSP] 웹 애플리케이션 폴더가 생성된 것을 확인할 수 있다.

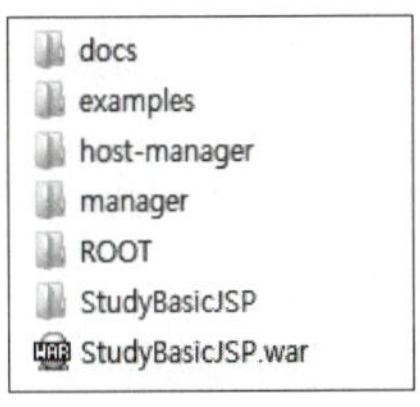

▲ 새 [StudyBasicJSP] 웹 애플리케이션 폴더 생성 확인

09 웹 브라우저의 주소에 http://127.0.0.1:8080/StudyBasicJSP/ch05/scriptletTest.jsp 를 입력한 후 Enter 키를 누른다.

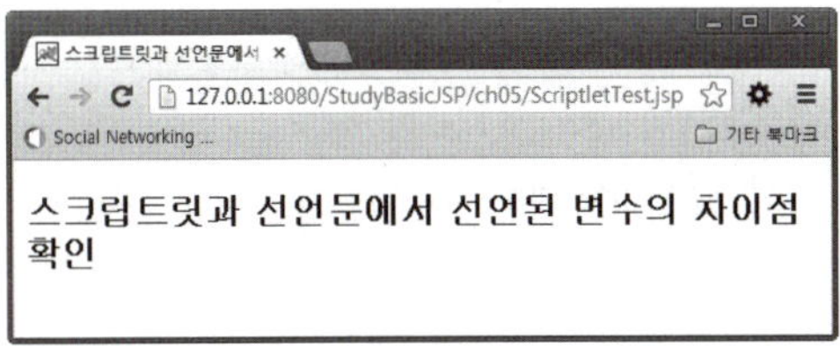

scriptletTest.jsp 페이지가 웹 브라우저에서 실행되고 나면 [StudyBasicJSP] 웹 애
플리케이션 폴더의 내용도 변경되어서 서블릿으로 변환된 파일을 확인할 수 있는 상태
가 된다.

10 [톰캣 설치 드라이브\apache-tomcat-톰캣버전\work\Catalina\localhost\Study
BasicJSP\org\apache\jsp\ch05] 폴더로 이동하면 scriptletTest.jsp 페이지가 서블릿으
로 변환된 scriptletTest_jsp.java 파일을 확인할 수 있다. 물론 scriptletTest_jsp.java 파
일이 컴파일된 scriptletTest_jsp.class 파일도 확인할 수 있다.

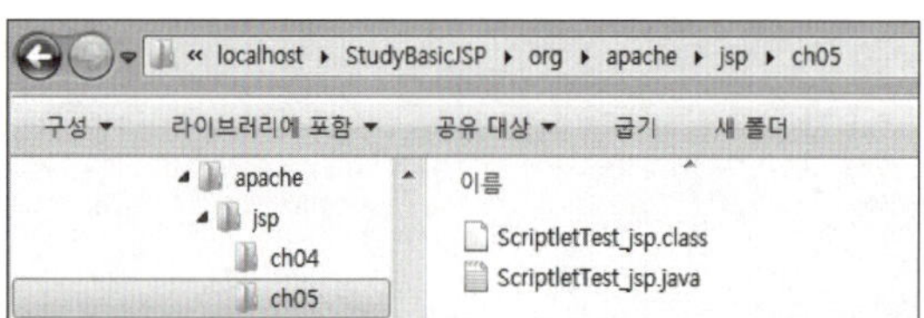

11 서블릿으로 변환된 scriptletTest_jsp.java 파일을 더블클릭해서 내용을 확인한다.

```
01  /*
02   * Generated by the Jasper component of Apache Tomcat
03   * Version: Apache Tomcat/8.0.26
04   * Generated at: 2015-09-09 23:58:50 UTC
05   * Note: The last modified time of this file was set to
06   *       the last modified time of the source file after
07   *       generation to assist with modification tracking.
08   */
09  package org.apache.jsp.ch05;
10
11  import javax.servlet.*;
12  import javax.servlet.http.*;
13  import javax.servlet.jsp.*;
14
15  public final class scriptletTest_jsp extends org.apache.jasper.runtime.HttpJspBase
16      implements org.apache.jasper.runtime.JspSourceDependent,
17              org.apache.jasper.runtime.JspSourceImports {
```

```java
18
19
20      String str1 = "선언문에서 선언한 변수";
21
22   private static final javax.servlet.jsp.JspFactory _jspxFactory =
23         javax.servlet.jsp.JspFactory.getDefaultFactory();
24
25 private static java.util.Map<java.lang.String,java.lang.Long> _jspx_dependants;
26
27   private static final java.util.Set<java.lang.String> _jspx_imports_packages;
28
29   private static final java.util.Set<java.lang.String> _jspx_imports_classes;
30
31   static {
32     _jspx_imports_packages = new java.util.HashSet<>();
33     _jspx_imports_packages.add("javax.servlet");
34     _jspx_imports_packages.add("javax.servlet.http");
35     _jspx_imports_packages.add("javax.servlet.jsp");
36     _jspx_imports_classes = null;
37   }
38
39   private javax.el.ExpressionFactory _el_expressionfactory;
40   private org.apache.tomcat.InstanceManager _jsp_instancemanager;
41
42   public java.util.Map<java.lang.String,java.lang.Long> getDependants() {
43     return _jspx_dependants;
44   }
45
46   public java.util.Set<java.lang.String> getPackageImports() {
47     return _jspx_imports_packages;
48   }
49
```

```java
50    public java.util.Set<java.lang.String> getClassImports() {
51      return _jspx_imports_classes;
52    }
53
54    public void _jspInit() {
55      _el_expressionfactory =
_jspxFactory.getJspApplicationContext(getServletConfig().getServletContext()).getExpressi
onFactory();
56      _jsp_instancemanager =
org.apache.jasper.runtime.InstanceManagerFactory.getInstanceManager(getServletConfig(
));
57    }
58
59    public void _jspDestroy() {
60    }
61
62    public void _jspService(final javax.servlet.http.HttpServletRequest request, final
javax.servlet.http.HttpServletResponse response)
63          throws java.io.IOException, javax.servlet.ServletException {
64
65  final java.lang.String _jspx_method = request.getMethod();
66  if (!"GET".equals(_jspx_method) && !"POST".equals(_jspx_method) && !"
HEAD".equals(_jspx_method) &&
!javax.servlet.DispatcherType.ERROR.equals(request.getDispatcherType())) {
67  response.sendError(HttpServletResponse.SC_METHOD_NOT_ALLOWED, "JSPs only
permit GET POST or HEAD");
68  return;
69  }
70
71    final javax.servlet.jsp.PageContext pageContext;
72    javax.servlet.http.HttpSession session = null;
73    final javax.servlet.ServletContext application;
```

```
74      final javax.servlet.ServletConfig config;
75      javax.servlet.jsp.JspWriter out = null;
76      final java.lang.Object page = this;
77      javax.servlet.jsp.JspWriter _jspx_out = null;
78      javax.servlet.jsp.PageContext _jspx_page_context = null;
79
80
81      try {
82        response.setContentType("text/html; charset=UTF-8");
83        pageContext = _jspxFactory.getPageContext(this, request, response,
84                            null, true, 8192, true);
85        _jspx_page_context = pageContext;
86        application = pageContext.getServletContext();
87        config = pageContext.getServletConfig();
88        session = pageContext.getSession();
89        out = pageContext.getOut();
90        _jspx_out = out;
91
92        out.write("\r\n");
93        out.write("<!DOCTYPE html>\r\n");
94        out.write("<html>\r\n");
95        out.write("<head>\r\n");
96        out.write("<meta charset=\"UTF-8\">\r\n");
97        out.write("<title>스크립트릿과 선언문에서 선언된 변수의 차이</title>\r\n");
98        out.write("</head>\r\n");
99        out.write("<body>\r\n");
100       out.write("  <h2>스크립트릿과 선언문에서 선언된 변수의 차이점 확인</h2>\r\n");
101       out.write("  \r\n");
102       out.write("  ");
103       out.write("\r\n");
104       out.write("  \r\n");
105       out.write("  ");
```

```
106
107    String str2 = "스크립트릿에서 선언한 변수";
108
109    out.write( "\r\n" );
110    out.write( "\r\n" );
111    out.write( "</body>\r\n" );
112    out.write( "</html>" );
113  } catch (java.lang.Throwable t) {
114    if (!(t instanceof javax.servlet.jsp.SkipPageException)){
115      out = _jspx_out;
116      if (out != null && out.getBufferSize() != 0)
117        try {
118          if (response.isCommitted()) {
119            out.flush();
120          } else {
121            out.clearBuffer();
122          }
123        } catch (java.io.IOException e) {}
124      if (_jspx_page_context != null) _jspx_page_context.handlePageException(t);
125      else throw new ServletException(t);
126    }
127  } finally {
128    _jspxFactory.releasePageContext(_jspx_page_context);
129  }
130  }
131 }
```

위에 있는 소스를 분석해 보면 선언문에서 선언한 변수는 클래스 멤버의 위치에 선언이 되고(20라인), 스크립트릿의 코드들은 _jspService( )라는 메소드(62~130라인) 안에 선언이 되어 있는 것을 확인할 수 있다.

여기에서 우리가 먼저 살펴봐야 할 부분은 선언문에서 선언된 메소드와 멤버 변수이다. 선언문에서 선언된 모든 변수들은 멤버 변수이므로 JSP 페이지 전체에서 접근할 수 있는 변수들이다. 또한 JSP 페이지에서 별도의 작업을 처리할 메소드가 필요하다면 반드시 선언문에서 선언을 해주어야 한다.

이번에는 스크립트릿에서 좀 더 활용할 수 있는 예제를 살펴보자. 물론 스크립트릿을 제대로 활용하려면 제어문을 사용해야 하나 아직 배우지 않았으니 간단한 예제를 살펴보자.

 스크립트릿 예제 – 활용

이 예제는 스크립트릿을 활용하는 것으로, 예제를 통해 학습한다.

이 예제의 결과는 다음과 같다.

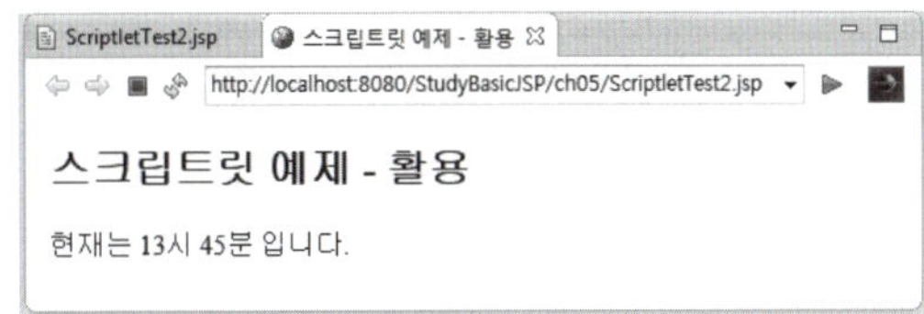

작성파일의 정보는 다음과 같다.

작성파일명	scriptletTest2.jsp
작성위치	StudyBasicJSP/WebContent/ch05
부록CD에서의 제공위치	source/ch05

01 scriptletTest2.jsp 페이지를 [ch05] 폴더에 작성한다.

02 scriptletTest2.jsp 페이지의 기본적인 코딩이 작성되면 다음과 같이 수정한 후 저장한다.

```
01  <%@ page language="java" contentType="text/html; charset=UTF-8"
02     pageEncoding="UTF-8"%>
03  <%@ page import="java.sql.Timestamp" %>
04
05  <!DOCTYPE html>
06  <html>
```

```
07    〈head〉
08    〈meta charset="UTF-8"〉
09    〈title〉스크립트릿 예제 - 활용〈/title〉
10    〈/head〉
11    〈body〉
12     〈h2〉스크립트릿 예제 - 활용〈/h2〉
13
14     〈%
15      Timestamp now = new Timestamp(System.currentTimeMillis());
16     %〉
17
18     현재는 〈%=now.getHours()%〉시 〈%=now.getMinutes()%〉분 입니다.
19    〈/body〉
20    〈/html〉
```


03   15라인의 Timestamp 클래스를 사용하기 위해 import했다.

15   Timestamp now = new Timestamp(System.currentTimeMillis())은 현재의 날짜와 시간에 대한 정보를
갖는 now 객체를 생성한다.

18   now 객체의 getHours() 메소드를 사용하면 현재의 시간을 얻어낼 수 있고, getMinutes() 메소드를 사용
하면 현재의 분을 얻어낼 수 있다. 해당 메소드가 폐기되었다는 경고가 표시되어도 무시한다. 사용하는 데는 별
문제가 없다.

03 scriptletTest2.jsp 페이지의 수정이 끝나면 scriptletTest2.jsp 파일을 선택하고, 마우
스 오른쪽 버튼을 클릭해 [Run As]–[Run on Server] 메뉴를 선택 후 [Finish] 버튼을
눌러 실행한다.

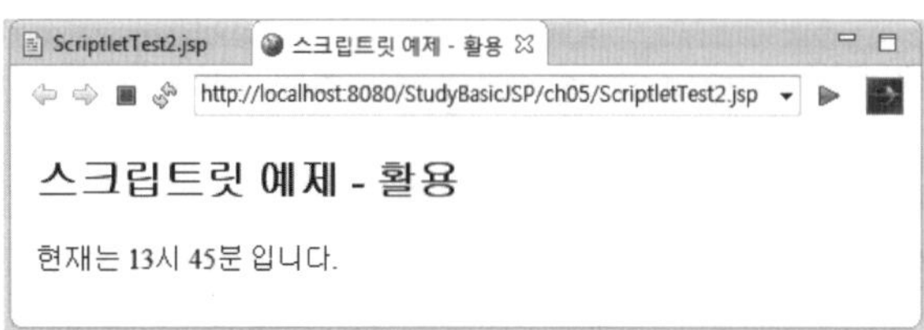

표현식(expression)은 JSP 페이지에서 웹 브라우저에 출력할 부분을 표현하기 위한 것이다. 즉, 화면에 출력하기 위한 것이다. 표현식은 웹 브라우저에 출력을 목적으로 하는 변수의 값 및 메소드의 결과 값도 출력할 수 있다. 다만 스크립트릿 안에 표현식을 쓸 수 없다. 대신 스크립트릿 내에서 출력할 부분은 내장객체인 out 객체의 print() 또는 println() 메소드를 사용하여 출력한다.

표현식의 일반적인 문법은 다음과 같다.

```
<%=문장%>
```

표현식 내에서는 세미콜론(;)은 생략하는데, 이는 JSP 페이지가 서블릿으로 변환될 때 표현식 부분은 out.print(); 메소드로 변환되어 자동적으로 세미콜론이 붙기 때문이다.

```
<%=name[i]%>
```

이번에는 표현식을 이해할 수 있도록 활용되는 예시를 살펴보자.

  표현식 활용 예제 1

이 예제는 배열의 특정 요소의 위치값이 주어지면, 해당 배열 요소의 내용을 출력하는 예제이다. 아직 for문을 배우지 않아서 완벽하게 배열을 제어할 수는 없으나 간단하게나마 배열에 접근하는 것을 익힌다.

이 예제의 결과는 다음과 같다.

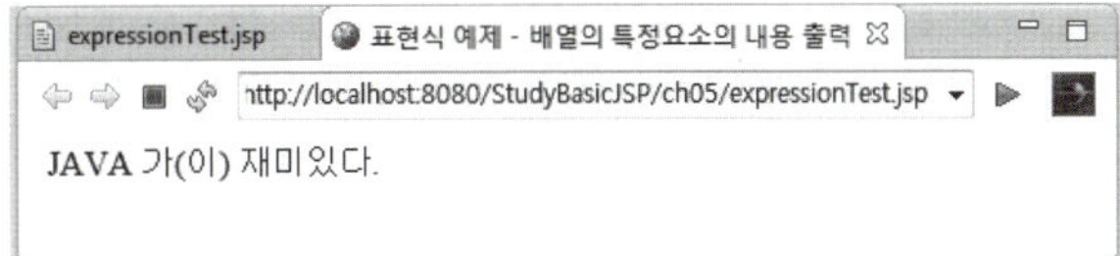

작성파일의 정보는 다음과 같다.

작성파일명	expressionTest.jsp
작성위치	StudyBasicJSP/WebContent/ch05
부록CD에서의 제공위치	source/ch05

01 expressionTest.jsp 페이지를 [ch05] 폴더에 작성한다.

02 expressionTest.jsp 페이지의 기본적인 코딩이 작성되면 다음과 같이 수정한 후 저장한다.

```
01  <%@ page language="java" contentType="text/html; charset=UTF-8"
02     pageEncoding="UTF-8"%>
03  <!DOCTYPE html>
04  <html>
05  <head>
06  <meta charset="UTF-8">
07  <title>표현식 예제 - 배열의 특정 요소의 내용 출력</title>
08  </head>
09  <body>
10    <%
11      //배열의 초기화 블록을 사용하면 배열의 선언, 메모리 할당, 초기값 설정을 한 번에
      할 수 있다.
12      String[] str = {"JSP","JAVA","Android","HTML5"};
13      int i = (int)(Math.random()*4); //0~3 사이의 값이 임의로 설정된다.
14    %>
15
16    <%=str[i] %> 가(이) 재미있다.
17  </body>
18  </html>
```

12 String str[ ] = {"JSP","JAVA","XML","AJAX"};은 배열의 초기화 블록으로, 이것을 사용하면 배열의 선언, 메모리 할당, 초기값 설정을 한번에 할 수 있다.

13 Math.random( )은 0~0.99999...사이의 실수 난수를 발생시키는 수학함수이다. 이것을 (int)(Math.random( )*4)와 같이 표현하면 0~3 사이의 정수 난수를 발생시키는 것으로 변환할 수 있다. random( )는 static 메소드로 사용시 객체의 생성없이 클래스명.메소드명( ) 방식으로 사용할 수 있다. 즉, Math.random( )과 같은 방식으로 객체의 생성없이 클래스명으로 접근가능하다.

16 〈%=str[i] %〉은 표현식을 사용해서 str 배열의 i번째 요소에 해당하는 배열 요소의 값을 화면에 출력한다.

03 expressionTest.jsp 페이지의 수정이 끝나면 expressionTest.jsp 파일을 선택하고, 마우스 오른쪽 버튼을 클릭해 [Run As]-[Run on Server] 메뉴를 선택 후 [Finish] 버튼을 눌러 실행한다.

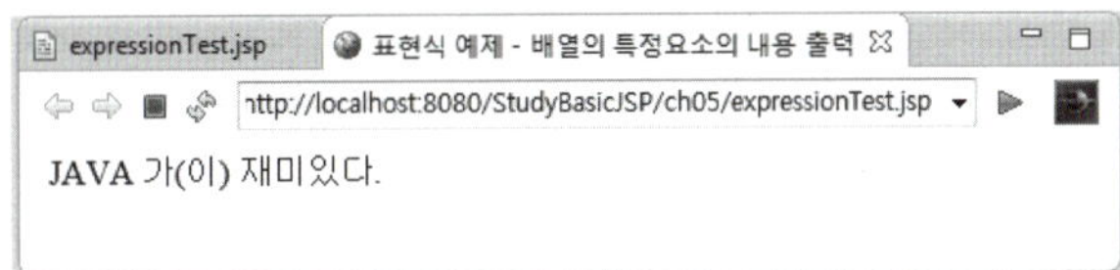

> **Tip**
>
> ### 배열(array)
>
> 배열은 같은 데이터 타입을 갖는 여러 개의 값들을 하나의 변수로 관리할 목적으로 사용된다. 배열이 될 수 있는 데이터 타입은 기본 데이터 타입(int, char, double..)과 레퍼런스 타입이 모두 가능하다.

JSP의 표현식은 byte, short, int, long, float, double, char, Boolean 등의 기본 데이터 타입과 자바 레퍼런스 타입도 표현이 가능하다. 그리고 모든 표현식의 값들은 문자열로 변환되어 웹 브라우저에 출력된다. 기본 데이터 타입은 toString() 메소드를 통해 출력이 되며, 자바 객체 타입은 java.lang.Object 클래스의 toString() 메소드를 쓰든지 아니면 해당 클래스에서 선언한 toString() 메소드를 사용하여 출력한다.

이 예제는 객체의 내용을 toString() 메소드를 사용해 웹 브라우저에 표시하는 예제이다.
이 예제의 결과는 다음과 같다.

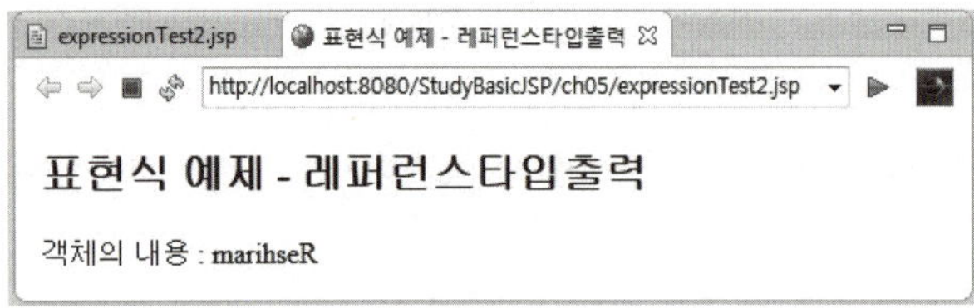

작성파일의 정보는 다음과 같다.

작성파일명	expressionTest2.jsp
작성위치	StudyBasicJSP/WebContent/ch05
부록CD에서의 제공위치	source/ch05

01 expressionTest2.jsp 페이지를 [ch05] 폴더에 작성한다.

02 expressionTest2.jsp 페이지의 기본적인 코딩이 작성되면 다음과 같이 수정한 후 저장한다.

```
01  <%@ page language="java" contentType="text/html; charset=UTF-8"
02      pageEncoding="UTF-8"%>
03  <!DOCTYPE html>
04  <html>
05  <head>
06  <meta charset="UTF-8">
07  <title>표현식 예제 - 레퍼런스 타입 출력</title>
08  </head>
09  <body>
10    <h2>표현식 예제 - 레퍼런스 타입 출력</h2>
11    <%
12    StringBuffer sf = new StringBuffer("Reshiram");
13    sf.reverse();
```

```
14      out.println("객체의 내용 : " + sf.toString());
15    %>
16
17    </body>
18    </html>
```


12   StringBuffer sf = new StringBuffer("Reshiram");은 문자열을 동적으로 변화시킬 수 있는 StringBuffer 객체 sf를 생성한다. String 객체는 문자열을 추가하거나 변경할 수 없으나, StringBuffer 객체는 가능하기 때문에 sf는 문자열을 추가 및 문자열을 역순으로 배치할 수 있게 된다.

13   sf.reverse();은 문자열의 순서를 역순으로 표시한다. 즉, "Reshiram" 문자열이 "marihseR"로 순서가 변경된다.

14   out.println("객체의 내용 : " + sf.toString());에서 out.println()은 <%=%>과 같은 것으로 화면에 내용을 표시한다. sf.toString()은 sf 객체의 내용을 문자열로 변환한다. 변환된 내용은 out.println() 메소드를 사용해 화면에 표시된다.

03 expressionTest2.jsp 페이지의 수정이 끝나면 Tomcat 서버가 시작된 것을 확인한 후, expressionTest2.jsp 파일을 선택하고, 마우스 오른쪽 버튼을 클릭해 [Run As]–[Run on Server] 메뉴를 선택 후 [Finish] 버튼을 눌러 실행한다.

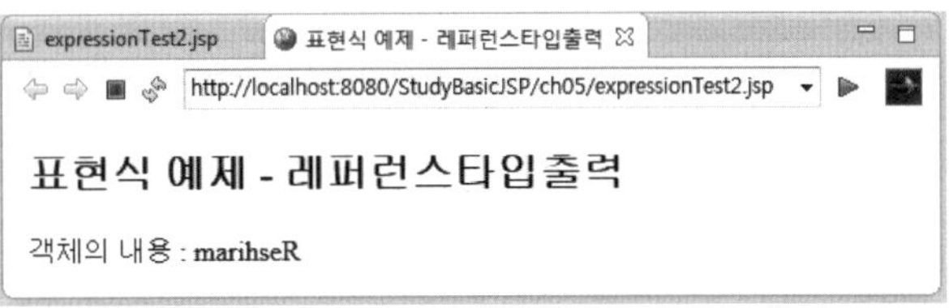

주석은 프로그램의 실행에는 영향을 미치지 않지만, 프로그램의 이해 및 소스 코드를 분석하기 위해서는 꼭 필요한 것이니 반드시 기술하는 것이 좋다. 귀찮아서 작성하지 않는 경우도 있으나, 현업에서는 혼자서 프로젝트를 작성하지 않는다. 프로젝트 팀원들이 협업을 해서 작성하므로 반드시 주석을 작성하는 습관을 갖도록 한다. 처음에는 주석달기가 너무 귀찮고 싫을 것이다. 그러나 습관을 들이면 오히려 주석이 없으면 허전하다.

JSP 페이지에서 사용할 수 있는 주석은 HTML 주석, 자바 주석 그리고 JSP 주석이다. 이들에 대해 학습해 보자.

1 HTML 주석

HTML 주석은 HTML, XML, JSP 페이지를 작성할 때 사용할 수 있는 주석의 한 종류이다. 주로 HTML과 XML에서 많이 사용된다. HTML 주석은 〈!--로 시작해서 --〉로 끝나는 형태를 가지고 있다.

아래는 일반적인 HTML 주석의 예시이다.

```
<!-- html 주석입니다. -->
```

HTML 주석은 HTML 주석을 사용한 페이지를 웹에서 서비스할 때 화면에 주석의 내용이 표시되지는 않으나, [소스보기]를 수행하면 HTML 주석의 내용이 화면에 표시된다. 프로그램 실행 코드를 사용할 필요가 없는 HTML 문서에서는 사용시 문제가 없으나, 프로그램 실행 코드를 사용할 수 있는 JSP 페이지에서 주석문안에 실행문을 기술하면 그 내용은 실행된다.

아래의 HTML 주석문의 경우 화면에 표시는 되지 않으나 〈%=str%〉와 같은 JSP 실행 코드들이 실행된다.

```
<!-- html 주석입니다. & <%=str%> -->
```

만일 str 변수의 내용이 "소스보기를 하면 화면에 표시됩니다."라는 문자열이라면 아래와 같이 두 개의 문자열이 결합되는 실행 과정을 수행 후 하나의 주석으로 표시된다.

```
<!-- html 주석입니다. 소스보기를 하면 화면에 표시됩니다. -->
```

즉, HTML 주석은 주석의 내용이 화면에 표시되지 않으나, 실행 코드가 있는 경우 그 코드
는 실행된다. 결론적으로 HTML 주석은 웹 브라우저에는 표시되지 않으나 실행되고, 소스보
기를 하면 HTML 주석의 내용을 확인할 수 있다.

 ## HTML 주석 예제

이 예제는 HTML 주석이 웹 브라우저에 어떻게 표시되고, 실행문이 실행되고, 소스보기로
주석의 내용을 볼 수 있는 것을 확인하는 예제이다.

이 예제의 결과는 다음과 같다.

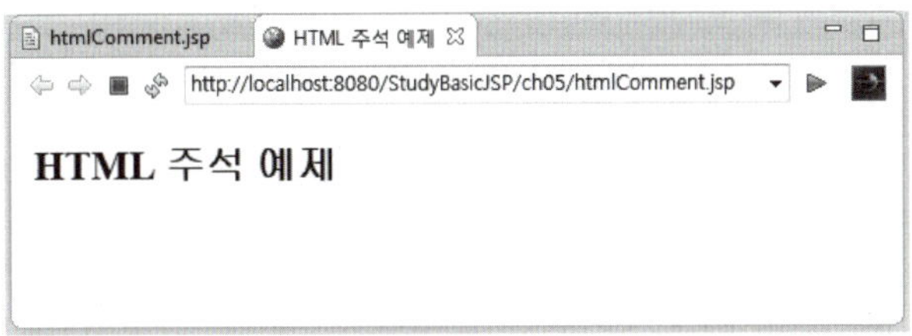

작성파일의 정보는 다음과 같다.

작성파일명	htmlComment.jsp
작성위치	StudyBasicJSP/WebContent/ch05
부록CD에서의 제공위치	source/ch05

01 htmlComment.jsp 페이지를 [ch05] 폴더에 작성한다.

02 htmlComment.jsp 페이지의 기본적인 코딩이 작성되면 다음과 같이 수정한 후 저장
한다.

```
01  <%@ page language="java" contentType="text/html; charset=UTF-8"
02      pageEncoding="UTF-8"%>
03  <!DOCTYPE html>
04  <html>
05  <head>
```

```
06    ⟨meta charset="UTF-8"⟩
07    ⟨title⟩HTML 주석 예제⟨/title⟩
08    ⟨/head⟩
09    ⟨body⟩
10     ⟨h2⟩HTML 주석 예제⟨/h2⟩
11
12     ⟨%
13       String str = "소스보기를 하면 화면에 표시됩니다.";
14     %⟩
15
16     ⟨!-- HTML 주석입니다. --⟩
17     ⟨!-- ⟨%=str%⟩ --⟩
18
19    ⟨/body⟩
20    ⟨/html⟩
```

소스 코드 설명

13　String str = "소스보기를 하면 화면에 표시됩니다.";는 str 변수에 문자열을 지정했다.

16　⟨!-- HTML 주석입니다. --⟩는 HTML 주석으로 웹 브라우저에는 표시되지 않으나 소스보기를 하면 주석의 내용을 확인할 수 있다.

17　⟨!-- ⟨%=str%⟩ --⟩도 HTML 주석이다. 이 주석은 ⟨%=str%⟩가 실행되어 소스보기를 하면 주석문이 ⟨!-- 소스보기를 하면 화면에 표시된다. --⟩로 바뀌어 있는 것을 확인할 수 있다.

03 htmlComment.jsp 페이지의 수정이 끝나면, htmlComment.jsp 파일을 선택하고 마우스 오른쪽 버튼을 클릭해 [Run As]-[Run on Server] 메뉴를 선택 후 [Finish] 버튼을 눌러 실행한다.

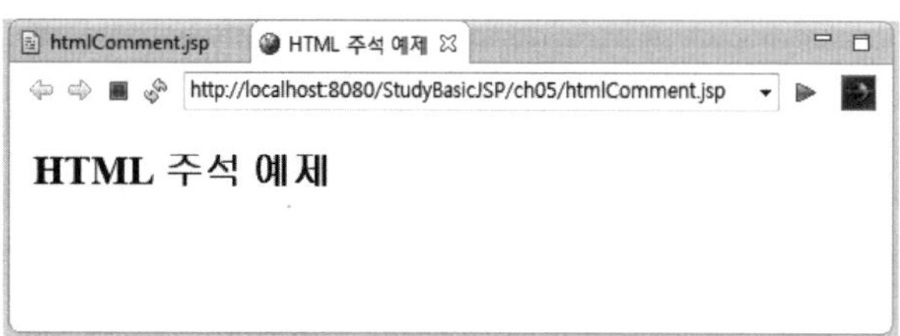

04 웹 브라우저에서는 HTML 주석의 내용이 표시되지 않는다. 이때 브라우저 내에 마우스 포인터를 위치시키고 마우스 오른쪽 버튼을 클릭해 [소스보기] 메뉴를 선택한다.

05 다음과 같은 창이 표시되고 htmlComment.jsp 페이지의 소스가 화면에 표시된다. 이때 HTML 주석의 내용은 확인할 수 있다. 물론 주석문안에 있던 〈%=str%〉 표현식이 실행된 것도 확인할 수 있다.

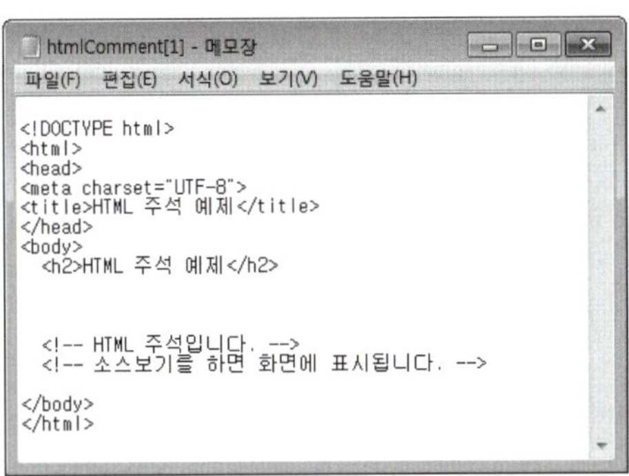

2 JSP 주석

JSP 주석은 JSP 페이지에서만 사용되며 〈%--로 시작해서 --%〉로 끝난다. JSP 주석의 일반적인 사용법은 다음과 같다.

```
〈%-- JSP 주석입니다. --%〉
```

JSP 주석은 해당 페이지를 웹 브라우저를 통해 출력 결과로서 표시하거나, 웹 브라우저상에서 소스보기를 해도 표시되지 않는다. 또한 JSP 주석 내에 실행 코드를 넣어도 그 코드는 실행되지 않는다.

만일 str 변수의 내용이 "소스보기를 해도 화면에 표시되지 않습니다."일 경우에 아래의 주석문에서 표현식 〈%=str%〉은 실행되지 않으며, 아예 표시되지도 않는다.

```
〈%-- JSP 주석입니다. & 〈%=str%〉 --%〉
```

HTML 주석의 경우 서블릿으로 변환되는 과정에서 주석이 무시되지 않고, 주석 안에 포함되어 있는 표현식 및 스크립트릿은 같이 변환되어 컴파일된다. 그러나 JSP 주석의 경우 주석문 안에 포함되어 있는 문장은 전부 무시되므로, 주석문이 실행 코드를 가지고 있더라도 전혀 실행되지 않는다. 또한 JSP 주석은 서블릿으로 변환시 자바주석의 형태로 변환된다.

JSP 주석 예제

이 예제는 JSP 주석이 웹 브라우저에 표시되지 않고, 실행문이 실행되지 않으며 소스보기로도 주석의 내용을 볼 수 없는 것을 확인하는 예제이다.

이 예제의 결과는 다음과 같다.

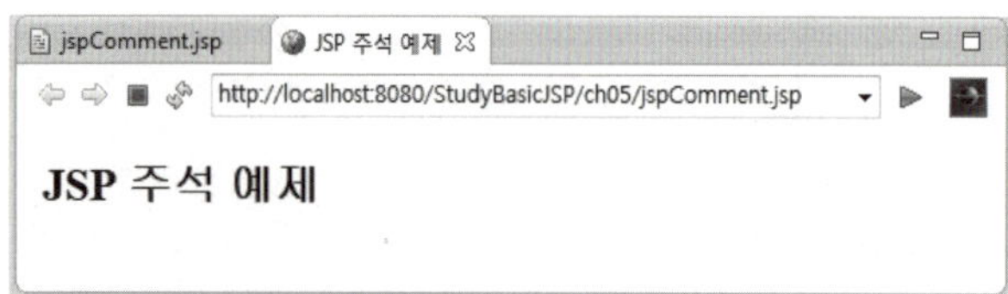

작성파일의 정보는 다음과 같다.

작성파일명	jspComment.jsp
작성위치	StudyBasicJSP/WebContent/ch05
부록CD에서의 제공위치	source/ch05

01 jspComment.jsp 페이지를 [ch05] 폴더에 작성한다.

02 jspComment.jsp 페이지의 기본적인 코딩이 작성되면 다음과 같이 수정한 후 저장한다.

```
01  <!DOCTYPE HTML PUBLIC "-//W3C//DTD HTML 4.01 Transitional//EN">
02  <html>
03  <head>
04  <%@ page language="java" contentType="text/html; charset=EUC-KR"
05      pageEncoding="EUC-KR"%>
06  <meta http-equiv="Content-Type" content="text/html; charset=EUC-KR">
07  <title>JSP 주석 예제</title>
```

```
08    〈/head〉
09    〈body〉
10      〈h2〉JSP 주석 예제 〈/h2〉
11
12      〈%
13        String str = "소스보기를 해도 화면에 표시되지 않습니다.";
14      %〉
15
16      〈%-- JSP 주석입니다. --%〉
17      〈%-- 〈%=str%〉 --%〉
18    〈/body〉
19    〈/html〉
```

소스 코드 설명

16 〈%-- JSP 주석입니다. --%〉는 JSP 주석으로 웹 브라우저에도 표시되지 않고, 소스보기를 해도 확인할 수 없다.

17 〈%-- 〈%=str%〉 --%〉도 JSP 주석으로 표현식 〈%=str%〉은 실행되지도 웹 브라우저에도 표시되지 않는다. 물론 소스보기를 해도 확인할 수 없다.

03 jspComment.jsp 페이지의 수정이 끝나면 jspComment.jsp 파일을 선택하고, 마우스 오른쪽 버튼을 클릭해 [Run As]-[Run on Server] 메뉴를 선택 후 [Finish] 버튼을 눌러 실행한다.

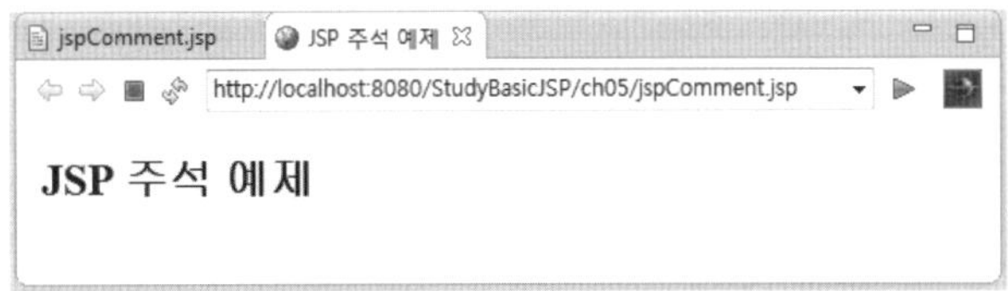

04 웹 브라우저에서는 JSP 주석의 내용이 표시되지 않는다. 이때 브라우저 내에 마우스 포인터를 놓고 마우스 오른쪽 버튼을 클릭해 [소스보기] 메뉴를 선택한다.

05 다음과 같은 창이 표시되고 jspComment.jsp 페이지의 소스가 화면에 표시된다. 이때 JSP 주석의 내용을 확인할 수 없다는 것을 알 수 있다. 물론 주석문안에 있던 〈%=str%〉 표현식도 실행되지 않는 것을 확인할 수 있다.

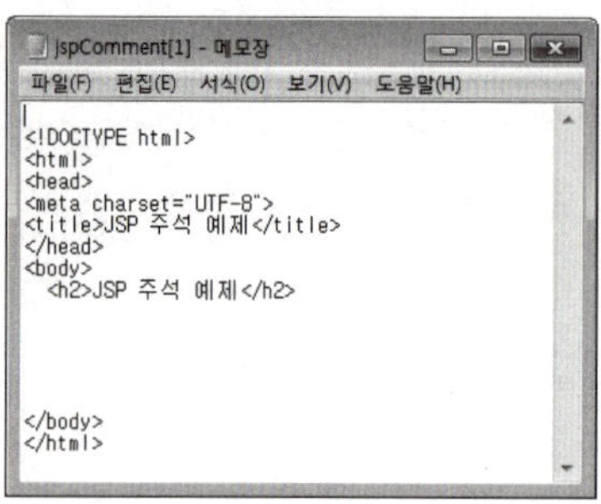

3 자바 주석

자바 주석은 //, /**/을 사용해서 작성한다. //은 한 줄짜리 주석을 작성할 때 사용되고, /**/은 여러 줄의 주석을 작성할 때 사용된다.

```
//주석
/*주석
   여러 줄에 걸친 주석이다.
*/
```

자바 주석은 실제로 가장 많이 사용되는 주석으로, 스크립트릿이나 선언문에서 사용된다. 자바와 주석 처리 방법이 같다. JSP 주석이 서블릿으로 변환시 자바 주석으로 변환된다.

01 스크립트 요소의 이해

- JSP 페이지에서는 선언문(Declaration), 스크립트릿(Scriptlet), 표현식(Expression)이라는 3가지의 스크립트 요소를 제공한다.

  - 선언문(Declaration) – 〈%! %〉 : 전역 변수 선언 및 메소드 선언에 사용
  - 스크립트릿(Scriptlet) – 〈% %〉 : 프로그래밍 코드 기술에 사용
  - 표현식(Expression) – 〈%=%〉 : 화면에 출력할 내용 기술에 사용

02 선언문(Declaration)

- 선언문은 JSP 페이지 내에서 필요한 멤버 변수(c언어의 전역 변수라고 생각하면 됨)나 메소드가 필요할 때 선언해서 쓰기 위한 요소이다.

- 선언문의 문법

> 〈%! 문장 %〉

1 선언문에서 변수 선언

- 선언문에서 선언된 변수는 JSP 페이지가 서블릿(Servlet)으로 파싱(parsing)될 때 서블릿의 멤버 변수기 된다.

```
〈%!
    private String name= "Kingdora";
    private int year = 2013;
%〉
```

2 선언문에서 메소드 선언

- 선언문에서 선언된 메소드는 JSP 페이지 내에서 일반적인 메소드로 사용된다.

```
<%!
    String id = "Kingdora";
    public String getId( ) {
        return id;
    }
%>
```

03 스크립트릿(Scriptlet)

- 스크립트릿(Scriptlet)은 JSP 페이지에서 가장 일반적으로 쓰이는 스크립트 요소로 주로 프로그래밍의 로직을 기술할 때 많이 쓰인다.

- 스크립트릿(Scriptlet)은 JSP 페이지가 서블릿으로 변환되고, 이 페이지가 호출될 때 _jspService 메소드 안에 선언이 된다.

- 스크립트릿(Scriptlet)에서 선언된 변수는 지역 변수로 선언된다.

- 스크립트릿의 문법

```
<% 문장%>
```

04 표현식(Expression)

- 표현식(expression)은 JSP 페이지에서 웹 브라우저에 출력할 부분을 표현하기 위한 것이다.

- 표현식은 웹 브라우저에 출력을 목적으로 하는 변수의 값 및 메소드의 결과값도 출력할 수 있다.

- 스크립트릿 코드 내에서 표현식을 쓸 수 없다. 대신 스크립트릿 내에서 출력할 부분은 내장객체인 out 객체의 print() 또는 println() 메소드를 사용해서 출력한다.

- 표현식의 일반적인 문법

```
<%=문장%>
```

05 주석(Comment)

• 주석은 프로그램의 실행에는 영향을 미치지 않지만 프로그램의 이해 및 소스 코드를 분석하기 위해서 사용된다.

1 HTML 주석

• HTML 주석은 HTML, XML, JSP 페이지를 작성할 때 사용할 수 있는 주석의 한 종류이다. 주로 HTML과 XML에서 많이 사용된다. HTML 주석은 〈!--로 시작해서 --〉로 끝나는 형태를 가지고 있다.

• HTML 주석의 문법

```
〈!-- html 주석입니다. --〉
```

2 JSP 주석

• JSP 주석은 JSP 페이지에서만 사용되며 〈%--로 시작해서 --%〉로 끝난다.

• JSP 주석의 문법

```
〈%-- JSP 주석입니다. --%〉
```

3 자바 주석

• 자바 주석은 //, /**/을 사용해서 작성한다. //은 한 줄짜리 주석을 작성할 때 사용되고, /**/은 여러 줄의 주석을 작성할 때 사용된다.

• 자바 주석의 문법

```
//주석
/*주석
   여러 줄에 걸친 주석이다.
*/
```

연습문제

01 JSP 페이지를 이루는 세 가지 스크립트 요소의 이름과 그들이 하는 일을 기술하시오.

02 JSP 페이지에서 사용할 수 있는 주석을 나열하고 이들의 특징을 기술하시오.

03 아래의 조건을 만족하는 ex5-03.jsp 페이지를 작성하시오.

> **조건**
> - 선언문에서 String 타입의 변수 name을 선언하고, name 변수의 값으로 본인의 이름을 입력
> - 선언문에서 getName() 메소드를 선언하고, name 변수의 값을 return 하는 메소드로 작성
> - 스크립트릿에서 hobby 변수를 선언하고, 이 변수에 본인의 취미를 입력
> - 표현식을 사용하여 getName() 메소드와 hobby 변수를 각각 출력

04 다음 ex5-04.jsp 페이지를 실행시킨 결과를 표시하시오.

ex5-04.jsp

```
01   <%@ page language="java" contentType="text/html; charset=UTF-8"
02      pageEncoding="UTF-8"%>
03   <!DOCTYPE html>
04   <html>
05   <head>
06   <meta charset="UTF-8">
07   <title> 회원정보 </title>
08   </head>
09   <body>
10    <%
11      String id;
```

```
12      String passwd;
13      int age;
14
15      id = "test";
16      passwd = "testpass";
17      age=20;
18  %>
19   회원정보<hr>
20  <%=id%>님의 <br>비밀번호는 <%=passwd%>이고, 나이는 <%=age%>입니다.
21  </body>
22  </html>
```

JSP 페이지의 연산자, 제어문 및 한글처리

이 장에서는 JSP 페이지에서 프로그램 로직코드를 원활히 수행하도록 제공되는 연산자와 제어문에 대해 학습한다. 또한 한글처리를 전혀 지원하지 않는 톰캣을 위한 몇 가지 한글처리를 위한 코드에 대해 알아본다.

1. JSP 페이지의 연산자
2. JSP 페이지의 제어문
3. 톰캣(Tomcat) 기반에서의 한글처리

01 | JSP 페이지의 연산자

JSP는 웹 기반에서 자바를 사용하기 위한 스크립트 언어라고 생각하면 된다. 그래서 자바의 기본적인 문법을 그대로 사용한다. 여기서 학습하는 연산자는 우리가 앞으로 JSP 페이지를 작성하는 데 사용할 기본적인 사항을 이해하는 것이 목적이다.

1 식별자(identifier) 규칙

JSP는 자바 식별자 규칙을 따르는데, 식별자(identifier)란 클래스명, 메소드명, 멤버 변수명, 자동 변수명 등을 일컫는다. 자바 식별자는 길이에는 제한이 없고 첫 글자는 반드시 영문자,_,$로 시작해야 한다. 자바의 클래스명, 메소드명, 멤버 변수, 지역 변수 등에 자바 식별자 규칙이 적용된다. 자바는 대소문자를 구별하므로 주의해야 한다. 식별자명의 첫 글자로 $를 사용할 수 있으나, 이것은 컴파일러에게 자바 식별자명을 생성하라는 의미이므로 사용하지 않는 것이 좋다.

■ 클래스명의 작성 규칙

클래스명의 첫 글자는 대문자로 시작하고 나머지는 소문자로 작성한다. 단어가 구별될 때는 다음 단어의 시작은 대문자로 한다.

```
HelloWorld, Bank,…
```

■ 메소드명 및 변수명 작성 규칙

메소드명과 멤버 변수, 자동 변수의 경우 첫 글자는 소문자로 시작해서 단어가 구별될 때 다음 단어의 시작은 대문자로 한다.

```
idCode, checkId(),…
```

반드시 이렇게 명명해야 하는 것은 아니다. 하지만 다른 사람들과의 협업 등을 위해서는 클래스명의 작성 규칙을 따르는 것이 좋다. 우리도 또한 남들이 작성해 놓은 프로그램 코드를 볼 때 위와 같은 작성 규칙을 사용해서 작성해준 경우에 프로그램을 이해하기가 훨씬 쉬워진다.

자바코드는 유니코드(unicode)로 이루어져 있다. 유니코드로 이루어져 있으므로 한글 이름으로 된 클래스명, 메소드명, 멤버 변수, 지역 변수의 사용이 가능하다.

> **Tip**
>
> **유니코드(unicode)**
>
> 세계 각국의 언어를 통일된 방법으로 표현할 수 있게 제안된 문자코드 규약으로 전세계의 언어를 표현하는 것을 목적으로 개발되었다. http://www.unicode.org/charts/에 가면 한글의 유니코드표를 확인 및 다운로드 할 수 있다.

2 기본 데이터 타입(primitive data type)

자바 및 JSP는 byte, short, int, long, float, double, char, boolean 등의 기본 데이터 타입(primitive data type)을 제공한다. 기본 데이터 타입을 갖는 변수들은 해당 변수의 값으로 어떠한 데이터 값을 갖는다. 예를 들어 다음과 같은 코드가 있다고 하자.

```
int a=10;
```

이런 경우 a는 변수명이고, 10은 a라는 변수가 가지고 있는 데이터 값이 된다.

a	변수명
10	변수의 값 : 데이터 값

다음의 표는 각 기본 데이터 타입의 이름과 크기, 그리고 자료 범위, 기본값 등을 표시한 표이다. 각 기본 타입에 크기를 제공하는 이유는 어떤 변수에 저장할 수 있는 데이터의 크기를 알아야 적절한 타입의 변수를 선언해서 데이터를 저장할 수 있기 때문이다.

타입	크기(byte)	자료 범위	기본값
byte	1byte	-128 ~ +127	0
short	2byte	-32,768 ~ +32,767	0
int	4byte	-2,147,243,648 ~ +2,147,243,647	0
long	8byte	-9,223,372,036,854,775,808 ~ +9,223,372,036,854,775,807	0
float	4byte	-3.40292347E+38 ~ +3.40292347E+38	0
double	8byte	-1.79769313486231570E+308 ~ +1.79769313486231570E+308	0
char	2byte	'\u0000' ~ '\uFFFF'	0
boolean	1bit	true or false	false

③ 연산자(Operator)

JSP에서는 자바와 마찬가지로 산술연산자, 관계연산자, 논리연산자, 비트연산자, shift연산자, 증감연산자, 조건연산자, 대입연산자들을 사용할 수 있다.

- 산술연산자: * , / , % , + , −
- 관계연산자: 〈 , 〉, 〈= , 〉=
- 논리연산자: && , || , !
- 비트연산자: & , | , ^
- shift연산자: 《 , 》, 》》
- 증감연산자: ++ , −−
- 조건연산자: ?:
- 대입연산자: = , += , −= , *= , /= , %=

연산자들 간의 우선순위는 증감연산자, 산술연산자, shift연산자, 관계연산자, 비트연산자, 논리연산자, 대입연산자 순이다.

■연산자 우선순위(priority)

환경 변수명	환경 변수 값
()	왼쪽 → 오른쪽
++ ─ + - ~ ！ (cast)	오른쪽 → 왼쪽
* / %	왼쪽 → 오른쪽
+ -	왼쪽 → 오른쪽
《 》 》》	왼쪽 → 오른쪽
〈 〉 〈= 〉= instanceof	왼쪽 → 오른쪽
== ！=	왼쪽 → 오른쪽
&	왼쪽 → 오른쪽
^	왼쪽 → 오른쪽
|	왼쪽 → 오른쪽
&&	왼쪽 → 오른쪽
||	왼쪽 → 오른쪽
?:	오른쪽 → 왼쪽
= += -= *= /= %=	오른쪽 → 왼쪽

02 | JSP 페이지의 제어문

1 제어문의 개요

우리가 주어진 문제를 해결하기 위해서는 문제를 이루고 있는 구조라든가 해결하기 위해서 어떤 동작(일)이 필요한지를 먼저 나열해 보아야 한다. 이 나열한 내용을 통해 더 능률적인 방법의 제시 등으로 작업을 효율화할 수 있다. 덧붙여 문제를 해결하기 위한 동작들은 어떠한 순서가 필요할 것이다. 이렇게 어떤 문제를 해결하기 위한 일련의 과정(절차)을 알고리즘(Algorithm)이라고 한다.

알고리즘은 문제를 해결하기 위해 실행되어야 하는 동작들과 동작들이 실행되는 순서를 반드시 포함하고 있다. 또한 동작들은 상황에 따라 다른 동작을 수행하거나, 같은 동작을 반복해야 할 것이다. 이러한 것을 프로그램 제어(control)라 한다. 상황에 따라 적합한 제어문을 사용해서 문제를 해결하도록 하는 것이 제어문을 사용하는 목적이다.

제어문에는 조건비교 분기문(if, switch), 조건비교 반복문(for, while, do-while)의 두 가지 형태가 있다. 이들에 대해 살펴보자.

2 if문

if문은 조건비교 분기문의 하나로 주어진 조건을 비교해서 그 결과에 따라 여러 대안들 중에서 하나를 선택할 때 사용된다. if문의 조건에 들어갈 수 있는 타입은 리턴 타입 또는 결과 값이 boolean 값일 경우만 가능하다.

기본적인 형태는 if문(단순 if문), if-else문, 블록 if문의 세 가지 형태가 있다. 각각 확인해 보자.

❶ if문(단순 if문)

조건을 비교해서 조건을 만족하는 경우에만 어떠한 문장 statement1을 수행한다. 즉, 조건을 만족하는 경우에 if문 다음의 문장을 수행한다.

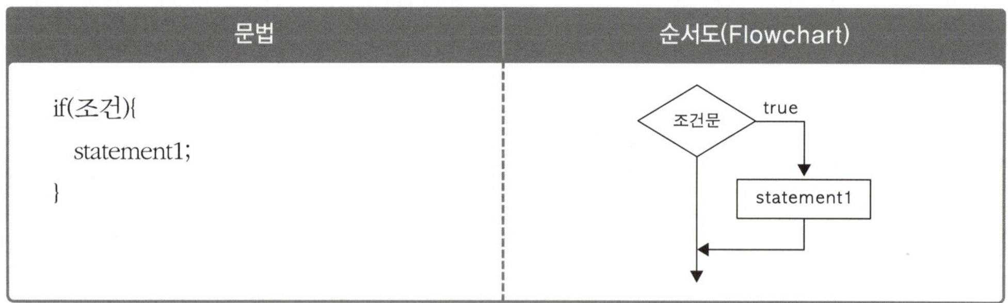

> Tip
>
> { }(brace)는 구역을 설정할 때 쓰는 것으로 제어문에도 자주 쓰인다. 해당 제어문에 딸린 문장이 2줄 이상일 때는 반드시 { }를 사용해야만 제어문들이 제대로 수행된다. 딸린 문장이 한 줄일 때는 { }를 생략해도 된다.

아래의 예시 6-01은 k값이 10보다 작거나 같으면, 변수 s에 k값을 더한다.

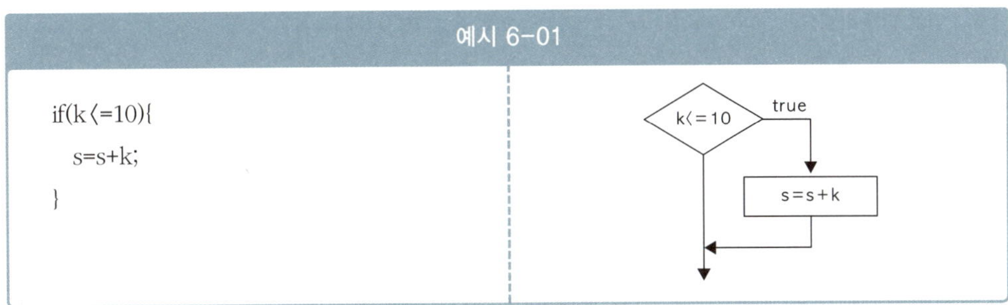

먼저 이 장에서 작성할 예제를 저장하고 관리하기 위한 [ch06] 폴더를 생성한다.

실습 ║ [ch06] 폴더 작성

[WebContent]에 [ch06] 폴더를 생성한다.

01 [StudyBasicJSP]의 [WebContent] 폴더를 선택하고, 마우스 오른쪽 버튼을 클릭해 [New]-[Folder] 메뉴를 선택한다. [New Folder] 창이 표시되면 [Folder name] 항목에 "ch06"를 입력하고 [Finish] 버튼을 클릭한다.

02 [Project Explorer] 뷰에서 [WebContent] 폴더 안에 [ch06] 폴더가 생성된 것을 확인할 수 있다.

실습 ║ 조건비교 분기문 – 단순 if문

이 예제는 폼에서 입력받은 숫자가 10보다 작거나 같으면 입력받은 숫자 값을 화면에 표시하는 예제이다. 이때 숫자 값을 폼인 ifTestForm.jsp 페이지에서 입력받고, 이 숫자가 10보다 작거나 같은지를 비교하는 것은 로직의 처리를 담당한 ifTestPro.jsp 페이지가 한다.

이 예제의 결과는 다음과 같다.

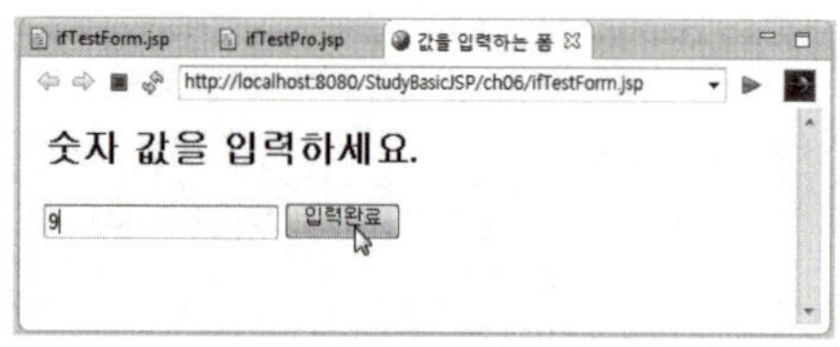 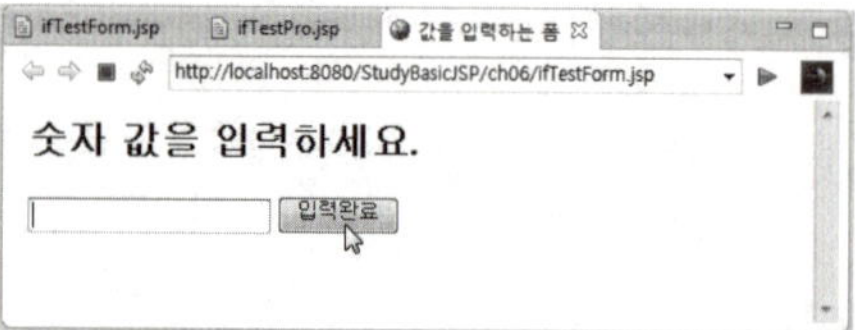

작성파일의 정보는 다음과 같다.

숫자를 입력받는 폼인 ifTestForm.jsp 페이지

작성파일명	ifTestForm.jsp
작성위치	StudyBasicJSP/WebContent/ch06
부록CD에서의 제공위치	source/ch06

입력받은 숫자가 10보다 작거나 같은지를 비교하는 ifTestPro.jsp 페이지

작성파일명	ifTestPro.jsp
작성위치	StudyBasicJSP/WebContent/ch06
부록CD에서의 제공위치	source/ch06

01 ifTestForm.jsp 페이지를 [ch06] 폴더에 작성한다.

02 ifTestForm.jsp 페이지의 기본적인 코딩이 작성되면 다음과 같이 수정한 후 저장한다.
주의) 이제부터 코딩이 조금 복잡해지니 프로그램의 실행과 관련 없거나, 생략해도 되는 코딩들은 제거한다.

```
01  <%@ page language="java" contentType="text/html; charset=UTF-8"
02     pageEncoding="UTF-8"%>
03  <html>
04  <head>
05  <title>값을 입력하는 폼</title>
06  </head>
07  <body>
```

08	<h2>숫자값을 입력하세요.</h2>
09	
10	<form method="post" action="ifTestPro.jsp">
11	<input type="text" name="number">
12	<input type="submit" value="입력완료">
13	</form>
14	</body>
15	</html>

소스 코드 설명

10~13 HTML 태그인 <form> 태그의 영역이다. <form> 태그는 사용자로부터 입력을 받기 위한 입력 폼을 작성할 때 사용한다. <form> 태그의 method 속성의 값을 post로 설정하면 입력한 값이 HTTP body를 통해 action 속성의 속성값에 기술된 ifTestPro.jsp 페이지로 넘겨진다.

11 <input type="text" name="number">은 한 줄짜리 문장을 입력할 수 있는 텍스트 필드를 제공하고, 이 텍스트 필드에 입력한 값은 number 변수의 값으로 설정된다. <input> 태그의 name 속성은 일종의 변수를 선언하는 것과 같다. 즉, name="number"은 number 변수를 사용하겠다고 선언하는 것과 같다.

12 <input type="submit" value="입력완료">은 [입력완료] 버튼을 클릭하면 폼에 입력한 입력 값을 ifTestPro.jsp 페이지로 넘겨주고 프로그램의 제어도 ifTestPro.jsp 페이지로 넘어간다.

03 ifTestPro.jsp 페이지를 [ch06] 폴더에 작성한다.

04 ifTestPro.jsp 페이지의 기본적인 코딩이 작성되면 다음과 같이 수정한 후 저장한다.

01	<%@ page language="java" contentType="text/html; charset=UTF-8"
02	pageEncoding="UTF-8"%>
03	<html>
04	<head>
05	<title>입력받은 숫자 비교</title>
06	</head>
07	<body>
08	<h2>입력받은 숫자가 10보다 작거나 같은지 비교</h2>

```
09
10    <%
11      String strNumber = request.getParameter("number");
12      int number = Integer.parseInt(strNumber);
13
14      if (number <= 10) {
15    %>
16        입력받은 숫자는 <%=number %> 입니다.
17    <%} %>
18    </body>
19    </html>
```

소스 코드 설명

11   String strNumber = request.getParameter("number");에서 request.getParameter("number") 메소드는 ifTestPro.jsp 페이지로 넘어오는 파라미터 변수 중 number 변수를 찾아서 그 값을 strNumber 변수에 넣는다. 만일 number 변수가 없으면 예외가 발생하니 오타를 내면 안 된다. number 변수는 ifTestForm.jsp 페이지의 11 라인에서 선언한 number 변수를 의미한다.

12   int number = Integer.parseInt(strNumber);은 일반적으로 폼으로부터 넘어온 값들은 모두 문자열 취급을 받게 된다. 만일 숫자 값을 넘겨받게 되어도 이 값은 문자형 숫자가 된다. 이런 경우 연산이나 비교에 제대로 활용될 수 없기 때문에 숫자로 다시 파싱해야 한다. 정수로 파싱할 경우에는 Integer.parseInt() 메소드를 사용하고, 메소드의 매개변수로 파싱의 대상이 되는 문자형 숫자 또는 그 값을 가지고 있는 변수를 기술한다.

05 ifTestPro.jsp 페이지의 수정이 끝나면 ifTestForm.jsp 파일을 선택하고 마우스 오른쪽 버튼을 클릭해 [Run As]–[Run on Server] 메뉴를 선택 후 [Finish] 버튼을 눌러 실행한다.

06 ifTestForm.jsp 페이지가 실행되어 결과가 화면에 표시된다. 이때 10보다 작거나 같은 숫자를 입력하고 [입력완료] 버튼을 클릭한다.

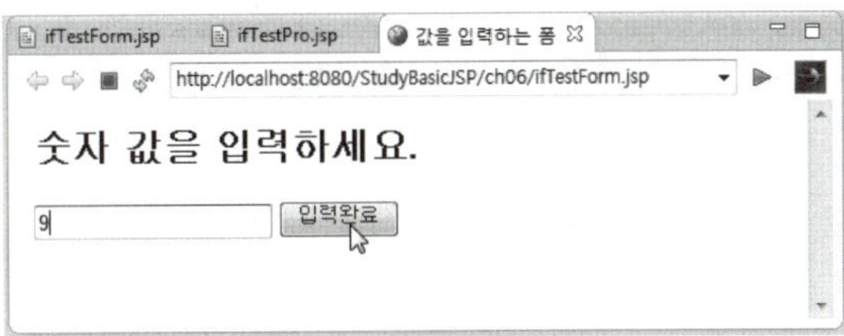

그러면 프로그램 제어가 ifTestPro.jsp 페이지로 이동하고 다음과 같은 결과가 표시된다.

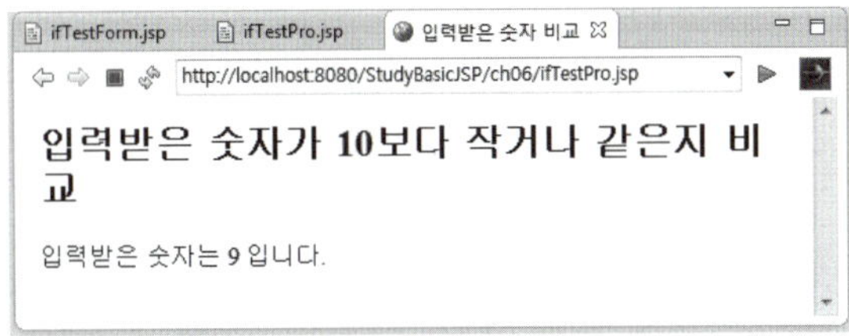

만일 ifTestForm.jsp 페이지에서 10보다 큰 수를 입력하고 [입력완료] 버튼을 클릭하면

다음과 같이 입력한 숫자 값이 화면에 표시되지 않는다.

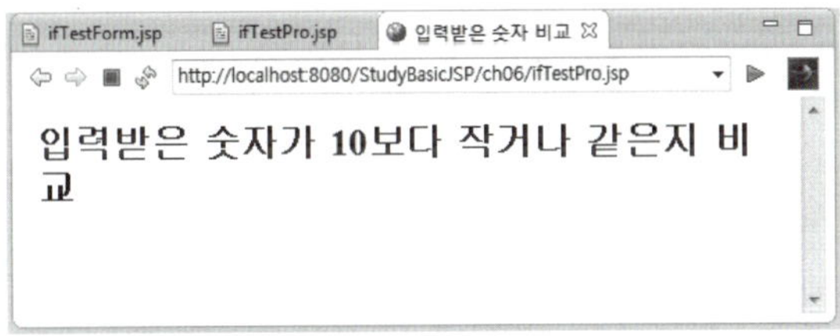

3 if-else문

조건을 비교해서 조건을 만족하는 경우에만 어떠한 문장 statement1을 수행하고, 조건을 만족하지 못한 경우에는 statement2를 수행한다. 즉, 조건을 만족하는 경우에 수행하는 문장과 조건을 만족하지 못했을 때 수행하는 문장이 달라진다.

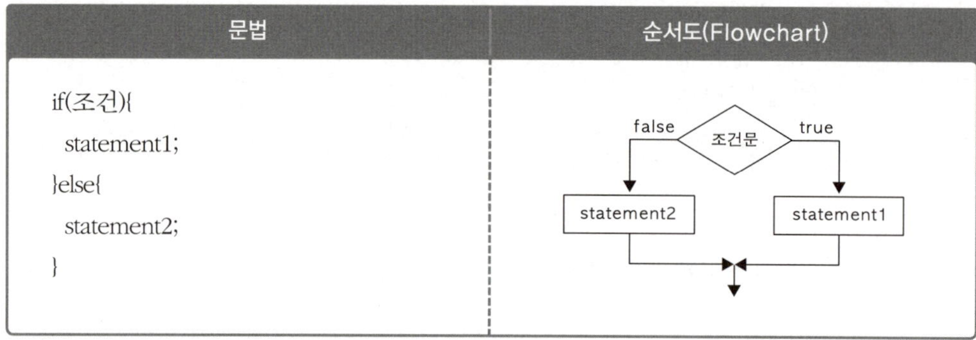

아래의 예시 6-02는 x값이 0보다 크거나 같으면 변수 s에 1을 대입하고, 그렇지 않으면 변수 s에 2를 대입한다.

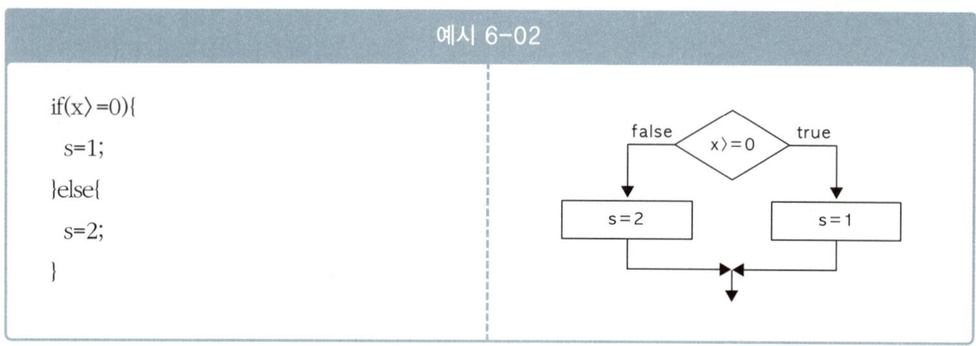

실습 | 조건비교 분기문 – if else문

아래 예제는 폼에 이름과 나이를 입력받아서 나이가 20세 이상이면 "xxx님은 20세 이상입니다"를 표시하고, 20세 미만이면 "xxx님은 미성년입니다"를 표시하는 예제이다. 이때 이름과 나이를 입력받는 폼은 ifElseTestForm.jsp 페이지에서 입력받고, 20세 이상인지를 비교하는 것은 로직의 처리를 담당한 ifElseTestPro.jsp 페이지가 한다.

이 예제의 결과는 다음과 같다.

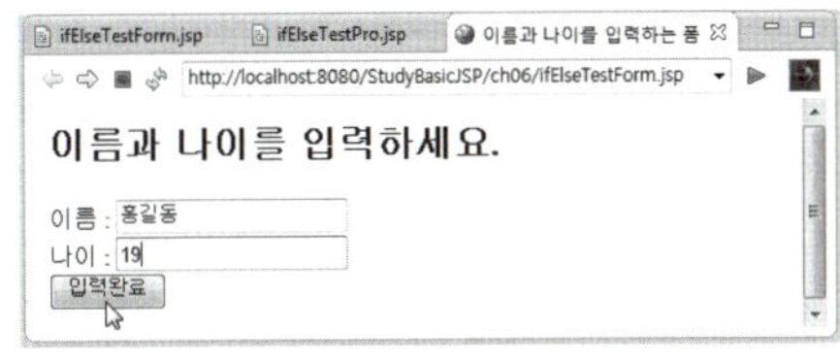

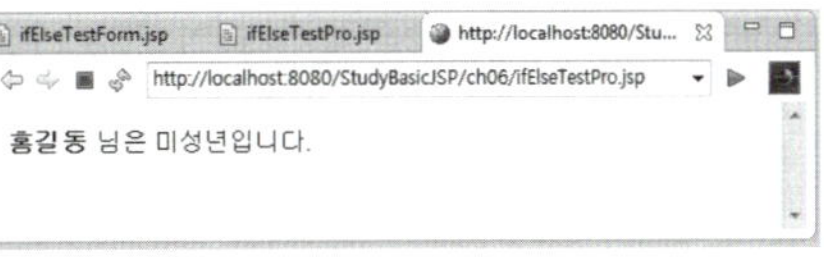

작성파일의 정보는 다음과 같다.

이름과 나이를 입력받는 폼 ifElseTestForm.jsp 페이지

작성파일명	ifElseTestForm.jsp
작성위치	StudyBasicJSP/WebContent/ch06
부록CD에서의 제공위치	source/ch06

20세 이상인지를 비교하는 ifElseTestPro.jsp 페이지

작성파일명	ifElseTestPro.jsp
작성위치	StudyBasicJSP/WebContent/ch06
부록CD에서의 제공위치	source/ch06

01 ifElseTestForm.jsp 페이지를 [ch06] 폴더에 작성한다.

02 ifElseTestForm.jsp 페이지의 기본적인 코딩이 작성되면 다음과 같이 수정한 후 저장한다.

```
01  <%@ page language="java" contentType="text/html; charset=UTF-8"
02      pageEncoding="UTF-8"%>
03
04  <html>
05  <head>
06  <title>이름과 나이를 입력하는 폼</title>
07  </head>
08  <body>
09    <h2>이름과 나이를 입력하세요.</h2>
10
```

```
11    <form method="post" action="ifElseTestPro.jsp">
12        이름 : <input type="text" name="name"> <br>
13        나이 : <input type="text" name="age"> <br>
14    <input type="submit" value="입력완료">
15    </form>
16  </body>
17  </html>
```


11~15 <form> 태그의 영역이다. [입력완료] 버튼을 클릭하면 action 속성의 속성값에 기술된 ifTestPro.jsp 페이지로 폼에 입력된 값들과 함께 프로그램의 제어가 이동한다.

12 <input type="text" name="name">은 이름을 입력할 수 있는 텍스트 필드를 제공한다. ifElseTestPro.jsp 페이지의 7라인과 연결된다.

13 <input type="text" name="age">은 나이를 입력할 수 있는 텍스트 필드를 제공한다. ifElseTestPro.jsp 페이지의 8라인과 연결된다.

03 ifElseTestPro.jsp 페이지를 [ch06] 폴더에 작성한다.

04 ifElseTestPro.jsp 페이지의 기본적인 코딩이 작성되면 다음과 같이 수정한 후 저장한다.

```
01  <%@ page language="java" contentType="text/html; charset=UTF-8"
02  pageEncoding="UTF-8"%>
03
04  <% request.setCharacterEncoding("utf-8");%>
05
06  <%
07   String name = request.getParameter("name");
08   int age = Integer.parseInt(request.getParameter("age"));
09
10   if (age >= 20){ //나이가 20세 이상일 경우
```

```
11      out.println("<b>"+ name + " </b> 님의 나이는 20세 이상입니다.");
12    }else{//나이가 20세 미만일 경우
13      out.println("<b>"+ name + " </b> 님은 미성년입니다.");
14    }
15  %>
```

소스 코드 설명

04 <%request.setCharacterEncoding("euc-kr");%>은 폼으로부터 넘어온 파라미터 변수의 한글이 깨지지 않도록 하기 위해 사용하는 코드이다. 그러면 여러분은 의문점이 들 것이다. 1~2라인에 걸쳐 page 디렉티브에서 현재 페이지의 한글이 깨지지 않도록 한글의 인코딩을 utf-8로 설정했는데 왜 또 지정해야 하는가?라고. page 디렉티브에서 설정한 한글인코딩은 웹 서버가 응답해준 결과의 한글이 깨지지 않도록 설정하는 부분이다. 그러나 <%request.setCharacterEncoding("utf-8");%>의 부분은 웹 브라우저가 웹 서버 쪽으로 요청했을 때, 요청 정보에 한글이 있을 경우 한글이 깨지는 것을 방지하기 위한 한글인코딩이다. 폼으로부터 입력된 데이터에 한글이 있을 경우, 반드시 기술해야 하는 문장이다. 만일 이 문장을 생략하면 결과가 다음과 같이 표시된다.

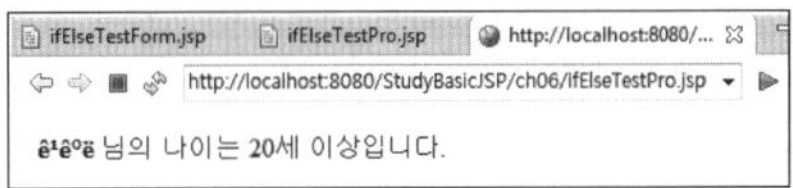

07~08 ifElseTestForm.jsp 페이지 12~13라인과 연결된 것으로 ifElseTestPro.jsp 페이지로 넘어오는 파라미터 변수 중 name과 age 변수를 찾아서 그 값을 ifElseTestPro.jsp 페이지의 name 변수와 age 변수에 넣는다.

10~14 입력받은 age 변수의 값이 20 이상이면 11라인을 수행하고, 20 미만이면 13라인을 수행한다. 11라인과 13라인의 out.println() 메소드는 표현식인 <%=%>와 같다. 여기서 out.println() 메소드를 사용한 이유는 코드를 더 간결하게 표시하기 위해서이다. 만일 표현식으로 표시하면 스크립트릿을 열고 닫는 문장 때문에 코드의 가독성이 떨어진다. 10~14라인을 표현식을 써서 표시하면 다음과 같이 코딩된다. 코드가 훨씬 복잡해짐을 알 수 있다.

```
    if (age >= 20){ //나이가 20세 이상일 경우
%>
    <b> <%=name</b> " 님의 나이는 20세 이상입니다."
<%
    }else{//나이가 20세 미만일 경우
%>
    <b> <%=name</b> " 님은 미성년입니다."
<%
    }
%>
```

05 ifElseTestPro.jsp 페이지의 수정이 끝나면 ifElseTestForm.jsp 파일을 선택하고, 마우스 오른쪽 버튼을 클릭해 [Run As]-[Run on Server] 메뉴를 선택 후 [Finish] 버튼을 눌러 실행한다.

06 ifElseTestForm.jsp 페이지가 실행되어 결과가 화면에 표시된다.

이때 이름과 나이를 입력하고 [입력완료] 버튼을 클릭한다.

그러면 프로그램제어가 ifElseTestPro.jsp 페이지로 이동하고 다음과 같은 결과가 표시된다.

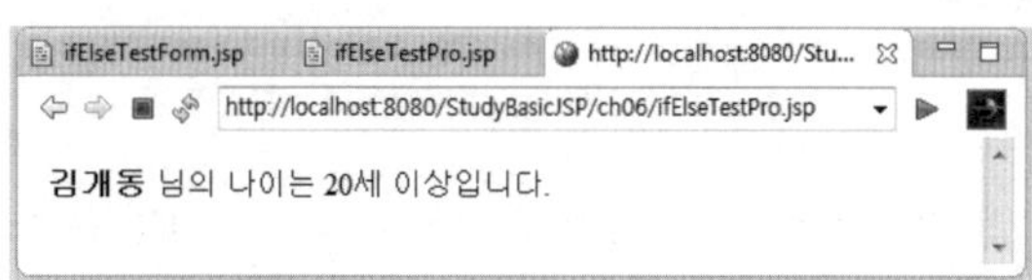

이번에는 ifElseTestForm.jsp 페이지에서 나이를 20 미만의 값으로 입력하고 [입력완료] 버튼을 클릭한다.

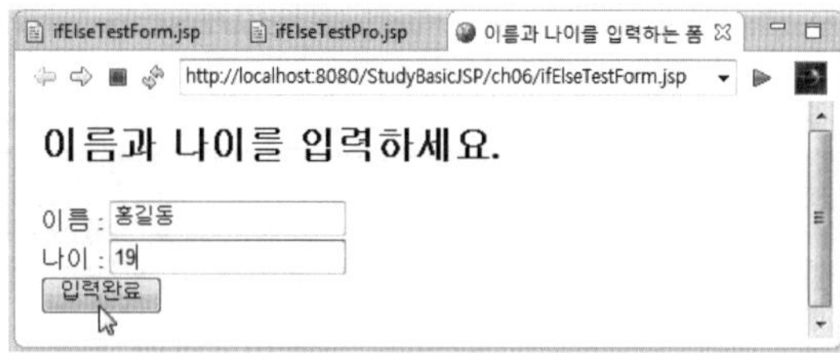

다음과 같은 결과가 화면에 표시된다.

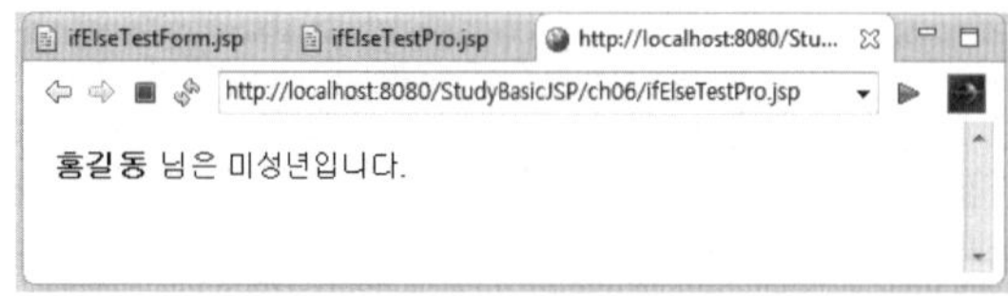

4 블록 if문

블록 if문은 여러 개의 조건이 나오는데, 조건1을 비교해서 조건을 만족하는 경우에만 어떠한 문장 statement1을 수행하고, 조건을 만족하지 못한 경우에는 다시 조건2를 비교해서 조건을 만족하는 경우에 statement2를 수행하고, 조건을 어느 것도 만족하지 못하는 경우(그외의 경우) statement3을 수행한다. 즉, 조건을 만족하지 못하는 경우에 다시 조건을 비교한다. 블록 if문은 처리해야 할 경우의 수가 3개 이상일 때 사용한다.

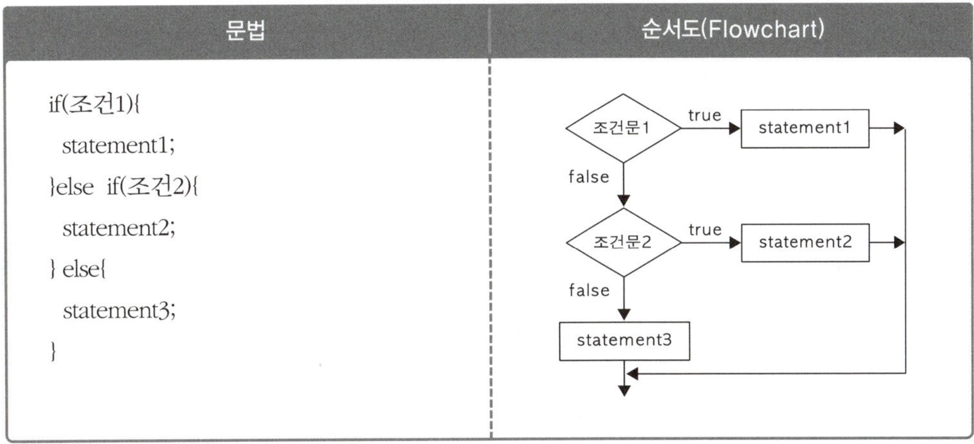

아래의 예시 6-03은 x값이 0보다 크면 변수 s에 1을 대입하고, x값이 0이면 변수 s에 2를 대입하고, 그 외에는 s에 3을 대입한다.

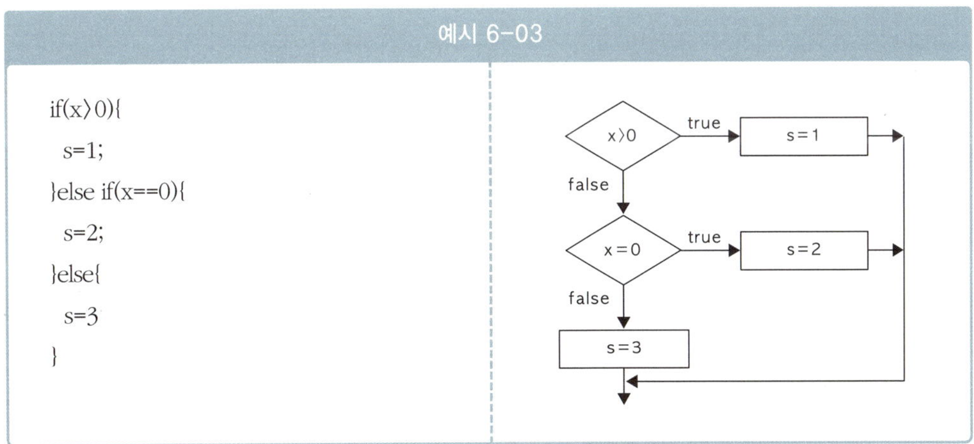

아래 예제는 폼에 이름과 전화번호를 입력받아서, 입력받은 전화번호의 지역에 해당하는 지역번호를 판별하는 예제이다. 이때 이름과 전화번호를 입력받는 폼은 ifMultiTestForm. jsp 페이지에서 입력받고, 전화번호의 지역에 따라 지역변호를 판별하는 것은 로직의 처리를 담당한 ifMultiTestPro.jsp 페이지가 한다.

이 예제의 결과는 다음과 같다.

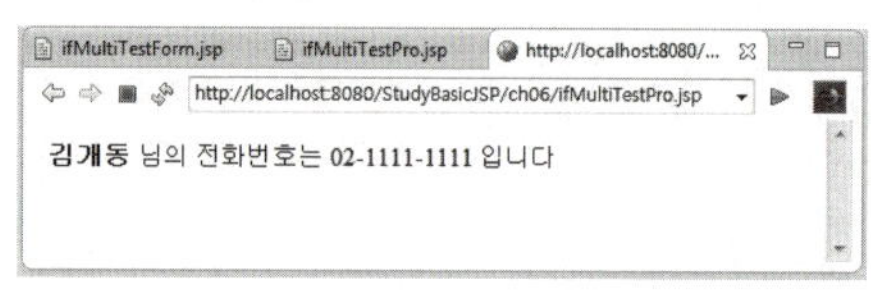

작성파일의 정보는 다음과 같다.

이름과 전화번호를 입력받는 폼 ifMultiTestForm.jsp 페이지

작성파일명	ifMultiTestForm.jsp
작성위치	StudyBasicJSP/WebContent/ch06
부록CD에서의 제공위치	source/ch06

전화번호의 지역에 따라 지역변호를 판별하는 ifMultiTestPro.jsp 페이지

작성파일명	ifMultiTestPro.jsp
작성위치	StudyBasicJSP/WebContent/ch06
부록CD에서의 제공위치	source/ch06

01 ifMultiTestForm.jsp 페이지를 [ch06] 폴더에 작성한다.

02 ifMultiTestForm.jsp 페이지의 기본적인 코딩이 작성되면 다음과 같이 수정한 후 저장한다.

```
01  <%@ page language="java" contentType="text/html; charset=UTF-8"
02     pageEncoding="UTF-8"%>
03
04  <html>
05  <head>
06  <title>이름과 전화번호를 입력하는 폼</title>
07  </head>
08  <body>
09   <h2>이름과 전화번호를 입력하세요.</h2>
10
11   <form method="post" action="ifMultiTestPro.jsp">
12     이름 : <input type="text" name="name"> <br>
13     전화번호 :
14     <select name="local">
15       <option value="서울"> 서울 </option>
16       <option value="경기"> 경기 </option>
17       <option value="강원"> 강원 </option>
18     </select>
19     - <input type="text" name="tel"> <br>
20     <input type="submit" value="입력완료">
21   </form>
22  </body>
23  </html>
```


11~21 <form> 태그의 영역으로 [입력완료] 버튼을 클릭하면 action 속성의 속성값에 기술된 ifMultiTestPro.jsp 페이지로 폼에 입력된 값들과 함께 프로그램의 제어가 이동한다.

12 <input type="text" name="name">은 이름을 입력할 수 있는 텍스트필드를 제공한다. ifMultiTestPro.jsp 페이지의 7라인과 연결된다.

14~18 콤보상자를 작성하는 것과 같은 방식으로 콤보상자의 목록으로 15~17라인의 목록으로 들어간다. 이 콤보상자의 목록 중 하나를 선택하면 그 선택한 값이 local 변수에 들어간다. ifMultiTestPro.jsp 페이지의 8라인과 연결된다.

19 <input type="text" name="tel">은 전화번호를 입력할 수 있는 텍스트필드를 제공한다. ifMultiTestPro.jsp 페이지의 9라인과 연결된다.

03 ifMultiTestPro.jsp 페이지를 [ch06] 폴더에 작성한다.

04 ifMultiTestPro.jsp 페이지의 기본적인 코딩이 작성되면 다음과 같이 수정한 후 저장한다.

```jsp
01  <%@ page language="java" contentType="text/html; charset=UTF-8"
02     pageEncoding="UTF-8"%>
03
04  <% request.setCharacterEncoding("utf-8");%>
05
06  <%
07   String name = request.getParameter("name");
08   String local = request.getParameter("local");
09   String tel = request.getParameter("tel");
10   String localNum = "";
11
12   if (local.equals("서울")){ //local변수의 값이 서울일 경우
13      localNum = "02";
14      out.println("<b>"+ name + " </b> 님의 전화번호는 "
15              + localNum +  "-" + tel + " 입니다");
16   }else if (local.equals("경기")){ //local변수의 값이 경기일 경우
17      localNum = "031";
18      out.println("<b>"+ name + " </b> 님의 전화번호는 "
19              + localNum +  "-" + tel + " 입니다");
20   }else if (local.equals("강원")){ //local변수의 값이 강원일 경우
21      localNum = "033";
22      out.println("<b>"+ name + " </b> 님의 전화번호는 "
23              + localNum +  "-" + tel + " 입니다");
24   }
25  %>
```

12~24 선택한 지역에 따라 해당 지역 번호를 판별해 주는 조건문이다. 12라인의 local.equals("서울")은 문자열의 경우, 두 개의 문자열이 같은가를 비교시에 ==을 사용할 수 없다. 자바 계열에서는 문자열이 같은가를 비교할 때 equals( ) 메소드를 사용한다.

05 ifMultiTestPro.jsp 페이지의 수정이 끝나면 ifMultiTestForm.jsp 파일을 선택하고 마우스 오른쪽 버튼을 클릭해 [Run As]–[Run on Server] 메뉴를 선택 후 [Finish] 버튼을 눌러 실행한다.

06 ifMultiTestForm.jsp 페이지가 실행되어 결과가 화면에 표시된다. 이때 이름과 전화번호를 입력하고 [입력완료] 버튼을 클릭한다.

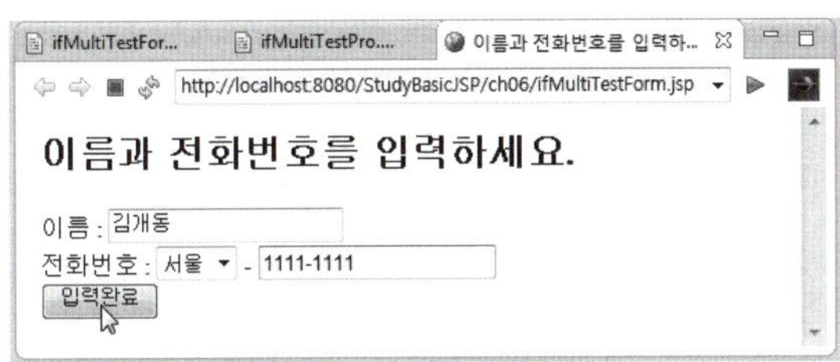

프로그램 제어가 ifMultiTestPro.jsp 페이지로 이동하고 다음과 같은 결과가 표시된다.

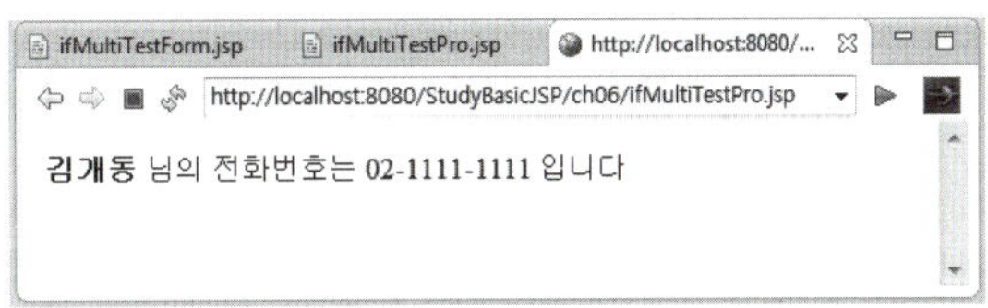

5 switch문

switch문은 다중조건 분기일 때, 블록 if문을 대체하는 효과를 가진다.

switch문 안에 표현식을 기술하고 그 표현식의 결과 값에 따라 그 값을 만족하는 case(경우)로 분기하는 형태를 사용한다. case문에는 수행해야 하는 문장들이 나열되고, 반드시 맨 마지막 문장에는 break문이 나와야 한다. break문이 나오지 않으면 아래의 문장들을 계속 수행하기 때문에 원하는 형태의 결과가 나오지 않을 수 있다. 모든 case문에 해당되지 않는 경우를 위해 default문을 사용한다. default문도 break문을 가진다.

아래는 switch문의 기본문법과 순서도를 표시한 것이다.

문법	순서도(Flowchart)
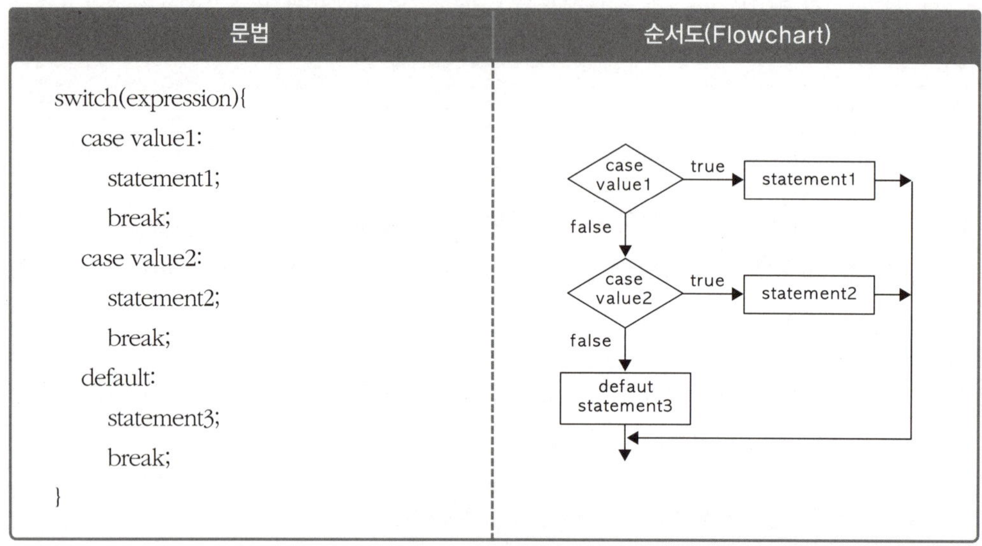	

expression에 들어갈 수 있는 타입은 리턴 타입이나 결과값이 정수타입 중에서 int, short, char, byte 중 하나여야 한다. char는 int 타입으로 형 변환이 가능하다.

아래의 예시 6-04는 주어진 x값에 따라 각각 해당하는 경우의 case문을 수행하는 문장이다. case에 제시된 값들 중 해당하는 값이 없는 경우 default문으로 분기한다.

예시 6-04
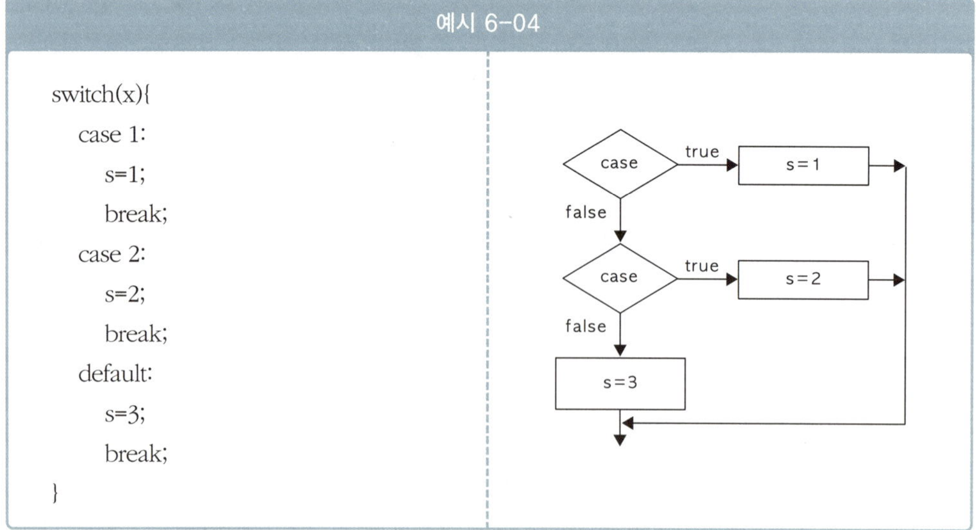

아래 예제는 권역을 선택해서 선택한 권역에 따라 지역명이 표시되는 예제이다. 이때 권역을 선택할 수 있는 폼은 switchTestForm.jsp 페이지에서 입력받고, 선택한 권역에 따라 지역을 판별하는 것은 로직의 처리를 담당한 switchTestPro.jsp 페이지가 한다.

이 예제의 결과는 다음과 같다.

작성파일의 정보는 다음과 같다.

이름과 나이를 입력받는 폼 switchTestForm.jsp 페이지

작성파일명	switchTestForm.jsp
작성위치	StudyBasicJSP/WebContent/ch05
부록CD에서의 제공위치	source/ch05

선택한 권역에 따라 지역을 판별하는 switchTestPro.jsp 페이지

작성파일명	switchTestPro.jsp
작성위치	StudyBasicJSP/WebContent/ch05
부록CD에서의 제공위치	source/ch05

01 switchTestForm.jsp 페이지를 [ch06] 폴더에 작성한다.

02 switchTestForm.jsp 페이지의 기본적인 코딩이 작성되면 다음과 같이 수정한 후 저장한다.

```
01   <%@ page language="java" contentType="text/html; charset=UTF-8"
02      pageEncoding="UTF-8"%>
03
04   <html>
05   <head>
06   <title>권역을 선택하는 폼</title>
07   </head>
08   <body>
09    <h2>권역을 선택하세요. </h2>
10
11    <form method="post" action="switchTestPro.jsp">
12      <input type="radio" name="localNum" value="0" checked>0권역 <br>
13      <input type="radio" name="localNum" value="1">1권역 <br>
14      <input type="radio" name="localNum" value="2">2권역 <br>
15      <input type="radio" name="localNum" value="3">4권역 <br>
16      <input type="radio" name="localNum" value="4">5권역 <br>
17      <input type="radio" name="localNum" value="5">6권역 <br>
18      <input type="radio" name="localNum" value="6">7권역 <br>
19      <input type="submit" value="입력완료">
20    </form>
21   </body>
22   </html>
```

소스 코드 설명

11~20 <form> 태그의 영역으로 [입력완료] 버튼을 클릭하면, action 속성의 속성값에 기술된 switchTestPro.jsp 페이지로 폼에 입력된 값들과 함께 프로그램의 제어가 이동한다.

12~18 라디오 버튼 중 하나를 선택하면 해당 값이 localNum 변수에 들어간다. 라디오 버튼은 반드시 하나가 선택되어야 한다. 따라서 12라인의 라디오 버튼을 기본값으로 선택되도록 설정했다.

03 switchTestPro.jsp. 페이지를 [ch06] 폴더에 작성한다.

04 switchTestPro.jsp 페이지의 기본적인 코딩이 작성되면 다음과 같이 수정한 후 저장한다.

```jsp
01  <%@ page language="java" contentType="text/html; charset=UTF-8"
02     pageEncoding="UTF-8"%>
03
04  <% request.setCharacterEncoding("utf-8");%>
05
06  <%
07   int localNum = Integer.parseInt(request.getParameter("localNum"));
08   String localName ="";
09
10   switch (localNum){ //localNum변수의 값은 0~7사이의 값
11      case 0:
12          localName ="종로, 중구, 용산";
13          break;
14      case 1:
15          localName ="도봉, 강북, 노원, 성북";
16          break;
17      case 2:
18          localName ="동대문, 성동, 중랑, 광진";
19          break;
20      case 3:
21          localName ="강동, 송파";
22          break;
23      case 4:
24          localName ="서초, 강남";
25          break;
26      case 5:
27          localName ="동작, 관악, 금천";
28          break;
29      case 6:
30          localName ="강서, 양천, 영등포, 구로";
31          break;
32      case 7:
33          localName ="은평, 마포, 서대문";
34          break;
35      default:
36          localName ="없는 권역";
```

```
37          break;
38      }
39
40      out.println("선택하신 지역은 <b>" + localName +" </b> 입니다");
41  %>
```


10~38   선택한 권역에 따라 해당 지역을 지정해 주는 것에 switch문을 사용했다. 자바 계열에서는 case에 따라 문장을 기술하고 case문의 마지막에는 반드시 break문을 기술해야 한다.

05 switchTestPro.jsp 페이지의 수정이 끝나면 switchTestForm.jsp 파일을 선택하고 마우스 오른쪽 버튼을 클릭해 [Run As]–[Run on Server] 메뉴를 선택 후 [Finish] 버튼을 눌러 실행한다.

06 switchTestForm.jsp 페이지가 실행된다. 이때 권역을 선택하고 [입력완료] 버튼을 클릭한다.

프로그램제어가 switchTestPro.jsp 페이지로 이동하고, 다음과 같은 결과가 표시된다.

지금까지 자바의 제어문 중에서 조건비교 분기문인 if와 switch에 대해 학습했다. 이번에는 조건을 비교 후, 조건을 만족하면 일정한 문장을 반복수행하는 조건비교 반복문인 for, while문에 대해 학습해 보자.

6 반복문 − for문

조건에 의한 일정한 문장을 반복 수행하는 for문은 반복을 수행할 횟수가 결정된 경우의 프로그램에 주로 사용되는 제어문이다. 즉, 반복 수행의 횟수가 얼마가 될지를 결정하는 경계값(boundary value)이 정확히 결정된 형태에서 사용된다. 배열과 같이 반복해야 하는 횟수가 결정된 형태를 제어할 때 주로 사용된다. 배열문이 나오면 반드시 for문으로 배열의 반복을 제어한다.

for문의 기본문법은 다음과 같다. 초기값은 for문 수행시 단 한번만 수행된다. 조건문은 루프 탈출조건이라고도 불리며 for문 안의 문장(statement)을 수행하기 전에 수행해서 조건을 만족하면 문장을 수행한다. 증감값은 for문 안의 문장을 수행하고 나서 수행된다. 반복 횟수만큼 반복한다.

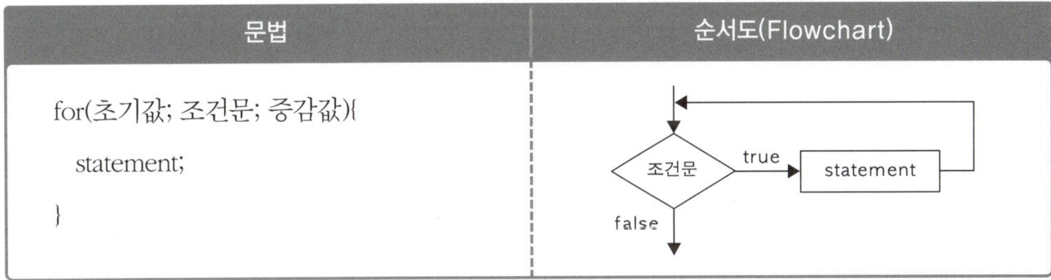

예시 6-05는 첨자변수 i를 0~9까지 증가시켜 for문 내의 문장 k++;를 10번 수행한다.

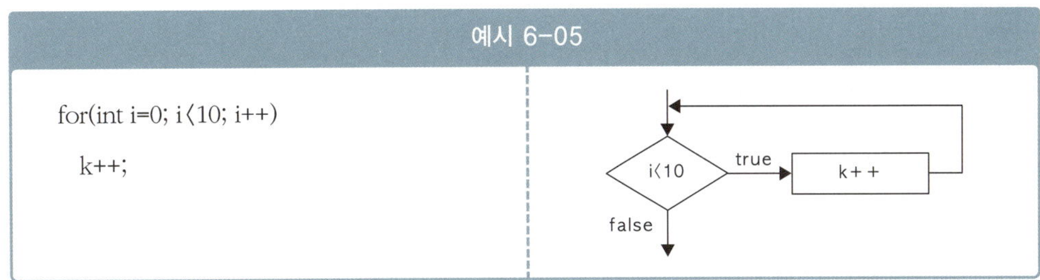

초기값은 for문 수행시 단 한번만 수행된다. 조건문은 for문 안의 문장을 처리하기 전에 수행된다. 증감값은 for문 안의 문장을 처리하고 나서 수행된다.

for문이 수행되는 순서

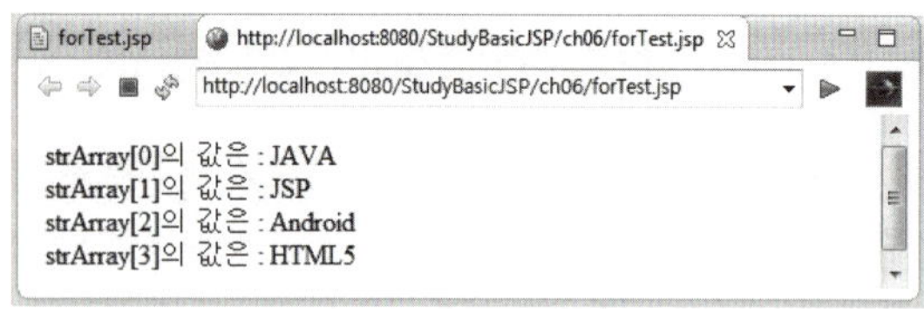

❶ int i=0은 첨자 변수 i를 선언함과 동시에 변수를 0으로 초기화했다. 이렇게 for문 내에서 사용될 첨자변수를 for문의 초기값을 설정하는 부분에서 선언하면 이 첨자변수의 영역은 for문 안으로 한정된다. 사용되는 변수의 범위에 정확해지고, 사용이 끝나면 메모리에서 제거되는 시점도 빨라진다.

❷ 조건을 비교하는 조건문 부분으로 i변수의 값이 10보다 작거나 같은가를 비교한다. 조건을 만족하면 for문 안의 문장을 수행하고, 만족하지 않으면 for문을 빠져나간다.

❸ for문에서 수행할 문장을 기술하는 부분으로, 반복 수행된 문장들을 기술한다. 이 문장들을 수행 후 증감값 부분을 수행한다.

❹ 첨자변수를 증가 감소하는 부분으로, 여기서는 i값을 1 증가시킨다.
  이후부터 ②~④를 조건문을 만족할 때까지 반복한다.

 반복문 – for문

아래 예제는 배열에 입력되어 있는 값을 for문을 사용해서 출력하는 예제이다.
이 예제의 결과는 다음과 같다.

작성파일의 정보는 다음과 같다.

작성파일명	forTest.jsp
작성위치	StudyBasicJSP/WebContent/ch06
부록CD에서의 제공위치	source/ch06

01 forTest.jsp 페이지를 작성하기 위해 [ch06] 폴더에 작성한다.

02 forTest.jsp 페이지의 기본적인 코딩이 작성되면 다음과 같이 수정한 후 저장한다.

```
01   <%@ page language="java" contentType="text/html; charset=UTF-8"
02      pageEncoding="UTF-8"%>
03
04   <%
05     String strArray[] = {"JAVA","JSP","Android","HTML5"};
06
07     for(int i=0; i <strArray.length;i++){
08        out.println( "strArray[" + i + "]의 값은 : " +strArray[i] +" <br>");
09     }
10   %>
```

소스 코드 설명

05　String strArray[ ] = {"JAVA","JSP","Android","HTML5"}은 배열의 초기화 블록으로 배열을 선언함과 동시에 메모리 할당을 하고, 배열의 초기값도 설정한다.

07~09　for문을 사용해서 배열을 제어하는 부분으로 배열에 입력되어 있는 원소의 값들을 화면에 표시한다. 이때 strArray.length은 배열의 저장된 원소의 수를 얻어낸다.

03 forTest.jsp 페이지의 수정이 끝나면 forTest.jsp 파일을 선택하고 마우스 오른쪽 버튼을 클릭해 [Run As]-[Run on Server] 메뉴를 선택 후 [Finish] 버튼을 눌러 실행한다.

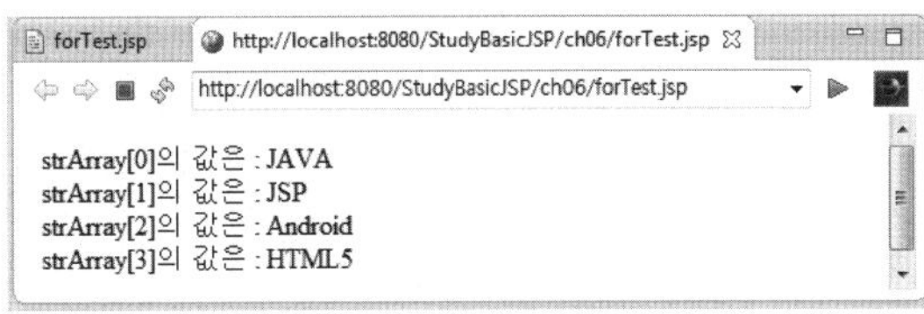

7 반복문 – while문

조건비교 반복문인 while문은 기본적으로 for문과 쓰임새가 같으나 while문은 반복을 몇 번 해야 할지 알 수 없는 경우에 사용된다. 물론 for문도 가능하지만 이 경우에는 while문을 선호한다.

while문은 조건문을 비교하여 조건을 만족하는 경우에는 문장(statement)을 수행하고, 조건을 만족하지 않으면 while문을 빠져나온다. 이때 수행되는 문장 안에는 반드시 for문과 같이 반복 횟수를 제어하는 변수를 가지고 있어야 한다. 그래야 수행되는 횟수를 제어할 수 있다.

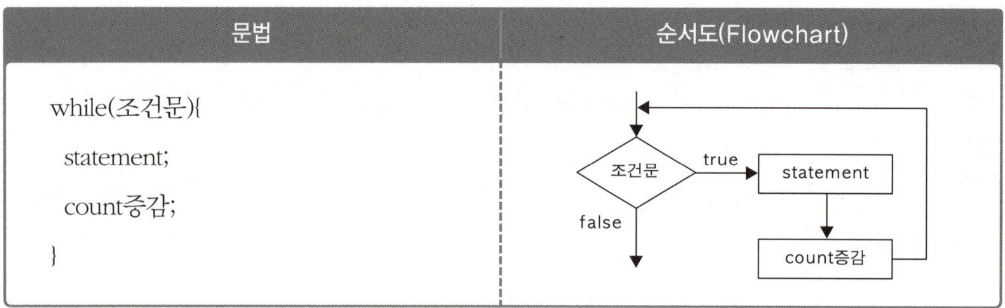

예시 6-07은 count 변수의 값이 10보다 작거나 같으면 s변수에 count 변수의 값을 누적 시킨 후 count 변수의 값을 1 증가시킨다. 이때 count 변수의 값이 10보다 크면 while문을 빠져나온다.

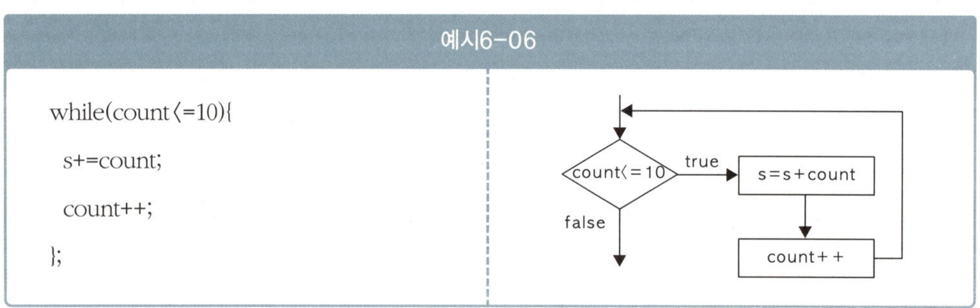

아래 예제는 1~10까지의 값을 while문을 사용해서 출력하는 예제이다.

이 예제의 결과는 다음과 같다.

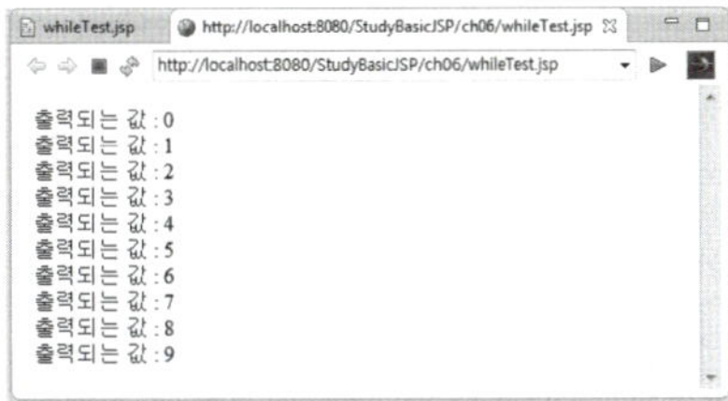

작성파일의 정보는 다음과 같다.

작성파일명	whileTest.jsp
작성위치	StudyBasicJSP/WebContent/ch06
부록CD에서의 제공위치	source/ch06

01 whileTest.jsp 페이지를 [ch06] 폴더에 작성한다.

02 whileTest.jsp 페이지의 기본적인 코딩이 작성되면 다음과 같이 수정한 후 저장한다.

```jsp
01  <%@ page language="java" contentType="text/html; charset=UTF-8"
02     pageEncoding="UTF-8"%>
03
04  <%
05    int i = 0;
06
07    while( i <10){ //0~9까지 값이 출력된다.
08       out.println( "출력되는 값 : " + i + "<br>");
09       i++;
10    }
11  %>
```

> **05**   while문에서 사용할 제어변수를 선언하는 부분으로, while문은 반복 횟수를 제어하는 변수를 따로 선언해야 한다.
>
> **07~10**   while문으로 i값은 0~9까지 변화된다. 이때 while문은 자동으로 제어 변수가 증가하지 않으므로 반드시 10라인과 같이 제어 변수를 증가시키는 구문을 추가해야 한다.

03 whileTest.jsp 페이지의 수정이 끝나면 whileTest.jsp 파일을 선택하고 마우스 오른쪽 버튼을 클릭해 [Run As]-[Run on Server] 메뉴를 선택 후 [Finish] 버튼을 눌러 실행한다.

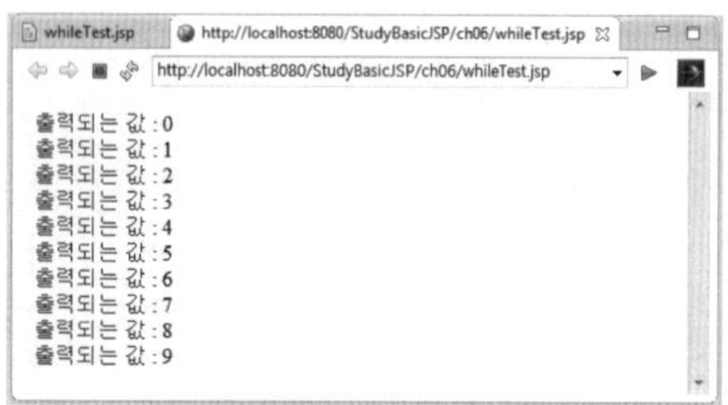

03 | 톰캣 기반에서의 한글처리

JSP 페이지에서의 한글처리 문제는 중요하다. 기껏 작성한 웹 페이지에서 한글이 깨진다면 해당 페이지가 무슨 내용을 담고 있는지 알 수 없다. 또한 이 페이지를 요청한 사용자들의 신뢰도를 잃는다. 믿기지 않겠지만 아직도 이런 사이트들이 있다. 물론 인터넷 익스플로러에서 [보기]-[인코딩]-[한국어] 메뉴를 선택하면 깨진 한국어가 제대로 표시되긴 하나 이것을 사용자들에게 요구하면 안 된다. 이것은 사용자의 편의를 위해 프로그래머가 처리해 주어야 한다.

특히 우리가 학습에 사용하는 웹 컨테이너인 톰캣은 한글을 전혀 배려하지 않는다. 처음에 웹 컨테이너로 resine을 사용했던 필자는 후에 톰캣을 사용하다가 한글을 전혀 배려하지 않는 톰캣에 당황했었다. 완전히 무료인 웹 컨테이너이기 때문에 그만큼 알아서 처리를 해주어야 하는 부분이 많아서 그렇다. 한글처리도 그에 해당한다.

앞에서 우리는 한글을 처리하는 몇 가지 방법을 보았다. 그것들을 정리하고 아직 우리가 하지 않은 부분도 설명하겠다.

1 서버에서 웹 브라우저에 응답되는 페이지의 화면 출력시 한글처리

```
<%@ page contentType="text/html;charset=utf-8"%>
```

여러분도 알고 있듯이 위의 코드는 서버에서 웹 브라우저로 응답되는 페이지를 화면에 출력할 때 한글이 깨지지 않도록 한 한글처리이다. 모든 페이지에 반드시 해주어야 한다.

2 웹 브라우저에서 서버로 넘어오는 파라미터 값에 한글이 있는 경우(Post 방식) 한글처리

```
<% request.setCharacterEncoding("utf-8");%>
```

위의 코드는 폼에 데이터를 입력하여 데이터 값을 파라미터로 웹 서버로 넘겨서 처리할 때의 문제이다. 즉, 웹 브라우저에서 서버로 넘어오는 파라미터 값에 한글이 있는 경우에 한글을 처리해 주지 않으면, 깨진 한글을 받아들여서 처리를 한다. 그 결과 응답결과를 웹 브라우저에 표시할 때, 깨진 한글이 그대로 표시된다. 입력이 깨진 한글이면 출력도 깨진 한글인 것이다. 폼으로부터 파라미터를 넘겨받는 페이지에는 반드시 위의 코드를 작성해 주어야 한다.

3 웹 브라우저에서 서버로 넘어오는 파라미터 값에 한글이 있는 경우(Get 방식) 한글처리

폼에 데이터를 입력하여 데이터 값을 파라미터로 웹 서버로 넘겨서 처리할 때 method가 get 방식으로 넘어오는 경우 `<% request.setCharacterEncoding("utf-8");%>` 코드를 기입해도 한글이 깨진다.

이 경우에 한글을 깨지지 않게 하려면 두 곳에 위치한 server.xml 파일의 한글 인코딩을 지정해야 한다. 하나는 실제로 서비스하는 환경인 톰캣홈\conf 폴더에 있는 server.xml 파일이고 다른 하나는 이클립스의 경우 [Project Explorer] 뷰의 [Servers]-[Tomcat v8.0 Server~] 항목에 있는 server.xml 파일이다.

01 이클립스의 [Project Explorer] 뷰의 [Servers]-[Tomcat v8.0 Server~] 항목에 있는 server.xml 파일에 한글 인코딩을 지정한다.

❶ [Project Explorer] 뷰에서 [Servers]-[Tomcat v8.0 Server] 항목에 있는 server. xml 파일을 더블클릭한다.

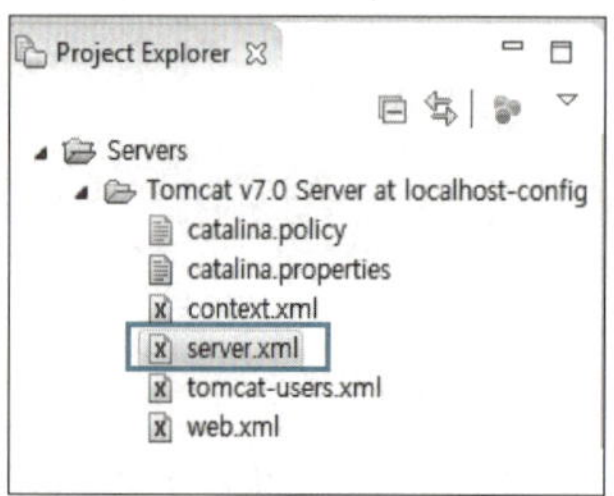

❷ 다음과 같은 화면이 표시되면 [Source] 탭을 선택한다.

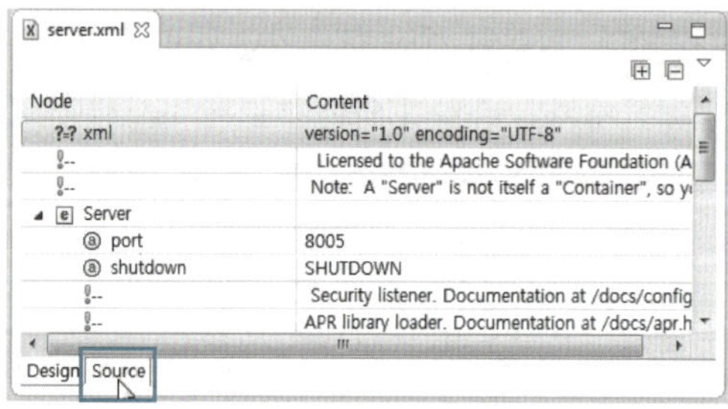

❸ server.xml이 다음과 같이 표시되면, port 번호가 8080인 〈Connector〉에 URIEncoding="EUC-KR"을 추가한 후 저장한다. 필자가 사용하는 버전에서는 이 것이 63라인에 있다.

```
〈Connector connectionTimeout="20000" port="8080"
    protocol="HTTP/1.1" redirectPort="8443"
    URIEncoding="EUC-KR"/〉
```

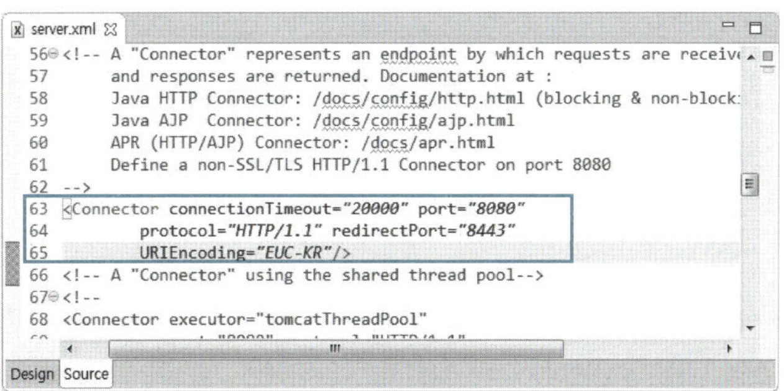

❹ 톰캣 서버를 내렸다가 다시 올려서 실행하면, 이제 한글이 제대로 표기되는 것을 볼
수 있다.

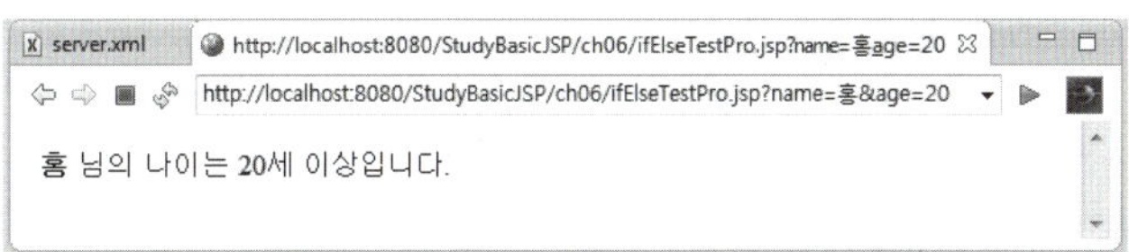

02 실제 서비스하는 환경인 톰캣홈\conf 폴더에 있는 server.xml 파일에 한글 인코딩을 지
정한다.

❶ 탐색기에서 톰캣홈\conf 폴더에 있는 server.xml 파일을 연다.

❷ port 번호가 8080인 〈Connector〉에 URIEncoding="EUC-KR"을 추가한 후 저장
한다. 추가 위치는 apache-tomcat-톰캣버전\conf 폴더에서 server.xml 파일의
69라인(메모장 또는 EditPlus에서 수정시)에 아래와 같이 추가하면 된다.

```
〈Connector port="8080" protocol="HTTP/1.1"
        connectionTimeout="20000"
        redirectPort="8443"
        URIEncoding="EUC-KR" /〉
```

한글이 안정적으로 표시되기 위해서는 이클립스의 server.xml과 apache-tomcat-톰캣
버전\conf 폴더에 있는 server.xml 파일에 모두 URIEncoding="EUC-KR"을 추가한다.

01 JSP 페이지의 연산자

- JSP는 자바 식별자 규칙을 따르는데, 식별자(identifier)란 클래스명, 메소드명, 멤버 변수명, 자동 변수명 등을 일컫는다. 자바 식별자는 길이에는 제한이 없고 첫 글자는 반드시 영문자,_,$로 시작해야 한다.

- 자바 및 JSP는 byte, short, int, long, float, double, char, boolean 등의 기본 데이터 타입(primitive data type)을 제공한다. 기본 데이터 타입을 갖는 변수들은 해당 변수의 값으로 어떠한 데이터 값을 갖는다.

- JSP에서는 자바와 마찬가지로 산술연산자, 관계연산자, 논리연산자 , 비트연산자, shift연산자, 증감연산자, 조건연산자, 대입연산자들을 사용할 수 있다.

> - 산술연산자: * , / , % , + , −
> - 관계연산자: 〈 , 〉, 〈= , 〉=
> - 논리연산자: &&, || , !
> - 비트연산자: & , | , ^
> - shift연산자: 〈〈 , 〉〉 , 〉〉〉
> - 증감연산자: ++ , −−
> - 조건연산자: ?:
> - 대입연산자: = , += , −= , *= , /= , %=

02 JSP 페이지의 제어문

- if문 : if문은 조건비교 분기문의 하나로, 주어진 조건을 비교해서 그 결과에 따라 여러 대안들 중에서 하나를 선택할 때 사용된다. if문의 조건에 들어갈 수 있는 타입은 리턴 타입 또는 결과 값이 boolean 값일 경우만 가능하다.

- switch문 : switch문은 다중조건 분기일 때, 블록 if문를 대체하는 효과를 가진다. 블록 if문의 경우 분기조건이 많아지면 매우 복잡해진다. 이런 경우 블록 if문을 switch문으로 대체할 수 있는데, switch문을 사용하는 것이 더 낫다. 즉, 다중조건을 처리하는 방법이 더 간단하다.

- for문 : 조건에 의한 일정한 문장을 반복 수행하는 for문은 반복을 수행할 횟수가 결정된 경우의 프로그램에 주로 사용되는 제어문이다. 즉, 반복 수행의 횟수가 얼마가 될지를 결정하는 경계값(boundary value)이 정확히 결정된 형태에서 사용된다. 배열과 같이 반복해야 하는 횟수가 결정된 형태를 제어할 때 주로 사용된다. 배열문이 나오면 반드시 for문으로 배열의 반복을 제어한다.

- while문 : 조건비교 반복문인 while문은 기본적으로 for문과 쓰임새가 같으나, for문이 정해진 횟수를 반복하는 경우에 사용한다면 while문은 반복을 몇 번 해야 할지 알 수 없는 경우에 사용된다. 즉, 반복 횟수를 알 수 없는 경우에 사용된다. 물론 for문도 가능하지만 이 경우에는 while문을 선호한다.

03 톰캣 기반에서의 한글처리

- 서버에서 웹 브라우저에 응답되는 페이지의 화면 출력시 한글처리

```
<%@ page contentType="text/html;charset=utf-8"%>
```

- 웹 브라우저에서 서버로 넘어오는 파라미터 값에 한글이 있는 경우(Post 방식) 한글처리

```
<% request.setCharacterEncoding("utf-8");%>
```

- 웹 브라우저에서 서버로 넘어오는 파라미터 값에 한글이 있는 경우(Get 방식) 한글처리

- `<% request.setCharacterEncoding("utf-8);%>` 코드를 기입한다.

- 추가로 실제로 서비스하는 환경인 톰캣홈\conf 폴더에 있는 server.xml 파일과 이클립스의 [Project Explorer] 뷰의 [Servers]-[Tomcat v8.0 Server~] 항목에 있는 server.xml 파일에 한글 인코딩을 추가한다.

01 알고리즘이란 무엇인지 기술하시오.

02 JSP에서 사용할 수 있는 제어문들인 조건비교 분기문 및 조건비교 반복문의 종류를 나열하시오.

03 다음은 아이디와 패스워드를 입력하여 입력한 값이 아이디가 "abcd"이고 패스워드가 "z1234"이면, "로그인에 성공하셨습니다"를 표시하고 그렇지 않으면 "로그인에 실패하셨습니다"를 표시하는 프로그램을 작성하시오.
아이디와 패스워드를 입력받는 폼 ex6_03Form.jsp 페이지는 주어지며, 이들 값을 받아서 처리하는 ex6_03Pro.jsp 페이지를 작성하시오.

– 아이디와 패스워드를 입력받는 폼 ex6_03Form.jsp 페이지

```
01  <%@ page language="java" contentType="text/html; charset=UTF-8"
02     pageEncoding="UTF-8"%>
03  <!DOCTYPE html>
04  <html>
05  <head>
06  <meta charset="UTF-8">
07  <title>로그인폼</title>
08  </head>
09  <body>
10   <h2>아이디와 패스워드를 입력하세요.</h2>
11
12    <form method="post" action="ex6_03Pro.jsp">
13      아이디: <input type="text" name="id"><br>
14      패스워드: <input type="password" name="passwd"><br>
15      <input type="submit" value="입력완료">
16    </form>
17
18  </body>
19  </html>
```

04 다음과 같은 결과가 표시되도록 ex6_04Form.jsp 페이지와 ex6_04Pro.jsp 페이지를 작성
하시오.

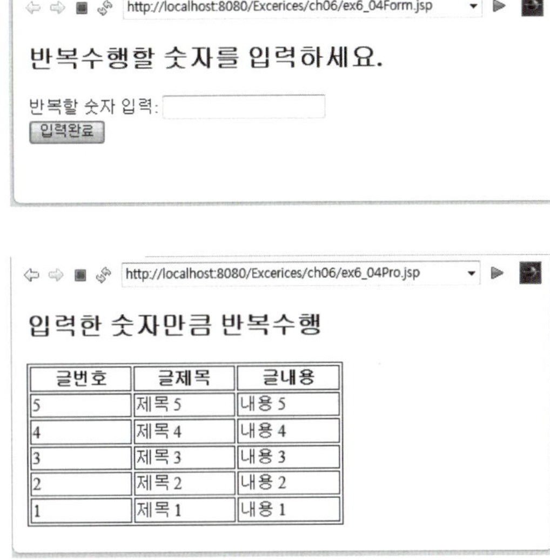

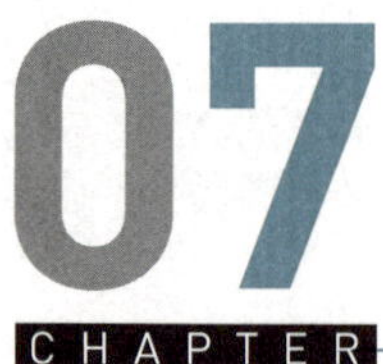

07

JSP 페이지의
내장객체와 영역

웹 컨테이너는 JSP 페이지에서 상황에 따라 필수적으로 사용되는 9개의 객체를 객체의 생성 없이 바로 사용할 수 있도록 제공한다. 이들 객체들을 JSP의 내장객체(Implicit Object)라고 부르는데, 이번 장에서는 이들 기본객체가 무엇이며 어떻게 쓰이는지, 그리고 이들의 영역에 대해 학습한다.

1. 내장객체(Implicit Object)의 개요   2. 내장객체의 종류

3. 내장객체의 영역

01 | 내장객체(Implicit Object)의 개요

내장객체는 JSP 페이지 내에서 제공하는 특수한 레퍼런스 타입의 변수(특정 객체의 위치를 가리키는 변수 또는 객체)로 사용하고자 하는 변수와 메소드로 접근한다. JSP 페이지에서 사용하게 되는 특수한 레퍼런스 타입의 변수는 선언과 객체 생성 없이 사용할 수 있다. 이유는 JSP 페이지가 서블릿으로 변환될 때 JSP 컨테이너가 자동적으로 제공하기 때문이다.

아래에 밑줄이 그어진 부분이 바로 내장객체를 사용할 수 있도록 제공되는 객체의 레퍼런스(그냥 객체라고 지칭되기도 한다)이다.

```java
public final class ScriptletTest_jsp extends org.apache.jasper.runtime.HttpJspBase
    implements org.apache.jasper.runtime.JspSourceDependent {

    String str1 = "선언문에서 선언한 변수";
  private static final javax.servlet.jsp.JspFactory _jspxFactory =
          javax.servlet.jsp.JspFactory.getDefaultFactory();

  private static java.util.Map<java.lang.String,java.lang.Long> _jspx_dependants;

  private javax.el.ExpressionFactory _el_expressionfactory;
  private org.apache.tomcat.InstanceManager _jsp_instancemanager;

  public java.util.Map<java.lang.String,java.lang.Long> getDependants() {
    return _jspx_dependants;
  }

  public void _jspInit() {
    _el_expressionfactory = _jspxFactory.getJspApplicationContext(getServletConfig
().getServletContext()).getExpressionFactory();
    _jsp_instancemanager =
org.apache.jasper.runtime.InstanceManagerFactory.getInstanceManager(getServletConfig
());
  }

  public void _jspDestroy() {
  }

  public void _jspService(final javax.servlet.http.HttpServletRequest request, final
javax.servlet.http.HttpServletResponse response)
        throws java.io.IOException, javax.servlet.ServletException {

    final javax.servlet.jsp.PageContext pageContext;
    javax.servlet.http.HttpSession session = null;
    final javax.servlet.ServletContext application;
    final javax.servlet.ServletConfig config;
    javax.servlet.jsp.JspWriter out = null;
    final java.lang.Object page = this;
    javax.servlet.jsp.JspWriter _jspx_out = null;
    javax.servlet.jsp.PageContext _jspx_page_context = null;


    try {
      response.setContentType("text/html; charset=UTF-8");
      pageContext = _jspxFactory.getPageContext(this, request, response,
                    null, true, 8192, true);
```

▲ 서블릿으로 변환된 파일에서 내장객체 확인

9개 내부 객체의 사용되는 목적에 따라 JSP 페이지 입출력 관련 기본객체, JSP 페이지 외
부 환경 정보 제공 기본객체, JSP 페이지 서블릿 관련 기본객체, JSP 페이지 예외 관련 기본
객체로 구분되는데 굳이 이것을 외울 필요는 없다. 다만 중요한 각 기본객체의 사용법만 알
면 된다.

우리는 이미 앞의 예제에서 선언이나 객체 생성 없이 request, out이라는 객체를 사용했
다. 이것이 바로 JSP 페이지에서 내부적으로 지원이 되는 내장객체였기 때문에 사용할 때 그
냥 쓸 수 있었다.

```java
String name = request.getParameter("name");
```

위의 예시에서 name이라는 파라미터 변수의 값을 얻어내는 getParameter() 메소드는
request 기본객체의 메소드이다.

Tip

[참고]

자바의 객체는 멤버 변수와 메소드로 이루어져 있다. 이러한 멤버 변수와 메소드를 사용하기 위해서는 먼저 객체를 생성하고, 레퍼런스 변수를 통해 객체에 접근한다.

앞에서 살펴보았던 Timestamp now = new Timestamp(System.currentTimeMillis());은 Timestamp 클래스 타입의 객체를 생성하고, 그 객체가 위치한 곳의 위치 정보는 레퍼런스 변수인 now가 가지게 된다. 향후 이 객체에 접근하려면 now를 사용해서 해야 한다.

즉, 이 객체의 toString() 메소드를 사용하려면 now.toString();과 같이 기술한다.

자바의 내장객체는 자바 클래스 또는 인터페이스의 형태를 가지고 있으며, JSP 페이지에서 제공하는 내장객체는 다음과 같다. 객체에 대한 자세한 설명은 http://tomcat.apache.org/tomcat-8.0-doc/servletapi/index.html와 http://tomcat.apache.org/tomcat-8.0-doc/jspapi/index.html에서 볼 수 있다. 자주 사용되는 객체는 진하게 표시했다.

▼ 표 07-01 JSP 페이지의 내장객체

내장객체	객체 리턴 타입(Return Type)	설명
request	javax.servlet.http.HttpServletRequest 또는 javax.servlet.ServletRequest	웹 브라우저의 요청 정보를 저장하고 있는 객체이다.
response	javax.servlet.http.HttpServletResponse 또는 javax.servlet.ServletResponse	웹 브라우저의 요청에 대한 응답 정보를 저장하고 있는 객체이다.
out	javax.servlet.jsp.JspWriter	JSP 페이지 출력할 내용을 가지고 있는 출력 스트림 객체이다.
session	javax.servlet.http.HttpSession	하나의 웹 브라우저 내에서 정보를 유지하기 위한 세션 정보를 저장하고 있는 객체이다.
application	javax.servlet.ServletContext	웹 애플리케이션 Context의 정보를 저장하고 있는 객체이다.
page Context	javax.servlet.jsp.PageContext	JSP 페이지에 대한 정보를 저장하고 있는 객체이다.
page	java.lang.Object	JSP 페이지를 구현한 자바 클래스 객체이다.
config	javax.servlet.ServletConfig	JSP 페이지에 대한 설정 정보를 저장하고 있는 객체이다.
exception	java.lang.Throwable	JSP 페이지에서 예외가 발생한 경우에 사용되는 객체이다.

exception 내장객체는 JSP 페이지가 에러 페이지로 지정될 때 만들어지는 객체이므로 일반적인 JSP 페이지에서는 만들어지지 않는다. 좀 더 자세한 부분은 exception 내장객체에서 다루도록 하겠다.

스크립트릿(<%%>)에서 내장객체명과 같은 이름으로 변수를 선언할 수 없다. 만약 9개의 내장객체의 이름과 동일한 이름으로 선언하면 에러가 발생한다.

선언문(<%!%>)에서는 내장객체명과 같은 이름으로 변수를 선언할 수는 있지만 가급적이면 사용하지 않는 편이 좋다.

request, session, application, pageContext 내장객체는 속성(attribute)값을 저장하고 읽을 수 있는 메소드인 setAttribute() 메소드와 getAttribute() 메소드를 제공한다. 속성값을 저장하고 읽을 수 있는 기능은 내장객체를 사용해서 JSP 페이지들 및 서블릿 간에 정보를 주고받을 수 있게 해준다.

▼ 표 07-02 내장객체 속성(attribute)과 관련된 메소드

메소드 : 리턴 타입
setAttribute(String key, Object value) : void 해당 내장객체의 속성(attribute)값을 설정하는 메소드로, 속성명에 해당하는 key 매개 변수에 속성값에 해당하는 value 매개 변수의 값을 지정한다.
getAttributeNames() : java.util.Enumeration 해당 내장객체의 속성(attribute)명을 읽어오는 메소드로 모든 속성의 이름을 얻어낸다.
getAttribute(String key) : Object 해당 내장객체의 속성(attribute)명을 읽어오는 메소드로, 주어진 key 매개 변수에 해당하는 속성값을 얻어낸다.
removeAttribute(String key) : void 해당 내장객체의 속성(attribute)을 제거하는 메소드로, 주어진 key 매개 변수에 해당하는 속성명을 제거한다.

setAttribute(String key, Object value) 메소드의 매개 변수 value는 Object 타입이므로 모든 타입의 객체를 저장할 수 있으며, key는 String 타입으로만 속성명을 지정할 수 있다. 앞으로 많은 예제에서 공통 메소드를 다루게 될 것이다.

이제부터 내장객체의 내용과 객체들이 가지고 있는 메소드의 기능들을 설명과 간단한 예제를 통해 학습하도록 하겠다.

1 request 내장객체

request 객체는 웹 브라우저에서 JSP 페이지로 전달되는 정보의 모임으로 HTTP 헤더와 HTTP 바디로 구성되어 있다. 웹 컨테이너는 요청된 HTTP 메시지를 통해 HttpServletRequest 객체를 얻어내고, 이 객체로부터 사용자의 요구사항을 얻어낸다. JSP 페이지에서는 HttpServletRequest 객체를 request 객체명으로 사용한다.

다음의 표는 request 객체에서 사용자의 요구사항을 얻어내는 요청 메소드들이다.

▼ 표 07-03 request 내부객체의 요청 파라미터 관련 메소드

메소드 : 리턴 타입
getParameter(name) : String 파라미터 변수 name에 저장된 변수값을 얻어내는 메소드로, 파라미터 변수 name에 해당하는 변수명이 없으면 null 값을 리턴한다.
getParameterValues(name) : String[] 파라미터 변수 name에 저장된 모든 변수값을 얻어내는 메소드로, 이때 변수의 값은 String 배열로 리턴된다. checkbox에서 주로 사용된다.
getParameterNames() : Enumeration 요청에 의해 넘어오는 모든 파라미터 변수를 java.util.Enumeration 타입으로 리턴한다. 변수가 가진 객체들을 저장해야 하므로 콜렉션인 Enumeration 타입을 사용했다.

Tip

Enumeration 객체

java.util.Enumeration 인터페이스는 객체를 저장하는 객체(콜렉션)로, 저장된 객체들을 모두 Object 타입으로 저장한다. 주로 사용하는 메소드는 다음과 같다.

- boolean hasMoreElements() : 더 이상의 객체가 있는지 없는지를 판단하여 객체가 있으면 true 값을, 없으면 false 값을 리턴한다.
- Object nextElement() : 다음 객체를 가져오는 메소드로, 이때 Object 타입으로 받아온 객체를 원래의 객체 형태로 형 변환(casting)하여 사용한다.

[WebContent]에 [ch07] 폴더를 생성한다.

01 [StudyBasicJSP]의 [WebContent] 폴더를 선택하고, 마우스 오른쪽 버튼을 클릭해 [New]–[Folder] 메뉴를 선택한다.

02 [New Folder] 창이 표시된다. [Enter or select the parent folder] 항목의 값이 [StudyBasicJSP/WebContent]이면 [Folder name] 항목에 "ch07"을 입력하고 [Finish] 버튼을 클릭한다.

03 [Project Explorer] 뷰에서 [WebContent] 폴더 안에 [ch07] 폴더가 생성된 것을 확인할 수 있다.

실습 | **request 내장객체 예제**

이 예제는 학번, 이름, 학년, 선택과목을 입력받아 화면에 표시하는 예제이다. 이때 학번, 이름, 학년, 선택과목은 requestTestForm.jsp 페이지에서 입력받고, 이들을 화면에 표시하는 작업은 requestTestPro.jsp 페이지가 한다.

이 예제의 결과는 다음과 같다.

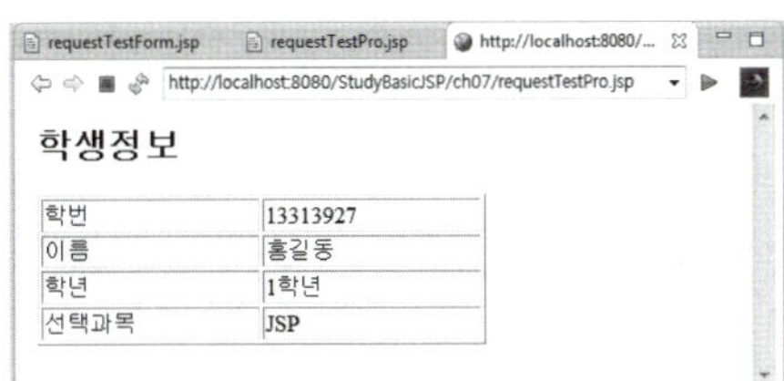

작성파일의 정보는 다음과 같다.

학번, 이름, 학년, 선택과목을 입력받는 폼인 requestTestForm.jsp 페이지

작성파일명	requestTestForm.jsp
작성위치	StudyBasicJSP/WebContent/ch07
부록CD에서의 제공위치	source/ch07

입력받은 정보를 화면에 표시하는 requestTestPro.jsp 페이지

작성파일명	requestTestPro.jsp
작성위치	StudyBasicJSP/WebContent/ch07
부록CD에서의 제공위치	source/ch07

01 requestTestForm.jsp 페이지를 [ch07] 폴더에 작성한다.

02 requestTestForm.jsp 페이지의 기본적인 코딩이 작성되면 다음과 같이 수정한 후 저장한다.

```
01  <%@ page language="java" contentType="text/html; charset=UTF-8"
02      pageEncoding="UTF-8"%>
03  <html>
04  <head>
05  <title>Request 내장객체 예제</title>
06  </head>
07  <body>
08    <h2>학번, 이름, 학년, 선택과목을 입력하는 폼</h2>
09
10    <form method="post" action="requestTestPro.jsp">
11      학번 : <input type="text" name="num"> <br>
12      이름 : <input type="text" name="name"> <br>
13      학년 :
```

14	<input type="radio" name="grade" value="1" checked> 1학년
15	<input type="radio" name="grade" value="2"> 2학년
16	<input type="radio" name="grade" value="3"> 3학년
17	<input type="radio" name="grade" value="4" > 4학년
18	선택과목 :
19	<select name="subject">
20	<option value="JAVA"> JAVA </option>
21	<option value="JSP"> JSP </option>
22	<option value="XML"> XML </option>
23	</select>
24	<input type="submit" value="입력완료">
25	</form>
26	</body>
27	</html>

소스 코드 설명

10~25   폼에 입력하는 내용이 기술된 부분이다. 폼에 내용을 입력하고 [입력완료] 버튼을 클릭하면, action 속성의 속성값에 기술된 requestTestPro.jsp 페이지로 입력한 값과 프로그램의 제어가 넘어간다.

03 requestTestPro.jsp 페이지를 작성하기 위해 [ch07] 폴더를 선택 후, 마우스 오른쪽 버튼을 클릭하여 [New]-[JSP File] 메뉴를 선택한다. [New JSP File] 창이 표시되면 [File name] 항목에 "requestTestPro.jsp"를 입력하고 [Finish] 버튼을 클릭한다.

04 requestTestPro.jsp 페이지의 기본적인 코딩이 작성되면 다음과 같이 수정한 후 저장한다.

01	<%@ page language="java" contentType="text/html; charset=UTF-8"
02	pageEncoding="UTF-8"%>
03	
04	<% request.setCharacterEncoding("utf-8");%>

```
05
06      <%
07        String num = request.getParameter("num");
08        String name = request.getParameter("name");
09        String grade = request.getParameter("grade");
10        String subject = request.getParameter("subject");
11      %>
12      <h2>학생정보</h2>
13      <table border="1" >
14         <tr>
15            <td width="150">학번</td>
16            <td width="150"><%=num %></td>
17         </tr>
18         <tr>
19            <td width="150">이름</td>
20            <td width="150"><%=name %></td>
21         </tr>
22         <tr>
23            <td width="150">학년</td>
24            <td width="150"><%=grade %>학년</td>
25         </tr>
26         <tr>
27            <td width="150">선택과목</td>
28            <td width="150"><%=subject %></td>
29         </tr>
30      </table>
```


04   7~10라인에 걸쳐 request 내장객체를 사용하고 있다. 4라인의 경우에는 요청 파라미터의 한글 인코딩을 위해 request 내장객체를 사용했고, 7~10라인의 경우 넘어오는 요청 파라미터 변수의 변수값을 얻어내기 위해 request 내장객체를 사용했다.

13~30   <table> 태그를 사용하여 표시할 정보를 표 모양으로 기술했다.

16, 20, 24, 28   request 내장객체로부터 얻어낸 파라미터변수의 변수값을 화면에 출력한다.

05 requestTestPro.jsp 페이지의 수정이 끝나면 requestTestForm.jsp 파일을 선택하고 마우스 오른쪽 버튼을 클릭해 [Run As]-[Run on Server] 메뉴를 선택 후 [Finish] 버튼을 눌러 실행한다.

06 requestTestForm.jsp 페이지가 실행된 결과가 화면에 표시된다. 이때 학번, 이름, 학년, 선택과목을 입력 및 선택하고 [입력완료] 버튼을 클릭한다.

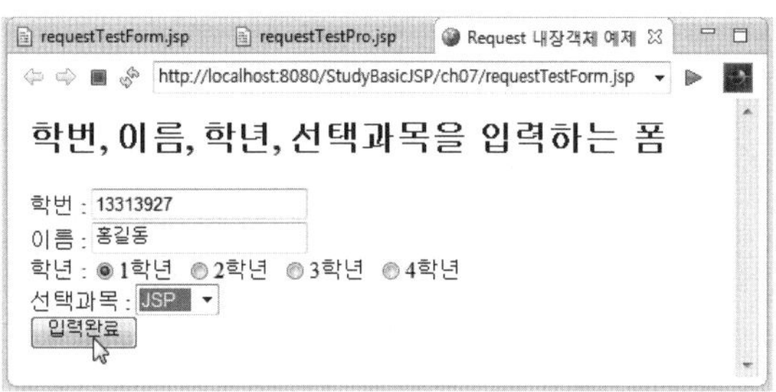

프로그램제어가 requestTestPro.jsp 페이지로 이동하고 다음과 같은 결과가 표시된다.

　　request 객제는 요청된 파라미터의 값 외에도 웹 브라우저와 웹 서버의 정보도 가져올 수 있다. 다음의 표는 request 객체의 메소드 중 웹 브라우저, 웹 서버 및 요청 헤더의 정보를 가져올 때 사용되는 메소드들이다.

▼ 표 07-04 request 내장객체의 웹 브라우저, 웹 서버 및 요청 헤더의 정보 관련 메소드

메소드 : 리턴 타입
getProtocol() : String 웹 서버로 요청시, 사용 중인 프로토콜을 리턴한다.
getServerName() : String 웹 서버로 요청시, 서버의 도메인 이름을 리턴한다.
getMethod() : String 웹 서버로 요청시, 요청에 사용된 요청 방식(GET, POST, PUT 등)을 리턴한다.
getQueryString() : String 웹 서버로 요청시, 요청에 사용된 QueryString을 리턴한다.
getRequestURI() : String 웹 서버로 요청시, 요청에 사용된 URL로부터 URI 값을 리턴한다.
getRemoteHost() : String 웹 서버로 정보를 요청한 웹 브라우저의 호스트 이름을 리턴한다.
getRemoteAddr() : String 웹 서버로 정보를 요청한 웹 브라우저의 IP 주소를 리턴한다.
getServerPort() : int 웹 서버로 요청시, 서버의 Port 번호를 리턴한다.
getContextPath() : String 해당 JSP 페이지가 속한 웹 애플리케이션의 콘텍스트 경로를 리턴한다.
getHeader(name) : String 웹 서버로 요청시, HTTP 요청 헤더(header) 헤더 이름 name에 해당하는 속성값을 리턴한다.
getHeaderNames() : Enumeration 웹 서버로 요청시, HTTP 요청 헤더(header)에 있는 모든 헤더 이름을 리턴한다.

Tip

URL과 URI

URL(Uniform Resource Locator)은 웹상에서 서비스를 제공하는 각 서버들이 제공하고 있는 파일들의 위치를 명시하기 위한 것이다. 따라서 URL에는 접속해야 할 서비스의 종류, 도메인명, 파일의 위치가 포함된다.
URI(Uniform Resource Identifier)는 URL로부터 존재하는 자원을 식별하기 위한 일반적인 식별자를 규정하기 위한 것이다. 따라서 URI는 URL에서 HTTP 프로토콜, 호스트명, port 번호를 제외한 부분이 된다.

예를 들어 http://127.0.0.1:8080/study/ch04/requestTest1.jsp에서
URL은 http://127.0.0.1:8080/study/ch04/requestTest1.jsp가 되고
URI는 study/ch04/requestTest1.jsp가 된다.

 request 내장객체 예제 – 웹 브라우저, 웹 서버 및 헤더의 정보 표시

이 예제는 웹 브라우저와 웹 서버의 정보 및 헤더의 정보를 표시하는 예제이다

이 예제의 결과는 다음과 같다.

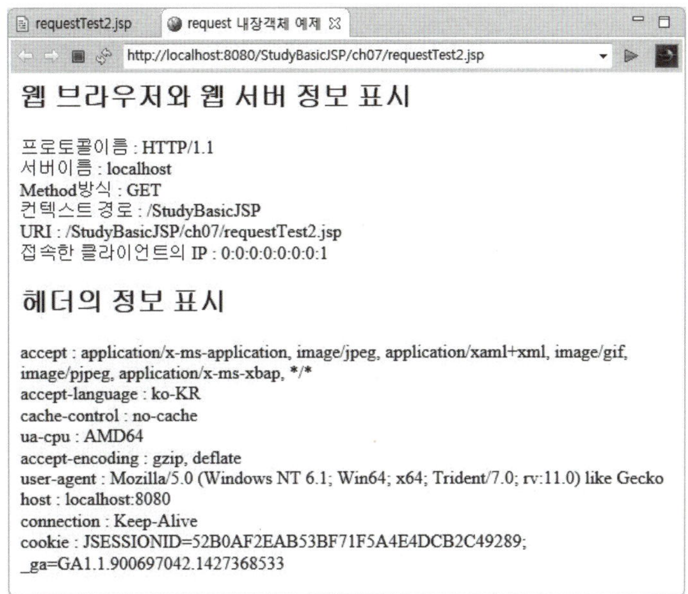

작성파일의 정보는 다음과 같다.

requestTest2.jsp 페이지

작성파일명	requestTest2.jsp
작성위치	StudyBasicJSP/WebContent/ch07
부록CD에서의 제공위치	source/ch07

01 requestTest2.jsp 페이지를 [ch07] 폴더에 작성한다.

02 requestTest2.jsp 페이지의 기본적인 코딩이 작성되면 다음과 같이 수정한 후 저장한다.

```jsp
01  <%@ page language="java" contentType="text/html; charset=UTF-8"
02    pageEncoding="UTF-8"%>
03  <%@ page import="java.util.Enumeration" %>
04
05  <%
06    String names[]={"프로토콜 이름","서버이름",
07        "Method 방식","콘텍스트 경로","URI","접속한 클라이언트의 IP"};
08    String values[]={request.getProtocol(),
09      request.getServerName(),request.getMethod(),
10      request.getContextPath(),request.getRequestURI(),
11      request.getRemoteAddr()};
12
13    Enumeration <String> en = request.getHeaderNames();
14    String headerName="";
15    String headerValue="";
16  %>
17
18  <html>
19  <head>
20  <title>request 내장객체 예제</title>
21  </head>
22  <body>
23   <h2>웹 브라우저와 웹 서버 정보 표시</h2>
24   <%
25    for(int i=0;i <names.length;i++){
26    out.println(names[i] + " : " + values[i] +"<br>");
27    }
28   %>
29
30   <h2>헤더의 정보 표시</h2>
31   <%
32    while(en.hasMoreElements()){
33    headerName = en.nextElement();
34    headerValue = request.getHeader(headerName);
35    out.println(headerName + " : " + headerValue +"<br>");
36    }
```

```
37      %>
38      </body>
39      </html>
```


03　　8라인에 있는 Enumeration 인터페이스를 사용하기 위해 import했다. Enumeration 인터페이스는 객체를 저장하기 위해 사용한다.

인터페이스(interface)　　　　Tip

자바에서는 간접적인 다중상속을 위해 인터페이스를 제공하는데 인터페이스는 기본적으로 멤버 변수와 추상 메소드의 집합이다.

인터페이스는 스펙(spec)만을 기술해 놓은 것으로 인터페이스를 사용하려면 상속받는 클래스에서 해당 인터페이스를 구현하여야 한다. 인터페이스가 가지고 있는 메소드는 모두 추상 메소드이므로 인터페이스는 구현하는 클래스에서 해당 메소드를 반드시 모두 오버라이딩(재정의)해야 한다.

06　　names 배열은 이 예제에서 표시할 웹 브라우저 및 웹 서버의 정보에 대한 설명을 배열로 저장했다. 이렇게 사용하면 일일이 설명문을 기술하지 않고도 25~27라인에 걸쳐 있는 for문을 사용하여 설명과 가져온 정보를 쌍(pair)으로 표시할 수 있다.

08　　values 배열은 이 예제에서 표시할 웹 브라우저 및 웹 서버의 정보를 배열로 저장했다. 이렇게 사용하면 일일이 화면에 표시하기 위해 정보를 가지고 있는 메소드를 기술하지 않고도, 25~27라인에 걸쳐 있는 for문을 사용해서 표시할 수 있다.

13　　Enumeration<String> en = request.getHeaderNames();은 request 객체의 getHeaderNames() 메소드를 사용하여 요청 헤더의 모든 정보를 얻어낸다. 이때 얻어내는 정보는 Enumeration 타입이므로 반드시 이 객체를 받는 변수도 Enumeration 타입으로 지정해야 한다. 여기서는 Enumeration 타입의 변수 en을 사용했다. 이렇게 사용하면 en은 요청 객체에 대한 모든 정보를 가지고 있는 객체에 접근할 수 있고, 이 객체에 접근하려면 en을 사용해야 한다.

또한 Enumeration<String> en = request.getHeaderNames();에서 Enumeration<String>은 Enumeration 클래스의 객체를 생성시 Enumeration에 저장되는 객체의 타입을 지정한 것으로 제너릭(generic)이라 부른다. 이것을 사용하면 형 변환을 하지 않아도 되는 이점이 있다. 따라서 사용하는 것이 좋다.

제너릭 타입을 지정하지 않으면 경고가 발생하는데, 무시해도 상관없으나 권장 형태는 따르는 것이 좋다. 대부분의 컬렉션 관련 인터페이스나 클래스를 사용시에도 이 규칙이 적용된다.

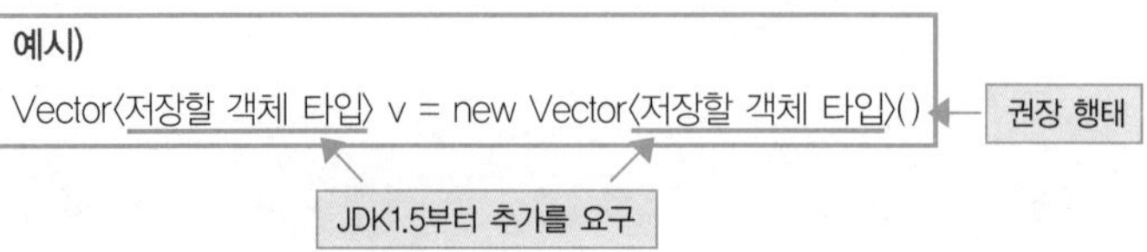

25~27 for문은 웹 브라우저와 웹 서버 정보를 가지고 있는 values 배열의 내용과 이들의 설명을 가지고 있는 names 배열의 내용을 출력한다.

32~36 while문은 Enumeration 객체 안에 있는 각각의 헤더 정보를 표시하기 위해 사용했다. Enumeration 객체 안에 들어 있는 요소의 수를 알 수 없으므로 이들을 반복 처리하려면 32라인의 en.hasMoreElements( ) 메소드를 사용해야 한다. hasMoreElements( ) 메소드는 다음 요소(엘리먼트)가 있으면 true를 리턴하고, 없으면 false를 리턴해서 while문을 빠져나오게 된다. 33라인의 headerName = en.nextElement();에서 en.nextElement( )는 다음 요소로 이동하여 그 요소의 값을 가져온다.

34 headerValue = request.getHeader(headerName);은 해당 헤더 정보에 해당하는 값을 얻어내는 부분이다.

03 requestTest2.jsp 페이지의 수정이 끝나면 requestTest2.jsp 파일을 선택하고 마우스 오른쪽 버튼을 클릭해 [Run As]-[Run on Server] 메뉴를 선택한다.

04 [Run on Server] 창이 표시되면 기본값을 그대로 사용하고 [Finish] 버튼을 클릭한다.

05 requestTest2.jsp 페이지가 실행되어 결과가 화면에 표시된다.

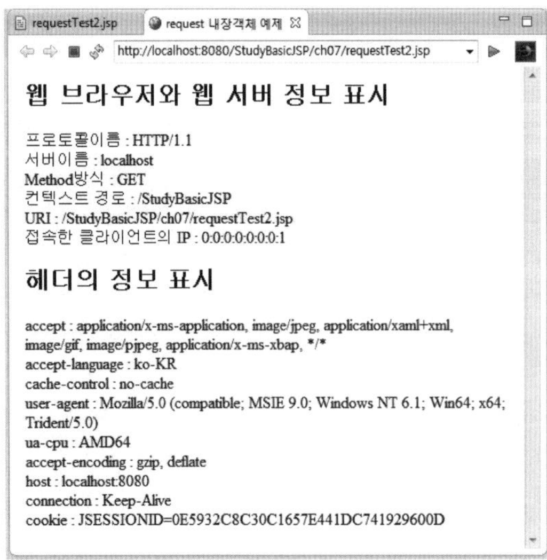

response 객체는 웹 브라우저로 응답할 응답 정보를 가지고 있다. 웹 브라우저에 보내는 응답 정보는 HttpServletResponse 객체를 사용하는데, JSP에서는 response 객체를 사용한다.

response 객체는 응답 정보와 관련하여 주로 헤더 정보 입력, 리다이렉트 하기 등의 기능을 제공한다.

다음의 표는 response 객체에서 자주 사용되는 헤더 정보 입력과 리다이렉트에 관련된 메소드들을 표시한 것이다.

▼ 표 07-05 response 내장객체에서 자주 사용되는 메소드

메소드	설명
void setHeader(name, value)	헤더 정보의 값을 수정하는 메소드로, name에 해당하는 헤더 정보를 value 값으로 설정한다.
void setContentType(type)	웹 브라우저 요청의 결과로 보일 페이지의 contentType을 설정한다.
void sendRedirect(url)	페이지를 이동시키는 메소드로, url로 주어진 페이지로 제어가 이동한다.

setHeader(name, value) 메소드는 웹 브라우저로 응답될 Header 정보를 새로 설정하기 위한 메소드로, 이 메소드는 헤더 설정 정보를 새로 설정하는 작업에서 주로 사용된다. setContentType(type) 메소드는 page 디렉티브의 contentType 속성과 같은 역할을 하는 것이며, sendRedirect(url) 메소드는 해당 페이지로 리다이렉트할 때 사용된다.

sendRedirect(url) 메소드와 유사한 것으로 〈jsp:forward〉 액션태그가 있다. 하는 작업은 비슷해 보이지만 내부적으로 처리되는 요청의 개수가 다르고, 세부적으로 적용되는 작업이 다르다. 둘의 차이에 대한 자세한 설명은 액션태그를 다룰 때 하도록 하겠다.

이 예제는 responseRedirect.jsp 페이지를 웹 브라우저에서 요청하면, sendRedirect() 메소드에 의해 responseRedirected.jsp 페이지가 응답되어 화면에 표시되는 예제이다. 즉, 웹 브라우저를 통해 요청은 responseRedirect.jsp 페이지가 받고, 응답은 responseRedirected.jsp 페이지가 한다.

이 예제의 결과는 다음과 같다.

작성파일의 정보는 다음과 같다.

웹 브라우저를 통해 요청받는 responseRedirect.jsp 페이지

작성파일명	responseRedirect.jsp
작성위치	StudyBasicJSP/WebContent/ch07
부록CD에서의 제공위치	source/ch07

sendRedirect() 메소드에 의해 응답되는 responseRedirected.jsp 페이지

작성파일명	responseRedirected.jsp
작성위치	StudyBasicJSP/WebContent/ch07
부록CD에서의 제공위치	source/ch07

01 responseRedirect.jsp 페이지를 [ch07] 폴더에 작성한다.

02 responseRedirect.jsp 페이지의 기본적인 코딩이 작성되면 다음과 같이 수정한 후 저장한다.

```
01   <%@ page language="java" contentType="text/html; charset=UTF-8"
02     pageEncoding="UTF-8"%>
03
04   <html>
05   <head>
06   <title>Response 내장객체</title>
07   </head>
08   <body>
09    <h2>Response내장객체- 리다이렉트 예제</h2>
10
11     현재 페이지는 <b>responseRedirect.jsp</b> 페이지입니다.
12
13    <%
14     response.sendRedirect("responseRedirected.jsp");
15    %>
16   </body>
17   </html>
```

소스 코드 설명

14　response.sendRedirect("responseRedirected.jsp");은 responseRedirected.jsp 페이지로 제어를 이동시킨다. 즉, 화면에 responseRedirected.jsp 페이지가 표시된다.

03 responseRedirected.jsp 페이지를 [ch07] 폴더에 작성한다.

04 responseRedirected.jsp 페이지의 기본적인 코딩이 작성되면 다음과 같이 수정한 후 저장한다.

```
01   <%@ page language="java" contentType="text/html; charset=UTF-8"
02     pageEncoding="UTF-8"%>
03
04   <html>
```

```
05      <head>
06      <title>Response 내장객체</title>
07      </head>
08      <body>
09       <h2>리다이렉트된 페이지 - responseRedirected.jsp</h2>
10
11          지금 보시는 페이지는 <b> responseRedirected.jsp </b> 페이지 입니다
12      </body>
13      </html>
```

05 responseRedirected.jsp 페이지의 수정이 끝나면 responseRedirect.jsp 파일을 선택하고 마우스 오른쪽 버튼을 클릭해 [Run As]-[Run on Server] 메뉴를 선택 후 [Finish] 버튼을 눌러 실행한다.

06 그러면 다음과 같이 responseRedirect.jsp가 표시되는 것이 아니라, responseRedirected.jsp 페이지가 실행되어 화면에 표시된다.

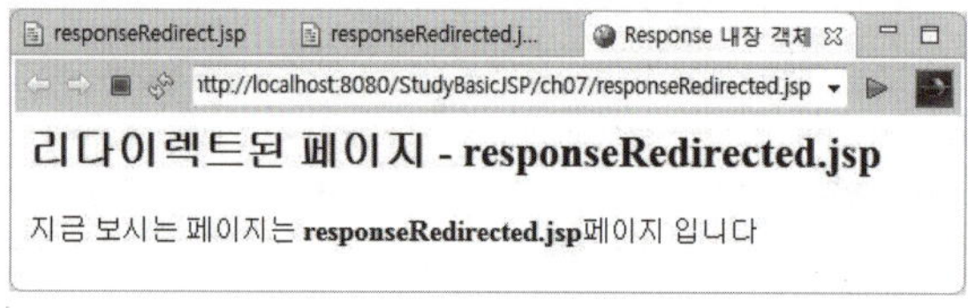

3 out 내장객체

out 객체는 JSP 페이지가 생성한 결과를 웹 브라우저에 전송해 주는 출력 스트림이며, JSP 페이지가 웹 브라우저에게 보내는 모든 정보는 out 객체를 통해서 전송된다. 여기서 모든 정보는 JSP 스크립트 요소뿐만 아니라 비스크립트 요소인 HTML, 일반 텍스트도 모두 포함된다.

out 객체에서 많이 사용되는 메소드는 웹 브라우저에 출력하기 위한 println( ) 메소드이다.

```
〈%
  Stirng str = "JSP"
  out.println(str); //out 객체가 제공하는 화면 출력을 위해 사용되는 println( ) 메소드
%〉
```

표현식(〈%=문장%〉)과 out.println()은 둘 다 브라우저에 출력시키는 똑같은 역할을 수행한다. 다만 JSP 페이지에서 개발자들에게 편의성을 제공하기 위해 〈%=문장%〉과 같은 형태를 제공한다. JSP 페이지가 서블릿으로 변환될 때 〈%=문장%〉 부분은 out.println(문장)으로 변환되어 실행된다.

표현식(〈%=문장%〉)은 스크립트릿(〈%%〉) 안에 쓸 수 없다. 대신 스크립트릿(〈%%〉) 안에서 어떠한 내용을 웹 브라우저에 출력하고 싶다면 그때는 out.println()을 사용해야 한다.

out 기본객체는 출력 버퍼와도 밀접한 관련이 있는데, 사실 JSP 페이지가 사용하는 출력 버퍼는 out 기본객체가 내부적으로 사용하는 버퍼이다.

다음의 표는 out 내장객체가 제공하는 메소드 중 자주 사용하는 메소드이다.

▼ 표 07-06 out 내장객체에서 자주 사용하는 메소드

메소드	설명
boolean isAutoFlush()	출력 버퍼가 다 찼을 때 처리 여부를 결정하는 것으로, 자동으로 플러시(출력해서 비우기)할 경우에는 true를 리턴하고, 그렇지 않을 경우 false를 리턴한다.
int getBufferSize()	출력 버퍼이 전체 크기를 리턴한다.
int getRemaining()	현재 남아 있는 출력 버퍼의 크기를 리턴한다.
void clearBuffer()	현재 출력 버퍼에 저장되어 있는 내용을 웹 브라우저에 전송하지 않고 비운다.
String println(str)	주어진 str 값을 웹 브라우저에 출력한다. 이때 줄 바꿈은 적용되지 않는다.
void flush()	현재 출력 버퍼에 저장되어 있는 내용을 웹 브라우저에 전송하고 비운다.
void close()	현재 출력 버퍼에 저장되어 있는 내용을 웹 브라우저에 전송하고 출력 스트림을 닫는다.

out 내장객체 예제

이 예제는 out 내장객체를 사용하는 예제이다

이 예제의 결과는 다음과 같다.

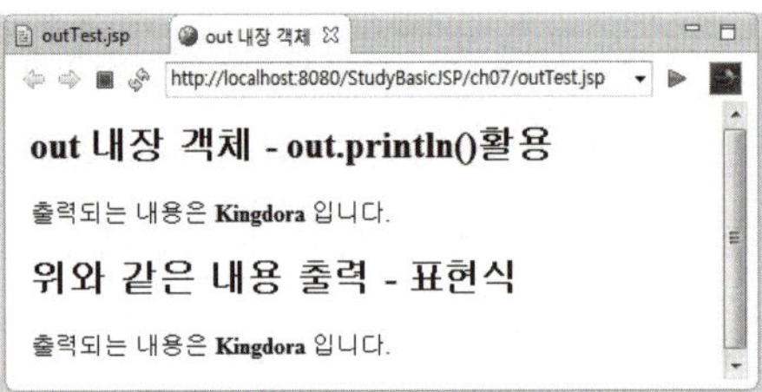

작성파일의 정보는 다음과 같다.

outTest.jsp 페이지

작성파일명	outTest.jsp
작성위치	StudyBasicJSP/WebContent/ch07
부록CD에서의 제공위치	source/ch07

01 outTest.jsp 페이지를 [ch07] 폴더에 작성한다.

02 outTest.jsp 페이지의 기본적인 코딩이 작성되면 다음과 같이 수정한 후 저장한다.

```
01  <%@ page language="java" contentType="text/html; charset=UTF-8"
02     pageEncoding="UTF-8"%>
03
04  <html>
05  <head>
06  <title>out 내장객체</title>
07  </head>
08  <body>
09    <h2>out 내장객체 - out.println()활용</h2>
```

10	
11	<%
12	String name = "Kingdora";
13	out.println("출력되는 내용은 <b>" + name + "</b> 입니다.");
14	%>
15	
16	<h2>위와 같은 내용 출력 - 표현식</h2>
17	
18	출력되는 내용은 <b> <%=name %> </b> 입니다.
19	</body>
20	</html>

소스 코드 설명

13 out.println("출력되는 내용은 <b>" + name + "</b> 입니다.");는 화면에 내용을 출력하는 것으로 18라인과 결과가 같다.

03 outTest.jsp 페이지의 수정이 끝나면 outTest.jsp 파일을 선택하고 마우스 오른쪽 버튼을 클릭해 [Run As]-[Run on Server] 메뉴를 선택 후 [Finish] 버튼을 눌러 실행한다.

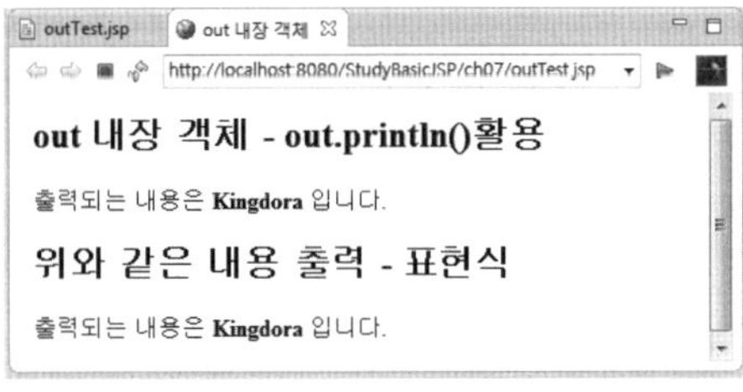

⁴ pageContext 내장객체

pageContext 내장객체는 현재 JSP 페이지의 콘텍스트(Context)를 나타내며, 주로 다른 내장객체를 구하거나 페이지의 흐름 제어, 그리고 에러데이터를 얻을 때 사용된다.

아래의 예시는 pageContext 객체를 이용하여 out 객체를 얻는 방법이다.

```
JspWriter outObject = pageContext.getOut( );
```

다음의 표는 다른 내장객체를 얻는 pageContext 내장객체의 메소드들이다.

▼ 표 07-07 pageContext 내장객체의 메소드

메소드 : 리턴 타입
getRequest() : ServletRequest 페이지 요청 정보를 가지고 있는 request 내장객체를 리턴한다.
getResopnse() : ServletResponse 페이지 요청에 대한 응답 정보를 가지고 있는 response 내장객체를 리턴한다.
getOut() : JspWriter 페이지 요청에 대한 출력 스트림인 out 내장객체를 리턴한다.
getSession() : HttpSession 요청한 웹 브라우저의 세션 정보를 담고 있는 session 내장객체를 리턴한다.
getServletContext() : ServletContext 페이지에 대한 서블릿 실행 환경 정보를 담고 있는 application 내장객체를 리턴한다.
getPage() : Object page 내장객체를 리턴한다.
getServletConfig() : ServletConfig 해당 페이지의 서블릿 초기 정보 설정 정보를 담고 있는 config 내장객체를 리턴한다.
getException() : Exception 페이지 실행 중에 발생하는 에러 페이지에 대한 예외 정보를 갖고 있는 exception 내장객체를 리턴한다.

5 session 내장객체

session 내장객체는 웹 브라우저의 요청시, 요청한 웹 브라우저에 관한 정보를 저장하고 관리하는 내장객체이다.

session 내장객체는 웹 브라우저(클라이언트)당 1개가 할당된다. 따라서 주로 회원관리 시스템에서 사용자 인증에 관련된 작업을 수행할 때 사용된다.

다른 내장객체들은 물론 session 내장객체도 별도의 생성 없이 암묵적으로 사용된다. 이것은 page 디렉티브의 session 속성이 'true'로 설정이 되어 있어야 가능하다. 물론 session 속성은 기본값이 'true'이므로 사용하는 데 아무런 문제가 없다.

다음의 표는 요청한 웹 브라우저의 정보를 유지하기 위해 사용되는 session 내장객체의 메소드들이다.

▼ 표 07-08 session 내장객체의 메소드

메소드 : 리턴 타입
getId() : String 해당 웹 브라우저에 대한 고유한 세션 ID를 리턴한다.
getCreationTime() : long 해당 세션이 생성된 시간을 리턴한다.
getLastAccessedTime() : long 웹 브라우저의 요청이 시도된 마지막 접근 시간을 리턴한다.
setMaxInactiveInterval(time) : void 해당 세션을 유지할 시간을 초 단위로 설정한다.
getMaxInactiveInterval() : int 기본값은 30분으로 setMaxInactiveInterval(time)로 지정된 값을 리턴한다.
isNew() : boolean 현재의 웹 브라우저가 새로 불려진 즉, 새로 생성된 세션의 경우 true 값을 리턴한다.
invalidate() : void 현재 정보의 유지로 설정된 세션의 속성값을 모두 제거한다. 주로 세션을 무효화시킬 때 사용된다.

세션에 대한 학습은 12장 쿠키와 세션에서 자세히 학습하기로 하자.

⑥ application 내장객체

application 내장객체는 웹 애플리케이션의 설정 정보를 갖는 context와 관련이 있는 객체로 웹 애플리케이션과 연관이 있다. application 객체는 웹 애플리케이션이 실행되는 서버의 설정 정보 및 자원에 대한 정보를 얻거나, 애플리케이션이 실행되고 있는 동안 발생할 수 있는 이벤트 로그 정보와 관련된 기능들을 제공한다.

application 기본객체는 웹 애플리케이션당 1개의 객체가 생성된다. 따라서 하나의 웹 애플리케이션에서 공유하는 변수로 사용된다. 웹 사이트의 방문자 기록을 카운트할 때 사용된다.

웹 애플리케이션의 설정 환경 및 자원에 대한 정보를 제공하는 application 객체 관련 메소드는 다음과 같다.

▼ 표 07-09 application 내장객체의 메소드

메소드 : 리턴 타입
getServerInfo() : String 웹 컨테이너의 이름과 버전을 리턴한다.
getMimeType(fileName) : String 지정한 파일의 MIME 타입을 리턴한다.
RealPath(path) : String 지정한 경로를 웹 애플리케이션 시스템상의 경로로 변경하여 리턴한다.
log(message) : void 로그 파일에 message를 기록한다.

application 내장객체 예제

이 예제는 application 내장객체를 사용하는 예제이다

이 예제의 결과는 다음과 같다.

작성파일의 정보는 다음과 같다.

applicationTest.jsp 페이지

작성파일명	applicationTest.jsp
작성위치	StudyBasicJSP/WebContent/ch07
부록CD에서의 제공위치	source/ch07

01 applicationTest.jsp 페이지를 [ch07] 폴더에 작성한다.

02 applicationTest.jsp 페이지의 기본적인 코딩이 작성되면 다음과 같이 수정한 후 저장한다.

```jsp
01  <%@ page language="java" contentType="text/html; charset=UTF-8"
02      pageEncoding="UTF-8"%>
03
04  <html>
05  <head>
06  <title>application 내장객체</title>
07  </head>
08  <body>
09   <h2>application 내장객체</h2>
10   <%
11     String info = application.getServerInfo();
12     String path = application.getRealPath("/");
13     application.log("로그 기록 : ");
14   %>
15
16     웹 컨테이너의 이름과 버전 : <%=info%> <p>
17     웹 애플리케이션 폴더의 로컬 시스템 경로 : <%=path%>
18  </body>
19  </html>
```

11 application.getServerInfo( )은 웹 컨테이너의 이름과 버전을 얻어낸다.

12 application.getRealPath("/")은 웹 애플리케이션 루트에 대한 로컬상의 실제 경로를 얻어낸다.

13 application.log("로그 기록 : ")은 톰캣홈\log\localhost.날짜.log 파일에 로그를 기록한다. 이클립스에서는 [Console] 뷰에 표시된다.

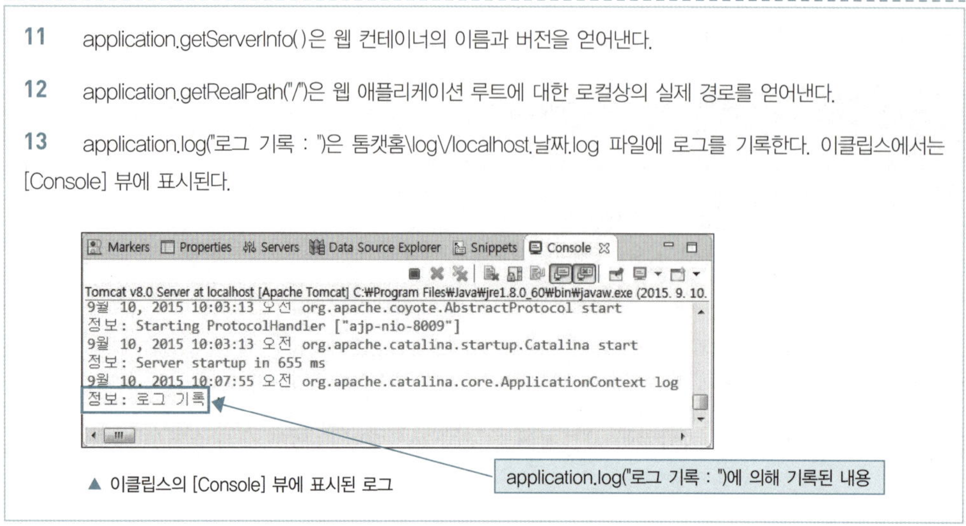

▲ 이클립스의 [Console] 뷰에 표시된 로그

03 applicationTest.jsp 페이지의 수정이 끝나면 applicationTest.jsp 파일을 선택하고 마우스 오른쪽 버튼을 클릭해 [Run As]-[Run on Server] 메뉴를 선택한다.

04 [Run on Server] 창이 표시되면 기본값을 그대로 사용하고 [Finish] 버튼을 클릭한다.

05 applicationTest.jsp 페이지가 실행되면 결과가 화면에 표시된다.

7 config 내장객체

config 내장객체는 서블릿이 초기화될 때 참조해야 하는 정보를 보관하였다가 전달해 준다. config 내장객체는 컨테이너당 1개의 객체가 생성된다. 같은 컨테이너에서 서비스되는 모든 페이지는 같은 객체를 공유한다.

다음은 config 내장객체가 제공하는 메소드이다.

▼ 표 07-10 config 내장객체의 메소드

메소드 : 리턴 타입
getInitParameterNames() : Enumeration 모든 초기화 파라미터 이름을 리턴한다.
getInitParameter(name) : String 이름이 name인 초기화 파라미터의 값을 리턴한다.
getServletName() : String 서블릿의 이름을 리턴한다.
getServletContext() : ServletContext 실행하는 서블릿 ServletContext 객체를 리턴한다.

8 page 내장객체

page 내장객체는 JSP 페이지 그 자체를 나타내는 객체로, JSP 페이지 내에서 page 객체는 this 키워드(this : 자바에서 자기 자신을 가리키는 레퍼런스)로 자기 자신을 참조할 수가 있다.

웹 컨테이너는 자바민을 스크립트 언어로 지원하기 때문에 page 객체는 현재 거의 사용되지 않는 내부객체이다. 그러나 자바 이외의 다른 언어가 사용될 수 있도록 허용된다면, page 객체를 참조하는 경우가 발생할 수 있다. 현재는 허용되지 않는 부분이므로 다루지 않는다.

9 exception 내장객체

exception 내장객체는 JSP 페이지에서 예외가 발생하였을 경우, 예외를 처리할 페이지에 전달되는 객체이다. exception 객체는 page 디렉티브의 isErrorPage 속성을 true로 지정한 JSP 페이지에서만 사용 가능하다.

다음은 exception 내장객체에서 제공하는 메소드들이다. 특히 printStackTrace()는 실제로 많이 사용되는 메소드이므로 잘 알아둔다.

메소드 : 리턴 타입
getMessage() : String 발생한 예외의 메시지를 리턴한다.
toString() : String 발생한 예외 클래스명과 메시지를 리턴한다.
printStackTrace() : String 발생한 예외를 역추적하기 위해 표준 예외 스트림을 출력한다. 예외 발생시 예외가 발생한 곳을 알아낼 때 주로 사용된다.

03 | 내장객체의 영역(scope)

웹 애플리케이션은 page, request, session, application이라는 4개의 영역을 가지고 있다. 내장객체의 영역은 객체의 유효기간이라고도 불리며, 객체를 누구와 공유할 것인가를 나타낸다.

그럼 각각 4개의 영역에 대해 알아보자.

page 영역은 한 번의 웹 브라우저(클라이언트)의 요청에 대해 하나의 JSP 페이지가 호출된다. 웹 브라우저의 요청이 들어오면 이때 단 한 개의 페이지만 대응이 된다. 따라서 page 영역은 객체를 하나의 페이지 내에서만 공유한다. page 영역은 pageContext 기본객체를 사용한다.

request 영역은 한 번의 웹 브라우저(클라이언트)의 요청에 대해 같은 요청을 공유하는 페이지가 대응한다. 이것은 웹 브라우저의 한 번의 요청에 단지 한 개의 페이지만 요청될 수 있고, 때에 따라 같은 request 영역이면 두 개의 페이지가 같은 요청을 공유할 수 있다. 따라서 request 영역은 객체를 하나 또는 두 개의 페이지 내에서 공유할 수 있다. include 액션태그, forward 액션태그를 사용하면 request 기본객체를 공유하게 되어 같은 request 영역이 된다. 주로 페이지 모듈화에 사용된다. request 영역은 request 기본객체를 사용한다.

session 영역은 하나의 웹 브라우저당 1개의 session 객체가 생성된다. 즉, 같은 웹 브라우저 내에서 요청되는 페이지들은 같은 객체를 공유하게 된다. 주로 회원관리에서 회원인증에 사용된다. session 영역은 session 기본객체를 사용한다.

application 영역은 하나의 웹 애플리케이션당 1개의 application 객체가 생성된다. 즉, 같은 웹 애플리케이션에 요청되는 페이지들은 같은 객체를 공유한다. 우리가 현재 학습에 사용하고 있는 /StudyBasicJSP 웹 애플리케이션에서는 같은 application 객체를 공유한다. application 영역은 application 기본객체를 사용한다.

01 내장객체(Implicit Object)의 개요

- 내장객체는 JSP 페이지 내에서 제공하는 특수한 레퍼런스 타입의 변수(또는 객체)로 사용하고자 하는 변수와 메소드로 접근한다.

- JSP 페이지에서 사용하게 되는 특수한 레퍼런스 타입의 변수가 아무런 선언과 객체 생성 없이 사용할 수 있다.

02 내장객체(Implicit Object)의 종류

- JSP 페이지에서 제공하는 내장객체는 다음과 같다.

내장	객체 리턴 타입(Return Type)	설명
request	javax.servlet.http.HttpServletRequest 또는 javax.servlet.ServletRequest	웹 브라우저의 요청 정보를 저장하고 있는 객체이다.
response	javax.servlet.http.HttpServletResponse 또는 javax.servlet.ServletResponse	웹 브라우저의 요청에 대한 응답 정보를 저장하고 있는 객체이다.
out	javax.servlet.jsp.JspWriter	JSP 페이지를 출력할 내용을 가지고 있는 출력 스트림 객체이다.
session	javax.servlet.http.HttpSession	하나의 웹 브라우저 내에서 정보를 유지하기 위한 세션 정보를 저장하고 있는 객체이다.
application	javax.servlet.ServletContext	웹 애플리케이션 Context의 정보를 저장하고 있는 객체이다.
page Context	javax.servlet.jsp.PageContext	JSP 페이지 대한 정보를 저장하고 있는 객체이다.
page	java.lang.Object	JSP 페이지를 구현한 자바 클래스 객체이다.
config	javax.servlet.ServletConfig	JSP 페이지에 대한 설정 정보를 저장하고 있는 객체이다.
exception	java.lang.Throwable	JSP 페이지에서 예외가 발생한 경우에 사용되는 객체이다.

단원 정리

03 내장객체(Implicit Object)의 영역(Scope)

- 웹 애플리케이션은 page, request, session, application이라는 4개의 영역을 가지고 있다. 기본객체의 영역은 객체의 유효기간이라고도 불리며, 객체를 누구와 공유할 것인가를 나타낸다.

- page 영역은 웹 브라우저의 요청이 들어오면 이때 단 한 개의 페이지만 대응이 된다. 따라서 page 영역은 객체를 하나의 페이지 내에서만 공유한다.

- request 영역은 한 번의 웹 브라우저(클라이언트)의 요청에 대해 같은 요청을 공유하는 페이지가 대응된다. 따라서 웹 브라우저의 한 번의 요청에 단지 한 개의 페이지만 요청될 수 있고, 때에 따라 같은 request 영역이면 두 개의 페이지가 같은 요청을 공유할 수 있다.

- session 영역은 하나의 웹 브라우저당 1개의 session 객체가 생성된다. 즉, 같은 웹 브라우저 내에서 요청되는 페이지들은 같은 객체를 공유하게 된다.

- application 영역은 하나의 웹 애플리케이션당 1개의 application 객체가 생성된다. 즉, 같은 웹 애플리케이션에 요청되는 페이지들은 같은 객체를 공유한다.

01 JSP 페이지 내에서 제공하는 9개의 내장객체를 나열하고, 그 객체가 하는 일을 간단히 기술하시오.

02 속성값을 저장하고 읽을 수 있는 메소드인 setAttribute() 메소드와 getAttribute() 메소드를 제공하는 내장객체를 나열하시오.

03 다음은 학번, 이름, 전공을 입력해서 화면에 표시하는 프로그램이다. 학번, 이름, 전공을 입력하는 입력 폼인 ex7_03Form.jsp 페이지의 소스와 입력받은 값을 화면에 표시하는 ex7_03Pro.jsp 페이지의 소스가 다음과 같이 제공되어 있다. 이 소스들의 빈 칸을 채워서 완성하시오.

– 입력 폼인 ex7_03Form.jsp 페이지

```
<%@ page language="java" contentType="text/html; charset=UTF-8"
    pageEncoding="UTF-8"%>

<html>
<head>
<title>정보를 입력</title>
</head>
<body>
    <h2>정보를 입력를 입력하세요.</h2>

    <form method="post" action="ex7_03Pro.jsp">
        학번 : <input type="text" name="hak"> <br>
        이름 : <input type="text" (①                    )> <br>
        전공 : <select  name="major">
                <option value="0" selected>=선택하세요=</option>
                <option value="컴퓨터공학">컴퓨터공학</option>
                <option value="전자공학">전자공학</option>
                <option value="기계공학">기계공학</option>
```

```
            </select> <br>
            <input type="submit" value="입력완료">
    </form>
</body>
</html>
```

– 입력받은 값을 화면에 표시하는 ex7_03Pro.jsp 페이지

```
<%@ page language="java" contentType="text/html; charset=UTF-8"
    pageEncoding="UTF-8"%>

<html>
<head>
<title>입력한 정보</title>
</head>
<body>
    <h2>입력한 정보</h2>
    <%request.setCharacterEncoding("utf-8"); %>
    <%
        ( ②                        )
        String name = request.getParameter("name");
        ( ③                        )
    %>
    학번 : <%=hak%> <br>
    이름 : ( ④                    )<br>
    전공 : <%=major%> <br>
</body>
</html>
```

04 위의 문제 3번을 완성해서 실행하시오.

05 다음 설명에서 제시하는 객체의 영역을 기술하시오.

〈설명〉

하나의 웹 브라우저당 1개의 객체가 생성된다. 따라서 같은 웹 브라우저 내에서 요청되는 페이지들은 같은 객체를 공유하게 된다.

CHAPTER 08

JSP 페이지의 액션태그(Action tag)

JSP 페이지에서 페이지의 모듈화와 흐름 제어를 위해 include, forward 액션태그를 제공하고, 자바빈의 사용을 위해 useBean, setProperty, getProperty 액션태그를 제공한다. 또한 플러그인의 사용을 위해 plug-in 액션태그를 제공하는데, 이번 장에서는 이들 중 include 액션태그와 forward 액션태그에 대해 학습한다.

1. 액션태그(Action tag)의 개요　　　　　　　　2. JSP 페이지의 모듈화
3. JSP 페이지의 흐름 제어 : forward 액션태그(<jsp:forward>액션태그)

01 | 액션태그(Action tag)의 개요

　　JSP 페이지에서 액션태그(Action tag)는 스크립트, 주석, 디렉티브와 함께 JSP 페이지를 이루고 있는 요소이다. 액션태그는 페이지와 페이지 사이의 제어를 이동시킬 수도 있고, 다른 페이지의 실행 결과를 현재의 페이지에 포함시킬 수 있다. 또한 자바빈도 JSP 페이지에서 사용할 수 있는 기능을 제공한다. 그리고 웹 브라우저에서 자바 애플릿을 실행시킬 수 있도록 지원하는 기능도 있다.

　　JSP에서 제공하는 액션태그는 다음과 같다.

액션태그명	액션태그	설명
include	〈jsp:include〉	다른 페이지의 실행 결과를 현재의 페이지에 포함시킬 때 사용
forward	〈jsp:forward〉	페이지 사이의 제어를 이동시킬 때 사용
plug-in	〈jsp:plug-in〉	웹 브라우저에서 자바 애플릿을 실행시킬 때 사용
useBean	〈jsp:useBean〉	자바빈을 JSP 페이지에서 사용할 때 사용
setProperty	〈jsp:setProperty〉	프로퍼티의 값을 세팅할 때 사용
getProperty	〈jsp:getProperty〉	프로퍼티의 값을 얻어낼 때 사용

페이지를 모듈화할 때 〈jsp:include〉 액션태그가 사용되고, 페이지의 흐름을 제어할 때 〈jsp:forward〉 액션태그가 사용된다. 또한 자바빈을 사용할 때(자바빈 객체 생성시) 〈jsp:useBean〉 액션태그가 사용된다. 〈jsp:setProperty〉, 〈jsp:getProperty〉 액션태그는 자바빈의 속성값을 저장하고 읽어올 때 사용된다. 〈jsp:plug-in〉 액션태그는 애플릿을 사용할 때 쓰이는데, 애플릿은 웹에서의 서비스가 느린 것 때문에 요즘 잘 사용되지 않는다. 애플릿은 JNLP(Java Network Lunching Protocol)로 대체되어 사용되고, 요즘은 그나마도 잘 사용되지 않는다.

이번 장에서는 〈jsp:include〉 액션태그와 〈jsp:forward〉 액션태그에 대해서만 학습한다. 자바빈 관련 〈jsp:useBean〉, 〈jsp:setProperty〉, 〈jsp:getProperty〉 액션태그는 자바빈을 학습하는 10장에서 자세히 학습한다.

액션태그는 XML 문법을 따르기 때문에 단독태그의 경우도 반드시 종료 태그를 포함해야 한다.

XML 태그 사용 예시

1. 바디(body)가 있는 경우 : 시작 태그와 종료 태그의 쌍으로 이루어짐

```
〈jsp:include page="a.jsp" flush="false"〉

  〈jsp:param name="paramName" value="value1"/〉

〈/jsp:include〉
```

2. 바디(body)가 없는 경우 : 시작 태그에 종료 태그가 포함됨

<jsp:param name="paramName" value="value1"/>

02 | JSP 페이지의 모듈화

JSP 페이지의 모듈화에 사용되는 include 액션태그와 include 디렉티브의 사용에 대해 학습한다.

1 include 액션태그(<jsp:include>액션태그)

include 액션태그는 include 디렉티브(<%@ include)와 함께 다른 페이지를 현재 페이지에 포함시킬 수 있는 기능을 가지고 있다. 그러나 include 디렉티브는 단순하게 소스의 내용이 텍스트로 포함된다. include 액션태그는 포함시킬 페이지의 처리 결과를 포함시킨다는 점이 include 디렉티브와 다르다. 포함되는 페이지는 HTML, JSP, Servlet 페이지 모두 가능 하다.

include 액션태그와 include 디렉티브는 처리 방식도 다르지만 사용되는 방법도 다르다. include 디렉티브는 주로 조각코드를 삽입할 때 사용되고, include 액션태그는 페이지를 모듈화할 때 사용된다. 즉, 템플릿 페이지를 작성할 때 사용된다.

❶ include 액션태그의 기본적인 사용법

먼저 include 액션태그에 대한 사용법에 대해 알아보자. include 액션태그의 사용법은 다음과 같다.

<jsp:include page="포함될 페이지" flush="true"/>

include 액션태그의 page 속성의 값은 현재 페이지에 결과가 포함될 페이지명이 된다. 이때 포함될 페이지명은 때에 따라 상대경로(같은 폴더 내 또는 하위폴더 내에 있는 페이지의 경우)를 쓰거나, 웹 애플리케이션 절대경로(대부분의 경우)를 사용한다. 또한 page 속성의 값은 표현식을 사용할 수 있다. include 디렉티브에서는 안 된다.

```
String content= request.getParameter("name");
<jsp:include page="<%=content%>" flush="false"/>
```

flush 속성은 포함될 페이지로 제어가 이동될 때 현재 포함하는 페이지가 지금까지 출력 버퍼에 저장한 결과를 처리하는 방법을 결정하는 것이다. flush 속성의 값을 "true"로 지정하면 포함될 페이지로 제어가 이동될 때, 현재 페이지가 지금까지 버퍼에 저장한 내용을 웹 브라우저에 출력하고 버퍼를 비운다.

그러나 include 액션태그에서 flush 속성의 값은 "false"로 지정하는 것이 좋다. 만일 flush 속성의 값을 "true"로 지정하면 일단 출력 버퍼의 내용을 웹 브라우저에 전송하게 되는데 이때 헤더 정보도 같이 전송된다. 헤더 정보가 일단 웹 브라우저에 전송이 되고 나면 헤더 정보를 추가해도 결과가 반영되지 않기 때문이다.

include 액션태그의 사용법의 권장 형태는 다음과 같다.

```
<jsp:include page="포함될 페이지" flush="false"/>
```

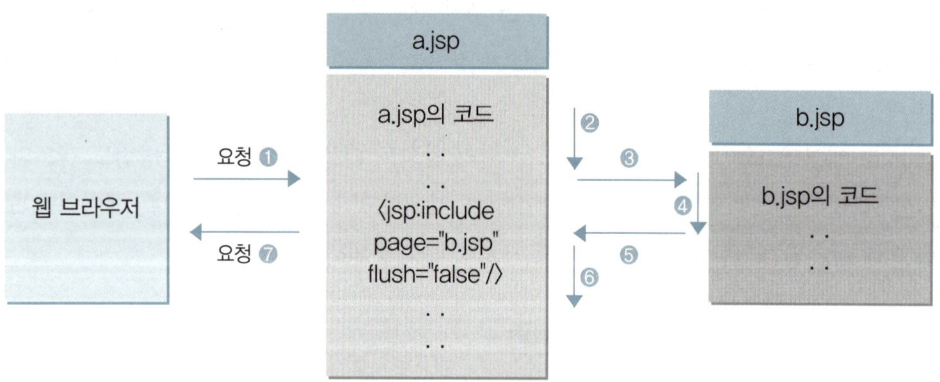

▲ include 액션태그의 처리 과정

include 액션태그의 처리 과정을 설명하도록 하겠다.

❶ 웹 브라우저가 a.jsp 페이지를 웹 서버에 요청한다.

❷ 서버는 요청받은 a.jsp 페이지를 처리하는데, a.jsp 페이지 내에서 출력 내용은 출력 버퍼에 저장하는 등의 작업을 처리한다.

❸ 이때 〈jsp:include page="b.jsp" flush="false"/〉 문장을 만나면 하던 작업을 멈추고 프로그램 제어를 b.jsp 페이지로 이동시킨다.

❹ b.jsp 페이지를 처리한다. b.jsp 페이지 내의 출력 내용은 출력 버퍼에 저장하는 등의 작업을 처리한다.

❺ b.jsp 페이지의 처리가 끝나면 다시 a.jsp 페이지로 프로그램의 제어가 이동하는데, 이동 위치는 〈jsp:include page="b.jsp" flush="false"/〉 문장 다음 행이 된다.

❻ a.jsp 페이지의 나머지 부분을 처리한다. 출력할 내용이 있으면 출력 버퍼에 저장한다.

❼ 출력 버퍼의 내용을 웹 브라우저로 응답한다.

include 액션태그는 같은 request기본객체를 공유하므로 위의 그림 a.jsp와 b.jsp는 같은 request 기본객체를 공유한다.

예제를 작성하기 전에 이 장에서 학습할 내용을 저장할 폴더인 [ch08] 폴더를 생성한다.

실습 | [ch08] 폴더 작성

[WebContent]에 [ch08] 폴더를 생성한다.

01 [StudyBasicJSP]의 [WebContent] 폴더를 선택하고, 마우스 오른쪽 버튼을 클릭해 [New]-[Folder] 메뉴를 선택한다.

02 [New Folder] 창이 표시된다. [Enter or select the parent folder] 항목의 값이 [StudyBasicJSP/WebContent]이면 [Folder name] 항목에 "ch08"를 입력하고 [Finish] 버튼을 클릭한다.

03 [Project Explorer] 뷰에서 [WebContent] 폴더 안에 [ch08] 폴더가 생성된 것을 확인할 수 있다.

include 액션태그 예제

이 예제는 입력 폼으로부터 이름을 입력받아서, 입력받은 이름이 include 액션태그를 사용해서 연결되는 두 개의 페이지에서 모두 접근 가능한 것을 확인하는 예제이다. 이때 이름을 입력받는 폼은 includeTestForm.jsp 페이지가 담당하고, include 액션태그를 가지고 다른 페이지의 실행 결과를 가져오는 작업은 includeTest.jsp 페이지가, includeTest.jsp 페이지로 실행 결과가 포함되는 페이지는 includedTest.jsp이다.

이 예제의 결과는 다음과 같다.

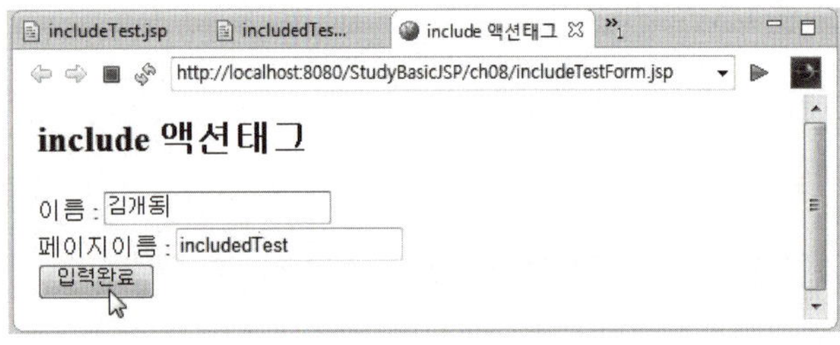

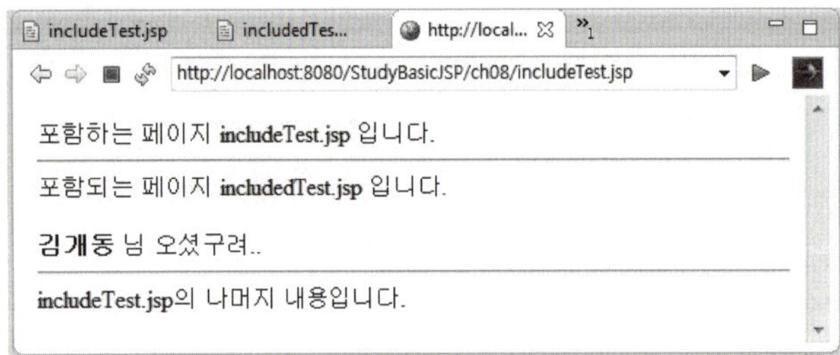

작성파일의 정보는 다음과 같다.

이름을 입력받는 폼 includeTestForm.jsp 페이지

작성파일명	includeTestForm.jsp
작성위치	StudyBasicJSP/WebContent/ch08
부록CD에서의 제공위치	source/ch08

include 액션태그를 가지고 다른 페이지의 실행 결과를 가져오는 includeTest.jsp 페이지

작성파일명	includeTest.jsp
작성위치	StudyBasicJSP/WebContent/ch08
부록CD에서의 제공위치	source/ch08

includeTest.jsp 페이지로 실행 결과가 포함되는 includedTest.jsp 페이지

작성파일명	includedTest.jsp
작성위치	StudyBasicJSP/WebContent/ch08
부록CD에서의 제공위치	source/ch08

01 includeTestForm.jsp 페이지를 [ch08] 폴더에 작성한다.

02 includeTestForm.jsp 페이지의 기본적인 코딩이 작성되면 다음과 같이 수정한 후 저장한다.

```jsp
01  <%@ page language="java" contentType="text/html; charset=UTF-8"
02     pageEncoding="UTF-8"%>
03
04  <html>
05  <head>
06  <title>include 액션태그</title>
07  </head>
08  <body>
09   <h2>include 액션태그</h2>
10
11  <form method="post" action="includeTest.jsp">
12    이름 : <input type="text" name="name"> <br>
13    페이지이름 : <input type="text" name="pageName" value="includedTest"> <br>
14    <input type="submit" value="입력완료">
15  </form>
```

| 16 | </body> |
| 17 | </html> |

11~15 폼에 입력하는 내용이다. 폼에 내용을 입력하고 [입력완료] 버튼을 클릭하면, action 속성의 속성값에 기술된 includeTest.jsp 페이지로 입력한 값과 프로그램의 제어가 넘어간다. 이때 12라인은 이름을 입력받는 곳으로 includedTest.jsp의 5라인과 연결되는 부분이다. 13라인은 포함할 페이지명을 기술하는 곳으로 value="includedTest"로 지정했기 때문에 입력하지 않아도 된다. 이 라인은 includeTest.jsp 페이지의 7라인과 연결된다.

03 includeTest.jsp 페이지를 [ch08] 폴더에 작성한다.

04 includeTest.jsp 페이지의 기본적인 코딩이 작성되면 다음과 같이 수정한 후 저장한다.

```
01  <%@ page language="java" contentType="text/html; charset=UTF-8"
02    pageEncoding="UTF-8"%>
03
04  <% request.setCharacterEncoding("utf-8");%>
05
06  <%
07    String pageName = request.getParameter("pageName");
08    pageName += ".jsp";
09  %>
10  포함하는 페이지 includeTest.jsp 입니다. <br>
11
12  <hr>
13  <jsp:include page="<%=pageName%>" flush="false"/>
14  includeTest.jsp의 나머지 내용입니다.
```

07　pageName 파라미터 변수의 값을 pageName 변수에 넣어준다. 여기서는 pageName 변수에 "includedTest"가 들어간다.

08　문자열을 결합하는 것으로 넘어온 파라미터 값과 .jsp 문자열을 결합한다. 여기서는 "includedTest" 문자열과 ".jsp" 문자열을 결합하여 결론적으로 pageName 변수에 "includedTest.jsp" 값이 들어간다.

13　<jsp:include page="<%=pageName%>" flush="false"/>는 현재의 위치에 pageName 변수가 가지고 있는 "includedTest.jsp" 문자열에 해당하는 includedTest.jsp 페이지의 실행 결과를 포함시킨다.

05 includedTest.jsp 페이지를 [ch08] 폴더에 작성한다.

06 includedTest.jsp 페이지의 기본적인 코딩이 작성되면 다음과 같이 수정한 후 저장한다.

```
01  <%@ page language="java" contentType="text/html; charset=UTF-8"
02    pageEncoding="UTF-8"%>
03
04  <%
05    String name = request.getParameter("name");
06  %>
07  포함되는 페이지 includedTest.jsp 입니다. <p>
08  <b> <%=name%> </b> 님 오셨구려..
09  <hr>
```


05　String name = request.getParameter("name");은 includeTestForm.jsp 페이지로부터 넘어오는 파라미터 변수값이다. include 액션태그를 사용하면 같은 request 객체를 공유하기 때문에 가능하다. 즉, includeTest.jsp 페이지의 4라인, 7라인의 request 객체는 includedTest.jsp 페이지의 5라인 request 객체와 같다.

07 includedTest.jsp 페이지의 수정이 끝나면 includeTestForm.jsp 파일을 선택하고, 마우스 오른쪽 버튼을 클릭해 [Run As]-[Run on Server] 메뉴를 선택 후 [Finish] 버튼을 눌러 실행한다.

08 includeTestForm.jsp 페이지가 실행된다. 이때 페이지 이름은 기본값을 그대로 사용하고, 이름만 입력한 후 [입력완료] 버튼을 클릭한다.

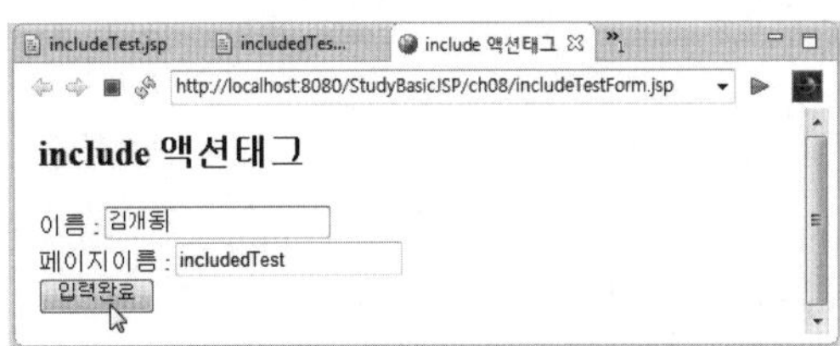

프로그램제어가 includeTest.jsp 페이지로 이동하고 다음과 같은 결과가 표시된다.

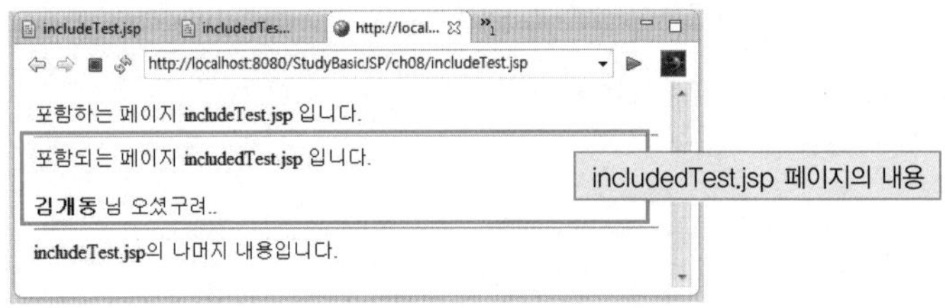

❷ include 액션태그에서 포함되는 페이지에 값 전달하기

include 액션태그는 포함되는 JSP 페이지에 값 전달을 할 수 있다. 포함되는 JSP 페이지에 값 전달은 요청 파라미터를 추가적으로 지정하여 사용할 수 있는데, include 액션태그의 바디(body) 안에 param 액션태그(⟨jsp:param⟩)를 사용하여 다음과 같이 할 수 있다.

```
⟨jsp:include page="포함되는 페이지" flush="false"⟩
    ⟨jsp:param name="paramName1" value="var1"/⟩
    ⟨jsp:param name="paramName2" value="var2"/⟩
⟨/jsp:include⟩
```

param 액션태그의 name 속성은 포함되는 JSP 페이지에 전달할 파라미터의 이름을 표시하고, value 속성은 전달할 파라미터의 값을 표시한다. 이때 value 속성의 값으로 표현식을 사용할 수 있다.

```
〈jsp:include page="b.jsp" flush="false"〉
    〈jsp:param name="p1" value="〈%=var%〉"/〉
〈/jsp:include〉
```

다음의 예제를 통해서 param 액션태그의 사용법을 알아보자.

 ### include 액션태그에서 포함되는 페이지에 값 전달하기 예제

이 예제는 위에서 작성했던 예제를 변형해서 포함되는 페이지에 값을 전달하는 예제이다.
이때 이름을 입력받는 폼 대신 직접 파라미터를 통해 값을 전달하는 예제를 작성한다.
include 액션태그를 가지고 파라미터 값을 전달해서 다른 페이지의 실행 결과를 가져오는
작업은 includeTest2.jsp 페이지가 includeTest2.jsp 페이지로, 실행 결과가 포함되는 페이
지는 includedTest2.jsp이다.

이 예제의 결과는 다음과 같다.

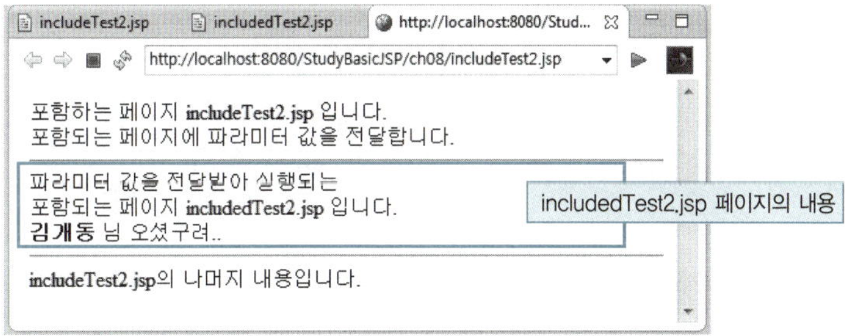

작성파일의 정보는 다음과 같다.

include 액션태그에 값을 전달하는 파라미터를 가지고 다른 페이지의 실행 결과를 가져오
는 includeTest2.jsp 페이지

작성파일명	includeTest2.jsp
작성위치	StudyBasicJSP/WebContent/ch08
부록CD에서의 제공위치	source/ch08

페이지로 실행 결과가 포함되는 includedTest2.jsp 페이지

작성파일명	includedTest2.jsp
작성위치	StudyBasicJSP/WebContent/ch08
부록CD에서의 제공위치	source/ch08

01 includeTest2.jsp 페이지를 [ch08] 폴더에 작성한다.

02 includeTest2.jsp 페이지의 기본적인 코딩이 작성되면 다음과 같이 수정한 후 저장한다.

```jsp
01  <%@ page language="java" contentType="text/html; charset=UTF-8"
02     pageEncoding="UTF-8"%>
03
04  <% request.setCharacterEncoding("utf-8");%>
05
06  <%
07    String name = "김개동";
08    String pageName = "includedTest2.jsp";
09  %>
10     포함하는 페이지 includeTest2.jsp 입니다. <br>
11     포함되는 페이지에 파라미터 값을 전달합니다. <br>
12    <hr>
13    <jsp:include page="<%=pageName%>" flush="false">
14      <jsp:param name="name" value="<%=name %>"/>
15      <jsp:param name="pageName" value="<%=pageName %>"/>
16    </jsp:include>
17  includeTest2.jsp의 나머지 내용입니다.
```


04 <%request.setCharacterEncoding("utf-8");%>은 14~15라인의 파라미터 변수가 request 객체를 통해 넘어가므로, 반드시 여기서 request 객체를 통해서 넘어오는 파라미터에 대한 한글 인코딩을 처리해야 한다.

07   name 변수에 선언하고 변수에 값을 넣어준다.

08   pageName 변수를 선언하고 변수에 값을 넣어준다.

13~16   include 액션태그의 영역으로 pageName 변수에 설정된 includedTest2.jsp 페이지의 실행 결과를 현재의 페이지(includeTest2.jsp)에 포함한다. includedTest2.jsp 페이지의 실행 결과를 포함할 때 14~15라인에 있는 name 변수와 pageName 변수를 파라미터 변수로 사용해서 includedTest2.jsp 페이지로 보낸다. 이때 name 파라미터 변수가 가지는 값은 〈%=name%〉에 해당하는 7라인의 name 변수의 값이고, pageName 파라미터 변수가 가지는 값은 〈%=pageName%〉에 해당하는 8라인의 pageName 변수의 값이다.

03 includedTest2.jsp 페이지를 [ch08] 폴더에 작성한다.

04 includedTest2.jsp 페이지의 기본적인 코딩이 작성되면 다음과 같이 수정한 후 저장한다.

```
01  <%@ page language="java" contentType="text/html; charset=UTF-8"
02     pageEncoding="UTF-8"%>
03
04  <%
05    String name = request.getParameter("name");
06    String pageName = request.getParameter("pageName");
07  %>
08    파라미터 값을 전달받아 실행되는 <br>
09    포함되는 페이지 <%=pageName %> 입니다. <br>
10    <b> <%=name%> </b> 님 오셨구려..
11    <hr>
```

소스 코드 설명

05~06   includeTest2.jsp 페이지로부터 넘어온 파라미터 변수값을 얻어내기 위한 부분으로 request.getParameters() 메소드를 사용했다. 여기서는 name 파라미터 변수의 값과 pageName 파라미터 변수값을 얻어내기 위해 request.getParameters() 메소드를 사용했다.

05 includedTest2.jsp 페이지의 수정이 끝나면 includeTest2.jsp 파일을 선택하고 마우스 오른쪽 버튼을 클릭해 [Run As]–[Run on Server] 메뉴를 선택 후 [Finish] 버튼을 눌러 실행한다.

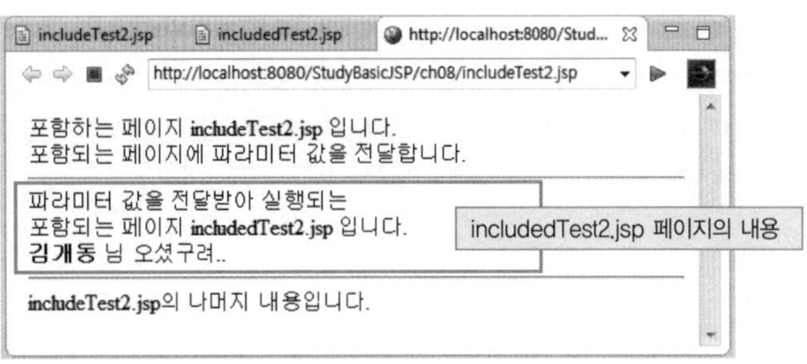

❸ JSP 페이지의 중복 영역 처리 : JSP 페이지의 모듈화

웹 사이트를 구축하다 보면 작성해야 하는 페이지의 방대함에 한 번씩 질렸던 기억이 있을 것이다. 그럴듯한 사이트를 구축하려면 많은 일을 처리해야 하는 것에 놀랐던 적이 있다. 일단 로직을 빼고 화면에 표출해야 하는 페이지만을 놓고 봐도 마찬가지이다.

보통 사이트의 상단에 5~6개 정도의 주 메뉴가 있고, 그 주 메뉴는 적게는 3개에서 많게는 8~9개 정도의 하위메뉴를 가지고 있고, 각각의 부메뉴의 항목이 각각 페이지로 매핑될 수도 있으나 그렇지 않은 경우 다시 한 번 하위메뉴가 나타난다. 이것에다 게시판이나 다른 기능을 하는 부분을 추가하면 우리가 작성해야 하는 페이지의 수가 엄청나다는 것을 알 수 있다. 거기다가 우리가 보는 페이지는 한 개의 페이지로 이루어진 것이 아니라 거의 대부분 여러 개의 페이지로 이루어져 있다.

물론 혼자서 모두 작성하지 않고 팀과 함께 작성한다. 우리가 생각해볼 문제는 여러 명이 작업했을 때 페이지의 통일성을 어떻게 유지해야 하는가이다. 이것은 템플릿 페이지를 작성해서 유지한다. 그리고 방대한 웹 사이트의 페이지들은 중복되는 부분이 있는데, 이것은 따로 페이지로 만들어서 필요할 때마다 호출해서 사용한다.

중복되는 페이지의 호출은 include 액션태그를 사용한다. 그래서 include 액션태그를 페이지의 모듈화라고 불렀던 것이다.

그러면 중복되는 페이지를 모듈화해서 사용하는 이점에 대해 알아보자. 사이트들의 웹 페이지들은 기본적으로 다음과 같은 구조를 갖는 경우가 많다.

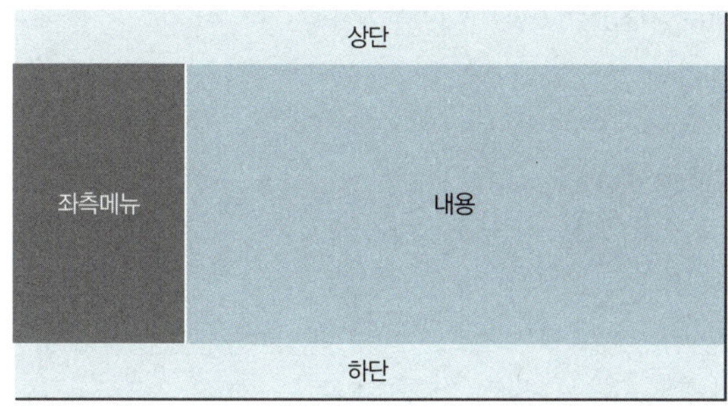

▲ 웹 페이지의 구조

보통 상단에는 로고 포함한 메뉴, 좌측에 메뉴(하위메뉴 포함), 중앙에 내용, 하단에 회사 소개, 찾아오는 길, 보안정책 등의 내용을 포함하고 있다. 상단, 좌측 메뉴, 하단의 경우 내용이 바뀌지 않는 경우가 많고, 주로 중앙 부분의 내용만 계속 바뀌게 된다.

이러한 구조는 〈table〉 태그를 사용해서 작성한다.

```
〈TABLE〉
 〈TR〉
    〈TD colspan="2"〉상단〈/TD〉
 〈/TR〉
 〈TR〉
    〈TD〉좌측〈/TD〉
    〈TD〉중앙의 내용〈/TD〉
 〈/TR〉
 〈TR〉
    〈TD colspan="2"〉하단〈/TD〉
 〈/TR〉
〈/TABLE〉
```

각각 상단, 좌측, 하단은 같은 페이지를 유지하고 중앙의 내용만 바뀌는데, 이것은 〈jsp:include〉 액션태그를 사용하면 된다.

```
〈TABLE〉
 〈TR〉
    〈TD colspan="2"〉 〈jsp:include page="top.jsp" flush="false"/〉 〈/TD〉
 〈/TR〉
 〈TR〉
    〈TD〉 〈jsp:include page="left.jsp" flush="false"/〉 〈/TD〉
    〈TD〉 〈jsp:include page="〈%=content%〉" flush="false"/〉 〈/TD〉
 〈/TR〉
 〈TR〉
    〈TD colspan="2"〉 〈jsp:include page="bottom.jsp" flush="false"/〉 〈/TD〉
 〈/TR〉
〈/TABLE〉
```

중앙의 내용은 매 페이지마다 바뀌므로 〈jsp:include page="〈%=content%〉" flush="false"/〉처럼 page의 속성값을 표현식을 사용하여 그때그때 표시되는 페이지를 변동시킬 수 있다. 만일 좌측의 메뉴도 경우에 따라 다르다면 같은 방법을 사용할 수 있다.

페이지의 중복 부분을 모듈화하는 방법을 살펴보았다. 페이지를 모듈화하는 것은 정작 살펴보았지만 모듈화를 하면 왜 좋은지 가장 중요한 것은 설명하지 않았다. 그것은 사이트의 유지보수가 쉬워진다는 것이다. 웹 사이트를 구축하고 나면 그것으로 작업이 끝나는 일은 거의 없다. 사이트 개편이니 리뉴얼이니 해서 자주 뒤엎는다. 특히 10대~20대를 타깃으로 하는 사이트는 매 시즌마다 뒤엎는 경우가 많다. 이 경우 모든 페이지를 바꾸어 한다면 끔찍할 것이다.

페이지를 모듈화화면 중복되는 페이지만 수정해도 모든 페이지가 수정된 것과 같은 효과를 준다. 즉, 사이트의 유지 보수가 쉬워진다. 이것이 페이지를 모듈화하는 가장 큰 이유 중 하나이다.

지금까지 include 디렉티브가 페이지의 모듈화에 사용되는 것을 학습했다. 이번엔 include 디렉티브가 사용되는 곳에 대해 학습한다.

2 include 디렉티브(⟨%@include⟩디렉티브)

include 디렉티브는 앞에서 설명한 것과 같이 중복되는 부분을 필요한 페이지에 포함시켜 사용한다. include 액션태그와의 차이점은 include 액션태그는 결과를 포함시키고, include 디렉티브는 코드를 복사해서 함께 서블릿으로 변환한다. 여기까지는 우리가 알고 있는 부분 이다.

이제 include 디렉티브가 사용되는 곳에 대해서 설명하겠다. include 디렉티브는 조각코드 를 삽입할 때 사용한다. 즉, include 디렉티브는 코드 차원에서 포함되므로 주로 공용 변수, 저작권 표시와 같은 중복문장에서 사용된다.

```
⟨!--color.jspf--⟩
⟨% //공용변수들
String bodyback_c="#e0ffff";
String back_c="#8fbc8f";
String title_c="#5f9ea0";
String value_c="#b0e0e6";
String bar="#778899";
%⟩
```

위의 예시와 같이 공용 변수를 가지고 있는 color.jspf 파일이 필요시에 다음과 같이 include 디렉티브를 사용한다.

```
⟨%@ include file="color.jspf"%⟩
```

03 | JSP 페이지의 흐름제어 : forward 액션태그

forward 액션태그는 다른 페이지로 프로그램의 제어를 이동할 때 사용되는 액션태그이다. JSP 페이지 내에 forward 액션태그를 만나게 되면, 그 전까지 출력 버퍼에 저장되어 있던 내용을 제거하고, forward 액션태그가 지정하는 페이지로 이동하게 된다. 사용자가 입력한 값에 따라 여러 페이지로 이동해야 할 경우에 사용하면 좋다.

❶ forward 액션태그의 기본적인 사용법

forward 액션태그의 사용법은 다음과 같다.

```
<jsp:forward page="이동할 페이지명"/>
<jsp:forward page="이동할 페이지명"></jsp:forward>
<jsp:forward page='<%=expression + ".jsp"%>'/>
```

forward 액션태그의 page 속성은 이동할 페이지명을 기술하는데, 여기서 page 속성의 값인 이동할 페이지명은 웹 애플리케이션 상대경로나 웹 애플리케이션 절대경로로 지정할 수 있고, 표현식도 사용할 수 있다.

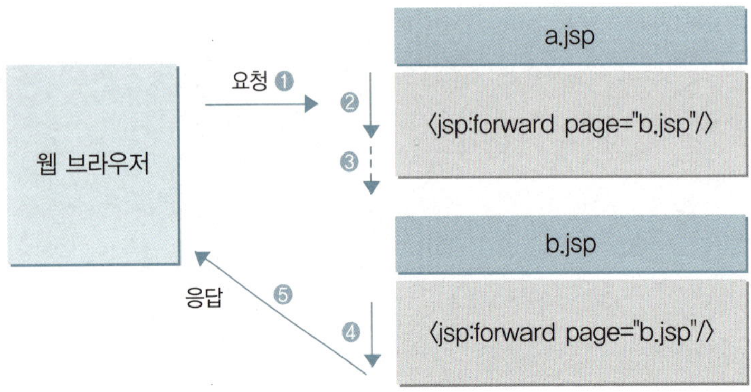

▲ forward 액션태그의 처리 과정

forward 액션태그의 처리 과정 순서는 다음과 같다.

❶ 웹 브라우저에서 웹 서버로 a.jsp 페이지를 요청한다.

❷ 요청된 a.jsp 페이지를 수행한다.

❸ a.jsp 페이지를 수행하다가 <jsp:forward> 액션태그를 만나면 이제까지 저장되어 있던 출력 버퍼의 내용을 제거하고 프로그램 제어를 page 속성에서 지정한 b.jsp로 이동한다.

❹ b.jsp 페이지를 수행한다.

❺ b.jsp 페이지를 수행한 결과를 웹 브라우저에 응답한다.

여기서 한 가지 주목해야 할 점은 요청된 페이지는 a.jsp이지만 웹 브라우저에 표출되는 내용은 b.jsp이다. 이 방법을 활용해서 모듈화된 JSP 페이지의 흐름을 제어할 때 사용한다.

forward 액션태그 예제

이 예제는 아이디와 취미를 입력 폼으로부터 입력받아서 화면에 출력하는 예제로 작성한다. 이때 아이디와 취미를 입력받는 작업은 forwardTestForm.jsp가 수행하고, forward 액션태그를 가지고 프로그램 제어를 아이디와 취미를 출력하는 페이지로 이동시키는 작업은 forwardTest.jsp 페이지가 수행하고, 화면에 출력하는 작업은 forwardToTest.jsp 페이지가 수행한다.

이때 이들의 요청은 한번만 이루어지는 데 반해 대응되는 페이지가 2개이므로 웹 브라우저의 주소에는 forwardTest.jsp가 표시되고 웹 브라우저의 내용(Document) 부분에는 forwardToTest.jsp 페이지의 내용이 표시된다. 즉 요청되는 페이지는 forwardTest.jsp이지만 응답되는 페이지는 forwardToTest.jsp이다.

이 예제의 결과는 다음과 같다.

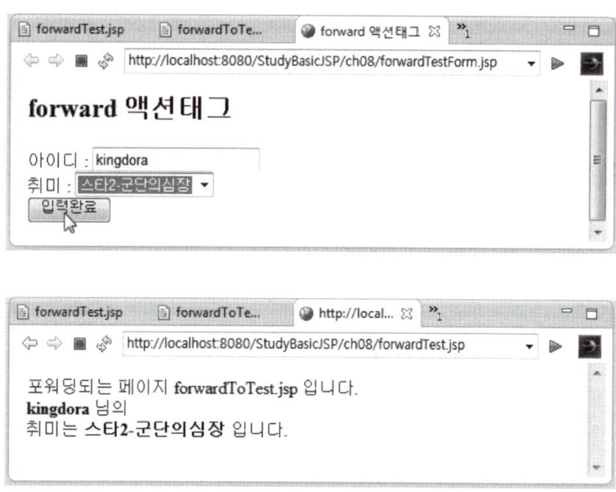

작성파일의 정보는 다음과 같다.

아이디와 취미를 입력받는 폼 forwardTestForm.jsp 페이지

작성파일명	forwardTestForm.jsp
작성위치	StudyBasicJSP/WebContent/ch08
부록CD에서의 제공위치	source/ch08

forward 액션태그를 가지고 프로그램 제어를 forwardToTest.jsp로 이동시키는 forwardTest.jsp 페이지

작성파일명	forwardTest.jsp
작성위치	StudyBasicJSP/WebContent/ch08
부록CD에서의 제공위치	source/ch08

포워딩되어 화면에 결과가 표시되는 forwardToTest.jsp 페이지

작성파일명	forwardToTest.jsp
작성위치	StudyBasicJSP/WebContent/ch08
부록CD에서의 제공위치	source/ch08

01 forwardTestForm.jsp 페이지를 [ch08] 폴더에 작성한다.

02 forwardTestForm.jsp 페이지의 기본적인 코딩이 작성되면 다음과 같이 수정한 후 저장한다.

```
01  <%@ page language="java" contentType="text/html; charset=UTF-8"
02    pageEncoding="UTF-8"%>
03
04  <html>
05  <head>
06  <title>forward 액션태그</title>
07  </head>
```

```
08      <body>
09          <h2>forward 액션태그</h2>
10
11      <form method="post" action="forwardTest.jsp">
12          아이디 : <input type="text" name="id"> <br>
13          취미 :
14      <select name="hobby">
15        <option value="WOW"> WOW </option>
16        <option value="만화보기"> 만화보기 </option>
17        <option value="스타2-군단의 심장"> 스타2-군단의 심장 </option>
18      </select> <br>
19      <input type="submit" value="입력완료">
20      </form>
21      </body>
22      </html>
```

소스 코드 설명

11~20 폼에 입력하는 부분이다. 폼에 내용을 입력하고 [입력완료] 버튼을 클릭하면 action 속성의 값에 기술된 forwardTest.jsp 페이지로 입력한 값과 프로그램의 제어가 넘어간다. 이때 12라인은 아이디를 입력받는 곳으로 forwardToTest.jsp의 5라인과 연결되는 부분이다. 14라인은 취미를 선택하는 부분으로 forwardToTest.jsp의 6라인과 연결되는 부분이다

03 forwardTest.jsp 페이지를 [ch08] 폴더에 작성한다.

04 forwardTest.jsp 페이지의 기본적인 코딩이 작성되면 다음과 같이 수정한 후 저장한다.

```
01      <%@ page language="java" contentType="text/html; charset=UTF-8"
02          pageEncoding="UTF-8"%>
03
04      <% request.setCharacterEncoding("utf-8");%>
05
```

06	포워딩하는 페이지 forwardTest.jsp로 절대 표시되지 않습니다.
07	
08	**<jsp:forward page="forwardToTest.jsp" />**
09	
10	forwardTest.jsp 페이지의 나머지 부분으로 표시도 실행도 되지 않습니다.

소스 코드 설명

08 <jsp:forward page="forwardToTest.jsp" />은 프로그램의 제어를 forwardToTest.jsp 페이지로 이동시키는 것으로 이때 출력 버퍼를 비워버린다. 따라서 6라인의 내용은 출력 버퍼에서 사라져 표시되지 않는다. 또한 8라인에서 프로그램의 제어가 forwardToTest.jsp 페이지로 이동했기 때문에 8라인 다음의 문장들은 실행되지 않는다.

(05) forwardToTest.jsp 페이지를 [ch08] 폴더에 작성한다.

(06) forwardToTest.jsp 페이지의 기본적인 코딩이 작성되면 다음과 같이 수정한 후 저장한다.

```
01   <%@ page language="java" contentType="text/html; charset=UTF-8"
02     pageEncoding="UTF-8"%>
03
04   <%
05    String id = request.getParameter("id");
06    String hobby = request.getParameter("hobby");
07   %>
08   포워딩되는 페이지 forwardToTest.jsp 입니다. <br>
09   <b> <%=id%> </b> 님의 <br>
10   취미는 <b> <%=hobby %> </b> 입니다.
```

> **05~06** forwardTestForm.jsp 페이지로부터 넘어온 파라미터 변수값을 얻어내기 위해 request.getParameters() 메소드를 사용했다. 여기서는 id 파라미터 변수의 값과 hobby 파라미터 변수값을 얻어내기 위해 request.getParameters() 메소드를 사용했다

07 forwardToTest.jsp 페이지의 수정이 끝나면 forwardTestForm.jsp 파일을 선택하고 마우스 오른쪽 버튼을 클릭해 [Run As]–[Run on Server] 메뉴를 선택 후 [Finish] 버튼을 눌러 실행한다.

08 forwardTestForm.jsp 페이지가 실행된다. 이때 아이디와 취미를 각각 입력 및 선택한 후 [입력완료] 버튼을 클릭한다.

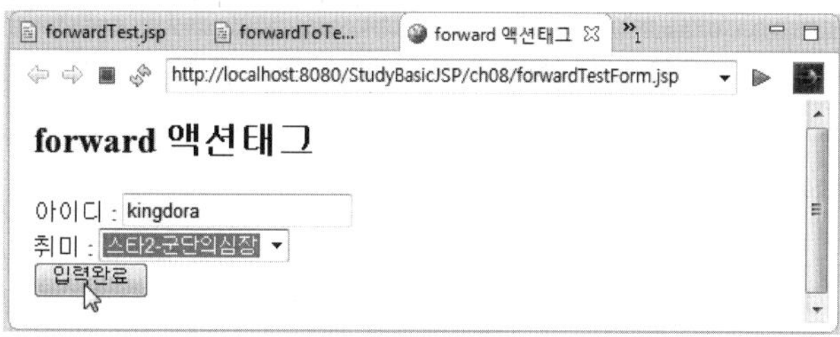

그러면 프로그램제어가 forwardTest.jsp 페이지로 이동하고 다음과 같은 결과가 표시된다. 이때 forwardTest.jsp 페이지 내에서 forward 액션태그를 사용하여 프로그램의 제어를 forwardToTest.jsp 페이지로 이동시킨다. 따라서 화면에 표시되는 내용은 forwardToTest.jsp 페이지의 내용만 표시된다. 그러나 주소 표시줄은 forwardTest.jsp 페이지로 표시된다.

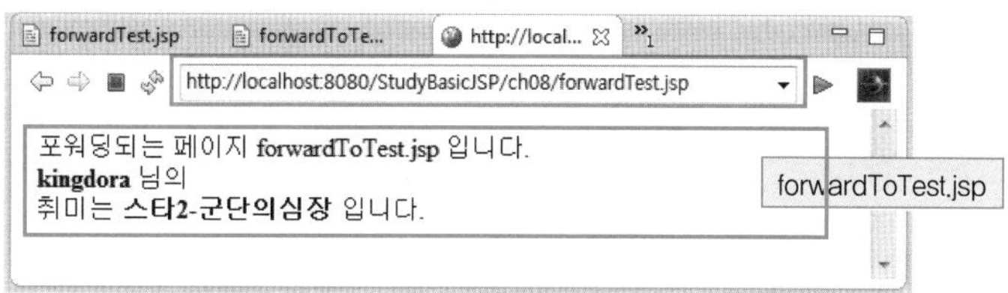

❷ forward 액션태그에서 포워딩되는 페이지에 값 전달하기

　forward 액션태그에서 값을 전달하기 위한 param 액션태그의 사용 방법은 include 액션
태그에서와 같다. forward 액션태그에서 param 액션태그를 사용해서 프로그램의 제어가
이동할 페이지에 파라미터 값을 전달한다.

```
〈jsp:forward page="이동할 페이지명"〉
        〈jsp:param name="paramName1" value="var1"/〉
        〈jsp:param name="paramName2" value="var2"/〉
〈/jsp:forward〉
```

실습　**forward 액션태그에서 포워딩되는 페이지에 값 전달하기 예제**

　이 예제는 위에서 작성했던 예제를 변형해서 포워딩되는 페이지에 값을 전달하는 예제로
작성한다. 이때 아이디와 취미를 입력받는 폼 대신 직접 파라미터를 통해서 값을 전달하는
예제를 작성한다. forward 액션태그를 가지고 포워딩되는 페이지로 파라미터 값을 전달하는
작업은 forwardTest2.jsp 페이지가 수행하고, 파라미터 값을 전달받는 포워딩되는 페이지는
forwardToTest2.jsp이다.

　이 예제의 결과는 다음과 같다.

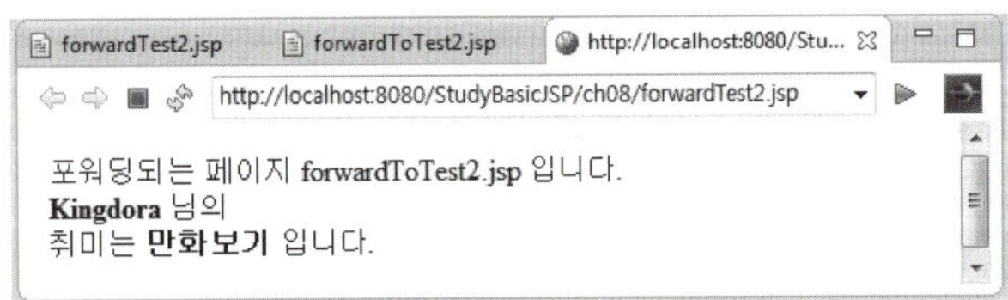

　작성파일의 정보는 다음과 같다.

　forward 액션태그를 가지고 포워딩되는 페이지로 파라미터 값을 전달하는 forward
Test2.jsp 페이지

작성파일명	forwardTest2.jsp
작성위치	StudyBasicJSP/WebContent/ch08
부록CD에서의 제공위치	source/ch08

파라미터 값을 전달받는 포워딩되는 forwardToTest2.jsp 페이지

작성파일명	forwardToTest2.jsp
작성위치	StudyBasicJSP/WebContent/ch08
부록CD에서의 제공위치	source/ch08

01 forwardTest2.jsp 페이지를 [ch08] 폴더에 작성한다.

02 forwardTest2.jsp 페이지의 기본적인 코딩이 작성되면 다음과 같이 수정한 후 저장한다.

```jsp
01  <%@ page language="java" contentType="text/html; charset=UTF-8"
02     pageEncoding="UTF-8"%>
03
04  <% request.setCharacterEncoding("utf-8");%>
05
06  <%
07   String id = "Kingdora";
08   String hobby = "만화보기";
09  %>
10
11   포워딩하는 페이지 forwardTest2.jsp입니다. <br>
12
13  <jsp:forward page="forwardToTest2.jsp">
14    <jsp:param name="id" value="<%=id%>"/>
15    <jsp:param name="hobby" value="<%=hobby%>"/>
16  </jsp:forward>
```


13~16 forward 액션태그의 영역으로 forwardToTest2.jsp 페이지로 프로그램의 제어를 이동한다. forwardToTest2.jsp 페이지로 프로그램의 제어를 이동할 때 14~15라인에 있는 id 변수와 hobby 변수를 파라미터 변수로 사용해서 forwardToTest2.jsp 페이지로 보낸다.

03 forwardToTest2.jsp 페이지를 [ch08] 폴더에 작성한다.

04 forwardToTest2.jsp 페이지의 기본적인 코딩이 작성되면 다음과 같이 수정한 후 저장한다.

```
01  <%@ page language="java" contentType="text/html; charset=UTF-8"
02    pageEncoding="UTF-8"%>
03
04  <%
05    String id = request.getParameter("id");
06    String hobby = request.getParameter("hobby");
07  %>
08
09  포워딩되는 페이지 forwardToTest2.jsp 입니다. <br>
10  <b> <%=id%> </b> 님의 <br>
11  취미는 <b> <%=hobby %> </b> 입니다.
```


05~06 forwardTest2.jsp 페이지로부터 넘어온 파라미터 변수값을 얻어내기 위해 request.get Parameters() 메소드를 사용했다. 여기서는 name 파라미터 변수의 값과 pageName 파라미터 변수값을 얻어내기 위해 request.getParameters() 메소드를 사용했다.

05 forwardToTest2.jsp 페이지의 수정이 끝나면 forwardTest2.jsp 파일을 선택하고 마우스 오른쪽 버튼을 클릭해 [Run As]-[Run on Server] 메뉴를 선택 후 [Finish] 버튼을 눌러 실행한다.

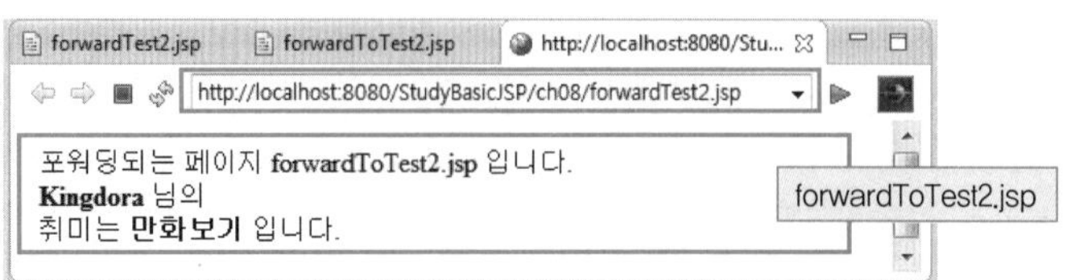

01 액션태그(Action tag)의 개요

- JSP 페이지에서 액션태그(Action tag)는 스크립트, 주석, 디렉티브와 함께 JSP 페이지를 이루고 있는 요소이다.

- JSP에서 제공하는 액션태그는 다음과 같다.

액션태그명	액션태그	설명
include	<jsp:include>	다른 페이지의 실행 결과를 현재의 페이지에 포함시킬 때 사용
forward	<jsp:forward>	페이지 사이의 제어를 이동시킬 때 사용
plug-in	<jsp:plug-in>	웹 브라우저에서 자바 애플릿을 실행시킬 때 사용
useBean	<jsp:useBean>	자바빈을 JSP 페이지에서 사용할 때 사용
setProperty	<jsp:setProperty>	프로퍼티의 값을 세팅할 때 사용
getProperty	<jsp:getProperty>	프로퍼티의 값을 얻어낼 때 사용

02 JSP 페이지의 모듈화

- include 액션태그(<jsp:include>액션태그)
  - include 액션태그는 include 디렉티브(<%@ include)와 함께 다른 페이지를 현재 페이지에 포함시킬 수 있는 기능을 가지고 있다. 포함되는 페이지는 HTML, JSP, Servlet 페이지 모두 가능하다.
  - include 액션태그는 페이지를 모듈화할 때 사용된다. 즉, 템플릿 페이지를 작성할 때 사용된다.

- 사용법
  - include 액션태그의 사용법은 아래와 같다.

```
<jsp:include page="포함될 페이지" flush="true"/>
```

  - include 액션태그는 포함되는 JSP 페이지에 값을 전달할 수 있다.

```
<jsp:include page="포함되는 페이지" flush="false">
        <jsp:param name="paramName1" value="var1"/>
        <jsp:param name="paramName2" value="var2"/>
</jsp:include>
```

- include 디렉티브(<%@include>디렉티브)

  - include 디렉티브는 앞에서 설명한 것과 같이 중복되는 부분을 그 부분이 필요한 페이지에 포함시켜 사용하는 것으로 include 디렉티브는 코드를 복사해서 함께 서블릿으로 변환한다.

  - include 디렉티브가 사용되는 곳은 코드 차원에서 포함되므로 주로 공용변수, 저작권 표시와 같은 중복문장에서 사용된다.

03 JSP 페이지의 흐름제어 : forward 액션태그(<jsp:forward>액션태그)

- forward 액션태그는 다른 페이지로 프로그램의 제어를 이동할 때 사용되는 액션태그이다. JSP 페이지 내에 forward 액션태그를 만나게 되면, 그 전까지 출력 버퍼에 저장되어 있던 내용을 제거하고 forward 액션태그가 지정하는 페이지로 이동하게 된다.

- 사용법

  - forward 액션태그의 사용법은 다음과 같다.

```
<jsp:forward page="이동할 페이지명"/>
<jsp:forward page="이동할 페이지명"></jsp:forward>
<jsp:forward page='<%=expression + ".jsp"%>'/>
```

  - forward 액션태그에서 값을 전달하기 위한 param 액션태그의 사용 방법

```
<jsp:forward page="이동할 페이지명">
        <jsp:param name="paramName1" value="var1"/>
        <jsp:param name="paramName2" value="var2"/>
</jsp:forward>
```

01   JSP 페이지에서 제공하는 6개의 액션태그를 나열하고, 이들이 각각 언제 사용되는지 간략히 기술하시오.

02   include 액션태그와 include 디렉티브의 차이점을 기술하시오.

03   include 액션태그와 forward 액션태그는 포함되는 JSP 페이지에 값을 전달할 수 있다. 이때 값을 전달하기 위해 사용되는 액션태그의 이름과 사용법을 기술하시오.

04   다음과 같이 forward 액션태그를 사용하는 ex8_04From.jsp 페이지와 포워딩되는 페이지인 ex8_04To.jsp 페이지의 소스가 다음과 같이 주어졌다.

ex8_04From.jsp 페이지

```jsp
<%@ page language="java" contentType="text/html; charset=UTF-8"
  pageEncoding="UTF-8"%>

<% request.setCharacterEncoding("utf-8");%>

<%
  String id="";
  String passwd="";

  id = request.getParameter("id");
  passwd = request.getParameter("passwd");

  if(id==null || id.equals(""))
    id="test";

  if(passwd==null || passwd.equals(""))
    passwd="testPass";
```

```jsp
%>

    ex8_04To.jsp 페이지로 포워딩합니다. <br>

    <jsp:forward page="ex8_04To.jsp">
       <jsp:param  name="id" value="<%=id%>"/>
        <jsp:param  name="passwd" value="<%=passwd%>"/>
    </jsp:forward>
```

ex8_04To.jsp 페이지

```jsp
<%@ page language="java" contentType="text/html; charset=UTF-8"
    pageEncoding="UTF-8"%>

<% request.setCharacterEncoding("utf-8");%>

<%
   String id = request.getParameter("id");
   String passwd = request.getParameter("passwd");
%>

<h2>수행결과</h2>
아이디 : <%=id %> <br>
패스워드 : <%=passwd%>
```

웹 브라우저의 주소에 다음과 같이 입력하면 결과가 어떻게 표시되는가?

1) http://localhost:8080/StudyBasicJSP/ex/ex8_04From.jsp?id=Eunnogi&passwd=1234

2) http://localhost:8080/StudyBasicJSP/ex/ex8_04From.jsp

JSP 페이지의 에러 처리

이 장에서는 JSP 페이지에서 에러를 처리하는 방법에 대해 학습해 본다. 에러 페이지를 사용한 에러 처리의 문제점을 살펴보고, 현재 JSP2.0 이후 버전에서 권장하는 에러 처리 형태인 에러코드별 에러 처리를 하는 방법에 대해 학습한다.

1. 에러 처리의 개요
2. 에러코드별 처리

01 | 에러 처리의 개요

JSP가 ASP나 PHP보다 학습할 때 어렵게 느껴지는 것은 많은 기능에 따른 다양한 기술의 습득을 요구하기 때문이다. 대신 이런 많은 기능을 익혀 놓으면 강력한 웹 페이지를 작성할 수 있다는 것이 그 특징이기도 하다.

또 하나, JSP의 학습을 어렵게 하는 것 중 하나가 바로 무시무시한 에러 페이지에 있다고 필자는 생각한다. 필자는 ASP와 PHP를 사용한 후에 JSP를 사용했다. 그때 JSP의 학습을 어렵다고 느끼게 했던 것은 페이지에서의 예외 처리와 보기만 해도 무서운 에러 페이지였다. ASP와 PHP에서의 에러 메시지는 상냥하다. 에러가 발생한 코드를 보여주고 그것에 따른 메시지를 보여준다. 영어를 잘하지 못하더라도 차근차근 보면 이해할 수 있다.

그러나 JSP에서의 에러 메시지는 에러가 발생하면 "500 Servlet error"가 주로 발생하는데 이것은 하나의 코드에서 발생하더라도 웹 브라우저의 전체 화면이 에러의 메시지로 도배가 된다. 무슨 치명적인 에러가 발생한 것처럼 말이다. 이것은 프로그래머가 오타만 내도 발생한다.

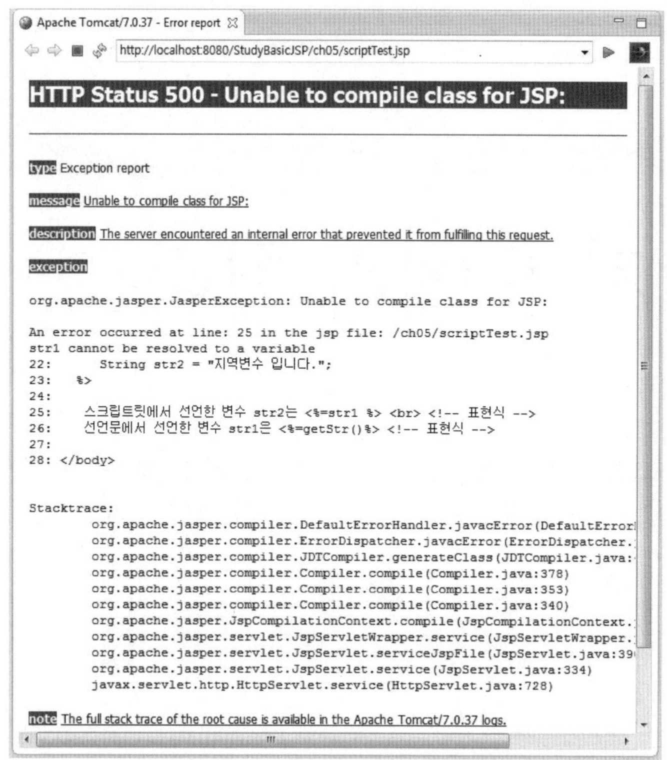

HTTP Status 500 - Unable to compile class for JSP:

type Exception report

message Unable to compile class for JSP:

description The server encountered an internal error that prevented it from fulfilling this request.

exception

```
org.apache.jasper.JasperException: Unable to compile class for JSP:

An error occurred at line: 25 in the jsp file: /ch05/scriptTest.jsp
str1 cannot be resolved to a variable
22:        String str2 = "지역변수 입니다.";
23:    %>
24:
25:      스크립트릿에서 선언한 변수 str2는 <%=str1 %> <br> <!-- 표현식 -->
26:      선언문에서 선언한 변수 str1은 <%=getStr()%> <!-- 표현식 -->
27:
28: </body>


Stacktrace:
        org.apache.jasper.compiler.DefaultErrorHandler.javacError(DefaultError
        org.apache.jasper.compiler.ErrorDispatcher.javacError(ErrorDispatcher.
        org.apache.jasper.compiler.JDTCompiler.generateClass(JDTCompiler.java:
        org.apache.jasper.compiler.Compiler.compile(Compiler.java:378)
        org.apache.jasper.compiler.Compiler.compile(Compiler.java:353)
        org.apache.jasper.compiler.Compiler.compile(Compiler.java:340)
        org.apache.jasper.JspCompilationContext.compile(JspCompilationContext.
        org.apache.jasper.servlet.JspServletWrapper.service(JspServletWrapper.
        org.apache.jasper.servlet.JspServlet.serviceJspFile(JspServlet.java:39
        org.apache.jasper.servlet.JspServlet.service(JspServlet.java:334)
        javax.servlet.http.HttpServlet.service(HttpServlet.java:728)
```

note The full stack trace of the root cause is available in the Apache Tomcat/7.0.37 logs.

▲ JSP의 에러 메시지

JSP는 왜 이런 무시무시한 에러 메시지를 표시하는 것일까? 사실 이것은 JSP 나름대로의 배려이다. 에러가 발생하면 그 에러가 어떠한 경로로 발생하게 되었는지 스택을 뒤집어서 그 경로를 추적하는 것이다.

위의 그림에서는 25라인에서 에러가 발생했고, 발생한 이유는 "str1"이라는 변수가 선언되지 않고 사용되었다는 메시지를 표시하고 있다. 보기에는 별로 친하고 싶지 않은 에러 메시지이나 웹 컨테이너들이 업그레이드되면서 이것도 많이 친절해진 메시지이다. 하지만 초보자가 한눈에 보기에는 아직 어렵다. 하물며 이 사이트를 방문하는 방문자들은 오죽하겠는가.

우리가 이 장에서 학습할 내용은 에러가 발생했을 때 이런 무시무시한 에러 메시지를 표시하지 말고 다른 페이지를 보여주자는 것이다.

먼저 에러 페이지를 사용한 에러 처리를 먼저 살펴보고 그 문제점에 대해서도 알아보자.

예외(Exception)와 에러(Error)   Tip

프로그램에서 에러가 발생하면 프로그램의 시스템이 멈춘다. 자바 계열에서는 에러 중에 경미한 에러는 처리
할 수 있는데, 이렇게 처리될 수 있는 에러를 예외라 부른다.

즉 예외는 처리될 수 있는 에러라고 생각하면 된다.

이 장에서 학습할 내용을 저장할 폴더인 ch09 폴더를 생성한다.

실습 ┃ **[ch09] 폴더 작성**

[WebContent]에 [ch09] 폴더를 생성한다.

01 [StudyBasicJSP]의 [WebContent] 폴더를 선택하고, 마우스 오른쪽 버튼을 클릭해
[New]-[Folder] 메뉴를 선택한다.

02 [New Folder] 창이 표시된다. [Enter or select the parent folder] 항목의 값이
[StudyBasicJSP/WebContent]이면 [Folder name] 항목에 "ch09"를 입력하고
[Finish] 버튼을 클릭한다.

03 [Project Explorer] 뷰에서 [WebContent] 폴더 안에 [ch09] 폴더가 생성된 것을 확인할
수 있다.

실습 ┃ **에러 페이지를 사용한 에러 처리 예제**

이 예제는 page 디렉티브의 errorPage 속성이 에러를 처리할 수 있는가?를 확인하는 예
제이다. 에러를 고의로 발생시키는 역할은 date.jsp 페이지가 수행하고, 에러를 처리하는 페
이지는 error.jsp 페이지가 수행한다.

그러나 결론부터 말하면 JSP2.0에서는 page 디렉티브의 errorPage 속성은 에러를 처리
하지 못한다.

이 예제의 결과는 다음과 같다.

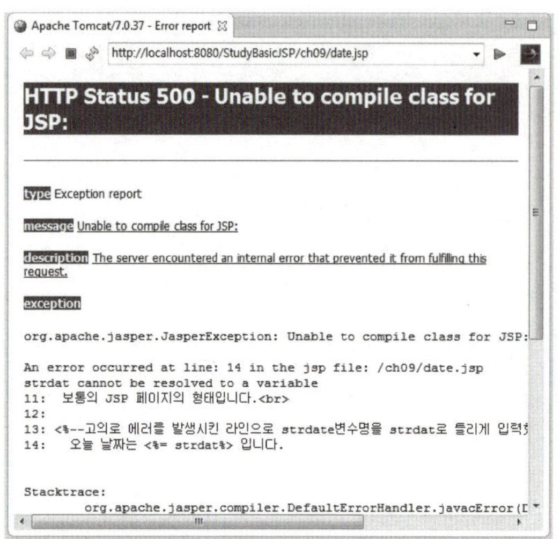

작성파일의 정보는 다음과 같다.

에러를 고의로 발생시키는 date.jsp 페이지

작성파일명	date.jsp
작성위치	StudyBasicJSP/WebContent/ch09
부록CD에서의 제공위치	source/ch09

에러를 처리하는 error.jsp 페이지

작성파일명	error.jsp
작성위치	StudyBasicJSP/WebContent/ch09
부록CD에서의 제공위치	source/ch09

01 date.jsp 페이지를 [ch09] 폴더에 작성한다.

02 date.jsp 페이지의 기본적인 코딩이 작성되면 다음과 같이 수정한 후 저장한다.

```
01   <%@ page language="java" contentType="text/html; charset=UTF-8"
02     pageEncoding="UTF-8"%>
03   <%@ page  import="java.util.Date, java.text.SimpleDateFormat" %>
04   <%@ page errorPage="error.jsp"%>
05
06   <%
07     Date date = new Date();
08     SimpleDateFormat simpleDate = new SimpleDateFormat("yyyy-MM-dd");
09     String strdate = simpleDate.format(date);
10   %>
11   보통의 JSP 페이지의 형태입니다. <br>
12
13   <%--고의로 에러를 발생시킨 라인으로 strdate변수명을 strdat로 틀리게 입력했다. --%>
14   오늘 날짜는 <%= strdat%> 입니다.
```

소스 코드 설명

04　errorPage 속성의 값으로 "error.jsp" 페이지를 설정해서 에러가 발생하면 error.jsp 페이지가 처리하도록 했다. 그러나 JSP2.0에서는 errorPage 속성은 그 기능을 발휘하지 못해서 에러를 처리하지 못한다.

14　<%= strdat%>에서 원래 9라인에서 선언에서 변수값을 할당하는 strdate 변수의 철자를 고의로 틀리게 입력하여 에러가 이 라인에서 발생하도록 했다.

수정사항을 저장하고 나면 이클립스에서는 다음과 같이 에러가 표시되나 무시한다.

03 error.jsp 페이지를 [ch09] 폴더에 작성한다.

04 error.jsp 페이지의 기본적인 코딩이 작성되면 다음과 같이 수정한 후 저장한다.

```
01   <%@ page language="java" contentType="text/html; charset=UTF-8"
02      pageEncoding="UTF-8"%>
03   <%@ page isErrorPage="true"%>
04   <html>
05   <head>
06   <title>에러 페이지</title>
07   </head>
08   <body>
09      요청하신 페이지에서 문제가 발생했습니다.
10      서비스 사용에 불편을 끼쳐드려서 대단히 죄송합니다.
11      빠른 시간 내에 문제를 처리하겠습니다.
12   </body>
13   </html>
```

소스 코드 설명

03　　<%@ page isErrorPage="true"%>은 error.jsp 페이지가 평범한 JSP 페이지가 아니라, 에러를 처리하는 페이지라는 의미이다. 그러나 실제로는 에러를 처리하지 못한다.

05 error.jsp 페이지의 수정이 끝나면 date.jsp 파일을 선택하고 마우스 오른쪽 버튼을 클릭해 [Run As]-[Run on Server] 메뉴를 선택 후 [Finish] 버튼을 눌러 실행한다.

06 date.jsp 페이지가 실행된 결과가 화면에 표시된다. 실제로 error.jsp가 에러를 처리하지 못해 에러 메시지가 그대로 표시되는 것을 확인할 수 있다.

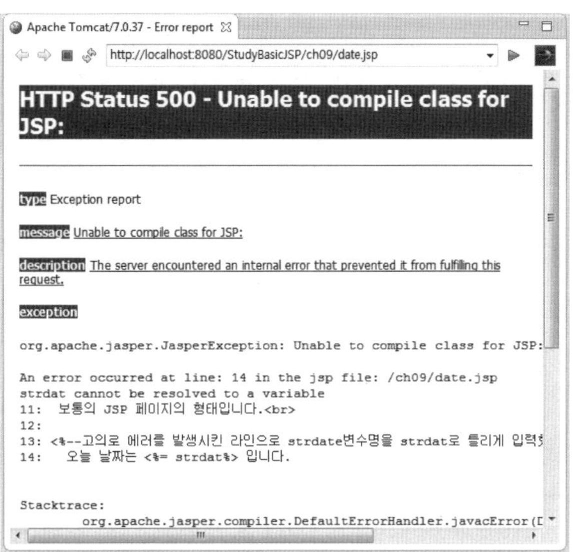

page 디렉티브의 errorPage 속성을 사용한 에러 처리 방법은 과거에 사용하던 에러의 처리 방법이다. 따라서 최근에 나온 웹 컨테이너들은 지원하지 않을 수도 있다.

실제로 현재의 에러의 처리는 에러 페이지를 사용하지 않고 에러코드별 처리나 에러 종류별 처리를 사용한다. 에러가 한 가지 종류만 발생하는 것이 아니기 때문이다. 그러므로 이번에는 에러코드별 처리에 대해 알아보자.

02 | 에러코드별 처리

HTTP에서 발생할 수 있는 에러는 여러 가지가 있다. 여기서는 알아두어야 되는 것을 참고하기 HTTP 에러코드표를 기술했다.

에러코드표는 다음과 같다.

HTTP 에러코드	에러 메시지
100	Continue
101	Switching Protocols
200	OK, 에러 없이 전송이 성공.
202	Accepted, 서버가 클라이언트의 명령을 받음.
203	Non-authoritative Information, 서버가 클라이언트 요구 중 일부만 전송.
204	Non Content, 클라이언트 요구를 처리했으나 전송할 데이터가 없음.
205	Reset Content
206	Partial Content
300	Multiple Choices, 최근에 옮겨진 데이터를 요청.
301	Moved Permanently, 요구한 데이터를 변경된 임시 URL에서 찾음.
302	Moved Permanently, 요구한 데이터가 변경된 URL에 있음을 명시.
303	See Other, 요구한 데이터를 변경하지 않았기 때문에 문제가 있음.
304	Not modified
305	Use Proxy
400	Bad Request, 요청 실패. 문법상 오류가 있어서 서버가 요청 사항을 이해하지 못함.
401.1	Unauthorized, 권한 없음-접속 실패. 이 에러는 서버에 로그온하려는 요청 사항이 서버에 들어 있는 권한과 비교했을 시 맞지 않을 경우 발생. 이 경우, 요청한 자원에 접근할 수 있는 권한을 부여받기 위해 서버 운영자에게 요청해야 함.
401.2	Unauthorized, 권한 없음-서버 설정으로 인한 접속 실패. 이 에러는 서버에 로그온하려는 요청 사항이 서버에 들어 있는 권한과 비교했을 때 맞지 않을 경우 발생. 이것은 일반적으로 적절한 www-authenticate head field를 전송하지 않아서 발생.
401.3	Unauthorized, 권한 없음-자원에 대한 ACL에 기인한 권한 없음. 이 에러는 클라이언트가 특정 자원에 접근할 수 없을 때 발생. 이 자원은 페이지가 될 수도 있고 클라이언트의 주소 입력란에 명기된 파일일 수도, 클라이언트가 해당 주소로 접속할 때 이용되는 또 다른 파일일 수도 있다. 접근할 전체 주소를 다시 확인해 보고 웹 서버 운영자에게 여러분이 자원에 접근할 권한이 있는지를 확인.
401.4	Unauthorized, 권한 없음-필터에 의한 권한 부여 실패. 이 에러는 웹 서버가 서버에 접속하는 사용자들을 확인하기 위해 설치한 필터 프로그램이 있음을 의미. 서버에 접속하는 데 이용되는 인증 과정이 이런 필터 프로그램에 의해 거부된 것임.
401.5	Unauthorized, 권한 없음-ISA PI/CGI 애플리케이션에 의한 권한 부여 실패. 이 에러는 이용하려는 웹 서버의 어드레스에 ISA PI나 CGI 프로그램이 설치되어 있어 사용자의 권한을 검증. 서버에 접속하는 데 이용되는 인증 과정이 이 프로그램에 의해 거부됨.
402	Payment Required, 예약됨.
403.1	Forbidden, 금지-수행 접근 금지. 이 에러는 CGI나 ISA-PI, 혹은 수행시키지 못하도록 되어 있는 디렉토리 내의 실행 파일을 수행시키려고 했을 때 발생.
403.2	Forbidden, 금지-읽기 접근 금지. 이 에러는 브라우저가 접근한 디렉토리에 가용한 디폴트 페이지가 없을 경우에 발생.
403.4	Forbidden, 금지-SSL 필요. 이 에러는 접근하려는 페이지가 SSL로 보안 유지되고 있는 것일 때 발생.
403.5	Forbidden, 금지-SSL 128 필요. 이 에러는 접근하려는 페이지가 SSL로 보안 유지되고 있는 것일 때 발생. 브라우저가 128비트의 SSL을 지원하는지를 확인.

403.6	Forbidden, 금지-IP 주소 거부됨. 이 에러는 서버가 사이트에 접근이 허용되지 않은 IP 주소로 사용자가 접근하려 했을 때 발생.
403.7	Forbidden, 금지-클라이언트 확인 필요. 이 에러는 접근하려는 자원이 서버가 인식하기 위해 브라우저에게 클라이언트 SSL을 요청하는 경우 발생. 자원을 이용할 수 있는 사용자임을 입증하는 데 사용.
403.8	Forbidden, 금지-사이트 접근 거부. 이 에러는 웹 서버가 요청 사항을 수행하고 있지 않았거나 해당 사이트에 접근하는 것을 허락하지 않았을 경우에 발생.
403.9	Forbidden, 접근 금지-연결된 사용자 수 과다. 이 에러는 웹 서버가 busy한 상태에 있어서 요청을 수행할 수 없을 경우에 발생.
403.10	Forbidden, 접근 금지-설정이 확실하지 않음. 이 에러는 웹 서버의 설정 부분에 문제가 있을 경우에 발생.
403.11	Forbidden, 접근 금지-패스워드 변경. 이 에러는 사용자 인증 단계에서 잘못된 패스워드를 입력했을 경우 발생.
403.12	Forbidden, 접근 금지-Mapper 접근 금지. 이 에러는 클라이언트 인증용 map이 해당 웹 사이트에 접근하는 것을 거부할 경우에 발생.
404	Not Found, 문서를 찾을 수 없음. 이 에러는 클라이어트가 요청한 문서를 찾지 못한 경우에 발생. URL을 다시 잘 보고 주소가 올바로 입력되었는지를 확인.
405	Method not allowed, 메소드 허용 안 됨. 이 에러는 Request 라인에 명시된 메소드를 수행하기 위한 해당 자원의 이용이 허용되지 않았을 경우에 발생.
406	Not Acceptable, 받아들일 수 없음. 이 에러는 요청 사항에 필요한 자원은 요청 사항으로 전달된 Accept header에 따라 "Not Acceptable" 내용을 가진 사항이 있을 경우에 발생.
407	Proxy Authentication Required, Proxy 인증이 필요함. 이 에러는 해당 요청이 수행되도록 proxy 서버에게 인증을 받아야 할 경우에 발생.
408	Request timeout, 요청 시간이 지남.
409	Conflict
410	Gone, 영구적으로 사용할 수 없음.
411	Length Required
412	Precondition Failed, 선결조건 실패. 이 에러는 Request-header field에 하나 이상의 선결 조건에 대한 값이 서버에서의 테스트 결과 false로 나왔을 경우에 발생.
413	Request entity too large
414	Request-URI too long, 요청한 URI가 너무 김. 이 에러는 요청한 URI의 길이가 너무 길어서 서버가 요청 사항의 이행을 거부했을 경우 발생.
415	Unsupported media type
500	Internal Server Error, 서버 내부 오류. 이 에러는 웹 서버가 요청 사항을 수행할 수 없을 경우에 발생.
501	Not Implemented, 적용 안 됨. 이 에러는 웹 서버가 요청 사항을 수행하는 데 필요한 기능을 지원하지 않는 경우에 발생.
502	Bad gateway, 게이트웨이 상태 나쁨- 이 에러는 게이트웨이 상태가 나쁘거나 서버의 과부하 상태일 때 발생.
503	Service Unavailable, 서비스 불가능. 이 에러는 서비스가 현재 멈춘 상태 또는 현재 일시적인 과부하 또는 관리 상황일 때 발생.
504	Gateway timeout
505	HTTP Version Not SupportedHTTP

앞의 표는 HTTP 에러코드에 따른 에러 상황을 나타낸 표이다. 이렇듯 상황에 따라 다른 코드를 표시하게 된다. 표시된 상황을 모두 알 필요는 없으나, 프로그램을 작성하여 서비스를 올리려다 보면 몇 가지 코드를 이해해야 한다. 주로 발생하는 에러는 404, 500이다. 404는 주로 사용자가 잘못된 페이지를 요청할 때, 500은 프로그램 코딩 오류일 때 발생한다.

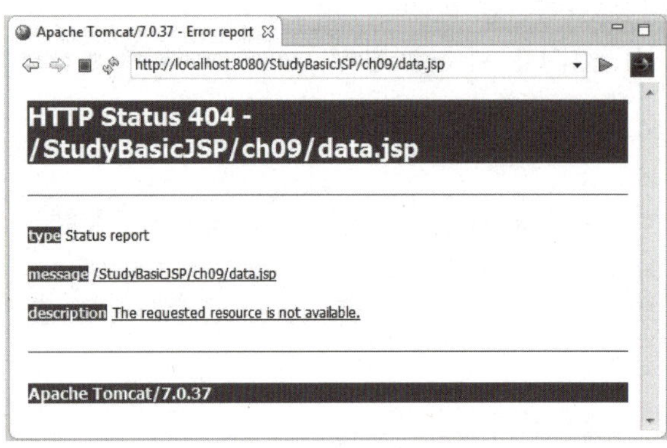

▲ HTTP 404에러

이 404에러와 500에러를 처리해 보도록 하겠다. 먼저 에러코드별로 처리할 때 이것을 어디에 기술해야 할까? 답은 web.xml이다.

Tomcat 버전과 이클립스 버전에 따라 web.xml의 내용이 조금씩 다르며, 이것을 확인하려면 [StudyBasicJSP]-[WebContent]-[WEB-INF] 폴더에 있는 web.xml을 열어보면 된다.

여기에 우리가 ⟨error-page⟩⟨/error-page⟩ 태그를 사용하여 처리할 에러코드와 그것을 처리할 페이지를 기술한다. 404코드와 500코드를 처리해 보자.

실습 | 에러코드별 에러 처리 예제

다음과 같은 결과가 표시되도록 web.xml 파일을 수정하고, 에러를 처리하는 페이지인 404code.jsp 페이지와 500code.jsp 페이지를 작성해 보자. 404에러는 404code.jsp 페이지가 처리하고, 500에러는 500code.jsp 페이지가 처리하도록 작성했다. 이들 페이지에 원래의 에러 메시지 대신 사용자에게 익숙한 문구가 표시되도록 web.xml에서 에러를 코드별로 처리하도록 작성하는 예제이다.

이 예제의 결과는 다음과 같다.

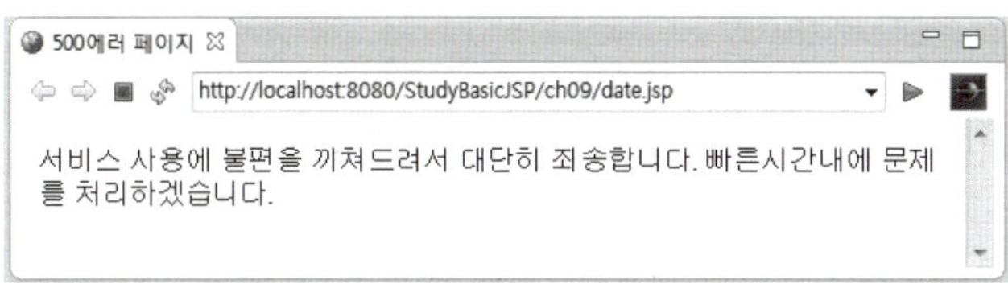

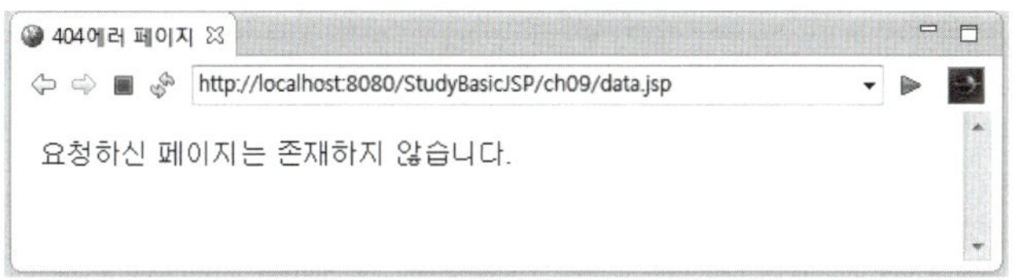

수정 및 작성할 파일의 정보는 다음과 같다.

에러를 코드별로 처리하도록 하는 web.xml 수정

작성파일명	web.xml
작성위치	StudyBasicJSP/WebContent/ch09
부록CD에서의 제공위치	source/ch09

404에러를 처리하는 404code.jsp 페이지

작성파일명	404code.jsp
삭성위치	StudyBasicJSP/WebContent/error
부록CD에서의 제공위치	source/ch09

500에러를 처리하는 500code.jsp 페이지

작성파일명	500code.jsp
작성위치	StudyBasicJSP/WebContent/error
부록CD에서의 제공위치	source/ch09

01 [StudyBasicJSP]-[WebContent]-[WEB-INF] 폴더에 있는 web.xml 파일을 더블클릭해서 연다.

02 [source] 탭을 선택하고 다음과 같이 web.xml을 수정하고 저장한다. web.xml을 수정한 후에는 Tomcat 서버가 시작되어 있으면 [stop the server] 버튼을 클릭하여 서비스를 중단한다.

```
01  <?xml version="1.0" encoding="UTF-8"?>
02  <web-app xmlns:xsi="http://www.w3.org/2001/XMLSchema-instance"
    xmlns="http://java.sun.com/xml/ns/javaee"
    xmlns:web="http://java.sun.com/xml/ns/javaee/web-app_2_5.xsd"
    xsi:schemaLocation="http://java.sun.com/xml/ns/javaee
    http://java.sun.com/xml/ns/javaee/web-app_3_0.xsd" id="WebApp_ID" version="3.0">
03    <display-name>StudyBasicJSP</display-name>
04    <welcome-file-list>
05      <welcome-file>index.html</welcome-file>
06      <welcome-file>index.htm</welcome-file>
07      <welcome-file>index.jsp</welcome-file>
08      <welcome-file>default.html</welcome-file>
09      <welcome-file>default.htm</welcome-file>
10      <welcome-file>default.jsp</welcome-file>
11    </welcome-file-list>
12
13    <error-page> <!--404에러 처리-->
14      <error-code>404</error-code>
15      <location>/error/404code.jsp</location>
16    </error-page>
17
18    <error-page> <!--500에러 처리-->
19      <error-code>500</error-code>
20      <location>/error/500code.jsp</location>
```

| 21 | </error-page> |
| 22 | </web-app> |

소스 코드 설명

13~16   404코드를 처리하기 위한 부분이다. 에러코드명은 <error-code></error-code>의 바디(body)에 기술하고, 에러코드를 처리할 페이지는 <location></locaion>의 바디(body)에 기술한다. 404에러가 발생하면 프로그램 제어가 /error/404code.jsp로 이동한다. 이때 요청 페이지는 사용자가 요청한 페이지를 그대로 유지한다.

18~21   500코드를 처리하기 위한 부분이다. 500에러가 발생하면 프로그램 제어가 /error/500code.jsp로 이동한다. 이때 요청 페이지는 사용자가 요청한 페이지를 그대로 유지한다.

03 [StudyBasicJSP]의 [WebContent] 폴더를 선택하고, 마우스 오른쪽 버튼을 클릭해 [New]-[Folder] 메뉴를 선택한다. [New Folder] 창이 표시되면 [Folder name] 항목에 "error"를 입력하고 [Finish] 버튼을 클릭한다.

04 404code.jsp 페이지를 [error] 폴더에 작성한다.

05 404code.jsp 페이지의 기본적인 코딩이 작성되면 다음과 같이 수정한 후 저장한다.

```
01  <%@ page language="java" contentType="text/html; charset=UTF-8"
02     pageEncoding="UTF-8"%>
03
04  <% response.setStatus(HttpServletResponse.SC_OK); %>
05  <html>
06  <head>
07  <title>404에러 페이지</title>
08  </head>
09  <body>
10   요청하신 페이지는 존재하지 않습니다.
11  </body>
12  </html>
```

소스 코드 설명

04	response.setStatus(HttpServletResponse.SC_OK);은 현재 페이지가 정상적으로 응답되는 페이지임을 지정하는 코드이다. 이 코드를 생략하면 웹 브라우저가 자체적으로 제공하는 화면을 표시한다.

06 500code.jsp 페이지를 [error] 폴더에 작성한다.

07 500code.jsp 페이지의 기본적인 코딩이 작성되면 다음과 같이 수정한 후 저장한다.

```
01  <%@ page language="java" contentType="text/html; charset=UTF-8"
02    pageEncoding="UTF-8"%>
03
04  <% response.setStatus(HttpServletResponse.SC_OK);%>
05  <html>
06  <head>
07  <title>500에러 페이지</title>
08  </head>
09  <body>
10    서비스 사용에 불편을 끼쳐드려서 대단히 죄송합니다.
11    빠른 시간 내에 문제를 처리하겠습니다.
12  </body>
13  </html>
```

소스 코드 설명

04	response.setStatus(HttpServletResponse.SC_OK);는 현재 페이지가 정상적으로 응답되는 페이지임을 지정하는 코드이다. 이 코드를 생략하면 웹 브라우저는 자체적으로 제공하는 화면을 표시한다.

08 500code.jsp 페이지의 수정이 끝나면 date.jsp 파일을 선택하고 마우스 오른쪽 버튼을 클릭해 [Run As]-[Run on Server] 메뉴를 선택 후 [Finish] 버튼을 눌러 실행한다.

09 date.jsp 페이지가 실행된 결과가 화면에 표시된다. 이번에는 500code.jsp 페이지가 에러를 제대로 처리하여 다음과 같은 메시지를 확인할 수 있다.

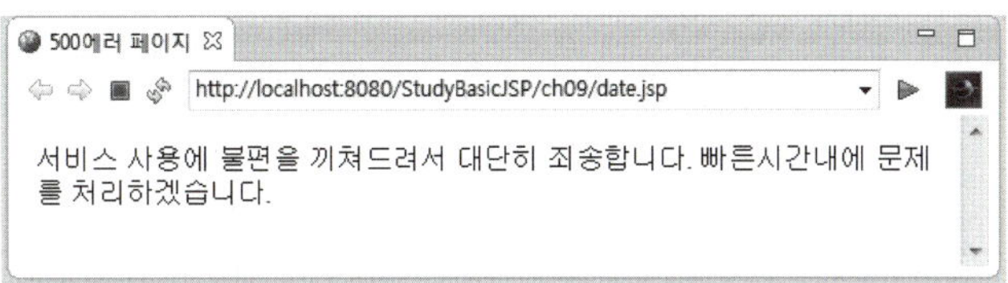

10 이번에는 이클립스의 웹 브라우저에서 주소에 다음과 같이 존재하지 않는 페이지 http://localhost:8080/StudyBasicJSP/ch09/data.jsp를 입력 후 선택된 URL로 이동 단추인 [▶] 버튼을 클릭한다.

그러면 다음과 같이 404오류를 처리한 메시지가 표시된다.

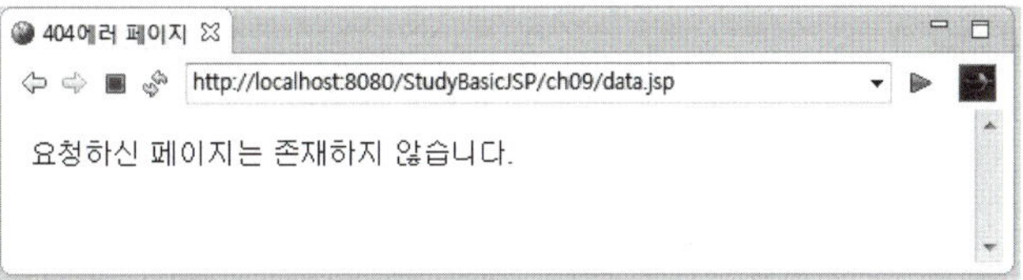

01 에러를 처리하는 방법에는 에러 페이지에서 에러코드별 처리가 있다.

02 에러 페이지별 처리는 웹 컨테이너에 따라 지원하지 않을 수도 있으니 가급적이면 에러코드별 처리를 사용한다.

03 에러코드별 처리를 사용할 때는 처리할 에러코드와 매핑되는 페이지를 web.xml에 기술한다.

01 404code.jsp와 505code.jsp 페이지를 원하는 형태로 수정해 표시한다. 이미지 등을 사용해 좀 더 보기 좋은 형태를 사용한다.

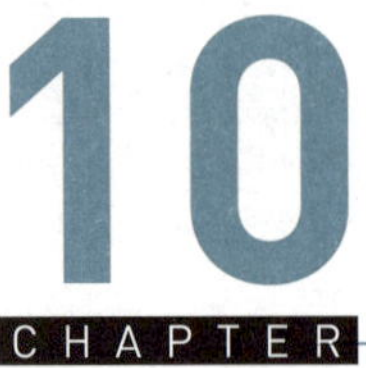

자바빈(JavaBean)

이번 장에서는 화면에 표시를 담당하는 JSP 페이지와 실제 프로그램을 처리하는 로직을 분리하는 것에 대해서 학습한다. 하나의 JSP 페이지 안에 디자인부와 로직부가 혼재하게 되면 프로그램의 협업과 유지 보수가 어렵다. 이번 장에서 학습할 자바빈은 로직을 처리하는 부분을 JSP 페이지 내에서 따로 추출해서 별도의 자바 파일로 작성을 하는 것이다. 따라서 이번 장에서는 JSP의 로직 부분을 담당하고 있는 자바빈이 무엇이고 어떻게 작성하고 사용하는지를 학습하는 것이 목적이다.

1. 자바빈(JavaBean)의 개요　　2. 자바빈(JavaBean) 만들기 : 자바빈 클래스(JavaBean Class) 작성
3. 자바빈과 useBean 액션태그(<jsp:useBean>)의 연동

01 | 자바빈(JavaBean)의 개요

우리는 지금까지 JSP 페이지를 작성하기 위한 각종 구성 요소, 내장객체 그리고 액션태그 등에 대해 학습했다. 물론 이것만 가지고도 데이터베이스와의 연동을 제외한 JSP 페이지를 작성하는 데는 큰 문제가 없지만 몇 가지 문제에 부딪치게 된다.

첫 번째로 JSP 페이지를 화면에 표시하기 위한 화면 표시 부분과 실제 JSP 페이지를 처리하는 로직 부분이 같이 존재함으로써 JSP 페이지를 한눈에 이해하기 어렵다는 점이다.

```
...생략...
<%
 while(rs.next() && i<=PageSize){
  try{
    int num=rs.getInt("uid");
```

```
    String name=rs.getString("name").trim();
    String email=rs.getString("email").trim();
    String homepage=rs.getString("homepage").trim();
    String comment=rs.getString("comment").trim();
    String signdate=rs.getString("signdate").trim();
    String clienthost=rs.getString("clienthost").trim();
%>
<table border="1" cellspacing="0" width="600" align="center">
  <td align="right" colspan="2">
    <% if(admin.equals("ok")){%>
    <a href="edit.jsp?num=<%=num%>&admin=<%=admin%>">[수정]</a>
    <a href="delete.jsp?num=<%=num%>&admin=<%=admin%>">[삭제]</a>
  <%}else{%>
    <a href="edit.jsp?num=<%=num%>">[수정]</a>
    <a href="delete.jsp?num=<%=num%>">[삭제]</a>
  <%}%>
  </td>
...생략...
```

위의 예제는 HTML 태그들과 JSP 코드가 함께 존재하는 예시이다. 척 봐도 복잡하고 무엇을 작성하고 있는 것인지 한눈에 알아보기 어렵다. 이렇게 작성한 JSP 페이지는 디자이너가 디자인하기에도 역시 복잡하고 어려울 수밖에 없다.

디자이너와 프로그래머는 독립적으로 작업을 하는 것이 아니라 서로 협력하면서 프로젝트를 진행해야 한다. 프로그래머는 디자이너가 이해하지 못하는 부분을 설명해 주어야 하고, 프로그래머는 디자이너에게 프로그램의 필요한 부분을 이해시켜야 서로 유기적인 협력을 할 수 있다. 그런데 위의 예시와 같은 코드는 디자이너가 이해하기도, 디자인하기에도 어려운 형태이다. 프로젝트의 능률적인 진행을 위해서는 가능하면 독립적으로 작업할 수 있어야 하므로 디자이너가 작업하는 화면 표시(뷰(view)) 부분과 프로그래머가 작업하는 로직(모델(Model)) 부분을 분리시켜야 한다.

두 번째로는 JSP 페이지에 화면 표시 부분과 로직들이 함께 존재하는 위의 예시와 같은 형태의 코드는 재사용하기가 어렵다. JSP 페이지를 작성하다 보면 페이지의 구조가 비슷한 형태로 흐르는 것을 알 수 있다. 프로젝트 또한 마찬가지이다. 프로젝트는 성격이 전혀 다르더라도 항상 기본적인 구조는 같다. 비슷한 작업을 매번 반복하는 것은 비효율적인 일이다. 따라서 이런 반복적인 일을 피하기 위해 JSP 페이지 내에 있는 반복적인 코드를 따로 작성하여 재사용할 필요가 있다.

이렇게 JSP 페이지에 화면 표시 부분과 로직들이 함께 존재해서 복잡하게 구성되는 것을 가능하면 피하고, JSP 페이지의 로직 부분을 분리해서 코드를 재사용함으로써 프로그램의 효율을 높이는 것이 자바빈을 사용하는 목적이다.

현재 모든 프로그래밍에서 모듈화(컴포넌트(component)화)가 대세이다. 프로그램의 모듈화는 한 번 잘 작성해 놓은 코드를 재사용함으로써 프로그램의 작성 기간이 단축되고, 이미 실 시스템에 올렸던 코드를 사용함으로써 코드의 안정성이 보장되어 유지 보수에도 좋다.

즉, 프로그램을 어떠한 단위별로 작성해서 레고 블록처럼 필요할 때 필요한 모듈을 끼워서 사용할 수 있다. 또한 표준화된 모듈은 다양한 형태를 가지고 있어서 어떤 프로그램이든 쉽게 작성할 수 있다. 바로 자바빈이 웹 프로그래밍에서 이러한 모듈을 작성해서 재사용이 가능하도록 해주는 부분이다. 자바빈을 잘 이해해 두면 나중에 혹시라도 EJB(Enterprise Java Bean)를 작성하게 되었을 때 내부적인 구조가 비슷해서 이해가 훨씬 쉽다.

자바빈은 자바로 작성되어진 컴포넌트들을 일반적으로 일컫는 말로, 자바는 프로그램 기본 단위가 클래스이고, 자바빈은 클래스들로 이루어진 복합적인 구조이다. 자, 그럼 이제부터 자바빈을 작성하는 방법에 대해 알아보자.

02 | 자바빈(JavaBean) 만들기 : 자바빈 클래스(JavaBean Class) 작성

자바빈(JavaBean)을 작성하기 위해서는 자바빈을 작성하는 규칙을 알아야 한다. 모든 프로그램언어에 문법과 규칙이라는 것이 있듯이 자바빈도 그러한 규칙을 갖는다. 자바빈이라는 이름에서도 느껴지듯 자바빈은 자바언어의 프로그램 작성 규칙과 문법을 따른다.

JSP를 학습할 때 자바를 몰라도 된다고 한다면 그것은 거짓말이다. JSP만큼 그 모체가 되는 언어와 관련이 많은 스크립트언어도 없다. JSP를 제대로 작성하려면 반드시 자바의 문법을 숙지하고 있어야 한다. 특히 자바의 클래스를 만드는 규칙을 알아야 한다. 이것을 잘 모르면 자바빈을 작성할 때 고생하게 된다. 자바의 기초 지식이 없는 분들은 틈틈히 자바의 기본 부분을 학습하기 바란다. 일단 클래스의 기본 작성 방법부터 설명하도록 하겠다.

1 자바빈(JavaBean) 클래스 작성

자바빈은 자바의 클래스이므로 자바의 클래스를 만드는 것과 같은 규칙을 갖는다. 자바의 클래스를 작성할 때의 기본적인 순서는 다음과 같다.

```
//클래스의 작성 순서
1. package 패키지명; //없으면 생략 가능
2. import 패키지명을 포함한 클래스의 풀네임; //없으면 생략 가능
3. class 클래스명{

   }
```

자바의 클래스를 만들 때는, 위의 코드와 같이 포함될 패키지명(package문), 해당 클래스를 생성할 때 필요한 라이브러리 클래스(import문)들이 필요하다. 물론 이들은 없으면 생략이 가능하다. 그리고 실제로 만들 클래스의 기술(class문)이 필요하다. 자바 파일에는 1개 이상의 클래스를 포함해야 하기 때문에 class문은 생략할 수 없다.

자바의 클래스를 선언할 때는 다음과 같은 형식으로 선언해야 한다.

```
접근제어자 [키워드] class 클래스명{}
```

자바의 클래스는 위와 같은 형식으로 이루어져 있는데, 접근 제어자(Access modifier)는 public, private, default(접근 제어자가 없는 형태)가 올 수 있는데, 자바빈을 작성할 때는 접근 제어의 강도가 가장 약한 public을 주로 사용한다. 웹에서는 불특정 다수의 접근을 허용해야 하기 때문에 누구나 접근할 수 있는 public을 사용한다. 키워드는 final, abstract, static 등이 있으나 자바빈 클래스에서는 사용하지 않는다.

자바에서 클래스명의 첫 글자는 대문자로 시작하고 나머지는 소문자를 사용한다. 또한 단어가 여러 개 합쳐질 경우 시작되는 단어의 시작은 대문자로 시작한다. 자바빈 클래스도 같은 규칙을 사용한다.

```
public class UtilClass{}
```

자바의 클래스는 캡슐화(Encapsulation)의 역할을 한다. 캡슐화(Encapsulation)는 객체 지향의 가장 중요한 개념 중 하나인 정보 은닉(information hiding)을 구현한다.

자바 클래스를 캡슐화의 형태로 작성하려면 다음과 같은 방법으로 해야 한다.

- 클래스는 사용시 객체로 할당되는데 public으로 선언된 클래스는 누구나 접근할 수 있는 객체가 된다.
- 객체 내부의 멤버 변수를 private으로 선언해서 정보에 직접 접근할 수 없도록 한다.
- 객체의 정보를 갖는 멤버 변수에 접근하려면 setter/getter 메소드를 사용한다. setter/getter 메소드의 접근 제어자는 public을 사용한다.

자바빈 클래스도 같은 방법을 사용하여 정의한다. 자바빈 객체는 누구나 접근할 수 있으나 정보에는 직접 접근할 수 없다. 객체가 무엇을 하는지 알고 사용할 뿐 객체의 내부는 알 필요가 없고 알 수도 없다. 이것이 캡슐화의 정의이다. 이와 같은 관점에서 자바빈을 작성한다.

즉, 자바빈의 클래스 선언은 접근제어자는 public을 사용하고, 멤버 변수는 접근제어자를 private을 사용하여 작성한다. 자바빈에서는 멤버 변수를 프로퍼티(property)라고 부른다. 또한 프로퍼티의 값을 저장하고 얻어내는 메소드를 setter/getter 메소드라 하며, 접근 제어자의 public을 사용한다. 자바빈 클래스는 아래의 예시와 같이 작성한다.

```java
package bean.logon;

public class DbDataLogin{ //자바빈 클래스
//프로퍼티
  private String id;
  private String passwd;
  private String name;

//setXxx() 메소드
  public void setId(String id){
      this.id=id.trim();
  }
  public void setPasswd(String passwd){
      this.passwd=passwd.trim();
  }
  public void setName (String name) {
```

```java
        this.name = name.trim();
    }


//getXxx() 메소드
  public String getId(){
        return id;
    }
  public String getPasswd(){
        return passwd;
    }
  public String getName () {
        return name;
    }
}
```

2 Setter/Getter 메소드 작성

프로퍼티(property)는 값을 저장하기 위한 멤버필드(멤버 변수를 멤버필드 또는 필드라고도 부른다)로 접근 제어자를 private로 선언하여 작성한다. JSP 페이지의 내용을 DB에 저장하거나 DB에 저장된 내용을 JSP 페이지에 표출할 때 중간 데이터 저장소로 사용된다. 즉, 객체가 갖고 있는 정보의 서상소이브로 외부에서 함부로 섭근하는 섯을 막기 위해 섭근 제어의 강도가 가장 강한 private를 사용한다. 즉, 직접적으로 프로퍼티에 접근해서 정보를 얻어낼 수 없다. 만일 프로퍼티에 접근해 정보를 얻어내야 한다면 setter/getter 메소드를 사용한다.

그렇기 때문에 이 데이터 저장소의 역할을 하는 프로퍼티에 값을 저장할 때는 setter 메소드인 setXxx() 메소드를 사용하고, 저장된 값을 사용할 때는 getter 메소드인 getXxx() 메소드를 사용한다. 이때 Xxx는 프로퍼티명으로 첫글자는 대문자로 작성한다. 하나의 프로퍼티당 하나의 setXxx() 메소드와 getXxx() 메소드가 존재한다.

setXxx() 메소드 작성 방법은 앞의 예제코드에서 볼 수 있듯이 다음과 같은 형태를 취한다.

```java
public void setId(String id){
    this.id=id.trim();
}
```

프로퍼티에 값을 저장하기 때문에 파라미터로부터 값을 받아오는 setId(String id)와 같은 형태를 취한다. 값을 저장만 하는 메소드여서 리턴 타입이 void이다. 리턴 타입이 void이면 이 메소드의 수행 결과를 다른 곳에서 사용하기 위해 결과 값을 리턴(반환)하지 않는다는 의미이다.

this.id=id.trim(); 이 부분은 넘어온 파라미터의 값을 프로퍼티에 저장하는 부분으로 this.id가 프로퍼티이다. 또한 id.trim()의 id 변수가 파라미터 변수이다. 이때 trim() 메소드는 해당 변수 값의 좌우에 쓸모없는 공백이 있는 경우 이를 제거하는 메소드이다. 이런 쓸모없는 공백은 데이터베이스에도 저장이 되기 때문에 프로그램의 안정성을 주기 위해 꼭 제거해야 한다. 프로퍼티명과 파라미터명이 같으면 프로그램에 혼란을 주기 때문에 프로퍼티명 앞에는 this가 붙는다. this는 자기 자신의 클래스를 가리키는 레퍼런스이다.

getXxx() 메소드 작성 방법은 앞의 예제코드에서 볼 수 있듯이 다음과 같은 형태를 취한다.

```java
public String getId(){
    return id;
}
```

저장된 프로퍼티의 값을 얻어내는 메소드이기 때문에 getId()와 같이 파라미터가 없다. 그러나 저장된 값을 사용해야 하기 때문에 반드시 리턴 타입을 기술해야 한다. String getId()는 리턴 타입, 즉 getId() 메소드의 수행 결과값은 String 타입으로 호출한 곳으로 반환된다는 것이다. String과 같이 void 이외의 리턴 타입이 기술되면 해당 메소드의 마지막에 return문을 반드시 기술해야 한다. 기술을 안 하면 에러가 발생한다. return문은 이 메소드의 수행 결과를 호출한 쪽으로 리턴하는 문장이다.

일반적으로 메소드에 사용할 수 있는 접근제어자는 public, protected, private, default(접근제어자가 없는 형태)가 올 수 있는데, getXxx() 메소드와 setXxx() 메소드에서는 주로 public을 사용한다. 마찬가지로 불특정 다수의 접근을 허용한다는 의미로 public이 사용된다. 접근이 통제된 프로퍼티에 접근하는 setter/getter 메소드는 어디서든 사용할 수 있도록 작성하는 것이 실무 프로그램에서의 규칙이다.

마지막으로 자바빈의 작성 위치를 설명하겠다. 일반적으로 자바 파일(서블릿, 자바빈)은 [웹 애플리케이션 폴더]\WEB-INF\classes 폴더에 위치해야 한다. 톰캣 8.0.26에서 서비스되는 [StudyBasicJSP] 프로젝트를 예로 들면 C:\apache-tomcat-8.0.26\webapps\StudyBasic JSP\WEB-INF\classes에 자바빈 클래스들이 위치한다.

가상환경 이클립스에서는 [프로젝트명]-[Java Resources]-[src] 폴더에 자바빈 클래스들이 위치한다. 이클립스에서 자바 기반의 자바 프로젝트, 동적 웹 프로젝트, 안드로이드 프로젝트들에서 로직 파일인 .java 파일은 모두 이 [src] 폴더에 위치한다.

또한 이클립스에서 자바빈을 포함한 로직 파일을 작성하면, 원본 파일은 [프로젝트명]-[[Java Resources]-[src] 폴더에 위치한다. 또한 자동으로 컴파일되어 '.class' 파일은 [build]-[classes] 폴더에 위치한다. 다 작성 후 해당 프로젝트를 WAR 파일로 내보내기 하면 [build]-[classes] 폴더에 있는 자바 클래스 파일들은 서버상의 [웹 애플리케이션 폴더]\WEB-INF\classes 폴더에 알아서 배치된다. 즉, 자바빈 파일의 컴파일이나 위치를 일일이 신경쓸 필요가 없다.

복잡해 보이나 규칙만 이해하면 그다지 어렵지 않고 몇 번 연습하면 쉽다. 특히 이클립스에서 지금 우리가 배운 데이터를 저장하는 빈을 위한 setXxx() 메소드와 getXxx() 메소드를 [Source]-[Generate Getters and Setters ...] 메뉴를 사용하면 자동으로 생성할 수 있어 아주 편하다. 편한 것은 편한 대로 사용하면 된다. 어차피 현업에서 개발할 때도 이클립스를 사용하기 때문이다.

이번에는 규칙도 익혔으니 간단한 자바빈을 작성하는 예제를 실습해 보도록 하겠다. 아직 여기서는 사용되지는 않으나 다음 항목에서 작성할 JSP 페이지를 위해 미리 작성해 둔다.

실습 | [ch10] 폴더 작성

[WebContent]에 [ch10] 폴더를 생성한다.

01 [[StudyBasicJSP]의 [WebContent] 폴더를 선택하고, 마우스 오른쪽 버튼을 클릭해 [New]-[Folder] 메뉴를 선택한다.

02 [New Folder] 창이 표시된다. [Enter or select the parent folder] 항목의 값이 [Study BasicJSP/WebContent]이면 [Folder name] 항목에 "ch10"를 입력하고 [Finish] 버튼을 클릭한다.

03 [Project Explorer] 뷰에서 [WebContent] 폴더 안에 [ch10] 폴더가 생성된 것을 확인할 수 있다

간단한 자바빈 작성

이 예제는 name 프로퍼티 하나만 있는 데이터를 저장하는 자바빈으로, 이 자바빈에는 name 프로퍼티 값을 저장하거나 얻어내기 위한 setter 메소드와 getter 메소드가 존재한다.

이 예제의 결과로 작성된 자바빈 파일이다.

```java
package ch10.bean;

public class TestBean {

    private String name; //프로퍼티

    public String getName() {
        return name;
    }

    public void setName(String name) {
        this.name = name;
    }

}
```

작성파일의 정보는 다음과 같다.

name 프로퍼티 하나만 있는, 데이터를 저장하는 자바빈인 TestBean.java 파일

작성파일명	TestBean.java
작성위치	StudyBasicJSP/WebContent/ch10
부록CD에서의 제공위치	source/ch10

주의) 자바빈 작성 시 톰캣서버를 내린다. 자바빈 클래스를 포함한 로직코드를 수정할 경우 톰캣서버의 재기동이 필요하기 때문이다.

01 먼저, TestBean.java 파일을 관리할 패키지를 작성하기 위해 [Java Resources]-[src] 폴더를 선택하고, 마우스 오른쪽 버튼을 클릭해 [New]-[Package] 메뉴를 선택한다.

02 [New Java Package] 창이 표시되면 [Name] 항목에 "ch10.bean"을 입력 후 [Finish] 버튼을 클릭한다. 패키지명은 2단계 이상으로 주는 것이 권장 사항이다.

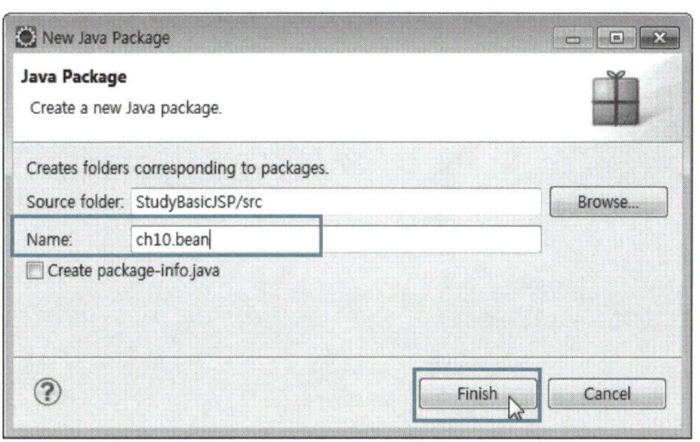

03 TestBean.java 파일을 작성하기 위해 [src]-[ch10.bean] 패키지를 선택 후, 마우스 오른쪽 버튼을 클릭해 [New]-[Class] 메뉴를 선택한다.

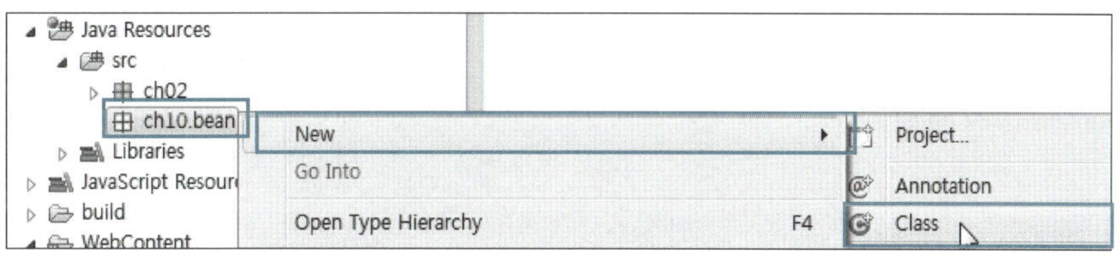

04 [New Java Class] 창이 표시된다. [Package] 항목의 값이 "ch10.bean"인 것을 확인하고, [Name] 항목에 "TestBean"이라 입력한 후 나머지는 기본값을 그대로 사용하고 [완료] 버튼을 클릭한다.

05 [Project Explorer] 뷰에서 [StudyBasicJSP]-[Java Resources]-[src] 폴더의 [ch10.bean] 패키지 안에 TestBean.java 파일이 위치되는 것을 확인할 수 있다.

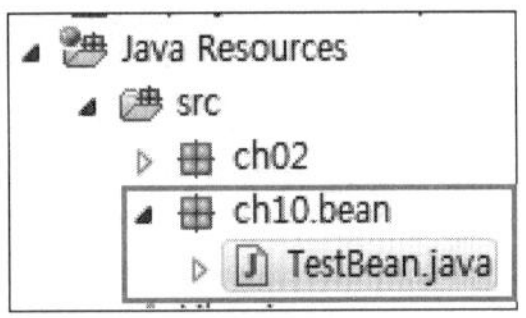

또한 [편집기] 뷰로 다음과 같이 TestBean.java 파일의 기본 작성 파일이 표시된다.

```java
package ch10.bean;

public class TestBean {

}
```

 TestBean.java 파일의 기본 작성 파일을 다음과 같이 수정한 후 저장한다.

```
01    package ch10 .bean;
02
03    public class TestBean {
04
05        private String name; // 프로퍼티
06    }
```

 TestBean.java 파일의 기본 작성 파일을 수정 후 저장한 후에 커서를 다음과 같은 위치
에 놓는다.

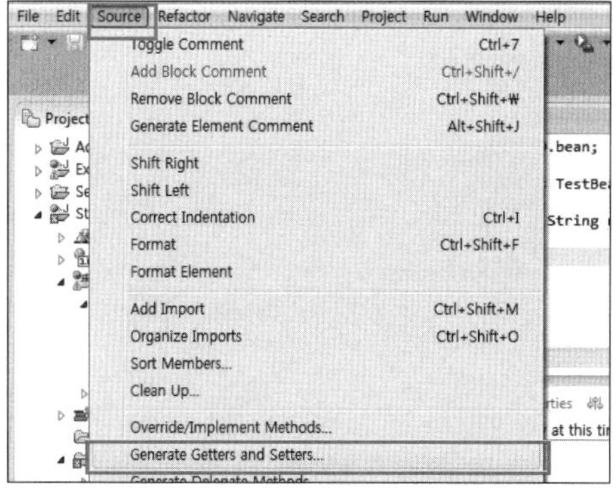

 커서를 위치시킨 후 [Source]-[Generate Getters and Setters...] 메뉴를 선택한다.

09 [Generate Getters and Setters] 창이 표시된다. 여기서 [Select getters and setters to create] 항목에서 name 프로퍼티를 선택하고, [Insertion point] 항목에서 [Last member] 항목을 선택한 후 [Sort by] 항목의 값이 [Fields in getter/setter pairs]로 선택된 것을 확인한 후 나머지 항목은 기본값을 그대로 사용하고 [Finish] 버튼을 클릭한다.

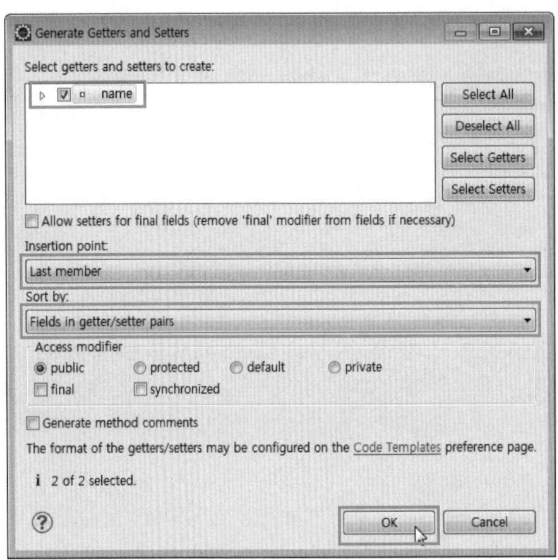

10 그림과 같이 getName() 메소드와 setName() 메소드가 자동으로 생성되는 것을 확인할 수 있다. 새로운 라인이 추가되었으니 변경 사항을 저장한다.

작성된 소스는 다음과 같다.

```java
01    package ch10.bean; //패키지명
02
03    public class TestBean { //자바빈 클래스 정의
04
05        private String name; //name 프로퍼티
06
07        //name 프로퍼티 값을 얻어내는 getter 메소드
08        public String getName() {
09           return name;
10        }
11
12        //name 프로퍼티 값을 저장하는 setter 메소드
13        public void setName(String name) {
14           this.name = name;
15        }
16
17    }
```


01   package ch10.bean;은 패키지명을 기술하는 부분으로, 작성되는 자바클래스파일(.class)이 [ch10]–[bean] 폴더 안에 컴파일되어 작성된다. 여기서는 TestBean.class 파일이 [build]–[classes]–[ch10]–[bean] 폴더 안에 위치된다. 이클립스 버전에 따라 이 폴더의 내용을 볼 수 없는 경우도 있다.

03~17   TestBean 클래스의 영역으로, 이 클래스는 하나의 프로퍼티를 선언해서 Getter/Setter 메소드를 사용해서 해당 프로퍼티에 접근하는 클래스이다.

05   private String name;은 프로퍼티 name을 문자열 값을 저장할 수 있도록 String 타입으로 선언했다. 또한 프로퍼티의 접근제어자는 private을 사용하는 규칙을 지켜 작성했다.

08~10   getName() 메소드는 name 프로퍼티 값을 얻어내기 위해 사용하는 메소드이다.

13~15   setName(String name) 메소드는 name 파라미터의 값으로 name 프로퍼티의 값을 저장하기 위해 사용하는 메소드이다.

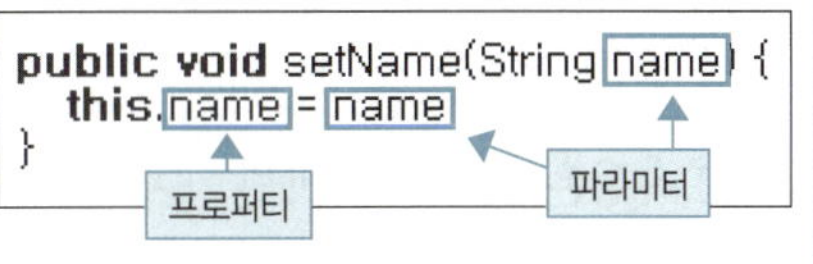

JSP 페이지에서는 자바빈을 사용하기 위해 3가지의 액션태그를 제공한다. 이들은 자바빈 객체를 생성하기 위한 useBean 액션태그(<jsp:useBean>), 자바빈 객체의 프로퍼티 값을 저장하기 위해 사용되는 setProperty 액션태그(<jsp:setProperty>) 및 자바빈 객체에서 저장된 프로퍼티 값을 얻어내기 위해 사용되는 getProperty 액션태그가 있다.

▼ 표 10-01 자바빈 관련 액션태그

자바빈 관련 액션태그
<jsp:useBean id="..." class="..." scope="..."/> 자바빈 객체를 생성
<jsp:setProperty name="..." property="..." value="..."/> 생성된 자바빈 객체에 프로퍼티 값을 저장
<jsp:getProperty name="..." property="..." /> 생성된 자바빈 객체에서 저장된 프로퍼티 값을 사용하기 위해 얻어냄

JSP에서 자바빈을 이용하기 위해 우리가 알아야 할 것은 위 3가지 태그뿐이다. 태그의 이름에서도 알 수 있듯이 자바빈 객체를 생성하고, 생성된 자바빈 객체에 프로퍼티 값을 저장하고, 생성된 자바빈 객체에서 저장된 프로퍼티 값을 가져오는 것으로 구성되어 있다.

1 자바빈 객체 생성 : useBean 액션태그(<jsp:useBean>)

<jsp:useBean> 액션태그는 자바빈 객체를 생성한다. 사용하는 방법은 다음과 같다.

```
<jsp:useBean  id= "빈 이름"  class="자바빈 클래스 이름" scope="범위" />
```

- id 속성은 생성될 자바빈 객체(인스턴스)의 이름을 명시하는 곳이다. 필수 속성으로 생략이 불가능하다.

- class 속성은 객체가 생성될 자바빈 클래스명을 기술하는 곳이다. 이때 패키지명을 포함한 자바클래스의 풀네임을 기술한다. 필수 속성으로 생략이 불가능하다.

- scope 속성은 자바빈 객체의 유효 범위로 자바빈 객체가 공유되는 범위를 지정한다. scope 속성값으로는 page, request, session, application을 가지며 scope 속성 생략 시, 기본값은 page이다.

ch10.bean 패키지에 있는 TestBean 자바빈 클래스의 객체를 생성하는 ⟨jsp:useBean⟩ 액션태그의 사용 예는 다음과 같다.

```
⟨jsp:useBean  id= "testBean"  class="ch10.bean.TestBean" scope="page" /⟩
```

id 속성값인 testBean은 생성되는 객체명(인스턴스명, 레퍼런스명)이다. 향후 TestBean 클래스의 멤버 변수(프로퍼티)나 메소드에 접근하려면 testBean 레퍼런스를 사용해야 한다. 또한 scope 속성의 값이 "page"이기 때문에 이 객체는 현재의 JSP 내에서 공유될 수 있다.

위의 ⟨jsp:useBean⟩ 액션태그를 사용하는 것은 자바에서 객체를 생성하는 다음의 문장과 같다.

```
TestBean testBean = new TestBean()
```

만일, ⟨jsp:useBean⟩ 액션태그에서 id 속성값에 지정한 객체의 레퍼런스명이 이미 존재하는 경우, 자바빈 객체를 새로 생성하는 것이 아니라 기존에 생성된 객체를 그대로 사용한다. 이때 id 속성값, class 속성값, scope 속성값이 모두 같아야 같은 객체가 된다.

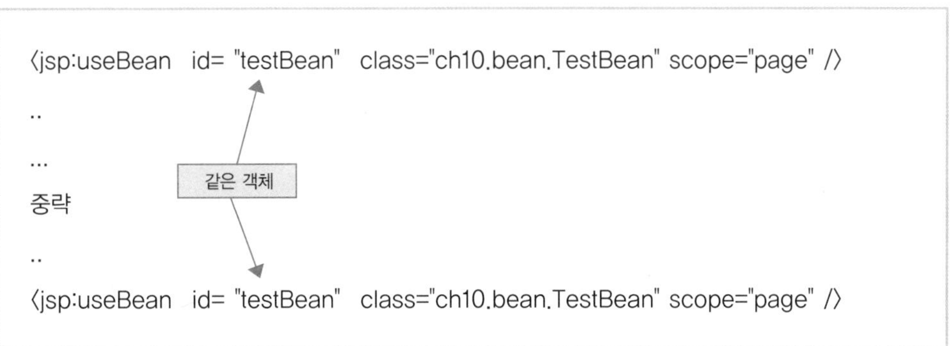

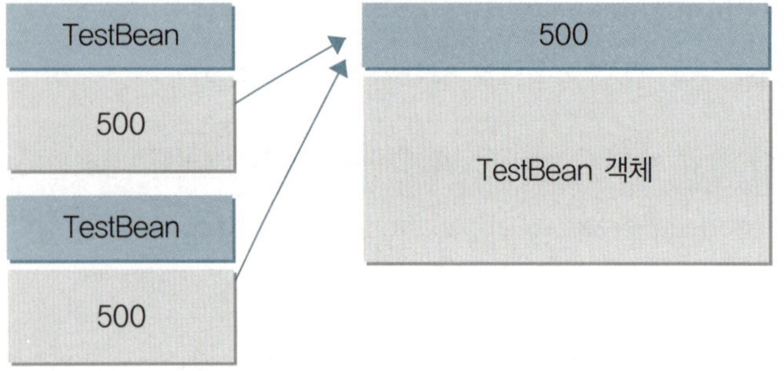

▲ 같은 TestBean 객체를 사용

2 프로퍼티 값 설정 : setProperty 액션태그(⟨jsp:setProperty⟩)

⟨jsp:setProperty⟩ 액션태그는 자바빈 객체의 프로퍼티 값을 저장하기 위해 사용된다. 사용 방법은 다음과 같다.

```
⟨jsp:setProperty  name= "빈 이름"  property="프로퍼티 이름" value="프로퍼티에 저장할
값 " /⟩
```

- name 속성은 자바빈 객체의 이름을 지정한다. 필수 속성으로 생략이 불가능하다.
  예 name="testBean"

- property 속성은 프로퍼티명을 지정한다. 필수 속성으로 생략이 불가능하다.
  예 property="name"

- value 속성은 프로퍼티에 저장할 값을 지정한다. 생략 가능하다.
  예 value="홍길동"

⟨jsp:setProperty⟩ 액션태그의 사용 예는 다음과 같다.

```
⟨jsp:useBean  id= "testBean"  class="ch10.bean.TestBean" scope="page" ⟩
   ⟨jsp:setProperty name="testBean" property="name"/⟩
⟨/jsp:useBean⟩
```

위의 〈jsp:setProperty name="testBean" property="name"/〉 액션태그는 자바빈 클래스의 setName() 메소드와 자동 연동된다. 즉 property 속성값 "name"은 자바빈 클래스의 name 프로퍼티를 의미한다. 이때 사용된 액션태그가 setProperty이므로 setName() 메소드와 연동하게 되는 것이다.

```java
public void setName(String name) {
    this.name = name;
}
```

하나의 프로퍼티 값을 세팅할 때는 위와 같이 사용하나 프로퍼티가 많을 경우 이 작업도 만만치 않다. 여러 개의 프로퍼티를 일일이 지정하는 것도 보통일은 아니다.

```
<jsp:useBean id="inDb" scope="page" class="bean.logon.DbDataLogin">
   <jsp:setProperty name="inDb" property="id"/>
   <jsp:setProperty name="inDb" property="userpass"/>
   <jsp:setProperty name="inDb" property="username"/>
   <jsp:setProperty name="inDb" property="socialid1"/>
   <jsp:setProperty name="inDb" property="socialid2"/>
   <jsp:setProperty name="inDb" property="birth"/>
   <jsp:setProperty name="inDb" property="email"/>
   <jsp:setProperty name="inDb" property="addr"/>
   <jsp:setProperty name="inDb" property="zip1"/>
   <jsp:setProperty name="inDb" property="job"/>
</jsp:useBean>
```

이렇게 많은 프로퍼티의 값을 한 번에 세팅할 수 있는데, property 속성값을 *(아스테리스크)로 주면 모든 프로퍼티 값이 저장된다.

다음의 예시는 많은 프로퍼티의 각각의 값을 한 번에 지정하는 예이다.

```
<jsp:useBean id="inDb" scope="page" class="bean.logon.DbDataLogin">
   <jsp:setProperty name="inDb" property="*"/>
</jsp:useBean>
```

아무 때나 한 번에 각각의 프로퍼티의 값을 지정할 수 있는 것은 아니다. 이 작업이 가능하려면 폼으로부터 넘어오는 파라미터의 이름과 개수가 프로퍼티의 이름과 개수와 일치해야한다.

〈사용자 입력 폼〉

```
<tr>
      <td bgcolor="" class="normalbold" width="200"> 사용자 ID</td>
      <td  width="400">
        <input type="text" name="id" size="10" maxlength="10">
        <input type="button" name="confirm_id" value="ID중복확인"
OnClick="openConfirmid(this.form)">
      </td>
   </tr>
```

〈자바빈을 사용하는 JSP 페이지〉

```
<jsp:useBean id="inDb" scope="page" class="bean.logon.DbDataLogin">
   <jsp:setProperty name="inDb" property="id"/>
</jsp:useBean>
```

〈자바빈 클래스〉

```java
public void setId(String id) {
     this.id = id;
}
```

위의 예시에서 굵게 강조한 세 부분이 일치해야 한다. 가급적이면 이렇게 작성해야 프로그램이 쉬워진다.

그런데 만일 폼으로부터 넘어오는 파라미터명과 자바빈 클래스의 프로퍼티명이 다를 경우에는 다음과 같이 작성한다.

〈사용자 입력 폼〉

```
〈tr〉
    〈td bgcolor="" class="normalbold" width="200"〉 사용자 ID〈/td〉
    〈td  width="400"〉
      〈input type="text" name="userid" size="10" maxlength="10"〉
      〈input type="button" name="confirm_id" value="ID중복확인"
OnClick="openConfirmid(this.form)"〉
    〈/td〉
  〈/tr〉
```

〈자바빈을 사용하는 JSP 페이지〉

```
〈jsp:useBean id="inDb" scope="page" class="bean.logon.DbDataLogin"〉
  〈jsp:setProperty name="inDb" property="id" param="userid"/〉
〈/jsp:useBean〉
```

〈자바빈 클래스〉

```
public void setId(String id) {
    this.id = id;
  }
```

위와 같이 폼으로부터 넘어온 파라미터명과 자바빈의 프로퍼티가 일치하지 않는 경우 〈jsp:setProperty〉 액션태그에 param 속성을 기술해야 한다. param 속성값에는 폼으로부터 넘어온 파라미터명을 기술한다.

❸ 프로퍼티 값 얻기 : getProperty 액션태그(<jsp:getProperty>)

<jsp:getProperty> 액션태그는 자바빈 객체에서 저장된 프로퍼티 값을 얻어내어 사용할 목적으로 쓴다. 사용 방법은 다음과 같다.

```
<jsp:getProperty  name= "빈 이름"  property="프로퍼티 이름"  />
```

- name 속성은 자바빈 객체의 이름을 명시하는 곳이다. 필수 속성으로 생략이 불가능하다.
  예 name="testBean"

- property 속성은 프로퍼티명을 기술하는 곳이다. 필수 속성으로 생략이 불가능하다.
  예 property="name"

<jsp:getProperty> 액션태그의 사용 예는 다음과 같다.

```
<jsp:useBean  id= "testBean"  class="ch10.bean.TestBean" scope="page" />
<jsp:getProperty name="testBean" property="name"/>
```

위의 <jsp:getProperty name="testBean" property="name"/> 액션태그는 자바빈 클래스의 getName() 메소드와 자동 연동된다. 즉 property 속성의 속성값 "name"은 자바빈 클래스의 프로퍼티 name을 뜻한다. 이때 사용된 액션태그가 getProperty이므로 getName() 메소드와 연동하게 되는 것이다.

```
public String getName() {
     return Name;
}
```

이제 앞에서 작성한 TestBean 자바빈을 사용하기 위해 간단히 JSP 페이지를 작성해 보자.

실습   **자바빈 객체를 생성해서 사용하는 JSP 페이지 작성**

이 예제는 앞에서 작성한 TestBean 자바빈을 JSP 페이지에서 사용하기 위한 예제이다. beanTestForm.jsp 페이지는 이름을 입력받는 폼을 제공하고, beanTestPro.jsp 페이지는 <jsp:useBean> 액션태그를 사용해서 자바빈을 JSP 페이지에서 사용할 수 있게 해준다.

이 예제의 결과는 다음과 같다.

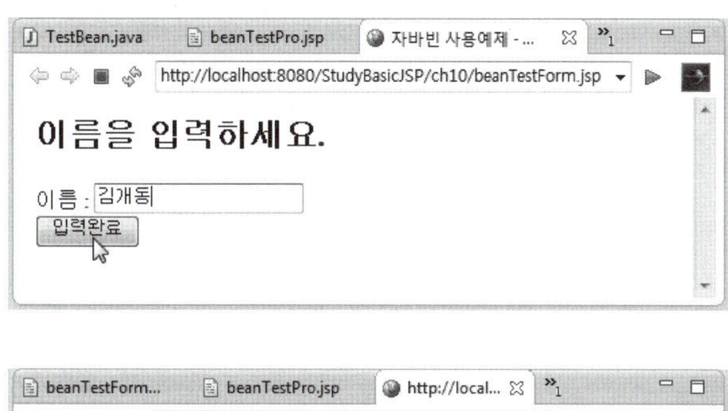

작성파일의 정보는 다음과 같다.

이름을 입력받는 폼을 제공하는 beanTestForm.jsp 페이지

작성파일명	beanTestForm.jsp
작성위치	StudyBasicJSP/WebContent/ch10
부록CD에서의 제공위치	source/ch10

자바빈을 JSP 페이지에서 사용할 수 있도록 제공하는 beanTestPro.jsp 페이지

작성파일명	beanTestPro.jsp
작성위치	StudyBasicJSP/WebContent/ch10
부록CD에서의 제공위치	source/ch10

01 beanTestForm.jsp 페이지를 [ch10] 폴더에 저장한다.

02 beanTestForm.jsp 페이지의 기본적인 코딩이 작성되면 다음과 같이 수정한 후 저장한다.

```
01  <%@ page language="java" contentType="text/html; charset=UTF-8"
02     pageEncoding="UTF-8"%>
03
04  <html>
05  <head>
06  <title>자바빈 사용 예제 - 이름을 입력하는 폼</title>
07  </head>
08  <body>
09   <h2>이름을 입력하세요. </h2>
10
11   <form method="post" action="beanTestPro.jsp">
12      이름 : <input type="text" name="name"> <br>
13         <input type="submit" value="입력완료">
14   </form>
15  </body>
16  </html>
```


11~14   <form> 태그의 영역으로 입력할 값들을 입력 후 [입력완료] 버튼을 클릭하면 프로그램 제어가 action 속성에 기술된 "beanTestPro.jsp" 페이지로 이동한다.

12   이름을 입력하면 입력된 이름은 name 변수에 들어간다. 이 변수는 beanTestPro.jsp 페이지의 7라인과 연결이 된다.

03 beanTestPro.jsp 페이지를 [ch10] 폴더에 작성한다.

04 beanTestPro.jsp 페이지의 기본적인 코딩이 작성되면 다음과 같이 수정한 후 저장한다.

```
01  <%@ page language="java" contentType="text/html; charset=UTF-8"
02     pageEncoding="UTF-8"%>
03
```

```
04    <% request.setCharacterEncoding("utf-8");%>

05

06    <jsp:useBean id="testBean" class="ch10.bean.TestBean">

07        <jsp:setProperty name="testBean" property="name"/>

08    </jsp:useBean>

09

10    <h2>자바빈을 사용하는 JSP 페이지</h2>

11

12    입력된 이름은 <jsp:getProperty name="testBean" property="name" /> 입니다.
```

소스 코드 설명

06~08 TestBean 자바빈의 객체 testBean를 생성한 후 7라인에서 객체의 레퍼런스명 testBean을 사용해서 TestBean 클래스의 setName( ) 메소드에 접근해서 beanTestForm.jsp 페이지에서부터 넘어오는 파라미터 변수 name의 값을 TestBean 클래스의 name 프로퍼티의 값으로 저장한다. 이때 넘어오는 파라미터 변수의 이름과 자바빈의 프로퍼티 이름이 같다.

12 <jsp:getProperty name="testBean" property="name" />은 TestBean 클래스의 getName( ) 메소드에 접근해서 name 프로퍼티의 값을 얻어내 <jsp:getProperty> 액션태그를 기술한 그 위치로 가져와서 화면에 출력한다.

05 beanTestPro.jsp 페이지의 수정이 끝나면 beanTestForm.jsp를 선택하고 마우스 오른쪽 버튼을 클릭해 [Run As]-[Run on Server] 메뉴를 선택 후 [Finish] 버튼을 눌러 실행한다.

06 beanTestForm.jsp 페이지가 실행된다. 입력 폼에 이름을 입력하고, [입력완료] 버튼을 클릭한다.

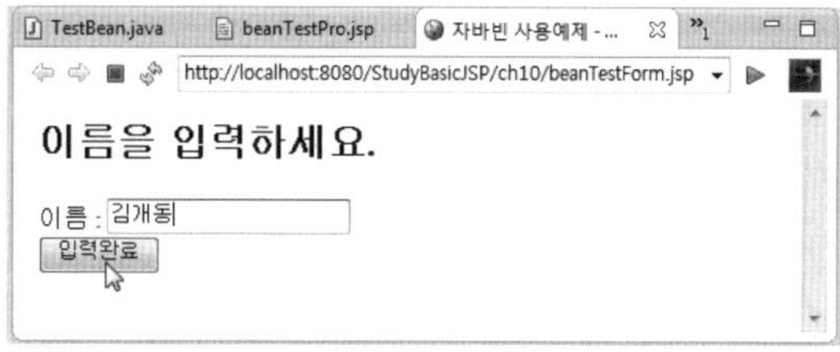

그러면 입력한 이름이 자바빈의 name 프로퍼티 값으로 저장되고, 다시 name 프로퍼티의 값을 얻어내서 화면에 출력한 결과를 확인할 수 있다.

지금까지 자바빈을 사용한 JSP 프로그래밍의 전체적인 모습에 대해 살펴보았다. 즉, 자바빈을 작성하고 컴파일한 후, JSP 페이지에서 액션태그를 사용하여 자바빈을 사용하는 일련의 작업을 해보았다. 실제 작성은 그다지 복잡하지 않다. 몇 번만 해보면 완전히 익숙해질 것이다.

자바빈을 JSP 페이지에서 사용하려면 먼저 자바빈 클래스를 생성하고 자바빈을 사용할 JSP 페이지를 작성하면 된다. 우리는 데이터를 저장하는 자바빈만 작성했다. 자바빈은 데이터베이스와 연동하는 빈이 하나 더 있어야 완벽해진다. 데이터를 저장하는 빈은 EJB의 엔티티빈(Entity Bean), 데이터베이스와 연동하는 빈은 EJB의 무상태 세션빈(Stateless Session Bean)과 같은 역할을 한다고 할 수 있다.

```java
package bean.logon;

import java.sql.*;
import java.util.*;
import java.net.*;
import util.pool.ConnectionPool;
public class DbProLogin {
    private Connection conn;
    private ConnectionPool pool;
    private static DbProLogin db;
    static{
        db= new DbProLogin();
    }
```

```java
//connectDB
public static DbProLogin getInstance()  {
    return db;
}


private  DbProLogin(){
  try {
    pool=new ConnectionPool("jdbc:odbc:board", "jdbcTest",
        "jdbcTest", "sun.jdbc.odbc.JdbcOdbcDriver", 2, 2);
    conn = pool.getConnection();
  }catch (Exception c) {
    c.printStackTrace();
  }
}
....
생략
```

위의 예시는 데이터베이스와 연동하는 빈의 예시이다. 아쉽게도 아직 우리는 데이터베이스를 연동하는 JDBC 부분을 학습하지 않아 데이터베이스와 연동하는 빈을 작성할 수 없다. 데이터베이스와 연동하는 빈은 JDBC를 학습한 후에 작성해 보도록 하겠다.

01 자바빈(JavaBean)의 개요

- JSP 페이지의 로직 부분을 분리해서 코드를 재사용함으로써 프로그램의 효율을 높이는 것이 자바빈 사용의 목적이다.

- 현재 모든 프로그래밍에서 모듈화(컴포넌트(component)화)가 대세이다. 프로그램의 모듈 화는 한 번 잘 작성해 놓은 코드를 재사용하므로 프로그램의 작성 기간이 단축되고, 이미 실시스템에 올렸던 코드를 사용하므로 코드의 안정성이 보장되어 유지 보수에도 좋다.

- 자바빈은 자바로 작성되어진 컴포넌트들을 일반적으로 일컫는 말로, 자바는 프로그램 기 본 단위가 클래스이고, 자바빈은 클래스들로 이루어진 복합적인 구조이다.

02 자바빈(JavaBean) 만들기 : 자바빈 클래스(JavaBean Class) 작성

❶ 자바빈(JavaBean) 클래스 작성

- 자바빈의 클래스 선언은 접근제어자를 public을 사용하여 작성한다.

```
public class DbDataLogin{ }
```

❷ Setter/Getter 메소드 작성

- 값을 저장만 하는 메소드이므로 리턴 타입이 void로, Setter 메소드인 setXxx() 메소드 의 작성 방법은 다음과 같다.

```
public void setId(String id){
    this.id=id.trim();
}
```

- 저장된 값을 사용해야 하므로 반드시 리턴 타입을 기술하며, Getter 메소드인 getXxx() 메소드 작성 방법은 다음과 같다.

```
public String getId(){
                    return id;
}
```

03 자바빈과 useBean 액션태그(〈jsp:useBean〉)의 연동

❶ 자바빈의 객체 생성 : useBean 액션태그(〈jsp:useBean〉)

• 〈jsp:useBean〉 액션태그는 자바빈 객체를 생성한다.

```
〈jsp:useBean  id= "빈 이름"  class="자바빈 클래스 이름" scope="범위" /〉
```

❷ 프로퍼티 값 설정 : setProperty 액션태그(〈jsp:setProperty〉)

• 〈jsp:setProperty〉 액션태그는 자바빈 객체의 프로퍼티 값을 저장하기 위해 사용된다.

```
〈jsp:setProperty  name= "빈 이름"  property="프로퍼티 이름" value="프로
퍼티에 저장할 값 " /〉
```

❸ 프로퍼티 값 얻기 : getProperty 액션태그(〈jsp:getProperty〉)

• 〈jsp:getProperty〉 액션태그는 자바빈 객체에서 저장된 프로퍼티 값을 사용하기 위해
사용된다.

```
〈jsp:getProperty  name= "빈 이름"  property="프로퍼티 이름"  /〉
```

01 자바빈은 JSP에서 어떤 목적으로 사용하는지 기술하시오.

02 다음의 조건에서 주어진 대로 자바빈을 작성하시오.

> ● **조건** ●
>
> - 자바빈의 접근제어자는 public으로 선언하고, 클래스명은 ExBean으로 지정한다.
> - ExBean 클래스는 ex.ch10 패키지에 속한다.
> - ExBean 클래스는 접근제어자를 private를 갖는 3개의 프로퍼티를 가지고 있다.
>   - String 타입의 id 프로퍼티
>   - String 타입의 passwd 프로퍼티
>   - int 타입의 number 프로퍼티

03 아이디, 패스워드, 좋아하는 숫자를 입력받아 자바빈을 사용해서 프로퍼티 값을 저장하고 저장한 값을 화면에 표시하기 위해 접근하는 프로그램이다. 값을 입력받는 폼은 ex10_03Form.jsp 페이지가 입력받은 값과 자바빈의 연동은 ex10_03Pro.jsp 페이지가 한다. 이때 자바빈은 2번 문제에서 작성한 ExBean.java를 사용한다. 프로그램의 소스는 다음과 같다. 다음 소스들에서 빈 칸을 채우시오.

값을 입력받는 폼인 `ex10_03Form.jsp` 페이지

```
<%@ page language="java" contentType="text/html; charset=UTF-8"
    pageEncoding="UTF-8"%>

<html>
<head>
<title>좋아하는 숫자 입력</title>
</head>
<body>
    <h2>좋아하는 숫자를 입력하세요.</h2>
```

```
<form method="post" action="ex10_03Pro.jsp">
    아이디: <input type="text" name="id"> <br>
    패스워드: <input type="password" name="passwd"> <br>
    좋아하는 숫자: <input type="text" name="number"> <br>
    <input type="submit" value="입력완료">
  </form>
</body>
</html>
```

자바빈과 연동하는 `ex10_03Pro.jsp` 페이지

```
<%@ page language="java" contentType="text/html; charset=UTF-8"
    pageEncoding="UTF-8"%>

<%request.setCharacterEncoding("utf-8"); %>

<jsp:useBean id="exBean" class="ex.ch10.ExBean">
   (①                              )
</jsp:useBean>

<h2>입력한 정보표시</h2>
아이디: <jsp:getProperty name="exBean" property="id" /> <br>
패스워드: (②                            )<br>
좋아하는 숫자: (③                        )
```

04 앞의 문제 3번을 완성해서 실행하시오.

11
CHAPTER

데이터베이스와 JSP의 연동

이번 장에서는 JSP 페이지와 데이터베이스와의 연동을 위한 데이터베이스 연결 기술인 JDBC의 개념과 JSP 페이지에서 JDBC를 사용하여 데이터베이스를 연동한 웹 애플리케이션 작성을 학습한다. 또한 DBCP API를 사용한 커넥션 풀도 설정한다.

1. 데이터베이스의 개요 및 설치   2. 이클립스에서 [Data Source Explorer] 뷰를 사용한 데이터베이스 직접 제어
3. SQL(Structured Query Language) 쿼리의 개요   4. JDBC를 사용한 JSP와 데이터베이스의 연동
5. 자카르타 DBCP API를 이용한 커넥션 풀(connection pools) 설정

01 | 데이터베이스의 개요 및 설치

거의 모든 애플리케이션 시스템에서 데이터를 보관할 때 데이터베이스를 사용한다. 데이터를 사용하지 않는 시스템은 없으니, JSP를 포함한 모든 애플리케이션이 사용한다고 해도 과언이 아니다. JSP와 같은 웹 프로그램에서는 폼으로부터 입력받는 데이터, 화면에 표시해야 할 데이터들을 모두 데이터베이스에 저장해서 관리하고 있다. 이제 이 데이터베이스에 대해 알아보자.

1 데이터베이스와 DBMS(Database Management System)

업무가 다양화하고 복잡해짐에 따라 업무를 처리하기 위한 프로그램은 많은 기능을 가지게 되었고, 프로그램에서 다루는 데이터의 양도 많아졌다.

과거에는 데이터를 파일로 관리하였다. 파일로 관리되는 데이터는 호환성이 없어서 데이

터의 교환이나 관리 등에 문제점이 야기되었다. 즉, 기존의 데이터를 활용하고 싶어도 파일의 시스템이 달라지면 데이터 파일을 다시 생성해야 했고 보안상의 문제도 생겨났다.

이러한 문제점 때문에 데이터베이스가 등장하였다. 데이터베이스는 데이터의 효율적인 관리를 목적으로 하는 데이터의 집합으로, 데이터를 지속적으로 관리하는 것을 목적으로 하고 있다.

데이터베이스를 관리하는 프로그램을 DBMS(Database Management System)라고 한다. DBMS는 데이터를 안정적으로 보관할 수 있는 다양한 기능을 제공한다. 주요한 기능을 살펴보면 데이터의 삽입/수정/삭제, 데이터의 무결성 유지, 트랜잭션 관리, 데이터의 백업 및 복원, 데이터 보안 기능 등이 있다. DBMS는 현재 ORDBMS(Object Relational DBMS : 객체 관계형 DBMS)와 RDBMS(Relational DBMS : 관계형 DBMS)가 주류를 이루고 있으며, 그밖에 OODBMS(Object-Oriented DBMS : 객체지향 DBMS) 등이 있다.

RDBMS는 데이터를 이차원적인 구조를 가지는 테이블(Table)로 표현한다. 하나의 데이터베이스 안에 하나 이상의 테이블을 갖고 있고, 현재 사용되는 대부분의 DBMS가 이 구조를 갖고 있다. Microsoft 사의 MS-SQL, ACCESS, SAP 사의 SYBASE, ORACLE 사의 ORACLE, IBM 사의 DB2, INFORMIX, MySQL 사의 MySQL 등은 버전에 따라 RDBMS 또는 ORDBMS에 해당한다.

테이블은 DBMS에서 데이터를 저장하는 저장소이다. 모든 데이터는 테이블에 저장해야 한다. 테이블은 레코드로 이루어져 있고, 다시 레코드는 필드로 이루어져 있다. 한 가지 명심할 사항은 테이블에서 데이터 처리의 기본 단위가 필드가 아니라 레코드란 것이다. 우리가 테이블을 JSP 프로그램 연동에서 사용할 때도 데이터는 레코드 단위로 처리된다.

데이터베이스가 무엇이고, DBMS가 무엇인가에 대해 알게 되었으니 이제 JSP 프로그램과의 연동을 위해서 DBMS를 설치해 보도록 하겠다. 이 책에서는 MySQL을 설치해 보도록 하겠다.

☑ MySQL 및 MySQL 드라이버 설치

MySQL은 중소 규모의 사이트에서 사용된다. 대규모의 사이트의 경우 Microsoft 사의 MS-SQL 또는 SAP 사의 SYBASE 또는 ORACLE 사의 ORACLE 또는 IBM 사의 DB2,

INFORMIX 등을 사용한다. 좋은 DBMS를 사용하는 것이 사이트의 응답 속도를 빠르게 하지만, 중소 규모의 사이트의 경우, 무리해서 비싼 DBMS를 사용하는 것보다 MySQL을 사용해도 좋다. MySQL은 개발용으로는 무료이지만 상용으로 사용될 때는 구입해서 사용해야 한다.

MySQL을 다운로드 받아 설치한 후 MySQL 드라이버도 다운로드 받아 설치한다. MySQL 드라이버는 MySQL과 JSP와 같은 응용프로그램을 연결할 때 사용한다.

그럼 MySQL부터 다운받아서 설치해 보자(기존에 다른 DBMS가 있으면 그것을 사용해도 좋다).

1) MySQL 다운로드 및 설치

MySQL은 http://dev.mysql.com/downloads/ 사이트에서 제공하며, 우리가 다운로드 받아서 설치할 MySQL 5.5버전과 커넥터드라이버 파일은 부록CD의 program 폴더에도 있으니, 다운로드 받지 않고 부록CD의 파일을 사용해도 된다.

이 책을 쓴 시점에서 최신 버전은 5.6버전이나, 이 버전은 DB를 전문적으로 사용하는 데 알맞은 버전이다. 따라서 프로그래밍에서 DB를 간단하게 연결해 쓰기에는 맞지 않다. 한 마디로 소 잡는 칼로 닭을 잡는 격이다. 이 버전은 MySQL로 DBMS를 전문적으로 관리하는 작업을 하거나 배우려는 사람들에게 추천한다.

우리는 단순히 프로그래밍에 연결해서 쓸 것이므로 5.5버전을 사용한다.

❶ MySQL 다운로드(http://dev.mysql.com/downloads/mysql)

01. 웹 브라우저의 주소에 http://dev.mysql.com/ downloads/mysql라 입력하면 다운로드 사이트로 이동한다.

02. [Looking for previous GA versions?] 항목에서 [MySQL Community Server 5.5] 항목을 클릭한다.

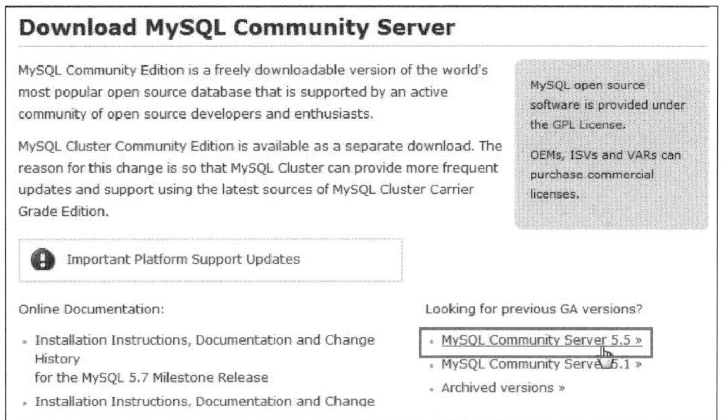

▲ MySQL 다운로드 2

03 [Download MySQL Community Server] 화면이 표시되면 [Selection Version] 항목의 값이 [5.5.최신버전]이고, [Select Platform] 항목의 값이 [Microsoft Windows]인 것을 확인 후 [Windows (x86, 32-bit), MSI Installer] 항목의 [Download] 버튼을 클릭한다.

Windows 64bit인 경우에는 [Windows (x86, 64-bit), MSI Installer] 항목의 [Download] 버튼을 클릭한다.

▲ MySQL 다운로드 3

04 [Begin Your Download – mysql-5.5.버전번호-win32.msi] 화면은 로그인하거나 회원가입을 하라는 내용이 있으나 이를 무시한다. 그리고 스크롤바를 내려 [No thanks, just start my download.] 항목을 클릭한다.

그러면 mysql-5.5.버전번호-win32.msi 파일의 다운로드가 시작된다. Windows 64bit인 경우에는 mysql-5.5.버전번호-winx64.msi 파일이 다운로드 된다.

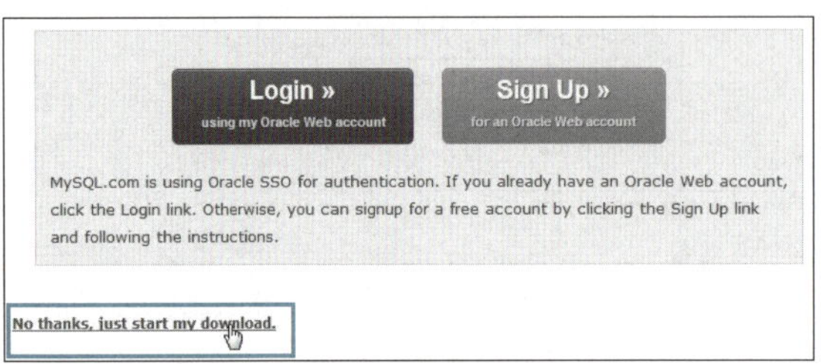

▲ MySQL 다운로드 4

Oracle을 다운받을 경우

우리나라의 대기업, 관공서 등에서 오라클 데이터베이스를 많이 사용하고 있는 관계로 오라클의 점유율이 상당히 높은 편이다. 그래서 DB로 오라클을 사용하고 싶어하는 학습자들도 많다.

오라클을 다운로드 받을 때는 http://www.oracle.com/technetwork/database/enterprise-edition/downloads/index.html 사이트에서 한다. 자신의 컴퓨터 운영체제에 맞는 것을 잘 선택해서 다운받아 설치한다.

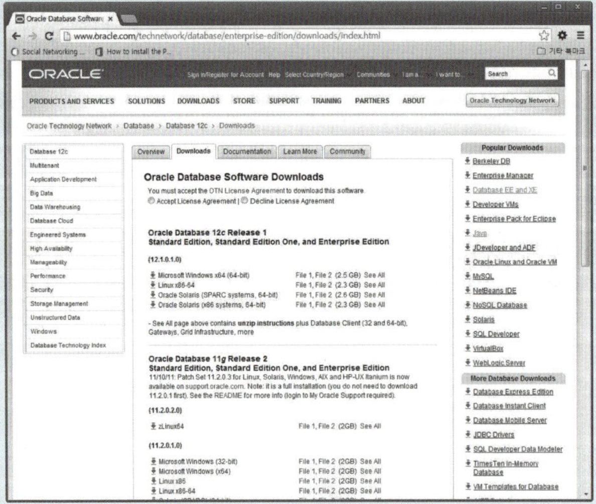

11g를 사용하는 경우 JDBC 드라이버는 오라클을 설치하고 나면 C:\app\계정명\product\11.2.0\dbhome_1\jdbc\lib 폴더 안에 있는 ojdbc6.jar를 사용한다.

❷ MySQL 설치

01 다운로드 받은 MySQL5.5(mysql-5.5.버전번호-win32.msi 또는 mysql-5.5.버전번호-winx64.msi) 파일을 선택하고, 마우스 오른쪽 버튼을 클릭한다. 표시되는 메뉴에서 [설치]를 클릭하면 설치가 시작된다.

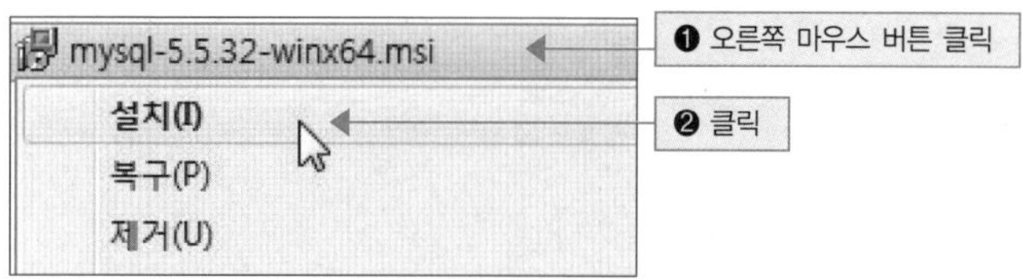

▲ MySQL 설치 1

02 보안 경고 창이 표시되면 [실행] 버튼을 클릭하고, 설치가 시작되면 [Next] 버튼을 클릭한다.

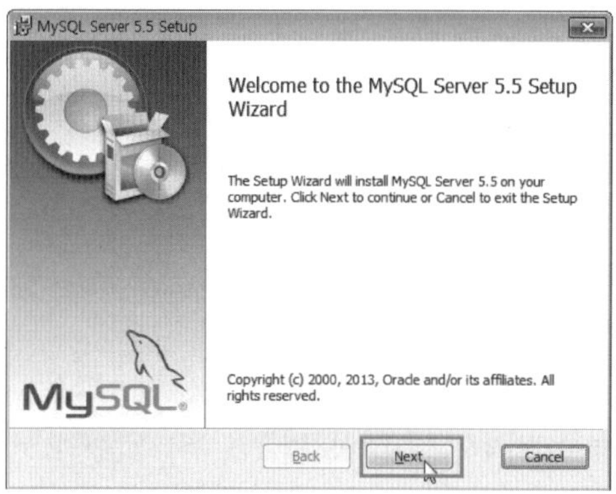

▲ MySQL 설치 2

03 라이선스 동의 화면인 [End-User License Agreement] 창이 표시되면, 라이선스에 동의하고 [I accept the terms in the License Agreement] 항목을 체크하고 [Next] 버튼을 클릭한다.

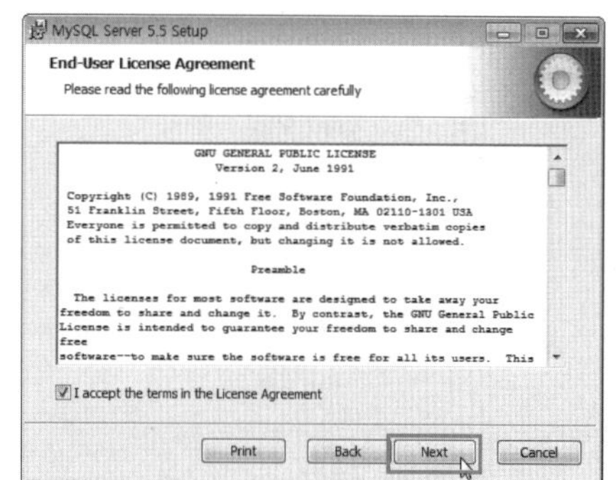

▲ MySQL 설치 3

04 [Choose Setup Type]에서 [Typical] 버튼을 클릭한다.

만일 설치 드라이브 및 설치 사항을 변경할 시에는 [Custom] 버튼을 클릭한다.

05 [Ready to Install MySQL Server 5.5] 화면이 표시되면 [Install] 버튼을 클릭한다.

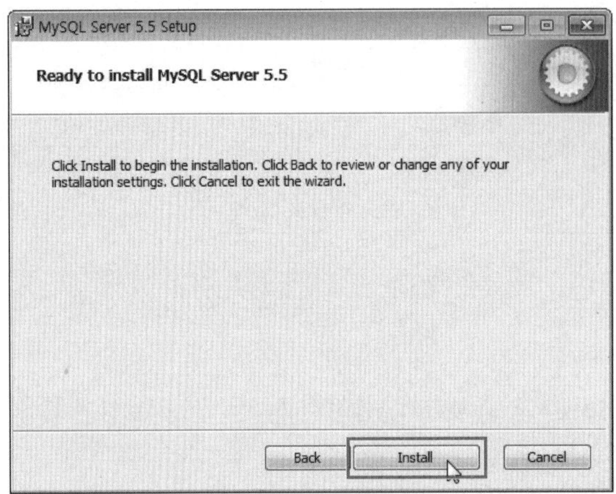

▲ MySQL 설치 4

06 설치가 시작된다. [사용자 계정 컨트롤] 창이 표시되면 [예] 버튼을 클릭하고 [Next] 버튼을 클릭한다.

07 계속 [Next] 버튼을 누르다가 설치가 끝나면 [Finish] 버튼을 클릭한다.

기본적인 설치가 끝나면 MySQL Server Instance를 설정해야 한다. 후에 따로 설정해도 되나 [Finish] 단추를 클릭하면 바로 연결해서 설치가 되니 그냥 한다. 권한 허용 창이 표시되면 [예] 버튼을 클릭한다.

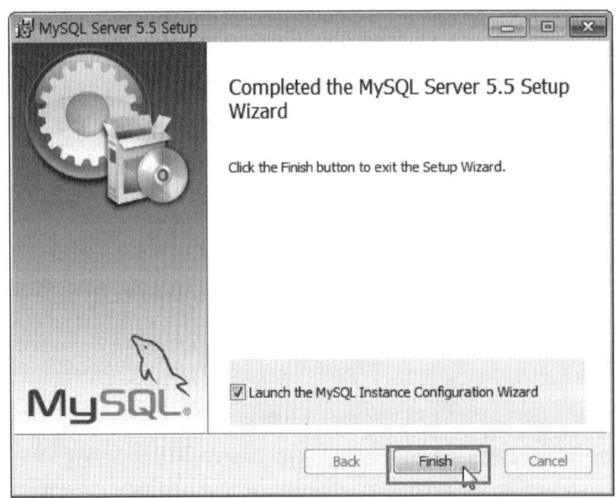

▲ MySQL 설치 5

08 [Welcome to the MySQL Server Instance] 창이 표시되면 [Next] 버튼을 클릭한다.
기본값을 그대로 사용하고 계속 [Next] 버튼을 클릭한다.

09 계속 [Next] 버튼을 누르다가 character set 설정 부분이 나오면 그림과 같이 [Manual Select Default Character Set/ Collation]을 선택하고 [Character set] 항목의 값을 [euckr]로 선택한 후 [Next] 버튼을 클릭한다.
반드시 MySQL5.5에서 다음과 같이 설정을 해야만 데이터베이스 테이블에서 한글이 깨지지 않는다. 이 부분에서 실수로 "euckr"을 선택하지 않은 경우에는 MySQL 설치 드라이브의 \Program Files\MySQL\MySQL Server 5.5폴더에서 my.ini 파일을 더블클릭하여 "default-character-set" 항목의 값을 "default-character-set=euckr" 와 같이 변경한다.

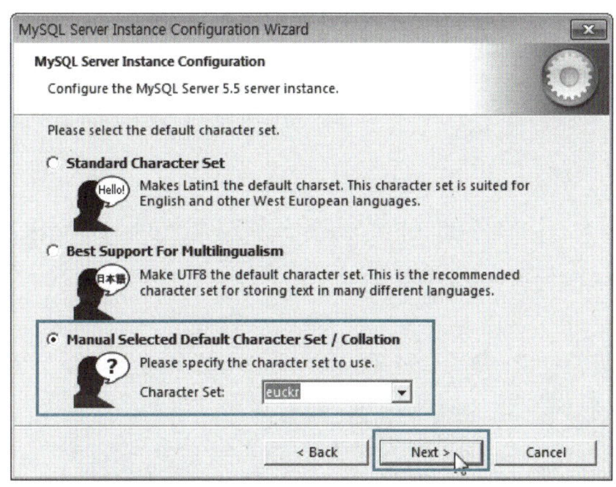

▲ MySQL 설치 6

10 계속 [Next] 버튼을 누르다가 [root 계정]의 패스워드 입력 부분이 나오면 패스워드를 두 번 입력한 후 [Next] 버튼을 클릭한다. 필자는 그냥 1234를 썼다 (이것은 연습용이니 1234를 입력한 것이다. 실무에서 사용할 때는 절대로 이런 패스워드를 사용하면 안 된다).

▲ MySQL 설치 7

11 [Execute] 버튼을 클릭하면 서비스가 시작된다. 다 설치되어 서비스가 시작되면 [Finish] 버튼을 클릭한다.

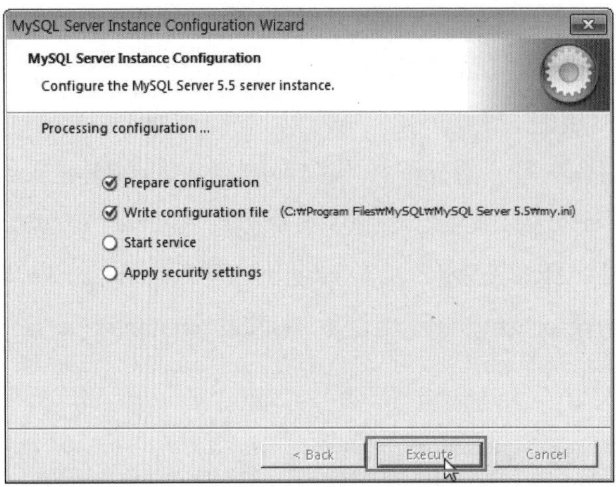

▲ MySQL 설치 8

12 설치가 완전히 끝나면 [시작]– [설정]–[제어판]–[관리도구]의 [서비스]에서 [MySQL] 서비스가 [시작됨]으로 시작한 것을 확인할 수 있다.

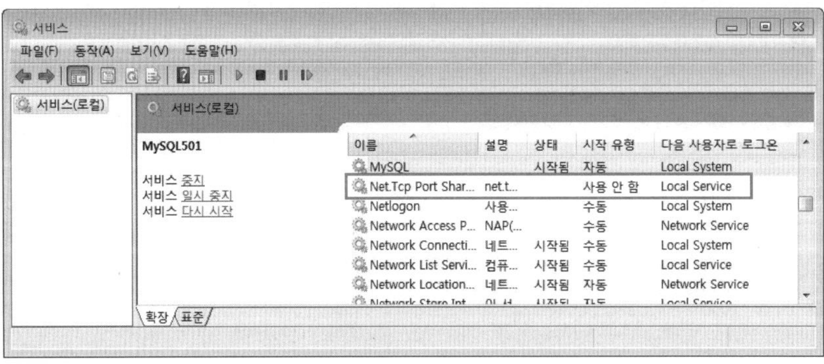

▲ MySQL 설치 확인

2) MySQL 드라이버 다운로드 및 설치

MySQL을 설치했다고 해서 끝난 것은 아니다. MySQL과 프로그래밍을 연동하려면 반드시 MySQL 드라이버를 설치해야 한다. 부록CD에서 제공하는 파일을 사용할 경우에는 다운로드는 생략해도 된다.

❶ MySQL 드라이버 다운로드

01 MySQL 다운로드 사이트 http://dev.mysql.com/downloads/에서 왼쪽의 다운로드
항목에서 [MySQL Connectors] 항목을 클릭한다.

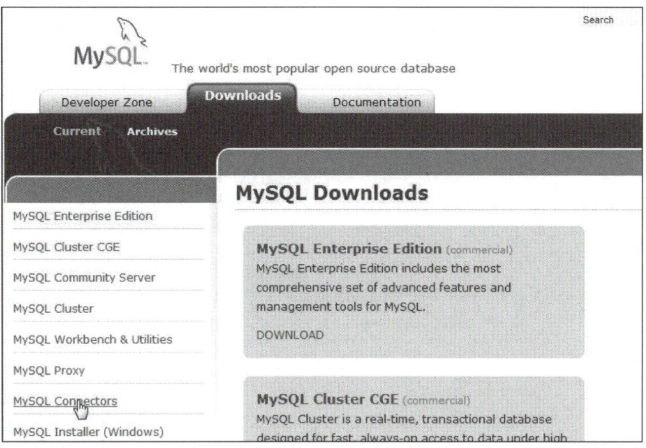

▲ MySQL 드라이버 다운로드 1

02 [MySQL Connectors] 화면으로 이동하면 왼쪽의 [MySQL Connectors]의 하위항목인
[Connector/J] 항목을 클릭한다.

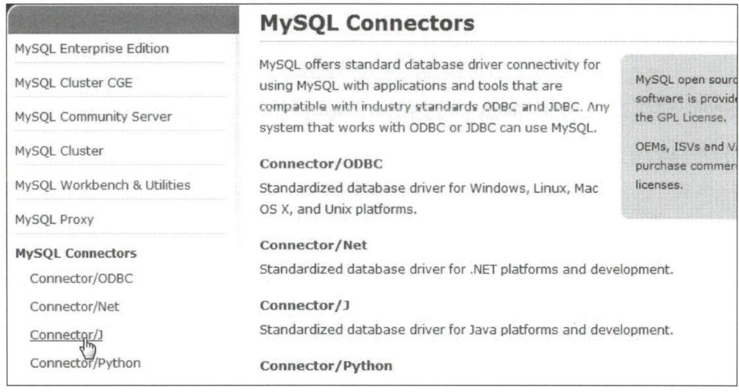

▲ MySQL 드라이버 다운로드 2

03 [Download Connector/J] 화면으로 이동하면 스크롤바를 내려 [Generally Available (GA) Releases] 탭에서 [Platform Independent (Architecture Independent), ZIP Archive] 항목의 [Download] 버튼을 클릭한다.

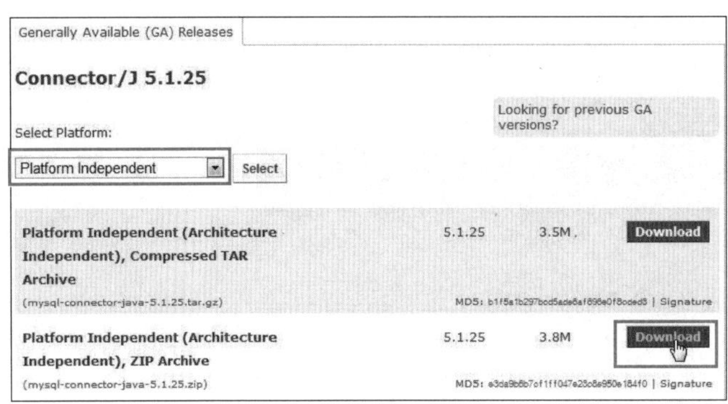

▲ MySQL 드라이버 다운로드 3

04 [Begin Your Download – mysql-connector-java-5.1.버전번호.zip] 화면에서 스크롤바를 내려 No thanks, just start my download. 항목을 클릭한다.
커넥터 드라이버 파일이 다운로드 된다.

❷ MySQL 드라이버 설치

01 다운로드 받은 커넥터 드라이버(mysql-connector-java-5.1.버전번호.zip) 파일의 압축을 해제한다. 압축 해제 위치는 어디든 상관없으니 편한 곳에 해제한다.

02 필자의 경우 [mysql-connector-java-5.1.버전번호] 폴더가 생성되고, 생성된 폴더 안에 다음과 같은 파일들이 표시된다. 이때 mysql-connector-java-5.1.버전번호-bin.jar 파일을 복사한다.

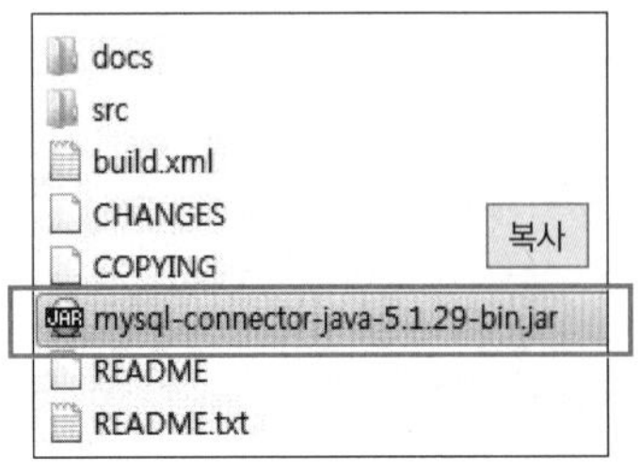

▲ MySQL 드라이버 설치 1

03 복사한 파일을 [자바설치드라이브의 jdk버전\lib] 폴더 안에 붙여넣기 한다. 필자의 경우 C:\Program Files\Java\jdk1.8.0_60\lib에 붙여넣기 했다.

일반적으로 자바 기반에서 프로젝트를 작성할 경우 이런 JAR 파일들은 [자바설치드라이브 jdk버전\lib] 폴더 안에 모아 관리하는 것이 좋다. 나중에 이클립스에서 프로젝트 내에 외부 JAR 파일을 추가하거나 가져오기할 때 이런 JAR 파일들이 모여 있어야 편하다.

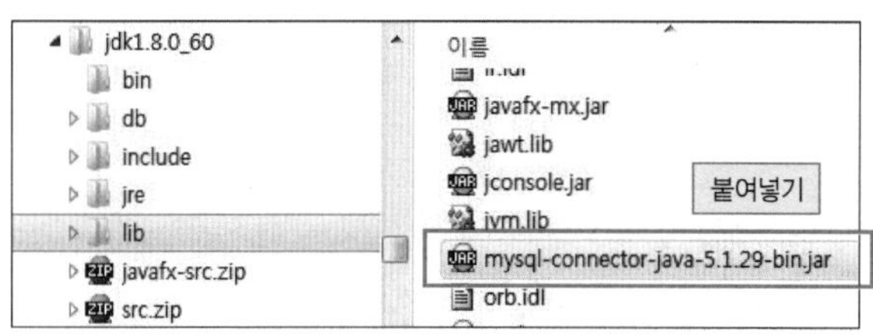

▲ MySQL 드라이버 설치 2

❸ 이클립스 프로젝트에 MySQL 커넥터 드라이버 연결

적당한 위치에 MySQL 커넥터 드라이버를 위치시킨 후에는 이클립스 프로젝트에서 JDBC를 사용할 수 있게 드라이버를 연결해 주어야 한다.

여기서는 이클립스에서 연결하며, MySQL 커넥터 드라이버는 JDBC를 사용한 DB연동이 필요한 프로젝트에서 설정한다. 이렇게 하는 이유는 각 프로젝트마다 다른 DBMS를 사용할 수 있게 하기 위한 것이다. 동적 웹 프로젝트에서 DB연동을 할 때 해당 드라이버는 반드시 [WebContent]-[WEB-INF]-[lib] 폴더에 위치해야 한다.

01 이클립스가 실행되어 있지 않으면 이클립스를 실행시킨다.

02 MySQL 커넥터 드라이버를 사용해 DB와 연동할 프로젝트인 [StudyBasicJSP] 안에 있는 [WebContent]-[WEB-INF]-[lib] 폴더에 mysql-connector-java-5.1.버전번호-bin.jar 파일을 복사해서 붙여넣기 한다.

03 [StudyBasicJSP] 프로젝트의 [WebContent]–[WEB-INF]–[lib] 폴더 안에 [mysql-connector-java-5.1.버전번호-bin.jar] 파일이 추가된 것을 확인할 수 있다.

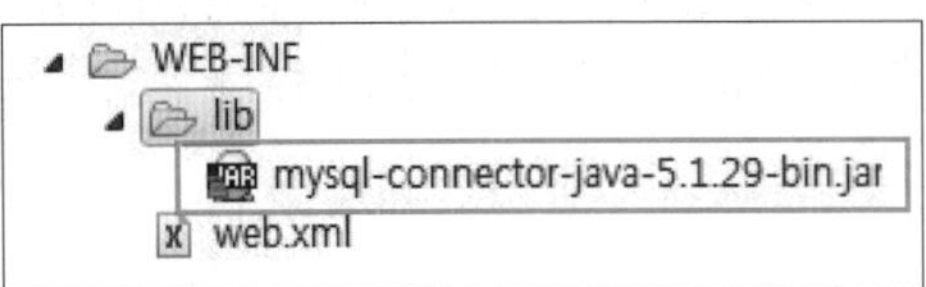

▲ 이클립스에서 드라이버 연결 4

기본적인 설치는 끝났으나 설치를 확인 후, 데이터베이스를 생성하고, 생성된 데이터베이스에 접근할 수 있는 계정을 생성하는 작업이 남아 있다. 원래 DB는 설치하는 것도 할 일이 많으나 설치 후에 해야 하는 작업도 만만치 않다. 나머지 작업을 시작해 보자.

❹ MySQL 설치 확인

01 윈도의 [보조프로그램]에 있는 [명령 프롬프트] 메뉴를 선택하거나 [시작]–[실행]에서 cmd를 입력해 실행한다.

02 명령 프롬프트가 표시되면 다음과 같이 명령어를 입력해 MySQL 설치 드라이브로 이동한다. 명령을 입력 후에는 항상 Enter 키를 누른다.

```
C:\~)cd\
C:\)cd C:\Program Files\MySQL\MySQL Server 5.5\bin
```

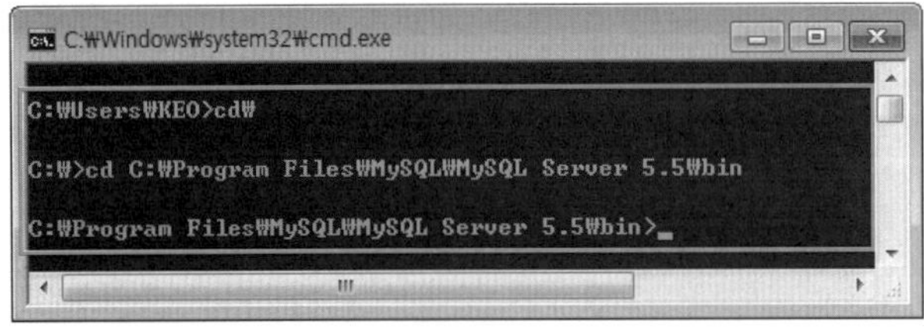

▲ MySQL 설치 확인 1

03 아직 계정을 만들지 않았으니 루트(root) 계정을 사용해서 MySQL에 접속해 본다.
명령 프롬프트 창에 다음과 같이 입력해서 루트 계정으로 접속한다.

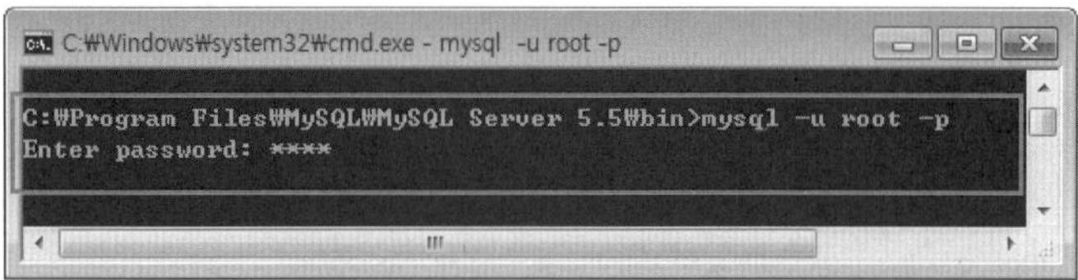

Enter password : 항목에는 MySQL 설치의 마지막에 입력했던 루트 계정의 패스워드
를 입력한다. 필자는 1234를 입력했다.

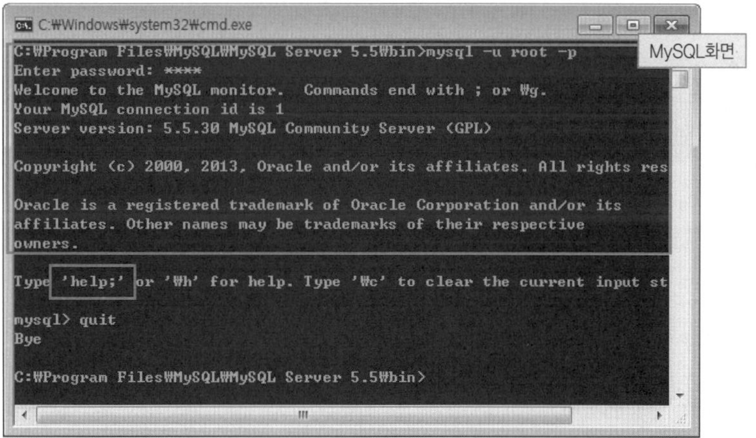

▲ MySQL 설치 확인 2

04 접속된 MySQL 화면이 표시되어, 프롬프트가 mysql>로 변경된다.
이때 quit 명령을 입력하면 MySQL 화면을 빠져나오고, 프롬프트가 다시 C:\Program
Files\MySQL\MySQL Server 5.5\bin>로 변경된다.

▲ MySQL 설치 확인 3

❺ MySQL에 데이터베이스 추가(데이터베이스명 : basicjsp)

01 데이터베이스를 추가하려면 mysqladmin을 사용해야 한다.
명령 프롬프트 창에 다음과 같이 입력해 basicjsp 데이터베이스를 생성한다.

```
C:\Program Files\MySQL\MySQL Server 5.5\bin>mysqladmin -u root -p
create basicjsp
```

Enter password : 항목에 루트 계정의 패스워드를 입력한다. 필자는 1234를 입력했다.

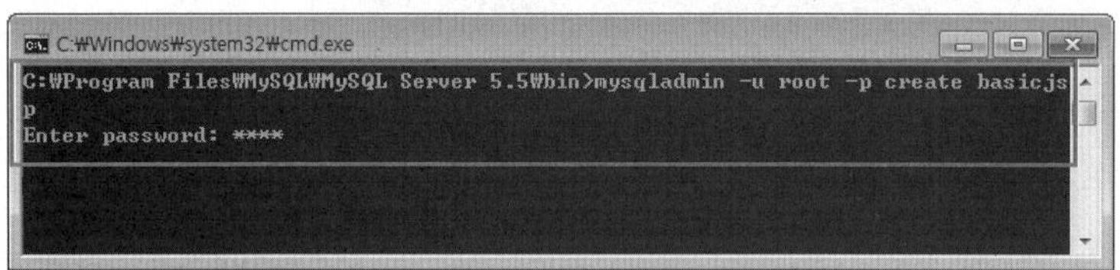

▲ basicjsp 데이터베이스 생성 1

02 성공하면 DOS 명령 프롬프트 C:\Program Files\MySQL\MySQL Server 5.5\bin>가
표시된다.

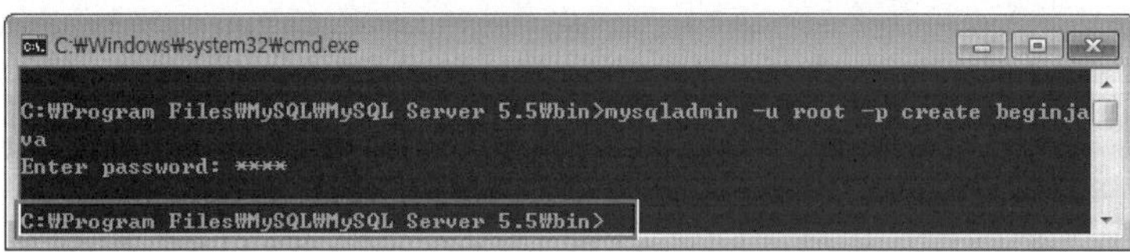

▲ basicjsp 데이터베이스 생성 2

❻ 생성된 데이터베이스에 사용자계정 추가 및 권한 설정

01 생성된 데이터베이스에 사용자계정 추가 및 권한을 설정하려면, MySQL에 루트 계정
으로 접속해야 한다.

```
C:\Program Files\MySQL\MySQL Server 5.5\bin>mysql -u root -p
```

이미지 위쪽의 명령 프롬프트 화면

▲ basicjsp 데이터베이스에 사용자계정 추가 및 권한 설정 1

02 앞에서 생성한 basicjsp 데이터베이스에 사용자계정 추가 및 권한을 설정해 보자.
먼저 로컬호스트(localhost)에 접근할 수 있는 권한부터 생성한다. 추가할 계정은 다음
과 같다.

> 사용자계정 : jspid
> 계정 패스워드 : jsppass

명령 프롬프트 창에 다음과 같이 입력하여 사용자계정을 추가해서 로컬호스트에 접근
할 수 있는 권한을 설정한다.
한 줄에 모두 입력하려 하지 말고 나눠서 입력한다. SQL에서는 ;을 만나기 전까지는 하
나의 문장이 끝난 것이 아니므로 여러 줄에 나눠서 입력해도 된다. 여러 줄에 나눠서 입
력하면 오다를 수정하기 쉽다.

```
grant select, insert, update, delete, create, drop, alter
on basicjsp.* to 'jspid'@'localhost'
identified by 'jsppass';
```

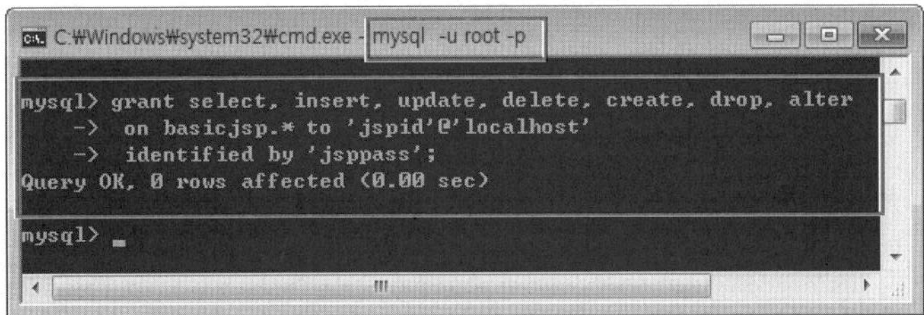

▲ basicjsp 데이터베이스에 사용자계정 추가 및 권한 설정 2

03 이번엔 모든 서버(%)에 접근할 수 있는 권한을 설정해 보자. 추가할 계정은 다음과 같다.

사용자계정 : jspid
계정 패스워드 : jsppass

명령 프롬프트 창에 다음과 같이 입력해서 사용자계정을 추가해서 모든 서버에 접근할 수 있는 권한을 설정한다.

```
grant select, insert, update, delete, create, drop, alter
on basicjsp.* to 'jspid'@'%'
identified by 'jsppass';
```

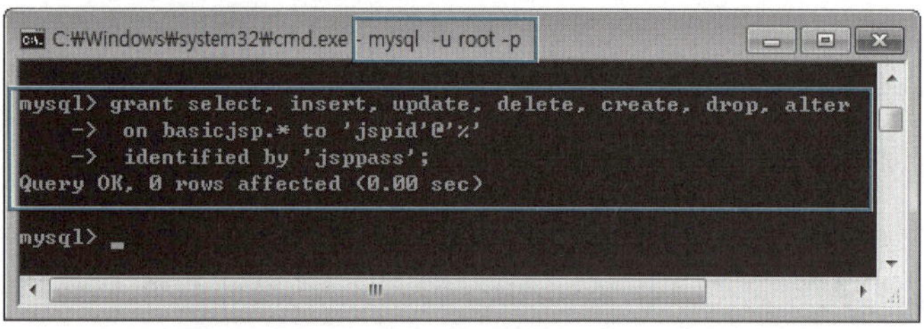

▲ basicjsp 데이터베이스에 사용자계정 추가 및 권한 설정 3

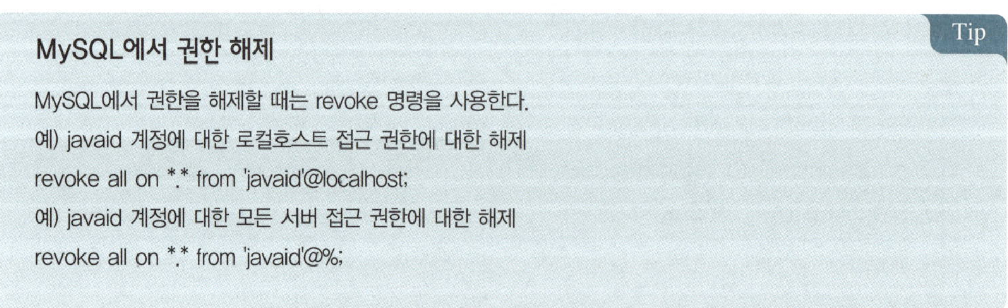

MySQL에서 권한 해제 Tip

MySQL에서 권한을 해제할 때는 revoke 명령을 사용한다.
예) javaid 계정에 대한 로컬호스트 접근 권한에 대한 해제
revoke all on *.* from 'javaid'@localhost;
예) javaid 계정에 대한 모든 서버 접근 권한에 대한 해제
revoke all on *.* from 'javaid'@%;

04 이번엔 basicjsp 데이터베이스에 사용자 계정 추가 및 권한이 제대로 설정되어 있는지 확인해 보자. 먼저 quit를 입력해서 루트 계정의 접속을 해제한다.

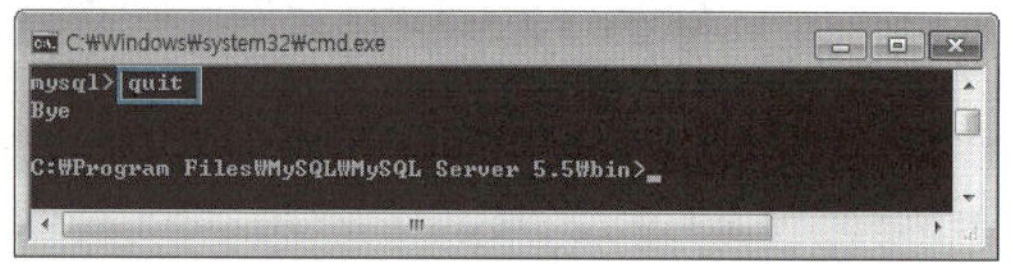

▲ basicjsp 데이터베이스에 사용자계정 추가 및 권한 설정 4

05 basicjsp 데이터베이스에 jspid 계정으로 접속해 보자.

```
C:\Program Files\MySQL\MySQL Server 5.5\bin>mysql -u jspid  -p basicjsp
```

Enter password : 항목에 javaid 계정의 패스워드인 jsppass를 입력한다.

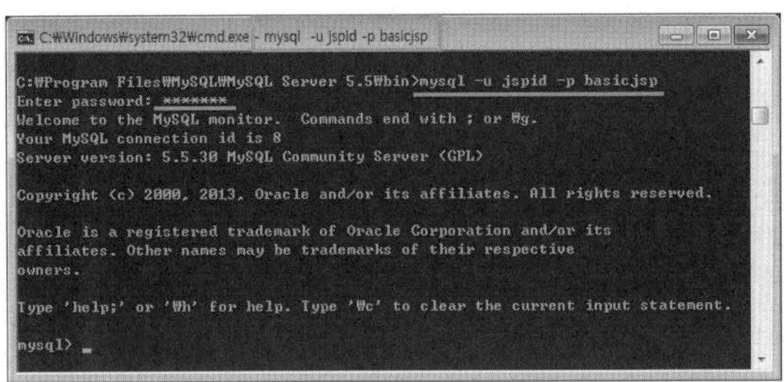

▲ basicjsp 데이터베이스에 사용자계정 추가 및 권한 설정 5

06 javaid 계정에서 접근할 수 있는 데이터베이스에 basicjsp가 있는지를 확인하기 위해 명령 프롬프트 창에 다음과 같이 입력해 보자.

```
mysql> show databases;
```

우리가 작성한 basicjsp 데이터베이스가 있는 것을 알 수 있다.

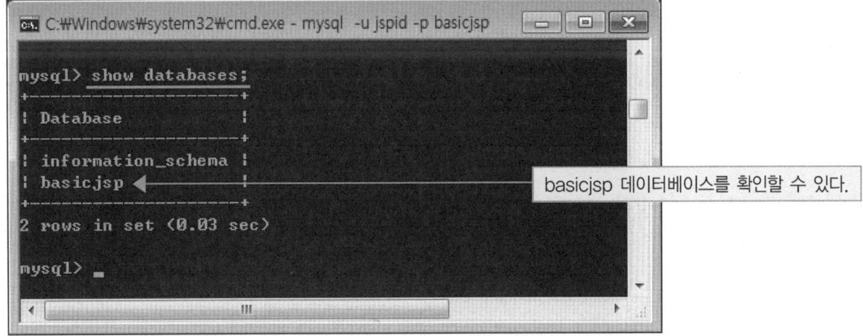

▲ basicjsp 데이터베이스에 사용자계정 추가 및 권한 설정 6

명령프롬프트에서 MySQL을 사용하는 것은 사실상 많이 불편하다. 사용시 필요한 데이터베이스, 계정 등을 추가했으므로 앞으로는 이클립스에서 MySQL을 끌어다가 사용한다. 명령프롬프트 창은 더 이상 필요 없으니 닫아둔다.

자, 이클립스에서 MySQL을 사용하는 방법을 이제부터 배워보자.

02 │ 이클립스에서 [Data Source Explorer] 뷰를 사용한 데이터베이스 직접 제어

이클립스에서 [Data Source Explorer] 뷰를 사용하면, DBMS와 연동해 데이터베이스를 직접 제어할 수 있다. 사실 명령프롬프트 창은 메모장과 같은 편집기처럼 자유롭게 쿼리 문을 기술하기가 쉽지 않다. 편집기에 문서를 작성하듯이 명령어를 복사해 재사용하거나, 다시 앞에 작성한 명령어 중 일부만을 재실행해 사용하는 방식은 쿼리문을 보다 쉽게 작성하고 실행할 수 있다. 명령프롬프트로는 어려운 작업이다. 그래서 프로그래머들이 하는 일 중 하나가 이와 같은 기능을 갖는 툴을 설치해 DB를 제어하는 것이었다. 이클립스 IDE for JEE에서는 이런 기능을 갖는 툴을 뷰로 제공하는데, 그것이 [Data Source Explorer] 뷰이다.

[Data Source Explorer] 뷰는 설치된 DBMS와 커넥터를 통해 쿼리문의 수행이 가능하도록 제공되는 뷰이다. 이 기본으로 제공되는 뷰를 사용해서 이클립스에서 테이터베이스를 제어해 보자.

▌1 [Data Source Explorer] 뷰에서 데이터베이스 커넥션 설정

이클립스의 [Data Source Explorer] 뷰에서 설치된 DBMS인 MySQL의 커넥터를 사용해 데이터베이스 커넥션을 설정해 보자. 이 커넥션을 설정해야 이클립스에서 데이터베이스를 제어할 수 있다.

01 데이터베이스 커넥션을 설정하기 위해 이클립스 창의 아래에 위치한 [Data Source Explorer] 뷰를 선택한다.

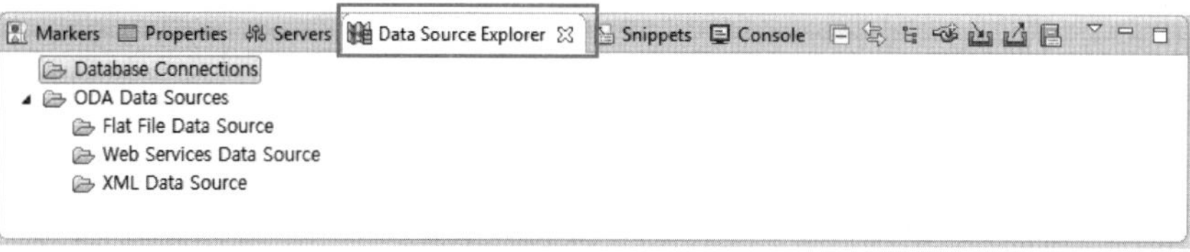

▲ 데이터베이스 커넥션 설정 1

02 [Data Source Explorer] 뷰의 내용이 표시되면 [Database Connections] 항목을 선택 후 마우스 오른쪽 버튼을 눌러 [New...] 메뉴를 선택한다.

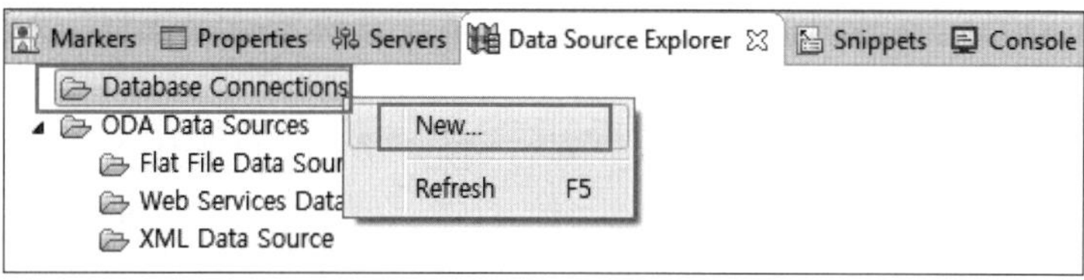

▲ 데이터베이스 커넥션 설정 2

03 [New Connection Profile] 창이 표시되면 [Connection Profile Type] 항목에서 [MySQL]을 선택하고 [Name] 항목에 "mysqlconn"을 입력 후 [Next] 버튼을 클릭한다. 만일 오라클을 설치한 경우에는 [Connection Profile Type] 항목에서 [Oracle]을 선택한다.

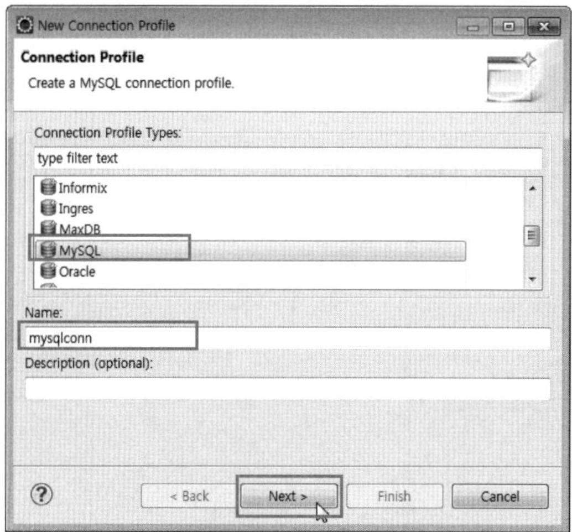

▲ 데이터베이스 커넥션 설정 3

04 [Specify a Driver and Connection Details] 화면이 표시되면 [Drivers] 항목의 [New Driver Definition] 버튼을 클릭한다.

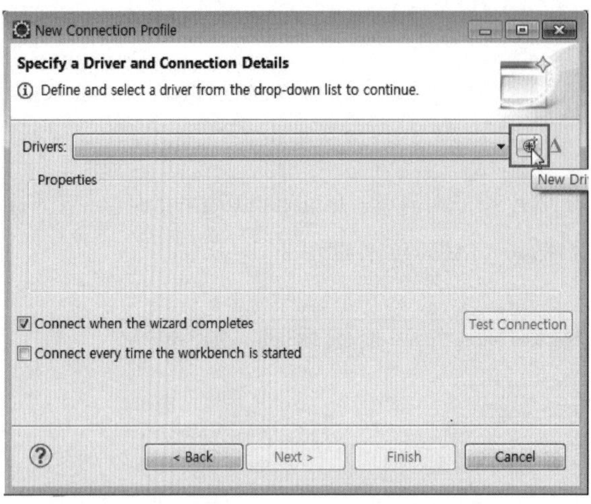

▲ 데이터베이스 커넥션 설정 4

05 [New Driver Definition] 창이 표시되면 화면의 [Name/Type], [JAR List], [Properties] 탭에 각각 필요한 설정을 차례로 지정해야 한다.

먼저 [Name/Type] 탭은 ③에서 선택한 커넥션 타입이 MySQL이므로 MySQL의 JDBC 드라이버의 리스트가 표시되며, 우리가 사용할 드라이버(mysql-connector-java-5.1.25-bin.jar)가 5.1버전이기 때문에 그에 해당하는 것을 선택했다.

만일 ③에서 선택한 커넥션 타입이 오라클이면 Oracle의 JDBC 드라이버가 표시된다.

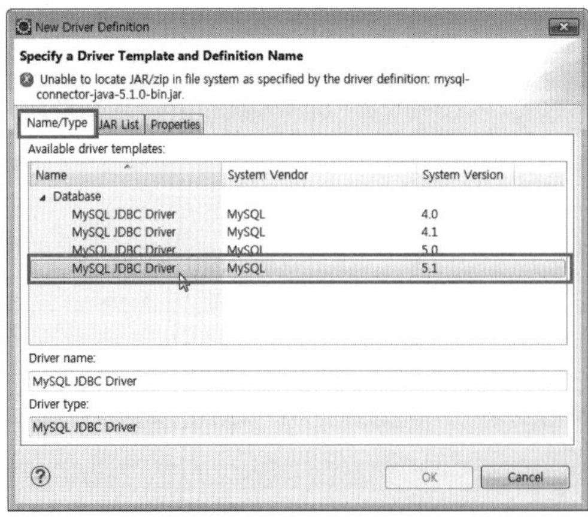

▲ 데이터베이스 커넥션 설정 5

06 [New Driver Definition] 창의 [JAR List] 탭에서는 사용할 JDBC 드라이버의 경로를 포함한 파일을 지정한다.

[JAR List] 탭을 선택 후 [Driver files] 항목에서 기존의 예시로 표시된 드라이버를 선택하고 [Remove JAR/Zip] 버튼을 클릭하여 제거한다.

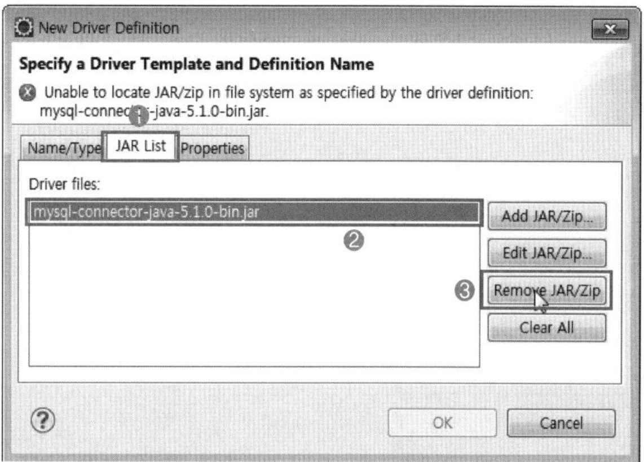

▲ 데이터베이스 커넥션 설정 6

07 실제로 사용할 JDBC 드라이버를 추가하기 위해 [Add JAR/Zip...] 버튼을 클릭한 후 JDBC 드라이브를 선택해 추가한다.

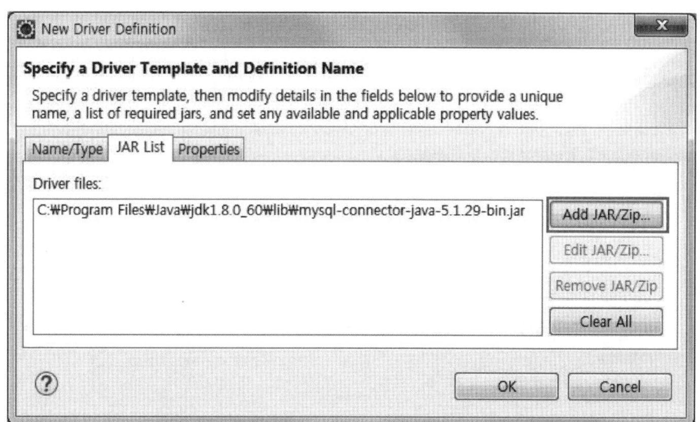

▲ 데이터베이스 커넥션 설정 7

08 [New Driver Definition] 창의 [Properties] 탭에서는 커넥션 설정에 필요한 URL, 데이터베이스 이름, JDBC 드라이버 클래스, 그리고 데이터베이스 접근에 필요한 계정 이름과 패스워드를 기술한다.

[Properties] 탭을 선택해 [Connection URL] 항목의 값은 "jdbc:mysql://localhost:3306/basicjsp"로 수정 후 [Database Name] 항목의 값도 "basicjsp"로 변경한다. [Password] 항목의 값은 "jsppass"를 입력 후 [User ID] 항목의 값은 "jspid"를 입력 후 [OK] 버튼을 클릭한다.

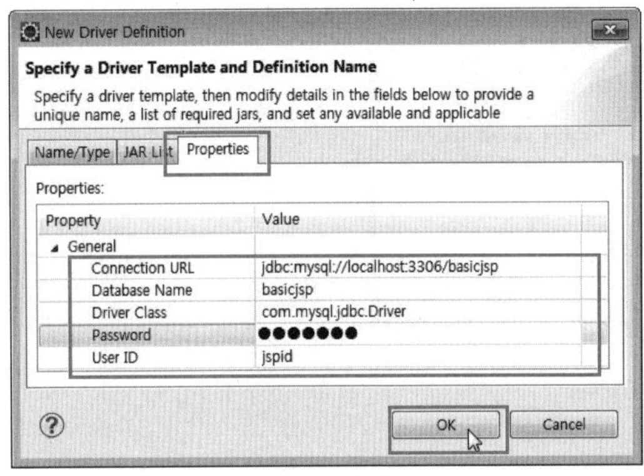

▲ 데이터베이스 커넥션 설정 8

09 [Specify a Driver and Connection Details] 화면의 [Properties] 항목이 내용을 가진 화면이 표시된다. 이때 [Test Connection] 버튼을 클릭한다. [Success] 대화 상자가 표시되면 [OK] 버튼을 클릭한다.

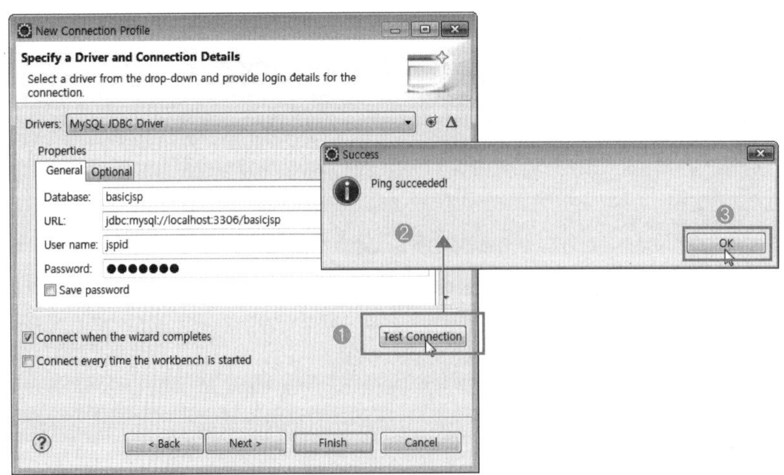

▲ 데이터베이스 커넥션 설정 9

10 [Specify a Driver and Connection Details] 화면의 [Finish] 버튼을 클릭하면 모든 설정이 끝난다.

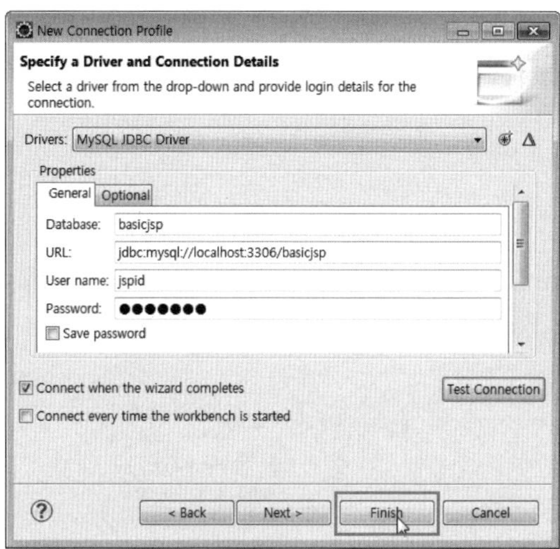

▲ 데이터베이스 커넥션 설정 10

11 MySQL을 직접 제어하는 커넥션이 연결된 것을 확인할 수 있다.

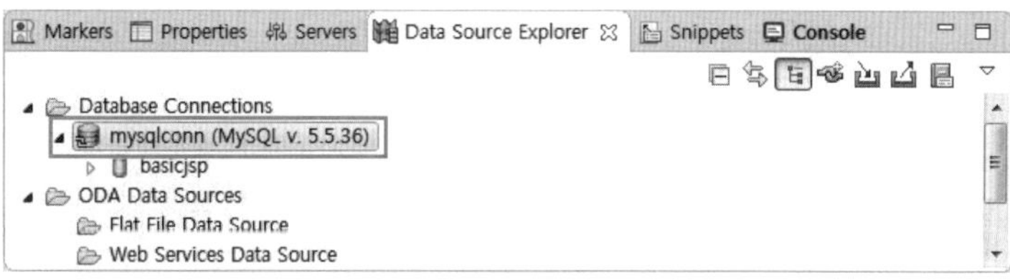

▲ 데이터베이스 커넥션 설정 11

앞으로 커넥션 연결은 [Connection] 메뉴를 사용해서, 커넥션 해제는 [Disconnection] 메뉴를 사용해서 한다.

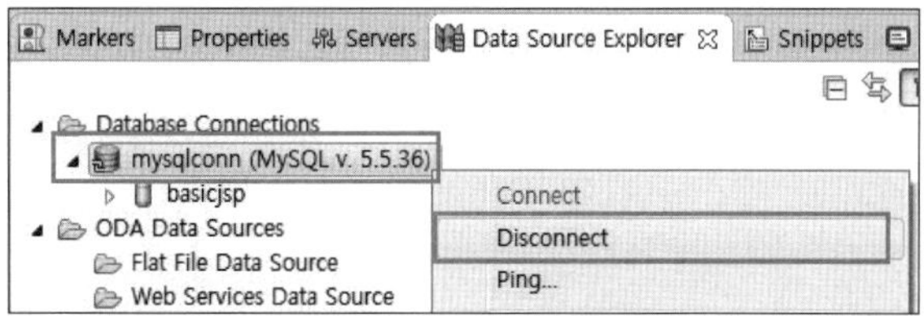

2 [Data Source Explorer] 뷰에서 설정된 데이터베이스 커넥션을 사용한 데이터베이스 제어

지금부터는 설정된 데이터베이스 커넥션을 사용해 쿼리문을 작성하는 방법을 알아본다. 쿼리문을 작성할 때는 스크랩북(scrapbook)을 생성해서 한다. 이클립스에서 DB를 연동하는 작업을 지원하는 내장뷰 혹은 플러그인으로 설치된 뷰들의 경우 대부분 이 스크랩북을 사용해서 한다.

01 스크랩북을 작성하기 위해서는 [Data Source Explorer] 뷰에서 [mysqlconn(MySQL 버전번호)]을 선택 후 [Open SQL Scrapbook] 아이콘을 선택한다.

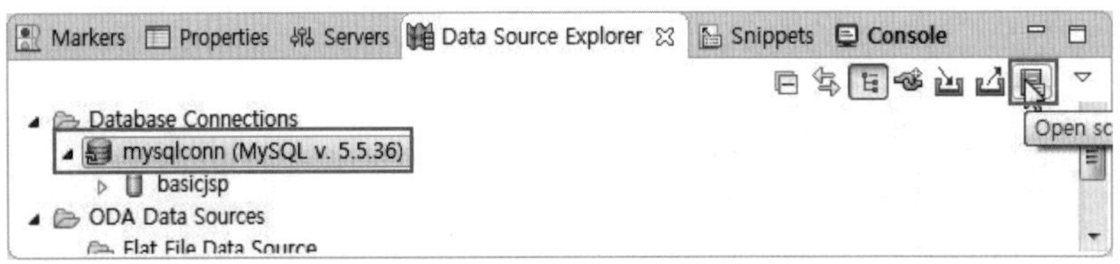

▲ 스크랩북을 사용한 쿼리 사용 1

02 새 스크랩북이 뷰에 표시되면 [Connection profile] 항목에 설정을 한다.
[Type] 항목의 콤보상자를 사용해 [MySql_5.1]을 선택한 후, [Name] 항목에서 [mysqlconn]을 선택하고 [Database] 항목에서 [basicjsp]를 선택한다.

▲ 스크랩북을 사용한 쿼리 사용 2

03 스크랩북은 저장을 하면 작성했던 쿼리문을 어디서든지 재사용할 수 있다. [File]−
[Save] 메뉴를 선택한다.

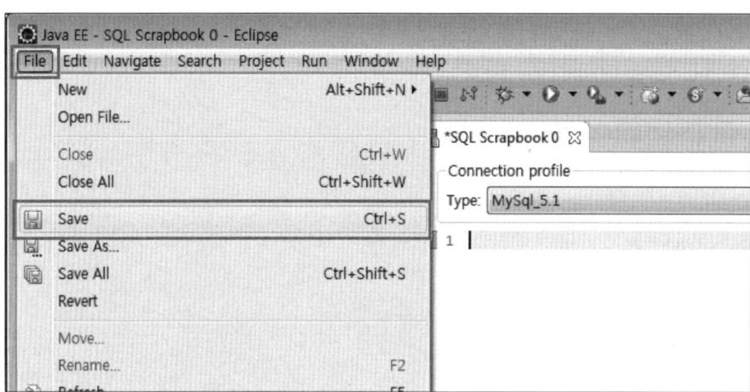

▲ 스크랩북을 사용한 쿼리 사용 3

04 [Save As] 창이 표시되면 [Enter or select the parent folder] 항목에서
[StudyBasicJSP] 프로젝트를 선택 후 [File name] 항목에 "mysqlconn.sql"을 입력 후
[OK] 버튼을 클릭한다.

스크랩북 파일인 mysqlconn.sql은 [StudyBasicJSP] 프로젝트 내에 저장되며, 스크랩
북 파일명은 임의로 지정할 수 있다.

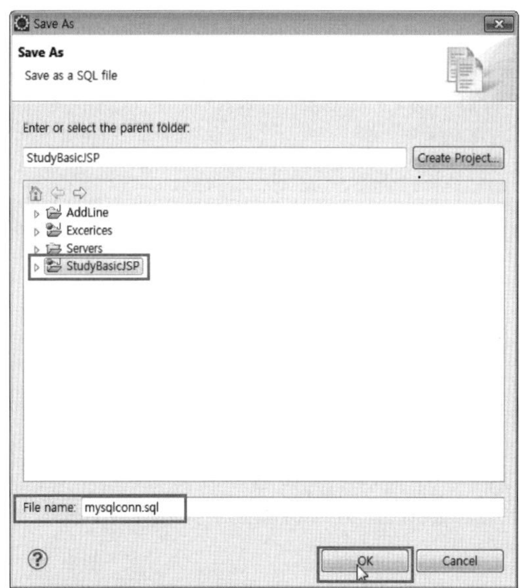

▲ 스크랩북을 사용한 쿼리 사용 4

05 StudyBasicJSP] 프로젝트에 mysqlconn.sql 파일이 생성된 것을 확인할 수 있다. 그리고 에디터 뷰의 [SQL Scrapbook 0] 항목의 이름이 저장한 [mysqlconn.sql]로 변경된 것을 확인할 수 있다.

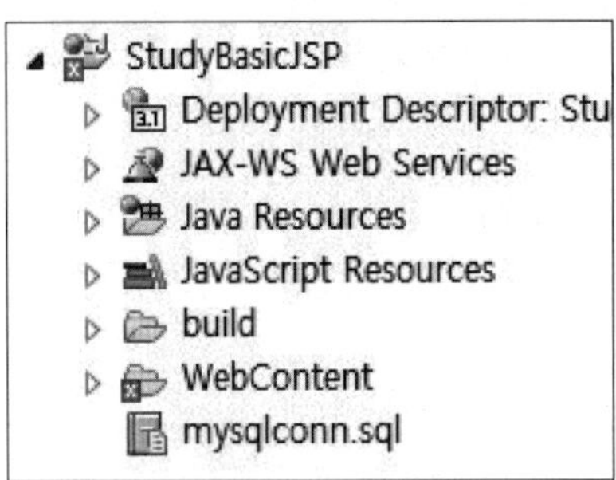

▲ 스크랩북을 사용한 쿼리 사용 5

이제부터 SQL 구문을 입력해 쿼리를 작성 후 실행한다. 스크랩북에서는 작성한 쿼리문을 드래그해 블록을 지정, 실행명령어를 단축 메뉴에서 선택해서 한다.

06 [mysqlconn.sql] 에디터 뷰에 SQL 구문 show databases;를 입력 후 마우스로 구문을 드래그해 블록을 지정한다. 지정한 블록에서 마우스 오른쪽 버튼을 클릭해 [Execute Selected Text] 메뉴를 선택 또는 Alt + X 키를 눌러 실행한다.
[Execute Selected Text] 메뉴는 선택된 SQL 구문만을 실행한다.

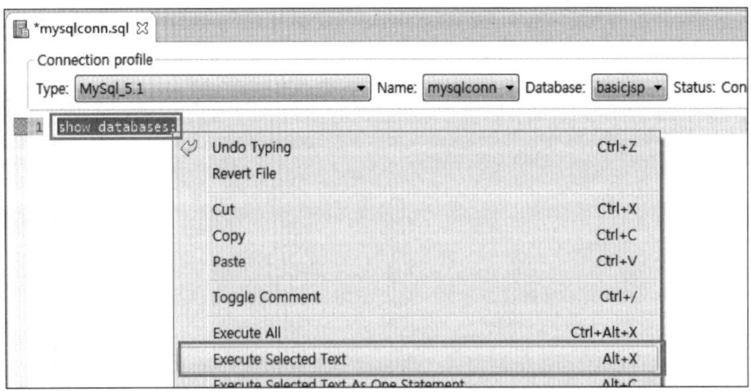

▲ 스크랩북 뷰에 쿼리 작성 및 실행 1

07 쿼리문을 실행하면 [SQL Results] 뷰가 화면에 표시된다. 이 [SQL Results] 뷰에 실행
한 쿼리문, 쿼리문의 성공 여부 및 실행 결과 등이 표시된다.

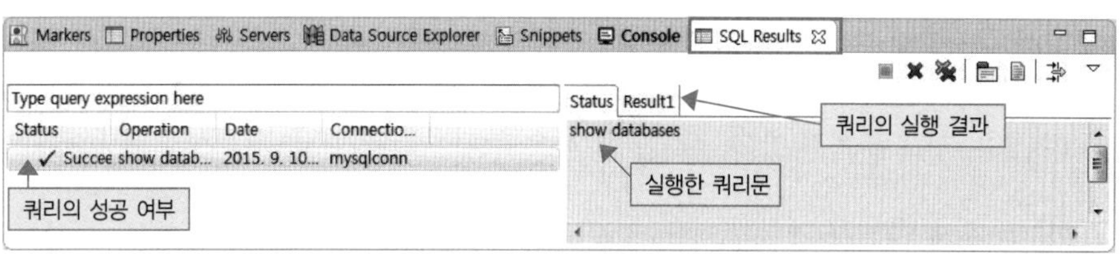

▲ 스크랩북 뷰에 쿼리 작성 및 실행 2

08 [SQL Results] 뷰 [Result1] 항목을 선택하면 쿼리의 실행 결과를 볼 수 있다.

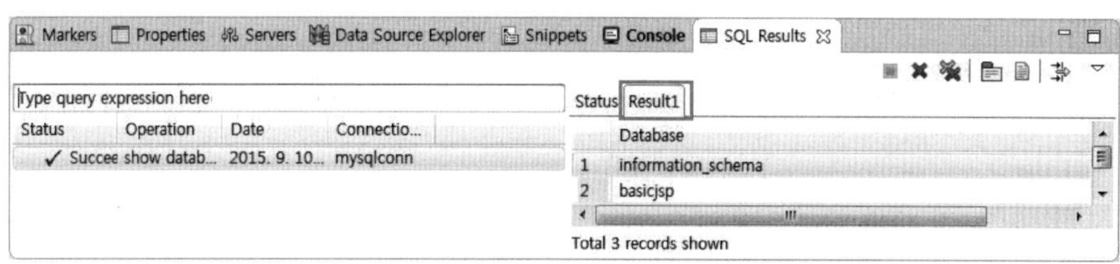

▲ 스크랩북 뷰에 쿼리 작성 및 실행 3

    스크랩북인 [mysqlconn.sql] 에디터 뷰를 가급적이면 닫지 않는다. 그냥 열어두는
것이 좋다. 버전에 따라 창을 닫았다가 다시 열면 커넥션이 연결되지 않아 새로운 스크
랩북을 다시 생성해야 하는 경우도 있다.

    모든 커넥션 설정은 끝났으며, 다음 항목에서 SQL 구문을 학습하면서 좀 더 자세히
스크랩북과 [SQL Results] 뷰를 학습한다.

1 SQL 쿼리의 개요

SQL은 Structured Query Language의 약자로 구조화된 질의 언어다. 데이터베이스 생성부터 레코드 검색 등의 작업을 수행할 때 사용된다.

SQL문은 크게 데이터 정의문(Data Definition Language, DDL), 제어문, 조작문(Data Control Language), 쿼리(Query), 트랜잭션(Transaction) 처리로 나뉜다.

- 데이터 정의문(DDL)- CREATE, ALTER, DROP
- 데이터 제어문(DCL) - GRANT, REVOKE
- 데이터 조작문(DML) - UPDATE, INSERT, DELETE,
- 쿼리(Query) - SELECT
- 트랜잭션(Transaction) 처리 - COMMIT, ROLLBACK

우리는 위의 항목 중 일부분만 학습한다. 데이터베이스에서 위의 구문과 관련된 설명은 두꺼운 책 한 권 정도의 분량이다. 모두 학습한다는 것은 이 책에서 불가능하므로, 우리는 JSP와의 연동을 위한, 기본적으로 알아야 할 구문들만을 학습할 것이다.

먼저 SQL문에서 자주 사용되는 데이터 타입을 살펴본 후에 테이블 만들기 및 제거하기, 레코드 삽입/수정/삭제 위주로 공부한다.

2 데이터 타입(Data Type)

데이터베이스에서 가장 중요한 것 중 하나가 테이블을 잘 만드는 것이다. 잘못 만들어진 테이블은 쿼리의 응답 시간에도 영향을 미치기 때문이다. 잘 만들어진 테이블의 조건 중 하나는 정확한 필드의 데이터 타입과 그에 따른 필드의 크기이다. 필드의 크기는 한 개의 레코드크기를 좌우하고, 레코드는 전체 테이블의 용량을 결정하기 때문이다. 따라서 적정한 크기의 레코드가 되도록 필드의 데이터 타입과 크기를 결정하는 것이 중요하다.

다음은 MySQL에서 제공하는 필드의 데이터 타입과 그에 따른 필드의 크기를 표시한 것이다. 테이블을 만들 때 참고하자.

숫자		
데이터 타입	저장 공간	표현 범위
TINYINT	1 byte	−128~127 UNSIGNED 0~255
SMALLINT	2 bytes	−32768~32767 UNSIGNED 0~65535
MEDIUMINT	3 bytes	−8388608~8388607 UNSIGNED 0~16777215
INT, INTEGER	4 bytes	−2147483648~2147483647 UNSIGNED 0~4294967295
BIGINT	8 bytes	−9223372036854775808~9223372036854775807 UNSIGNED 18446744073709551615

날짜 및 시간	
데이터 타입	저장 공간
DATE	3 bytes
DATETIME	8 bytes
TIMESTAMP	4 bytes

문자열	
데이터 타입	저장 공간(저장 문자의 개수)
CHAR	1~255
VARCHAR	1~255
BLOB(Binary Large Object), TEXT	1~65535
MEDIUMBLOB, MEDIUMTEXT	1~1677215
LONGBLOB, LONGTEXT	1~4294967295

③ 테이블 생성 및 제거

테이블은 데이터베이스에서 가장 중요한 개체이다. 모든 데이터가 테이블에 저장되므로 신중을 기하여 만들어야 한다. 테이블을 잘못 만들면 후에 프로그램에서 문제를 일으키고, 나중에 다시 제대로 만들어야 해서 이중고에 시달린다(몸소 체험해본 사람이면 누구나 그 중요함을 절대 안 잊는다).

원래는 사용자의 요구를 분석하여 개념적 모델링인 외부 스키마부터 설계를 해야 하나, 우리는 프로그램과의 연동을 목적으로 하는 것이므로 그냥 테이블을 만드는 것부터 한다.

1) 테이블 생성- CREATE문

테이블을 생성할 때는 CREATE문을 사용한다. 물론 데이터베이스나 뷰(View)를 생성할 때도 마찬가지이다.

뷰(View)

SQL SELECT문을 기반으로 하는 가상 테이블인 쿼리 종류로, 이미 존재하는 하나 혹은 그 이상의 테이블에서 원하는 데이터만 정확히 가져올 수 있도록 미리 원하는 필드만 모아서 가상적으로 만든 테이블이다. 자주 사용하고 복잡한 조인을 가지는 쿼리문이 있을 때 이런 문장은 매번 쿼리를 만드는 것도 만만치 않다. 이런 경우 뷰를 사용하며, 뷰를 사용하는 목적은 편의성과 보안 때문이다.

테이블을 생성하는 CREATE문의 일반형은 다음과 같다.

```
CREATE TABLE table_name (
    col_name1 type [PRIMARY KEY] [NOT NULL/NULL],
    col_name2 type,
    ....
    col_name3 type );
```

위의 구문에서 table_name은 테이블명이고, col_name은 필드명, type은 필드의 데이터 타입, [PRIMARY KEY]는 만들어질 테이블의 기본키를 설정하는 것으로 생략 가능하다. [NOT NULL/NULL] 테이블 필드에 들어갈 값에 Null 값을 허용할지의 여부를 설정하는 부분으로 생략 가능하다.

실습 **CREATE문을 사용한 테이블 생성**

이 예제는 [basicjsp] 데이터베이스에 [member], [test] 두 개의 테이블을 생성하여 테이블을 만드는 것을 학습한다.

■ 생성할 테이블

❶ [member] 테이블

member 테이블은 4개의 필드를 가지고 있으며, 모든 필드가 Null 값을 허용하지 않는 필수 입력개체이다. 또한 필드들 중 id 필드가 기본키이다.

```
create table member(
    id varchar(50) not null primary key,
    passwd varchar(16) not null,
    name varchar(10) not null,
    reg_date datetime not null
);
```

❷ [test] 테이블

test 테이블은 3개의 필드를 가지고 있으며, 모든 필드가 Null 값을 허용하지 않는 필수 입력 개체이다. 또한 필드들 중 num_id 필드는 기본키이며, 입력하지 않아도 숫자가 1씩 증가한다. auto_increment는 글 번호 등을 자동으로 증가시킬 때 사용한다.

```
create table test(
    num_id int not null primary key auto_increment,
    title varchar(50) not null,
    content text not null
);
```

■ 생성된 테이블의 결과

	Field	Type	Null	Key	Default	Extra
1	id	varchar(50)	NO	PRI	NULL	
2	passwd	varchar(16)	NO		NULL	
3	name	varchar(10)	NO		NULL	
4	reg_date	datetime	NO		NULL	

▲ [member] 테이블

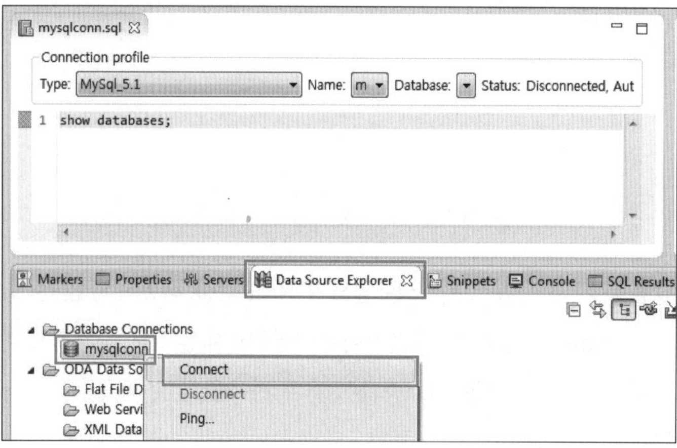

	Field	Type	Null	Key	Default	Extra
1	num_id	int(11)	NO	PRI	NULL	auto_increment
2	title	varchar...	NO		NULL	
3	content	text	NO		NULL	

▲ [test] 테이블

01 이클립스의 [Data Source Explorer] 뷰에서 [Database Connections]–[mysqlconn] 항목의 연결이 해제되어 있으면, 마우스 오른쪽 버튼을 클릭해 [Connect] 메뉴를 선택한다.

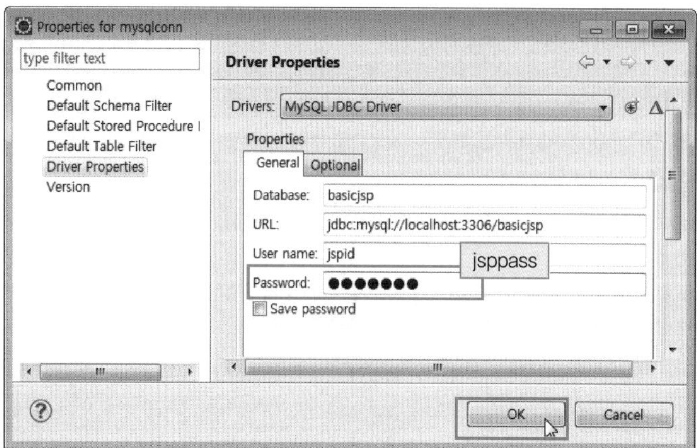

02 [Properties for mysqlconn] 창이 표시되면 [Password] 항목에 "jsppass"를 입력하고 [OK] 버튼을 클릭한다.

03 [Data Source Explorer] 뷰의 [Database Connections]–[mysqlconn] 항목이 연결된 것을 확인할 수 있다.

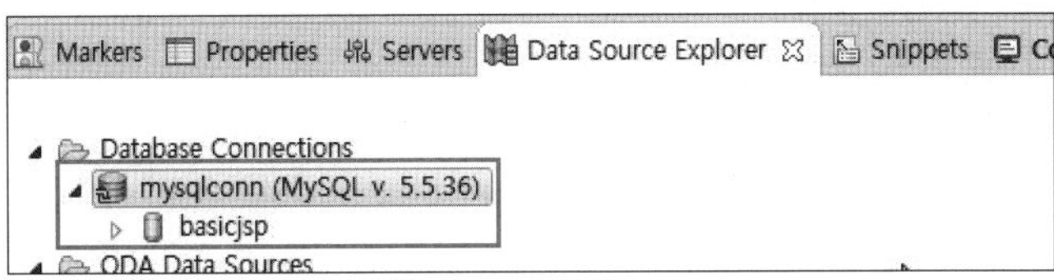

▲ [Data Source Explorer] 뷰

또한 [mysqlconn.sql] 에디터 뷰의 [Status] 항목값이 Connected로 변경된 것을 확인할 수 있다.

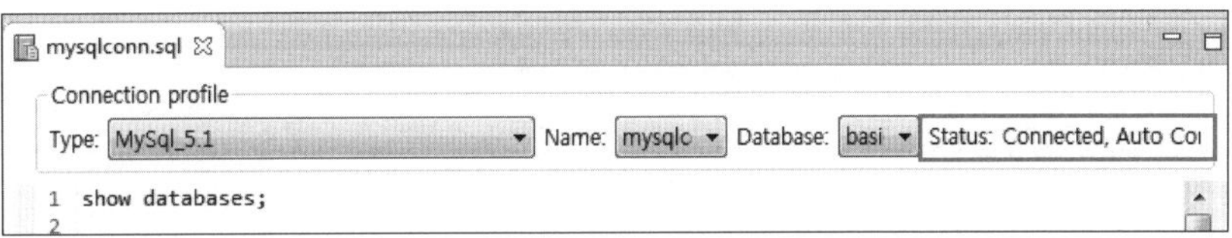

▲ [mysqlconn.sql] 에디터 뷰

04 먼저 member 테이블을 생성하기 위한 쿼리문을 [mysqlconn.sql] 에디터 뷰에 입력한다.

```
create table member(
   id varchar(50) not null primary key,
   passwd varchar(16) not null,
   name varchar(10) not null,
   reg_date datetime not null
);
```

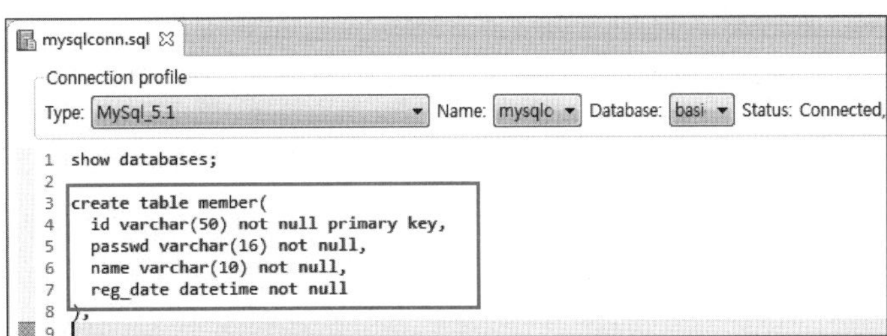

05 입력된 쿼리문을 드래그해 블록을 지정하고 단축키 `Alt` + `X` 를 누른다.

```
create table member(
  id varchar(50) not null primary key,
  passwd varchar(16) not null,
  name varchar(10) not null,
  reg_date datetime not null
);
```

06 테이블이 생성되었는지의 여부가 [SQL Results] 뷰 화면에 표시된다.

07 생성된 member 테이블의 구조를 보고 싶은 경우, [mysqlconn.sql] 에디터 뷰에 desc member;를 입력하고 드래그해 블록을 지정한 후 `Alt` + `X` 키를 누르면 결과가 표시된다.

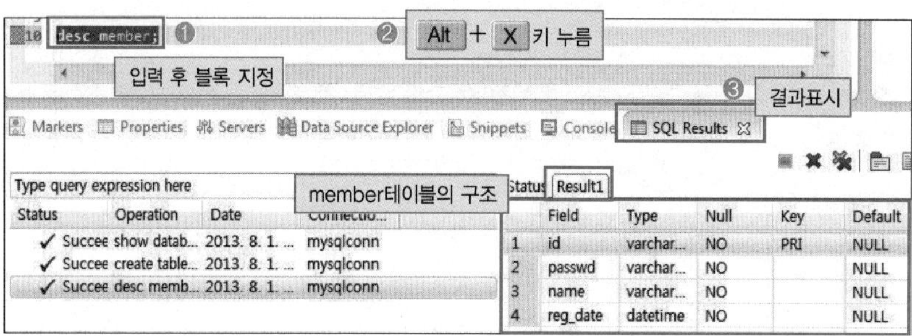

08 마찬가지 방법으로 test 테이블을 생성하기 위해 [mysqlconn.sql] 에디터 뷰에 테이블 생성 쿼리문을 입력 후 드래그해 블록을 지정한 후 `Alt` + `X` 키를 누르면 쿼리 실행 결과가 표시된다.

```
create table test(
   num_id int not null primary key auto_increment,
   title varchar(50) not null,
   content text not null
);
```

09 생성된 test 테이블의 구조를 보고 싶은 경우, [mysqlconn.sql] 에디터 뷰에 desc test; 를 입력하고 드래그해 블록을 지정한 후 Alt + X 키를 누르면 결과가 표시된다.

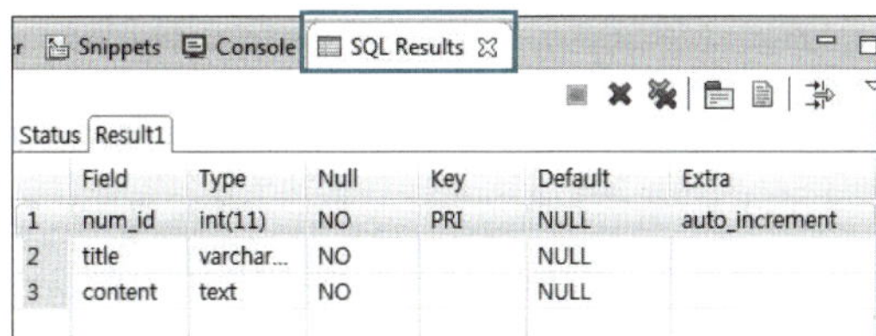

2) 테이블 제거 - DROP문

테이블의 구조를 잘못 만들었을 경우 ALTER문을 사용해서 수정할 수 있다. 그러나 많은 부분을 잘못 구성했다면, 테이블을 제거하고 새로 만드는 편이 나을 때가 있다. 테이블을 제거할 때는 DROP문을 사용한다. 물론 데이터베이스나 뷰(View)를 제거할 때도 마찬가지이다. 한번 제거되면 데이터도 완전히 제거되어 복구가 불가능하니 신중히 결정해서 사용해야한다.

테이블을 제거하는 쿼리의 일반형은 다음과 같다.

```
DROP TABLE table_name;
```

DROP TABLE문 다음에 삭제하고자 하는 테이블의 이름을 나열한다.

실습 ‖ **DROP문을 사용하여 테이블 제거**

이 예제는 basicjsp 데이터베이스에 있는 test 테이블을 제거하는 것이다.

■ 제거할 [test] 테이블

```
drop table test;
```

■ 제거된 [test] 테이블의 결과

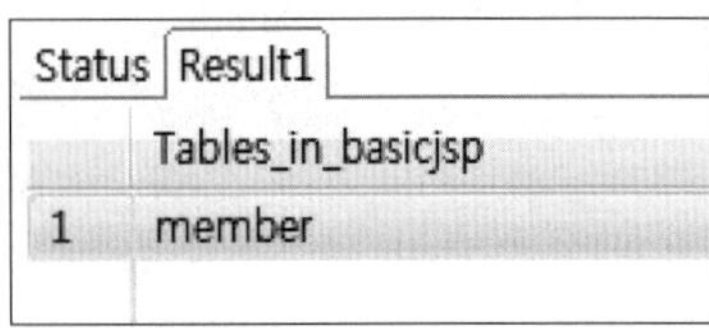

01 먼저 basicjsp 데이터베이스에 있는 테이블들을 보기 위해 [mysqlconn.sql] 에디터 뷰에 show tables; 쿼리문을 입력 후 드래그해 블록을 지정한 후 Alt + X 키를 눌러 쿼리 실행 결과를 확인한다.

```
show tables;
```

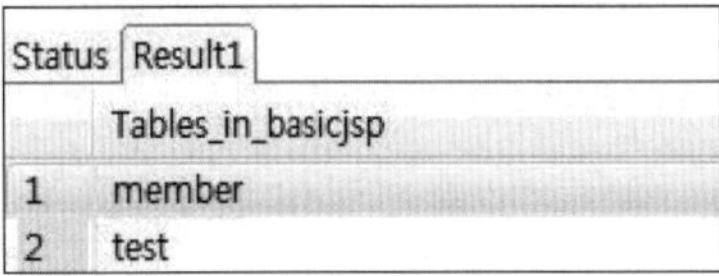

02 test 테이블을 제거하기 위해 [mysqlconn.sql] 에디터 뷰에 drop table test; 쿼리문을 입력 후 드래그해 블록을 지정한 후 Alt + X 키를 눌러 쿼리 실행 결과를 확인한다.

```
drop table test;
```

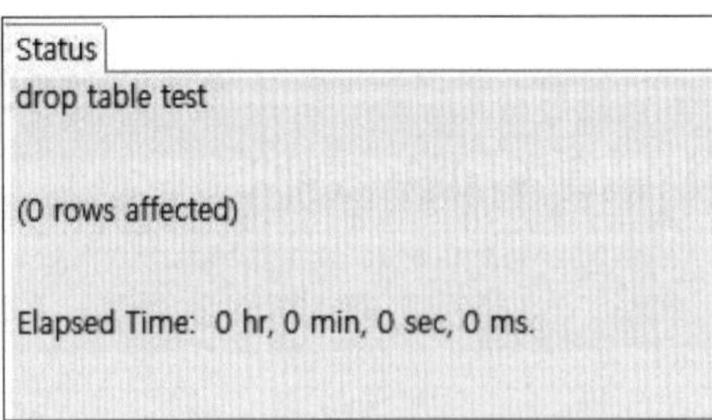

03 test 테이블이 제거된 것을 확인하기 위해 [mysqlconn.sql] 에디터 뷰에 show tables; 쿼리문을 입력 후 드래그해 블록을 지정한 후 Alt + X 키를 눌러 쿼리 실행 결과를 확인한다.

```
show tables;
```

Status	Result1
	Tables_in_basicjsp
1	member

４ 레코드 처리 작업

쿼리문 중 가장 많이 사용되는 것이 레코드 추가에 사용되는 Insert문, 레코드 수정에 사용되는 Update문, 레코드 삭제에 사용되는 Delete문, 그리고 레코드 검색에 사용되는 Select문이다. 각각 이들에 대해 학습해 보자.

1) 레코드 추가 - INSERT문

테이블에 레코드를 추가할 때는 INSERT문을 사용한다.
테이블에 레코드를 추가하는 쿼리의 일반형은 다음과 같다.

```
INSERT INTO table_name (col_name1,col_name2...)
              VALUES (col_value1, col_value2...)
```

INSERT문은 테이블에 레코드를 추가할 때 사용하는 것으로, table_name은 레코드를 추가할 대상 테이블명, col_name은 데이터가 입력될 필드명, col_value는 필드에 입력되는 데이터 값이다.

Insert문에서 중요한 것은 필드명과 그에 대응되는 데이터들의 개수와 순서 및 데이터 타입이 같아야 한다는 것이다. 즉, Insert into table_name 다음에 나오는 필드명과 values 다음에 나오는 데이터들은 개수와 순서 그리고 데이터 타입이 같아야 한다.

```
Insert into member(id, passwd, name, reg_date)
values('kingdora@dragon.com','1234','김개동', now());
```

위의 Insert문 예시에서 values절 안에 입력될 데이터의 타입이 문자열인 경우 작은따옴표(') 로 감싸줘야 한다. id, passwd, name 필드의 데이터 타입이 문자열이기 때문에 대응되는 해당 값인 'kingdora@dragon.com', '1234', '김개동' 을 ' ' (작은따옴표)로 감싸줬다. reg_date 필드에 대응되는 데이터 값에 now() 함수를 사용했다. now() 함수는 오늘 날짜가 자동으로 들어가도록 할 때 사용한다.

만약 모든 필드에 데이터를 입력한다면 Insert into table_name 다음에 나오는 필드명은 생략하고 values 다음에 나오는 데이터들은 개수와 순서 그리고 데이터 타입만 신경 써서 입력하면 된다.

```
Insert into member
values('kingdora@dragon.com','1234','김개동', now());
```


INSERT문을 사용한 테이블에 레코드 추가

이 예제는 [basicjsp] 데이터베이스에 있는 member 테이블에 레코드를 추가해 레코드의 추가 방법을 학습한다.

■ 추가할 레코드

```
insert into member(id, passwd, name, reg_date)
values('kingdora@dragon.com','1234','김개동', now());

insert into member(id, passwd, name, reg_date)
values('hongkd@aaa.com','1111','홍길동', now());
```

■ 레코드가 추가된 결과

	id	passwd	name	reg_date
1	hongkd@aaa.com	1111	홍길동	2013-08-01 12:3...
2	kingdora@dragon.com	1234	김개동	2013-08-01 12:3...

Status Result1

(01) 이클립스의 [Data Source Explorer] 뷰에서 [Database Connections]-[mysqlconn] 항목의 연결이 해제되어 있으면, 마우스 오른쪽 버튼을 클릭해 [Connect] 메뉴를 선택한다.

(02) [Properties for mysqlconn] 창이 표시되면 [Password] 항목에 "jsppass"를 입력하고 [OK] 버튼을 클릭해 [Data Source Explorer] 뷰의 [Database Connections]-[mysqlconn] 항목의 연결을 확인한다.

(03) 두 개의 레코드 추가 쿼리문을 입력해 한 번에 두 레코드를 추가한다. 레코드를 추가하기 위해 [mysqlconn.sql] 에디터 뷰에 레코드 추가 쿼리문을 입력 후 드래그해 블록을 지정한 후 Alt + X 키를 누르면 쿼리 실행 결과가 표시된다.

```
insert into member(id, passwd, name, reg_date)
values('kingdora@dragon.com','1234','김개동', now());

insert into member(id, passwd, name, reg_date)
values('hongkd@aaa.com','1111','홍길동', now());
```

(04) 추가된 레코드는 select * from member;문을 입력 후 드래그해 블록을 지정한 후 Alt + X 키를 누르면 확인할 수 있다.

```
select * from member;
```

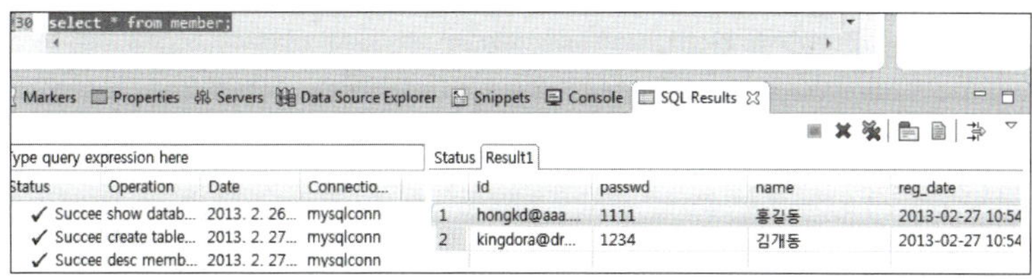

2) 레코드 검색 - SELECT문

테이블에 저장되어 있는 레코드를 검색(조회)할 때는 SELECT문을 사용한다.
테이블에 저장되어 있는 레코드를 검색(조회)하는 쿼리의 일반형은 다음과 같다.

```
SELECT col_name1,col_name2
FROM table_name;
```

SELECT문은 지정한 테이블에서 레코드를 검색할 때 사용하는 쿼리문으로 SELECT문 다음에는 필드명이 기술되고, FROM문 다음에는 테이블명이 기술된다. '*'은 모든 필드를 뜻한다.
다음의 SELECT문은 모든 레코드를 검색하는 문장이다.

```
SELECT * FROM table_name;
```

다음의 SELECT문은 조건을 만족하는 레코드만을 표시한다.

```
SELECT col_name1,col_name2
FROM table_name
WHERE condition;
```

이때 레코드에 표시되는 필드는 SELECT문과 FROM절 사이에 기술한 필드만 표시된다. WHERE절은 조건을 기술하는 구문으로, condition 위치에 조건을 기술한다.
member 테이블의 모든 필드를 포함한 모든 레코드가 검색할 때는 다음과 같이 기술한다.

```
select * from member;
```

다음과 같이 입력하면 member 테이블의 모든 레코드가 검색되는데, 하나의 레코드에 표시되는 필드는 id, passwd 필드만 표시된다.

```
select id, passwd from member;
```

다음은 member 테이블에서 id 필드의 값이 abc인 레코드만 검색된다. 이때 조건의 비교 대상이 되는 필드의 데이터 타입이 문자열이면 대응되는 조건 값을 ' '로 감싸야 한다.

```
select id, passwd from member where id='abc';
```

실습 | SELECT문을 사용한 테이블의 레코드 검색(조회)

이 예제는 [member] 테이블에 저장되어 있는 레코드를 검색(조회), 테이블을 만드는 것을 학습한다. 레코드를 검색하는 방법을 학습한다.

■실행할 쿼리문

```
select * from member;
```

■실행 결과

Status	Result1		
	id	passwd	name	reg_date
1	hongkd@aa...	1111	홍길동	2013-02-27 10:5...
2	kingdora@...	1234	김개동	2013-02-27 10:5...

■실행할 쿼리문

```
select id, passwd from member;
```

■실행 결과

Status	Result1	
	id	passwd
1	hongkd@aaa.com	1111
2	kingdora@dragon.com	1234

■실행할 쿼리문

```
select id, passwd from member where id='hongkd@aaa.com';
```

■실행 결과

Status	Result1	
	id	passwd
1	hongkd@aaa.com	1111

01 이클립스의 [Data Source Explorer] 뷰에서 [Database Connections]-[mysqlconn] 항목의 연결이 해제되어 있으면, 마우스 오른쪽 버튼을 클릭해 [Connect] 메뉴를 선택한다.

02 [Properties for mysqlconn] 창이 표시되면 [Password] 항목에 "jsppass"를 입력하고 [OK] 버튼을 클릭해 [Data Source Explorer] 뷰의 [Database Connections]-[mysqlconn] 항목의 연결을 확인한다.

03 [member] 테이블의 모든 레코드를 검색해 보자.
[mysqlconn.sql] 에디터 뷰에 다음과 같이 입력 후 드래그해 블록을 지정한 후 Alt + X 키를 누르면 쿼리 실행 결과가 표시된다.

```
select * from member;
```

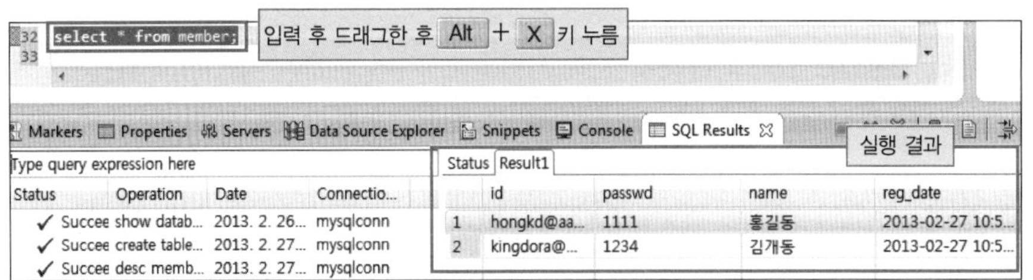

04 member 테이블의 모든 레코드를 검색하는 데 선택한 필드만 표시되도록 해보자.

[mysqlconn.sql] 에디터 뷰에 다음과 같이 입력 후 드래그해 블록을 지정한 후 Alt + X 키를 누르면 쿼리 실행 결과가 표시된다.

```
select id, passwd from member;
```

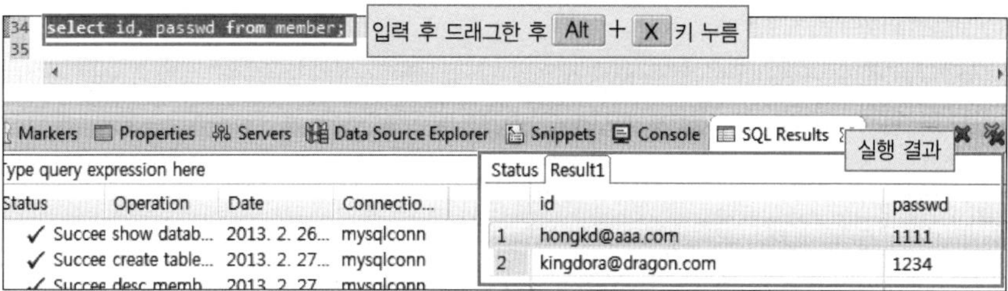

05 조건을 만족하는 레코드를 검색해 보자.

[mysqlconn.sql] 에디터 뷰에 다음과 같이 입력 후 드래그해 블록을 지정한 후 Alt + X 키를 누르면 쿼리 실행 결과가 표시된다.

```
select id, passwd from member where id='hongkd@aaa.com';
```

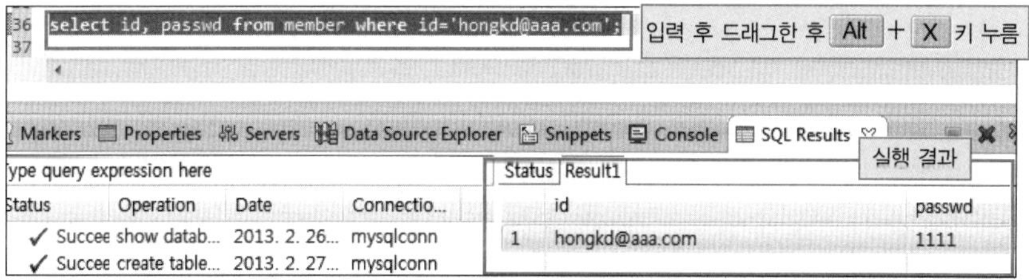

3) 레코드 수정 - UPDATE문

테이블에 저장되어 있는 레코드를 수정할 때는 UPDATE문을 사용한다.

테이블에 저장되어 있는 레코드를 수정하는 쿼리의 일반형은 다음과 같다.

```
UPDATE table_name SET col_name = value,.....
WHERE condition;
```

레코드를 수정할 때 사용되는 UPDATE문에서 table_name은 테이블명, col_name은 데이터를 변경할 필드명, value는 변경할 데이터 값을 의미하고, condition은 기술할 조건을 의미한다.

다음은 member 테이블에서 id의 값이 abc인 레코드의 passwd의 값을 3579로 수정하는 예이다.

```
update member set passwd='3579' where id='abc';
```


UPDATE문을 사용한 테이블에 저장된 레코드 수정

이 예제는 [basicjsp] 데이터베이스에 있는 member 테이블에 저장된 레코드를 수정해 레코드의 수정 방법을 학습한다.

■ 수정할 레코드

```
update member set passwd='3579' where id='hongkd@aaa.com';
```

■ 레코드가 수정된 결과

	id	passwd	name	reg_date
1	hongkd@aaa.com	3579	홍길동	2013-08-01 12:

Status | Result1

01 이클립스의 [Data Source Explorer] 뷰에서 [Database Connections]-[mysqlconn] 항목의 연결이 해제되어 있으면, 마우스 오른쪽 버튼을 클릭해 [Connect] 메뉴를 선택한다.

02 [Properties for mysqlconn] 창이 표시되면 [Password] 항목에 "jsppass"를 입력하고 [OK] 버튼을 클릭해 [Data Source Explorer] 뷰의 [Database Connections]-[mysqlconn] 항목이 연결된 것을 확인한다.

03 먼저 id 값이 'hongkd@aaa.com' 인 레코드에 기존의 저장된 레코드 값을 확인하기 위해, [mysqlconn.sql] 에디터 뷰에 다음과 같이 입력 후 드래그해 블록을 지정한 후 Alt + X 키를 누르면 쿼리 실행 결과가 표시된다.

```
select * from member where id='hongkd@aaa.com';
```

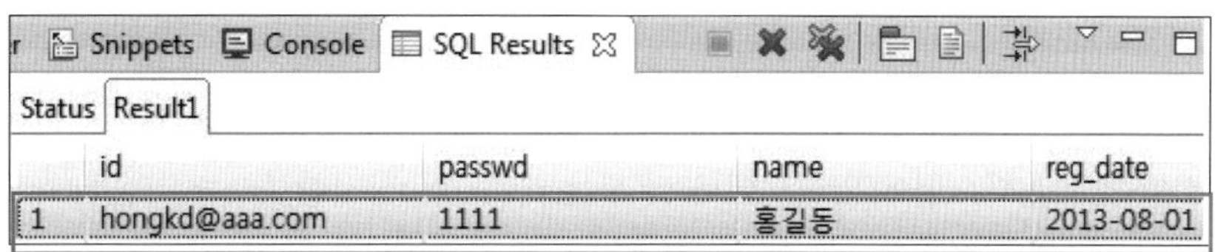

04 id 값이 'hongkd@aaa.com'인 레코드를 수정하기 위해 [mysqlconn.sql] 에디터 뷰에 레코드 수정 쿼리문을 입력 후 드래그해 블록을 지정한 후 Alt + X 키를 누르면 쿼리 실행 결과가 표시된다.

```
update member set passwd='3579' where id='hongkd@aaa.com';
```

05 id 값이 'hongkd@aaa.com' 인 레코드의 수정된 레코드 값을 확인하기 위해, [mysqlconn.sql] 에디터 뷰에 다음과 같이 입력 후 드래그해 블록을 지정한 후 Alt + X 키를 눌러 결과를 확인한다.

```
select * from member where id='hongkd@aaa.com';
```

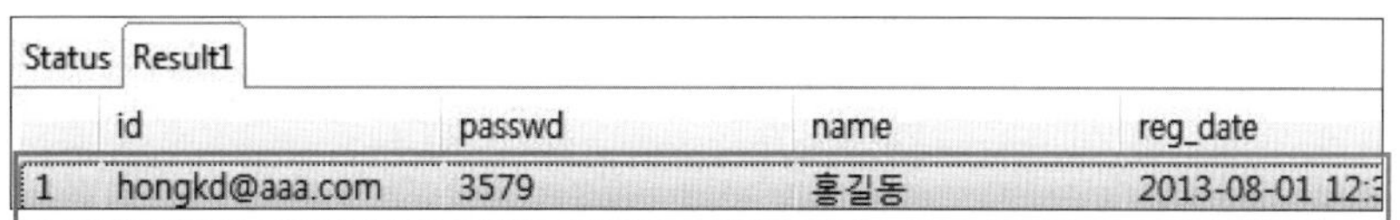

4) 레코드 삭제 - DELETE문

테이블에 저장되어 있는 레코드를 삭제할 때는 DELETE문을 사용한다.

테이블에 저장되어 있는 레코드를 삭제하는 쿼리의 일반형은 다음과 같다.

```
DELETE FROM table_name
WHERE condition;
```

DELETE문에서 WHERE절이 있는 경우 조건을 만족하는 레코드는 삭제한다. 만일 WHERE 절이 없으면 테이블에 입력되어 있는 모든 레코드를 삭제한다.

다음은 member 테이블에서 id 값이 abc인 레코드를 삭제한다.

```
delete from member where id='abc';
```

다음 문장은 member 테이블의 모든 레코드를 삭제한다.

```
delete from member;
```

실습 ‖ DELETE문을 사용한 테이블에 저장된 레코드 삭제

이 예제는 [basicjsp] 데이터베이스의 member 테이블에 저장되어 있는 레코드를 삭제해 보고 레코드의 삭제 방법을 학습한다.

■ 조건을 만족한 레코드

```
delete from member where id='hongkd@aaa.com';
```

■ 레코드가 삭제된 결과

Status	Result1		
id	passwd	name	reg_date
1 kingdora@dragon.com	1234	김개동	2013-08-01

■ 모든 레코드 삭제

```
delete from member;
```

■ 레코드가 삭제된 결과

Status	Result1		
id	passwd	name	reg_date

01 이클립스의 [Data Source Explorer] 뷰에서 [Database Connections]-[mysqlconn] 항목의 연결이 해제되어 있으면, 마우스 오른쪽 버튼을 클릭해 [Connect] 메뉴를 선택한다.

02 [Properties for mysqlconn] 창이 표시되면 [Password] 항목에 "jsppass"를 입력하고 [OK] 버튼을 클릭해 [Data Source Explorer] 뷰의 [Database Connections]-[mysqlconn] 항목의 연결을 확인한다.

03 먼저 기존에 저장된 레코드들을 확인하기 위해 [mysqlconn.sql] 에디터 뷰에 다음과 같이 입력 후 드래그해 블록을 지정한 후 Alt + X 키를 누르면 쿼리 실행 결과가 표시된다.

```
select * from member;
```

Status	Result1		
	id	passwd	name	reg_date
1	hongkd@aaa.co...	1111	홍길동	2013-08-01 12:3
2	kingdora@drag...	1234	김개동	2013-08-01 12:3

04 id 값이 'hongkd@aaa.com'인 레코드를 삭제하기 위해 [mysqlconn.sql] 에디터 뷰에 레코드 삭제 쿼리문을 입력 후 드래그해 블록을 지정한 후 Alt + X 키를 누르면 쿼리 실행 결과가 표시된다.

```
delete from member where id='hongkd@aaa.com';
```

05 레코드가 삭제된 후에 테이블에 저장된 레코드들을 확인하기 위해 [mysqlconn.sql] 에디터 뷰에 다음과 같이 입력 후 드래그해 블록을 지정한 후 `Alt` + `X` 키를 누르면 쿼리 실행 결과가 표시된다.

```
select * from member;
```

	id	passwd	name	reg_date
1	kingdora@dragon.com	1234	김개동	2013-08-01

Status / Result1

06 모든 레코드를 삭제하기 위해 [mysqlconn.sql] 에디터 뷰에 레코드 삭제 쿼리문을 입력 후 드래그해 블록을 지정한 후 `Alt` + `X` 키를 누르면 쿼리 실행 결과가 표시된다.

```
delete from member;
```

07 모든 레코드가 삭제된 후에 테이블에 저장된 레코드들을 확인하기 위해 [mysqlconn.sql] 에디터 뷰에 다음과 같이 입력 후 드래그해 블록을 지정한 후 `Alt` + `X` 키를 누르면 쿼리 실행 결과가 표시된다.

```
select * from member;
```

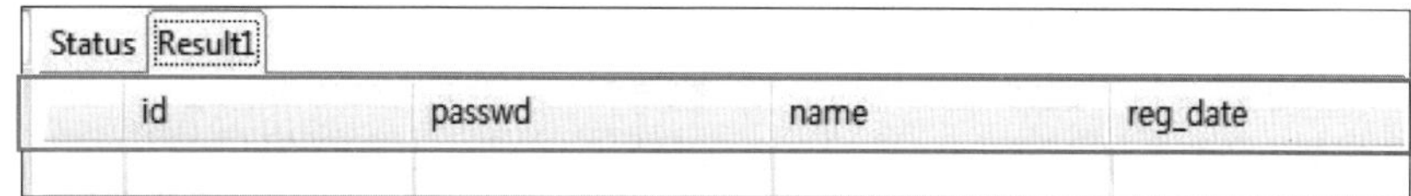

Status / Result1

	id	passwd	name	reg_date

지금까지 이클립스에서 DBMS를 직접 제어하는 것에 대해 학습했다. 지금부터는 JDBC를 사용해 JSP 페이지에서 데이터베이스를 연동하는 것을 알아보자.

JSP에서 데이터베이스를 사용하는 프로그래밍 하려면, JDBC(Java DataBase Connectivity)를 사용해 데이터베이스와 연동해야 한다. 데이터베이스와 연동하는 프로그램을 작성하기 전에 JDBC에 대해 학습한다.

1 JDBC(Java DataBase Connectivity)

1) 개요

JDBC(Java DataBase Connectivity)는 자바 프로그램(JSP 포함)과 관계형 데이터 원본(데이터베이스, 테이블…)을 연결하는 인터페이스이다. JDBC 라이브러리(Library)는 관계형 데이터베이스에 접근하고, SQL 쿼리문을 실행하는 방법을 제공한다. 즉, JDBC라는 것은 SQL 명령들을 수행할 수 있게 해주는 방법들을 제공하는 것이다. JDBC 라이브러리는 'java.sql' 패키지에 의해 구현되고, 이 패키지는 여러 종류의 데이터베이스에 접근할 수 있으며 단일 API를 제공하는 클래스와 인터페이스의 집합이다.

JDBC 라이브러리는 데이터 액세스를 위한 고수준 추상 레이어가 아니라 SQL문을 실행시키기 위한 인터페이스로 설계되었다. 자바 클래스가 데이터베이스의 레코드에 자동적으로 대응되게끔 설계되진 않았으나, 애플리케이션과 연동될 데이터베이스는 JDBC 인터페이스를 사용하여 애플리케이션을 작성할 수 있다. JDBC 애플리케이션은 데이터베이스 시스템의 특성에 독립적이어서 특정 데이터베이스를 사용시 다시 설계할 필요가 없다. 또한 JSP가 자바 기반에서 사용되므로 자바에 적용되는 것이 그대로 JSP에서도 적용된다.

2) JDBC 드라이버

JDBC 드라이버들은 일반적으로 JDBC-ODBC 브리지+ODBC 드라이버(JDBC-ODBC Bridge Plus ODBC Drive), 네이티브-API 부분적인 자바 드라이버(Native-API Partly-Java Driver), JDBC-Net 순수 자바 드라이버(JDBC-Net Pure Java Driver), 네이티브-프로토콜 순수 자바 드라이버(Native-Protocol Pure Java Driver) 등 4가지 타입의 JDBC 드라이버를 제공한다.

이 책에서는 네이티브-프로토콜 순수 자바 드라이버(Native-Protocol Pure Java Driver)
에 해당하는 JDBC 드라이버를 사용한다. 우리가 앞에서 다운로드 받은 MySQL
Connector/J 5.1은 네이티브-프로토콜 순수 자바 드라이버로 순수 자바로 제공되어서 이식
성이 좋다.

② JDBC를 사용한 JSP와 데이터베이스의 연동

1) JDBC 프로그램의 작성 단계

JDBC 프로그램은 다음과 같은 단계에 의해 프로그램 된다.

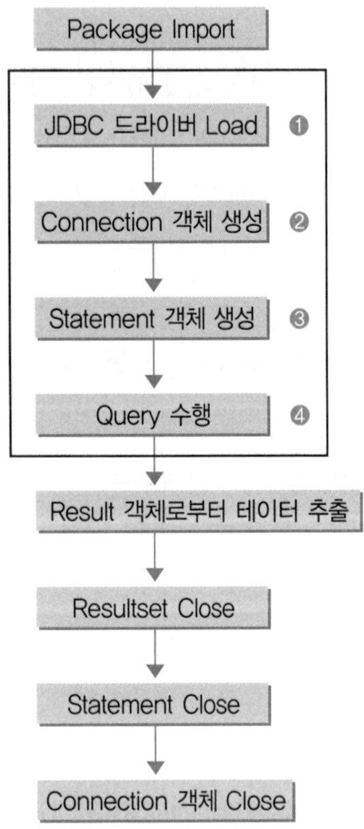

▲ JDBC를 사용한 프로그램의 작성 단계

각 단계에 대한 설명은 다음과 같다.

01 1단계(JDBC 드라이버 Load) : 인터페이스 드라이버(interface driver)를 구현 (implements)하는 작업으로, Class 클래스의 forName() 메소드를 사용해서 드라이버 를 로드한다. forName(String className) 메소드는 문자열로 주어진 클래스나 인터 페이스 이름을 객체로 리턴한다.

```
//MySQL 드라이버 로딩
Class.forName ("com.mysql.jdbc.Driver");
//Oracle 10g 또는 11g thin 드라이버 로딩
Class.forName ("oracle.jdbc.driver.OracleDriver");
```

Class.forName("com.mysql.jdbc.Driver") 메소드는 드라이버들이 읽히기만 하면 자동으로 객체가 생성되고 DriverManager에 등록된다. 드라이버 로딩은 프로그램 수 행시 단 한 번만 필요하다.

02 2단계(Connection 객체 생성) : Connection 객체를 연결하는 것으로 DriverManager 에 등록된 각 드라이버들을 getConnection(String url) 메소드를 사용해서 식별한다. 이때 url 식별자와 같은 것을 찾아서 매핑(mapping)한다. 찾지 못하면 no suitable error가 발생한다.

```
//MySQL 사용시 Connection 객체 생성
Connection conn=
DriverManage.getConnection("jdbc:mysql://localhost:3306/basicjsp","jspid","jsp
pass");
```

```
//Oracle 사용시 Connection 객체 생성
Connection conn=
DriverManager.getConnection ("jdbc:oracle:thin:@localhost:1521:orcl", "scott",
"tiger");
```

(03) 3단계(Statement/PreparedStatement/CallableStatement 객체 생성) : sql 쿼리를 생성하며, 반환된 결과를 가져오게 할 작업 영역을 제공한다. Statement 객체는 Connection 객체의 createStatement() 메소드를 사용하여 생성한다.

```
//여기 3단계부터는 JDBC 드라이버에 구애받지 않는다.
Statement stmt = con.createStatement();
```

(04) 4단계(Query 수행) : Statement/PreparedStatement/CallableStatement 객체가 생성되면, 객체의 executeQuery() 메소드나 executeUpdate() 메소드를 사용해서 쿼리를 실행한다.

- stmt.executeQuery() :recordSet 반환 => Select 문에서 사용

```
ResultSet rs = stmt.executeQuery ("select * from 소속기관");
```

- stmt.executeUpdate(): 성공한 row수 반환 => Insert문, Update문, Delete문에서 사용

```
String sql="update member set passwd='3579' where id='abc'";
stmt.executeUpdate(sql);
```

(05) 5단계(ResultSet 처리) : executeQuery() 메소드는 수행 결과로 ResultSet을 반환한다. 5단계는 이 ResultSet 객체로부터 원하는 데이터를 추출하는 과정이다. 데이터를 추출하는 방법은 ResultSet 객체에서 한 행씩 이동하면서 getXxx()를 이용해서 원하는 필드 값을 추출한다. 이때 문자열 데이터를 갖는 필드는 rs.getString("name") 혹은 rs.getString(1)으로 사용한다. 여기서 한 가지 주의할 사항은 자바 계열에서 ResultSet의 첫 번째 필드는 1부터 시작한다. 이들 중 rs.getString("name")과 같이 필드명을 사용하는 것이 권장 형태이다.

한 레코드씩 처리되고, 다음 행으로 이동시 next() 메소드를 사용한다.

```
while (rs.next ()){
  out.println (rs.getString ("id"));
  out.println (rs.getString ("passwd"));
}
```

2) JDBC 프로그래밍에 사용되는 객체

❶ DriverManager 클래스

DriverManager 클래스는 데이터 원본에 JDBC 드라이버를 사용해서 JSP에서 사용할 수 있는 커넥션을 만드는 역할을 한다. DriverManager는 Class.forName() 메소드를 사용해서 생성되며, 이 메소드는 인터페이스 드라이버(interface driver)를 구현하는 작업을 수행한다.

Class.forName("com.mysql.jdbc.Driver") 메소드의 매개 변수로 "com.mysql.jdbc.Driver"와 같은 특정 드라이버 클래스를 지정하면 자동으로 로딩되어 객체가 생성되고 DriverManger에 등록된다. 드라이버 클래스를 찾지 못할 경우, forName() 메소드는 ClassNotFoundException 예외를 발생시키므로 반드시 예외 처리를 해야 한다.

```
//예외 처리하는 방법  - ClassNotFoundException 사용
try{
  Class.forName("com.mysql.jdbc.Driver");
}catch(ClassNotFoundException e){}

//또는 Exception 사용
try{
  Class.forName("com.mysql.jdbc.Driver");
}catch(Exception e){}
```

일반적으로 드라이버 클래스들은 로드될 때 자신의 객체를 생성하고, 자동적으로 DriverManger 클래스의 메소드를 호출하여 그 객체를 등록한다.

DriverManger 클래스의 모든 메소드는 static이기 때문에 반드시 객체를 생성시킬 필요가 없다. DriverManger 클래스는 Connection 인터페이스를 구현하는 객체를 생성할 때

getConnection() 메소드를 사용한다. getConnection() 메소드 사용시 SQLException 예외를 발생시키므로 반드시 예외 처리를 해야 한다.

```
try{
    Connection conn = DriverManger.getConnection(url,user,pass);
}catch(SQLException e){}
```

getConnection(url,user,pass) 메소드는 수행 결과로 데이터베이스와 JSP가 연동할 수 Connection 객체를 리턴한다. 이 메소드의 첫 번째 매개 변수 URL은 jdbc:subprotocol :subname과 같은 형태를 갖는 데이터베이스 URL을 기술한다. user는 데이터베이스에 접근할 수 있는 계정명이고 pass는 계정의 패스워드이다.

MySQL의 경우 getConnection("jdbc:mysql://localhost:3306/basicjsp","jspid", "jsppass");와 같은 형태를 갖고, 오라클의 경우 DriverManager.getConnection ("jdbc: oracle:thin:@localhost:1521:orcl", "scott", "tiger");와 같은 형태를 갖는다.

프로그램을 순서대로 작성시 Class.forName() 메소드 다음에 DriverManger.get Connection() 메소드를 기술한다. 그런데 이들 메소드가 발생시키는 예외가 다르기 때문에 예외를 각각 기술해서 프로그래밍하면 다음과 같다.

```
try{
    Class.forName("com.mysql.jdbc.Driver");
}catch(ClassNotFoundException e){}
try{
    Connection conn = DriverManger.getConnection(
        "jdbc:mysql://localhost:3306/basicjsp","jspid","jsppass");
}catch(SQLException e){}
```

이렇게 각각 예외를 기술하는 것이 번거로운 경우 모든 예외를 처리할 수 있는 Exception 을 사용해서 한 번에 처리할 수 있다.

```
try{
    Class.forName("com.mysql.jdbc.Driver");
    Connection conn = DriverManger.getConnection(
        "jdbc:mysql://localhost:3306/basicjsp","jspid","jsppass");
}catch(Exception e){}
```

❷ Connection 인터페이스

특정 데이터 원본(데이터베이스라 생각해도 됨)에 대한 커넥션은 Connection 인터페이스가 구현된 클래스의 객체로 표현된다. 즉, 다음과 같이 DriverManger 클래스의 getConnection() 메소드를 사용해 Connection 객체 conn을 얻어낸다는 의미이다.

```
Connection conn = DriverManger.getConnection(
        "jdbc:mysql://localhost:3306/basicjsp","jspid","jsppass");
```

어떤 SQL 쿼리문을 실행시키려면 반드시 Connection 객체가 있어야 하며, Connecion 객체는 특정 데이터 원본과 연결된 커넥션을 의미한다. 특정한 SQL문을 정의하고 실행시킬 수 있는 Statement/PreparedStatement/CallableStatement 객체를 생성할 때 Connection 객체를 사용한다. 즉, Connection 객체는 쿼리를 실행시킬 수 있는 Statement/Prepared Statement/CallableStatement 객체를 얻어낼 때 사용한다.

```
//쿼리를 실행시키는 객체들, 셋 중 하나를 사용
Statement stmt = conn.createStatement(); //Statement 객체 생성
//PreparedStatement 객체 생성
PreparedStatement pstmt = conn.prepareStatement(sql);
CallableStatement cstmt =  conn. prepareCall(); //CallableStatement 객체 생성
```

또한 Connection 객체는 데이터베이스에 대한 데이터인 메타데이터에 관한 정보를 데이터 원본에 질의하는 쿼리문을 사용할 때도 같은 방법으로 사용된다. 여기에는 사용 가능한 테이블의 이름, 특정 테이블의 열에 정보 등이 포함된다. 물론 실제로 쿼리를 수행하는 것은 쿼리를 실행하는 객체들이며 메타 테이터의 정보는 쿼리의 결과(ResulSet 객체)로부터 뽑아낸다.

❸ Statement 인터페이스

Statement 인터페이스는 Connection 객체의 메소드를 사용해 객체로서 생성되고, 이 생성된 객체에 의해 구현되는 일종의 메소드 집합을 정의한다. Statement 객체는 Statement 인터페이스를 구현한 객체로 Statement 객체는 Connection 클래스의 createStatement() 메소드를 호출함으로써 얻어진다. createStatement() 메소드는 SQLException 예외를 발생시키기 때문에 반드시 예외 처리를 해야 한다.

```
try {
    Statement stmt = connection.createStatement();
}catch(SQLException e) {
    e.printStackTrace();
}
```

일단 Statement 객체를 생성하면 Statement 객체의 executeQuery() 메소드 또는 executeUpadte() 메소드를 호출해 쿼리를 실행한다. 이때 executeQuery() 메소드는 쿼리의 수행 결과로 ResultSet 객체를 반환(리턴)한다. Statement 객체는 단순한 질의문을 사용할 경우에 썼으나 쿼리의 수행 속도가 가장 느려 요즘에는 거의 사용하지 않는다.

❹ PreparedStatement 인터페이스

PreparedStatement 인터페이스는 Connection 객체의 prepareStatement() 메소드를 사용하여 객체를 생성한다. prepareStatement() 메소드 SQLException 예외를 발생시키기 때문에 반드시 예외 처리를 해야 한다.

```
try {
    PreparedStatement pstmt=conn.prepareStatement(sql);
}catch(SQLException e) {
    e.printStackTrace();
}
```

PreparedStatement 객체에서는 SQL 쿼리 문장이 미리 컴파일된다. prepareStatement (sql) 메소드에서 sql이 실행할 쿼리문으로, prepareStatement(sql)와 같이 사용하면 쿼리문이 미리 컴파일되는 것이다.

그리고 실행 시간 동안 인수값을 위한 공간을 확보할 수 있다는 점에서 Statement 객체와는 다르다. PreparedStatement 객체는 동일한 쿼리문을 값만 바꾸어서 여러 번 실행해야 할 때나 인수가 많아서 쿼리문을 정리해야 될 필요가 있을 때 사용하면 좋다.

PreparedStatement 인터페이스는 각각의 인수에 대해 위치홀더(placeholder)를 사용하여 SQL 문장을 정의할 수 있게 해준다. 위치홀더는 물음표(?)로 표현되며 실행 시간 동안 인수 값을 위한 공간을 확보하는 역할을 한다.

```java
try {
    String sql= "insert into member values (?,?,?,?)";
    PreparedStatement pstmt=conn.prepareStatement(sql);
}catch(SQLException e) {
    e.printStackTrace();
}
```

위치홀더는 SQL 문장에 나타나는 토큰(token)인데, 이것은 SQL 문장이 실행되기 전에 실제 값으로 대체된다. 이때 setXxx() 메소드를 사용해서 한다. 이러한 방법을 이용하면 특정 값으로 문자열을 연결하는 방법보다 훨씬 쉽게 SQL 문장을 만들 수 있다.

```java
try {
    String sql= "insert into member values (?,?,?,?)";
    PreparedStatement pstmt=conn.prepareStatement(sql);
    pstmt.setString(1,id);
    pstmt.setString(2,passwd);
    생략...
}catch(SQLException e) {
    e.printStackTrace();
}
```

PreparedStatement 객체는 각각의 SQL 데이터 타입을 처리할 수 있는 setXxx() 메소드를 제공한다. 여기서 Xxx는 해당 테이블의 해당 필드의 데이터 타입과 관련이 있다. 해당 필드의 데이터 타입이 문자열이면 setString()이 되고, 해당 필드의 데이터 타입이 int이면 setInt()가 된다.

setXxx(num, var) 메소드는 두 개의 매개 변수를 가지고 있다. num은 파라미터 인덱스로서 위치홀더(?)와 대응된다. 첫 번째 위치홀더(?)에 대응되면 1이고, 다음 위치홀더(?)와의 대응부터 1씩 값을 증가시키면 된다. var는 해당 필드에 저장할 데이터 값을 기술한다. 변수를 사용해도 된다.

위의 예제에서 pstmt.setString(1,id);, pstmt.setString(2,passwd);에서 1, 2 값은 대응되는 위치홀더(?) 번호이고, id와 passwd는 필드에 저장할 값을 가진 변수명이다. 그리고 위치홀더(?) 번호가 1, 2에 해당되는 필드의 데이터 타입은 문자열이다.

PreparedStatement 객체가 제공하는 setXxx(num, var) 메소드는 다음과 같다. 아래의 표에 있는 자주 사용하는 메소드로 전부 해당 parameterIndex 위치에 값 x를 지정한다는 의미이다(더 많은 메소드는 API Document http://docs.oracle.com/javase/7/docs/api/index.html을 참고한다).

setString(int parameterIndex, String x)
setInt(int parameterIndex, int x)
setLong(int parameterIndex, long x)
setObject(int parameterIndex, Object x)
setDate(int parameterIndex, Date x)
setTimestamp(int parameterIndex, Timestamp x)
setDouble(int parameterIndex, double x)
setFolat(int parameterIndex, floate x)

PreparedStatement는 CallableStatement와 더불어 JSP에서 가장 많이 사용되는 쿼리 실행 객체이다.

❺ CallableStatement 인터페이스

CallableStatement 인터페이스는 Connection 객체의 prepareCall() 메소드를 사용해서 객체를 생성한다. prepareCall() 메소드 SQLException 예외를 발생시키기 때문에 반드시 예외 처리를 해야 한다.

```
try {
    CallableStatement cstmt= connection. prepareCall()
}catch(SQLException e) {
    e.printStackTrace();
}
```

CallableStatement 객체는 주로 스토어드 프로시저(Stored Procedure)를 사용하기 위해 사용된다. 스토어드 프로시저란 해당 데이터베이스 SQL 쿼리문을 저장한 함수를 말한다. 미리 저장된 쿼리를 사용하기 때문에 수행 속도가 빠르다.

CallableStatement는 데이터베이스에 저장된 프로시저(함수)를 단지 호출하는 것만으로 처리가 가능하다. query1이 저장된 프로시저(스토어드 프로시저)이다.

```
conn.prepareCall(" {call query1 }")
```

저장된 프로시저를 호출하는 형태의 종류는 다음과 같다.

종류	설명
{call procedure_name[(?,?,..)]}	파라미터를 갖는 프로시저를 호출만 한다.
{? = call procedure_name[(?,?,..)]}	프로시저를 호출한 후 결과값을 얻어낸다.
{call procedure_name}	파라미터가 없는 프로시저를 호출한다.

❻ ResultSet 인터페이스

SQL문 중에서 Select문을 사용한 쿼리문은 executeQuery() 메소드를 사용하는데, 이 메소드의 수행이 성공시 결과물로 ResultSet 객체가 반환된다. ResultSet은 쿼리의 결과로 생성된 테이블(레코드셋, 레코드들)을 갖고 있다.

필드명3	필드명3	필드명3
XXX	XXX	XXX
XXX	XXX	XXX

▲ 쿼리의 수행 결과물인 레코드셋

ResultSet 객체는 '커서(cursor)'라 불리는 것을 가지고 있는데, 이것을 사용해 ResultSet 객체에서 특정 레코드를 참조할 수 있다. 커서는 초기에 첫 번째 레코드(행)의 직전 즉, 필드명이 위치한 곳을 가리킨다.

▲ 레코드셋에서 초기 커서 위치

ResultSet 객체의 next() 메소드를 사용하면 다음 위치로 커서를 옮길 수 있다.

▲ next() 메소드를 사용한 커서(대상 레코드)의 이동

ResultSet의 first(), last() 메소드를 호출하면 커서를 첫 번째 레코드, 혹은 마지막 레코드로 옮길 수 있다. 또한 beforeFirst()와 afterLast() 메소드는 커서의 위치를 첫 번째 레코드 이전과 마지막 레코드 다음으로 설정한다. previous() 메소드는 커서를 현재 위치에서 이전 레코드로 옮긴다.

ResultSet에서 레코드는 여러 개이기 때문에 이들을 처리하는 데 반복문을 사용한다. next() 메소드는 다음으로 이동할 레코드가 있으면 true를, 없으면 false 값을 리턴하는데 이것을 이용하여 while으로 제어한다.

```
while(rs.next()){ //여러 레코드의 이동을 처리

    ...

}
```

쿼리의 수행 결과 레코드들인 ResultSet 객체에서 현재 레코드에 필드명 혹은 레코드셋에서의 위치번호를 사용해 어떤 필드의 값을 얻어낼 수 있다. 실제로 데이터가 저장된 곳은 필드이기 때문에 반드시 필드에서 값을 얻어낼 수 있어야 한다. 이 값을 얻어내기 위해 ResultSet 객체는 getXxx() 메소드를 제공한다. 이때 Xxx는 해당 필드의 데이터 타입이 결정한다. 해당 필드의 데이터 타입이 문자열이면 getString()이 되고, 해당 필드의 데이터 타입이 int이면 getInt()가 된다.

getXxx(num) 혹은 getXxx(필드명) 메소드로 레코드셋에서 해당 레코드의 해당 필드의 값을 가져올 수 있다. getXxx(num)에서 num은 레코드셋에서 해당 필드의 번호를 나타내는 것으로 첫 번째 필드가 1이 되고 이후로 번호가 1씩 증가한다. getXxx(필드명)에서 필드명은 레코드셋에서 해당 필드의 이름을 나타낸다. 권장사항은 getXxx(필드명) 형태로 사용하는 것이다.

getString(id)	getString(passwd)	getInt(age)

id	passwd	age
xxx	xxx	xxx
xxx	xxx	xxx

id, passwd : 문자열 데이터 저장
age : 숫자 데이터 저장

▲ 필드명으로 필드값 추출시

getString(1)	getString(2)	getInt(3)

id	passwd	age
xxx	xxx	xxx
xxx	xxx	xxx

id, passwd : 문자열 데이터 저장
age : 숫자 데이터 저장

▲ 위치번호로 필드값 추출시

ResultSet 객체에서 자주 사용하는 getXxx() 메소드는 다음과 같다(더 많은 메소드는 API Document http://docs.oracle.com/javase/7/docs/api/index.html을 참고한다).

getString()	getDate()	getBytes()	getDouble()
getInt()	getTimestamp()	getObject()	getLong()

JDBC 프로그래밍에 사용되는 객체에 대해 살펴봤다. 이제부터 JDBC를 사용한 JSP와 데이터베이스를 연동하는 프로그램을 작성해볼 것이다.

❸ JDBC를 사용한 JSP와 데이터베이스 연동 프로그램 작성

본격적으로 JDBC를 사용한 JSP와 데이터베이스를 연동하는 프로그램을 작성하기 전에 제대로 연결이 되는지부터 테스트해야 한다. 제대로 연결이 되어야 쿼리문을 사용할 수 있기 때문이다.

실습 ‖ [ch11] 폴더 작성

웹 페이지 저장 폴더 [WebContent]에 [ch11] 폴더를 생성한다.

01 [StudyBasicJSP]의 [WebContent] 폴더를 선택하고, 마우스 오른쪽 버튼을 클릭해 [New]-[Folder] 메뉴를 선택한다.

02 [New Folder] 창이 표시된다. [Enter or select the parent folder] 항목의 값이 [StudyBasicJSP/WebContent]이면 [Folder name] 항목에 "ch11"을 입력하고 [Finish] 버튼을 클릭한다.

03 [Project Explorer] 뷰에서 [WebContent] 폴더 안에 [ch11] 폴더가 생성된 것을 확인할 수 있다.

이 예제는 데이터베이스와 JSP 연동을 확인하기 위한 driverTest.jsp 페이지를 작성해 연동이 잘 이루어지면 "제대로 연결되었습니다."라는 메시지가 화면에 표시된다.

이 예제의 결과는 다음과 같다.

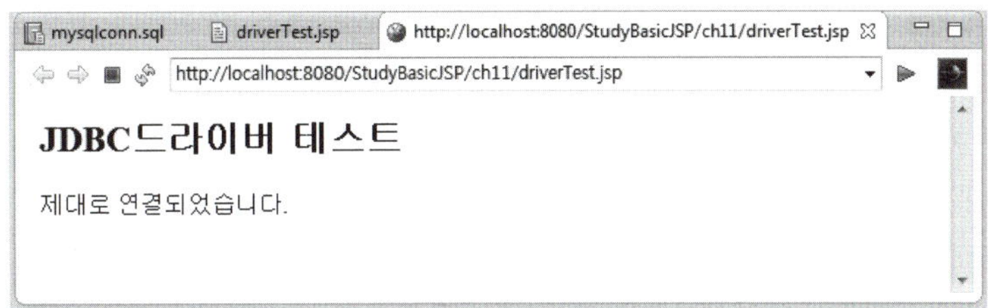

작성파일의 정보는 다음과 같다.

데이터베이스와 JSP 연동을 확인하기 위한 driverTest.jsp 페이지

작성파일명	driverTest.jsp
작성위치	StudyBasicJSP/WebContent/ch11
부록CD에서의 제공위치	source/ch11

01 driverTest.jsp 페이지를 [ch11] 폴더에 작성한다.

02 driverTest.jsp 페이지의 기본적인 코딩이 작성되면 다음과 같이 수정한 후 저장한다.

```
01  <%@ page language="java" contentType="text/html; charset=UTF-8"
02      pageEncoding="UTF-8"%>
03  <%@ page import="java.sql.*"%>
04
05  <h2>JDBC 드라이버 테스트 </h2>
06
07  <%
08    Connection conn=null;
```

```
09
10    try{
11      String jdbcUrl="jdbc:mysql://localhost:3306/basicjsp";
12      String dbId="jspid";
13      String dbPass="jsppass";
14
15      Class.forName("com.mysql.jdbc.Driver");
16      conn=DriverManager.getConnection(jdbcUrl,dbId ,dbPass );
17      out.println("제대로 연결되었습니다.");
18    }catch(Exception e){
19      e.printStackTrace();
20    }
21  %>
```


03	JSP에서 JDBC의 클래스를 사용하려면 반드시 java.sql 패키지를 import해야 한다.
08	레퍼런스 변수는 초기값은 null로 지정한다.
11	사용하려는 데이터베이스명을 포함한 URL을 기술한다.
12	사용자계정을 기술한다.
13	사용자계정의 패스워드를 기술한다.
15	데이터베이스와 연동하기 위해 DriverManager에 등록한다.
16	DriverManager 객체로부터 Connection 객체를 얻어온다.
17	커넥션이 제대로 연결되면 수행된다.
18~20	예외가 발생하면 예외 상황을 처리한다.
19	e.printStackTrace( );은 예외가 발생하면 예외를 추적해 예외가 발생한 과정을 표시한다.

03 driverTest.jsp 페이지의 수정이 끝나면 driver Test.jsp 파일을 선택하고 마우스 오른쪽 버튼을 클릭해 [Run As]-[Run on Server] 메뉴를 선택 후 [Finish] 버튼을 눌러 실행한다.

만일 아래의 그림과 같이 예외가 발생해서 driverTest.jsp 페이지의 실행 결과에 "제대로 연결되었습니다."라는 문구가 표시되지 않는 상황이 발생할 경우, 오타가 있는지 또는 JDBC 드라이버가 [StudyBasicJSP]-[WebContent]-[WEB-INF]-[lib] 안에 있는지를 확인한다.

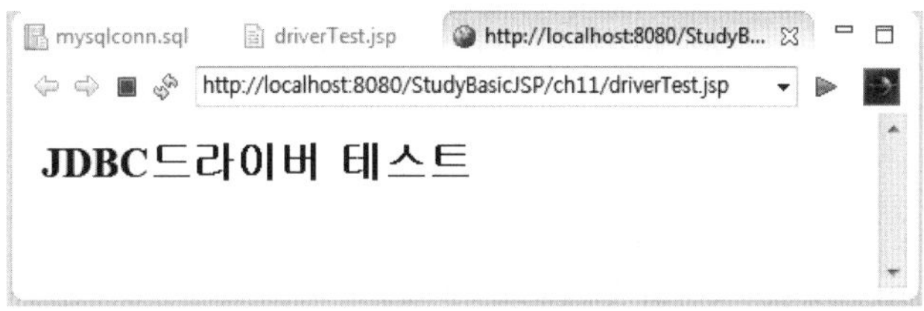

1) JSP 페이지에서 테이블에 레코드 추가

JSP 페이지에서 테이블에 레코드를 삽입(추가)하기 위해서는 데이터베이스와 커넥션을 설정한 후 insert문을 사용해서 해당 테이블에 레코드를 삽입(추가)한다. 해당 테이블에 레코드 삽입(추가)을 실행하기 위해서는 executeUpdate() 메소드를 사용해 쿼리를 수행시킨다. executeUpdate() 메소드는 성공시 결과로 수행된 레코드의 수를 반환한다. 즉, insert문에 의해 추가된 레코드의 수를 반환한다.

커넥션 설정 부분

```
Connection conn=null;
 PreparedStatement pstmt=null;
 ResultSet rs=null;
 try{
     //연동할 데이터베이스를 포함한 url
     String jdbcUrl="jdbc:mysql://localhost:3306/basicjsp";
     String dbId="jspid"; //사용자계정
     String dbPass="jsppass"; //계정 패스워드

     Class.forName("com.mysql.jdbc.Driver"); //DriverManager에 등록
     //Connection 객체를 얻어옴
     conn=DriverManager.getConnection(jdbcUrl,dbId ,dbPass );
```

insert문 사용해서 레코드를 추가

```
String sql= "insert into member values (?,?,?,?)";
```

쿼리 수행

```
pstmt.executeUpdate();
```

실습 | JSP 페이지에서 member 테이블에 레코드 추가

이 예제는 입력 폼에 아이디, 패스워드, 이름을 입력하고 [입력완료] 버튼을 클릭하면 입력한 내용이 member 테이블에 추가된다. 내용을 입력하는 입력 폼은 insertTestForm.jsp 페이지가 제공하고, 입력된 내용을 member 테이블에 추가하는 작업은 insertTestPro.jsp 페이지가 수행한다.

이 예제의 결과는 다음과 같다.

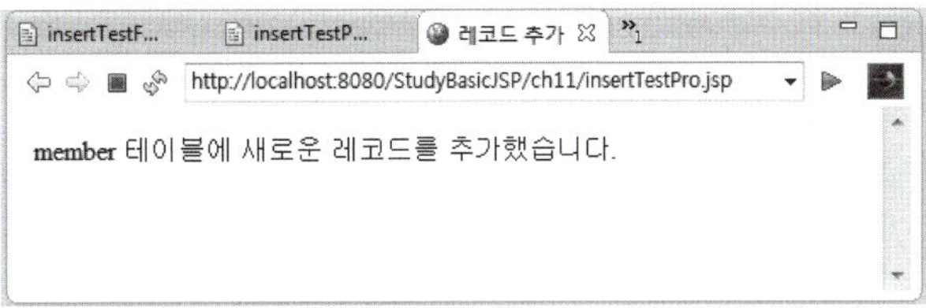

작성파일의 정보는 다음과 같다.

내용을 입력하는 입력 폼 insertTestForm.jsp 페이지

작성파일명	insertTestForm.jsp
작성위치	StudyBasicJSP/WebContent/ch11
부록CD에서의 제공위치	source/ch11

입력된 내용을 member 테이블에 추가하는 작업을 수행하는 insertTestPro.jsp 페이지

작성파일명	insertTestPro.jsp
작성위치	StudyBasicJSP/WebContent/ch11
부록CD에서의 제공위치	source/ch11

01 insertTestForm.jsp 페이지를 [ch11] 폴더에 작성한다.

02 insertTestForm.jsp 페이지의 기본적인 코딩이 작성되면 다음과 같이 수정한 후 저장한다.

```
01  <%@ page language="java" contentType="text/html; charset=UTF-8"
02      pageEncoding="UTF-8"%>
03
04  <html>
05  <head>
06  <title> 레코드 추가 </title>
```

```
07    〈/head〉
08    〈body〉
09      〈h2〉member 테이블에 레코드 추가〈/h2〉
10
11      〈form method="post" action="insertTestPro.jsp"〉
12        아이디 : 〈input type="text" name="id" maxlength="50"〉 〈br〉
13        패스워드 : 〈input type="password" name="passwd" maxlength="16"〉 〈br〉
14        이름 : 〈input type="text" name="name" maxlength="10"〉 〈br〉
15        〈input type="submit" value="입력완료"〉
16      〈/form〉
17    〈/body〉
18    〈/html〉
```

소스 코드 설명

> **11~16**　〈form〉 태그의 영역으로 아이디, 패스워드, 이름을 입력하고 [입력완료] 버튼을 클릭하면 프로그램의
> 제어가 insertTestPro.jsp 페이지로 이동한다.

(03) insertTestPro.jsp 페이지를 [ch11] 폴더에 작성한다.

(04) insertTestPro.jsp 페이지의 기본적인 코딩이 작성되면 다음과 같이 수정한 후 저장
한다.

```
01    〈%@ page language="java" contentType="text/html; charset=UTF-8"
02      pageEncoding="UTF-8"%〉
03    〈%@ page import="java.sql.*"%〉
04
05    〈% request.setCharacterEncoding("utf-8");%〉
06
07    〈%
08      String id = request.getParameter("id");
09      String passwd = request.getParameter("passwd");
```

```
10    String name = request.getParameter("name");
11    Timestamp register=new Timestamp(System.currentTimeMillis());
12
13    Connection conn=null;
14    PreparedStatement pstmt=null;
15    String str="";
16    try{
17       String jdbcUrl="jdbc:mysql://localhost:3306/basicjsp";
18       String dbId="jspid";
19       String dbPass="jsppass";
20
21        Class.forName("com.mysql.jdbc.Driver");
22        conn=DriverManager.getConnection(jdbcUrl,dbId ,dbPass );
23
24        String sql= "insert into member values (?,?,?,?)";
25        pstmt=conn.prepareStatement(sql);
26        pstmt.setString(1,id);
27      pstmt.setString(2,passwd);
28        pstmt.setString(3,name);
29        pstmt.setTimestamp(4,register);
30        pstmt.executeUpdate();
31
32        str= "member 테이블에 새로운 레코드를 추가했습니다.";
33
34    }catch(Exception e){
35       e.printStackTrace();
36       str="member 테이블에 새로운 레코드 추가를 실패했습니다";
37    }finally{
38            if(pstmt != null)
39                    try{pstmt.close();}catch(SQLException sqle){}
40            if(conn != null)
41                    try{conn.close();}catch(SQLException sqle){}
42    }
43  %>
44
45  <html>
```

```
46    <head>
47    <title>레코드 추가</title>
48    </head>
49    <body>
50     <%=str %>
51    </body>
52    </html>
```


03   JSP에서 JDBC의 객체를 사용하려면 반드시 java.sql 패키지를 import해야 한다.

08~11   폼으로부터 넘어오는 파라미터 값을 받아내는 부분이다. 이때 11라인의 Timestamp register=new Timestamp(System.currentTimeMillis());는 현재의 날짜와 시간을 얻어낸다.

21~22   JDBC 드라이버를 로딩해 DriverManager에 등록 후 getConnection() 메소드를 사용해서 Connection 객체를 얻어낸다.

24~30   쿼리문을 수행하는 부분으로 24라인에서 기술한 쿼리문은 25라인의 pstmt=conn.prepare Statement(sql);를 사용해서 미리 컴파일한다. 미리 컴파일되고 나면 24라인의 위치홀더(?) 각각의 위치에 25~29라인에서 지정한 값으로 대치시키고, 30라인에서 쿼리를 pstmt.executeUpdate();를 사용해서 실행한다. 24라인의 쿼리문이 Insert문이므로 30라인에서 쿼리를 실행할 때 executeUpdate() 메소드를 사용했다.

32   쿼리가 성공적으로 수행했을 때만 실행되는 문장이다.

34~36   쿼리의 실패시 수행되는 문장이다.

05 insertTestPro.jsp 페이지의 수정이 끝나면 insertTestForm.jsp 파일을 선택하고, 마우스 오른쪽 버튼을 클릭해 [Run As]-[Run on Server] 메뉴를 선택 후 [Finish] 버튼을 눌러 실행한다

06 insertTestForm.jsp 페이지가 실행되어 결과가 화면에 표시된다. 아이디, 패스워드, 이름을 입력하고 [입력완료] 버튼을 클릭한다.

레코드 추가에 성공하면 다음과 같은 메시지를 확인할 수 있다.

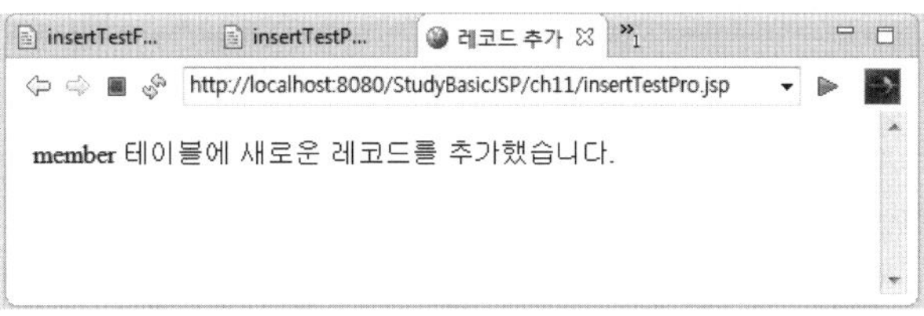

07 이클립스의 [Data Source Explorer] 뷰에서 [Database Connections]-[mysqlconn] 항목의 연결이 해제되어 있으면, 마우스 오른쪽 버튼을 클릭해 [Connect] 메뉴를 선택한다.

08 [Properties for mysqlconn] 창이 표시되면 [Password] 항목에 "jsppass"를 입력하고 [OK] 버튼을 클릭해 [Data Source Explorer] 뷰의 [Database Connections]-[mysqlconn] 항목의 연결을 확인한다.

09 [mysqlconn.sql] 에디터 뷰에 select * from member;문을 입력 후 드래그해 블록을 지정한 후 Alt + X 키를 누르면 레코드가 추가된 결과를 확인할 수 있다.

	id	passwd	name	reg_date
1	kingdora@king....	1234	김개동	2013-08-01 :

2) JSP 페이지에서 테이블의 레코드를 화면에 표시

JSP 페이지에서 테이블의 레코드들을 화면에 표시하기 위해서는 데이터베이스와 커넥션을 설정한 후 SELECT문을 사용해서 해당 테이블의 레코드를 검색해서 레코드셋을 얻어온다. 해당 테이블에 레코드들을 화면에 표시하기 위해서는 executeQuery() 메소드를 사용해서 쿼리를 수행시킨다. executeQuery() 메소드는 쿼리의 결과로 레코드셋을 반환한다.

레코드셋은 JSP에서 ResultSet 객체로 반환되므로 이것을 처리해야 한다. 한 레코드씩 처리는 보통 while문을 사용하고 해당 레코드의 필드값은 getXxx() 메소드를 사용해서 얻어낸다.

```
Connection conn=null;
PreparedStatement pstmt=null;
ResultSet rs=null;
try{
    //연동할 데이터베이스를 포함한 url
    String jdbcUrl="jdbc:mysql://localhost:3306/basicjsp";
    String dbId="jspid"; //사용자계정
    String dbPass="jsppass"; //계정 패스워드

    Class.forName("com.mysql.jdbc.Driver"); //DriverManager에 등록
    //Connection 객체를 얻어옴
    conn=DriverManager.getConnection(jdbcUrl,dbId ,dbPass );
```



```
String sql= "select * from member";
```



```
rs=pstmt.executeQuery();
```



```
while(rs.next()){
    String id= rs.getString("id");
    String passwd= rs.getString("passwd");
    String name= rs.getString("name");
    Timestamp register=rs.getTimestamp("reg_date");
```

실습 | JSP 페이지에서 테이블의 레코드들을 화면에 표시

이 예제는 member 테이블의 모든 필드를 포함한 전체 레코드를 JSP 페이지에 표시하는 예제이다.

이 예제의 결과는 다음과 같다.

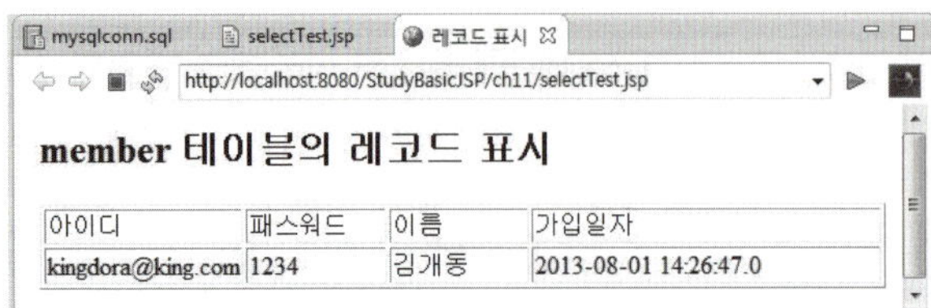

작성파일의 정보는 다음과 같다.

테이블의 내용을 화면에 표시하는 selectTest.jsp 페이지

작성파일명	selectTest.jsp
작성위치	StudyBasicJSP/WebContent/ch11
부록CD에서의 제공위치	source/ch11

01 selectTest.jsp 페이지를 [ch11] 폴더에 작성한다.

02 selectTest.jsp 페이지의 기본적인 코딩이 작성되면 다음과 같이 수정한 후 저장한다.

```
01  <%@ page language="java" contentType="text/html; charset=UTF-8"
02    pageEncoding="UTF-8"%>
03
04  <%@ page import="java.sql.*"%>
05
06  <html>
07  <head>
08  <title>레코드 표시</title>
09  </head>
10  <body>
11   <h2>member 테이블의 레코드 표시</h2>
12   <table border="1">
13   <tr>
14    <td width="100">아이디</td>
15    <td width="100">패스워드</td>
16    <td width="100">이름</td>
17    <td width="250">가입일자</td>
18   </tr>
19   <%
20    Connection conn=null;
21    PreparedStatement pstmt=null;
22    ResultSet rs=null;
```

```jsp
23
24     try{
25       String jdbcUrl="jdbc:mysql://localhost:3306/basicjsp";
26       String dbId="jspid";
27       String dbPass="jsppass";
28
29       Class.forName("com.mysql.jdbc.Driver");
30       conn=DriverManager.getConnection(jdbcUrl,dbId ,dbPass );
31
32       String sql = "select * from member";
33       pstmt=conn.prepareStatement(sql);
34       rs=pstmt.executeQuery();
35
36       while(rs.next()){
37         String id = rs.getString("id");
38         String passwd = rs.getString("passwd");
39         String name = rs.getString("name");
40         Timestamp register = rs.getTimestamp("reg_date");
41
42  %>
43       <tr>
44         <td width="100"> <%=id%> </td>
45         <td width="100"> <%=passwd%> </td>
46         <td width="100"> <%=name%> </td>
47         <td width="250"> <%=register.toString()%> </td>
48       </tr>
49  <% }
50    }catch(Exception e){
51       e.printStackTrace();
52    }finally{
53      if(rs != null)
54         try{rs.close();}catch(SQLException sqle){}
55      if(pstmt != null)
56         try{pstmt.close();}catch(SQLException sqle){}
57      if(conn != null)
58         try{conn.close();}catch(SQLException sqle){}
```

59	}
60	%>
61	</table>
62	</body>
63	</html>

소스 코드 설명

32~34 32라인의 String sql= "select * from member";는 실행할 쿼리문을 저장하는 부분이다. 33라인은 32라인의 쿼리문을 prepareStatement(sql) 메소드를 사용해서 실행한다. 34라인은 rs=pstmt.executeQuery( );는 실행할 쿼리문이 select문이기 때문에 실행의 결과로 레코드셋인 ResultSet 객체를 반환한다. 이 반환된 객체는 ResultSet 객체 타입의 rs에 저장한다.

36~49 반환된 레코드셋을 처리하기 위한 부분으로, 각 레코드들을 반복 처리하기 위해 while문을 사용했다.

37~40 ResultSet 객체.getXxx( ) 메소드를 사용해서 레코드셋으로부터 각 필드의 값을 얻어낸다. 여기서는 ResultSet 객체가 rs이므로 rs.getString("id"), rs.getString("passwd"), rs.getString("name"), rs.getTimestamp("reg_date")를 사용해 [member] 테이블의 [id],[passwd],[name],[reg_date] 필드의 값을 얻어낸다.

03 selectTest.jsp 페이지의 수정이 끝나면 select Test.jsp 파일을 선택하고 마우스 오른쪽 버튼을 클릭해 [Run As]-[Run on Server] 메뉴를 선택 후 [Finish] 버튼을 눌러 실행한다.

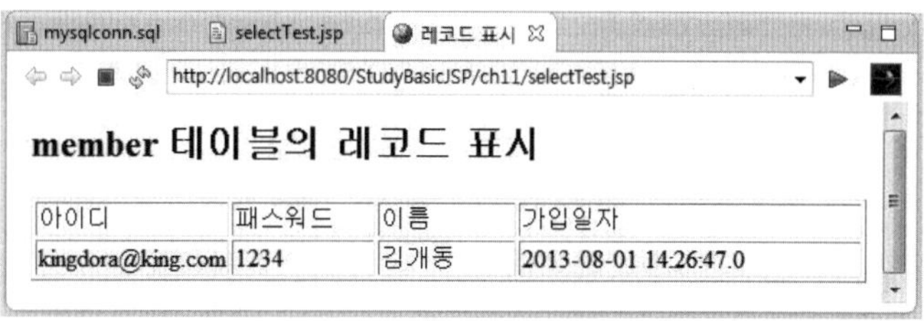

3) JSP 페이지에서 테이블에 저장된 레코드 수정

JSP 페이지에서 테이블에 레코드를 수정하기 위해서는 데이터베이스와 커넥션을 설정한 후 UPDATE문을 사용해서 해당 테이블에 레코드를 수정한다. 해당 테이블에 레코드를 수정하기 위해서는 executeUpdate() 메소드를 사용해서 쿼리를 수행시킨다. executeUpdate() 메소드는 성공시 결과로 변경된 레코드의 수를 반환한다.

커넥션 설정 부분

```
Connection conn=null;
PreparedStatement pstmt=null;
ResultSet rs=null;
try{
        //연동할 데이터베이스를 포함한 url
        String jdbcUrl="jdbc:mysql://localhost:3306/basicjsp";
        String dbId="jspid"; //사용자계정
        String dbPass="jsppass"; //계정 패스워드

        Class.forName("com.mysql.jdbc.Driver"); //DriverManager에 등록
        //Connection 객체를 얻어옴
        conn=DriverManager.getConnection(jdbcUrl,dbId ,dbPass );
```

update문 사용해서 레코드를 수정

```
sql= "update member set name= ?  where id= ? ";
```

쿼리 수행

```
pstmt.executeUpdate();
```

실습 ‖ ## JSP 페이지에서 member 테이블에 저장된 레코드 수정

이 예제는 수정 폼에 아이디, 패스워드, 수정할 이름을 입력하고 [입력완료] 버튼을 클릭하면 member 테이블의 해당 레코드의 이름이 수정된다. 내용을 수정하는 수정 폼은 updateTestForm.jsp 페이지가 제공하고, 수정된 내용으로 member 테이블의 해당 레코드를 수정하는 작업은 updateTestPro.jsp 페이지가 수행한다.

이 예제의 결과는 다음과 같다.

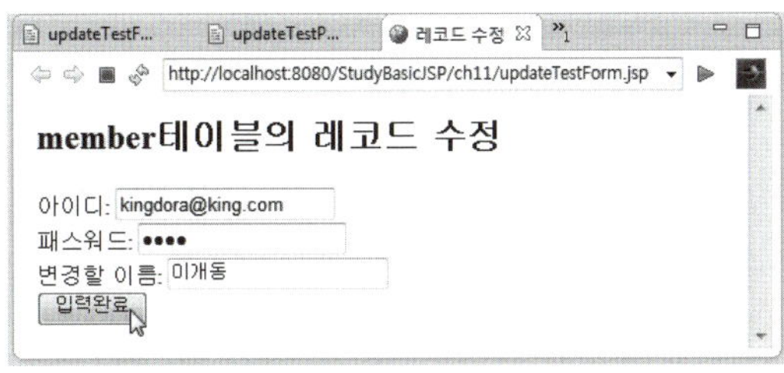

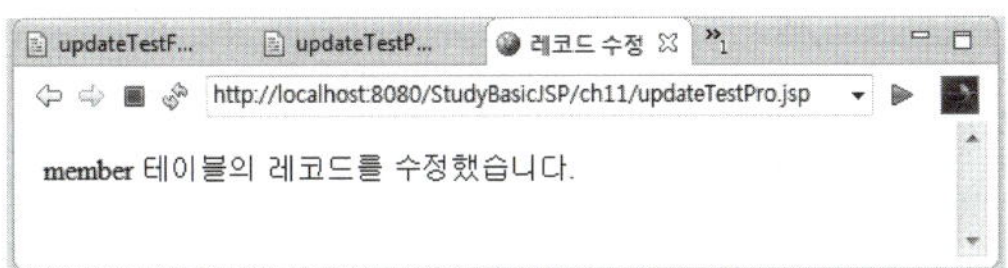

작성파일의 정보는 다음과 같다.

내용을 수정하는 수정폼 updateTestForm.jsp 페이지

작성파일명	updateTestForm.jsp
작성위치	StudyBasicJSP/WebContent/ch11
부록CD에서의 제공위치	source/ch11

수정된 내용으로 해당 레코드를 수정하는 updateTestPro.jsp 페이지

작성파일명	updateTestPro.jsp
작성위치	StudyBasicJSP/WebContent/ch11
부록CD에서의 제공위치	source/ch11

01 updateTestForm.jsp 페이지를 [ch11] 폴더에 작성한다.

02 updateTestForm.jsp 페이지의 기본적인 코딩이 작성되면 다음과 같이 수정한 후 저장한다.

```
01  <%@ page language="java" contentType="text/html; charset=UTF-8"
02      pageEncoding="UTF-8"%>
03
```

```
04    <html>
05    <head>
06    <title> 레코드 수정</title>
07    </head>
08    <body>
09       <h2> member 테이블의 레코드 수정</h2>
10
11       <form method="post" action="updateTestPro.jsp">
12          아이디: <input type="text" name="id" maxlength="50"> <br>
13          패스워드: <input type="password" name="passwd" maxlength="16"> <br>
14          변경할 이름: <input type="text" name="name" maxlength="10"> <br>
15             <input type="submit" value="입력완료">
16       </form>
17    </body>
18    </html>
```

소스 코드 설명

11~16   <form> 태그의 영역으로 아이디, 패스워드, 변경할 이름을 입력하고 [입력완료] 버튼을 클릭하면 프로그램의 제어가 updateTestPro.jsp 페이지로 이동한다.

(03) updateTestPro.jsp 페이지를 [ch11] 폴더에 작성한다.

(04) insertTestPro.jsp 페이지의 기본적인 코딩이 작성되면 다음과 같이 수정한 후 저장한다. 35라인의 경고표시는 무시한다.

```
01    <%@ page language="java" contentType="text/html; charset=UTF-8"
02       pageEncoding="UTF-8"%>
03
04    <%@ page import="java.sql.*"%>
05
06    <% request.setCharacterEncoding("utf-8"); %>
```

```
07
08    <%
09    String id= request.getParameter("id");
10    String passwd= request.getParameter("passwd");
11    String name= request.getParameter("name");
12
13    Connection conn=null;
14    PreparedStatement pstmt=null;
15    ResultSet rs=null;
16
17    try{
18      String jdbcUrl="jdbc:mysql://localhost:3306/basicjsp";
19      String dbId="jspid";
20      String dbPass="jsppass";
21
22      Class.forName("com.mysql.jdbc.Driver");
23      conn=DriverManager.getConnection(jdbcUrl,dbId ,dbPass );
24
25      String sql= "select id, passwd from member where id= ?";
26      pstmt=conn.prepareStatement(sql);
27      pstmt.setString(1,id);
28      rs=pstmt.executeQuery();
29
30      if(rs.next()){
31        String rId=rs.getString("id");
32        String rPasswd=rs.getString("passwd");
33        if(id.equals(rId) && passwd.equals(rPasswd)){
34           sql= "update member set name= ?  where id= ? ";
35           pstmt=conn.prepareStatement(sql);
36           pstmt.setString(1,name);
37           pstmt.setString(2,id);
38           pstmt.executeUpdate();
39    %>
40    <html>
41    <head>
42    <title>레코드 수정</title>
```

```
43    </head>
44    <body>
45     member 테이블의 레코드를 수정했습니다.
46    </body>
47    </html>
48    <%
49        }else
50          out.println("패스워드가 틀렸습니다.");
51      }else
52       out.println("아이디가 틀렸습니다.");
53    }catch(Exception e){
54       e.printStackTrace();
55    }finally{
56       if(rs != null)
57          try{rs.close();}catch(SQLException sqle){}
58       if(pstmt != null)
59          try{pstmt.close();}catch(SQLException sqle){}
60       if(conn != null)
61          try{conn.close();}catch(SQLException sqle){}
62    }
63    %>
```

소스 코드 설명

25~38   수정 폼에 입력한 아이디를 가지고 member 테이블에 입력한 아이디에 해당하는 아이디가 있으면 id, passwd의 값을 테이블로부터 가져오는 쿼리문이다.

30~52   사용자가 수정 폼에 입력한 아이디에 대한 레코드가 없는 경우, 회원가입이 되어 있지 않은 사용자의 경우 51~52라인을 수행한다. 만일 입력한 아이디에 대한 레코드가 있는 경우에는 30~47라인을 수행한다. 33라인의 if문은 사용자가 입력한 아이디와 패스워드가 테이블에 저장된 아이디, 패스워드와 같으면 34~47라인을 수행해서 34~38라인에 걸쳐 있는 Update문을 수행하고, 수행한 결과를 화면에 표시한다. 만일 패스워드가 틀리면 49~50라인을 수행한다.

05 updateTestPro.jsp 페이지의 수정이 끝나면 updateTestForm.jsp 파일을 선택하고, 마우스 오른쪽 버튼을 클릭해 [Run As]-[Run on Server] 메뉴를 선택 후 [Finish] 버튼을 눌러 실행한다.

06 updateTestForm.jsp 페이지가 실행되면 아이디, 패스워드, 변경할 이름을 입력하고 [입력완료] 버튼을 클릭한다.

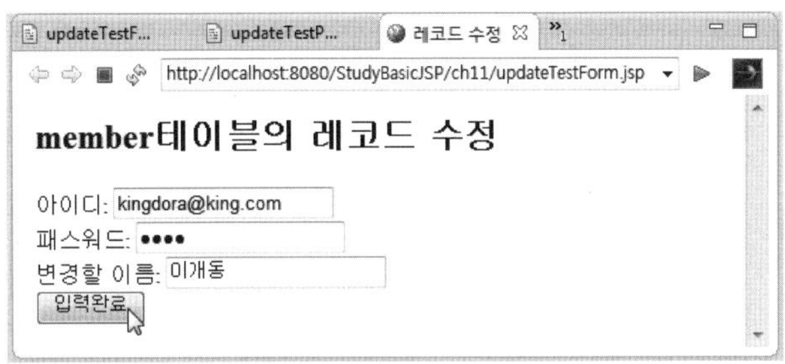

아이디와 패스워드를 테이블에 저장된 아이디와 패스워드와 같게 입력하면 레코드의 수정이 발생하여 다음과 같은 화면을 확인할 수 있다.

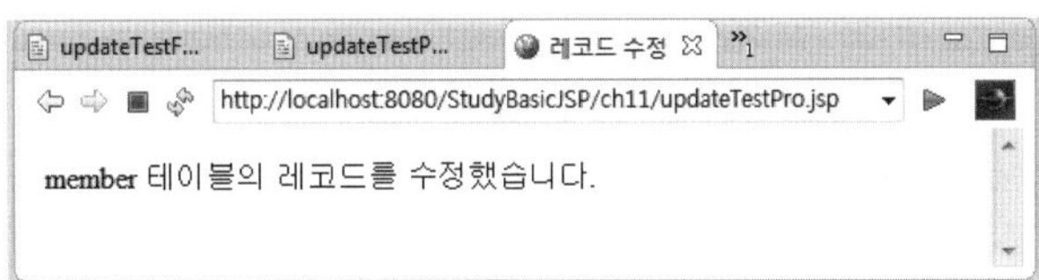

07 이클립스의 [Data Source Explorer] 뷰에서 [Database Connections]-[mysqlconn] 항목의 연결이 해제되어 있으면, 마우스 오른쪽 버튼을 클릭해 [Connect] 메뉴를 선택한다.

08 [Properties for mysqlconn] 창이 표시되면 [Password] 항목에 "jsppass"를 입력하고 [OK] 버튼을 클릭해 [Data Source Explorer] 뷰의 [Database Connections]-[mysqlconn] 항목의 연결을 확인한다.

09 [mysqlconn.sql] 에디터 뷰에 select * from member;문을 입력 후 드래그해 블록을 지정한 후 Alt + X 키를 누르면 레코드가 추가된 결과를 확인할 수 있다.

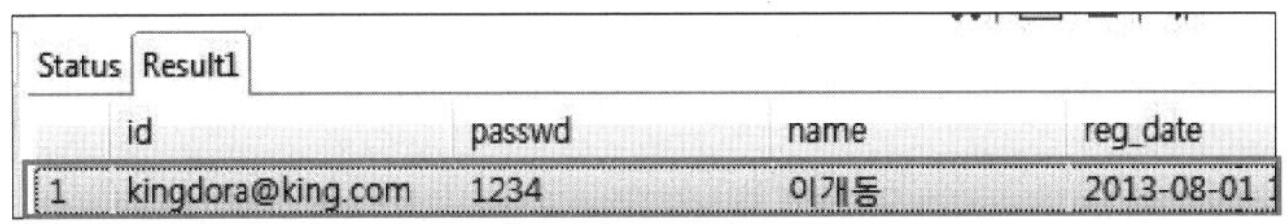

만일 아이디는 맞게 입력하고, 패스워드를 다르게 입력하고 [입력완료] 버튼을 클릭하면

다음과 같은 메시지를 확인할 수 있다.

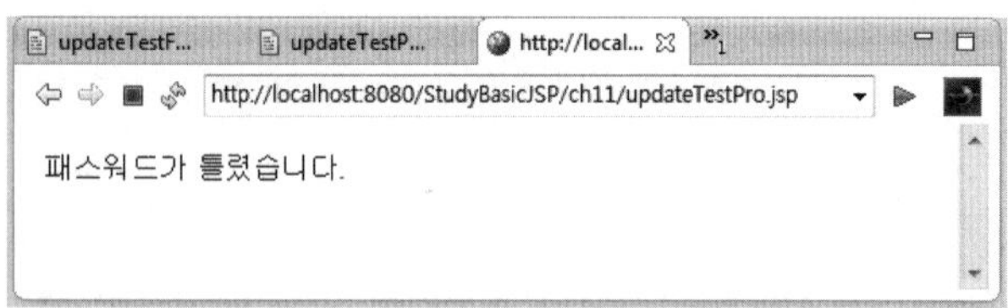

또한 아이디를 다르게 입력하고, [입력완료] 버튼을 클릭하면

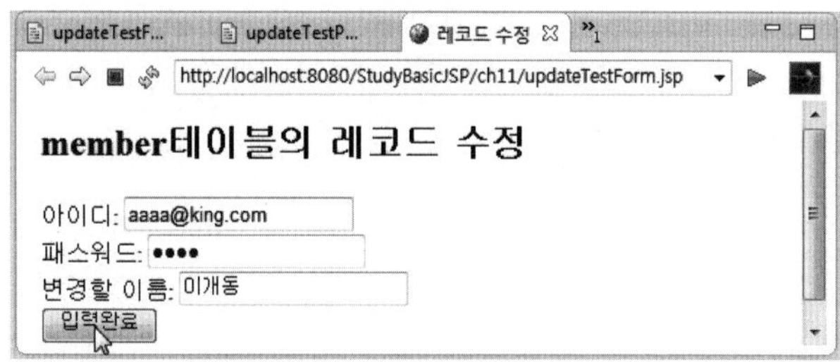

다음과 같은 메시지를 확인할 수 있다.

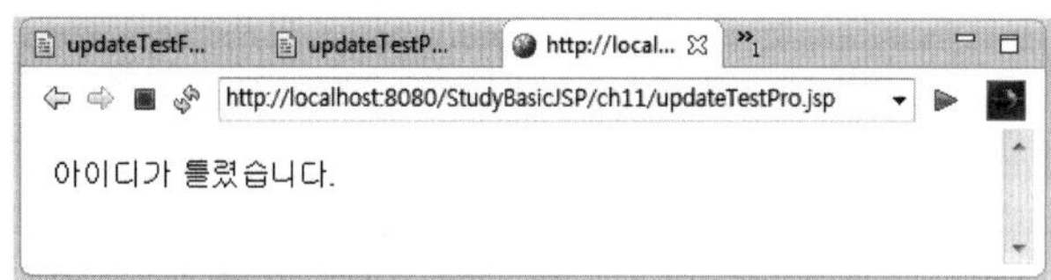

4) JSP 페이지에서 테이블에 저장된 레코드 삭제

JSP 페이지에서 테이블에 저장된 레코드를 삭제하기 위해서는 데이터베이스와 커넥션을 설정한 후 DELETE문을 사용해서 해당 테이블에 저장된 레코드를 삭제한다. 해당 테이블에 레코드의 삭제을 실행하기 위해서는 executeUpdate() 메소드를 사용해서 쿼리를 수행시킨다. executeUpdate() 메소드는 성공시 수행의 결과로 삭제된 레코드의 수를 반환한다.

커넥션 설정 부분

```
Connection conn=null;
PreparedStatement pstmt=null;
ResultSet rs=null;
try{
    //연동할 데이터베이스를 포함한 url
    String jdbcUrl="jdbc:mysql://localhost:3306/basicjsp";
    String dbId="jspid"; //사용자계정
    String dbPass="jsppass"; //계정 패스워드


    Class.forName("com.mysql.jdbc.Driver"); //DriverManager에 등록
    //Connection 객체를 얻어옴
    conn=DriverManager.getConnection(jdbcUrl,dbId ,dbPass );
```

insert문 사용해서 레코드를 삭제

```
sql= "delete from member where id= ? ";
```

쿼리 수행

```
pstmt.executeUpdate();
```

실습 | **JSP 페이지에서 member 테이블에 저장된 레코드 삭제 예제**

이 예제는 삭제 폼에 아이디, 패스워드를 입력하고 [입력완료] 버튼을 클릭하면 member 테이블의 해당 레코드를 삭제한다. 레코드 삭제에 필요한 정보를 입력하는 삭제 폼은 deleteTestForm.jsp 페이지가 제공하고, 해당 레코드를 삭제하는 작업은 deleteTestPro.jsp 페이지가 수행한다.

이 예제의 결과는 다음과 같다.

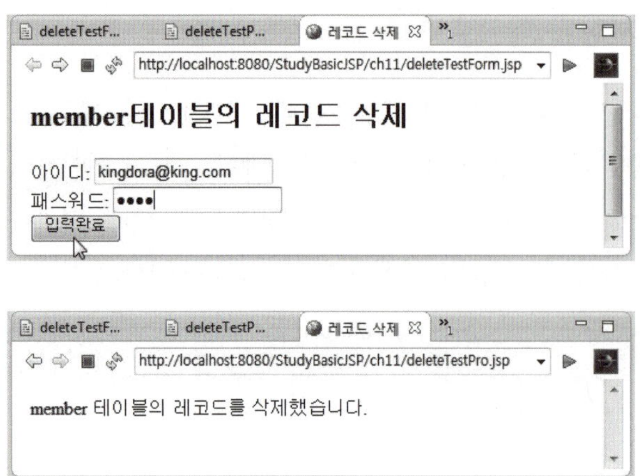

작성파일의 정보는 다음과 같다.

레코드를 삭제하는 데 필요한 정보를 입력하는 삭제 폼은 deleteTestForm.jsp 페이지

작성파일명	deleteTestForm.jsp
작성위치	StudyBasicJSP/WebContent/ch11
부록CD에서의 제공위치	source/ch11

해당 레코드를 삭제하는 작업은 deleteTestPro.jsp 페이지

작성파일명	deleteTestPro.jsp
작성위치	StudyBasicJSP/WebContent/ch11
부록CD에서의 제공위치	source/ch11

01 deleteTestForm.jsp 페이지를 [ch11] 폴더에 작성한다.

02 deleteTestForm.jsp 페이지의 기본적인 코딩이 작성되면 다음과 같이 수정한 후 저장한다.

```
01    <%@ page language="java" contentType="text/html; charset=UTF-8"
02       pageEncoding="UTF-8"%>
03
04    <html>
05    <head>
06    <title> 레코드 삭제 </title>
07    </head>
08    <body>
09      <h2> member 테이블의 레코드 삭제 </h2>
10
11      <form method="post" action="deleteTestPro.jsp">
12          아이디: <input type="text" name="id" maxlength="50"> <br>
13          패스워드: <input type="password" name="passwd" maxlength="16"> <br>
14          <input type="submit" value="입력완료">
15      </form>
16    </body>
17    </html>
```


11~15 <form> 태그의 영역으로 아이디, 패스워드를 입력하고 [입력완료] 버튼을 클릭하면 프로그램의 제어가 deleteTestPro.jsp 페이지로 이동한다.

03 deleteTestPro.jsp 페이지를 [ch11] 폴더에 작성한다.

04 deleteTestPro.jsp 페이지의 기본적인 코딩이 작성되면 다음과 같이 수정한 후 저장한다. 34라인 경고는 무시한다.

```
01    <%@ page language="java" contentType="text/html; charset=UTF-8"
02       pageEncoding="UTF-8"%>
03
04    <%@ page import="java.sql.*"%>
```

```jsp
05
06  <% request.setCharacterEncoding("utf-8");%>
07
08  <%
09    String id= request.getParameter("id");
10    String passwd= request.getParameter("passwd");
11
12    Connection conn=null;
13    PreparedStatement pstmt=null;
14    ResultSet rs=null;
15
16    try{
17      String jdbcUrl="jdbc:mysql://localhost:3306/basicjsp";
18      String dbId="jspid";
19      String dbPass="jsppass";
20
21      Class.forName("com.mysql.jdbc.Driver");
22      conn=DriverManager.getConnection(jdbcUrl,dbId ,dbPass );
23
24      String sql= "select id, passwd from member where id= ?";
25      pstmt=conn.prepareStatement(sql);
26      pstmt.setString(1,id);
27      rs=pstmt.executeQuery();
28
29      if(rs.next()){
30        String rId=rs.getString("id");
31        String rPasswd=rs.getString("passwd");
32        if(id.equals(rId) && passwd.equals(rPasswd)){
33            sql= "delete from member where id= ? ";
34            pstmt=conn.prepareStatement(sql);
35            pstmt.setString(1,id);
36            pstmt.executeUpdate();
37  %>
38  <html>
39  <head>
40  <title> 레코드 삭제</title>
```

```
41    </head>
42    <body>
43      member 테이블의 레코드를 삭제했습니다.
44    </body>
45    </html>
46    <%
47          }else
48                 out.println("패스워드가 틀렸습니다.");
49       }else
50              out.println("아이디가 틀렸습니다.");
51    }catch(Exception e){
52      e.printStackTrace();
53    }finally{
54      if(rs != null)
55              try{rs.close();}catch(SQLException sqle){}
56      if(pstmt != null)
57              try{pstmt.close();}catch(SQLException sqle){}
58      if(conn != null)
59              try{conn.close();}catch(SQLException sqle){}
60    }
61    %>
```

소스 코드 설명

29~51 사용자가 수정 폼에 입력한 아이디에 대한 레코드가 없는 경우, 회원가입이 되어 있지 않은 사용자로 49~50라인을 수행한다. 만일 입력한 아이디에 대한 레코드가 있는 경우에는 29~46라인을 사용한다. 32라인의 if문은 사용자가 입력한 아이디와 패스워드가 테이블에 저장된 아이디, 패스워드와 같으면 33~46라인을 수행해서 33~36라인에 걸쳐 있는 Delete문을 수행하고, 수행한 결과를 화면에 표시한다. 만일 패스워드가 틀리면 47~48라인을 수행한다.

05 deleteTestPro.jsp 페이지의 수정이 끝나면 deleteTestForm.jsp 파일을 선택하고 마우스 오른쪽 버튼을 클릭해 [Run As]-[Run on Server] 메뉴를 선택 후 [Finish] 버튼을 눌러 실행한다.

06 deleteTestForm.jsp 페이지가 실행되면 아이디, 패스워드를 입력하고 [입력완료] 버튼을 클릭한다.

아이디와 패스워드를 테이블에 저장된 아이디와 패스워드와 같게 입력하면 레코드의 삭제가 발생해서 다음과 같은 화면을 확인할 수 있다.

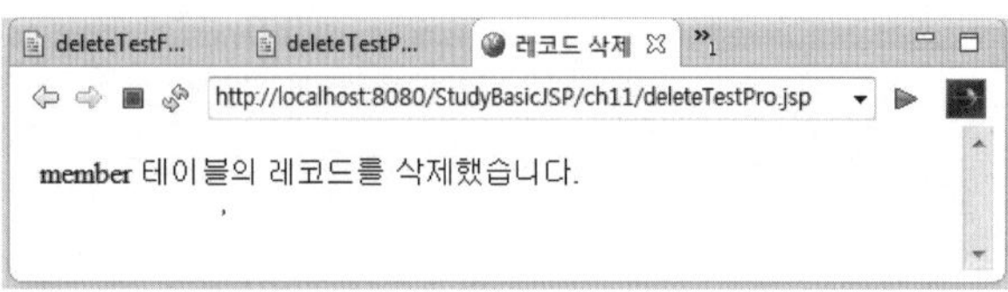

07 이클립스의 [Data Source Explorer] 뷰에서 [Database Connections]–[mysqlconn] 항목의 연결이 해제되어 있으면, 마우스 오른쪽 버튼을 클릭해 [Connect] 메뉴를 선택한다.

08 [Properties for mysqlconn] 창이 표시되면 [Password] 항목에 "jsppass"를 입력하고 [OK] 버튼을 클릭해 [Data Source Explorer] 뷰의 [Database Connections]–[mysqlconn] 항목의 연결을 확인한다.

09 [mysqlconn.sql] 에디터 뷰에 select * from member;문을 입력 후 드래그해 블록을 지정한 후 Alt + X 키를 누르면 레코드가 추가된 결과를 확인할 수 있다.

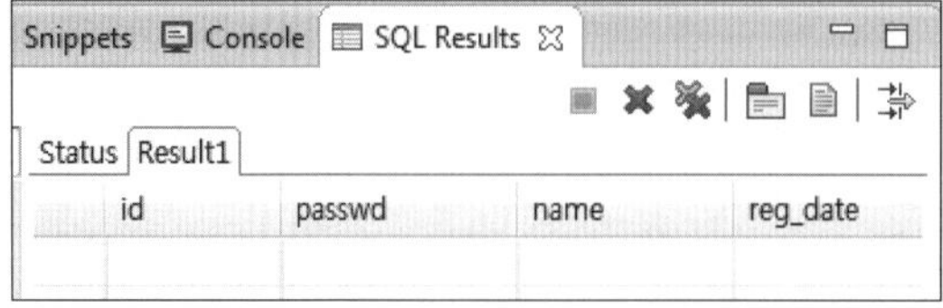

만일 아이디는 맞게 입력하고, 패스워드를 다르게 입력하고 [입력완료] 버튼을 클릭하면

다음과 같은 메시지를 확인할 수 있다.

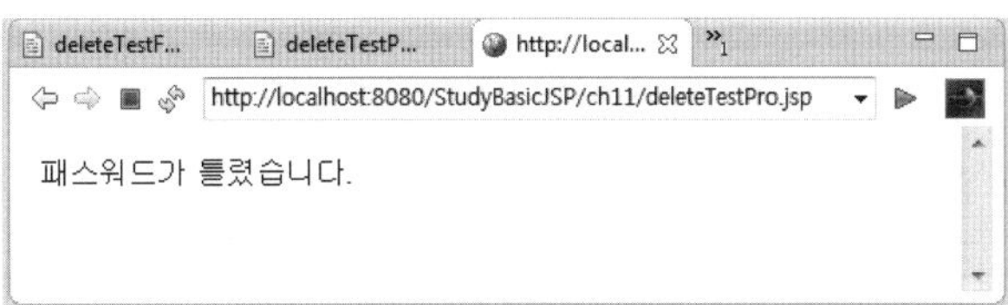

또한 아이디를 다르게 입력하고, [입력완료] 버튼을 클릭하면

다음과 같은 메시지를 확인할 수 있다.

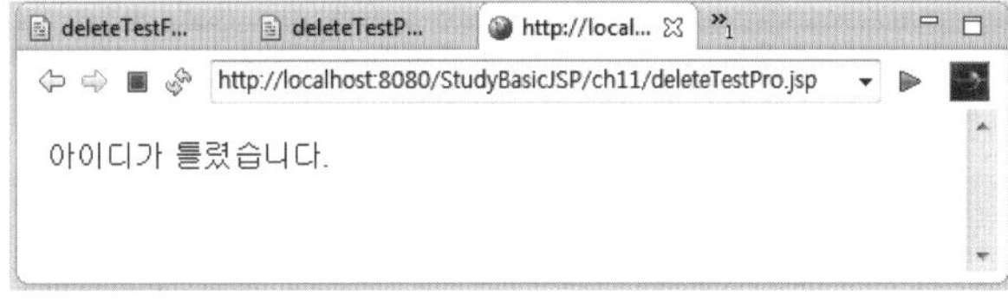

데이터베이스에 연결하기 위한 커넥션(Connection)은 객체이다. 이 객체는 새롭게 만들어질 때 많은 시스템 자원을 요구한다. 객체는 메모리에 적재가 되는데, 메모리에 객체를 할당할 자리를 만들고 또 객체가 사용할 여러 자원들에 대한 초기화 작업, 또한 이 객체가 필요 없게 되면 객체를 거두어들여야 하는 작업 등이 요구되어 객체의 생성 작업은 많은 비용을 필요로 한다.

이런 문제를 해결하기 위해 커넥션 풀에 커넥션 객체들을 만들어 놓은 후, 커넥션 객체가 필요한 경우 작성한 객체를 할당해 주고, 사용이 끝난 후에는 다시 커넥션 풀로 회수하는 방법을 사용한다. 즉, 한번 만들어져서 사용된 커넥션 객체는 다시 커넥션 풀(connection pools)로 회수되는 것이다.

자카르타 프로젝트의 DBCP API를 사용해서 커넥션 풀을 사용하려면 다음과 같은 단계를 순서대로 거쳐야 한다.

❶ DBCP API 관련 jar 파일 설치
❷ DBCP에 관한 정보 설정 – context.xml
❸ JNDI 리소스 사용 설정 – web.xml
❹ JSP 페이지에서 커넥션 풀 사용

① DBCP API 관련 jar 파일 설치

최근의 톰캣 컨테이너는 DBCP API 관련 jar 파일인 tomcat-dbcp.jar를 컨테이너의 공용 라이브러리 폴더인 톰캣홈\lib 폴더에 같이 제공하고 있으므로 따로 다운로드 받을 필요가 없다.

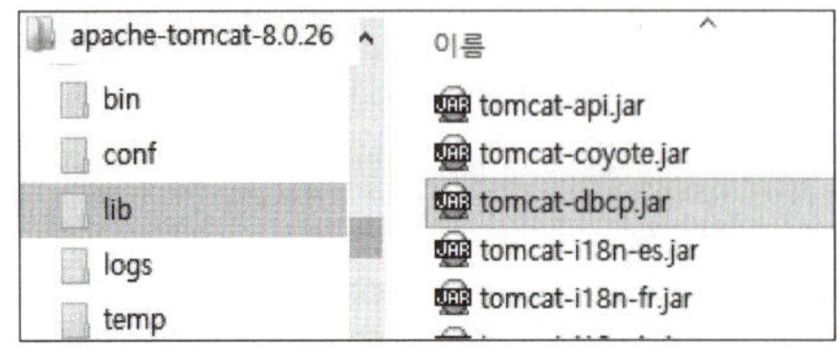

다만 프로젝트의 [WEB-INF]-[lib] 폴더에만 복사해서 넣어두면 된다.

 ## DBCP API 관련 jar 파일인 tomcat-dbcp.jar를 이클립스 프로젝트에 추가

01 톰캣 공용 라이브러리 폴더인 톰캣홈\lib 폴더에 있는 tomcat-dbcp.jar 파일을 복사한다.

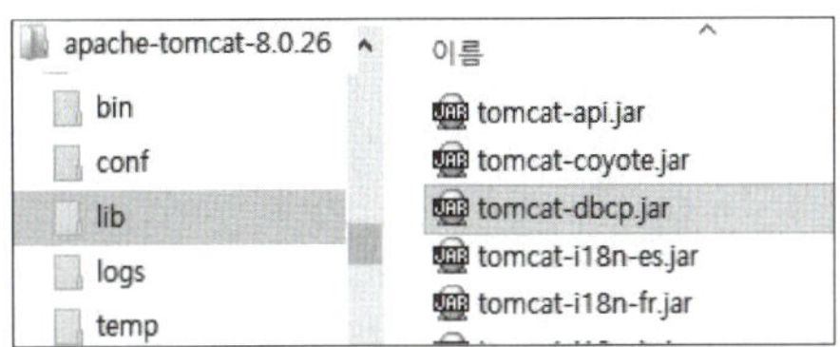

02 이클립스의 [프로젝트]-[WebContent]-[WEB-INF]-[lib] 폴더에 tomcat-dbcp.jar 파일을 붙여넣기 한다. 웹 프로젝트에서는 프로젝트에 필요한 라이브러리는 기본적으로 [WEB-INF]-[lib] 폴더에 넣어야 한다.

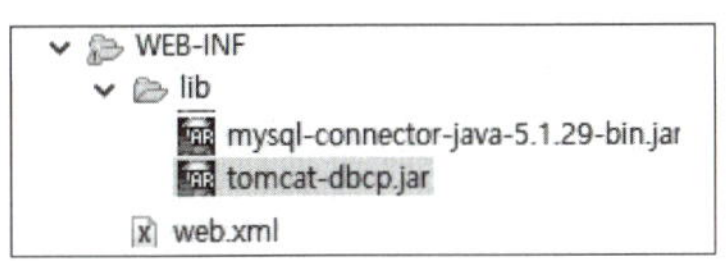

또한 추가로 JDBC 커넥터인 mysql-connector-java-5.1.29-bin.jar 파일을 복사해서 톰캣홈\lib 폴더에 복사한다. DBCP API를 사용할 경우 톰캣 버전에 따라 JDBC 커넥터를 인식하지 못할 수 있기 때문에 공용 라이브러리 폴더에 넣어두어야 한다.

 ## JDBC 커넥터를 톰캣 공용 라이브러리 폴더에 복사

01 JDBC 커넥터인 mysql-connector-java-5.1.29-bin.jar 파일을 복사해서 톰캣홈\lib 폴더에 복사한다.

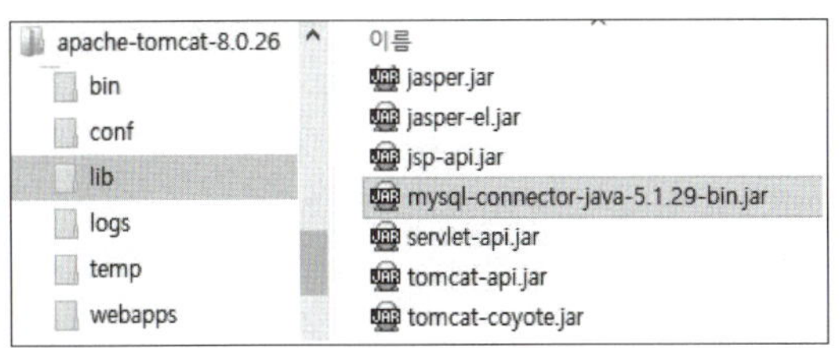

❷ DBCP에 관한 정보 설정 – context.xml

자카르타(Jakarta) DBCP를 사용하려면 DBCP에 관한 정보 설정을 context.xml에서 정의해야 한다. 실제 서비스 환경에서 context.xml은 톰캣홈\conf 폴더에 있다. 필자의 경우 apache-tomcat-8.0.26\conf 폴더에 있다. 또한 이클립스 가상환경에서는 [Project Explorer] 뷰의 [Servers]-[Tomcat v8.0 Server ~] 안에 있다. 이 두 개의 context.xml에 정보 설정을 해야 한다.

사실 가상환경의 context.xml과 실제환경의 context.xml은 크게 다르지 않다. context.xml에서 DBCP에 관한 정보 설정해야 하는 위치와 방법이 같기 때문이다.

context.xml에 DBCP에 관한 정보 설정을 하려면 〈Resource〉 엘리먼트를 정의해서 〈/Context〉 엘리먼트 안에 위치시키면 된다.

1) DBCP에 관한 정보 설정하는 방법 : <Resource> 엘리먼트 정의

DBCP에 관한 정보를 설정하는 〈Resource〉 엘리먼트는 JDBC 사용 정보를 속성의 값으로 설정한다. 각각 어떤 속성이 어떤 값을 설정하는지에 대해 주로 사용하는 속성을 사용해서 학습한다. 좀 더 자세한 사항은 톰캣홈\webapps\docs\jndi-resources-howto.html 파일을 참조한다.

여기서는 MySQL을 사용한 DBCP에 관한 정보 설정 예시를 사용해서 기본 속성을 설명한다.

```
〈Resource name="jdbc/basicjsp"
        auth="Container"
        type="javax.sql.DataSource"
        driverClassName="com.mysql.jdbc.Driver"
        username="jspid"
        password="jsppass"
        url="jdbc:mysql://localhost:3306/basicjsp"
        maxWait="5000"
/>
```

각 속성에 대한 설명은 다음과 같다.

- name – java:comp/env 콘텍스트와 관련되어 생성되는 자원의 이름을 기술한다. 임의로 지정 가능하며 여기서는 jdbc/basicjsp 라 지정했다.

- auth – 컨테이너를 자원관리자로 기술할 수 있는데 Applicaion 혹은 Container가 속성 값에 온다. 대부분 컨테이너를 자원 관리자로 기술하기 위해 Container를 사용한다.

- type – 웹에서 이 리소스를 사용할 때, 실제로 사용되는 클래스를 type 속성의 값으로 기술한다. 여기서는 javax.sql.DataSource을 속성 값으로 사용했다. 즉, jdbc/basicjsp 라는 이름을 찾으면 이름에 해당하는 객체의 타입인 javax.sql.DataSource로 리턴된다.

- driverClassName – JDBC 드라이버로 MySQL을 사용할 때는 속성 값으로 com.mysql.jdbc.Driver를 기술한다. 만일 Oracle thin 드라이버를 사용할 때는 oracle.jdbc.driver.OracleDriver를 기술한다.

- username – 데이터베이스에 접근하는 계정 명으로 여기서는 jspid를 기술했다.

- password – 계정의 암호로 여기서는 jsppass를 기술했다.

- url – JDBC의 url로 여기서는 jdbc:mysql://localhost:3306/basicjsp을 기술했다. 만일 Oracle을 사용할 경우에는 jdbc:oracle:thin:@localhost:1521:orcl 과 같이 오라클의 url 형식을 따라 기술한다.

- maxWait – 커넥션 풀에 사용 가능한 커넥션이 없는 경우, 커넥션의 회수를 기다리는 시간으로 밀리세컨드(millisecond, 1/1000초) 단위로 기술한다. 여기서는 5000을 기술했는데, 이는 5초 동안 기다린다는 의미이다.

위의 내용을 일일이 코딩할 필요 없이 제공되는 resource.txt 파일을 보고 필요한 부분을 복사해서 끼워 넣으면 된다.

우리는 이클립스 가상 환경부터 세팅을 한 후 실제 서비스 환경도 세팅한다.

2) 이클립스의 context.xml에서 리소스 정의

실습 이클립스의 context.xml에 DBCP에 관한 정보 설정

이클립스의 [Project Explorer] 뷰의 [Servers]-[Tomcat v8.0 Server ~] 안에 있는 context.xml에 정보 설정을 한다.

01 [Servers] 뷰의 Tomcat 서버가 시작되어 있으면 중단한다.

02 [Project Explorer] 뷰의 [Servers]-[Tomcat v8.0 Server ~] 안에 있는 context.xml를 더 블클릭해서 연다.

03 </Context>를 찾아 바로 윗줄에 <Resource> 엘리먼트의 내용을 추가한 후 저장한다. 아래의 <Resource> 엘리먼트의 내용은 resource.txt 파일에서 제공되니 복사해서 사용해도 된다.

```
<Resource name="jdbc/basicjsp"
        auth="Container"
        type="javax.sql.DataSource"
        driverClassName="com.mysql.jdbc.Driver"
        username="jspid"
        password="jsppass"
        url="jdbc:mysql://localhost:3306/basicjsp"
        maxWait="5000"
/>
```

```
40      <Resource name="jdbc/basicjsp"
41              auth="Container"
42              type="javax.sql.DataSource"
43              driverClassName="com.mysql.jdbc.Driver"
44              username="jspid"
45              password="jsppass"
46              url="jdbc:mysql://localhost:3306/basicjsp"
47              maxWait="5000"
48      />
49  </Context>
```

Tip

[참고]

context.xml 파일에 다른 DBMS를 사용한 DBCP API 정보 설정을 추가해도 된다.

DBMS의 종류에 따라 DBCP API 설정 정보가 다르다. 만일 시스템에서 여러 종류의 DBMS를 사용하는 경우 그 각각의 설정 정보를 context.xml 파일에 추가할 수 있다. 즉, context.xml 파일 1개에 여러 종류의 DBMS의 설정 정보를 넣어도 된다. 다음은 context.xml파일에 MySQL, Oracle, Sqlite DBMS의 DBCP API 설정 정보를 추가한 예이다.

```
 mysqlconn.sql    contextxml
14    WITHOUT WARRANTIES OR CONDITIONS OF ANY KIND, either express or implied.
15    See the License for the specific language governing permissions and
16    limitations under the License.
17 -->><!-- The contents of this file will be loaded for each web application --><Context>
18
19    <!-- Default set of monitored resources. If one of these changes, the    -->
20    <!-- web application will be reloaded.                                    -->
21    <WatchedResource>WEB-INF/web.xml</WatchedResource>
22    <WatchedResource>WEB-INF/tomcat-web.xml</WatchedResource>
23    <WatchedResource>${catalina.base}/conf/web.xml</WatchedResource>
24
25    <!-- Uncomment this to disable session persistence across Tomcat restarts -->
```

```
26⊖    <!--
27     <Manager pathname="" />
28     -->
29
30     <Resource name="jdbc/jsptest"
31            auth="Container"
32            type="javax.sql.DataSource"
33            driverClassName="com.mysql.jdbc.Driver"
34            username="jspid"
35            password="jsppass"
36            url="jdbc:mysql://localhost:3306/jsptest"
37            maxWait="5000"
38      />
39
40     <Resource name="jdbc/basicjsp"
41            auth="Container"
42            type="javax.sql.DataSource"
43            driverClassName="com.mysql.jdbc.Driver"
44            username="jspid"
45            password="jsppass"
46            url="jdbc:mysql://localhost:3306/basicjsp"
47            maxWait="5000"
48      />
49  </Context>
```

Design | Source

3) 실제 서비스 환경의 context.xml에서 리소스 정의

실제 서비스 환경의 context.xml에 DBCP에 관한 정보 설정

실제 서비스 환경인 톰캣홈\conf 폴더 안에 있는 context.xml에 정보 설정을 한다.

01 [Servers] 뷰의 Tomcat 서버가 시작되어 있으면 중단한다.

02 탐색기에서 톰캣홈\conf 폴더 안에 있는 context.xml 파일을 메모장에서 열기 위해 마우스 오른쪽 버튼을 눌러 [편집] 메뉴를 선택한다. 필자의 경우에는 apache-tomcat-8.0.26\conf 폴더 내에 있나.

03 </Context>를 찾아 바로 윗줄에 <Resource> 엘리먼트의 내용을 추가한다. 아래의 <Resource> 엘리먼트의 내용은 resource.txt 파일에서 제공되니 복사해서 사용해도 된다.

```
<Resource name="jdbc/basicjsp"
        auth="Container"
        type="javax.sql.DataSource"
        driverClassName="com.mysql.jdbc.Driver"
        username="jspid"
        password="jsppass"
        url="jdbc:mysql://localhost:3306/basicjsp"
        maxWait="5000"
/>
```

```
context.xml - Windows 메모장                                    —   □   ×
파일(F)  편집(E)  서식(O)  보기(V)  도움말(H)
<!-- The contents of this file will be loaded for each web application -->
<Context>

    <!-- Default set of monitored resources. If one of these changes, the    -->
    <!-- web application will be reloaded.                               -->
    <WatchedResource>WEB-INF/web.xml</WatchedResource>
    <WatchedResource>WEB-INF/tomcat-web.xml</WatchedResource>
    <WatchedResource>${catalina.base}/conf/web.xml</WatchedResource>

    <!-- Uncomment this to disable session persistence across Tomcat restarts -->
    <!--
    <Manager pathname="" />
    -->

    <Resource name="jdbc/basicjsp"
          auth="Container"
          type="javax.sql.DataSource"
          driverClassName="com.mysql.jdbc.Driver"
          username="jspid"
          password="jsppass"
          url="jdbc:mysql://localhost:3306/basicjsp"
          maxWait="5000"
    />
</Context>
```

Tip

[참고]

여러 DBMS와 연동을 하는 경우 마찬가지로 여기 톰캣홈\conf 폴더 안에 있는 context.xml에도 이클립스의
[Project Explorer] 뷰의 [Servers]–[Tomcat v8.0 Server ~] 안에 있는 context.xml에 설정한 것과 같은 내
용을 넣어둔다.

```
context.xml - Windows 메모장                                    —   □   ×
파일(F)  편집(E)  서식(O)  보기(V)  도움말(H)
    <!-- Uncomment this to disable session persistence across Tomcat restarts -->
    <!--
    <Manager pathname="" />
    -->

    <Resource name="jdbc/jsptest"
          auth="Container"
          type="javax.sql.DataSource"
          driverClassName="com.mysql.jdbc.Driver"
          username="jspid"
          password="jsppass"
          url="jdbc:mysql://localhost:3306/jsptest"
          maxWait="5000"
    />

    <Resource name="jdbc/basicjsp"
          auth="Container"
          type="javax.sql.DataSource"
          driverClassName="com.mysql.jdbc.Driver"
          username="jspid"
          password="jsppass"
          url="jdbc:mysql://localhost:3306/basicjsp"
          maxWait="5000"
    />
</Context>
```

커넥션 풀은 의외로 세팅에서 실수가 많은 부분입니다. 책을 구매한 독자 분들의 질문 대부분이 커넥션 풀 세팅이 안 된다는 것이었습니다. 커넥션 풀 설정이 제대로 되어야만 실행 결과를 볼 수 있는 "05 자카르타 DBCP API를 이용한 커넥션 풀(connection pools) 설정" 전에 몇 가지를 체크해 보겠습니다. 오라클을 사용한 커넥션 풀 설정도 종종 질문하기 때문에 오라클의 경우도 같이 체크하겠습니다.

◆ 선수 체크

(1) 반드시 책은 처음부터 순서대로 학습한다.

성격이 급하신 분들 중에서 책을 처음부터 보지 않고, 회원 가입이나 게시판부터 하는 경우가 있습니다. 이런 경우 DBMS의 설치나 커넥션 풀, 암호화 설정을 건너뛴 경우이기 때문에 회원 가입이나 게시판이 제대로 동작되지 않습니다. 마음이 급하겠지만 컴퓨터 프로그래밍은 처음부터 차근차근 해야 합니다.

◆ 커넥션 풀을 사용한 DB 연동을 위한 체크

(1) DBMS 설치 확인

"설마, DBMS 설치도 안하고 커넥션 풀을?" 실제로 그런 경우가 있습니다. 또한 컴퓨터의 성능 때문에 DBMS를 안 쓰는 경우 서비스를 내리는 경우가 종종 있습니다(DBMS가 리소스를 많이 잡아먹기 때문에 컴퓨터의 부팅도 느려지고 종종 버벅대기도 합니다.). 하지만 JSP를 학습할 경우, DBMS 서비스가 실행 중인가를 항상 확인해야 합니다. 윈도우즈 운영체제에서 서비스는 [제어판]-[관리 도구]-[서비스] 항목을 선택해서 확인합니다.

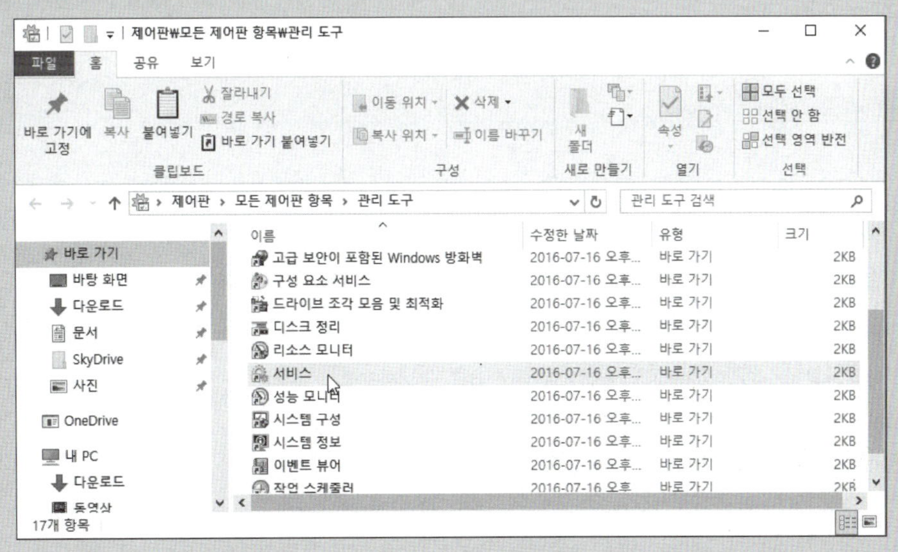

❶ MySQL의 경우

반드시 [MySQL] 서비스의 상태가 "실행 중"인지 확인합니다.

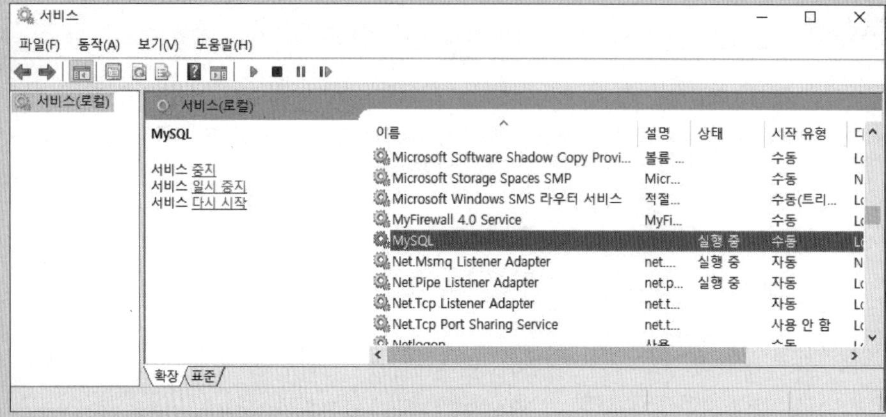

▲ [MySQL] 서비스의 상태가 "실행 중"인 경우

실행 중이 아니면 마우스 오른쪽 버튼을 클릭해 [시작] 메뉴를 선택합니다.

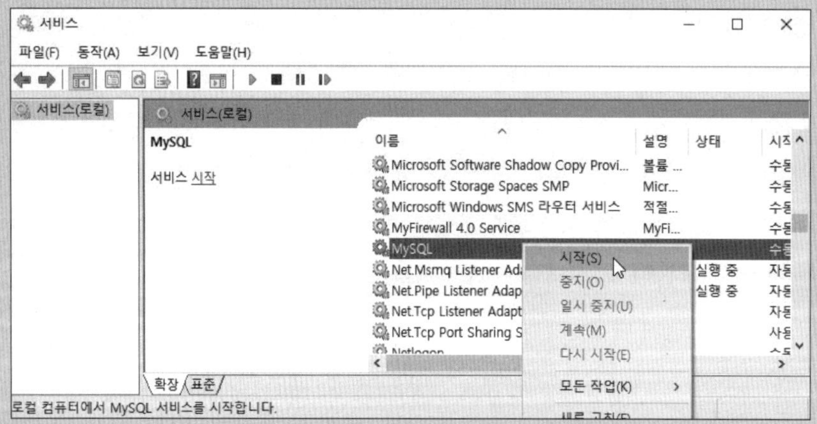

❷ Oracle의 경우

반드시 OracleServiceSID명과 OracleOraDb오라클 버전_home1TNSListener 서비스가 "실행 중"이어야 합니다. 오라클 설치 시 SID명을 수정하지 않은 경우 OracleServiceORCL 서비스이고, 오라클 11g를 사용할 경우 OracleOraDb11g_home1TNSListener 서비스입니다. 마찬가지로 실행 중이 아닌 경우 마우스 오른쪽 버튼을 클릭해 [시작] 메뉴를 선택합니다.

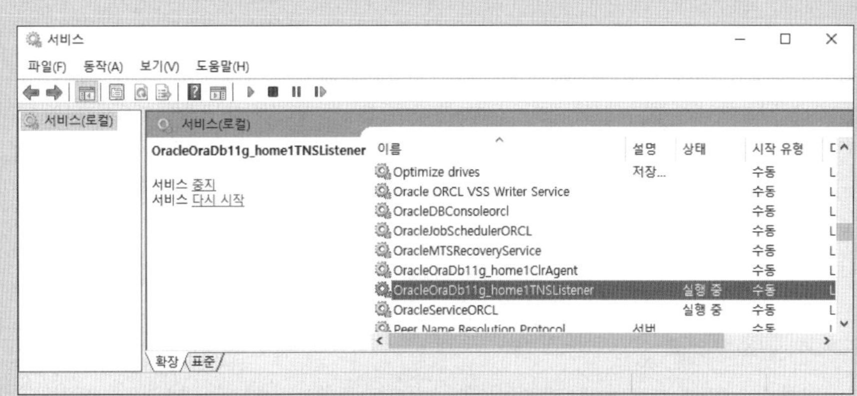

▲ OracleServiceORCL 서비스와 OracleOraDb11g_home1TNSListener 서비스의 상태가 "실행 중"인 경우

❸ 여러 DBMS를 설치한 경우

반드시 1개의 DBMS의 서비스만 실행 중이어야 합니다. 여러 DBMS를 동시에 실행 중일 경우 충돌이 일어날 수 있습니다. 아래의 그림은 Oracle의 사용을 위해서 MySQL 서비스를 내린 예시 입니다.

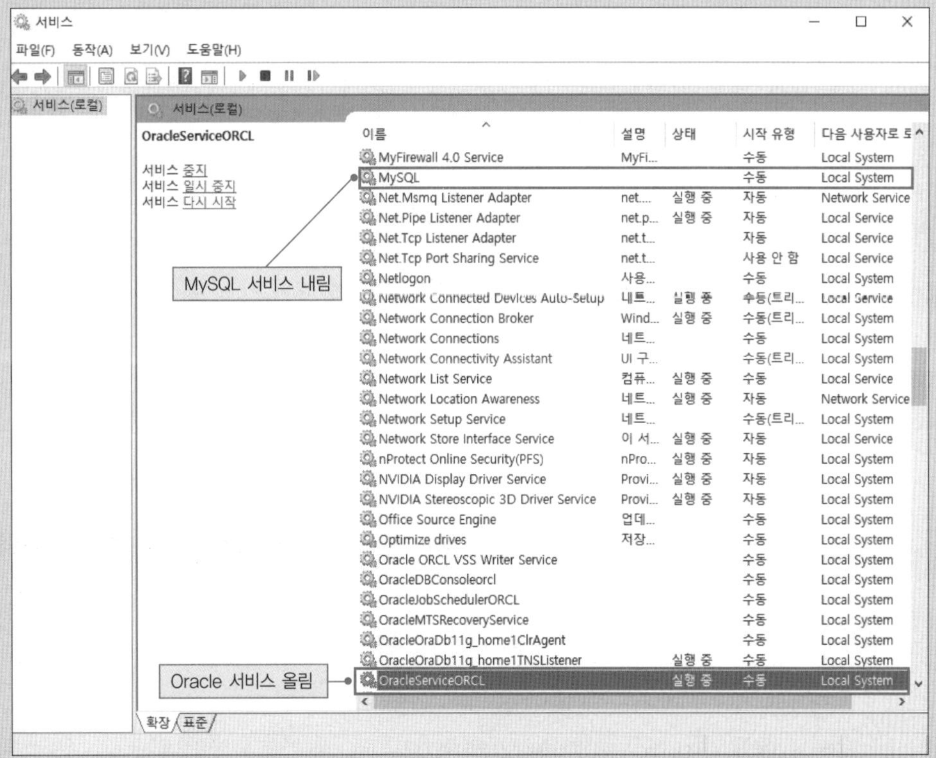

(2) JDBC 커넥터 위치 확인

JDBC 커넥터는 반드시 톰캣홈의 공용 라이브러리 폴더와 프로젝트의 [WEB-INF]-[lib] 폴더에 위치해야 합니다.

❶ 톰캣홈의 공용 라이브러리 폴더 : [톰캣홈]-[lib] 폴더

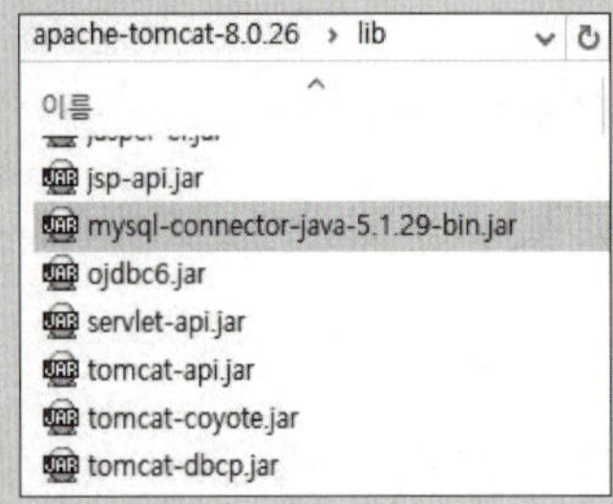

❷ 프로젝트의 [WEB-INF]-[lib] 폴더 : 이클립스의 [프로젝트]-[WebContent]-[WEB-INF]-[lib] 폴더

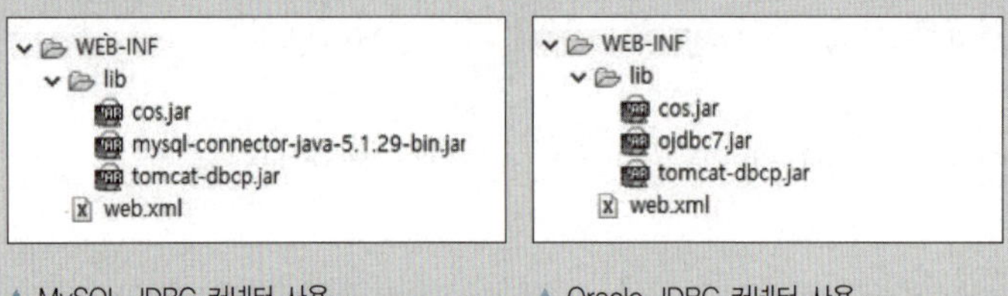

▲ MySQL JDBC 커넥터 사용　　　　▲ Oracle JDBC 커넥터 사용

(3) 커넥션 풀 설정 확인

"05 자카르타 DBCP API를 이용한 커넥션 풀(connection pools) 설정"에 걸쳐있는 DBCP API 관련 JAR 파일 배치, context.xml, web.xml 파일 설정을 다시 한 번 확인합니다.

❸ JNDI 리소스 사용 설정 – web.xml

context.xml에 저장된 JNDI 리소스를 사용하려면 web.xml에 다음과 같이 ⟨resource-ref⟩ 엘리먼트를 기술해야 한다.

```
⟨resource-ref⟩
    ⟨description⟩basicjsp db⟨/description⟩
    ⟨res-ref-name⟩jdbc/basicjsp⟨/res-ref-name⟩
    ⟨res-type⟩javax.sql.DataSource⟨/res-type⟩
    ⟨res-auth⟩Container⟨/res-auth⟩
⟨/resource-ref⟩
```

〈resource-ref〉 엘리먼트의 하위 엘리먼트에 대한 설명은 다음과 같다.

- 〈description〉 엘리먼트는 리소스의 설명을 기술한다.
- 〈res-ref-name〉 엘리먼트는 context.xml의 〈Resource〉 태그의 name 속성과 같은 값을 기술한다.
- 〈res-type〉 엘리먼트는 context.xml 〈Resource〉 태그의 type 속성과 같은 값을 기술한다.
- 〈res-auth〉 엘리먼트는 context.xml 〈Resource〉 태그의 auth 속성과 같은 값을 기술한다.

실습 **이클립스의 web.xml에 JNDI 리소스 사용 설정**

이클립스의 [프로젝트]-[WebContent]-[WEB-INF]에 있는 web.xml에 JNDI 리소스 사용 설정을 한다.

추가한 결과는 다음과 같다.

```
22
23⊖   <resource-ref>
24        <description>basicjsp db</description>
25        <res-ref-name>jdbc/basicjsp</res-ref-name>
26        <res-type>javax.sql.DataSource</res-type>
27        <res-auth>Container</res-auth>
28    </resource-ref>
29
30  </web-app>
```

수정할 파일의 정보는 다음과 같다.

수정할 파일명	web.xml
위치	[프로젝트]-[WebContent]-[WEB-INF]
부록에서의 제공되는 web.txt파일위치	source/ch11

web.xml에 추가할 내용

```
〈resource-ref〉
    〈description〉basicjsp db〈/description〉
    〈res-ref-name〉jdbc/basicjsp〈/res-ref-name〉
    〈res-type〉javax.sql.DataSource〈/res-type〉
    〈res-auth〉Container〈/res-auth〉
〈/resource-ref〉
```

01 [Servers] 뷰의 Tomcat 서버가 시작되어 있으면 중단한다.

02 [Project Explorer] 뷰의 [StudyBasicJsp]–[WebContent]–[WEB–INF] 안에 있는 web.xml를 더블클릭해서 연다.

03 web.xml 파일의 〈/web-app〉를 찾아 바로 윗줄에 〈resource-ref〉 엘리먼트를 추가한다. 아래의 〈resource-ref〉 엘리먼트의 내용은 web.txt 파일에서 제공되니 복사해서 사용해도 된다.

```
〈resource-ref〉
    〈description〉basicjsp db〈/description〉
    〈res-ref-name〉jdbc/basicjsp〈/res-ref-name〉
    〈res-type〉javax.sql.DataSource〈/res-type〉
    〈res-auth〉Container〈/res-auth〉
〈/resource-ref〉
```

```
22
23⊖    <resource-ref>
24         <description>basicjsp db</description>
25         <res-ref-name>jdbc/basicjsp</res-ref-name>
26         <res-type>javax.sql.DataSource</res-type>
27         <res-auth>Container</res-auth>
28     </resource-ref>
29
30 </web-app>
```

04 변경 사항이 반영되도록 web.xml 파일을 저장한다.

4 JSP 페이지에서 커넥션 풀 사용

이제는 JSP 페이지에서 DBCP API를 사용한 커넥션 풀을 사용해 보자. JSP 페이지에서 JNDI를 사용해 커넥션 풀을 사용하려면 다음과 같이 프로그래밍한다.

```
〈%@ page contentType = "text/html; charset=euc-kr" %〉
〈%@ page import = "java.sql.*,javax.sql.*, javax.naming.*" %〉


중략

..
  try{
```

```java
Context initCtx = new InitialContext();

Context envCtx = (Context) initCtx.lookup("java:comp/env");

DataSource ds = (DataSource)envCtx.lookup("jdbc/basicjsp");

Connection conn = ds.getConnection();

..
생략
```

먼저 필요한 클래스를 사용하려면, javax.sql 패키지와 javax.naming 패키지를 추가로 import받아야 한다.

InitialContex 객체를 생성해서 (Context) initCtx.lookup("java:comp/env")에서 " " 안에 기술된 이름을 lookup() 메소드를 사용해서 찾는 부분이다. 다시 "java:comp/env" 이름으로 찾아낸 Context 객체를 가지고 (DataSource)envCtx.lookup("jdbc/basicjsp");를 사용한다. 여기서 lookup() 메소드를 사용해서 "jdbc/basicjsp"를 가지고 객체를 얻어내서 Data Source 객체 타입으로 형 변환한다. ds.getConnection() 메소드는 DataSource 타입의 객체 ds에서 getConnection() 메소드를 사용해 커넥션 풀로부터 커넥션 객체를 할당받는다.

실습 **JSP 페이지에서 커넥션 풀 사용**

이 예제는 JSP 페이지에서 DBCP API 커넥션 풀을 어떻게 사용하는지 보여주는 예제이다. JSP 페이지에서 JNDI를 사용해 커넥션 풀을 사용한 프로그래밍을 해보자.

이 예제의 결과는 다음과 같다.

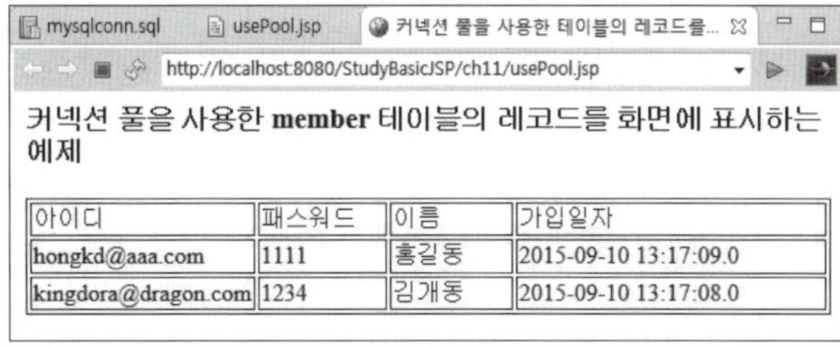

작성파일의 정보는 다음과 같다.

작성파일명	pageDirectiveContentType.jsp
작성위치	StudyBasicJSP/WebContent/ch04
부록CD에서의 제공위치	source/ch04

01 먼저 사용할 member 테이블에 아무런 레코드도 없으므로 레코드를 추가한 후 하기 위해 [Data Source Explorer] 뷰에서 [Database Connections]-[mysqlconn] 항목의 연결이 해제되어 있으면, 마우스 오른쪽 버튼을 클릭해 [Connect] 메뉴를 선택한다.

02 [Properties for mysqlconn] 창이 표시되면 [Password] 항목에 "jsppass"를 입력하고 [OK] 버튼을 클릭해 [Data Source Explorer] 뷰의 [Database Connections]-[mysqlconn] 항목의 연결을 확인한다.

03 추가할 레코드는 다음과 같다. 다시 입력하지 말고 [mysqlconn.sql] 에디터 뷰의 내용을 재활용한다.

```
insert into member(id, passwd, name, reg_date)
values('kingdora@dragon.com','1234','김개동', now());

insert into member(id, passwd, name, reg_date)
values('hongkd@aaa.com','1111','홍길동', now());
```

추가된 내용은 다음과 같다.

Status	Result1			
	id	passwd	name	reg_date
1	hongkd@aaa.com	1111	홍길동	2015-09-10
2	kingdora@dragon.com	1234	김개동	2015-09-10

04 usePool.jsp 페이지를 [ch11] 폴더에 작성한다.

05 기본적인 코딩이 작성되어 있는 usePool.jsp 페이지를 다음과 같이 수정한 후 저장한다.

```
01  <%@ page language="java" contentType="text/html; charset=UTF-8"
02      pageEncoding="UTF-8"%>
03  <%@ page import = "java.sql.*,javax.sql.*, javax.naming.*" %>
04
05  <html>
06  <head>
07  <title>커넥션 풀을 사용한 테이블의 레코드를 화면에 표시하는 예제</title>
08  </head>
```

```
09  <body>
10  <h3>커넥션 풀을 사용한 member 테이블의 레코드를 화면에 표시하는 예제</h3>
11  <TABLE border="1">
12  <TR>
13     <TD width="100">아이디</TD>
14     <TD width="100">패스워드</TD>
15     <TD width="100">이름</TD>
16     <TD width="250">가입일자</TD>
17  </TR>
18  <%
19  Connection conn=null;
20  PreparedStatement pstmt=null;
21  ResultSet rs=null;
22
23  try{
24     Context initCtx = new InitialContext();
25     Context envCtx = (Context) initCtx.lookup("java:comp/env");
26     DataSource ds = (DataSource)envCtx.lookup("jdbc/basicjsp");
27     conn = ds.getConnection();
28
29     String sql= "select * from member";
30     pstmt=conn.prepareStatement(sql);
31     rs=pstmt.executeQuery();
32
33     while(rs.next()){
34       String id= rs.getString("id");
35      String passwd= rs.getString("passwd");
36      String name= rs.getString("name");
37      Timestamp register=rs.getTimestamp("reg_date");
38
39  %>
40     <TR>
41       <TD width="100"><%=id%></TD>
42       <TD width="100"><%=passwd%></TD>
43       <TD width="100"><%=name%></TD>
44       <TD width="250"><%=register.toString()%></TD>
45     </TR>
```

```
46    <% }
47      }catch(Exception e){
48            e.printStackTrace();
49      }finally{
50          if(rs != null) try{rs.close();}catch(SQLException sqle){}
51            if(pstmt != null) try{pstmt.close();}catch(SQLException sqle){}
52            if(conn != null) try{conn.close();}catch(SQLException sqle){}
53      }
54    %>
55
56    </table>
57    </body>
58    </html>
```

소스 코드 설명

기존의 selectTest.jsp 페이지와 거의 내용이 유사하나 24~27라인의 커넥션 풀을 사용해서 커넥션 객체를 얻어오는 부분이 다르다.

24   Context initCtx = new InitialContext( );는 InitialContext 객체를 생성해서 Context 타입의 initCtx 레퍼런스에 할당했다.

25   Context envCtx = (Context) initCtx.lookup("java:comp/env");은 initCtx 객체를 가지고 lookup( ) 메소드를 사용해서 "java:comp/env" 이름에 해당하는 객체를 리턴받는다. 이때 객체를 원하는 타입으로 형 변환해서 envCtx 레퍼런스에 할당했다.

26   DataSource ds = (DataSource)envCtx.lookup("jdbc/basicjsp"); 은 envCtx 객체를 가지고 lookup( ) 메소드를 사용하여 "jdbc/basicjsp"에 해당하는 객체를 리턴받는다. DataSource 객체 타입으로 형 변환해서 ds 레퍼런스에 할당한다.

27   conn = ds.getConnection( );은 DataSource 타입의 ds 객체의 getConnection( )을 사용해서 Connection 객체를 얻어낸다. 얻어낸 Connection 객체는 conn 레퍼런스에 할당한다. 즉, 커넥션 풀로부터 Connection 객체를 할당받는다.

52   if(conn != null) try{conn.close( );}catch(SQLException sqle){}에서 conn.close( )는 Connection 객체를 메모리에서 제거하는 것이 아니라 커넥션 풀로 Connection 객체를 반환하는 것이다.

06 usePool.jsp 페이지의 변경 사항을 저장 후 Tomcat 서버가 시작된 것을 확인한 후, usePool.jsp를 선택하고 마우스 오른쪽 버튼을 클릭해 [Run As]-[Run on Server] 메뉴를 선택 후 [Finish] 버튼을 눌러 실행한다.

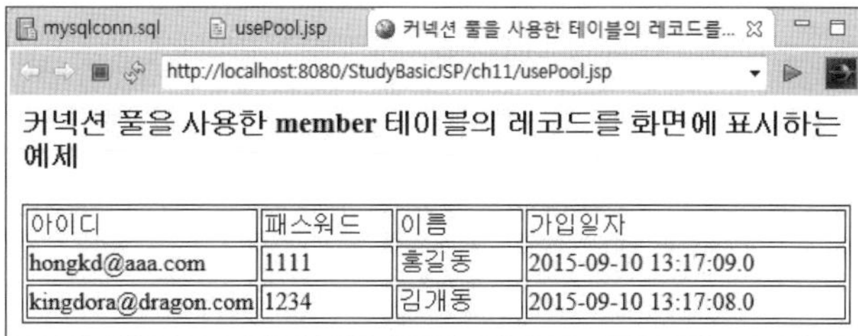

▲ 이클립스에서 usePool.jsp의 실행 결과

07 실제 환경에서 커넥션 풀 설정을 테스트하기 위해 현재의 프로젝트를 WAR 파일로 내보내야 한다. 먼저 실행 중인 Tomcat 서버를 중단한다.

08 [StudyBasicJSP] 프로젝트를 선택 후 [Export]-[WAR file] 메뉴를 사용해 내보내기 한다.

09 실제 서비스 환경의 톰캣 서버를 올리기 위해 탐색기에서 톰캣홈\bin 폴더 안에 있는 startup.bat를 더블클릭한다. 서비스가 올라와 WAR 파일의 압축이 해제된 것을 확인한다. 새로운 파일이 적용되지 않으면 톰캣홈\webapps 안에 있는 기존의 [StudyBasicJsp] 폴더를 제거 후 톰캣 서버를 내렸다가 다시 올린다. 새로 압축이 풀린 웹 애플리케이션 폴더의 이름은 [StudyBasicJSP] 폴더이다.

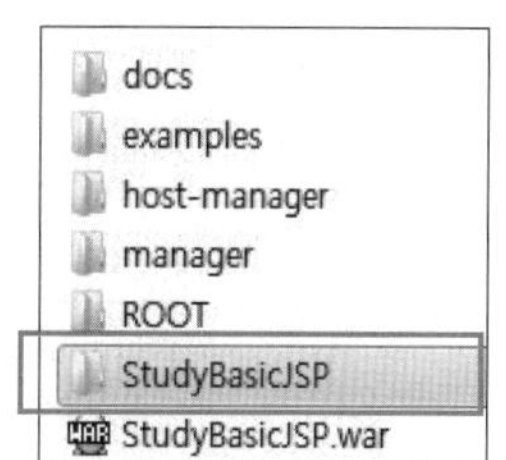

10 웹 브라우저를 열고 주소에 http://localhost:8080/studybasicjsp/ch11/usePool.jsp 입력 후 Enter 키를 누른다.

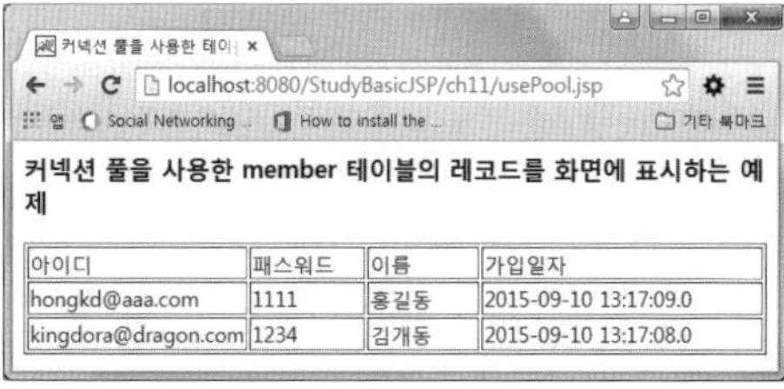

▲ 실제 환경에서 usePool.jsp의 실행 결과

단원정리

01 데이터베이스의 개요 및 설치

- MySQL 및 드라이버 다운로드 – http://dev.mysql.com/downloads/

02 이클립스에서 [Data Source Explorer] 뷰를 사용한 데이터베이스 직접 제어

- 이클립스에서 DBMS를 직접 제어해 테이블 생성 및 레코드 추가/수정/삭제/검색 등의 작업을 할 수 있다.

03 SQL(Structured Query Language) 쿼리의 개요

- 테이블 생성– CREATE문

테이블을 생성하는 CREATE문의 일반형은 다음과 같다.

```
CREATE TABLE table_name (
    col_name1 type [PRIMARY KEY] [NOT NULL/NULL],
    col_name2 type,
    ....
    col_name3 type );p
```

- 테이블 제거 – Drop문

테이블을 제거할 때는 Drop문을 사용한다.

테이블을 제거하는 쿼리의 일반형은 다음과 같다.

```
DROP TABLE table_name;
```

- 레코드 추가 – Insert문

테이블에 레코드를 추가할 때는 Insert문을 사용한다.

테이블에 레코드를 추가하는 쿼리의 일반형은 다음과 같다.

```
INSERT INTO table_name (col_name1,col_name2...)
                VALUES (col_value1, col_value2...)
```

• 레코드 검색 – SELECT문

테이블에 저장되어 있는 레코드를 검색(조회)할 때는 SELECT문을 사용한다.

테이블에 저장되어 있는 레코드를 검색(조회)하는 쿼리의 일반형은 다음과 같다.

```
SELECT * FROM table_name;
```

• 레코드 수정 – UPDATE문

테이블에 저장되어 있는 레코드를 수정할 때는 UPDATE문을 사용한다.

테이블에 저장되어 있는 레코드를 수정하는 쿼리의 일반형은 다음과 같다.

```
UPDATE table_name SET col_name = value,.....
WHERE condition;
```

• 레코드 삭제 – DELETE문

테이블에 저장되어 있는 레코드를 삭제할 때는 DELETE문을 사용한다.

테이블에 저장되어 있는 레코드를 삭제하는 쿼리의 일반형은 다음과 같다.

```
DELETE FROM table_name
WHERE condition;
```

04 JDBC를 사용한 JSP와 데이터베이스의 연동

• JDBC 프로그램 순서

1단계(JDBC 드라이버 Load) : 인터페이스 드라이버(interface driver)를 구현
(implements)하는 작업으로, Class 클래스의 forName() 메소드를 사용해서 드라이버를
로드한다.

```
MySQL 드라이버 로딩
Class.forName ("com.mysql.jdbc.Driver");
```

Class.forName("com.mysql.jdbc.Driver")은 드라이버들이 읽히기만 하면 자동객체가 생
성되고 DriverManager에 등록된다. 드라이버 로딩은 프로그램 수행시 한 번만 필요하다.

• 2단계(Connection 객체 생성) : Connection 객체를 연결하는 것으로 DriverManager 에 등록된 각 드라이버들을 getConnection(String url) 메소드를 사용해서 식별한다. 이 때 url 식별자와 같은 것을 찾아서 매핑(mapping)한다. 찾지 못하면 no suitable error 가 발생한다.

```
Connection 객체 생성
Connection conn=
DriverManage.getConnection("jdbc:mysql://localhost:3306/basicjsp","jsp
id","jsptest");
```

• 3단계(Statement/PreparedStatement/CallableStatement 객체 생성) : sql 쿼리를 생성, 실행하며, 반환된 결과를 가져오게 할 작업 영역을 제공한다. Statement 객체는 Connection 객체의 createStatement() 메소드를 사용하여 생성된다.

```
Statement 객체 얻기
Statement stmt = con.createStatement();
```

• 4단계(Query 수행) : Statement 객체가 생성되면 Statement 객체의 executeQuery() 메소드나 executeUpdate() 메소드를 사용해서 쿼리를 처리한다.
  – stmt.executeQuery : recordSet 반환
    Select문

```
ResultSet rs = stmt.executeQuery ("select * from 소속기관");
```

  – stmt.executeUpdate( ) : 성공한 row 수 반환
    Insert문, Update문, Delete문

```
String sql="update member1 set passwd='3579' where id='abc'";
stmt.executeUpdate(sql);
```

• 5단계(ResultSet 처리) : executeQuery( ) 메소드는 결과로 ResultSet을 반환한다. 이 ResultSet으로부터 원하는 데이터를 추출하는 과정을 말한다. 데이터를 추출하는 방법은 ResultSet에서 한 행씩 이동하면서 getXxx()를 이용해서 원하는 필드 값을 추출하는데 이때 rs.getString("name") 혹은 rs.getString(1)으로 사용한다. 한 행이 처리되고 다음 행 으로 이동시 next() 메소드를 사용한다.

```
while (rs.next ()){
 out.println (rs.getString ("id"));
 out.println (rs.getString ("passwd"));
}
```

05 자카르타 DBCP API를 이용한 커넥션 풀(connection pools) 설정

• DBCP API를 이용한 커넥션 풀을 사용하려면 다음과 같은 순서로 작업한다.

① DBCP API관련 jar 파일 설치

② DBCP에 관한 정보 설정 - context.xml

③ JNDI 리소스 사용 설정 - web.xml

④ JSP 페이지에서 커넥션 풀 사용

Tip

[참고]

JSP 페이지에서의 트랜잭션 처리

트랜잭션은 여러 단계의 작업을 하나로 처리하는 것으로, 하나로 인식된 작업이 모두 성공적으로 끝나면 commit가 되고, 하나라도 문제기 발생하면 rollback되어서 작업을 수행하기 전단계로 모든 과정이 회수된다. 이것이 트랜잭션이다. 즉, 트랜잭션은 프로그램의 신뢰도를 보장한다.

JSP에서도 트랜잭션 처리에 대한 메소드들을 제공한다. 웹 애플리케이션에는 어떤 작업이 있을까? 생각을 하게 될 것이다. 대표적인 예가 쇼핑몰에서 물건을 구매하는 과정이다. 물건을 장바구니에 넣은 후, 구매를 누르면 구매의 단계가 이루어지는데, 먼저 구매할 물건을 선택하고 개인정보를 입력하고 결제를 하게 되는데, 이들 단계 중 하나라도 잘못되면 모든 과정이 처음 장바구니로 돌아간 경험이 있을 것이다. 이것은 트랜잭션에 의해 구매 과정의 신뢰도를 보장하기 위한 것이다.

JSP에서 제공하는 트랜잭션을 위한 메소드에는 commit(), rollback() 메소드가 있다.
JDBC API의 Connection 객체는 commit() 메소드와 rollback() 메소드를 제공한다. commit()는 트랜잭션의 commit를 수행하고, rollback() 메소드는 트랜잭션의 rollback을 수행한다.

기본적으로 Connection 객체에 setAutoCommit(boolean autoCommit)이란 메소드가 있는데 기본값이 true로 설정되어 있다. 기본적으로 JSP는 오토커밋(Autocommit)이다. 그래서 우리가 지금까지 작성한 쿼리문이 오토커밋(Autocommit)에 의해 자동으로 수행되었던 것이다. commit가 자동으로 수행되었던 것이다.

그러나 트랜잭션을 처리할 때는 오토커밋(Autocommit)이 일어나서 자동으로 commit를 사용하면 안 된다. 여러 개의 쿼리 문장이 하나의 작업으로 수행되어야 하므로 JSP의 오토커밋(Autocommit)이 자동으로 작동 되지 못하게 해야 한다. 오토커밋(Autocommit)이 자동으로 작동되지 못하게 하려면 setAutoCommit (false);으로 지정해야 한다.

여러 작업을 하나의 트랜잭션으로 묶어서 처리하는 JSP의 예제는 아래와 같다.

```
try{
  ...
  conn.setAutoCommit(false);

  pstmt.executeUpdate("update .........");
  pstmt.executeUpdate("insert ...........");
  pstmt.executeUpdate("delete ...........");
  ...
  conn.commit();
  ...
}catch(SQLException sqle){
   if(conn!=null) try{conn.rollback();}catch(SQLException sqle){}
}
  conn.setAutoCommit(true);
```

memo.

12

쿠키와 세션

쿠키와 세션은 웹 페이지 간에 정보를 유지할 때 사용된다. 쿠키와 세션은 사용되는 형태가 비슷하나, 쿠키는 웹 브라우저(클라이언트) 쪽에 저장되고, 세션은 웹 서버 쪽에 저장된다. 이번 장에서는 이들에 대해 학습한다.

1. 쿠키(Cookie)
2. 세션(Session)

01 | 쿠키(Cookie)

1 쿠키의 개요

HTTP 프로토콜은 상태가 없다. 즉, 이전에 무엇을 했고, 지금 무엇을 했는지에 대한 정보를 갖고 있지 않는 특성이 있다. 따라서 웹 브라우저(클라이언트)의 요청에 대한 응답을 하고 나면 해당 클라이언트와의 연결을 지속하지 않는다.

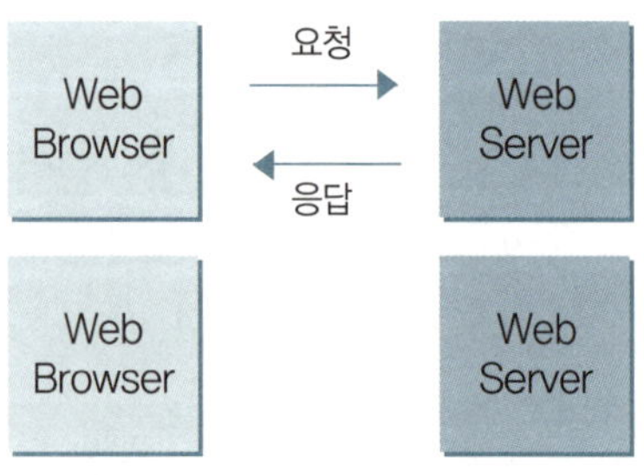

▲ HTTP 프로토콜의 비연결성

HTTP 프로토콜은 상태에 대한 지속적인 연결이 없다. 따라서 이런 부분을 해결하기 위해 웹 서버 측에 웹 브라우저의 정보를 저장한다. 이후에 계속되는 웹 브라우저의 요청에 포함되어 있는 웹 브라우저의 정보와 서버에 저장되어 있는 각각의 웹 브라우저에 대한 정보를 비교하여 동일한 웹 브라우저로부터 온 요청을 판단할 수 있다.

쿠키는 상태가 없는 프로토콜을 위해 상태를 지속시키기 위한 방법이다. 쿠키는 웹 브라우저의 정보를 웹 브라우저에 저장하므로, 이후에 서버로 전송되는 요청에는 쿠키가 가지고 있는 정보가 같이 포함되어서 전송된다. 이때 웹 서버는 웹 브라우저의 요청에 포함되어 있을 쿠키를 읽어서, 새로운 웹 브라우저인지 이전에 요청했던 웹 브라우저인지를 판단할 수가 있다. 따라서 웹 브라우저를 사용해서 특정 사이트에 접속하면, 웹 브라우저에 쿠키가 저장이 되어 접속한 사용자의 정보가 유지된다.

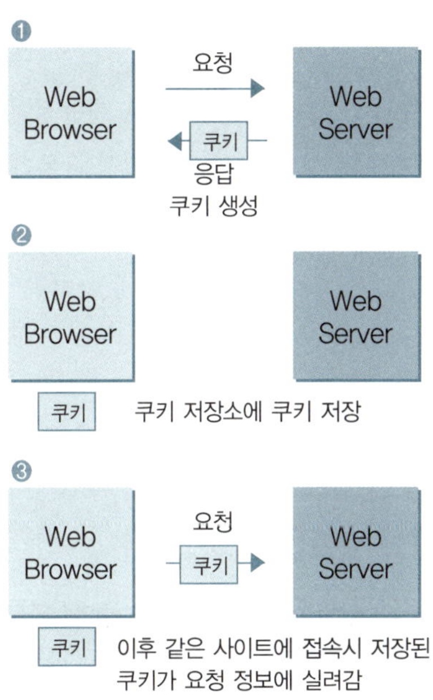

▲ 쿠키의 동작 방식

쿠키는 웹 사이트에 접속할 때 생성되는 정보를 담은 임시 파일이다. 쿠키는 일반적으로 4KB 이하의 크기로 생성된다. 쿠키는 원래 사이트에 접속한 사용자의 정보를 유지하거나, 사이트에 접속하는 사용자들이 해당 사이트에 쉽게 접속하기 위해 만들어졌다.

어떤 웹 사이트를 처음 방문해서 로그인하고 나면, 아이디와 패스워드를 기록한 쿠키가 만들어진다. 그 다음부터 해당 사이트에 접속하게 되면 별도의 절차 없이 사이트에 빠르게 연결할 수 있게 된다. 이러한 목적으로 사용하기 위해 만들어진 것이다.

그러나 쿠키는 웹 브라우저가 방문했던 웹 사이트에 대한 정보 및 개인의 정보가 기록되기 때문에 개인의 사생활 및 정보를 침해할 소지가 있다는 문제점을 안고 있다. 즉, 어떤 사용자가 인터넷을 통해 어떤 정보에 접근했는지, 어떤 상품을 샀는지 등에 대한 모든 정보가 기록된다. 따라서 이러한 사용자의 기호를 판매 전략에 활용하기 위한 업체들이 쿠키를 통해 개인정보를 유출해 가는 문제가 발생했다. 이러한 보안상의 문제를 어느 정도 해소하기 위해 웹 브라우저 자체에 쿠키 거부 기능이 추가되었다.

쿠키에 대한 거부가 웹 브라우저에 설정되어 있으면, 쿠키 본래의 목적인 웹 브라우저와의 연결을 지속시키는 기능을 수행할 수 없게 된다. 따라서 이것은 쿠키의 가장 치명적인 단점이 된다.

이 책에서는 쿠키란 이런 것이고, 이렇게 사용해서 사용자의 정보를 유지한다는 개괄적인 개념과 간단한 예제만을 다룰 것이다. 사용자의 정보를 유지하는 자세한 사항은 세션을 통해서 학습한다. 이제부터 쿠키를 사용하는 것에 대해 알아보자.

2 쿠키의 사용

JSP에서 쿠키를 사용하기 위해서는 javax.servlet.http 패키지에 있는 Cookie 클래스의 객체를 생성해서 사용한다. 이렇게 생성된 쿠키에는 각각의 웹 브라우저를 판별할 수 있는 정보가 포함되어 있다. 생성된 쿠키는 웹 서버가 웹 브라우저의 요청에 응답할 때, response 객체에 실려서 사용자의 웹 브라우저에 저장된다. 웹 브라우저에 저장된 쿠키는 다시 사용자가 웹 서버에 요청할 때 request 객체에 실려 웹 서버에 전달된다. 이때 웹 서버는 전달된 쿠키의 값을 읽어서 같은 웹 브라우저로부터 온 요청인지를 판별하게 된다. 이러한 방법에 의해 웹 서버는 각각의 웹 브라우저와의 상태를 지속시킬 수 있다.

1) 쿠키 생성 및 사용

쿠키는 이름, 값, 유효기간, 도메인, 경로 등으로 이루어져 있다. 이들 중 가장 중요한 구성 요소는 쿠키의 이름과 값이다. 쿠키를 식별하는 데 사용되는 것이 이름이고, 원하는 작업을 수행하려면 해당 쿠키에 대한 값을 가지고 있어야 한다.

쿠키의 이름은 알파벳과 숫자로만 이루어져 있고, $로는 시작할 수 없다. 또한 쿠키 값은 공백, 괄호, 등호, 콤마, 콜론, 세미콜론을 포함할 수 없다. 만일 쿠키의 값에 이들 값을 포함하려면 인코딩을 해주어야 한다.

JSP에서 쿠키를 생성할 때에는 Cookie 클래스를 사용한다. Cookie 클래스를 사용한 쿠키의 생성은 다음과 같다.

```
Cookie cookie = new Cookie(String name, String value);
```

Cookie 클래스의 생성자는 String 타입의 두 개의 매개 변수를 가지고 있다. 이들 매개 변수 중 첫 번째 매개 변수 name은 생성되어지는 쿠키의 이름을 설정하는 매개 변수이고, 두 번째 매개 변수인 values는 이 쿠키에 해당하는 값을 설정하는 매개 변수이다.

쿠키를 생성한 후에는 반드시 response 객체의 addCookie() 메소드를 사용해서 쿠키를 추가해 주어야 한다. 그래야 생성된 쿠키가 response 객체에 실려 웹 브라우저에 응답시 브라우저에 저장된다.

```
response.addCookie(name);
```

쿠키 생성 후 쿠키의 값을 새로운 값으로 지정할 때는 setValue() 메소드를 사용한다.

```
cookie.setValue(newValue);
```

즉, cookie라는 이름을 가진 쿠키 객체를 생성한 후 값을 새롭게 지정하기 위해 사용된다. 이 메소드가 수행되면 초기에 생성된 쿠키의 값은 새로 지정된 값으로 변경된다.

웹 브라우저의 요청과 함께 request 객체에 실려 온 쿠키를 읽어올 때는 request 객체의 getCookies() 메소드를 사용한다. 즉, getCookies() 메소드를 사용해서 웹 브라우저에 저장된 쿠키를 읽어오게 된다.

```
Cookie[] cookies = request.getCookies();
```

getCookies() 메소드는 웹 브라우저에 저장된 쿠키를 모두 읽어오기 때문에 리턴 타입이 Cookie[] 타입이다.

쿠키의 수명(지속시간)은 cookie 객체의 setMaxAge() 메소드를 사용해서 지정한다.

```
cookie.setMaxAge(int expiry)
```

매개 변수 expiry는 초 단위로 쿠키의 최대 수명을 설정한다. 쿠키가 생성된 후에 setMaxAge() 메소드에서 설정한 시간만큼만 쿠키가 유효하게 된다. 이 설정한 시간을 초과한 쿠키는 사용 기간이 만료된 쿠키로 분류되며, 더 이상 이 쿠키를 사용하지 않는다. 예를 들어 쿠키의 생명을 일주일로 설정하기 위해서는 cookie.setMaxAge(7*24*60*60);로 설정하면 된다.

쿠키를 작성해서 사용하는 순서는 다음과 같다.

❶ 먼저 쿠키를 생성한다.
❷ 쿠키에 필요한 설정을 한다. 예를 들면, 쿠키의 유효 시간, 쿠키에 대한 설명 등을 적용하고, 도메인, 패스, 보안 등을 한다.
❸ 웹 브라우저에 생성된 쿠키를 전송한다.

웹 브라우저에 저장된 쿠키를 사용하는 절차는 다음과 같다.

❶ 웹 브라우저의 요청에서 쿠키를 얻어온다.
❷ 쿠키는 이름, 값의 쌍으로 된 배열 형태로 리턴된다. 리턴된 쿠키의 배열에서 쿠키 이름을 가져온다.
❸ 쿠키 이름을 통해 해당 쿠키에 설정된 값을 추출한다.

지금부터 실습을 통해 쿠키를 생성해서 사용해 보자. 먼저 이번 장에서 작성할 예제를 저장할 [ch12] 폴더를 작성해 보자.

 [ch12] 폴더 작성

[WebContent]에 [ch12] 폴더를 생성한다.

01 [StudyBasicJSP]의 [WebContent] 폴더를 선택하고, 마우스 오른쪽 버튼을 클릭해 [New]-[Folder] 메뉴를 선택한다.

02 [New Folder] 창이 표시된다. [Enter or select the parent folder] 항목의 값이 [Study BasicJSP/WebContent]이면 [Folder name] 항목에 "ch12"를 입력하고 [Finish] 버튼을 클릭한다.

03 [Project Explorer] 뷰에서 [WebContent] 폴더 안에 [ch12] 폴더가 생성된 것을 확인할 수 있다.

 쿠키의 생성과 사용

이 예제는 Cookie 객체를 사용해서 쿠키를 생성하고 사용하는 예제이다. 쿠키를 생성하는 역할은 makeCookie.jsp 페이지에서 수행하고, 생성된 쿠키를 사용하는 역할은 useCookie.jsp 페이지에서 수행한다.

이 예제의 결과는 다음과 같다.

작성파일의 정보는 다음과 같다.

쿠키를 생성하는 makeCookie.jsp 페이지

작성파일명	makeCookie.jsp
작성위치	StudyBasicJSP/WebContent/ch12
부록CD에서의 제공위치	source/ch12

쿠키를 사용하는 useCookie.jsp 페이지

작성파일명	useCookie.jsp
작성위치	StudyBasicJSP/WebContent/ch12
부록CD에서의 제공위치	source/ch12

01 makeCookie.jsp 페이지를 [ch12] 폴더에 작성한다.

02 makeCookie.jsp 페이지의 기본적인 코딩이 작성되면 다음과 같이 수정한 후 저장한다.

```
01  <%@ page language="java" contentType="text/html; charset=UTF-8"
02     pageEncoding="UTF-8"%>
03  <%
04    String cookieName = "id";
05    Cookie cookie = new Cookie(cookieName, "hongkd");
06    cookie.setMaxAge(60*2);
07    response.addCookie(cookie);
08  %>
09  <html>
10  <head>
11  <title>쿠키 생성</title>
12  </head>
13  <body>
14  <h2>쿠키를 생성하는 페이지</h2>
15  "<%=cookieName%>" 쿠키가 생성 되었습니다. <br>
16  <form method="post" action="useCookie.jsp">
17   <input type="submit" value="생성된 쿠키 확인">
```

```
18        〈/form〉
19     〈/body〉
20     〈/html〉
```


05　Cookie cookie = new Cookie(cookieName, "hongkd");는 쿠키의 이름이 id이고, 쿠키의 값이 'hongkd' 인 쿠키를 생성한다.

06　cookie.setMaxAge(60*2);는 쿠키의 지속 시간을 2분으로 설정했다. 2분이 지나면 이 쿠키는 더 이상 사용되지 않는다.

07　response.addCookie(cookie);는 생성된 쿠키를 response 객체에 추가한다.

16~18　[생성된 쿠키 확인] 버튼을 클릭하면 생성된 쿠키를 확인하는 페이지인 useCookie.jsp 페이지로 프로그램의 제어를 이동한다.

03 useCookie.jsp 페이지를 [ch12] 폴더에 작성한다.

04 useCookie.jsp 페이지의 기본적인 코딩이 작성되면 다음과 같이 수정한 후 저장한다.

```
01    〈%@ page language="java" contentType="text/html; charset=UTF-8"
02       pageEncoding="UTF-8"%〉
03    〈html〉
04    〈head〉
05    〈title〉웹 브라우저에 저장된 쿠키를 가져오기〈/title〉
06    〈/head〉
07    〈body〉
08     〈h2〉웹 브라우저에 저장된 쿠키를 가져오는 페이지〈/h2〉
09    〈%
10    Cookie[] cookies = request.getCookies();
11    if(cookies!=null){
12      for(int i=0; i 〈cookies.length;++i){
13        if(cookies[i].getName().equals("id")){
```

```
14    %>
15              쿠키의 이름은 "<%=cookies[i].getName()%>" 이고
16              쿠키의 값은 "<%=cookies[i].getValue()%>" 입니다.
17    <%
18         }
19       }
20     }
21    %>
22    </body>
23    </html>
```


10	request.getCookies( ) 메소드를 사용해서 웹 브라우저에 저장된 모든 쿠키를 가져온다.
11~20	쿠키가 있으면 for문을 사용해서 쿠키들 중에서 id 쿠키를 검색한다. id 쿠키인 경우, 쿠키의 이름과 값을 화면에 출력한다.

05 useCookie.jsp 페이지의 수정이 끝나면 makeCookie.jsp 파일을 선택하고 마우스 오른쪽 버튼을 클릭해 [Run As]-[Run on Server] 메뉴를 선택 후 [Finish] 버튼을 눌러 실행한다.

06 makeCookie.jsp 페이지가 실행되어 결과가 화면에 표시된다.

이때 [생성된 쿠키 확인] 버튼을 클릭하면, 쿠키의 이름과 값이 화면에 표시된다.

쿠키의 지속 시간인 2분이 지나면 더 이상 쿠키가 사용되지 않아서 다음과 같이 쿠키가 표시되지 않는다.

3 쿠키를 사용한 회원인증

쿠키와 세션이 사용되는 가장 대표적인 서비스는 회원인증일 것이다. 또한 쇼핑몰의 장바구니 서비스를 구현한 사이트에서도 많이 사용된다.

회원인증 시스템은 데이터베이스와 연동하여 로그인 페이지를 거친 사용자가 회원인지 아닌지에 따라 회원일 경우 로그인 처리가 완료되어 로그인된 페이지로 이동한다. 만약 회원이 아니라면 회원 테이블에 입력한 아이디와 패스워드가 없기 때문에 다시 로그인 페이지로 이동되도록 작성한다.

테이블에 회원 아이디가 존재할 경우는 회원을 의미하는 것이기 때문에 이후 방문할 페이지는 회원이 볼 수 있게끔 회원 아이디를 쿠키나 세션에 저장해서 어떤 페이지에서도 회원에 대한 아이디를 참조할 수 있게 한다. 이것이 사이트에서 사용자의 세션을 유지하는 방법이다.

데이터베이스와 연동하기 위해서 데이터를 저장하는 자바빈인 LogonDataBean.java와 DB와 연동하는 자바빈인 LogonDBBean.java를 생성해서 사용자 인증 서비스에 사용한다. 또한 테이블은 11장에서 작성한 member 테이블을 그대로 사용한다. 이때 사용자의 인증을 체크하는 작업은 userCheck() 메소드에서 사용하도록 작성한다.

이 예제는 데이터를 저장하는 자바빈인 LogonDataBean.java와 DB와 연동하는 자바빈인 LogonDBBean.java를 생성한다. id, passwd, name 프로퍼티를 가지고 데이터를 저장하는 자바빈으로 LogonDataBean.java를 사용하고, DB와 연동해서 회원가입과 회원인증을 처리하는 DB와 연동하는 자바빈인 LogonDBBean.java를 사용한다.

작성파일의 정보는 다음과 같다.

데이터를 저장하는 자바빈 LogonDataBean.java

작성파일명	LogonDataBean.java
작성위치	Java Resources/src/ch12.member
부록CD에서의 제공위치	source/ch12

DB와 연동해서 회원가입과 회원인증을 처리하는 자바빈 LogonDBBean.java

작성파일명	LogonDBBean.java
작성위치	Java Resources/src/ch12.member
부록CD에서의 제공위치	source/ch12

01 [StudyBasicJSP] 프로젝트의 [Java Resources]-[src]를 선택 후 마우스 오른쪽 버튼을 클릭해 [New]-[Package] 메뉴를 선택한다. [New Java Package] 창이 표시되면, [Name] 항목에 ch12.member를 입력하고 [Finish] 버튼을 클릭해 패키지를 생성한다.

02 LogonDataBean.java 파일을 작성하기 위해 [ch12.member] 패키지를 선택하고, 마우스 오른쪽 버튼을 클릭해 [New]-[Class] 메뉴를 선택한다. [New Java Class] 창이 표시되면 [Package] 항목의 값이 ch12.member인 것을 확인 후, [Name] 항목에 "LogonDataBean"이라 입력한다. 나머지는 기본값을 그대로 사용하고 [Finish] 버튼을 클릭한다.

03 LogonDataBean.java 파일의 기본 작성 파일을 다음과 같이 수정한 후 저장한다.

```
01    package ch12.member;
02    import java.sql.Timestamp;
03
04    public class LogonDataBean {
05        private String id;
06        private String passwd;
07        private String name;
08        private Timestamp reg_date;
09    }
```


04 LogonDataBean.java 파일의 기본 작성 파일을 수정 후 저장한 후에 커서를 다음과 같은 위치에 놓는다.

05 커서를 위치시킨 후 [Source]-[Generate Getters and Setters...] 메뉴를 선택한다.

06 [Generate Getters and Setters] 창이 표시된다. 여기서 [Select getters and setters to create] 항목에서 모든 프로퍼티를 선택하고, [Insertion point] 항목에서 [Last member] 항목을 선택한 후 [Sort by] 항목의 값이 [Fields in getter/setter pairs]로 선택된 것을 확인한 후 나머지 항목은 기본값을 그대로 사용하고 [Finish] 버튼을 클릭한다.

07 setter 메소드와 getter 메소드가 자동으로 생성되면 변경 사항을 저장한다. 생성된 내용은 다음과 같다.

```java
package ch12.member;
import java.sql.Timestamp;

public class LogonDataBean {
    private String id;
    private String passwd;
    private String name;
    private Timestamp reg_date;

    public String getId() {
            return id;
    }
    public void setId(String id) {
            this.id = id;
    }
    public String getPasswd() {
            return passwd;
    }
    public void setPasswd(String passwd) {
            this.passwd = passwd;
    }
    public String getName() {
            return name;
    }
    public void setName(String name) {
            this.name = name;
    }
    public Timestamp getReg_date() {
            return reg_date;
    }
    public void setReg_date(Timestamp reg_date) {
            this.reg_date = reg_date;
    }

}
```

05~08	프로퍼티의 이름과 타입을 선언했다.
10~33	Getter/Setter 메소드들로 JSP 페이지와 자바빈에서 이들을 사용해서 5~8라인의 프로퍼티에 접근한다.

08 LogonDBBean.java 파일을 작성하기 위해 [ch12.member] 패키지를 선택하고, 마우스 오른쪽 버튼을 클릭해 [New]-[Class] 메뉴를 선택한다. [New Java Class] 창이 표시되면 [Package] 항목의 값이 ch12.member인 것을 확인 후, [Name] 항목에 "LogonDBBean"이라 입력한다. 나머지는 기본값을 그대로 사용하고 [Finish] 버튼을 클릭한다.

09 LogonDBBean.java 파일의 기본 작성 파일을 다음과 같이 수정한 후 저장한다.

```
01   package ch12.member;
02
03   import java.sql.Connection;
04   import java.sql.PreparedStatement;
05   import java.sql.ResultSet;
06   import java.sql.SQLException;
07   import javax.naming.Context;
08   import javax.naming.InitialContext;
09   import javax.sql.DataSource;
10
11   public class LogonDBBean {
12
13       private static LogonDBBean instance = new LogonDBBean();
14
15       public static LogonDBBean getInstance() {
16          return instance;
17       }
18
19       private LogonDBBean() { }
```

```java
20
21      private Connection getConnection() throws Exception {
22          Context initCtx = new InitialContext();
23          Context envCtx = (Context) initCtx.lookup("java:comp/env");
24          DataSource ds = (DataSource)envCtx.lookup("jdbc/basicjsp");
25          return ds.getConnection();
26      }
27
28      public void insertMember(LogonDataBean member)
29                          throws Exception {
30          Connection conn = null;
31          PreparedStatement pstmt = null;
32
33          try{
34              conn = getConnection();
35
36              pstmt = conn.prepareStatement(
37                          "insert into MEMBER values (?,?,?,?)");
38              pstmt.setString(1, member.getId());
39              pstmt.setString(2, member.getPasswd());
40              pstmt.setString(3, member.getName());
41              pstmt.setTimestamp(4, member.getReg_date());
42              pstmt.executeUpdate();
43          }catch(Exception e) {
44              e.printStackTrace();
45          }finally{
46              if (pstmt != null)
47                  try { pstmt.close(); } catch(SQLException ex) {}
48              if (conn != null)
49                  try { conn.close(); } catch(SQLException ex) {}
50          }
51      }
52
53      public int userCheck(String id, String passwd)
54                              throws Exception {
55          Connection conn = null;
```

```java
56      PreparedStatement pstmt = null;
57      ResultSet rs = null;
58      String dbpasswd = "";
59      int x = -1;
60
61      try{
62          conn = getConnection();
63
64          pstmt = conn.prepareStatement(
65                  "select passwd from MEMBER where id = ?");
66          pstmt.setString(1, id);
67          rs= pstmt.executeQuery();
68
69          if(rs.next()){
70              dbpasswd= rs.getString("passwd");
71              if(dbpasswd.equals(passwd))
72                      x = 1; //인증 성공
73              else
74                      x = 0; //비밀번호 틀림
75          }else
76              x = -1;//해당 아이디 없음
77
78          }catch(Exception ex) {
79              ex.printStackTrace();
80          }finally{
81              if (rs != null)
82                      try { rs.close(); } catch(SQLException ex) {}
83              if (pstmt != null)
84                      try { pstmt.close(); } catch(SQLException ex) {}
85              if (conn != null)
86                      try { conn.close(); } catch(SQLException ex) {}
87          }
88      return x;
89      }
90  }
```

01   해당 클래스를 ch12.member 패키지로 관리한다.

13   private static LogonDBBean instance = new LogonDBBean();처럼 멤버의 위치에서 static을 사용해서 객체를 생성하면 이 객체는 객체간의 전역객체가 된다. 즉, 이 객체는 단 한번만 생성되고, 객체들 간에 공유된다. 결국 LogonDBBean 클래스의 객체는 한번만 생성이 되고 이 객체에 접근하는 모든 사용자 간에 공유된다.

15~16   getInstance() 메소드는 13라인에서 생성한 LogonDBBean 객체를 리턴한다. 객체를 리턴할 때는 레퍼런스 변수명만 기술하면 된다.

21~26   getConnection() 메소드는 Connection 객체를 생성해서 리턴하는 메소드이다.

28~51   insertMember() 메소드의 영역으로 새로운 레코드를 추가할 때 호출한다. 34라인 conn = getConnection();은 21라인의 getConnection() 메소드를 호출해서 커넥션 객체를 리턴해서 conn 레퍼런스에 넘겨준다. 36~42라인은 member 테이블에 레코드를 추가하는 부분이다. 38~41라인의 member.getXxx() 메소드는 데이터 저장빈인 LogonDataBean의 getXxx() 메소드에 접근하여 보관된 프로퍼티 값을 가져오고, pstmt.setXxx() 메소드는 테이블에 레코드를 추가하기 위해 위치홀더(?)를 실제 값으로 대치한다. 45~45라인의 finally 부분은 사용한 자원을 반환하기 위해 사용한 것이다.

53~89   userCheck() 메소드의 영역으로 새로운 레코드를 추가하기 전에 기존에 가입된 아이디인지를 체크하는 메소드이다.

64~67   사용자가 입력한 id에 해당하는 passwd 값을 member 테이블에서 가져온다.

69~76   사용자가 입력한 id에 해당하는 passwd 값이 없으면, 해당 아이디가 없는 경우로 76라인으로 프로그램 제어가 넘어가서 x변수에 −1값을 저장한다. 사용자가 입력한 passwd 값이 맞으면 72라인을 수행해서 x값에 1값을 저장하고, passwd 값이 틀리면 74라인을 수행하여 0을 저장한다.

<table><tr><td>실습</td></tr></table> **회원가입 폼과 회원가입 처리**

테이블에 레코드가 추가될 수 있도록 회원가입 폼과 회원가입 처리 작업을 수행한다. 이때 회원가입 폼은 insertMemberForm.jsp 페이지가 담당하고, 회원가입 처리는 insertMemberPro.jsp 페이지가 담당한다.

결과는 다음과 같다.

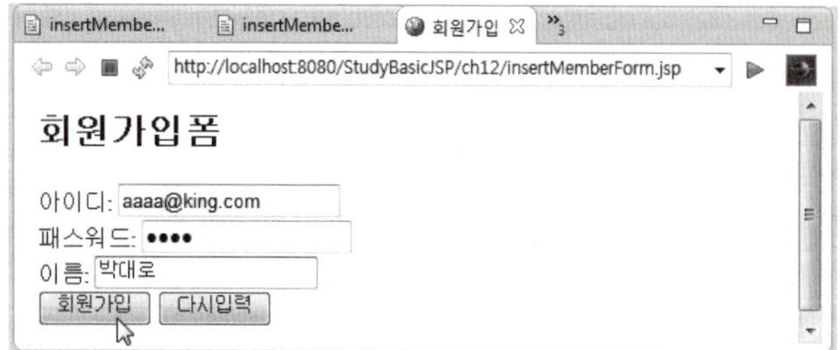

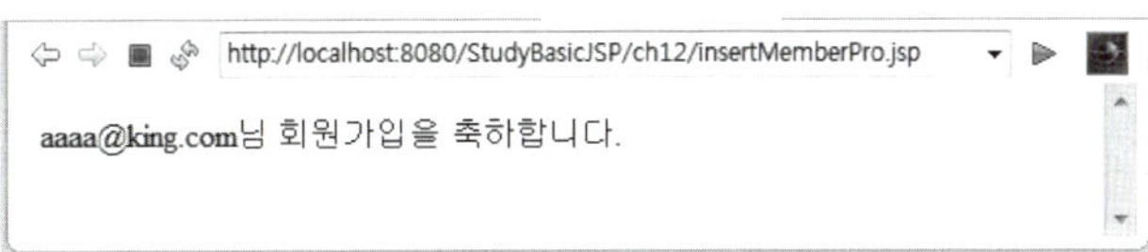

작성파일의 정보는 다음과 같다.

회원가입 폼 – insertMemberForm.jsp 페이지

작성파일명	insertMemberForm.jsp
작성위치	StudyBasicJSP/WebContent/ch12
부록CD에서의 제공위치	source/ch12

회원가입 처리 – insertMemberPro.jsp 페이지

작성파일명	insertMemberPro.jsp
작성위치	StudyBasicJSP/WebContent/ch12
부록CD에서의 제공위치	source/ch12

01 insertMemberForm.jsp 페이지를 [ch12] 폴더에 작성한다.

02 insertMemberForm.jsp 페이지의 기본적인 코딩이 작성되면 다음과 같이 수정한 후 저장한다.

```
01  <%@ page language="java" contentType="text/html; charset=UTF-8"
02    pageEncoding="UTF-8"%>
03  <html>
04  <head>
05  <title>회원가입</title>
06  </head>
07  <body>
08   <h2>회원가입 폼</h2>
09
```

```
10    <form method="post" action="insertMemberPro.jsp">
11       아이디: <input type="text" name="id" maxlength="50"> <br>
12       패스워드: <input type="password" name="passwd" maxlength="16"> <br>
13       이름: <input type="text" name="name" maxlength="10"> <br>
14       <input type="submit" value="회원가입">
15       <input type="reset" value="다시 입력">
16    </form>
17  </body>
18  </html>
```


10~16 아이디, 패스워드, 이름을 입력하고 [회원가입] 버튼을 클릭하면, 입력한 정보를 가지고 프로그램의 제어가 insertMemberPro.jsp 페이지로 이동한다.

(03) insertMemberPro.jsp 페이지를 [ch12] 폴더에 작성한다.

(04) insertMemberPro.jsp 페이지의 기본적인 코딩이 작성되면 다음과 같이 수정한 후 저장한다.

```
01  <%@ page language="java" contentType="text/html; charset=UTF-8"
02     pageEncoding="UTF-8"%>
03  <%@ page import="java.sql.*"%>
04  <%@ page import="ch12.member.LogonDBBean" %>
05
06  <% request.setCharacterEncoding("utf-8");%>
07
08  <jsp:useBean id="member" class="ch12.member.LogonDataBean">
09     <jsp:setProperty name="member" property="*"/>
10  </jsp:useBean>
11
12  <%
```

13	member.setReg_date(new Timestamp(System.currentTimeMillis()));
14	LogonDBBean logon = LogonDBBean.getInstance();
15	logon.insertMember(member);
16	%>
17	
18	<jsp:getProperty name="member" property="id" />님 회원가입을 축하합니다.

소스 코드 설명

03 "java.sql.*"패키지는 13라인에서 Timestamp 클래스를 사용해서 import했다.

04 "ch12.member.LogonDBBean"은 14라인에서 DB와 연동하는 자바빈인 LogonDBBean을 사용하기 때문에 import했다.

08~10 데이터를 저장하는 빈인 LogonDataBean 클래스의 객체 member를 생성해서 파라미터로부터 넘어온 값을 LogonDataBean 객체에 해당하는 프로퍼티의 값으로 세팅하는 부분이다.

13 member.setReg_date(new Timestamp(System.currentTimeMillis()));는 현재 시점의 날짜와 시간을 얻어내서 LogonDataBean 객체의 reg_date 프로퍼티 값으로 세팅한다. 회원 가입한 날짜는 폼으로부터 넘어오는 것이 아니라, DB에 저장하기 위해 입력 폼의 내용을 처리하는 페이지에서 구해 데이터를 저장하는 자바빈에 따로 저장한다.

14 LogonDBBean logon = LogonDBBean.getInstance();는 LogonDBBean 클래스의 getInstance() 메소드를 사용해서 객체를 생성해 logon 레퍼런스 변수에 넘겨준다. insertMemberPro.jsp 페이지에서 LogonDBBean 클래스의 메소드에 접근하려면 logon 레퍼런스를 사용해서 접근한다.

15 logon.insertMember(member);은 LogonDBBean 클래스의 insertMember() 메소드에 접근하는데 매개 변수로 member(LogonDataBean 객체)를 가진다. 자바빈을 사용한 JSP 페이지에서 테이블에 레코드를 추가하는 부분은 반드시 이렇게 테이블에 추가할 레코드의 정보를 가지고 있는 데이터 저장빈의 레퍼런스를 가지고 수행한다.

18 <jsp:getProperty name="member" property="id" />는 LogonDataBean에 저장된 id 프로퍼티의 값을 가져와서 화면에 표시한다.

05 insertMemberPro.jsp 페이지의 수정이 끝나면 insertMemberForm.jsp 파일을 선택하고 마우스 오른쪽 버튼을 클릭해 [Run As]-[Run on Server] 메뉴를 선택 후 [Finish] 버튼을 눌러 실행한다.

06 insertMemberForm.jsp 페이지가 실행된 결과가 화면에 표시되면 아이디, 패스워드, 이름을 입력한 후 [회원가입] 버튼을 클릭한다.

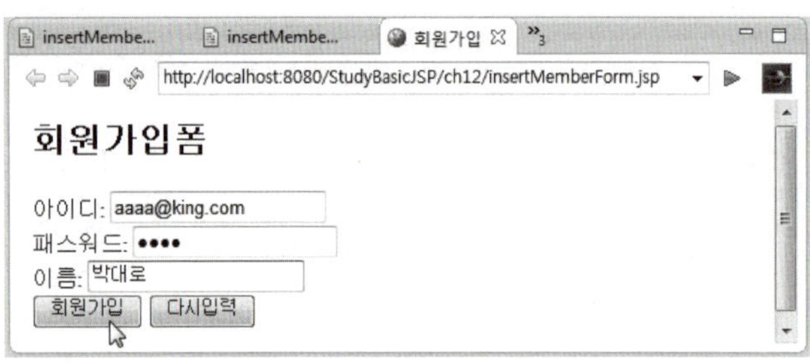

정상적으로 레코드가 member 테이블에 추가되면 다음과 같은 메시지를 확인할 수 있다.

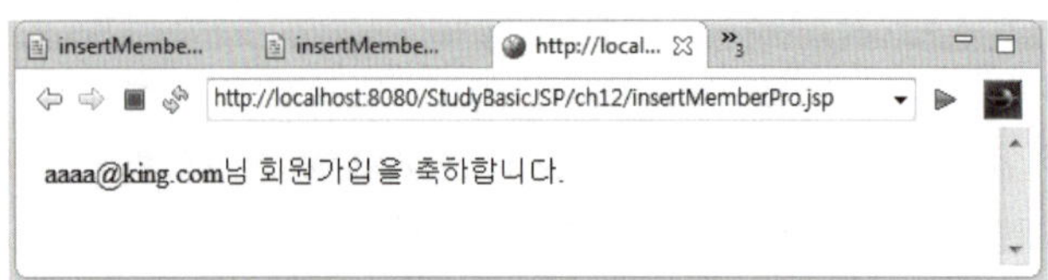

[Data Source Explorer] 뷰에서 [Database Connections]-[mysqlconn] 항목을 연결한 후, [mysqlconn.sql] 에디터 뷰에 select * from member;문을 입력하고 실행해 추가된 레코드를 확인한다.

	id	passwd	name	reg_date
1	aaaa@king.com	1234	박대로	2015-09-10
2	hongkd@aaa.com	1111	홍길동	2015-09-10
3	kingdora@dragon.com	1234	김개동	2015-09-10

실습 **쿠키를 사용한 사용자 정보 유지**

회원 아이디와 패스워드를 입력받아 테이블에 입력되어 있는 레코드를 검사한다. 해당 아이디와 패스워드가 있는지를 확인한 후 있으면 아이디를 쿠키에 저장하고 로그인이 완료된 페이지로 이동한다. 입력한 아이디와 패스워드가 없다면 다시 로그인 창으로 이동하게 되는 예제이다.

이때 인증된 사용자이면 메시지와 [로그아웃] 버튼을 표시한다. 인증되지 않은 사용자의 경우 로그인 폼으로 다시 프로그램의 제어를 이동하는 메인 페이지인 cookieMain.jsp, 아이디와 패스워드를 입력받는 입력 폼은 loginForm.jsp, 사용자 인증을 설정하는 cookieLoginPro.jsp 페이지, 로그아웃을 담당한 cookieLogout.jsp 페이지로 이루어져 있다.

결과는 다음과 같다.

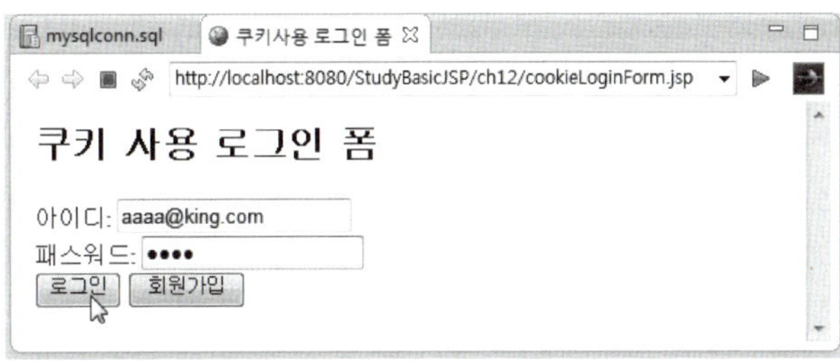

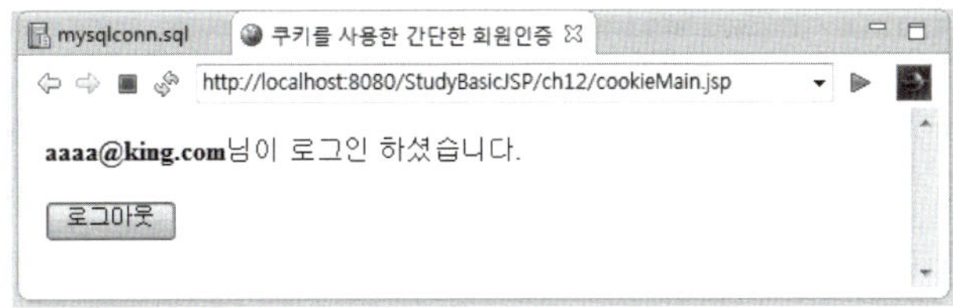

작성파일의 정보는 다음과 같다.

사용자의 인증 여부에 따라 제어하는 메인 페이지인 cookieMain.jsp 페이지

작성파일명	cookieMain.jsp
작성위치	StudyBasicJSP/WebContent/ch12
부록CD에서의 제공위치	source/ch12

아이디와 패스워드를 입력받는 입력 폼 cookieLoginForm.jsp 페이지

작성파일명	cookieLoginForm.jsp
작성위치	StudyBasicJSP/WebContent/ch12
부록CD에서의 제공위치	source/ch12

사용자의 인증을 설정하는 cookieLoginPro.jsp 페이지

작성파일명	cookieLoginPro.jsp
작성위치	StudyBasicJSP/WebContent/ch12
부록CD에서의 제공위치	source/ch12

로그아웃을 담당한 cookieLogout.jsp 페이지

작성파일명	cookieLogout.jsp
작성위치	StudyBasicJSP/WebContent/ch12
부록CD에서의 제공위치	source/ch12

01 cookieMain.jsp 페이지를 [ch12] 폴더에 작성한다.

02 cookieMain.jsp 페이지의 기본적인 코딩이 작성되면 다음과 같이 수정한 후 저장한다.

```
01  <%@ page language="java" contentType="text/html; charset=UTF-8"
02     pageEncoding="UTF-8"%>
03  <%
04   String id = "";
05   try{
06      Cookie[] cookies = request.getCookies();
07      if(cookies!= null){
08        for(int i=0; i <cookies.length; i++){
09         if(cookies[i].getName().equals("id"))
10            id = cookies[i].getValue();
11        }
12        if(id.equals(""))
13         response.sendRedirect("cookieLoginForm.jsp");
14       }else
15         response.sendRedirect("cookieLoginForm.jsp");
16   }catch(Exception e){}
17  %>
18  <html>
19  <head>
20  <title>쿠키를 사용한 간단한 회원인증</title>
21  </head>
22  <body>
23   <b> <%= id %> </b>님이 로그인 하셨습니다.
```

```
24    <form method="post" action="cookieLogout.jsp">
25      <input type="submit" value="로그아웃">
26    </form>
27  </body>
28  </html>
```

소스 코드 설명

07　　Cookie[ ] cookies = request.getCookies( );는 웹 브라우저에 저장된 쿠키를 모두 cookies 배열에 저장한다.

07~15　　cookies 배열이 비어 있지 않으면 수행한다. 만일 cookies 배열이 비어 있으면 14~15라인을 수행하여 cookieLoginForm.jsp 페이지로 이동한다.

08~11　　for문을 사용해서 쿠키의 이름이 id인 쿠키를 찾는다. 쿠키의 이름이 id인 쿠키를 찾으면 id 변수에 쿠키의 값을 저장한다.

12　　쿠키의 값이 공백이면 cookieLoginForm.jsp 페이지로 이동한다.

18~28　　사용자 인증이 된 경우에만 수행된다. 사용자 인증이 되지 않으면 윗부분 else문에 걸려 cookieLoginForm.jsp 페이지를 수행한다.

(03) cookieLoginForm.jsp 페이지를 [ch12] 폴더에 작성한다.

(04) cookieLoginForm.jsp 페이지의 기본적인 코딩이 작성되면 다음과 같이 수정한 후 저장한다.

```
01  <%@ page language="java" contentType="text/html; charset=UTF-8"
02    pageEncoding="UTF-8"%>
03
04  <html>
05  <head>
06  <title>쿠키 사용 로그인 폼</title>
07  </head>
```

```
08    <body>
09    <h2>쿠키 사용 로그인 폼</h2>
10
11    <form method="post" action="cookieLoginPro.jsp">
12        아이디: <input type="text" name="id" maxlength="50"> <br>
13        패스워드: <input type="password" name="passwd" maxlength="16"> <br>
14        <input type="submit" value="로그인">
15        <input type="button" value="회원가입"
16          onclick="location.href='insertMemberForm.jsp'">
17    </form>
18    </body>
19    </html>
```

소스 코드 설명

11~16　아이디, 패스워드를 입력하고 [로그인] 버튼을 클릭하면 프로그램 제어가 cookieLoginPro.jsp 페이지로 이동한다. 만일 [회원가입] 버튼을 클릭하면 프로그램 제어가 회원가입을 하는 insertMemberForm.jsp 페이지로 이동한다.

(05) cookieLoginPro.jsp 페이지를 [ch12] 폴더에 작성한다.

(06) cookieLoginPro.jsp 페이지의 기본적인 코딩이 작성되면 다음과 같이 수정한 후 저장한다.

```
01    <%@ page language="java" contentType="text/html; charset=UTF-8"
02      pageEncoding="UTF-8"%>
03    <%@ page import="ch12.member.LogonDBBean"%>
04    <% request.setCharacterEncoding("utf-8");%>
05    <%
06      String id = request.getParameter("id");
07      String passwd  = request.getParameter("passwd");
08
```

```
09    LogonDBBean logon = LogonDBBean.getInstance();
10    int check= logon.userCheck(id,passwd);
11
12    if(check==1){
13       Cookie cookie = new Cookie("id", id);
14       cookie.setMaxAge(20*60);
15       response.addCookie(cookie);
16       response.sendRedirect("cookieMain.jsp");
17    }else if(check==0){%>
18       <script>
19        alert("비밀번호가 맞지 않습니다.");
20       history.go(-1);
21       </script>
22  <%}else{ %>
23       <script>
24        alert("아이디가 맞지 않습니다..");
25        history.go(-1);
26       </script>
27  <%}%>
```


09 LogonDBBean logon = LogonDBBean.getInstance();는 LogonDBBean 객체의 레퍼런스를 logon에 넘겨준다. cookieLoginPro.jsp 페이지에서 LogonDBBean 객체에 접근하려면 logon 레퍼런스를 통해서 해야 한다.

10 int check= logon.userCheck(id,passwd);는 LogonDBBean 객체의 userCheck() 메소드를 사용자가 입력한 id, passwd 값을 가지고 호출한다. 이 userCheck() 메소드는 사용자의 인증을 체크하는 메소드이다. 입력한 id, passwd의 값이 member 테이블에 저장된 사용자의 id, passwd와 같으면 1값을 리턴하고, id는 같으나 passwd가 다르면 0값을 리턴한다. 그리고 id 값이 다르면 −1값을 리턴한다.

12~16 아이디와 패스워드를 제대로 입력한 경우에 수행되는 부분으로, 사용자의 인증을 유지하기 위해 13라인에서 Cookie cookie = new Cookie('id', id); 'id'라는 이름의 쿠키를 생성해서 쿠키 값으로 사용자가 입력한 id의 값을 할당한다. 14라인은 쿠키의 유효 기간을 20분으로 설정했고, 15라인은 쿠키를 사용할 수 있도록 response.addCookie(cookie); 메소드를 사용해서 웹 브라우저에 쿠키를 저장했다.

17~21 아이디는 맞게 입력했으나 비밀번호를 틀리게 입력한 경우에 수행된다. 19라인은 웹 브라우저에 메시지 상자를 표시한다.

22~27 입력한 아이디가 맞지 않는 경우에 수행된다.

07 cookieLogout.jsp 페이지를 [ch12] 폴더에 작성한다.

08 cookieLogout.jsp 페이지의 기본적인 코딩이 작성되면 다음과 같이 수정한 후 저장한다.

```jsp
01  <%@ page language="java" contentType="text/html; charset=UTF-8"
02     pageEncoding="UTF-8"%>
03  <%
04     Cookie[] cookies = request.getCookies();
05     if(cookies!=null){
06        for(int i=0; i<cookies.length; i++){
07              if(cookies[i].getName().equals("id")){
08                  cookies[i].setMaxAge(0);
09                  response.addCookie(cookies[i]);
10              }
11           }
12        }
13  %>
14  <script>
15     alert("로그아웃 되었습니다.");
16     location.href="cookieMain.jsp";
17  </script>
```

소스 코드 설명

04~12 cookies 배열이 null 아니면 수행한다. for문을 사용해서 쿠키 이름이 id인 쿠키를 찾는다. 쿠키의 이름이 id인 쿠키를 찾으면 8라인 cookies[i].setMaxAge(0);와 같이 쿠키의 유효 시간은 0초로 설정해서 더 이상 쿠키를 사용할 수 없도록 한다. 그런 다음 9라인 response.addCookie(cookies[i]);와 같이 쿠키에 대한 변경 사항을 웹 브라우저에 저장한다. 즉, 8~9라인을 통해 사용자의 정보를 유지하던 쿠키를 제거한다.

09 cookieLogout.jsp 페이지의 수정이 끝나면 cookieMain.jsp 파일을 선택하고 마우스 오른쪽 버튼을 클릭해 [Run As]-[Run on Server] 메뉴를 선택 후 [Finish] 버튼을 눌러 실행한다.

(10) cookieMain.jsp 페이지가 실행되면서 쿠키를 통한 사용자의 인증을 하지 않아서 페이지가 loginForm.jsp 페이지로 이동한다. 이때 아이디, 패스워드를 입력하고 [로그인] 버튼을 클릭한다.

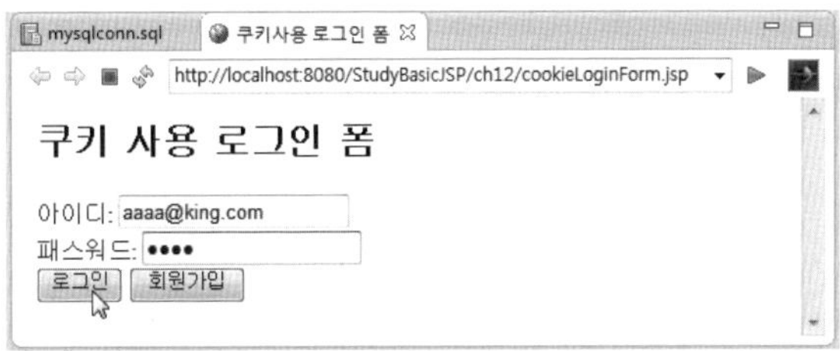

사용자의 인증에 성공하면 cookieMain.jsp 페이지에 인증된 사용자의 영역이 표시된다. 만일 인증에 실패하면 loginForm.jsp 페이지가 다시 표시된다.

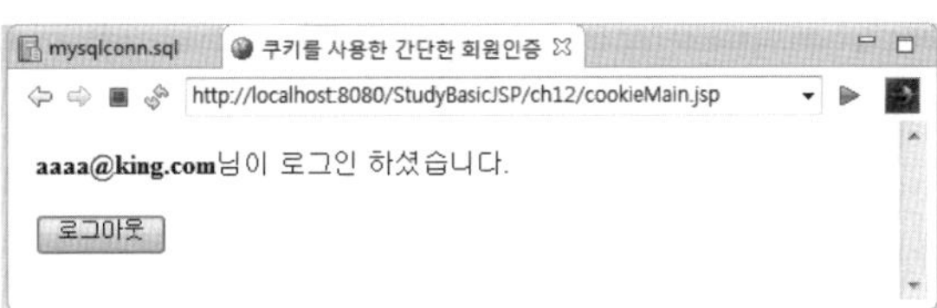

이때 [로그아웃] 버튼을 클릭하면

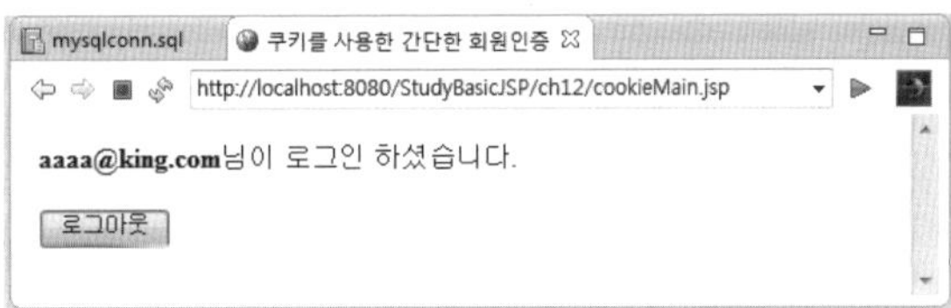

"로그아웃 되었습니다."라는 메시지를 가진 메시지 상자가 표시된다. [확인] 버튼을 클릭하면 사용자 인증 정보가 제거되었기 때문에 다시 loginForm.jsp 페이지가 표시된다.

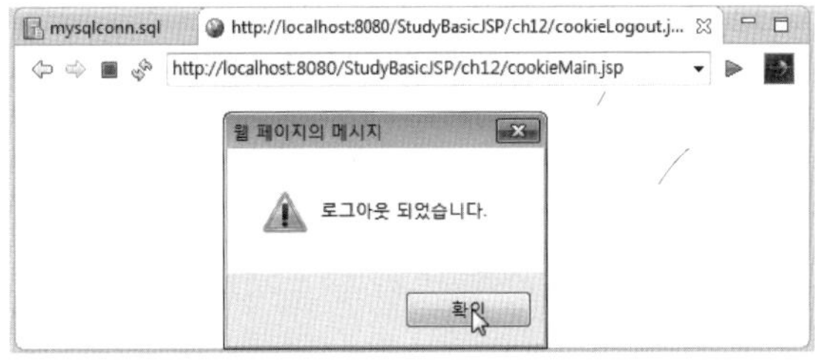

이와 같이 쿠키가 사용자의 정보를 유지하기 위해 어떻게 사용되는지에 대해 확인했다. 이번에는 마찬가지로 사용자의 인증을 위해 정보를 유지하는 세션에 대해 알아보자.

1 세션의 개요

쿠키가 웹 브라우저에 사용자의 상태를 유지하기 위한 정보를 저장했다면, 세션(Session)은 웹 서버 쪽의 웹 컨테이너에 상태를 유지하기 위한 정보를 저장한다.

세션은 사용자의 정보를 유지하기 위해 javax.servlet.http 패키지의 HttpSession 인터페이스를 구현해서 사용한다. 쿠키는 사용자의 상태 유지를 위한 정보를 웹 브라우저에 저장해서 웹 서버가 쿠키 정보를 읽어서 사용한다. 이렇게 웹 브라우저에 저장된 쿠키들은 웹 서버가 열어볼 수 있다는 점에서 보안상 문제가 될 수 있다.

따라서 사용자의 정보를 유지하기 위해서는 쿠키를 사용하는 것보다 세션을 사용한 웹 브라우저와 웹 서버의 상태 유지가 훨씬 안정적이고 보안상의 문제도 해결할 수 있다. 세션은 웹 브라우저당 1개씩 생성되어 웹 컨테이너에 저장된다.

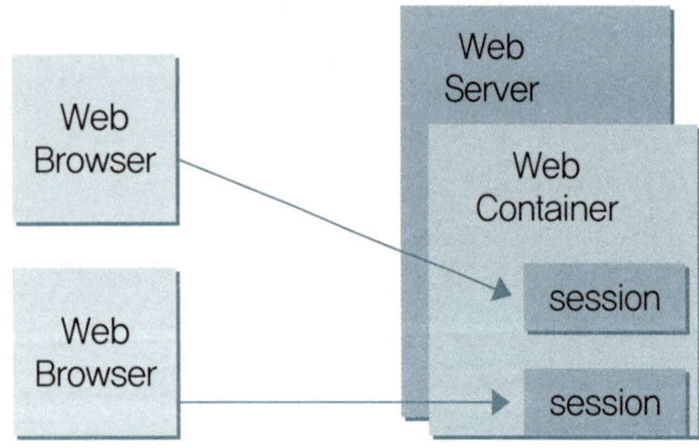

▲ 세션과 웹 브라우저의 관계

웹 서버는 각각의 웹 브라우저로부터 발생한 요청에 대해 특정한 식별자를 부여한다. 이후에 이 식별자를 웹 브라우저에서 발생한 요청들과 비교해서 같은 식별자인지를 구별하게 된다. 이 특별한 식별자에 특정한 값을 넣을 수 있고, 이것을 사용해서 세션을 유지하게 된다.

2 세션의 사용

세션은 웹 브라우저와의 상태를 유지할 때 다음과 같은 메소드를 제공한다.

메소드 : 리턴 타입
getAttribute(java.lang.String name) : java.lang.Object 세션 속성명이 name인 속성의 값을 Object 타입으로 리턴한다. 해당되는 속성명이 없을 경우에는 null 값을 리턴한다.
getAttributeNames() : java.util.Enumeration 세션 속성의 이름들을 Enumeration 객체 타입으로 리턴한다.
getCreationTime() : long 1970년 1월 1일 0시 0초를 기준으로 하여 현재 세션이 생성된 시간까지 경과한 시간을 계산하여 1/1000초 값으로 리턴한다.
getId() : java.lang.String 세션에 할당된 고유 식별자를 String 타입으로 리턴한다.
getMaxInactiveInterval() : int 현재 생성된 세션을 유지하기 위해 설정된 세션 유지시간을 int형으로 리턴한다.
invalidate() : void 현재 생성된 세션을 무효화시킨다.
removeAttribute(java.lang.String name) : void 세션 속성명이 name인 속성을 제거한다.
setAttribute(java.lang.String name, java.lang.Object value) : void 세션 속성명이 name인 속성에 속성값으로 value를 할당한다.
setMaxInactiveInterval(int interval) : void 세션을 유지하기 위한 세션 유지 시간을 초 단위로 설정한다.

세션 속성의 설정은 session객체의 setAttribute() 메소드를 사용해서 한다.

```
session.setAttribute("id","aaaa@king.com");
```

세션 속성명이 id에 속성값으로 "aaaa"를 사용해서 속성을 설정한다. 이때 id는 속성명이 되고 "aaaa@king.com"는 속성값이 된다. 이때 주의할 사항은 세션의 속성값은 객체형태만 올 수 있다는 것이다. session 객체는 웹 브라우저와 매핑되므로 해당 웹 브라우저를 닫지 않는 한, 같은 창에서 열린 페이지는 모두 같은 session 객체를 공유한다. 따라서 session 객체의 setAttribute() 메소드를 사용하여 세션의 속성을 지정하면 계속상태를 유지하는 기능을 사용할 수 있다.

세션의 속성을 사용하려면 session 객체의 getAttribute() 메소드를 사용해서 한다.

```
String id = (String)session.getAttribute("id");
```

주어진 속성명에 해당하는 속성값을 얻어올 때 사용한다. session 객체의 getAttribute("id") 메소드는 매개 변수로 속성명이 들어간다. getAttribute() 메소드는 리턴 타입이 Object 타입이므로 사용시 실제 할당된 객체타입으로 형 변환(casting)을 해야 한다.

세션의 속성을 삭제하려면 session 객체의 removeAttribute() 메소드를 사용해서 한다.

```
session.removeAttribute("id");
```

주어진 속성명에 해당하는 속성을 제거한다. 매개 변수로 제거할 속성명을 사용한다.
세션의 모든 속성을 삭제할 때는 session 객체의 invalidate() 메소드를 사용해서 한다.

```
session.invalidate()
```

session 객체의 invalidate() 메소드를 사용하면 세션의 모든 속성이 제거된다.
쿠키와 마찬가지로 세션의 사용 방법도 매우 간단하다. 세션의 속성을 설정하고, 속성명과 속성값이 쌍으로 생성된 형태의 세션에 대한 정보를 사용한다.

실습 │ 세션의 속성 설정 및 사용

이 예제는 Session 객체의 setAttribute() 메소드와 getAttribute() 메소드를 사용해서 세션의 속성을 설정하고 사용하는 예제이다. 입력 폼은 sessionTestForm.jsp 페이지를 사용하고, 속성을 설정하고 설정된 속성을 사용하는 역할은 sesstionTestPro.jsp 페이지에서 수행한다.

이 예제의 결과는 다음과 같다.

작성파일의 정보는 다음과 같다.

입력 폼 sessionTestForm.jsp 페이지

작성파일명	sessionTestForm.jsp
작성위치	StudyBasicJSP/WebContent/ch12
부록CD에서의 제공위치	source/ch12

속성을 설정하고 설정된 속성을 사용하는 sessionTestPro.jsp 페이지

작성파일명	sessionTestPro.jsp
작성위치	StudyBasicJSP/WebContent/ch12
부록CD에서의 제공위치	source/ch12

01 sessionTestForm.jsp 페이지를 작성하기 위해 [ch12] 폴더를 선택 후, 마우스 오른쪽 버튼을 클릭하여 [New]-[JSP File] 메뉴를 선택한다. [New JSP File] 창이 표시되면 [File name] 항목에 "sessionTestForm.jsp"를 입력하고 [Finish] 버튼을 클릭한다.

02 sessionTestForm.jsp 페이지의 기본적인 코딩이 작성되면 다음과 같이 수정한 후 저장한다.

```
01   <%@ page language="java" contentType="text/html; charset=UTF-8"
02     pageEncoding="UTF-8"%>
03
04   <html>
05   <head>
06   <title>정보입력 폼</title>
07   </head>
08   <body>
09    <h2>정보입력 폼</h2>
10
11    <form method="post" action="sessionTestPro.jsp">
12        아이디: <input type="text" name="id" maxlength="50"> <br>
13        패스워드: <input type="password" name="passwd" maxlength="16"> <br>
14        <input type="submit" value="정보입력">
15    </form>
16   </body>
17   </html>
```


11~15　아이디와 패스워드를 입력한 후 [정보입력] 버튼을 클릭하면, 프로그램의 제어가 sessionTestPro.jsp 페이지로 이동한다.

(03) sessionTestPro.jsp 페이지를 [ch12] 폴더에 작성한다.

(04) sessionTestPro.jsp 페이지의 기본적인 코딩이 작성되면 다음과 같이 수정한 후 저장한다.

```
01   <%@ page language="java" contentType="text/html; charset=UTF-8"
02     pageEncoding="UTF-8"%>
03   <html>
04   <head>
```

```
05    <title>세션 속성 설정 및 사용</title>
06    </head>
07    <body>
08    <%
09        String id = request.getParameter("id");
10        String passwd = request.getParameter("passwd");
11
12        session.setAttribute("id", id);
13        session.setAttribute("passwd", passwd);
14    %>
15    id 와 passwd 세션 속성을 설정하였습니다. <br>
16
17    id속성의 값은
18      <%=(String)session.getAttribute("id")%> 이고 <br>
19    passwd 속성의 값은
20      <%=(String)session.getAttribute("passwd")%> 입니다.
21    </body>
22    </html>
```

소스 코드 설명

12~13 입력 폼으로부터 넘어온 정보를 가지고 id 세션 속성의 값과 passwd 세션 속성의 값을 설정한다.

17~20 session.getAttribute( ) 메소드를 사용해서 해딩하는 세션 속성의 값을 가져온다. 이때 반환되는 속성의 값은 Object 타입이므로 반드시 할당한 타입으로 형 변환을 해서 사용한다. 여기서는 (String)session.get Attribute("id")와 같이 String 타입으로 형 변환해서 사용했다.

05 sessionTestPro.jsp 페이지의 수정이 끝나면 sessionTestForm.jsp 파일을 선택하고 마우스 오른쪽 버튼을 클릭해 [Run As]-[Run on Server] 메뉴를 선택 후 [Finish] 버튼을 눌러 실행한다.

06 sessionTestForm.jsp 페이지가 화면에 표시된다. 이때, 아이디와 패스워드를 입력하고 [정보입력] 버튼을 클릭한다.

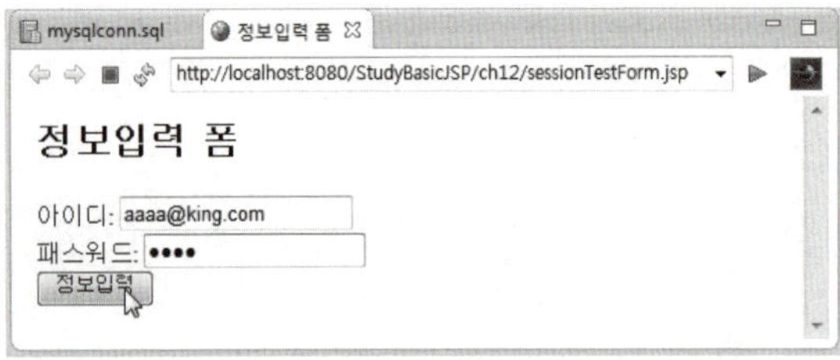

그러면 다음과 같이 세션의 속성을 설정 후, 설정된 속성의 속성값이 화면에 표시되는
것을 확인할 수 있다.

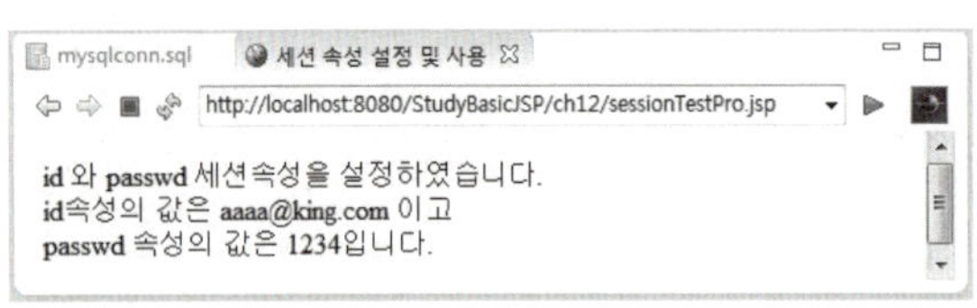

3 세션을 사용한 회원 인증

이번에는 세션을 사용한 사용자의 정보를 유지하는 예를 통해 세션을 사용한 사용자 인증
에 대해 살펴본다.

세션을 사용한 사용자의 정보 유지

회원 아이디와 패스워드를 입력받아 테이블에 저장되어 있는 레코드와 비교해, 해당 아이
디와 패스워드가 있는지를 확인한다. 해당 아이디와 패스워드가 있으면, 아이디를 세션의 속
성값으로 저장하고 로그인이 완료된 페이지로 이동한다. 입력한 아이디와 패스워드가 없다
면 다시 로그인 창으로 이동하게 되는 예제이다.

이때 인증된 사용자이면 메시지와 [로그아웃] 버튼을 표시하고, 인증되지 않은 사용자의
경우 로그인 폼으로 다시 프로그램의 제어를 이동하는 메인 페이지인 sessionMain.jsp, 아
이디와 패스워드를 입력받는 입력 폼은 sessionLoginForm.jsp, 사용자 인증을 설정하는
sessionLoginPro.jsp 페이지, 로그아웃을 담당한 sessionLogout.jsp 페이지로 이루어져
있다.

결과는 다음과 같다.

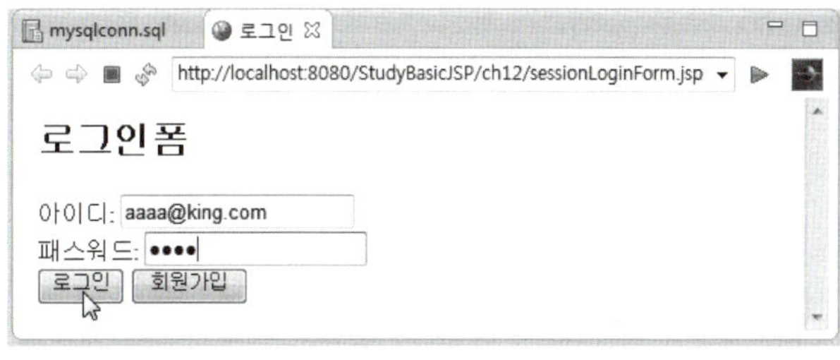

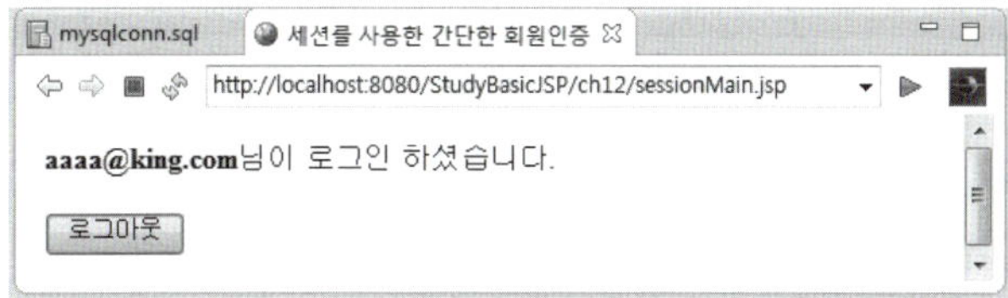

작성 파일의 정보는 다음과 같다.

사용자의 인증 여부에 따라 제어하는 메인 페이지인 sessionMain.jsp 페이지

작성파일명	sessionMain.jsp
작성위치	StudyBasicJSP/WebContent/ch12
부록CD에서의 제공위치	source/ch12

아이디와 패스워드를 입력받는 입력 폼 sessionLoginForm.jsp 페이지

작성파일명	sessionLoginForm.jsp
작성위치	StudyBasicJSP/WebContent/ch12
부록CD에서의 제공위치	source/ch12

사용자의 인증을 설정하는 sessionLoginPro.jsp 페이지

작성파일명	sessionLoginPro.jsp
작성위치	StudyBasicJSP/WebContent/ch12
부록CD에서의 제공위치	source/ch12

로그아웃을 담당한 sessionLogout.jsp 페이지

작성파일명	sessionLogout.jsp
작성위치	StudyBasicJSP/WebContent/ch12
부록CD에서의 제공위치	source/ch12

01 sessionMain.jsp 페이지를 [ch12] 폴더에 작성한다.

02 sessionMain.jsp 페이지의 기본적인 코딩이 작성되면 다음과 같이 수정한 후 저장한다.

```
01  <%@ page language="java" contentType="text/html; charset=UTF-8"
02      pageEncoding="UTF-8"%>
03
04  <%
05    String id ="";
06    try{
07        id = (String)session.getAttribute("id");
08        if(id==null || id.equals(""))
09          response.sendRedirect("sessionLoginForm.jsp");
10        else{
11  %>
12  <html>
13  <head>
14  <title>세션을 사용한 간단한 회원인증</title>
15  </head>
16  <body>
17    <b><%=id %></b>님이 로그인 하셨습니다.
18      <form method="post" action="sessionLogout.jsp">
19            <input type="submit" value="로그아웃">
20      </form>
21  </body>
22  </html>
23  <%
24          }
```

```
25      }catch(Exception e){
26            e.printStackTrace();
27      }
28  %>
```


07 id = (String)session.getAttribute("id")는 세션 속성 id의 속성값을 id 변수에 저장한다. String 타입으로 형변환해서 사용한다.

08~09 인증되지 않은 사용자의 영역으로 로그인 폼인 sessionLoginForm.jsp 페이지로 이동한다.

10~24 인증된 사용자의 영역으로 인증된 사용자일 경우에 해당하는 서비스를 보여준다.

03 sessionLoginForm.jsp 페이지를 [ch12] 폴더에 작성한다.

04 sessionLoginForm.jsp 페이지의 기본적인 코딩이 작성되면 다음과 같이 수정한 후 저장한다.

```
01  <%@ page language="java" contentType="text/html; charset=UTF-8"
02     pageEncoding="UTF-8"%>
03
04  <html>
05  <head>
06  <title>로그인</title>
07  </head>
08  <body>
09   <h2>로그인 폼</h2>
10
11   <form method="post" action="sessionLoginPro.jsp">
12      아이디: <input type="text" name="id" maxlength="50"> <br>
13      패스워드: <input type="password" name="passwd" maxlength="16"> <br>
14      <input type="submit" value="로그인">
```

```
15        <input type="button" value="회원가입"
16            onclick="location.href='insertMemberForm.jsp'">
17      </form>
18   </body>
19   </html>
```


11~17 아이디, 패스워드를 입력하고 [로그인] 버튼을 클릭하면 프로그램의 제어가 sessionLoginPro.jsp 페이지로 이동한다. 만일 [회원가입] 버튼을 클릭하면 프로그램 제어가 회원가입을 하는 insertMemberForm.jsp 페이지로 이동한다.

(05) sessionLoginPro.jsp 페이지를 [ch12] 폴더에 작성한다.

(06) sessionLoginPro.jsp 페이지의 기본적인 코딩이 작성되면 다음과 같이 수정한 후 저장한다.

```
01   <%@ page language="java" contentType="text/html; charset=UTF-8"
02      pageEncoding="UTF-8"%>
03   <%@ page import="ch12.member.LogonDBBean"%>
04
05   <% request.setCharacterEncoding("utf-8");%>
06
07   <%
08      String id = request.getParameter("id");
09      String passwd = request.getParameter("passwd");
10
11      LogonDBBean logon = LogonDBBean.getInstance();
12      int check= logon.userCheck(id,passwd);
13
14      if(check==1){
15         session.setAttribute("id",id);
16         response.sendRedirect("sessionMain.jsp");
```

```
17        }else if(check==0){%>
18        〈script〉
19         alert("비밀번호가 맞지 않습니다.");
20        history.go(-1);
21        〈/script〉
22    〈%}else{ %〉
23        〈script〉
24         alert("아이디가 맞지 않습니다..");
25         history.go(-1);
26        〈/script〉
27    〈%}%〉
```

소스 코드 설명

11   LogonDBBean logon = LogonDBBean.getInstance( );는 LogonDBBean 객체를 얻어내 logon 레퍼런스에 넘겨준다. sessionLoginPro.jsp 페이지에서 LogonDBBean 객체에 접근하려면 logon 레퍼런스를 통해서 해야 한다.

12   int check= logon.userCheck(id,passwd);는 LogonDBBean 객체의 userCheck( ) 메소드를 사용자가 입력한 id, passwd 값을 가지고 호출한다. 이 userCheck( ) 메소드는 사용자 인증을 체크하는 메소드이다. 사용자가 입력한 id, passwd와 member 테이블에 저장된 사용자의 id, passwd가 같으면 1값을 리턴하고, id는 같으나 passwd가 다르면 0값을 리턴한다. 그리고 id 값이 다르면 −1값을 리턴한다.

14~16   아이디와 비밀번호를 제대로 입력한 경우 수행되는 부분으로, 사용자의 인증을 유지하기 위해 15라인에서 session.setAttribute("id",id);는 id 속성에 값을 할당하여 설정하는 부분이다. 세션 속성의 설정 후 16라인에서 프로그램의 제어를 sessionMain.jsp 페이지로 이동한다.

17~21   아이디는 맞게 입력했으나 비밀번호를 틀리게 입력한 경우에 수행된다. 19라인은 웹 브라우저에 메시지 상자를 표시한다.

22~27   아이디가 틀린 경우에 수행된다.

07   sessionLogout.jsp 페이지를 [ch12] 폴더에 작성한다.

08   sessionLogout.jsp 페이지의 기본적인 코딩이 작성되면 다음과 같이 수정한 후 저장한다.

```
01    <%@ page language="java" contentType="text/html; charset=UTF-8"
02       pageEncoding="UTF-8"%>
03
04    <% session.invalidate(); %>
05
06    <script>
07       alert("로그아웃 되었습니다.");
08        location.href="sessionMain.jsp";
09    </script>
```


> **04**   session.invalidate( );는 세션에 설정되어 있는 세션의 속성을 모두 제거해서 세션을 무효화하는 메소드
> 이다.

09 sessionLogout.jsp 페이지의 수정이 끝나면 sessionMain.jsp 파일을 선택하고, 마우
스 오른쪽 버튼을 클릭해 [Run As]–[Run on Server] 메뉴를 선택 후 [Finish] 버튼을
눌러 실행한다.

10 그러면 다음과 같이 sessionMain.jsp 페이지가 실행되면서 세션을 통한 사용자 인증을
하지 않아서 페이지가 sessionLoginForm.jsp 페이지로 이동한다. 이때 아이디, 패스워
드를 입력하고 [로그인] 버튼을 클릭한다.

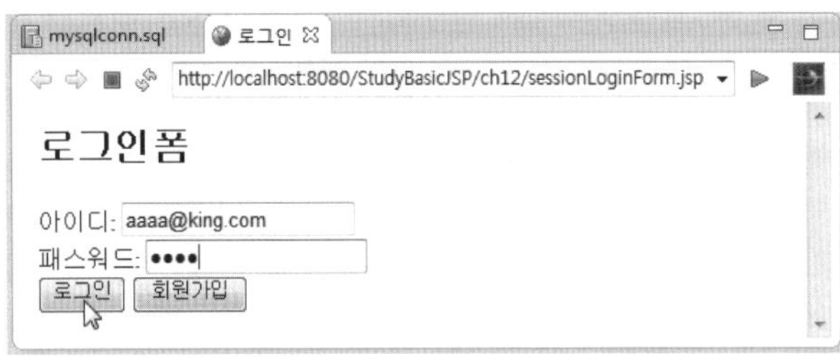

사용자 인증에 성공하면 sessionMain.jsp 페이지의 인증된 사용자의 영역이 표시된다.
만일 인증에 실패하면 sessionLoginForm.jsp 페이지가 다시 표시된다.

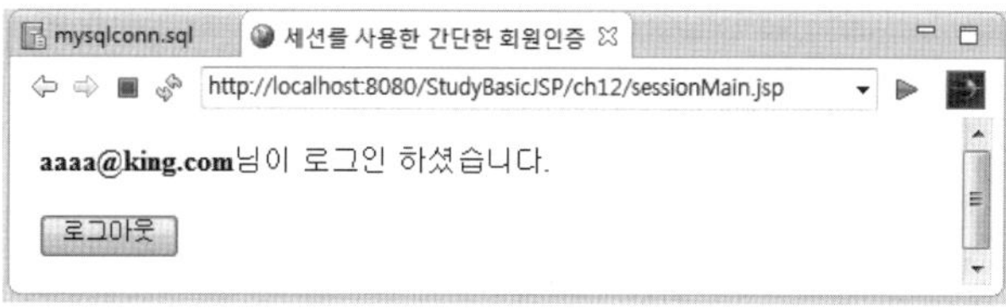

이때 [로그아웃] 버튼을 클릭하면

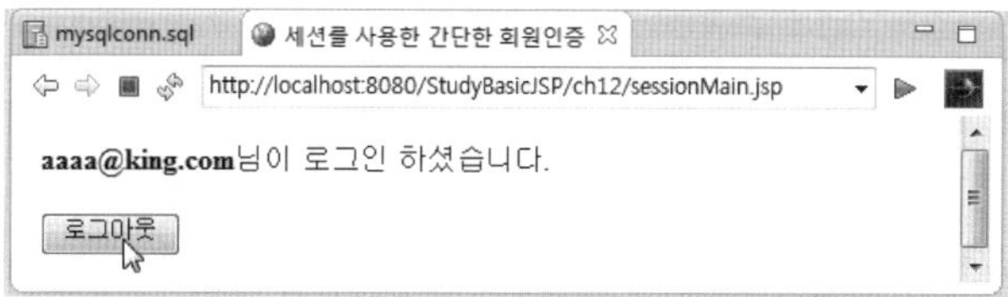

"로그아웃 되었습니다"라는 메시지를 가진 메시지 상자가 표시된다. [확인] 버튼을 클릭하면 사용자 인증의 정보가 제거되었기 때문에 다시 sessionLoginForm.jsp 페이지가 표시된다.

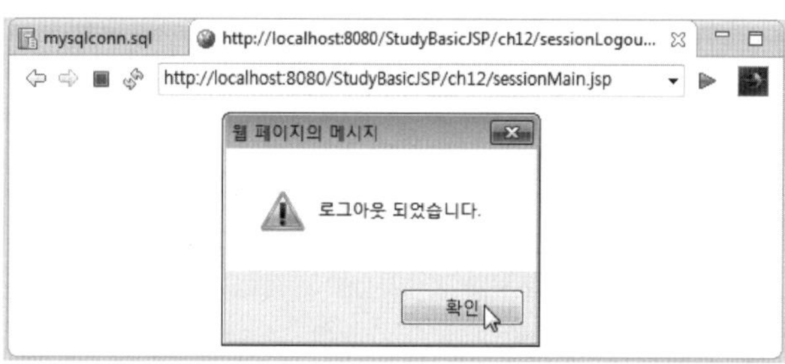

단원 정리

01 쿠키(Cookie)

- 쿠키를 사용할 때는 javax.servlet.http 패키지에 있는 Cookie 클래스를 이용하며, 서블 릿에서 만들어져 클라이언트의 브라우저에 의해 저장된다.

- 쿠키 안에는 각각의 브라우저를 판별할 수 있는 정보가 포함되어 있고, 이렇게 쿠키가 클라이언트에 한 번 저장이 된 후에 다시 서버로 요청할 때는 클라이언트에 저장된 쿠키 안의 정보가 요청에 포함되어져 서버로 전송된다.

- Cookie 클래스를 사용한 쿠키의 생성은 다음과 같다.

```
Cookie cookie = new Cookie(String name, String value);
```

- 쿠키를 생성한 후에는 반드시 response 객체의 addCookie() 메소드를 사용해서 쿠키를 추가해 주어야 한다.

```
response.addCookie(name);
```

- 쿠키 생성 후 쿠키의 이름에 대응하는 값을 새롭게 지정할 때 setValue() 메소드를 사용한다.

```
cookie.setValue(newValue);
```

02 세션(Session)

- 서버와 관련된 정보를 노출시키지 않기 위해 쿠키를 사용하는 것보다 HttpSession 인터 페이스의 세션을 통한 상태 관리가 더욱 효율적이다.

- 세션은 웹 브라우저당 1개씩 생성되어 웹 컨테이너에 저장된다.

- 세션 속성의 설정은 session 객체의 setAttribute() 메소드를 사용해서 한다.

```
session.setAttribute("id","aaaat");
```

• 세션의 속성을 사용하려면 session 객체의 getAttribute() 메소드를 사용한다.

```
String id= (String)session.getAttribute("id");
```

Object이므로 사용시 실제 할당된 객체 타입으로 형 변환을 해야 한다.

• 세션의 속성을 삭제하려면 session 객체의 removeAttribute() 메소드를 사용한다.

```
session.removeAttribute("id");
```

• 세션의 모든 속성을 삭제할 때는 session 객체의 invalidate() 메소드를 사용한다.

```
session.invalidate()
```

01 웹 브라우저와 서버 간의 상태를 유지하기 위해 방법을 나열하고, 그들의 특징을 간단히 기술하시오.

02 다음의 빈 칸에 알맞은 값을 보기에서 찾아 완성하시오.

조건

- JSP에서 쿠키를 생성할 때는 (①   ) 클래스를 사용한다.

- 쿠키를 생성한 후에는 반드시 (②   ) 객체의 (③   ) 메소드를 사용해서 쿠키를 추가해 주어야 한다.

- 쿠키 생성 후 쿠키의 값을 새로운 값으로 지정할 때는 (④   ) 메소드를 사용한다.

보기

response,	request,	Cookie,	Session,
addCookie(),	setCookie(),	setValue()	

03 쿠키의 수명은 cookie 객체의 setMaxAge(int ex) 메소드를 사용하는데, 이때 매개 변수 ex값을 0으로 지정하면 어떻게 되는지 기술하시오.

04 세션의 속성을 설정하는 메소드와 세션의 속성을 읽어오는 메소드를 기술하시오.

05 현재 설정된 모든 세션의 속성을 무효화하는 메소드를 기술하시오.

06 ex12_06_1.jsp 페이지에서 세션 속성을 사용하려면 ex12_06.jsp 페이지의 빈 칸에 채워 넣어야 할 코드를 기술하시오.

ex12_06.jsp

```jsp
<%
String id = request.getParameter("id");
(                          )
%>
```

ex12_06_1.jsp

```jsp
<%
if ((String)session.getAttribute("id") ==null || (String)session.getAttribute("id")==""){
//
}else{
//
}
%>
```

13

자바빈과 데이터베이스를 연동한 게시판 시스템

이 장에서는 웹 프로그래밍의 패턴을 이해하기 위해 게시판 시스템을 작성한다. 게시판 시스템은 전형적인 웹 프로그래밍에 필요한 구조를 가지고 있다. 글쓰기(insert), 글목록 및 내용보기(select), 글수정(update), 글삭제(delete)라는 웹 프로그래밍의 기본구조 패턴을 가지고 있다. 따라서 이것을 이해하면 어떠한 웹 애플리케이션을 작성하게 되더라도 문제를 해결할 수 있는 능력이 생긴다.

1. 게시판 시스템의 기본 구조   2. 테이블 작성

3. 게시판 자바빈 작성   4. 게시판 JSP 페이지 작성

01 | 게시판 시스템의 기본 구조

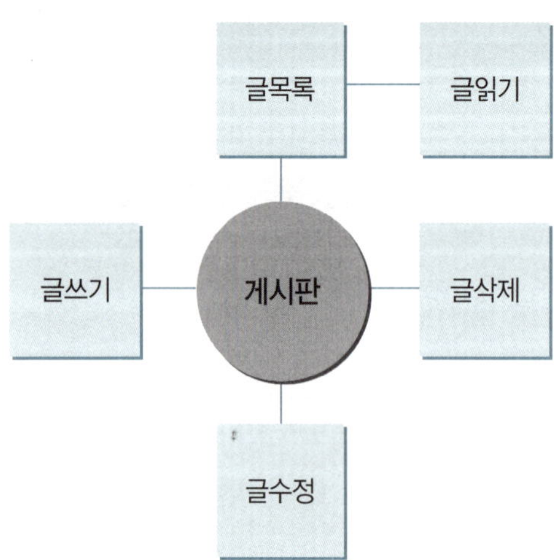

▲ 게시판 시스템의 기본 구조

게시판 시스템은 앞의 '게시판 시스템의 기본 구조'에서처럼 크게 글쓰기, 글목록, 글읽기, 글수정, 글삭제로 나뉠 수 있다. 글쓰기는 데이터베이스 테이블에 레코드를 추가, 글목록은 테이블의 레코드를 검색, 글읽기는 특정 레코드만을 검색, 글수정은 레코드의 내용을 갱신하는 것이고, 글삭제는 레코드를 삭제하는 것이다.

게시판의 구조를 이해하면 어떠한 웹 프로그래밍이든 기본 구조를 이해하는 데 어려움이 없다. 자 이제부터 작성해 보자.

02 | 테이블 작성

게시판 시스템을 작성하기 위해서는 먼저 게시판의 글들을 관리할 테이블을 작성해야 한다. 여기서는 board 테이블을 생성해서 작업을 수행한다.

생성할 board 테이블의 구조는 다음과 같다.

```
create table board(
     num int not null primary key auto_increment ,
     writer varchar(10) not null,
     email varchar(30) ,
     subject varchar(50) not null,
     passwd varchar(12) not null,
     reg_date datetime not null,
     readcount int default 0,
     ref int not null,
     re_step smallint not null,
     re_level smallint not null,
     content text not null,
     ip varchar(20) not null
);
```

[musqlconn.sql] 뷰를 사용한 board 테이블을 생성한 결과는 다음과 같다.

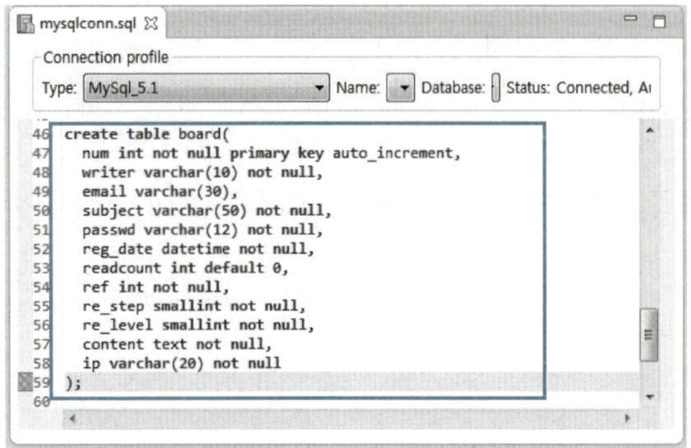

▲ board 테이블의 생성

	Field	Type	Null	Key	Default	Extra
1	num	int(11)	NO	PRI	NULL	auto_increment
2	writer	varchar(10)	NO		NULL	
3	email	varchar(30)	YES		NULL	
4	subject	varchar(50)	NO		NULL	
5	passwd	varchar(12)	NO		NULL	
6	reg_date	datetime	NO		NULL	
7	readcount	int(11)	YES		0	
8	ref	int(11)	NO		NULL	
9	re_step	smallint(6)	NO		NULL	
10	re_level	smallint(6)	NO		NULL	
11	content	text	NO		NULL	
12	ip	varchar(20)	NO		NULL	

Total 12 records shown

▲ board 테이블의 생성 결과

board 테이블 각각의 필드에 대한 설명은 다음과 같다.

▼ 표 13-01 board 테이블의 각 필드 설명

필드명	설 명
num	글번호를 저장하는 필드, 기본키이고 auto_increment로 자동으로 글번호를 증가시킨다.
writer	글쓴이를 저장하는 필드, email을 저장하는 필드. 유일하게 null 값을 허용한다.
subject	글제목을 저장하는 필드, passwd를 저장하는 필드.
reg_date	글을 쓴 날짜를 저장하는 필드.
readcount	글의 조회수를 저장하는 필드.
ref	글을 그룹화하기 위한 필드.
re_step	제목글과 답변글의 순서를 정리하기 위한 필드.
re_level	글의 레벨을 저장하는 필드.
content	글내용을 저장하는 필드.
ip	글쓴이의 ip를 저장하는 필드.

테이블의 작성이 끝났으면 이제는 게시판 시스템에 사용될 자바빈을 작성해 보자. 우리가 이미 작성했던 회원관리 시스템의 자바빈과 비슷함을 알 수 있을 것이다. 먼저 게시판에서 사용할 자바빈의 구조를 살펴보자.

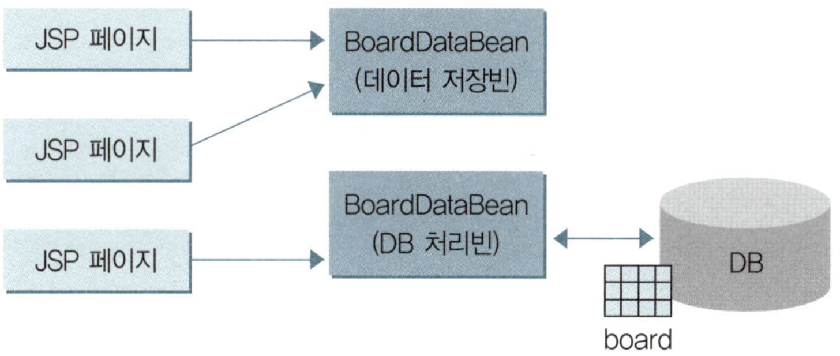

▲ 게시판 시스템에서의 JSP 페이지와 자바빈 그리고 DB와의 관계

위의 그림과 같이 JSP 페이지는 화면의 표현부를 가지고, 자바빈은 로직을 가지고 시스템을 구현하는 구현부를 가지고 있다. JSP 페이지에서 데이터 저장빈을 사용해 데이터 저장빈 객체를 생성한 후, DB 처리빈의 메소드에서 해당 데이터 저장빈 객체를 참조해서 DB와 연동할 수 있다. 또한 JSP 페이지에서 직접 DB 처리빈의 메소드를 호출해서 DB 처리빈의 메소드에서 DB와 연동 후, 데이터 저장빈 객체를 생성해서 JSP 페이지에서 사용할 수 있다. 결국 사용되는 순서는 다르나 JSP 페이지, 데이터 저장빈, DB 처리빈, DB가 모두 유기적인 관계로 얽혀 있다. 이들 간의 유기적인 관계를 익히는 것이 이번 장에서 해야 할 일이기도 하다.

먼저 중요한 로직을 담고 있는 자바빈을 작성해 보자.

1 데이터 저장빈(BoardDataBean)

데이터를 저장하는 빈인 BoardDataBean이 가지고 있는 setter/getter 메소드들이 하는 작업은 다음과 같다.

▼ 표 13-02 BoardDataBean이 가지고 있는 메소드들

필드명		설명
num	글번호	setNum(int num) : num값 저장
		getNum( ) : 저장된 num값 가져옴
writer	작성자	setWriter(String writer) : writer값 저장
		getWriter(String writer) : 저장된 writer값 저장
subject	글제목	setSubject(String subject) : subject값 저장
		getSubject(String subject) : 저장된 subject값 저장
email	이메일	setEmail(String email) : email값 저장
		getEmail( ) : 저장된 email값 가져옴
content	글내용	setContent(String content) : content값 저장
		getCentent(String content) : 저장된 content값 저장
passwd	비밀번호	setPasswd(String passwd) : passwd값 저장
		getPasswd( ) : 저장된 passwd값 가져옴
reg_date	글쓴 날짜	setReg_date(Timestamp reg_date) : reg_date값 저장
		getReg_date( ) : 저장된 reg_date값 가져옴
readcount	조회수	setReadcount(int readcount) : readcount값 저장
		getReadcount( ) : 저장된 readcount값 가져옴
ip	글 작성자의 IP	setIp(String ip) : ip값 저장
		getIp( ) : 저장된 ip값 가져옴
ref	글의 그룹 번호	setRef(String ref) : ref값 저장
		getRef( ) : 저장된 ref값 가져옴
re_step	제목글과 답변글의 순서	setRe_step(String re_step) : re_step값 저장
		getRe_step( ) : 저장된 re_step값 가져옴
re_level	글의 레벨	setRe_level(String re_level) : re_level값 저장
		getRe_level( ) : 저장된 re_level값 가져옴

데이터를 저장하는 자바빈 – BoardDataBean.java

작성파일명	BoardDataBean.java
작성위치	Java Resources/src/ch13.board
부록CD에서의 제공위치	source/ch13

01 [StudyBasicJSP] 프로젝트의 [Java Resources]−[src]를 선택 후 마우스 오른쪽 버튼을 클릭해 [New]−[Package] 메뉴를 선택한다.

02 [New Java Package] 창이 표시되면, [Name] 항목에 ch13.board를 입력 후 [Finish] 버튼을 클릭해 패키지를 생성한다.

03 BoardDataBean.java 파일을 작성하기 위해 [ch13.board] 패키지를 선택하고, 마우스 오른쪽 버튼을 클릭해 [New]−[Class] 메뉴를 선택한다. [New Java Class] 창이 표시되면 [Package] 항목의 값이 ch13.board인 것을 확인 후, [Name] 항목에 "BoardDataBean"이라 입력한다. 나머지는 기본값을 그대로 사용하고 [Finish] 버튼을 클릭한다.

04 BoardDataBean.java 파일의 기본 작성 파일을 다음과 같이 수정한 후 저장한다.

```
01  package ch13.board;
02  import java.sql.Timestamp;
03
04  public class BoardDataBean {
05      private int num;
06      private String writer;
07      private String subject;
08      private String email;
09      private String content;
10      private String passwd;
11      private Timestamp reg_date;
12      private int readcount;
13      private String ip;
14      private int ref;
15      private int re_step;
16      private int re_level;
17
18  }
```

(05) BoardDataBean.java 파일의 기본 작성 파일을 수정 후 저장한 후에 커서를 17라인에
위치시킨다. 커서를 위치시킨 후 [Source]-[Generate Getters and Setters…] 메뉴를
선택한다.

(06) [Generate Getters and Setters] 창이 표시된다. 여기서 [Select getters and setters
to create] 항목에서 모든 프로퍼티를 선택하고, [Insertion point] 항목에서 [Last
member] 항목을 선택한 후 [Sort by] 항목의 값이 [Fields in getter/setter pairs]로 선
택된 것을 확인 후 나머지 항목은 기본값을 그대로 사용하고 [Finish] 버튼을 클릭한다.

(07) setter 메소드와 getter 메소드가 자동으로 생성되면 변경사항을 저장한다. 생성된 내
용은 다음과 같다.

```java
01    package ch13.board;
02    import java.sql.Timestamp;
03
04    public class BoardDataBean {
05        private int num;
06        private String writer;
07        private String subject;
08        private String email;
09        private String content;
10        private String passwd;
11        private Timestamp reg_date;
12        private int readcount;
13        private String ip;
14        private int ref;
15        private int re_step;
16        private int re_level;
17
18        public int getNum() {
19            return num;
20        }
21        public void setNum(int num) {
22            this.num = num;
23        }
```

```java
24    public String getWriter() {
25            return writer;
26    }
27    public void setWriter(String writer) {
28            this.writer = writer;
29    }
30    public String getSubject() {
31            return subject;
32    }
33    public void setSubject(String subject) {
34            this.subject = subject;
35    }
36    public String getEmail() {
37            return email;
38    }
39    public void setEmail(String email) {
40            this.email = email;
41    }
42    public String getContent() {
43            return content;
44    }
45    public void setContent(String content) {
46            this.content = content;
47    }
48    public String getPasswd() {
49            return passwd;
50    }
51    public void setPasswd(String passwd) {
52            this.passwd = passwd;
53    }
54    public Timestamp getReg_date() {
55            return reg_date;
56    }
57    public void setReg_date(Timestamp reg_date) {
58            this.reg_date = reg_date;
59    }
```

```java
public int getReadcount() {
        return readcount;
}
public void setReadcount(int readcount) {
        this.readcount = readcount;
}
public String getIp() {
        return ip;
}
public void setIp(String ip) {
        this.ip = ip;
}
public int getRef() {
        return ref;
}
public void setRef(int ref) {
        this.ref = ref;
}
public int getRe_step() {
        return re_step;
}
public void setRe_step(int re_step) {
        this.re_step = re_step;
}
public int getRe_level() {
        return re_level;
}
public void setRe_level(int re_level) {
        this.re_level = re_level;
}
}
```

소스 코드 설명

05~16	프로퍼티의 이름과 타입을 선언했다.
18~89	Getter/Setter 메소드들로 JSP 페이지와 자바빈에서 이들을 사용해서 5~16라인의 프로퍼티에 접근한다.

② DB 처리빈(BoardDBBean)

데이터베이스 테이블과 연동하여 작업하는 DB 처리빈인 BoardDBBean이 가지고 있는 메소드들과 하는 작업은 아래와 같다.

▼ 표 13-03 BoardDBBean이 가지고 있는 메소드들

메소드명	하는 작업
getInstance()	전역 BoardDBBean 객체의 레퍼런스를 리턴한다.
getConnection()	쿼리 작업에 사용할 Connection 객체를 리턴한다.
insertArticle (BoardDataBean article)	새로운 글을 board 테이블에 추가한다. 글 입력 처리에 사용한다.
getArticleCount()	board 테이블의 전체 레코드 수를 받아온다. 글목록에서 글 번호 및 전체 레코드 수를 표시할 때 사용된다.
getArticles(int start, int end)	start부터 end 개수만큼의 레코드를 board 테이블에서 검색한다. 글목록 보기에서 사용된나.
getArticle(int num)	id에 해당하는 레코드를 board 테이블에서 검색한다. 글내용 보기에서 사용된다.
updateGetArticle(int num)	id에 해당하는 레코드를 board 테이블에서 검색한다. 글수정 폼에서 사용한다.
updateArticle(BoardDataBean article)	수정된 글의 내용을 갱신할 때 사용된다. 글수정 처리에서 사용한다.
deleteArticle(int num, String passwd)	id에 해당하는 레코드를 board 테이블에서 삭제한다. 글삭제 처리에서 사용한다.

DB와 연동해서 게시판 시스템을 처리하는 자바빈인 BoardDBBean.java

작성파일명	BoardDBBean.java
작성위치	Java Resources/src/ch13.board
부록CD에서의 제공위치	source/ch13

01 BoardDBBean.java 파일을 작성하기 위해 [ch13.board] 패키지를 선택하고, 마우스 오른쪽 버튼을 클릭해 [New]−[Class] 메뉴를 선택한다. [New Java Class] 창이 표시되면 [Package] 항목의 값이 ch13.board인 것을 확인하고, [Name] 항목에 "BoardDBBean"이라 입력한다. 나머지는 기본값을 그대로 사용하고 [Finish] 버튼을 클릭한다.

02 BoardDBBean.java 파일의 기본 작성 파일을 다음과 같이 수정한 후 저장한다. 59, 74, 185, 278, 321 라인의 경고는 무시한다.

```
01    package ch13.board;
02
03    import java.sql.Connection;
04    import java.sql.PreparedStatement;
05    import java.sql.ResultSet;
06    import java.sql.SQLException;
07    import java.util.ArrayList;
08    import java.util.List;
09    import javax.naming.Context;
10    import javax.naming.InitialContext;
11    import javax.sql.DataSource;
12
13    public class BoardDBBean {
14
15        private static BoardDBBean instance = new BoardDBBean();
16        //.jsp 페이지에서 DB 연동빈인 BoardDBBean 클래스의 메소드에 접근시 필요
17        public static BoardDBBean getInstance() {
```

```java
18          return instance;
19      }
20
21      private BoardDBBean() {}
22
23      //커넥션 풀로부터 Connection 객체를 얻어냄
24      private Connection getConnection() throws Exception {
25          Context initCtx = new InitialContext();
26          Context envCtx = (Context) initCtx.lookup("java:comp/env");
27          DataSource ds = (DataSource)envCtx.lookup("jdbc/basicjsp");
28          return ds.getConnection();
29      }
30
31      //board 테이블에 글을 추가(insert문)<=writePro.jsp 페이지에서 사용
32      public void insertArticle(BoardDataBean article)
33              throws Exception {
34          Connection conn = null;
35          PreparedStatement pstmt = null;
36          ResultSet rs = null;
37
38          int num=article.getNum();
39          int ref=article.getRef();
40          int re_step=article.getRe_step();
41          int re_level=article.getRe_level();
42          int number=0;
43          String sql="";
44
45          try {
46              conn = getConnection();
47
48              pstmt = conn.prepareStatement("select max(num) from board");
49              rs = pstmt.executeQuery();
50
51              if (rs.next())
52                  number=rs.getInt(1)+1;
53              else
```

```
54              number=1;
55
56          if (num!=0){
57              sqll="update board set re_step=re_step+1 ";
58              sql += "where ref= ? and re_step> ?";
59              pstmt = conn.prepareStatement(sql);
60              pstmt.setInt(1, ref);
61              pstmt.setInt(2, re_step);
62              pstmt.executeUpdate();
63              re_step=re_step+1;
64              re_level=re_level+1;
65          }else{
66              ref=number;
67              re_step=0;
68              re_level=0;
69          }
70      // 쿼리를 작성
71      sql = "insert into board(writer,email,subject,passwd,reg_date,";
72          sql+="ref,re_step,re_level,content,ip) values(?,?,?,?,?,?,?,?,?,?)";
73
74      pstmt = conn.prepareStatement(sql);
75      pstmt.setString(1, article.getWriter());
76      pstmt.setString(2, article.getEmail());
77      pstmt.setString(3, article.getSubject());
78      pstmt.setString(4, article.getPasswd());
79      pstmt.setTimestamp(5, article.getReg_date());
80      pstmt.setInt(6, ref);
81      pstmt.setInt(7, re_step);
82      pstmt.setInt(8, re_level);
83      pstmt.setString(9, article.getContent());
84      pstmt.setString(10, article.getIp());
85
86      pstmt.executeUpdate();
87    } catch(Exception ex) {
88      ex.printStackTrace();
89    } finally {
```

```java
90         if (rs != null) try { rs.close(); } catch(SQLException ex) {}
91         if (pstmt != null) try { pstmt.close(); } catch(SQLException ex) {}
92         if (conn != null) try { conn.close(); } catch(SQLException ex) {}
93      }
94   }
95
96 //board 테이블에 저장된 전체 글의 수를 얻어냄(select문)〈=list.jsp에서 사용
97  public int getArticleCount()
98        throws Exception {
99     Connection conn = null;
100    PreparedStatement pstmt = null;
101    ResultSet rs = null;
102
103    int x=0;
104
105    try {
106       conn = getConnection();
107
108       pstmt = conn.prepareStatement("select count(*) from board");
109       rs = pstmt.executeQuery();
110
111       if (rs.next()) {
112          x= rs.getInt(1);
113       }
114    } catch(Exception ex) {
115       ex.printStackTrace();
116    } finally {
117       if (rs != null) try { rs.close(); } catch(SQLException ex) {}
118       if (pstmt != null) try { pstmt.close(); } catch(SQLException ex) {}
119       if (conn != null) try { conn.close(); } catch(SQLException ex) {}
120    }
121    return x;
122 }
123
124 //글의 목록(복수 개의 글)을 가져옴(select문) 〈=list.jsp에서 사용
125 public List〈BoardDataBean〉 getArticles(int start, int end)
```

```java
126          throws Exception {
127     Connection conn = null;
128     PreparedStatement pstmt = null;
129     ResultSet rs = null;
130     List<BoardDataBean> articleList=null;
131     try {
132        conn = getConnection();
133
134        pstmt = conn.prepareStatement(
135          "select * from board order by ref desc, re_step asc limit ?,? ");
136        pstmt.setInt(1, start-1);
137        pstmt.setInt(2, end);
138        rs = pstmt.executeQuery();
139
140        if (rs.next()) {
141           articleList = new ArrayList<BoardDataBean>(end);
142           do{
143              BoardDataBean article= new BoardDataBean();
144              article.setNum(rs.getInt("num"));
145              article.setWriter(rs.getString("writer"));
146              article.setEmail(rs.getString("email"));
147              article.setSubject(rs.getString("subject"));
148              article.setPasswd(rs.getString("passwd"));
149              article.setReg_date(rs.getTimestamp("reg_date"));
150              article.setReadcount(rs.getInt("readcount"));
151              article.setRef(rs.getInt("ref"));
152              article.setRe_step(rs.getInt("re_step"));
153              article.setRe_level(rs.getInt("re_level"));
154              article.setContent(rs.getString("content"));
155              article.setIp(rs.getString("ip"));
156
157              articleList.add(article);
158           }while(rs.next());
159        }
160     } catch(Exception ex) {
161        ex.printStackTrace();
```

```java
162        } finally {
163            if (rs != null) try { rs.close(); } catch(SQLException ex) {}
164            if (pstmt != null) try { pstmt.close(); } catch(SQLException ex) {}
165            if (conn != null) try { conn.close(); } catch(SQLException ex) {}
166        }
167      return articleList;
168    }
169
170    //글의 내용을 보기(1개의 글)(select문)<=content.jsp 페이지에서 사용
171    public BoardDataBean getArticle(int num)
172          throws Exception {
173      Connection conn = null;
174      PreparedStatement pstmt = null;
175      ResultSet rs = null;
176      BoardDataBean article=null;
177      try {
178         conn = getConnection();
179
180         pstmt = conn.prepareStatement(
181            "update board set readcount=readcount+1 where num = ?");
182            pstmt.setInt(1, num);
183            pstmt.executeUpdate();
184
185         pstmt = conn.prepareStatement(
186            "select * from board where num = ?");
187         pstmt.setInt(1, num);
188         rs = pstmt.executeQuery();
189
190         if (rs.next()) {
191             article = new BoardDataBean();
192             article.setNum(rs.getInt("num"));
193             article.setWriter(rs.getString("writer"));
194             article.setEmail(rs.getString("email"));
195             article.setSubject(rs.getString("subject"));
196             article.setPasswd(rs.getString("passwd"));
197             article.setReg_date(rs.getTimestamp("reg_date"));
```

```java
198            article.setReadcount(rs.getInt("readcount"));
199            article.setRef(rs.getInt("ref"));
200            article.setRe_step(rs.getInt("re_step"));
201            article.setRe_level(rs.getInt("re_level"));
202            article.setContent(rs.getString("content"));
203            article.setIp(rs.getString("ip"));
204         }
205      } catch(Exception ex) {
206         ex.printStackTrace();
207      } finally {
208       if (rs != null) try { rs.close(); } catch(SQLException ex) {}
209       if (pstmt != null) try { pstmt.close(); } catch(SQLException ex) {}
210       if (conn != null) try { conn.close(); } catch(SQLException ex) {}
211      }
212         return article;
213   }
214
215    //글수정 폼에서 사용할 글의 내용(1개의 글)(select문)<=updateForm.jsp에서 사용
216 public BoardDataBean updateGetArticle(int num)
217      throws Exception {
218   Connection conn = null;
219   PreparedStatement pstmt = null;
220   ResultSet rs = null;
221   BoardDataBean article=null;
222   try {
223      conn = getConnection();
224
225      pstmt = conn.prepareStatement(
226         "select * from board where num = ?");
227      pstmt.setInt(1, num);
228      rs = pstmt.executeQuery();
229
230      if (rs.next()) {
231         article = new BoardDataBean();
232         article.setNum(rs.getInt("num"));
233         article.setWriter(rs.getString("writer"));
```

```java
234              article.setEmail(rs.getString("email"));
235              article.setSubject(rs.getString("subject"));
236              article.setPasswd(rs.getString("passwd"));
237              article.setReg_date(rs.getTimestamp("reg_date"));
238              article.setReadcount(rs.getInt("readcount"));
239              article.setRef(rs.getInt("ref"));
240              article.setRe_step(rs.getInt("re_step"));
241              article.setRe_level(rs.getInt("re_level"));
242              article.setContent(rs.getString("content"));
243              article.setIp(rs.getString("ip"));
244          }
245      } catch(Exception ex) {
246          ex.printStackTrace();
247      } finally {
248          if (rs != null) try { rs.close(); } catch(SQLException ex) {}
249          if (pstmt != null) try { pstmt.close(); } catch(SQLException ex) {}
250          if (conn != null) try { conn.close(); } catch(SQLException ex) {}
251      }
252      return article;
253  }
254
255  //글수정 처리에서 사용(update문)<=updatePro.jsp에서 사용
256  public int updateArticle(BoardDataBean article)
257      throws Exception {
258      Connection conn = null;
259      PreparedStatement pstmt = null;
260      ResultSet rs= null;
261
262      String dbpasswd="";
263      String sql="";
264      int x=-1;
265      try {
266          conn = getConnection();
267
268          pstmt = conn.prepareStatement(
269              "select passwd from board where num = ?");
```

```java
270        pstmt.setInt(1, article.getNum());
271        rs = pstmt.executeQuery();
272
273      if(rs.next()){
274        dbpasswd= rs.getString("passwd");
275        if(dbpasswd.equals(article.getPasswd())){
276          sql="update board set writer=?,email=?,subject=?,passwd=?";
277          sql+=",content=? where num=?";
278          pstmt = conn.prepareStatement(sql);
279
280          pstmt.setString(1, article.getWriter());
281          pstmt.setString(2, article.getEmail());
282          pstmt.setString(3, article.getSubject());
283          pstmt.setString(4, article.getPasswd());
284          pstmt.setString(5, article.getContent());
285          pstmt.setInt(6, article.getNum());
286          pstmt.executeUpdate();
287          x= 1;
288        }else{
289          x= 0;
290        }
291      }
292    } catch(Exception ex) {
293      ex.printStackTrace();
294    } finally {
295      if (rs != null) try { rs.close(); } catch(SQLException ex) {}
296      if (pstmt != null) try { pstmt.close(); } catch(SQLException ex) {}
297      if (conn != null) try { conn.close(); } catch(SQLException ex) {}
298    }
299    return x;
300  }
301
302 //글삭제처리시 사용(delete문)<=deletePro.jsp 페이지에서 사용
303 public int deleteArticle(int num, String passwd)
304    throws Exception {
305    Connection conn = null;
```

```java
PreparedStatement pstmt = null;
ResultSet rs= null;
String dbpasswd="";
int x=-1;
try {
    conn = getConnection();

    pstmt = conn.prepareStatement(
        "select passwd from board where num = ?");
    pstmt.setInt(1, num);
    rs = pstmt.executeQuery();

    if(rs.next()){
        dbpasswd= rs.getString("passwd");
        if(dbpasswd.equals(passwd)){
           pstmt = conn.prepareStatement(
                    "delete from board where num=?");
           pstmt.setInt(1, num);
           pstmt.executeUpdate();
           x= 1; //글삭제 성공
        }else
           x= 0; //비밀번호 틀림
        }
    } catch(Exception ex) {
        ex.printStackTrace();
    } finally {
        if (rs != null) try { rs.close(); } catch(SQLException ex) {}
        if (pstmt != null) try { pstmt.close(); } catch(SQLException ex) {}
        if (conn != null) try { conn.close(); } catch(SQLException ex) {}
    }
    return x;
  }

}
```

01　해당 클래스를 ch13.board 패키지로 관리한다.

3~11　BoardDBBean 클래스에서 SQL 작업 수행을 위해 필요한 클래스와 인터페이스를 사용하기 위해서 import하고, 레코드를 저장하기 위해 java.util.* 패키지의 List 인터페이스와 ArrayList 클래스를 사용하기 위해서 import했다.

15　private static BoardDBBean instance = new BoardDBBean();은 멤버의 위치에서 static을 사용해서 객체를 생성한다. 그러면 이 객체는 객체 간의 전역객체가 된다. 즉, 이 객체는 단 한번만 생성되고, 객체들 간에 공유된다. 결국 BoardDBBean 클래스의 객체는 한번만 생성되고 이 객체에 접근하는 모든 사용자 간에 공유된다.

17~19　getInstance() 메소드로 15라인에서 생성한 BoardDBBean 객체를 리턴한다. 객체를 리턴할 때는 레퍼런스 변수명만 기술하면 된다.

24~29　getConnection() 메소드는 DB와의 커넥션을 위해 Connection 객체를 리턴한다.

32~49　insertArticle(BoardDataBean article) 메소드로 글을 레코드에 추가할 때 사용한다. 즉, 글입력 처리인 writePro.jsp 페이지에서 호출해서 사용한다. insertArticle(BoardDataBean article) 메소드는 한 개의 파라미터를 가지고 있는데 BoardDataBean 객체 타입의 레퍼런스인 member는 writeForm.jsp에서 입력한 글의 내용을 가지고 있다.

46　conn = getConnection();은 24라인의 getConnection() 메소드를 호출하고 커넥션 객체를 리턴해서 conn 레퍼런스에 넘겨준다.

44~54　글의 그룹화 아이디를 결정하기 위한 부분이다.

```
48          pstmt = conn.prepareStatement("select max(num) from board");
49              rs = pstmt.executeQuery();
50
51          if (rs.next())
52              number=rs.getInt(1)+1;
53          else
54              number=1;
```

48　현재 레코드에 저장되어 있는 글번호 중 가장 큰 값을 검색한다. 이것을 글을 그룹화할 때 그룹아이디를 결정할 때 사용한다.

51~54　board 테이블에 글이 입력되어 있으면 입력된 글 중 가장 큰 값 +1을 number 값으로 지정하고, 아무런 글도 입력되어 있지 않으면 53라인의 else를 수행해서 number 값이 1이 된다. 이것은 제목글을 입력시 글을 그룹화할 아이디 값을 지정하는 부분으로 number 값이 그룹화할 아이디 값이다.

56~69　제목글과 답변글의 순서를 결정하는 작업을 수행한다.

```
56          if (num!=0){
57              sqll="update board set re_step=re_step+1 ";
58              sql += "where ref= ? and re_step> ?";
59                  pstmt = conn.prepareStatement(sql);
60                  pstmt.setInt(1, ref);
61              pstmt.setInt(2, re_step);
62              pstmt.executeUpdate();
63              re_step=re_step+1;
64              re_level=re_level+1;
65          }else{
66              ref=number;
67              re_step=0;
68              re_level=0;
69          }
```

〈표 13-04〉에서 글번호 1번은 제목글이다. ref 값은 글번호 값을 그대로 사용한다. re_step과 re_level의 값은 0이 된다. => 65~69라인 수행 결과

글번호 2번은 1번 글에 대한 답변글이다. ref 값은 부모글의 ref 값을 사용하고 re_step과 re_level의 기본값은 부모의 값을 가지고 있다(여기서는 ref:1, re_step:0, re_level:0). 이때 기존에 있던 re_step의 값 중 현재 글의 re_step 값보다 큰 값은 모두 +1씩을 한다. 자신의 re_step과 re_level 값도 모두 1씩을 더한다(결과적으로 ref:1, re_step:1, re_level:1). => 56~65라인 수행 결과

〈표 13-04〉

글번호	글제목	ref(그룹화 아이디)	re_step(글순서)	re_level(글의 레벨)
1	안녕	1	0	0
2	[re]안녕	1	1	1

〈표 13-05〉에서 글번호 3번은 2번 글의 답변글이다. ref 값은 부모글의 ref 값을 사용하고 re_step과 re_level의 기본값은 부모의 값을 가지고 있다(여기서는 ref:1, re_step:1, re_level:1). 이때 기존에 있던 re_step의 값 중 현재 글의 re_step 값보다 큰 값은 모두 +1씩을 한다. 자신의 re_step과 re_level 값도 모두 1씩을 더한다(결과적으로 ref:1, re_step:2, re_level:2). => 56~64라인 수행 결과

〈표 13-05〉

글번호	글제목	ref(그룹화 아이디)	re_step(글순서)	re_level(글의 레벨)
1	안녕	1	0	0
2	[re]안녕	1	1	1
3	[re]안녕	1	2	2

〈표 13-06〉에서 글번호 4번 글은 1번 글의 답변글이다. ref 값은 부모글의 ref 값을 사용하고 re_step과 re_level의 기본값은 부모의 값을 가지고 있다(여기서는 ref:1, re_step:0, re_level:0). 이때 기존에 있던 re_step의 값 중 현재 글의 re_step 값보다 큰 값은 모두 +1씩을 한다. 자신의 re_step과 re_level 값도 모두 1씩을 더한다(결과적으로 ref:1, re_step:1, re_level:1). ⇒ 56~64라인 수행 결과

〈표 13-06〉

글번호	글제목	ref(그룹화 아이디)	re_step(글순서)	re_level(글의 레벨)
1	안녕	1	0	0
2	[re]안녕	1	2	1
3	[re]안녕	1	3	2
4	[re]안녕	1	1	1

이것을 순대로 정리하면 〈표 13-07〉과 같이 표시된다.

〈표 13-07〉

글번호	글제목	ref(그룹화 아이디)	re_step(글 순서)	re_level(글의 레벨)
1	안녕	1	0	0
4	[re]안녕	1	1	1
2	[re]안녕	1	2	1
3	[re]안녕	1	3	2

71~86 insert문을 사용해서 board 테이블에 새로운 레코드를 추가하는 부분이다.

97~122 라인은 getArticleCount() 메소드로 board 테이블에 저장되어 있는 전체 레코드의 수를 검색해 얻어낸다. 글목록 보기인 list.jsp 페이지에서 전체 레코드와 화면에 표시할 글번호를 보여줄 때 호출해서 사용한다.

108 전체 레코드의 수를 board 테이블에 질의를 하는 부분이다.

121 getArticleCount() 메소드를 호출한 곳에서 x값을 사용할 수 있도록 해주는 부분으로 x값은 전체 레코드의 수이다. 이 값은 getArticleCount() 메소드에 실려서 호출된 곳으로 리턴된다.

125~166 getArticles(int start, int end) 메소드로 start부터 end 개수만큼의 레코드를 검색하는 메소드이다. 게시판의 글목록을 보는 list.jsp 페이지에서 호출하여 사용한다.

130 List 객체 타입으로 레퍼런스 변수 articleList를 선언한 것은 글목록을 List 객체 타입으로 가져오기 위해 사용했다. List는 인터페이스로 직접 객체를 생성할 수 없다. 그래서 141라인에서 ArrayList 타입의 객체를 생성해서 레퍼런스를 articleList에 넘겨준다. 이것은 List 인터페이스가 ArrayList 클래스의 상위 인터페이스이기 때문에 가능하다. 이들은 일종의 상속관계를 가지고 있다.

```
141             articleList = new ArrayList<BoardDataBean>(end);
```

end 변수 크기만큼의 객체를 저장할 수 있는 ArrayList 객체를 생성한다.

134~138 board 테이블에서 레코드를 검색해 오는데 start-1부터 end 개수만큼의 레코드만을 검색한다.

```
134          pstmt = conn.prepareStatement(
135          "select * from board order by ref desc, re_step asc limit ?,? ");
136          pstmt.setInt(1, start-1);
137          pstmt.setInt(2, end);
138          rs = pstmt.executeQuery();
```

135 limit ?,?는 검색하는 레코드의 수를 제한하기 위해 사용한다. limit에서 파라미터가 둘인 경우의 사용법은
다음과 같다.

```
limit 시작 레코드 번호, 검색할 레코드의 개수
```

MySQL에서 제공하는 방법으로 레코드의 번호는 0부터 시작한다. 따라서 list.jsp 페이지에서 호출할 때 시작 번
호보다 하나 작게 시작해야 한다. 그래서 130라인에서 pstmt.setInt(1, start-1);로 사용한 것이다.

140~159 ArrayList에 board 테이블에서 가져온 레코드를 하나씩 BoardDataBean 객체로 생성해서 ArrayList
에 넣는다.

```
140      if (rs.next()) {
141          articleList = new ArrayList<BoardDataBean>(end);
142          do{
143            BoardDataBean article= new BoardDataBean();
144          article.setNum(rs.getInt("num"));
145          article.setWriter(rs.getString("writer"));
146          article.setEmail(rs.getString("email"));
147          article.setSubject(rs.getString("subject"));
148          article.setPasswd(rs.getString("passwd"));
149          article.setReg_date(rs.getTimestamp("reg_date"));
150          article.setReadcount(rs.getInt("readcount"));
151          article.setRef(rs.getInt("ref"));
152          article.setRe_step(rs.getInt("re_step"));
153          article.setRe_level(rs.getInt("re_level"));
154          article.setContent(rs.getString("content"));
155          article.setIp(rs.getString("ip"));
156
157          articleList.add(article);
158      }while(rs.next());
159      }
```

141 end 변수의 크기만큼의 객체를 저장할 수 있는 ArrayList 객체를 생성한다.

142~158 do-while문을 사용해서 board 테이블에서 가져온 레코드를 하나씩 BoardDataBean 객체로 생성해서 ArrayList에 넣는 작업을 반복한다. do-while문을 사용한 이유는 140라인에서 rs.next()를 한번 사용했기 때문에 첫 번째 레코드는 조건에 구애받지 않고 BoardDataBean 객체를 생성해야 하기 때문이다.

157 articleList.add(article);은 BoardDataBean 객체를 ArrayList에 넣는 부분이다.

167 getArticles() 메소드를 호출한 쪽에서 이 메소드의 수행 결과를 사용할 수 있도록 return문을 사용했다.

```
167                return articleList;
```

여기서는 ArrayList 객체의 레퍼런스인 articleList 레퍼런스를 이 메소드를 호출한 list.jsp로 리턴했다. 그럼 이후 list.jsp에서는 이 ArrayList 객체에 접근해서 글목록을 화면에 표시할 수 있다.

172~213 getArticle(int num) 메소드로 num에 해당하는 레코드만을 검색한다. 게시판에서 글내용을 보는 부분에서 사용되는 것으로 content.jsp 페이지에서 호출되어 사용된다.

180~183 게시판의 내용을 보여주기 전에 글의 조회수를 1 증가시키는 부분이다. 게시판의 글목록을 클릭해서 content.jsp 페이지에서 내용보기를 하는 순간 글의 조회수를 증가시켜야 하기 때문에 글내용을 보여줄 185라인의 select문보다 먼저 나와야 한다.

```
180    pstmt = conn.prepareStatement(
181        "update board set readcount=readcount+1 where num = ?");
182    pstmt.setInt(1, num);
183    pstmt.executeUpdate();
```

185~188 num에 해당하는 레코드를 검색해 오는 부분이다.

```
185    pstmt = conn.prepareStatement(
186        "select * from board where num = ?");
187    pstmt.setInt(1, num);
188    rs = pstmt.executeQuery();
```

191~203 BoardDataBean() 객체를 생성해서 article 레퍼런스에 레퍼런스 값을 넘겨준다.

212 getArticle() 메소드를 호출한 content.jsp 쪽에서 BoardDataBean() 객체를 사용할 수 있도록 BoardDataBean() 객체의 레퍼런스 article을 리턴한다.

216 updateGetArticle(int num) 메소드는 num에 해당하는 레코드만을 검색해오는 메소드이다. 게시판에서 글내용을 수정하는 폼 부분에서 사용되는 것으로 updateForm.jsp 페이지에서 호출되어 사용된다. getArticle(int num) 메소드와 거의 같으나 차이점은 updateGetArticle(int num) 메소드는 조회수를 증가시키는 부분이 없다는 것이다. 작업이 차이가 나므로 반드시 게시판의 내용을 보여주는 메소드와 글을 수정하는 메소드를 따로 작성해야 한다.

252 updateGetArticle() 메소드를 호출한 updateForm.jsp 쪽에서 BoardDataBean() 객체를 사용할 수 있도록 BoardDataBean() 객체의 레퍼런스 article을 리턴한다.

256~300 updateArticle(BoardDataBean article) 메소드로 레코드를 수정하는 메소드이다. 여기서는 글의 수정을 처리하는 부분에서 사용되는 것으로 updatePro.jsp 페이지에서 호출되어 사용된다.

268~271 사용자가 수정할 글의 번호에 해당하는 비밀번호를 가져오는 부분이다.

```
268    pstmt = conn.prepareStatement(
269        "select passwd from board where num = ?");
270    pstmt.setInt(1, article.getNum());
271    rs = pstmt.executeQuery();
```

273~291 수정할 글번호의 비밀번호와 사용자가 입력한 비밀번호가 같은가를 비교해서 글의 수정 여부를 결정하는 곳이다. 비밀번호가 같으면 276~2787라인을 수행해서 레코드를 갱신하고 x값을 1로 설정한다. 비밀번호가 같지 않으면 288~289라인을 수행해서 레코드를 갱신하지 않고 x값을 0으로 설정한다.

299 updateArticle() 메소드를 호출한 어떠한 판단을 할 수 있도록 updatePro.jsp 쪽에서 x값을 리턴한다.

303~337 deleteArticle(int num, String passwd) 메소드로 num과 passwd 값을 가지고 글을 삭제하는 메소드이다. 여기서는 글의 삭제를 처리하는 부분에서 사용되는 것으로 deletePro.jsp 페이지에서 호출되어 사용된다.

313~316 사용자가 삭제할 글의 번호에 해당하는 비밀번호를 가져오는 부분이다.

320~328 삭제할 글번호의 비밀번호와 사용자가 입력한 비밀번호가 같은가를 비교해서 글의 삭제 여부를 결정하는 곳이다. 비밀번호가 같으면 321~325라인을 수행해서 레코드를 삭제하고 x값을 1로 설정한다. 비밀번호가 같지 않으면 326~327라인을 수행해서 레코드를 삭제하지 않고 x값을 0으로 설정한다.

자바빈의 작성이 끝났으므로, JSP 페이지를 작성하기 전에 이 장에서 학습할 JSP 페이지를 저장할 [ch13] 폴더를 작성한다.

실습 [ch13] 폴더 작성

[WebContent]에 [ch13] 폴더를 생성한다.

01 [StudyBasicJSP]의 [WebContent] 폴더를 선택하고, 마우스 오른쪽 버튼을 클릭해 [New]-[Folder] 메뉴를 선택한다.

02 [New Folder] 창이 표시된다. [Enter or select the parent folder] 항목의 값이 [Study BasicJSP/WebContent]이면 [Folder name] 항목에 "ch13"를 입력하고 [Finish] 버튼을 클릭한다.

03 [Project Explorer] 뷰에서 [WebContent] 폴더 안에 [ch13] 폴더가 생성된 것을 확인할 수 있다.

04 | 게시판 JSP 페이지 작성

게시판 시스템은 크게 두 개의 흐름으로 나눌 수 있다. 하나는 게시판에 글을 입력해서 글 목록과 내용을 보는 것이고, 다른 하나는 글의 내용보기부터 답변 글쓰기, 글수정, 글삭제를 수행하는 것이다.

게시판 시스템에서 사용하는 페이지와 하는 작업은 다음과 같다. 페이지를 작성할 때 참고한다.

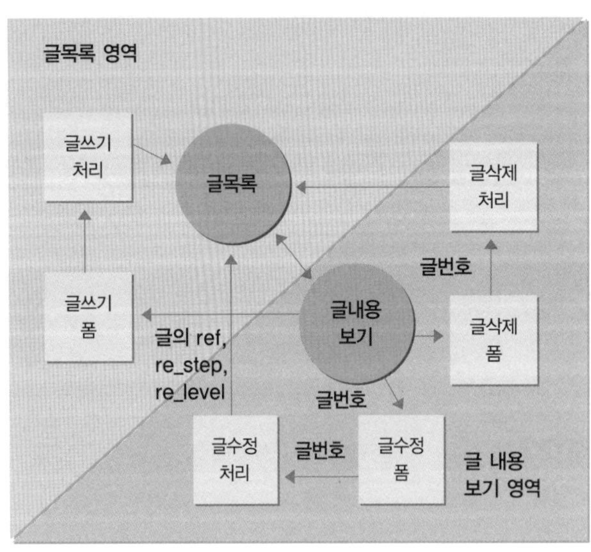

▲ 게시판 시스템의 영역별 구조

페이지명	하는 작업
writeForm.jsp	게시판에 추가할 글을 입력하는 페이지
writePro.jsp	입력된 글을 넘겨받아 글추가를 처리하는 페이지
list.jsp	게시판의 글목록을 표시하는 페이지
content.jsp	선택한 글의 내용을 보여주는 페이지
updateForm.jsp	글을 수정하기 위한 폼을 제공하는 페이지
updatePro.jsp	글의 수정을 처리하는 페이지
deleteForm.jsp	글을 삭제하기 위한 폼을 제공하는 페이지
deletePro.jsp	글의 삭제를 처리하는 페이지
기타 페이지	color.jspf : 색상을 설정하는 조각코드 페이지 style.css : 스타일시트 파일 script.js : 자바스크립트 파일

1 게시판에 글쓰기 구현

게시판에 글쓰기 부분을 구현한 결과는 다음과 같다.

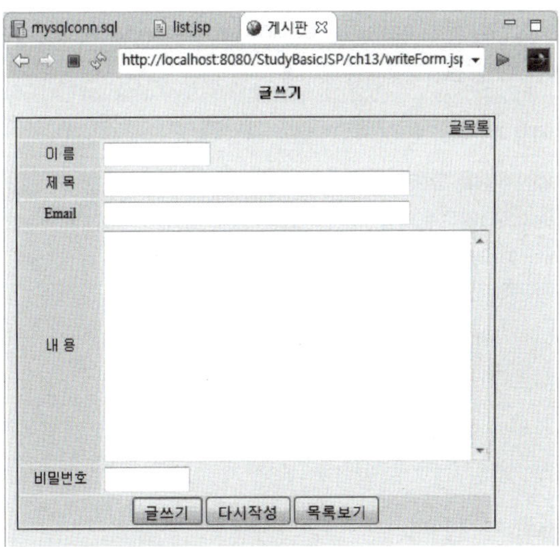

▲ writeForm.jsp 페이지의 실행 결과

writeForm.jsp 페이지에 글의 내용을 입력한 후 writePro.jsp 페이지에서 자바빈과 연동하여 입력한 글을 레코드에 처리한다. 처리 후에는 list.jsp 페이지로 제어가 이동한다.

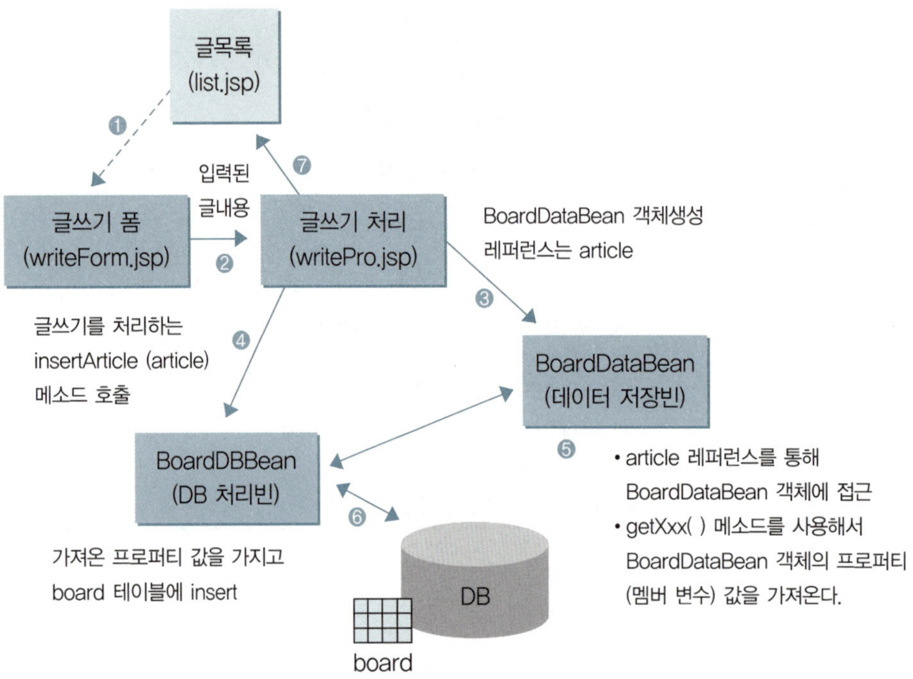

▲ 게시판 시스템 중 글쓰기의 구조

페이지명	하는 작업
writeForm.jsp	게시판에 추가할 글을 입력하는 페이지
writePro.jsp	입력된 글을 넘겨받아 글추가를 처리하는 페이지
기타 페이지	color.jspf : 색상을 설정하는 조각코드 페이지 style.css : 스타일시트 파일 script.js : 자바스크립트 파일

 기타 페이지 가져오기

기타 파일은 작성하지 않고 가져오기로 가져온다.

가져올 기타 페이지

가져올 파일명	color.jspf
위치	StudyBasicJSP/WebContent/ch13
부록CD에서의 제공위치	source/ch13

가져올 파일명	style.css
위치	StudyBasicJSP/WebContent/ch13
부록CD에서의 제공위치	source/ch13

가져올 파일명	script.js
위치	StudyBasicJSP/WebContent/ch13
부록CD에서의 제공위치	source/ch13

01 파일이 있는 부록CD의 source\ch13 폴더에서 color.jspf, script.js, style.css 파일을 선택하여 복사한다.

02 [Project Exporer] 뷰에서 [StudyBasicJSP]-[WebContent]-[ch13] 폴더를 선택하고 붙여넣기를 하면 가져오기 한 것과 같은 결과를 볼 수 있다.

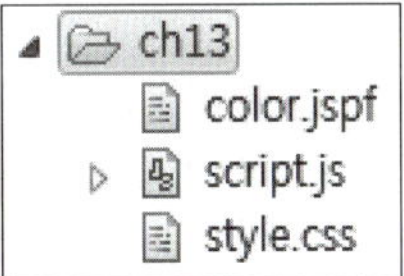

실습 **글쓰기 폼과 글쓰기 처리 페이지의 작성**

사용자가 쓴 글을 입력받는 글쓰기 폼 writeForm.jsp 페이지와 작성한 글을 DB에 저장하기 위한 writePro.jsp를 작성한다.

작성파일의 정보는 다음과 같다.

게시판에 글을 입력받는 writeForm.jsp 페이지

작성파일명	writeForm.jsp
작성위치	StudyBasicJSP/WebContent/ch13
부록CD에서의 제공위치	source/ch13

입력된 글을 넘겨받아 글추가를 처리하는 writePro.jsp 페이지

작성파일명	writePro.jsp
작성위치	StudyBasicJSP/WebContent/ch13
부록CD에서의 제공위치	source/ch13

01 writeForm.jsp 페이지를 [ch13] 폴더에 작성한다.

02 writeForm.jsp 페이지의 기본적인 코딩이 작성되면 다음과 같이 수정한 후 저장한다.

```
01  <%@ page language="java" contentType="text/html; charset=UTF-8"
02      pageEncoding="UTF-8"%>
03  <%@ include file="color.jspf"%>
04  <html>
05  <html>
06  <head>
07  <title>게시판</title>
08  <link href="style.css" rel="stylesheet" type="text/css">
09  <script type="text/javascript" src="script.js"></script>
10  </head>
11
12  <body bgcolor="<%=bodyback_c%>">
13  <%
14    int num = 0, ref = 1, re_step = 0, re_level = 0;
15    String strV = "";
16    try{
```

```jsp
17    if(request.getParameter("num")!=null){
18        num=Integer.parseInt(request.getParameter("num"));
19        ref=Integer.parseInt(request.getParameter("ref"));
20        re_step=Integer.parseInt(request.getParameter("re_step"));
21        re_level=Integer.parseInt(request.getParameter("re_level"));
22    }
23 %>
24 <p>글쓰기</p>
25 <form method="post" name="writeform"
26      action="writePro.jsp" onsubmit="return writeSave()">
27 <input type="hidden" name="num" value="<%=num%>">
28 <input type="hidden" name="ref" value="<%=ref%>">
29 <input type="hidden" name="re_step" value="<%=re_step%>">
30 <input type="hidden" name="re_level" value="<%=re_level%>">
31
32 <table>
33   <tr>
34   <td align="right" colspan="2" bgcolor="<%=value_c%>">
35       <a href="list.jsp"> 글목록</a>
36   </td>
37   </tr>
38   <tr>
39   <td width="70" bgcolor="<%=value_c%>" align="center"> 이름</td>
40   <td width="330" align="left">
41     <input type="text" size="10" maxlength="10"
42       name="writer" style="ime-mode:active;"> </td> <!--active:한글-->
43   </tr>
44   <tr>
45   <td width="70" bgcolor="<%=value_c%>" align="center" >제목</td>
46   <td width="330" align="left">
47   <%
48    if(request.getParameter("num")==null)
49    strV = "";
50    else
51    strV = "[답변]";
52   %>
```

```
53        <input type="text" size="40" maxlength="50" name="subject"
54            value="<%=strV%>" style="ime-mode:active;"> </td>
55      </tr>
56      <tr>
57        <td  width="70"  bgcolor="<%=value_c%>" align="center">Email</td>
58        <td  width="330" align="left">
59          <input type="text" size="40" maxlength="30" name="email"
60             style="ime-mode:inactive;" > </td> <!--inactive:영문-->
61      </tr>
62      <tr>
63        <td  width="70"  bgcolor="<%=value_c%>" align="center" >내용</td>
64        <td  width="330" align="left">
65          <textarea name="content" rows="13" cols="40"
66              style="ime-mode:active;"> </textarea> </td>
67      </tr>
68      <tr>
69        <td  width="70"  bgcolor="<%=value_c%>" align="center" >비밀번호</td>
70        <td  width="330" align="left">
71          <input type="password" size="8" maxlength="12"
72              name="passwd" style="ime-mode:inactive;">
73          </td>
74      </tr>
75      <tr>
76        <td colspan=2 bgcolor="<%=value_c%>" align="center">
77         <input type="submit" value="글쓰기" >
78         <input type="reset" value="다시 작성">
79         <input type="button" value="목록보기" OnClick="window.location='list.jsp'">
80         </td>
81      </tr>
82    </table>
83    <%
84    }catch(Exception e){}
85    %>
86    </form>
87    </body>
88    </html>
```

17~22 이 부분은 제목글과 답변글을 구별하도록 처리하는 부분이다. 17라인에서 request.getParameter ("num") 값이 null이 아니면 이 글은 답변글이 된다. 답변글의 경우 부모글의 num, ref, re_step, re_level 값을 가지고 있다.

18~21 답변글의 경우 18~21라인을 수행한다. content.jsp 페이지로부터 넘어온 글쓰기이므로 가지고 있는 부모글의 글번호(num), ref, re_step, re_level 값을 넘겨받아 변수에 저장한다.

제목글의 경우 부모글의 글번호, ref, re_step, re_level 값을 가지고 있지 않으므로 18~21라인을 수행하지 않고 12라인의 기본값을 사용한다. 여기서는 제목글의 경우 num 값은 0, ref 값은 1, re_step 값은 0, re_level 값은 0 이 된다.

27~30 num, ref, re_step, re_level 값은 writePro.jsp 페이지로 넘겨서 자바빈의 insertArticle()에서 제목글과 답변글의 구분을 처리하기 위해 사용한다.

42,54,66 style="ime-mode:active;"는 해당 입력란에 포커스가 들어오면 자동으로 한글로 입력되도록 지정하는 것이다.

60,72 style="ime-mode:inactive;"는 해당 입력란에 포커스가 들어오면 자동으로 영문으로 입력되도록 지정하는 것이다.

48~51 제목글인 경우 48~49라인을, 답변글인 경우 50~51라인을 수행한다. 이는 제목글과 답변글을 구별하기 위해 답변글의 경우 제목 앞에 [답변]을 붙여주기 위해서이다.

03 writePro.jsp 페이지를 [ch13] 폴더에 작성한다.

04 writePro.jsp 페이지의 기본적인 코딩이 작성되면 다음과 같이 수정한 후 저장한다.

```
01  <%@ page language="java" contentType="text/html; charset=UTF-8"
02      pageEncoding="UTF-8"%>
03  <%@ page import = "ch13.board.BoardDBBean" %>
04  <%@ page import = "java.sql.Timestamp" %>
05
06  <% request.setCharacterEncoding("utf-8");%>
07
08  <jsp:useBean id="article" scope="page" class="ch13.board.BoardDataBean">
09      <jsp:setProperty name="article" property="*"/>
10  </jsp:useBean>
```

```
11
12    <%
13       article.setReg_date(new Timestamp(System.currentTimeMillis()) );
14       article.setIp(request.getRemoteAddr());
15
16       BoardDBBean dbPro = BoardDBBean.getInstance();
17       dbPro.insertArticle(article);
18
19       response.sendRedirect("list.jsp");
20    %>
```

소스 코드 설명

03   이 페이지에서 BoardDBBean 객체를 사용하기 위해서 ch13.board.BoardDBBean 클래스를 import받았다.

08~10   writeForm.jsp 페이지에서 입력한 글을 가지고 BoardDataBean 클래스의 객체 article을 생성했다.

13   생성한 글쓴 날짜만 따로 BoardDataBean 객체에 세팅했다. 글쓴 날짜는 파라미터로 넘어오는 값이 아니고 이 페이지에서 생성한 것이기 때문이다.

14   웹 서버에 접속하는 웹 브라우저(클라이언트)의 IP 주소를 얻어낼 때는 request 객체의 getRemoteAddr( ) 메소드를 사용한다. IP 주소도 파라미터로 넘어오는 값이 아니므로 따로 세팅한다.

16   BoardDBBean 클래스의 객체 dpPro를 생성한다.

17   글쓰기를 처리하기 위해 dpPro 레퍼런스를 사용해서 insertArticle(article)를 호출했다.

19   글쓰기 처리에 성공하면 response 객체의 sendRedirect("list.jsp") 메소드를 사용해서 list.jsp 페이지로 프로그램 제어가 이동한다.

2 게시판에 글목록 보기 구현

게시판에 글목록 보기 부분을 구현한 결과는 다음과 같다.

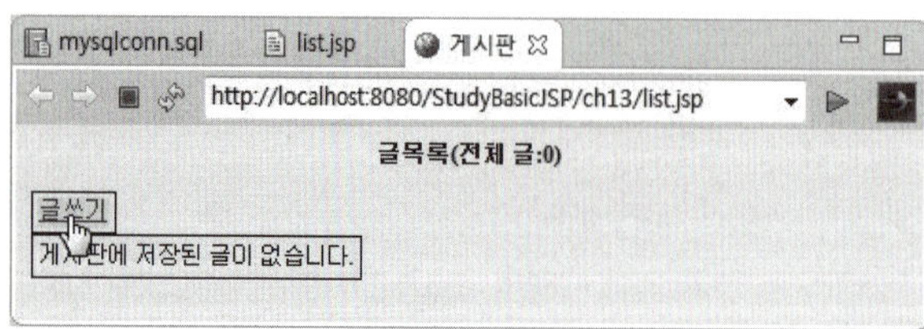

◀ 저장된 글이 없을 경우의 list.jsp 페이지

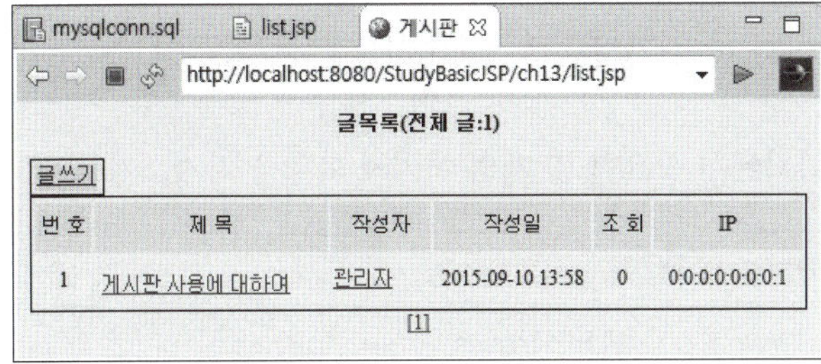

▲ 저장된 글이 있을 경우의 list.jsp 페이지

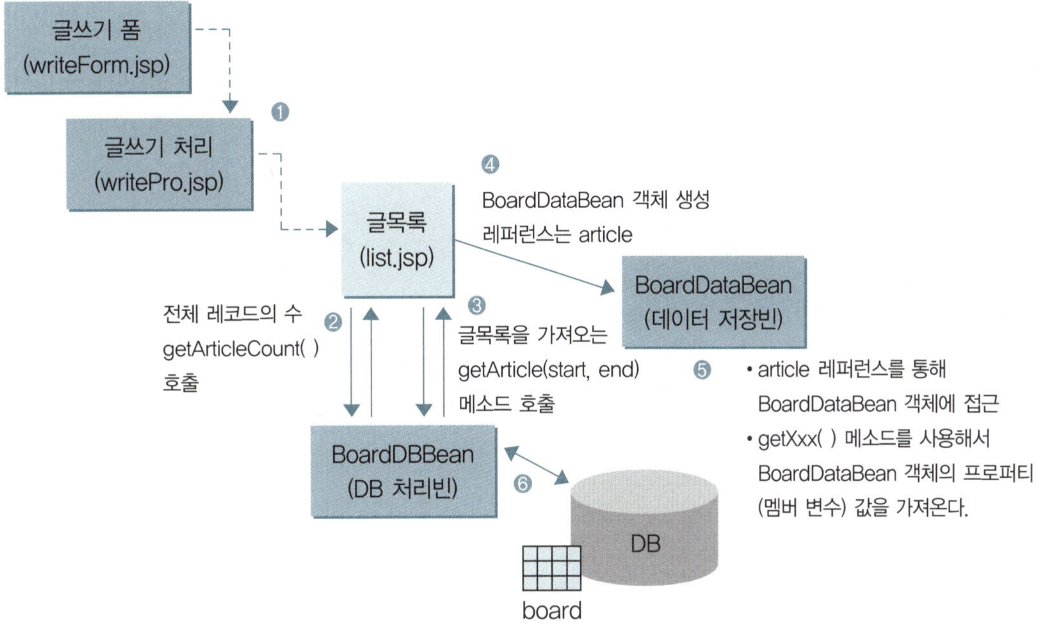

▲ 게시판 시스템 중 글목록의 구조

list.jsp는 게시판 시스템의 시작 페이지라 할 수 있다. 우리가 게시판에 접속했을 때 화면에 표시되는 것은 글목록 보기이다.

페이지명	하는 작업
list.jsp	게시판의 글목록을 표시하는 페이지
기타 페이지	color.jsp : 색상을 설정하는 조각코드 페이지 style.css : 스타일시트 파일

게시판의 글목록 보기인 list.jsp 페이지에서 필요한 몇 개의 이미지 파일을 가져오기 한다.

가져올 이미지 파일	hot.png, level.png, re.png
위치	StudyBasicJSP/WebContent/ch13/images
부록CD에서의 제공위치	source/ch13/images

01 [ch13] 폴더에 [images] 폴더를 생성하기 위해 [ch13]] 폴더를 선택하고, 마우스 오른쪽 버튼을 클릭해 [New]–[Folder] 메뉴를 선택한다. [Folder name] 항목에 "images"를 입력 후 [Finish] 버튼을 클릭한다.

02 이미지 파일이 있는 부록CD의 source\ch13\images 폴더에서 3개의 hot.png, level. png,re.png 파일을 복사한다.

03 [Project Exporer] 뷰에서 [StudyBasicJSP]–[WebContent]–[ch13]–[images] 폴더에 붙여넣기를 한다. 이미지가 가져오기 된 것을 확인할 수 있다.

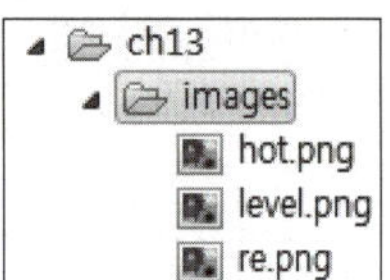

게시판 시스템의 시작 페이지인 글목록 보기 페이지 list.jsp를 작성한다. 기타 페이지는 앞의 예제에서 이미 가져왔으므로 여기서는 list.jsp만 작성하면 된다.

작성파일의 정보는 다음과 같다.

게시판의 글목록을 표시하는 list.jsp 페이지

작성파일명	list.jsp
작성위치	StudyBasicJSP/WebContent/ch13
부록CD에서의 제공위치	source/ch13

01 list.jsp 페이지를 [ch13] 폴더에 작성한다.

02 list.jsp 페이지의 기본적인 코딩이 작성되면 다음과 같이 수정한 후 저장한다.

```jsp
01  <%@ page language="java" contentType="text/html; charset=UTF-8"
02     pageEncoding="UTF-8"%>
03  <%@ page import = "ch13.board.BoardDBBean" %>
04  <%@ page import = "ch13.board.BoardDataBean" %>
05  <%@ page import = "java.util.List" %>
06  <%@ page import = "java.text.SimpleDateFormat" %>
07  <%@ include file="color.jspf"%>
08
09  <%!
10     int pageSize = 10;
11     SimpleDateFormat sdf =
12        new SimpleDateFormat("yyyy-MM-dd HH:mm");
13  %>
14
15  <%
16     String pageNum = request.getParameter("pageNum");
17
18     if (pageNum == null) {
19        pageNum = "1";
20     }
21
22     int currentPage = Integer.parseInt(pageNum);
23     int startRow = (currentPage - 1) * pageSize + 1;
24     int endRow = currentPage * pageSize;
25     int count = 0;
26     int number = 0;
27     List<BoardDataBean> articleList = null;
28
29     BoardDBBean dbPro = BoardDBBean.getInstance();
30     count = dbPro.getArticleCount();
31
```

```
32      if (count > 0) {
33          articleList = dbPro.getArticles(startRow, pageSize);
34      }
35
36      number = count-(currentPage-1)*pageSize;
37  %>
38  <html>
39  <head>
40  <link href="style.css" rel="stylesheet" type="text/css">
41  <title>게시판</title>
42  </head>
43  <body bgcolor="<%=bodyback_c%>">
44  <p>글목록(전체 글:<%=count%>)</p>
45
46  <table>
47    <tr>
48      <td align="right" bgcolor="<%=value_c%>">
49        <a href="writeForm.jsp">글쓰기</a>
50      </td>
51    </tr>
52  </table>
53
54  <% if (count == 0) { %>
55
56  <table>
57  <tr>
58      <td align="center">
59          게시판에 저장된 글이 없습니다.
60      </td>
61  </table>
62
63  <% } else {%>
64  <table>
65      <tr height="30" bgcolor="<%=value_c%>">
66        <td align="center" width="50" >번 호</td>
67        <td align="center" width="250" >제 목</td>
```

```jsp
68         <td align="center"  width="100" >작성자</td>
69         <td align="center"  width="150" >작성일</td>
70         <td align="center"  width="50" >조 회</td>
71         <td align="center"  width="100" >IP</td>
72       </tr>
73   <%
74     for (int i = 0 ; i < articleList.size() ; i++) {
75         BoardDataBean article = articleList.get(i);
76   %>
77     <tr height="30">
78     <td  width="50" > <%=number--%> </td>
79     <td  width="250" align="left">
80   <%
81       int wid=0;
82       if(article.getRe_level()>0){
83         wid=5*(article.getRe_level());
84   %>
85         <img src="images/level.png" width="<%=wid%>" height="16">
86         <img src="images/re.png">
87   <% }else{%>
88         <img src="images/level.png" width="<%=wid%>" height="16">
89   <% }%>
90
91 <a href="content.jsp?num=<%=article.getNum()%>&pageNum=<%=currentPage%>">
92         <%=article.getSubject()%> </a>
93   <% if(article.getReadcount()>=20){%>
94         <img src="images/hot.gif" border="0"  height="16"> <%}%> </td>
95     <td width="100" align="left">
96       <a href="mailto:<%=article.getEmail()%>">
97             <%=article.getWriter()%> </a> </td>
98   -<td width="150"> <%= sdf.format(article.getReg_date())%> </td>
99     <td width="50"> <%=article.getReadcount()%> </td>
100    <td width="100" > <%=article.getIp()%> </td>
101     </tr>
102   <%}%>
103   </table>
```

```jsp
104    <%}%>
105
106    <%
107      if (count > 0) {
108        int pageCount = count / pageSize + (count % pageSize == 0 ? 0 : 1);
109          int startPage =1;
110
111          if(currentPage % 10 != 0)
112           startPage = (int)(currentPage/10)*10 + 1;
113          else
114           startPage = ((int)(currentPage/10)-1)*10 + 1;
115
116        int pageBlock = 10;
117        int endPage = startPage + pageBlock - 1;
118        if (endPage > pageCount) endPage = pageCount;
119
120        if (startPage > 10) { %>
121          <a href="list.jsp?pageNum=<%= startPage - 10 %>">[이전]</a>
122    <%     }
123
124        for (int i = startPage ; i <= endPage ; i++) { %>
125          <a href="list.jsp?pageNum=<%= i %>">[<%= i %>]</a>
126    <%     }
127
128        if (endPage < pageCount) { %>
129          <a href="list.jsp?pageNum=<%= startPage + 10 %>">[다음]</a>
130    <%
131         }
132      }
133    %>
134
135    </body>
136    </html>
```

03 BoardDBBean 객체를 사용하기 위해서 ch13.board.BoardDBBean 클래스를 import받았다.

04 BoardDataBean 객체를 사용하기 위해서 ch13.BoardDataBean 클래스를 import받았다.

05 글목록을 저장한 List 객체를 사용하기 위해서 java.util.List 클래스를 import받았다.

06 표시되는 날짜의 형식을 설정하는 SimpleDateFormat 객체를 사용하기 위해서 java.text.SimpleDate Format 클래스를 import받았다.

09~13 pageSIze 멤버 변수와 sdf 멤버 객체를 사용하기 위한 선언문이다.

10 pageSize 변수는 화면에 표시할 글목록의 개수를 설정한다.

11~12 SimpleDateFormat 객체는 날짜 형식을 yyyy–MM–dd HH:mm 형식으로 설정하기 위한 것으로 객체 레퍼런스는 sdf이다.

16~20 list.jsp로 넘어오는 pageNum 값을 받는 부분으로 pageNum 값이 없으면 기본값은 1로 지정한다.

22 int currentPage = Integer.parseInt(pageNum);에서 Integer.parseInt(pageNum)은 pageNum 값이 String 타입이므로 정수 타입으로 변화시키기 위해서는 Integer 클래스의 parseInt() 메소드를 사용했다. 웹에서 넘어오는 모든 데이터는 자동적으로 문자열로 처리되므로 다른 타입으로 사용하려면 그에 맞게 처리해 주어야 한다.

23 int startRow = (currentPage – 1) * pageSize + 1;은 현 페이지 글목록에 표시할 시작 글번호를 설정하는 부분이다. startRow 변수는 시작 글번호를 가진다.

24 int endRow = currentPage * pageSize;는 현 페이지 글목록에 표시할 마지막 글번호를 설정하는 부분이다. endRow 변수는 마지막 글번호를 가진다.

29 BoardDBBean dbPro = BoardDBBean.getInstance();는 BoardDBBean 클래스의 객체 dbPro를 생성한다.

30 count – dbPro.getArticleCount();는 전체 레코드의 수를 구하기 위해 BoardDBBean 객체의 dpPro 레퍼런스를 사용해서 getArticleCount() 메소드를 호출했다. 이 메소드를 수행하면 전체 레코드 수가 리턴되어서 count 변수에 저장된다.

32~34

```
32      if (count > 0) {
33          articleList = dbPro.getArticles(startRow, pageSize);
34      }
```

count 변수가 가지고 있는 값이 0보다 크면 BoardDBBean 객체의 dpPro 레퍼런스를 사용해서 getArticles(startRow, pageSize) 메소드를 호출한다. getArticles(startRow, pageSize) 메소드는 글목록을 갖고 있는 ArrayList 객체를 리턴한다. 리턴한 결과는 articleList 레퍼런스 변수에 넘겨준다. 향후 글목록은 articleList 레퍼런스 변수를 참조해서 접근한다.

54~105 글목록을 표시하는 부분이다. 이때 54~61라인은 board 테이블에 저장된 레코드가 하나도 없을 경우, 화면에 표시될 내용을 가지고 있다. 63~105라인은 board 테이블에 저장된 레코드가 있는 경우, 화면에 표시되는 내용을 가지고 있다.

74~104 글목록 1개의 레코드를 하나씩 화면에 표출하기 위해 반복 처리하는 부분이다.

74   for (int i = 0 ; i < articleList.size( ) ; i++) {은 articleList.size( )만큼 for문을 반복한다. articleList.size( )는 글목록의 수를 얻어낸다.

75   BoardDataBean article = articleList.get(i);에서 articleList.get(i)는 articleList 객체에서 i번째에 해당하는 객체를 얻어온다. BoardDataBean 객체들을 저장하고 있는 articleList 객체에서 BoardDataBean 객체를 얻어낸다.

82~87 답변글인 경우 들여쓰기를 하기 위해 사용한다.

77~102 1개의 글을 표시한다.

91   글의 제목에 링크를 설정해 content.jsp로 이동해서 글내용을 볼 수 있게 했다.

106~133 페이지를 이동하는 링크를 표시한다.

---

(03) list.jsp 페이지의 수정이 끝나면 list.jsp 파일을 선택하고 마우스 오른쪽 버튼을 클릭해 [Run As]–[Run on Sever] 메뉴를 선택 후 [Finish] 버튼을 눌러 실행한다.

(04) list.jsp 페이지가 실행된 결과가 화면에 표시된다.

아래와 같이 게시판에 저장된 글이 없는 화면이 표시되면 [글쓰기]를 클릭한다.

▲ 저장된 글이 없을 경우의 list.jsp 페이지

writeForm.jsp 페이지가 표시되면, 내용을 입력 후 [글쓰기] 버튼을 클릭한다.

그러면 사용자가 작성한 내용을 writePro.jsp 페이지에서 자바빈을 사용해 board 테이블에 저장 후 페이지를 list.jsp로 이동해서 다음과 같은 결과가 표시된다.

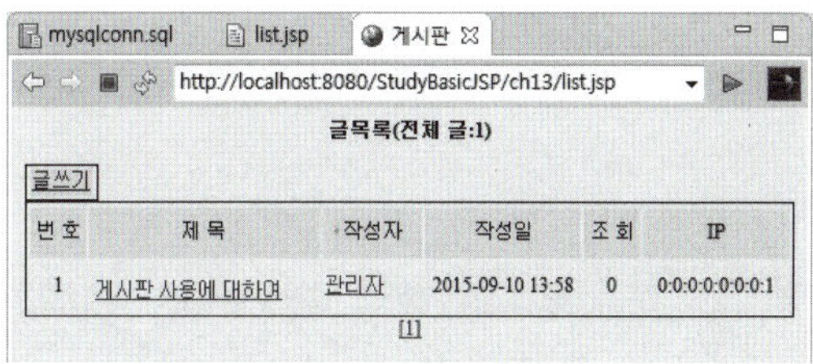

▲ 저장된 글이 있을 경우의 list.jsp 페이지

3 게시판에 글내용 보기 구현

게시판에 글내용 보기를 구현한 결과는 다음과 같다.

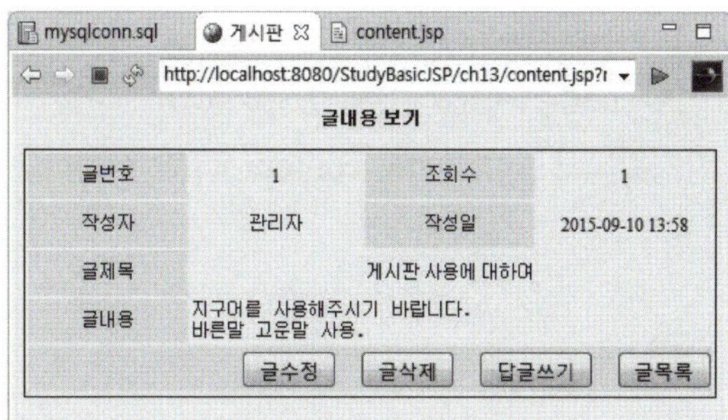

▲ content.jsp 페이지 실행 결과

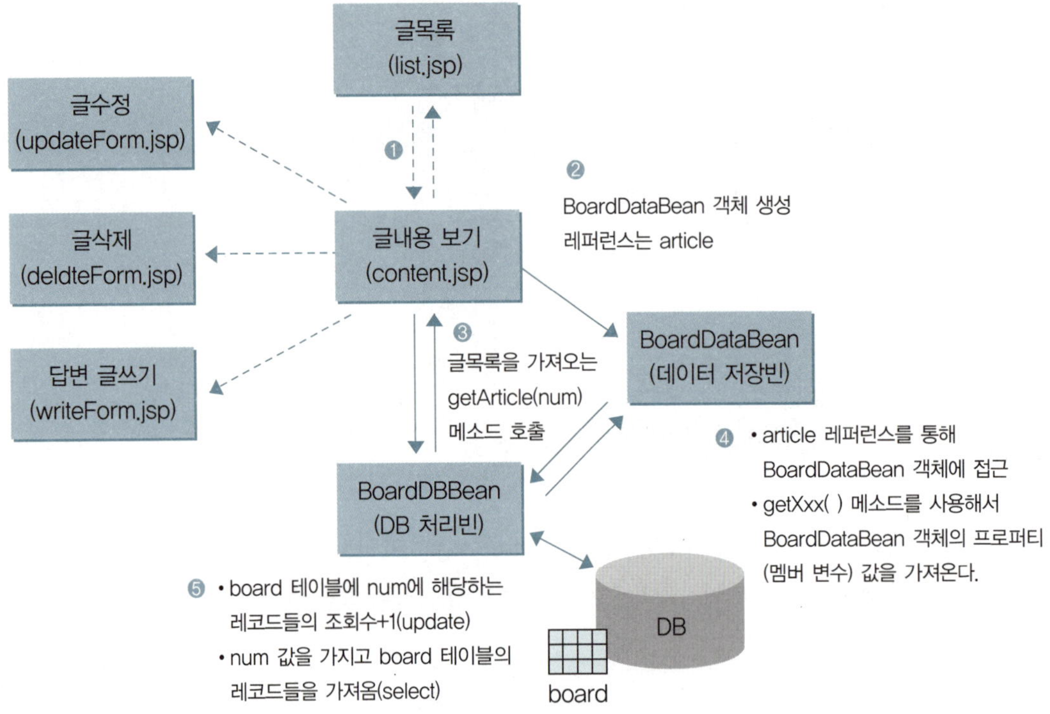

▲ 게시판 시스템 중 글내용 보기의 구조

페이지명	하는 작업
content.jsp	선택한 글의 내용을 보여주는 페이지
기타 페이지	color.jsp : 색상을 설정하는 조각코드 페이지 style.css : 스타일시트 파일

 ## 글내용 보기 페이지의 작성

게시판의 글목록에서 글제목을 클릭하면, 선택된 글의 내용보기 페이지 content.jsp를 작성한다. 기타 페이지는 앞의 예제에서 이미 가져왔으므로 여기서는 content.jsp만 작성하면 된다.

작성파일의 정보는 다음과 같다.

선택한 글의 내용을 보여주는 content.jsp 페이지

작성파일명	content.jsp
작성위치	StudyBasicJSP/WebContent/ch13
부록CD에서의 제공위치	source/ch13

01 content.jsp 페이지를 [ch13] 폴더에 작성한다.

02 content.jsp 페이지의 기본적인 코딩이 작성되면 다음과 같이 수정한 후 저장한다.

```
01  <%@ page language="java" contentType="text/html; charset=UTF-8"
02    pageEncoding="UTF-8"%>
03  <%@ page import = "ch13.board.BoardDBBean" %>
04  <%@ page import = "ch13.board.BoardDataBean" %>
05  <%@ page import = "java.text.SimpleDateFormat" %>
06  <%@ include file="color.jspf"%>
07
08  <html>
09  <head>
10  <title>게시판</title>
11  <link href="style.css" rel="stylesheet" type="text/css">
12  </hcad>
13  <body bgcolor="<%=bodyback_c%>">
14  <%
15    int num = Integer.parseInt(request.getParameter("num"));
16    String pageNum = request.getParameter("pageNum");
17
18    SimpleDateFormat sdf =
19      new SimpleDateFormat("yyyy-MM-dd HH:mm");
20
21    try{
22      BoardDBBean dbPro = BoardDBBean.getInstance();
23      BoardDataBean article = dbPro.getArticle(num);
24
```

```jsp
25        int ref=article.getRef();
26        int re_step=article.getRe_step();
27        int re_level=article.getRe_level();
28  %>
29
30  <p>글내용 보기</p>
31
32  <form>
33  <table>
34   <tr height="30">
35    <td align="center" width="125" bgcolor="<%=value_c%>">글번호</td>
36    <td align="center" width="125" align="center">
37        <%=article.getNum()%> </td>
38    <td align="center" width="125" bgcolor="<%=value_c%>">조회수</td>
39    <td align="center" width="125" align="center">
40        <%=article.getReadcount()%> </td>
41   </tr>
42   <tr height="30">
43    <td align="center" width="125" bgcolor="<%=value_c%>">작성자</td>
44    <td align="center" width="125" align="center">
45        <%=article.getWriter()%> </td>
46    <td align="center" width="125" bgcolor="<%=value_c%>" >작성일</td>
47    <td align="center" width="125" align="center">
48        <%= sdf.format(article.getReg_date())%> </td>
49   </tr>
50   <tr height="30">
51    <td align="center" width="125" bgcolor="<%=value_c%>">글제목</td>
52    <td align="center" width="375" align="center" colspan="3">
53        <%=article.getSubject()%> </td>
54   </tr>
55   <tr>
56    <td align="center" width="125" bgcolor="<%=value_c%>">글내용</td>
57    <td align="left" width="375" colspan="3">
58        <pre> <%=article.getContent()%> </pre> </td>
59   </tr>
60   <tr height="30">
```

```
61        <td colspan="4" bgcolor="<%=value_c%>" align="right" >
62          <input type="button" value="글수정"
63          onclick
="document.location.href='updateForm.jsp?num=<%=article.getNum()%>&pageNum=<%
=pageNum%>'">
64                  
65          <input type="button" value="글삭제"
66          onclick
="document.location.href='deleteForm.jsp?num=<%=article.getNum()%>&pageNum=<%=
pageNum%>'">
67                  
68          <input type="button" value="댓글쓰기"
69          onclick
="document.location.href='writeForm.jsp?num=<%=num%>&ref=<%=ref%>&re_step=<%
=re_step%>&re_level=<%=re_level%>'">
70                  
71          <input type="button" value="글목록"
72          onclick="document.location.href='list.jsp?pageNum=<%=pageNum%>'">
73        </td>
74      </tr>
75    </table>
76    <%
77    }catch(Exception e){}
78    %>
79    </form>
80    </body>
81    </html>
```


03 자바빈을 사용하기 위해 자바빈 클래스를 import받았다.

05 표시되는 날짜의 형식을 설정하기 위해서 java.text.SimpleDateFormat 클래스를 import받았다.

23 BoardDataBean article = dbPro.getArticle(num);은 해당 글번호에 대한 레코드를 가져오기 위해서 BoardDBBean 객체의 dpPro 레퍼런스를 사용하여 dbPro.getArticle(num) 메소드를 호출했다. num에 해당하는 글을 BoardDataBean 객체형태로 리턴받는다. 여기서는 article 레퍼런스가 리턴된 객체의 레퍼런스를 받는다.

25~27 article 레퍼런스를 사용해서 BoardDataBean 객체의 getRef( ), getRe_step( ), getRe_level( ) 메소드에 접근해서 가져온 글의 ref, re-step, re-level 값을 얻어온다. 이는 답변글의 작성시 이들 값을 답변글의 부모 글 정보로 넘겨주기 위해서이다.

34~59 num 값에 해당하는 글을 화면에 표시한다.

60~74 [글수정], [글삭제], [답글쓰기], [글목록] 버튼에 각각 updateForm.jsp, deleteForm.jsp, writeForm.jsp, list.jsp 페이지로 제어가 이동하도록 링크를 지정한다.

03 이클립스의 웹 브라우저 화면에 list.jsp 페이지의 내용이 표시되어 있으면 글의 제목을 클릭한다. 만일 list.jsp 페이지가 표시되어 있지 않으면 list.jsp를 실행한다.

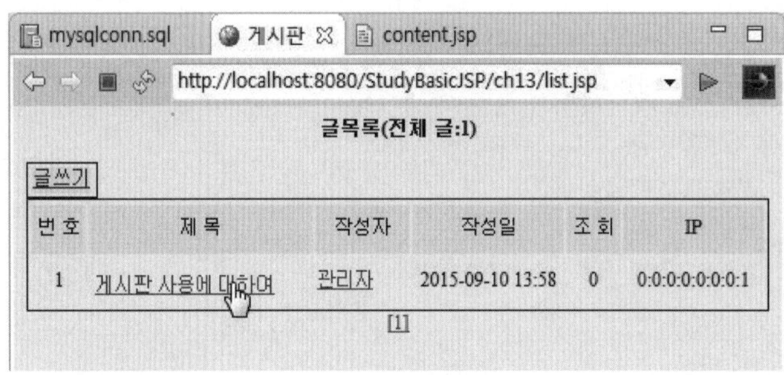

해당 글의 내용이 화면에 표시된다.

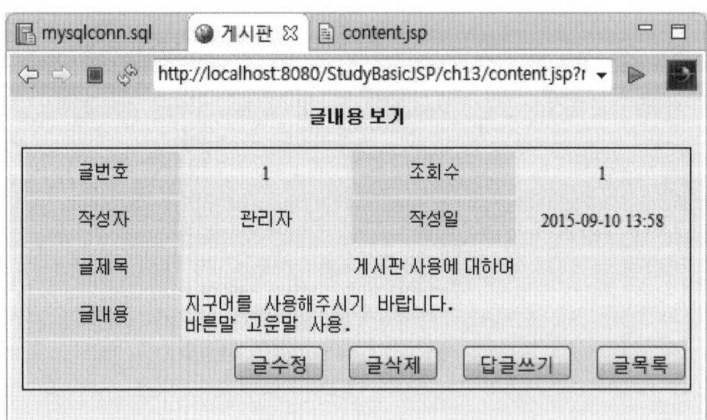

글내용 보기 페이지에서 [답글쓰기] 버튼을 클릭하면 댓글을 쓸 수 있는 글쓰기 화면으로 이동한다.

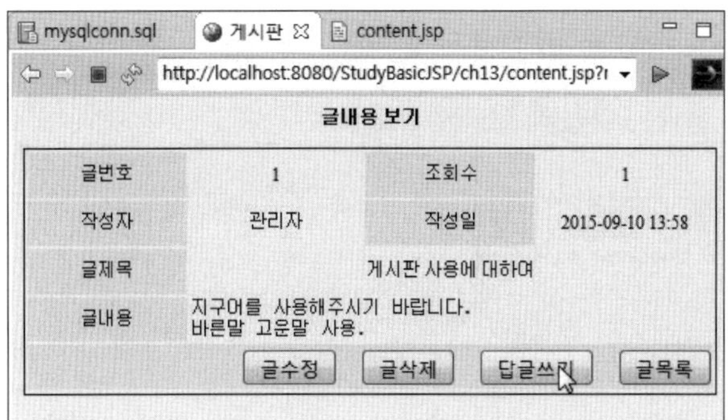

글쓰기 화면이 댓글을 쓸 수 있는 내용을 포함한 것을 확인할 수 있다. 댓글을 쓴 후 [글쓰기] 버튼을 클릭한다.

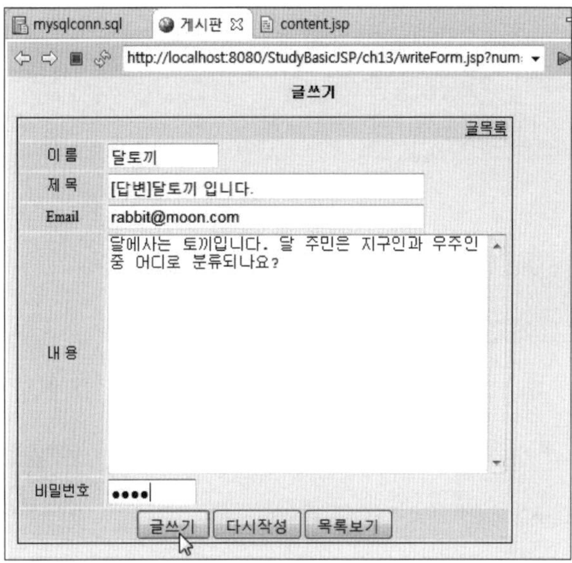

글목록에 쓴 글이 댓글로 표시되는 것을 볼 수 있다.

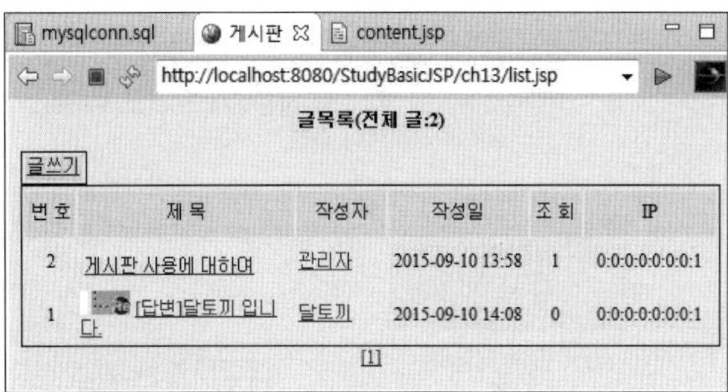

4 게시판에 글 수정하기 구현

게시판에 글수정하기를 구현한 결과는 다음과 같다.

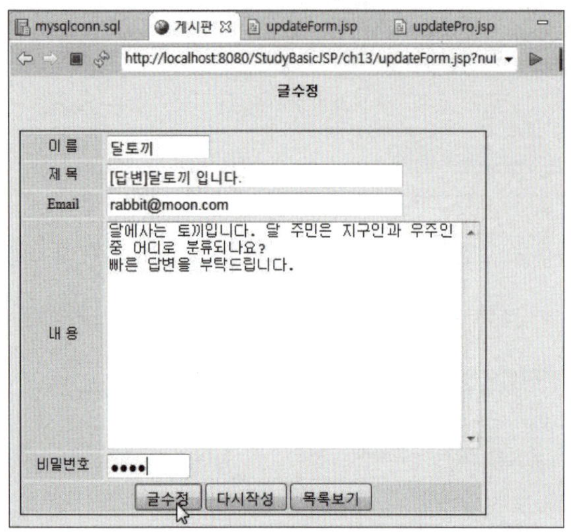

▲ updateForm.jsp 페이지의 실행 결과

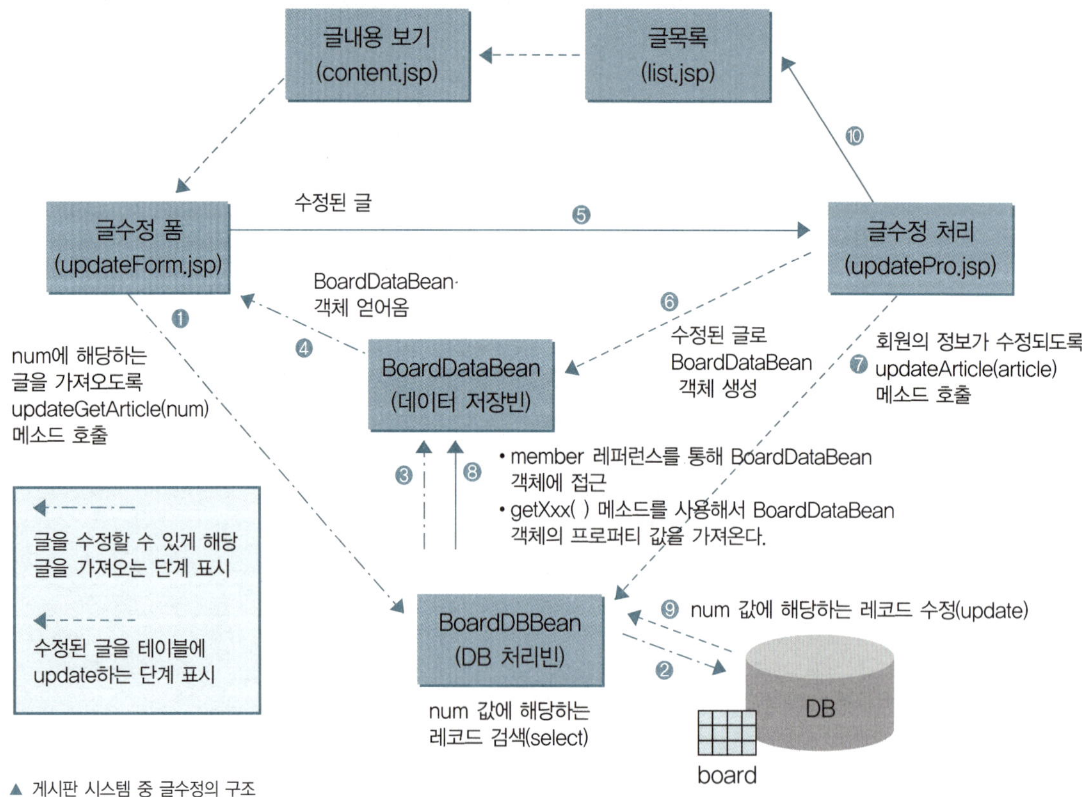

▲ 게시판 시스템 중 글수정의 구조

updateForm.jsp 페이지가 실행되면 글을 수정할 수 있게 수정할 글번호에 해당하는 글이 수정 폼에 표시된다. 이때 글을 수정하고 [글수정] 버튼을 클릭하면 updatePro.jsp 페이지가 수행되면서 해당 글의 수정 처리가 수행된다.

페이지명	하는 작업
updateForm.jsp	글을 수정하기 위한 폼을 제공하는 페이지
updatePro.jsp	글의 수정을 처리하는 페이지
기타 페이지	color.jspf : 색상을 설정하는 조각코드 페이지 style.css : 스타일시트 파일 script.js : 자바스크립트 파일

 ## 글수정 폼과 글수정 처리 페이지의 작성

사용자가 쓴 글을 수정하는 글수정 폼 updateForm.jsp 페이지와 수정 내용을 DB에 반영하기 위한 updatePro.jsp를 작성한다. 기타 페이지는 앞의 예제에서 이미 가져왔으므로 여기서는 updateForm.jsp와 updatePro.jsp만 작성하면 된다.

작성파일의 정보는 다음과 같다.

게시판에 추가할 글을 입력하는 updateForm.jsp 페이지

작성파일명	updateForm.jsp
작성위치	StudyBasicJSP/WebContent/ch13
부록CD에서의 제공위치	source/ch13

입력된 글을 넘겨받아 글추가를 처리하는 updatePro.jsp 페이지

작성파일명	updatePro.jsp
작성위치	StudyBasicJSP/WebContent/ch13
부록CD에서의 제공위치	source/ch13

01 updateForm.jsp 페이지를 [ch13] 폴더에 작성한다.

02 updateForm.jsp 페이지의 기본적인 코딩이 작성되면 다음과 같이 수정한 후 저장한다.

```
01  <%@ page language="java" contentType="text/html; charset=UTF-8"
02    pageEncoding="UTF-8"%>
03  <%@ page import = "ch13.board.BoardDBBean" %>
04  <%@ page import = "ch13.board.BoardDataBean" %>
05  <%@ include file="color.jspf"%>
06  <html>
07  <head>
08  <title>게시판</title>
09  <link href="style.css" rel="stylesheet" type="text/css">
10  <script type="text/javascript" src="script.js"> </script>
11  </head>
12  <body bgcolor="<%=bodyback_c%>">
13  <%
14    int num = Integer.parseInt(request.getParameter("num"));
15    String pageNum = request.getParameter("pageNum");
16    try{
17       BoardDBBean dbPro = BoardDBBean.getInstance();
18       BoardDataBean article =  dbPro.updateGetArticle(num);
19
20  %>
21
22  <p>글수정</p>
23  <br>
24  <form method="post" name="writeform"
25  action="updatePro.jsp?pageNum=<%=pageNum%>" onsubmit="return writeSave()">
26  <table>
27    <tr>
28     <td  width="70"  bgcolor="<%=value_c%>" align="center">이름</td>
29     <td align="left" width="330">
30       <input type="text" size="10" maxlength="10" name="writer"
31         value="<%=article.getWriter()%>" style="ime-mode:active;">
```

```
32        <input type="hidden" name="num" value="<%=article.getNum()%>"> </td>
33      </tr>
34      <tr>
35       <td  width="70"  bgcolor="<%=value_c%>" align="center" >제목</td>
36       <td align="left" width="330">
37         <input type="text" size="40" maxlength="50" name="subject"
38         value="<%=article.getSubject()%>" style="ime-mode:active;"> </td>
39      </tr>
40      <tr>
41       <td  width="70"  bgcolor="<%=value_c%>" align="center">Email</td>
42       <td align="left" width="330">
43         <input type="text" size="40" maxlength="30" name="email"
44         value="<%=article.getEmail()%>" style="ime-mode:inactive;"> </td>
45      </tr>
46      <tr>
47       <td  width="70"  bgcolor="<%=value_c%>" align="center" >내 용</td>
48       <td align="left" width="330">
49        <textarea name="content" rows="13" cols="40"
50         style="ime-mode:active;"> <%=article.getContent()%> </textarea> </td>
51      </tr>
52      <tr>
53       <td  width="70"  bgcolor="<%=value_c%>" align="center" >비밀번호</td>
54       <td align="left" width="330" >
55        <input type="password" size="8" maxlength="12"
56             name="passwd" style="ime-mode:inactive;">
57
58        </td>
59      </tr>
60      <tr>
61      <td colspan=2 bgcolor="<%=value_c%>" align="center">
62       <input type="submit" value="글수정" >
63       <input type="reset" value="다시작성">
64       <input type="button" value="목록보기"
65         onclick="document.location.href='list.jsp?pageNum=<%=pageNum%>'">
66      </td>
67     </tr>
```

```
68    </table>
69    </form>
70    <%
71    }catch(Exception e){}%>
72
73    </body>
74    </html>
```


14~15 수정할 글번호 num과 페이지 번호 pageNum 파라미터 값을 받아온다.

18 글번호가 num에 해당하는 글을 수정하기 위해, 기존에 board 테이블에 저장된 레코드를 가져온다. 이때 BoardDBBean 객체 dpPro 레퍼런스를 사용해서 updateGetArticle(num) 메소드를 호출한다. num에 해당하는 글을 BoardDataBean 객체형태로 리턴받는다. 여기서는 article 레퍼런스가 리턴된 객체의 레퍼런스를 받는다.

22~69 수정할 글의 내용을 화면에 표시한다.

03 updatePro.jsp 페이지를 [ch13] 폴더에 작성한다.

04 updatePro.jsp 페이지의 기본적인 코딩이 작성되면 다음과 같이 수정한 후 저장한다.

```
01    <%@ page language="java" contentType="text/html; charset=UTF-8"
02        pageEncoding="UTF-8"%>
03    <%@ page import = "ch13.board.BoardDBBean" %>
04    <%@ page import = "java.sql.Timestamp" %>
05
06    <% request.setCharacterEncoding("utf-8");%>
07
08    <jsp:useBean id="article" scope="page" class="ch13.board.BoardDataBean">
09      <jsp:setProperty name="article" property="*"/>
10    </jsp:useBean>
11    <%
12
```

```
13      String pageNum = request.getParameter("pageNum");
14
15       BoardDBBean dbPro = BoardDBBean.getInstance();
16      int check = dbPro.updateArticle(article);
17
18      if(check==1){
19  %>
20        <meta http-equiv="Refresh" content="0;url=list.jsp?pageNum=<%=pageNum%>" >
21  <% }else{%>
22       <script type="text/javascript">
23       <!--
24        alert("비밀번호가 맞지 않습니다");
25        history.go(-1);
26       -->
27       </script>
28  <%
29       }
30  %>
```

소스 코드 설명

08~10　수정 폼에서 작성한 수정한 글의 내용을 BoardDataBean 객체로 생성했다.

16　수정한 글을 테이블에 반영하기 위해 BoardDBBean 객체 dbPro 레퍼런스를 사용해서 dbPro.update Article(article) 메소드를 호출했다. article은 수정한 글의 내용을 가지고 있는 객체이다. 이 메소드를 수행한 후 수정 결과를 리턴받는다. 리턴 결과는 check 변수가 받는데, check 변수값이 1이면 수정이 성공한 것이고, 0이면 글수정에 실패한 것이다.

18~29　글수정에 성공하면 18~20라인을 수행하고, 실패하면 21~29라인을 수행한다. 글수정에 성공하면 list.jsp 페이지로 프로그램 제어를 이동한다.

05 updatePro.jsp 페이지의 수정이 끝나면 이클립스의 웹 브라우저에서 글목록으로 이동해 댓글을 클릭한다.

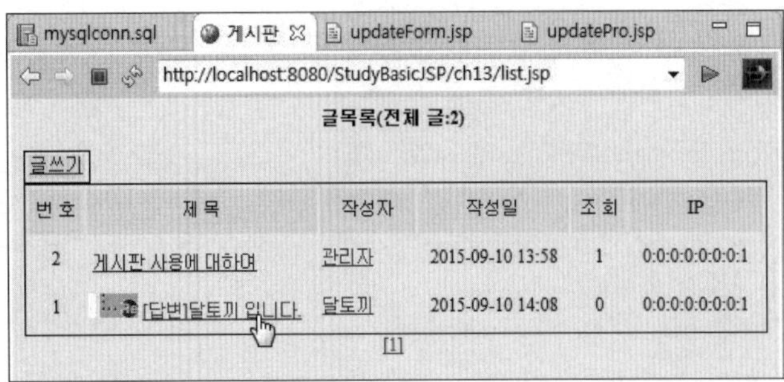

content.jsp 페이지가 표시되면 [글수정] 버튼을 클릭한다.

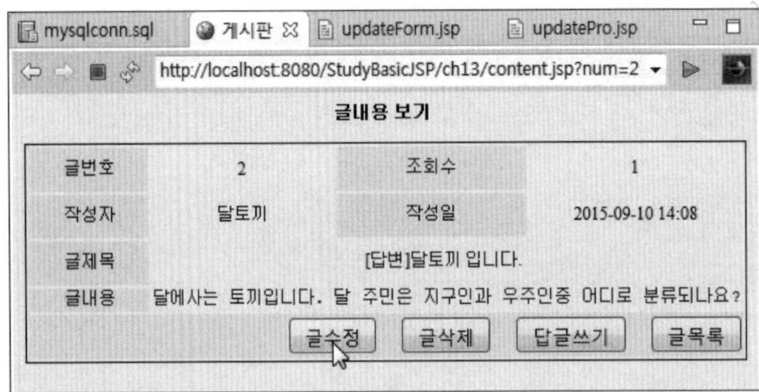

그러면 updateForm.jsp 페이지가 표시되고, 기존에 board 테이블에 저장된 해당 글번호에 대한 레코드의 내용이 표시된다. 변경할 내용과 비밀번호를 입력 후 [글수정] 버튼을 클릭한다.

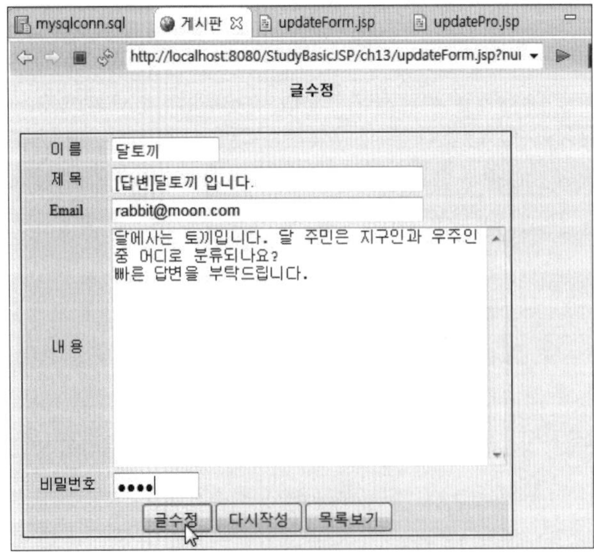

글이 성공적으로 수정되면 list.jsp 페이지로 이동된다. 이때 다시 해당글을 클릭해서 content.jsp 페이지로 프로그램의 제어를 이동한다.

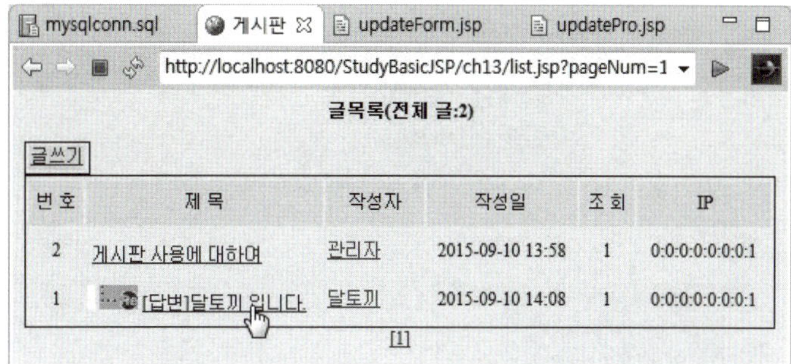

content.jsp 페이지에 변경된 글의 내용이 표시된 것을 확인할 수 있다.

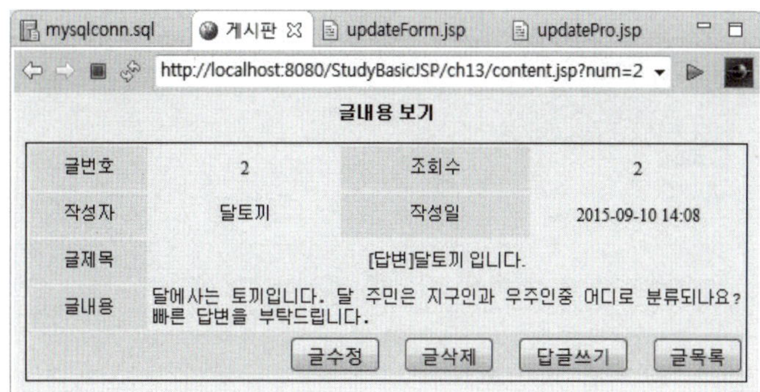

5 게시판에 글 삭제하기 구현

게시판에 글 삭제하기를 구현한 결과는 다음과 같다.

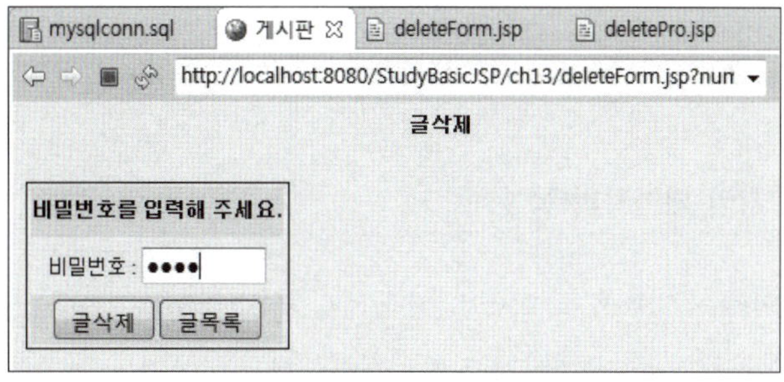

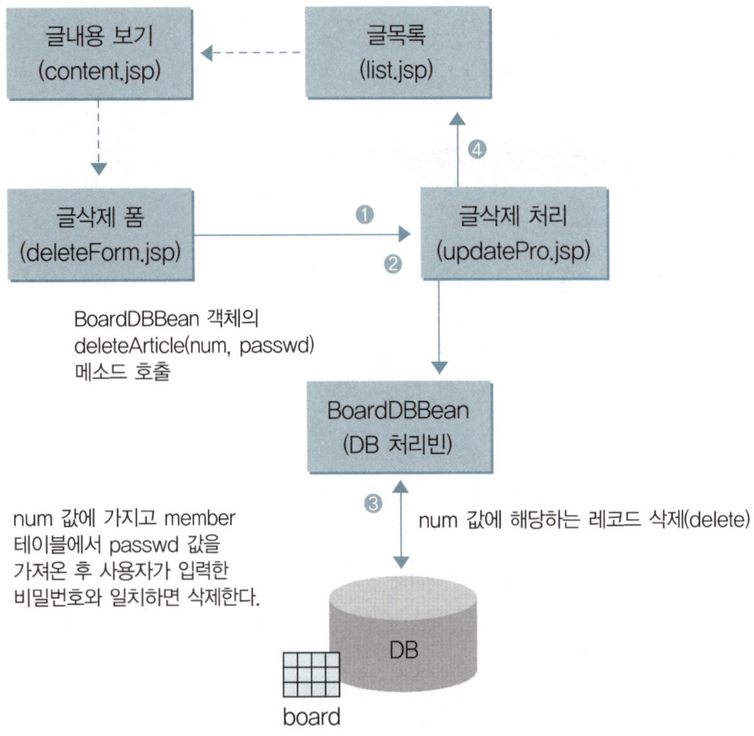

▲ 게시판 시스템 중 글삭제의 구조

deleteForm.jsp 페이지가 수행되면 비밀번호를 입력하고 [글삭제] 버튼을 클릭하면 deletePro.jsp 페이지가 글의 삭제를 처리한다.

페이지명	하는 작업
deleteForm.jsp	글을 삭제하기 위한 폼을 제공하는 페이지
deletePro.jsp	글의 삭제를 처리하는 페이지
기타 페이지	color.jspf : 색상을 설정하는 조각코드 페이지

 글삭제 폼과 글삭제 처리 페이지의 작성

사용자가 쓴 글을 삭제하기 위해 비밀번호를 입력받는 글삭제 폼인 deleteForm.jsp 페이지와 글삭제를 처리하기 위한 deletePro.jsp 페이지를 작성한다. 기타 페이지는 앞의 예제에서 이미 가져왔으므로 여기서는 deleteForm.jsp와 deletePro.jsp만 작성하면 된다.

작성파일의 정보는 다음과 같다.

글을 삭제하기 위한 폼을 제공하는 deleteForm.jsp 페이지

작성파일명	deleteForm.jsp
작성위치	StudyBasicJSP/WebContent/ch13
부록CD에서의 제공위치	source/ch13

글의 삭제를 처리하는 deletePro.jsp 페이지

작성파일명	deletePro.jsp
작성위치	StudyBasicJSP/WebContent/ch13
부록CD에서의 제공위치	source/ch13

01 deleteForm.jsp 페이지를 [ch13] 폴더에 작성한다.

02 deleteForm.jsp 페이지의 기본적인 코딩이 작성되면 다음과 같이 수정한 후 저장한다.

```
01  <%@ page language="java" contentType="text/html; charset=UTF-8"
02      pageEncoding="UTF-8"%>
03
04  <%@ include file="color.jspf"%>
05
06  <%
07   int num = Integer.parseInt(request.getParameter("num"));
08   String pageNum = request.getParameter("pageNum");
09
10  %>
11  <html>
12  <head>
13  <title>게시판</title>
14  <link href="style.css" rel="stylesheet" type="text/css">
```

```
15  <script type="text/javascript">
16  <!--
17  function deleteSave(){
18    if(!document.delForm.passwd.value){
19      alert("비밀번호를 입력하십시오.");
20      document.delForm.passwd.focus();
21      return false;
22    }
23  }
24  -->
25  </script>
26  </head>
27  <body bgcolor="<%=bodyback_c%>">
28  <p>글삭제</p>
29  <br>
30  <form method="POST" name="delForm"
31    action="deletePro.jsp?pageNum=<%=pageNum%>"
32    onsubmit="return deleteSave()">
33  <table>
34  <tr height="30">
35    <td align=center  bgcolor="<%=value_c%>">
36        <b>비밀번호를 입력해 주세요.</b></td>
37  </tr>
38  <tr height="30">
39    <td align=center >비밀번호 :
40      <input type="password" name="passwd" size="8" maxlength="12">
41      <input type="hidden" name="num" value="<%=num%>"></td>
42  </tr>
43  <tr height="30">
44    <td align=center bgcolor="<%=value_c%>">
45     <input type="submit" value="글삭제" >
46     <input type="button" value="글목록"
47       onclick="document.location.href='list.jsp?pageNum=<%=pageNum%>'">
48    </td>
49  </tr>
50  </table>
```

```
51    </form>
52    </body>
53    </html>
```

03 deletePro.jsp 페이지를 [ch13] 폴더에 작성한다.

04 deletePro.jsp 페이지의 기본적인 코딩이 작성되면 다음과 같이 수정한 후 저장한다.

```
01   <%@ page language="java" contentType="text/html; charset=UTF-8"
02     pageEncoding="UTF-8"%>
03   <%@ page import = "ch13.board.BoardDBBean" %>
04   <%@ page import = "java.sql.Timestamp" %>
05
06   <% request.setCharacterEncoding("utf-8");%>
07
08   <%
09    int num = Integer.parseInt(request.getParameter("num"));
10    String pageNum = request.getParameter("pageNum");
11    String passwd = request.getParameter("passwd");
12
13    BoardDBBean dbPro = BoardDBBean.getInstance();
14    int check = dbPro.deleteArticle(num, passwd);
15
16    if(check==1){
17   %>
18   <meta http-equiv="Refresh" content="0;url=list.jsp?pageNum=<%=pageNum%>">
19   <%}else{%>
20     <script type="text/javascript">
21       <!--
22         alert("비밀번호가 맞지 않습니다");
23         history.go(-1);
24       -->
25     </script>
26   <%} %>
```

09~11   삭제할 글번호 num과 페이지 번호 pageNum 파라미터 값 및 사용자가 입력한 비밀번호를 passwd 에 받는다.

14   int check = dbPro.deleteArticle(num, passwd);는 글의 삭제를 처리하기 위해서 BoardDBBean 객체 dpPro 레퍼런스를 사용해서 deleteArticle(num, passwd) 메소드를 호출했다. 이때 삭제할 글의 글번호인 num과 삭제할 글의 비밀번호 passwd 값을 파라미터로 사용한다. 이 메소드를 수행한 후 삭제 결과를 리턴받은 결과는 check 변수에 저장된다. check 변수값이 1이면 삭제가 성공한 것이고 0이면 글삭제에 실패한 것이다.

16~26   글삭제에 성공하면 16~18라인을 수행하고, 실패하면 19~26라인을 수행한다. 글삭제에 성공하면 list.jsp 페이지로 프로그램 제어가 이동한다.

05 deletePro.jsp 페이지의 수정이 끝나면 이클립스의 웹 브라우저에서 content.jsp 페이지가 표시되도록 한 후 [글삭제] 버튼을 클릭한다.

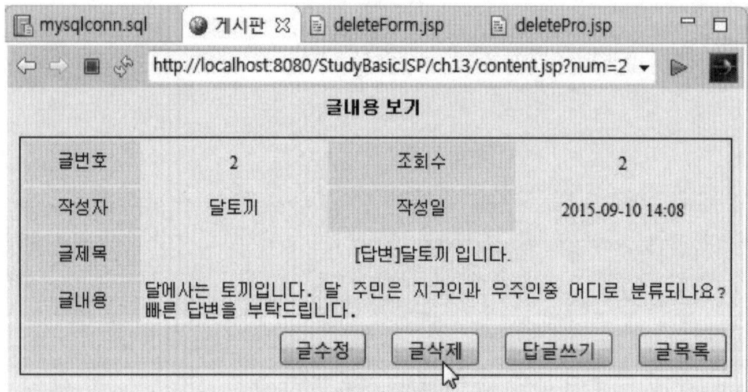

그러면 deleteForm.jsp 페이지가 표시되는데, 비밀번호를 입력 후 [글삭제] 버튼을 클릭한다.

글이 성공적으로 삭제되면 list.jsp 페이지로 이동한다.

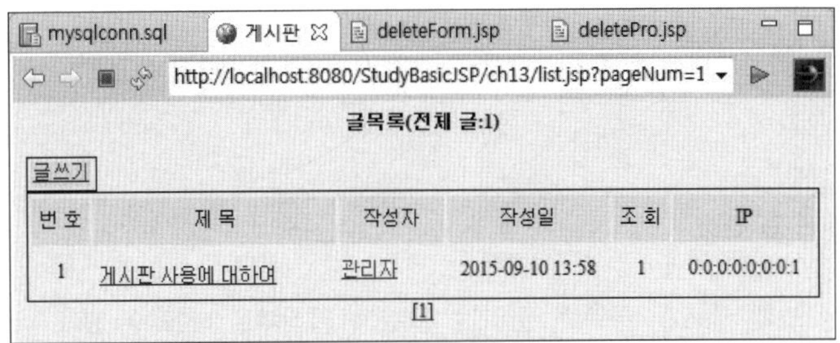

지금까지 게시판 시스템을 살펴보았다. 웹 프로그래밍은 대부분은 비슷한 패턴을 가지고 있다. 웹에서 이루어지는 시스템은 이 게시판 시스템의 응용이라 해도 과언이 아닐 정도로 많이 활용되는 구조이다. 일단 이 구조를 이해해야 웹 애플리케이션을 좀 더 효과적으로 제어하는 제어 구조들이 추가되었을 때 당황하지 않는다.

단원정리

01 게시판 시스템의 기본 구조

게시판 시스템은 크게 글쓰기, 글목록, 글읽기, 글수정, 글삭제로 나뉠 수 있다. 글쓰기는 데이터베이스 테이블에 레코드를 추가, 글목록은 테이블의 레코드를 검색, 글읽기는 특정 레코드만을 검색, 글수정은 레코드의 내용을 갱신하는 것이고, 글삭제는 레코드를 삭제하는 것이다.

02 테이블 작성

작성할 board 테이블의 구조는 다음과 같다.

```sql
create table board(
  num int not null primary key auto_increment ,
  writer varchar(10) not null,
  email varchar(30) ,
  subject varchar(50) not null,
  passwd varchar(12) not null,
  reg_date datetime not null,
  readcount int default 0,
  ref int not null,
  re_step smallint not null,
  re_level smallint not null,
  content text not null,
  ip varchar(20) not null
);
```

03 게시판 자바빈 작성

자바빈은 데이터를 저장하는 빈과 DB 연동을 하는 빈의 2개를 기본적으로 작성해야 한다.

– 데이터 저장빈

필드명		설명
num	글번호	setNum(int num) : num값 저장
		getNum() : 저장된 num값 가져옴
writer	작성자	setWriter(String writer) : writer값 저장
		getWriter(String writer) : 저장된 writer값 저장
subject	글제목	setSubject(String subject) : subject값 저장
		getSubject(String subject) : 저장된 subject값 저장
email	이메일	setEmail(String email) : email값 저장
		getEmail() : 저장된 email값 가져옴
content	글내용	setContent(String content) : content값 저장
		getCentent(String content) : 저장된 content값 저장
passwd	비밀번호	setPasswd(String passwd) : passwd값 저장
		getPasswd() : 저장된 passwd값 가져옴
reg_date	글쓴 날짜	setReg_date(Timestamp reg_date) : reg_date값 저장
		getReg_date() : 저장된 reg_date값 가져옴
readcount	조회수	setReadcount(int readcount) : readcount값 저징
		getReadcount() : 저장된 readcount값 가져옴
ip	글 작성자의 IP	setIp(String ip) : ip값 저장
		getIp() : 저장된 ip값 가져옴
ref	글의 그룹번호	setRef(String ref) : ref값 저장
		getRef() : 저장된 ref값 가져옴
re_step	제목글과 답변글의 순서	setRe_step(String re_step) : re_step값 저장
		getRe_step() : 저장된 re_step값 가져옴
re_level	글의 레벨	setRe_level(String re_level) : re_level값 저장
		getRe_level() : 저장된 re_level값 가져옴

– 데이터 저장빈

메소드명	하는 작업
getInstance()	전역 BoardDBBean 객체의 레퍼런스를 리턴한다.
getConnection()	쿼리 작업에 사용할 Connection 객체를 리턴한다.
insertArticle (BoardDataBean article)	새로운 글을 board 테이블에 추가한다. 글 입력 처리에 사용한다.
getArticleCount()	board 테이블의 전체 레코드의 수를 받아온다. 글목록에서 글 번호 및 전체 레코드 수를 표시할 때 사용된다.
getArticles(int start, int end)	start부터 end 개수만큼의 레코드를 board 테이블에서 검색한다. 글목록 보기에서 사용된다.
getArticle(int num)	id에 해당하는 레코드를 board 테이블에서 검색한다. 글내용 보기에서 사용된다.
updateGetArticle(int num)	id에 해당하는 레코드를 board 테이블에서 검색한다. 글수정 폼에서 사용한다.
updateArticle(BoardDataBean article)	수정된 글의 내용을 갱신할 때 사용된다. 글수정 처리에서 사용한다.
deleteArticle(int num, String passwd)	id에 해당하는 레코드를 board 테이블에서 삭제한다. 글삭제 처리에서 사용한다.

04 게시판 JSP 페이지 작성

페이지명	하는 작업
writeForm.jsp	게시판에 추가할 글을 입력하는 페이지
writePro.jsp	입력된 글을 넘겨받아 글추가를 처리하는 페이지
list.jsp	게시판의 글목록을 표시하는 페이지
content.jsp	선택한 글의 내용을 보여주는 페이지
updateForm.jsp	글을 수정하기 위한 폼을 제공하는 페이지
updatePro.jsp	글의 수정을 처리하는 페이지
deleteForm.jsp	글을 삭제하기 위한 폼을 제공하는 페이지
deletePro.jsp	글의 삭제를 처리하는 페이지
기타 페이지	color.jspf : 색상을 설정하는 조각코드 페이지 style.css : 스타일시트 파일 script.js : 자바스크립트 파일

14

커넥션 풀을 사용한 간단한 쇼핑몰 구축하기

이 장에서는 앞에서 배운 부분을 종합적으로 학습하기 위해 쇼핑몰을 작성하는 방법을 배우기로 한다. 쇼핑몰에는 앞에서 배운 것에 추가적으로 파일 업로드의 사용, 트랜잭션이 있어 이들에 대해서도 살펴보아야 한다.

1. 파일 업로드
2. 쇼핑몰 구축하기

01 | 파일 업로드

여기서는 파일 업로드 폼의 형태가 앞에서 우리가 배운 형태와는 다르다는 것을 학습한다. 또한 파일을 업로드하려면 업로드하는 파일을 이진 바이너리 형태로 파일을 읽어들이는 클래스를 작성해야 하는데, 사실 이 클래스를 직접 작성하는 것보다 JDBC처럼 전문가가 작성한 것을 사용하는 것이 좋다. 그래서 여기서는 cos.jar 파일을 사용해 파일을 읽어들이는 작업과 업로드된 파일로부터 정보를 얻어내는 것도 알아본다.

1 파일 업로드를 위한 기본적인 폼 형태

파일 업로드를 위한 폼은 form 태그의 속성들 중 method 속의 값은 "post", enctype 속성의 값은 "multipart/form-data"로 지정해야 한다.

<form name="formName" method="post" enctype="multipart/form-data">

또한 파일을 업로드하기 위해 입력받기 위해서는 〈input〉 태그의 type 속성의 값을 "file"
로 지정한다.

<input type="file" name="selectfile">

다음은 파일을 입력받아 업로드하기 위해서 필요한 폼 태그와 input 태그를 지정한 예시이다.

```
<form name="formName" method="post" enctype="multipart/form-data">
  <input type="file" name="selectfile">
</form>
```

❷ cos.jar 다운로드 및 배치

여기서는 파일을 업로드하거나 폼 데이터를 분석하는 컴포넌트인 cos.jar 파일을 사용한
다. cos.jar 파일은 http://www.servlets.com 사이트에서 다운로드 할 수 있으며, cos.jar
파일은 부록CD의 program 폴더에서도 제공하니 굳이 다운받지 않고 이것을 사용한다.

실습 ┃ cos.jar 다운로드 및 배치

01 tomcat 버전이 5.x 이상인 경우 톰캣홈\lib 폴더에 jar 파일을 넣지 않으면 인식하지 못
하는 경우가 있는데, cos.jar 파일도 그런 경우이다. 따라서 안전한 서비스를 위해
cos.jar 파일을 톰캣홈\lib 폴더에 붙여넣기 한다.

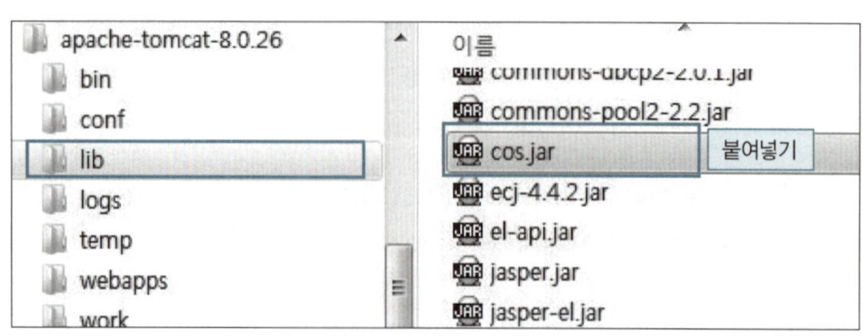

02 이클립스가 실행되지 않았으면 실행시킨다. 만일 톰캣 서버가 서비스 중이면 중단시킨다.

03 [Project Explorer] 뷰에서 [StudyBasicJSP]–[WEB-INF]–[lib] 폴더 cos.jar를 한번 더 복사해 붙여넣기 한다.

04 [StudyBasicJSP]–[WEB-INF]–[lib] 폴더에 cos.jar가 추가된 것을 확인할 수 있다.

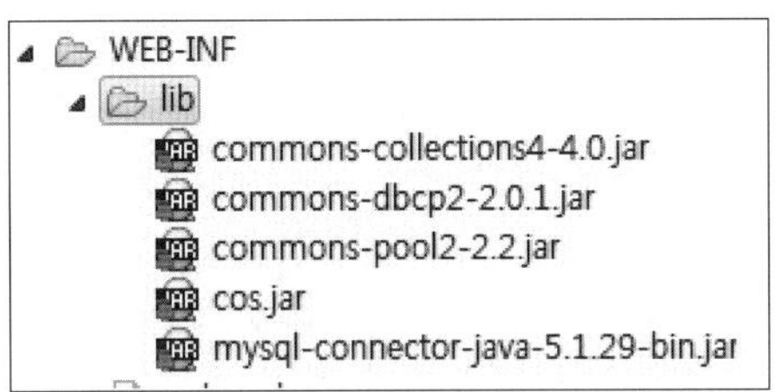

3 파일 업로드 및 폼 요소를 처리하는 MultipartRequest 클래스

cos.jar 파일은 파일 업로드 및 폼 요소를 처리하는 MultipartRequest 클래스를 제공하며, 이 클래스의 생성자는 다음과 같다.

```
MultipartRequest(javax.servlet.http.HttpServletRequest request,
                java.lang.String saveDirectory, //파일 업로드할 폴더
                int maxPostSize, //업로드할 파일의 최대 크기
                java.lang.String encoding, //인코딩 방식
                FileRenamePolicy policy)
```

다음은 MultipartRequest 클래스의 객체를 생성하는 예시이다.

```
MultipartRequest upload = new MultiPartRequest(request,
                          fileDirectory,
                          1024*5,
                          "utf-8",
                          new DefaultFileRenamePolicy( ));
```

MultipartRequest 클래스의 객체 upload가 생성되었다. MultipartRequest 클래스는 모두 5개의 매개 변수를 가지고 있는데, 첫 번째 매개 변수는 request 객체이고, 두 번째 매개 변수는 업로드된 파일이 저장될 파일의 경로 즉, 폴더이다. 세 번째 매개 변수는 업로드할 파일의 최대 크기로 여기서는 1024*5이므로 5KB가 된다. 네 번째 매개 변수는 인코딩 타입을 지정하고, 다섯 번째 매개 변수는 업로드될 파일명이 기존에 업로드된 파일명과 이름이 같을 경우 덮어쓰기 되는 것을 방지하기 위해 설정하는 부분이다.

다음은 MultipartRequest 클래스가 제공하는 주요 메소드이다.

▼ 표 14-01 MultipartRequest 클래스의 주요 메소드

메소드 : 리턴 타입
getContentType(java.lang.String name) : java.lang.String 업로드된 파일의 콘텐트 타입을 반환하는 것으로, 업로드된 파일이 없으면 null을 리턴한다.
getFile(java.lang.String name) : java.io.File 서버상에 업로드된 파일을 File 객체 타입으로 리턴한다. 업로드된 파일이 없다면 null을 리턴한다.
getFileNames() : java.util.Enumeration 폼의 요소들 중 <input type="file">로 된 파라미터들을 받아서 Enumeration 타입의 객체를 리턴한다.
getFilesystemName(java.lang.String name) : java.lang.String 사용자가 업로드한 파일의 서버상에서의 실제 파일명을 리턴한다.
getOriginalFileName(java.lang.String name) : java.lang.String 사용자가 업로드한 파일의 원래 파일명을 리턴한다. 파일명이 중복될 경우 이름이 변경되므로 변경 되기 전의 원래 파일명이 리턴된다.
getParameter(java.lang.String name) : java.lang.String name에 해당하는 파라미터의 값을 리턴한다.
getParameterNames() : java.util.Enumeration 폼의 요소들 중 <input type="file"> 아닌 파라미터들을 Enumeraton 객체타입으로 리턴한다.
getParameterValues(java.lang.String name) : java.lang.String[] 하나의 파라미터에 대해 여러 개의 값을 가지는 <input type="checkbox">와 같은 경우에 파라미터의 값을 얻어내기 위해 사용된다.

간단하게나마 MultipartRequest 클래스에 대해 살펴보았으니 이제 실습을 통해 실제적으로 업로드를 수행해 보자.

④ 파일 업로드 예제 작성

파일을 업로드하는 프로그램을 작성하기 전에 웹 페이지 저장 폴더인 [ch14upload] 폴더와 업로드된 파일이 저장되는 [fileSave] 폴더를 생성한다.

실습 ‖ [ch14upload] 폴더 작성

[WebContent]에 [ch14upload] 폴더를 생성한다.

01 [StudyBasicJSP]의 [WebContent] 폴더를 선택하고, 마우스 오른쪽 버튼을 클릭해 [New]−[Folder] 메뉴를 선택한다.

02 [New Folder] 창이 표시되면 [Folder name] 항목에 "ch14upload"를 입력하고 [Finish] 버튼을 클릭한다.

03 [Project Explorer] 뷰에서 [WebContent] 폴더 안에 [ch14upload] 폴더가 생성된 것을 확인할 수 있다.

실습 ‖ [fileSave] 폴더 작성

업로드 되는 파일들을 저장하기 위해 [WebContent]에 [fileSave] 폴더를 생성한다.

01 [StudyBasicJSP]의 [WebContent] 폴더를 선택하고, 마우스 오른쪽 버튼을 클릭해 [New]−[Folder] 메뉴를 선택한다.

02 [New Folder] 창이 표시되면 [Folder name] 항목에 "fileSave"를 입력하고 [Finish] 버튼을 클릭한다.

03 [Project Explorer] 뷰에서 [WebContent] 폴더 안에 [fileSave] 폴더가 생성된 것을 확인할 수 있다.

이 예제는 파일을 업로드하는 예제로 fileForm.jsp 페이지의 폼에 업로드할 파일을 선택
후 [파일 올리기] 버튼을 클릭하면 fileUpload.jsp 페이지에서 파일을 업로드 폴더로 업로드
해주는 예제이다.

이 예제의 실행 결과는 다음과 같다.

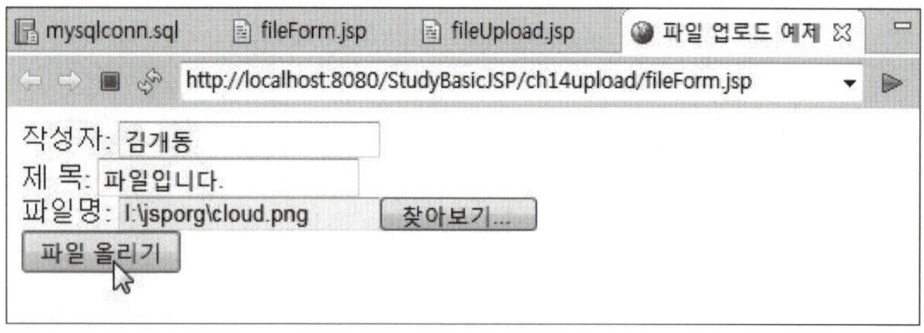

▲ fileForm.jsp 페이지의 실행 결과

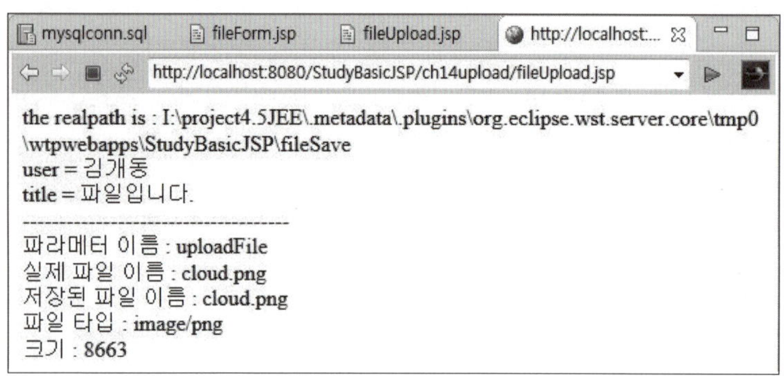

작성파일의 정보는 다음과 같다.

파일 업로드 폼 fileForm.jsp 페이지

작성파일명	fileForm.jsp
작성위치	StudyBasicJSP/WebContent/ch14upload
부록CD에서의 제공위치	source/ch14upload

파일 업로드를 처리하는 writePro.jsp 페이지

작성파일명	fileUpload.jsp
작성위치	StudyBasicJSP/WebContent/ch14upload
부록CD에서의 제공위치	source/ch14upload

01 파일을 업로드하는 폼인 fileForm.jsp 페이지를 [ch14upload] 폴더에 작성한다.

02 fileForm.jsp 페이지의 기본적인 코딩이 작성되면 다음과 같이 수정한 후 저장한다.

```
01  <%@ page language="java" contentType="text/html; charset=UTF-8"
02      pageEncoding="UTF-8"%>
03
04  <html>
05  <head>
06  <title>파일 업로드 예제</title>
07  </head>
08  <body>
09    <form name="fileForm" method="post"
10      enctype="multipart/form-data" action="fileUpload.jsp">
11    작성자:
12    <input type="text" name="user"> <br>
13    제 목:
14    <input type="text" name="title"> <br>
15    파일명:
16    <input type="file" name="uploadFile"> <br>
17    <input type="submit" value="파일 올리기"> <br>
18  </form>
19  </body>
20  </html>
```

03 폼 데이터를 분석하고 파일 업로드를 구현할 fileUpload.jsp 페이지를 [ch14upload] 폴더에 작성한다.

04 fileUpload.jsp 페이지의 기본적인 코딩이 작성되면 다음과 같이 수정한 후 저장한다.

```
01  <%@ page language="java" contentType="text/html; charset=UTF-8"
02      pageEncoding="UTF-8"%>
03  <%@ page import="com.oreilly.servlet.MultipartRequest"%>
04  <%@ page import="com.oreilly.servlet.multipart.DefaultFileRenamePolicy"%>
05  <%@ page import="java.util.*"%>
06  <%@ page import="java.io.*"%>
07
08  <%
09  String realFolder = "";//웹 어플리케이션상의 절대 경로
10
11  //파일이 업로드되는 폴더를 지정한다.
12  String saveFolder = "/fileSave";
13  String encType = "utf-8"; //엔코딩타입
14  int maxSize = 5*1024*1024;  //최대 업로될 파일크기 5Mb
15
16  ServletContext context = getServletContext();
17  //현재 jsp페이지의 웹 어플리케이션상의 절대 경로를 구한다
18  realFolder = context.getRealPath(saveFolder);
19  out.println("the realpath is : " + realFolder+"<br>");
20
21  try{
22      MultipartRequest multi = null;
23
24      //전송을 담당할 콤포넌트를 생성하고 파일을 전송한다.
25      //전송할 파일명을 가지고 있는 객체, 서버상의 절대경로,최대 업로드될 파일크기, 문자
코드, 기본 보안 적용
26      multi = new MultipartRequest(request,realFolder,
27              maxSize,encType,new DefaultFileRenamePolicy());
28
29      //Form의 파라미터 목록을 가져온다
```

```
30    Enumeration〈?〉 params = multi.getParameterNames();
31
32    //파라미터를 출력한다
33    while(params.hasMoreElements()){
34        String name = (String)params.nextElement(); //전송되는 파라미터이름
35        String value = multi.getParameter(name);     //전송되는 파라미터값
36        out.println(name + " = " + value +" 〈br〉");
37    }
38
39    out.println("------------------------------ 〈br〉");
40
41    //전송한 파일 정보를 가져와 출력한다
42    Enumeration〈?〉 files = multi.getFileNames();
43
44    //파일 정보가 있다면
45    while(files.hasMoreElements()){
46        //input 태그의 속성이 file인 태그의 name 속성값 :파라미터이름
47        String name = (String)files.nextElement();
48
49        //서버에 저장된 파일 이름
50        String filename = multi.getFilesystemName(name);
51
52        //전송전 원래의 파일 이름
53        String original = multi.getOriginalFileName(name);
54
55        //전송된 파일의 내용 타입
56        String type = multi.getContentType(name);
57
58        //전송된 파일 속성이 file인 태그의 name 속성값을 이용해 파일 객체 생성
59        File file = multi.getFile(name);
60
61        out.println("파라메터 이름 : " + name +" 〈br〉");
62        out.println("실제 파일 이름 : " + original +" 〈br〉");
63        out.println("저장된 파일 이름 : " + filename +" 〈br〉");
64        out.println("파일 타입 : " + type +" 〈br〉");
65
```

```
66     if(file!=null){
67        out.println("크기 : " + file.length());
68        out.println("<br>");
69     }
70   }
71 }catch(IOException ioe){
72  System.out.println(ioe);
73 }catch(Exception ex){
74  System.out.println(ex);
75 }
76 %>
```

05 fileUpload.jsp 페이지의 수정이 끝나면 file Form.jsp 파일을 선택 후 [Finish] 버튼을 눌러 실행한다.

06 fileForm.jsp가 표시되면 내용을 입력하고 파일을 선택한 후 [파일 올리기]를 클릭한다.

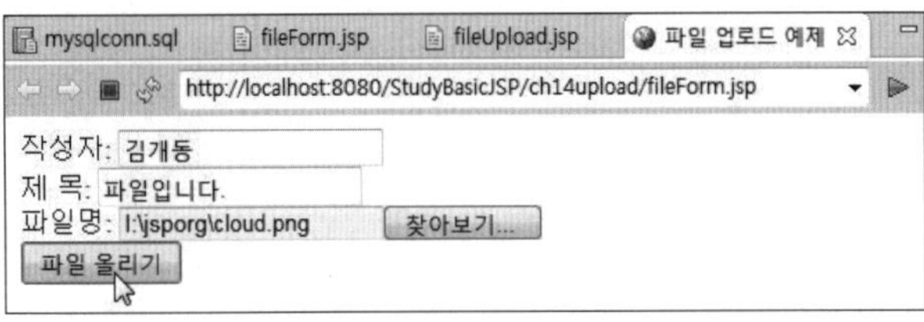

▲ fileForm.jsp 페이지의 실행 결과

fileUpload.jsp 페이지가 실행되면서 파일에 대한 정보가 표시된다. 이때 파일은 실제의 업로드 폴더인 fileSave에 업로드 되지 않고 이클립스 가상환경에 업로드 된다.

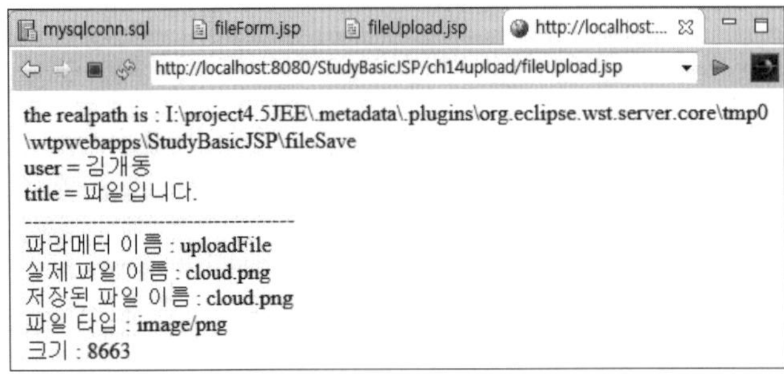

▲ fileUpload.jsp 페이지 실행 결과

만일 실제 서비스 환경에서 확인하려면 WAR 파일을 내보낸 후, 파일을 업로드하면 file Save에 업로드된 것을 볼 수 있다.

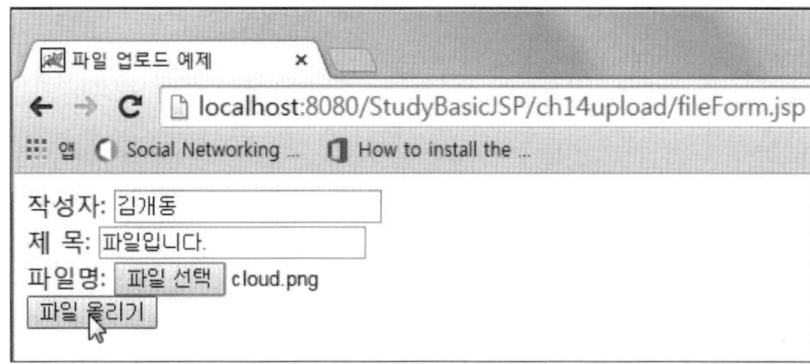

▲ 실제 서비스 환경에서 fileForm.jsp 페이지의 실행 결과

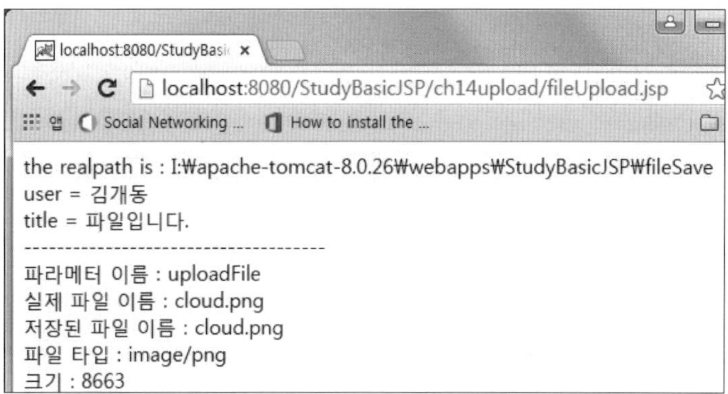

▲ 실제 서비스 환경에서 fileUpload.jsp 페이지 실행 결과

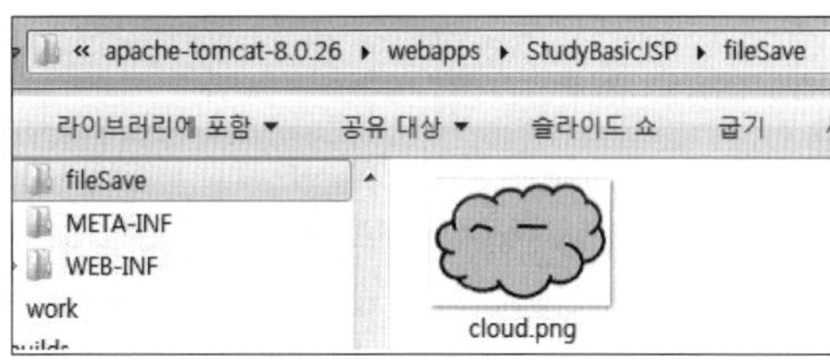

▲ [fileSave] 폴더에 업로드된 파일

여기서는 쇼핑몰 예제를 통해 이제까지 배운 내용을 활용하는 방법을 학습한다.

1 쇼핑몰 시스템의 기본 구조

쇼핑몰은 기본적으로 물품을 등록 및 수정하고 구매된 목록을 관리하는 관리자의 영역과 등록된 상품을 기반으로 작성된 쇼핑몰을 통한 사용자의 쇼핑 영역으로 나뉜다.

▲ 쇼핑몰 시스템의 기본 구조

다음은 쇼핑몰 시스템을 작성할 때 각 폴더 구조별로 작성할 JSP 페이지와 패키지별로 작성해야 하는 자바빈을 개괄적으로 표시한 것이다. 즉, 다음의 구조에 맞춰 각 폴더와 패키지에 어떤 파일들을 작성해야 하는가를 나타냈다.

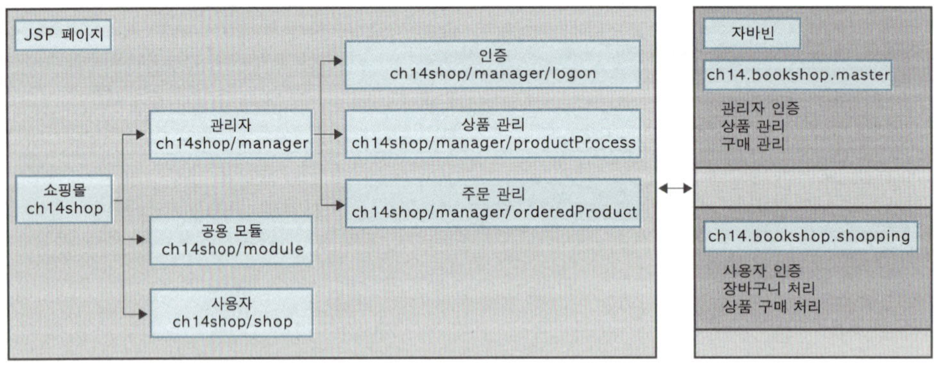

▲ 폴더 구조별로 작성할 JSP 페이지와 패키지별로 작성해야 할 자바빈

■ 작성된 관리자 영역의 메인 페이지

다음과 같이 관리자는 크게 상품의 등록/수정/삭제와 관련된 상품 관련 작업과 구매된 상품을 관리하는 구매된 상품 관련 작업의 두 가지 작업을 주로 수행한다.

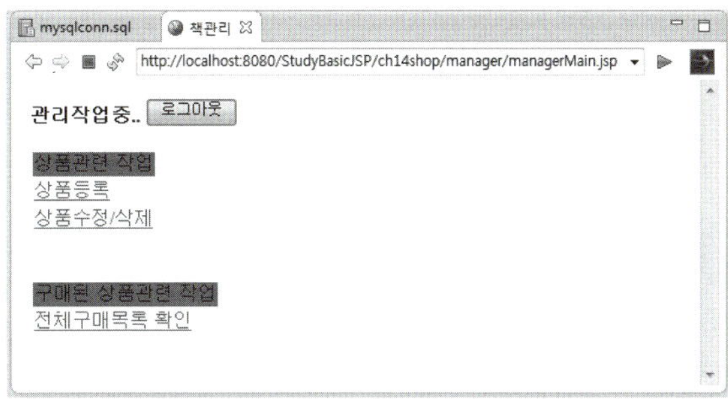

▲ 관리자 영역의 메인 페이지

■ 작성된 사용자 영역(쇼핑몰)의 메인 페이지

쇼핑몰의 소비자인 사용자는 쇼핑몰의 상품을 보고 구매하는 작업을 주로 수행한다.

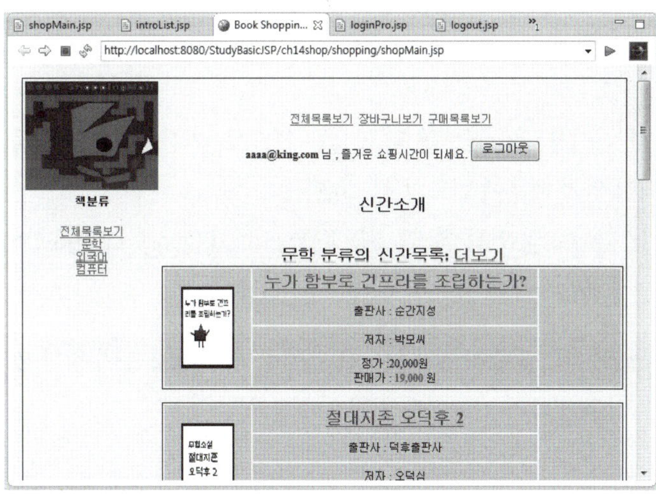

▲ 사용자 영역(쇼핑몰)의 메인 페이지

❷ 테이블 작성

먼저 이 예제에서 필요한 테이블들 중 기존의 테이블에서 재사용할 것은 수정하고, 없는 것은 생성해야 한다.

다음은 수정 및 생성해야 하는 각 테이블의 정보이다.

▼ 표 14-02 테이블 정보

테이블명	설명	생성 형태
member	쇼핑몰의 고객 정보를 저장 관리	기존 테이블 수정
manager	쇼핑몰의 관리자 정보를 저장 관리	새로 생성
book	쇼핑몰의 상품을 저장 관리	새로 생성
bank	상품 구매시 입금 계좌 정보를 저장 관리	새로 생성
cart	장바구니의 상품 목록을 저장 관리	새로 생성
buy	상품 구매시 구매 상품의 목록을 저장 관리	새로 생성

❶ [member] 테이블 수정

[member] 테이블은 쇼핑을 하는 사용자의 정보를 갖고 있는 것으로, 기본적으로 쇼핑몰 회원만 구매할 수 있도록 작성되어 있기 때문에 반드시 필요하다.

이 테이블은 '11장 데이터베이스와 JSP의 연동'의 '3. SQL(Structured Query Language) 쿼리의 개요'에서 작성한 것을 수정해서 사용한다.

다음은 [member] 테이블에 [address] 필드와 [tel] 필드를 추가한 후 레코드를 수정한 것이다. 테이블의 구조를 변경하면 경우에 따라 레코드도 수정해야 한다.

member 테이블이 없는 경우 다음 구조를 사용하여 새로 작성한다.

```
create table member(
  id varchar(50) not null primary key,
  passwd varchar(16) not null,
  name varchar(10) not null,
```

```
reg_date datetime not null,
address varchar(100) not null,
tel varchar(20) not null
);

insert into member(id, passwd, name, reg_date, address, tel)
    values('hongkd@aaa.com','1111','홍길동', now(),
    '인천시 남동구 정각로 29', '010-2222-1234');
```


[member] 테이블 수정 – [address] 필드와 [tel] 필드 추가

[member] 테이블에 [address] 필드와 [tel] 필드를 추가한다.

■ 테이블을 변경한 결과

	id	passwd	name	reg_date	address	tel
1	aaaa@king...	1234	박대로	2015-09-1...	서울시 마...	010-1111-...
2	hongkd@a...	1111	홍길동	2015-09-1...	인천시 남...	010-2222-...
3	kingdora@...	1234	김개동	2015-09-1...	경기도 구...	010-3333-...

Status | Result1

Total 3 records shown

■ 테이블 변경을 위해 수행할 내용

```
alter table member
add address varchar(100) not null;

alter table member
add tel varchar(20) not null;

update member
set address='서울시 마포구 양화로6길 9', tel='010-1111-1111'
where id='aaaa@king.com';
```

```
update member
set address='인천시 남동구 정각로 29', tel='010-2222-1234'
where id='hongkd@aaa.com';

update member
set address='경기도 구리시 아차산로 439', tel='010-3333-3333'
where id='kingdora@dragon.com';
```

01 이클립스의 [Data Source Explorer] 뷰에서 [Database Connections]-[mysqlconn] 항목의 연결이 해제되어 있으면, 마우스 오른쪽 버튼을 클릭해 [Connect] 메뉴를 선택한다.

02 [Properties for mysqlconn] 창이 표시되면 [Password] 항목에 "jsppass"를 입력하고 [OK] 버튼을 클릭해 [Data Source Explorer] 뷰의 [Database Connections]-[mysqlconn] 항목이 연결된 것을 확인한다.

03 테이블의 구조를 수정하기 위해 [mysqlconn.sql] 에디터 뷰에 다음과 같이 입력 후 드래그해 블록을 지정한 후 Alt + X 키를 눌러 쿼리를 실행한다.

```
alter table member
add address varchar(100) not null;

alter table member
add tel varchar(20) not null;
```

04 변경된 테이블의 구조를 확인하기 위해 [mysqlconn.sql] 에디터 뷰에 다음과 같이 입력 후 드래그해 블록을 지정한 후 Alt + X 키를 눌러 쿼리를 실행한다.

```
desc member;
```

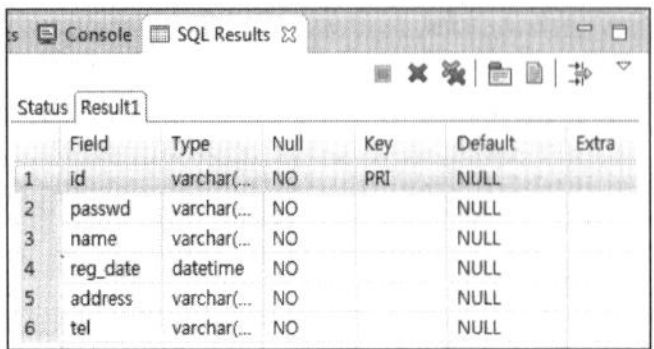

05 이미 입력된 레코드에 비어 있는 필드가 생기는데, 이곳에 값을 채우기 위해 레코드 수정을 위한 쿼리문을 [mysqlconn.sql] 에디터 뷰에 다음과 같이 입력 후 드래그해 블록을 지정한 후 Alt + X 키를 눌러 실행한다. 필자의 경우 이미 입력된 레코드가 세 개여서 update문을 세 번 사용해야 한다.

```
update member
set address='서울시 마포구 양화로6길 9', tel='010-1111-1111'
where id='aaaa@king.com';

update member
set address='인천시 남동구 정각로 29', tel='010-2222-1234'
where id='hongkd@aaa.com';

update member
set address='경기도 구리시 아차산로 439', tel='010-3333-3333'
where id='kingdora@dragon.com';
```

06 마지막으로 레코드가 제대로 수정되었는지 확인하기 위해 [mysqlconn.sql] 에디터 뷰에 다음과 같이 입력 후 드래그해 블록을 지정한 후 Alt + X 키를 눌러 쿼리를 실행한다.

```
select * from member;
```

Status	Result1					
	id	passwd	name	reg_date	address	tel
1	aaaa@king....	1234	박대로	2015-09-1...	서울시 마...	010-1111-...
2	hongkd@a...	1111	홍길동	2015-09-1...	인천시 남...	010-2222-...
3	kingdora@...	1234	김개동	2015-09-1...	경기도 구...	010-3333-...

Total 3 records shown

❷ [manager] 테이블 생성

쇼핑몰의 관리자 정보를 저장하는 테이블인 [manager] 테이블을 작성하고 레코드를 추가한다.

[manager] 테이블 생성

관리자 정보를 저장하는 [manager] 테이블을 생성한다.

■ 테이블을 생성한 결과

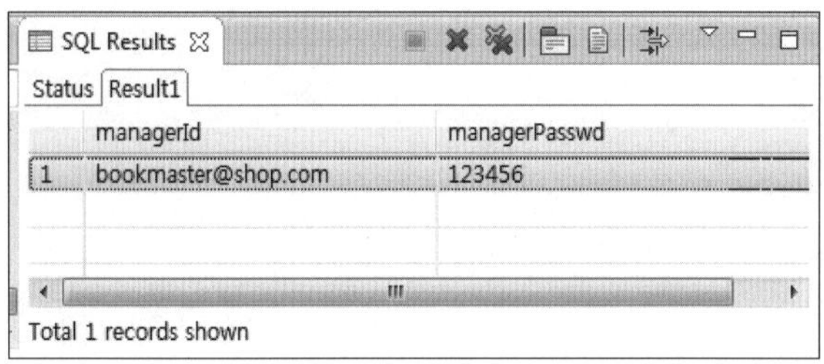

■ 테이블을 생성하기 위해 수행할 내용

```
create table manager(
 managerId varchar(50) not null primary key,
 managerPasswd varchar(16) not null
);

insert into manager(managerId, managerPasswd)
values('bookmaster@shop.com','123456');
```

01 이클립스의 [Data Source Explorer] 뷰에서 [Database Connections]−[mysqlconn] 항목의 연결이 해제되어 있으면, 마우스 오른쪽 버튼을 클릭해 [Connect] 메뉴를 선택한다.

02 [Properties for mysqlconn] 창이 표시되면 [Password] 항목에 "jsppass"를 입력하고 [OK] 버튼을 클릭해 [Data Source Explorer] 뷰의 [Database Connections]-[mysqlconn] 항목이 연결된 것을 확인한다.

03 테이블을 생성하고 새로운 레코드를 추가하기 위해 [mysqlconn.sql] 에디터 뷰에 다음과 같이 입력 후 드래그해 블록을 지정한 후 Alt + X 키를 눌러 쿼리를 실행한다.

```
create table manager(
 managerId varchar(50) not null primary key,
 managerPasswd varchar(16) not null
);

insert into manager(managerId, managerPasswd)
values('bookmaster@shop.com','123456');
```

04 테이블 생성과 레코드의 추가를 확인하기 위해 [mysqlconn.sql] 에디터 뷰에 다음과 같이 입력 후 드래그해 블록을 지정한 후 Alt + X 키를 눌러 쿼리를 실행한다.

```
select * from manager;
```

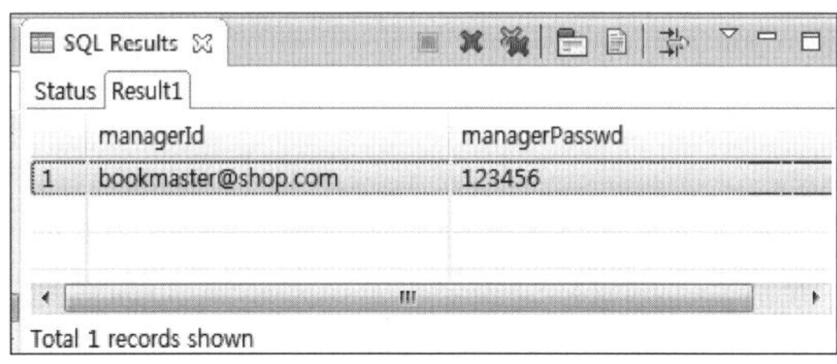

❸ [book] 테이블 생성

상품에 대한 정보를 가지고 있는 [book] 테이블을 작성한다. 여기서 [book] 테이블은 책에 대한 정보를 가지고 있다.

 **[book] 테이블 생성**

상품에 대한 정보를 가지고 있는 [book] 테이블을 생성한다.

■ 테이블을 생성한 결과

	Field	Type	Null	Key	Default	Extra
1	book_id	int(11)	NO	PRI	NULL	auto_inc...
2	book_kind	varchar(3)	NO		NULL	
3	book_title	varchar(...	NO		NULL	
4	book_pri...	int(11)	NO		NULL	
5	book_co...	smallint(...	NO		NULL	
6	author	varchar(...	NO		NULL	
7	publishi...	varchar(...	NO		NULL	
8	publishi...	varchar(...	NO		NULL	
9	book_im...	varchar(...	YES		nothing.jpg	
10	book_co...	text	NO		NULL	
11	discount...	tinyint(4)	YES		10	
12	reg_date	datetime	NO		NULL	

Total 12 records shown

■ 테이블을 생성하기 위해 수행할 내용

```
create table book(
    book_id int not null primary key auto_increment,
    book_kind varchar(3) not null,
    book_title varchar(100) not null,
    book_price int not null,
    book_count smallint not null,
    author varchar(40) not null,
    publishing_com varchar(30) not null,
    publishing_date varchar(15) not null,
    book_image varchar(16) default 'nothing.jpg',
```

```
   book_content text not null,
   discount_rate tinyint default 10,
   reg_date datetime not null
);


desc book;
```

01 이클립스의 [Data Source Explorer] 뷰에서 [Database Connections]-[mysqlconn] 항목의 연결이 해제되어 있으면, 마우스 오른쪽 버튼을 클릭해 [Connect] 메뉴를 선택한다.

02 [Properties for mysqlconn] 창이 표시되면 [Password] 항목에 "jsppass"를 입력하고 [OK] 버튼을 클릭해 [Data Source Explorer] 뷰의 [Database Connections]-[mysqlconn] 항목이 연결된 것을 확인한다.

03 테이블을 생성하기 위해 [mysqlconn.sql] 에디터 뷰에 다음과 같이 입력 후 드래그해 블록을 지정한 후 Alt + X 키를 눌러 쿼리를 실행한다.

```
create table book(
   book_id int not null primary key auto_increment,
   book_kind varchar(3) not null,
   book_title varchar(100) not null,
   book_price int not null,
   book_count smallint not null,
   author varchar(40) not null,
   publishing_com varchar(30) not null,
   publishing_date varchar(15) not null,
   book_image varchar(16) default 'nothing.jpg',
   book_content text not null,
   discount_rate tinyint default 10,
   reg_date datetime not null
);
```

04 생성된 테이블의 구조를 확인하기 위해 [mysqlconn.sql] 에디터 뷰에 다음과 같이 입력 후 드래그해 블록을 지정한 후 Alt + X 키를 눌러 쿼리를 실행한다.

```
desc book;
```

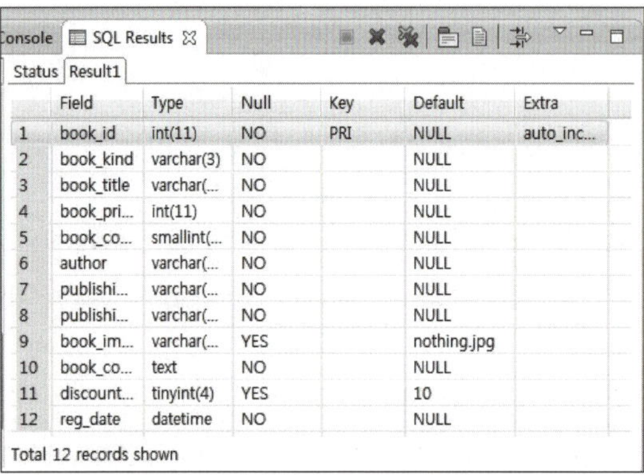

❹ [bank] 테이블 생성

결제계좌에 대한 정보를 가지고 있는 bank 테이블을 작성한다. 여기서는 간단한 쇼핑몰을 작성해 보는 것이므로 신용카드에 대한 처리는 하지 않고, 구매한 상품의 결제를 통장 입금 으로만 한다.

 [bank] 테이블 생성

결제계좌에 대한 정보를 가지고 있는 [bank] 테이블을 생성한다.

■ 테이블을 생성한 결과

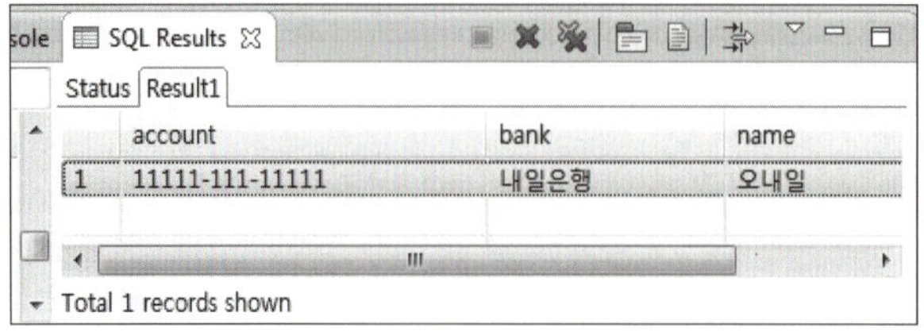

■ 테이블을 생성하기 위해 수행할 내용

```
create table bank(
  account varchar(30) not null,
  bank varchar(10) not null,
  name varchar(10) not null
);

insert into bank(account, bank, name)
values('11111-111-11111','내일은행','오내일');
```

01 이클립스의 [Data Source Explorer] 뷰에서 [Database Connections]-[mysqlconn] 항목의 연결이 해제되어 있으면, 마우스 오른쪽 버튼을 클릭해 [Connect] 메뉴를 선택한다.

02 [Properties for mysqlconn] 창이 표시되면 [Password] 항목에 "jsppass"를 입력하고 [OK] 버튼을 클릭해 [Data Source Explorer] 뷰의 [Database Connections]-[mysqlconn] 항목이 연결된 것을 확인한다.

03 테이블을 생성하고 레코드를 추가하기 위해 [mysqlconn.sql] 에디터 뷰에 다음과 같이 입력 후 드래그해 블록을 지정한 후 `Alt` + `X` 키를 눌러 쿼리를 실행한다.

```
create table bank(
  account varchar(30) not null,
  bank varchar(10) not null,
  name varchar(10) not null
);

insert into bank(account, bank, name)
values('11111-111-11111','내일은행','오내일');
```

04 테이블의 생성과 추가된 레코드를 확인하기 위해 [mysqlconn.sql] 에디터 뷰에 다음과 같이 입력 후 드래그해 블록을 지정한 후 `Alt` + `X` 키를 눌러 쿼리를 실행한다.

```
select * from bank;
```

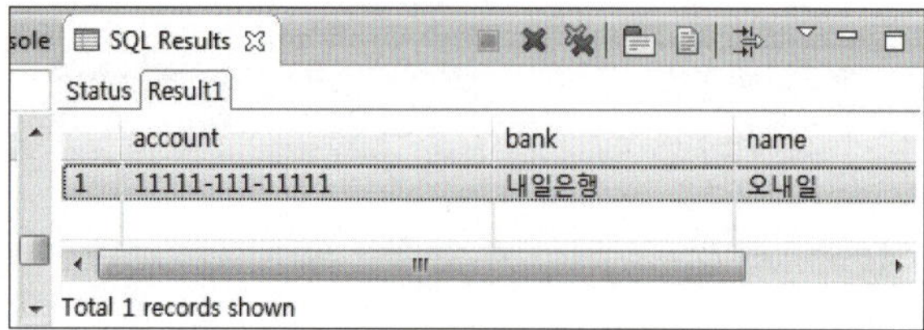

❺ [cart] 테이블 생성

장바구니 역할을 하는 테이블로서 사용자가 장바구니에 담은 상품 정보를 갖고 있다.

 [cart] 테이블 생성

장바구니 역할을 하는 테이블인 [cart] 테이블을 생성한다.

■ 테이블을 생성한 결과

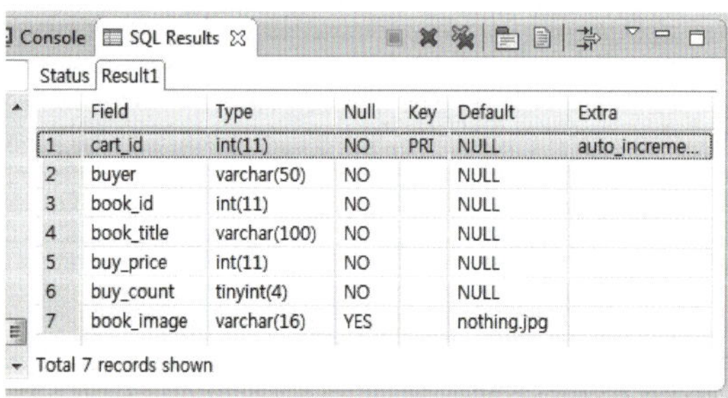

■ 테이블을 생성하기 위해 수행할 내용

```
create table cart(
  cart_id int not null primary key auto_increment,
  buyer varchar(50) not null,
```

```
    book_id int not null,
    book_title varchar(100) not null,
    buy_price int not null,
    buy_count tinyint not null,
    book_image varchar(16) default 'nothing.jpg'
);


desc cart;
```

01 이클립스의 [Data Source Explorer] 뷰에서 [Database Connections]-[mysqlconn] 항목의 연결이 해제되어 있으면, 마우스 오른쪽 버튼을 클릭해 [Connect] 메뉴를 선택한다.

02 [Properties for mysqlconn] 창이 표시되면 [Password] 항목에 "jsppass"를 입력하고 [OK] 버튼을 클릭해 [Data Source Explorer] 뷰의 [Database Connections]-[mysqlconn] 항목이 연결된 것을 확인한다.

03 테이블을 생성하기 위해 [mysqlconn.sql] 에디터 뷰에 다음과 같이 입력 후 드래그해 블록을 지정한 후 Alt + X 키를 눌러 쿼리를 실행한다.

```
create table cart(
    cart_id int not null primary key auto_increment,
    buyer varchar(50) not null,
    book_id int not null,
    book_title varchar(100) not null,
    buy_price int not null,
    buy_count tinyint not null,
    book_image varchar(16) default 'nothing.jpg'
);
```

04 생성된 테이블의 구조를 확인하기 위해 [mysqlconn.sql] 에디터 뷰에 다음과 같이 입력

후 드래그해 블록을 지정한 후 `Alt` + `X` 키를 눌러 쿼리를 실행한다.

```
desc cart;
```

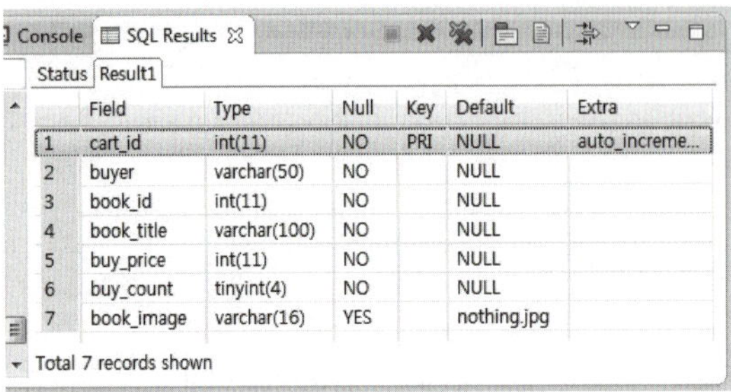

❻ [buy] 테이블 생성

사용자가 구매한 상품에 대한 정보를 가지고 있는 테이블로, 장바구니에서 구매한 상품 및
배송에 필요한 정보를 갖고 있다.

실습 **[buy] 테이블 생성**

사용자가 구매한 상품에 대한 정보를 가지고 있는 테이블인 [buy] 테이블을 생성한다.

■ 테이블을 생성한 결과

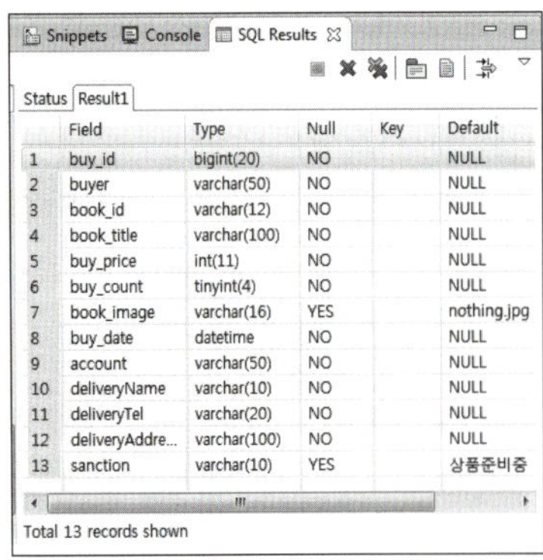

■ 테이블을 생성하기 위해 수행할 내용

```
create table buy(
  buy_id bigint not null ,
  buyer varchar(50) not null,
  book_id varchar(12) not null,
  book_title varchar(100) not null,
  buy_price int not null,
  buy_count tinyint not null,
  book_image varchar(16) default 'nothing.jpg',
  buy_date datetime not null,
  account varchar(50) not null,
  deliveryName varchar(10) not null,
  deliveryTel varchar(20) not null,
  deliveryAddress varchar(100) not null,
  sanction varchar(10) default '상품 준비중'
);

desc buy;
```

01 이클립스의 [Data Source Explorer] 뷰에서 [Database Connections]–[mysqlconn] 항목의 연결이 해제되어 있으면, 마우스 오른쪽 버튼을 클릭해 [Connect] 메뉴를 선택한다.

02 [Properties for mysqlconn] 창이 표시되면 [Password] 항목에 "jsppass"를 입력하고 [OK] 버튼을 클릭해 [Data Source Explorer] 뷰의 [Database Connections]–[mysqlconn] 항목이 연결된 것을 확인한다.

03 테이블을 생성하기 위해 [mysqlconn.sql] 에디터 뷰에 다음과 같이 입력 후 드래그해 블록을 지정한 후 Alt + X 키를 눌러 쿼리를 실행한다.

```
create table buy(
  buy_id bigint not null ,
  buyer varchar(50) not null,
```

```sql
book_id varchar(12) not null,
book_title varchar(100) not null,
buy_price int not null,
buy_count tinyint not null,
book_image varchar(16) default 'nothing.jpg',
buy_date datetime not null,
account varchar(50) not null,
deliveryName varchar(10) not null,
deliveryTel varchar(20) not null,
deliveryAddress varchar(100) not null,
sanction varchar(10) default '상품준비중'
);
```

04 생성된 테이블의 구조를 확인하기 위해 [mysqlconn.sql] 에디터 뷰에 다음과 같이 입력 후 드래그해 블록을 지정한 후 Alt + X 키를 눌러 쿼리를 실행한다.

```sql
desc buy;
```

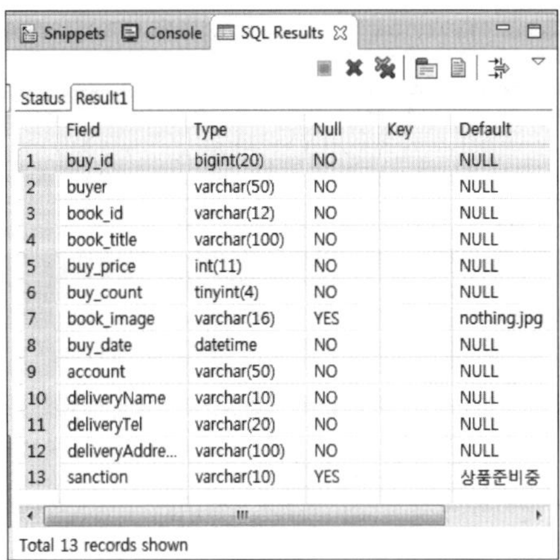

	Field	Type	Null	Key	Default
1	buy_id	bigint(20)	NO		NULL
2	buyer	varchar(50)	NO		NULL
3	book_id	varchar(12)	NO		NULL
4	book_title	varchar(100)	NO		NULL
5	buy_price	int(11)	NO		NULL
6	buy_count	tinyint(4)	NO		NULL
7	book_image	varchar(16)	YES		nothing.jpg
8	buy_date	datetime	NO		NULL
9	account	varchar(50)	NO		NULL
10	deliveryName	varchar(10)	NO		NULL
11	deliveryTel	varchar(20)	NO		NULL
12	deliveryAddre...	varchar(100)	NO		NULL
13	sanction	varchar(10)	YES		상품준비중

Total 13 records shown

3 관리자 영역 작성

관리자는 새로운 상품(여기서는 책)을 등록/수정/삭제 관리하는 상품 관리 작업과 구매된 구매 목록을 가지고 구매 및 배송 등의 구매 관리 작업을 한다. 단, 여기서는 배송 관련 작성은 하지 않는다.

따라서 관리자 영역은 크게 관리자를 인증하는 부분과 상품 관리를 하는 부분 및 구매 관리를 하는 부분으로 나뉘어져 있다.

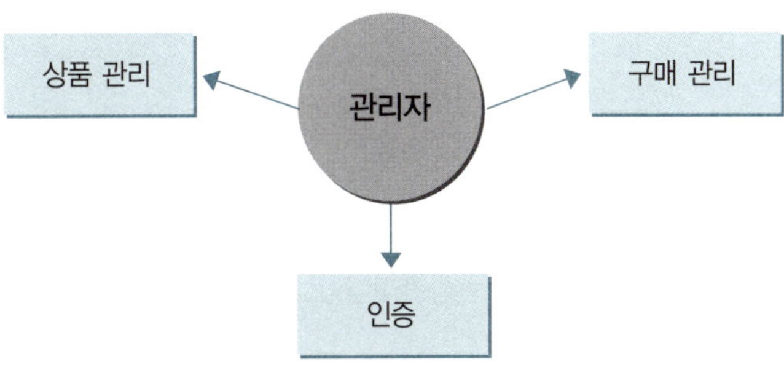

▲ 관리자 영역

관리자 영역을 프로그래밍하기 위해 먼저 자바빈을 작성한다.

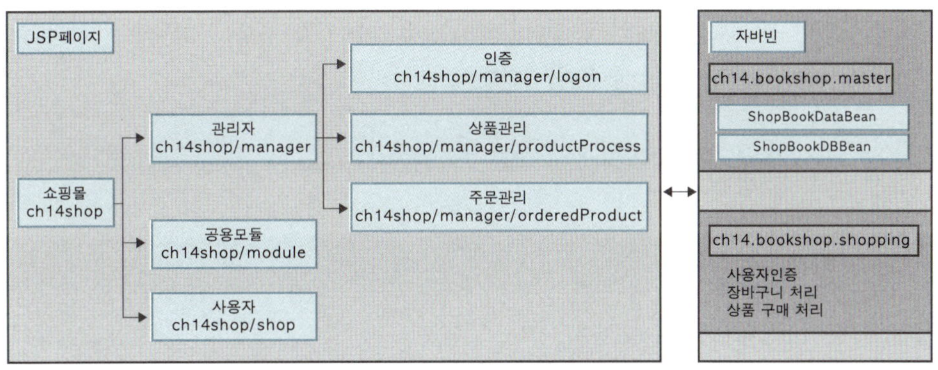

▲ 관리자 영역의 자바빈 : ch14.bookshop.master 패키지

1) 자바빈 작성

상품등록/수정 /삭제시 데이터 저장에 사용하는 빈 – ShopBookDataBean.java 작성

작성파일명	ShopBookDataBean.java
작성위치	Java Resources/src/ch14.bookshop.master
부록CD에서의 제공위치	source/ch14shop/manager

01 [StudyBasicJSP] 프로젝트의 [Java Resources]–[src]를 선택 후 마우스 오른쪽 버튼을 클릭해 [New]–[Package] 메뉴를 선택한다.

02 [New Java Package] 창이 표시되면, [Name] 항목에 ch14.bookshop.master를 입력 후 [Finish] 버튼을 클릭해 패키지를 생성한다.

03 ShopBookDataBean.java 파일을 작성하기 위해 [ch14.bookshop.master] 패키지를 선택하고, 마우스 오른쪽 버튼을 클릭해 [New]–[Class] 메뉴를 선택한다.

04 [New Java Class] 창이 표시되면 [Package] 항목의 값이 ch14.bookshop.master인 것을 확인한 후, [Name] 항목에 ShopBookDataBean을 입력한다. 나머지는 기본값을 그대로 사용하고 [Finish] 버튼을 클릭한다.

05 완성된 ShopBookDataBean.java 파일은 다음과 같다.

```
01    package ch14.bookshop.master;
02
03    import java.sql.Timestamp;
04
05    public class ShopBookDataBean {
06        private int book_id; //책의 등록번호
07        private String book_kind; //책의 분류
08        private String book_title; //책이름
09        private int book_price; //책가격
10        private short book_count; //책의 재고수량
```

```java
        private String author; //저자
        private String publishing_com; //출판사
        private String publishing_date; //출판일
        private String book_image; //책 이미지명
        private String book_content; //책의 내용
        private byte discount_rate; //책의 할인율
        private Timestamp reg_date; //책의 등록날짜

        public int getBook_id() {
                return book_id;
        }
        public void setBook_id(int book_id) {
                this.book_id = book_id;
        }
        public String getBook_kind() {
                return book_kind;
        }
        public void setBook_kind(String book_kind) {
                this.book_kind = book_kind;
        }
        public String getBook_title() {
                return book_title;
        }
        public void setBook_title(String book_title) {
                this.book_title = book_title;
        }
        public int getBook_price() {
                return book_price;
        }
        public void setBook_price(int book_price) {
                this.book_price = book_price;
        }
        public short getBook_count() {
                return book_count;
        }
        public void setBook_count(short book_count) {
```

```java
47            this.book_count = book_count;
48    }
49    public String getAuthor() {
50            return author;
51    }
52    public void setAuthor(String author) {
53            this.author = author;
54    }
55    public String getPublishing_com() {
56            return publishing_com;
57    }
58    public void setPublishing_com(String publishing_com) {
59            this.publishing_com = publishing_com;
60    }
61    public String getPublishing_date() {
62            return publishing_date;
63    }
64    public void setPublishing_date(String publishing_date) {
65            this.publishing_date = publishing_date;
66    }
67    public String getBook_image() {
68            return book_image;
69    }
70    public void setBook_image(String book_image) {
71            this.book_image = book_image;
72    }
73    public String getBook_content() {
74            return book_content;
75    }
76    public void setBook_content(String book_content) {
77            this.book_content = book_content;
78    }
79    public byte getDiscount_rate() {
80            return discount_rate;
81    }
82    public void setDiscount_rate(byte discount_rate) {
```

```
83              this.discount_rate = discount_rate;
84      }
85      public Timestamp getReg_date() {
86              return reg_date;
87      }
88      public void setReg_date(Timestamp reg_date) {
89              this.reg_date = reg_date;
90      }
91
92  }
```

상품을 등록/수정/삭제시 데이터베이스와 연동하는 빈 – ShopBookDBBean.java 작성

작성파일명	ShopBookDBBean.java
작성위치	Java Resources/src/ch14.bookshop.master
부록CD에서의 제공위치	source/ch14shop/manager

01 ShopBookDBBean.java 파일을 작성하기 위해 [ch14.bookshop.master] 패키지를 선택하고, 마우스 오른쪽 버튼을 클릭해 [New]–[Class] 메뉴를 선택한다.

02 [New Java Class] 창이 표시되면 [Package] 항목의 값이 ch14.bookshop.master인 것을 확인한 후, [Name] 항목에 "ShopBookDBBean"을 입력한다. 나머지는 기본값을 그대로 사용하고 [Finish] 버튼을 클릭한다.

03 클래스가 생성되면 다음과 같이 입력해 DB 연동빈을 완성한다.

```
01  package ch14.bookshop.master;
02
03  import java.sql.Connection;
```

```java
04  import java.sql.PreparedStatement;
05  import java.sql.ResultSet;
06  import java.sql.SQLException;
07  import java.util.ArrayList;
08  import java.util.List;
09  import javax.naming.Context;
10  import javax.naming.InitialContext;
11  import javax.sql.DataSource;
12
13  public class ShopBookDBBean {
14
15      private static ShopBookDBBean instance
16                      = new ShopBookDBBean();
17
18      public static ShopBookDBBean getInstance() {
19          return instance;
20      }
21
22      private ShopBookDBBean() {}
23
24      // 커넥션풀로부터 커넥션객체를 얻어내는 메소드
25      private Connection getConnection() throws Exception {
26          Context initCtx = new InitialContext();
27          Context envCtx = (Context) initCtx.lookup( "java:comp/env" );
28          DataSource ds = (DataSource)envCtx.lookup( "jdbc/basicjsp" );
29          return ds.getConnection();
30      }
31
32      // 관리자 인증 메소드
33      public int managerCheck(String id, String passwd)
34      throws Exception {
35          Connection conn = null;
36          PreparedStatement pstmt = null;
37          ResultSet rs= null;
38          String dbpasswd="";
39          int x=-1;
```

```java
40
41        try {
42            conn = getConnection();
43
44            pstmt = conn.prepareStatement(
45                    "select managerPasswd from manager where managerId = ? ");
46            pstmt.setString(1, id);
47
48            rs= pstmt.executeQuery();
49
50                    if(rs.next()){
51                            dbpasswd= rs.getString( "managerPasswd" );
52                            if(dbpasswd.equals(passwd))
53                                    x= 1; //인증 성공
54                            else
55                                    x= 0; //비밀번호 틀림
56                    }else
57                            x= -1;//해당 아이디 없음
58
59        } catch(Exception ex) {
60            ex.printStackTrace();
61        } finally {
62            if (rs != null)
63                try { rs.close(); } catch(SQLException ex) {}
64            if (pstmt != null)
65                try { pstmt.close(); } catch(SQLException ex) {}
66            if (conn != null)
67                try { conn.close(); } catch(SQLException ex) {}
68        }
69        return x;
70    }
71
72 //책 등록 메소드
73 public void insertBook(ShopBookDataBean book)
74 throws Exception {
75     Connection conn = null;
```

```java
76        PreparedStatement pstmt = null;
77
78     try {
79        conn = getConnection();
80
81        pstmt = conn.prepareStatement(
82             "insert into book values (?,?,?,?,?,?,?,?,?,?,?,?)" );
83        pstmt.setInt(1,book.getBook_id());
84        pstmt.setString(2, book.getBook_kind());
85        pstmt.setString(3, book.getBook_title());
86        pstmt.setInt(4, book.getBook_price());
87        pstmt.setShort(5, book.getBook_count());
88        pstmt.setString(6, book.getAuthor());
89        pstmt.setString(7, book.getPublishing_com());
90        pstmt.setString(8, book.getPublishing_date());
91        pstmt.setString(9, book.getBook_image());
92        pstmt.setString(10, book.getBook_content());
93        pstmt.setByte(11,book.getDiscount_rate());
94        pstmt.setTimestamp(12, book.getReg_date());
95
96        pstmt.executeUpdate();
97
98     } catch(Exception ex) {
99        ex.printStackTrace();
100    } finally {
101       if (pstmt != null)
102            try { pstmt.close(); } catch(SQLException ex) {}
103       if (conn != null)
104            try { conn.close(); } catch(SQLException ex) {}
105    }
106  }
107
108   // 전체등록된 책의 수를 얻어내는 메소드
109   public int getBookCount()
110 throws Exception {
111   Connection conn = null;
```

```java
112         PreparedStatement pstmt = null;
113         ResultSet rs = null;
114
115         int x=0;
116
117         try {
118             conn = getConnection();
119
120             pstmt = conn.prepareStatement( "select count(*) from book" );
121             rs = pstmt.executeQuery();
122
123             if (rs.next())
124                 x= rs.getInt(1);
125         } catch(Exception ex) {
126             ex.printStackTrace();
127         } finally {
128             if (rs != null)
129                 try { rs.close(); } catch(SQLException ex) {}
130             if (pstmt != null)
131                 try { pstmt.close(); } catch(SQLException ex) {}
132             if (conn != null)
133                 try { conn.close(); } catch(SQLException ex) {}
134         }
135         return x;
136     }
137
138 // 분류별또는 전체등록된 책의 정보를 얻어내는 메소드
139 public List〈ShopBookDataBean〉 getBooks(String book_kind)
140     throws Exception {
141     Connection conn = null;
142     PreparedStatement pstmt = null;
143     ResultSet rs = null;
144     List〈ShopBookDataBean〉 bookList=null;
145
146     try {
147         conn = getConnection();
```

```java
148
149        String sql1 = "select * from book";
150        String sql2 = "select * from book ";
151        sql2 += "where book_kind = ? order by reg_date desc";
152
153        if(book_kind.equals("all")){
154            pstmt = conn.prepareStatement(sql1);
155        }else{
156            pstmt = conn.prepareStatement(sql2);
157            pstmt.setString(1, book_kind);
158        }
159            rs = pstmt.executeQuery();
160
161        if (rs.next()) {
162            bookList = new ArrayList<ShopBookDataBean>();
163            do{
164                ShopBookDataBean book= new ShopBookDataBean();
165
166                book.setBook_id(rs.getInt("book_id"));
167                book.setBook_kind(rs.getString("book_kind"));
168                book.setBook_title(rs.getString("book_title"));
169                book.setBook_price(rs.getInt("book_price"));
170                book.setBook_count(rs.getShort("book_count"));
171                book.setAuthor(rs.getString("author"));
172                book.setPublishing_com(rs.getString("publishing_com"));
173                book.setPublishing_date(rs.getString("publishing_date"));
174                book.setBook_image(rs.getString("book_image"));
175                book.setDiscount_rate(rs.getByte("discount_rate"));
176                book.setReg_date(rs.getTimestamp("reg_date"));
177
178                bookList.add(book);
179            }while(rs.next());
180        }
181    } catch(Exception ex) {
182        ex.printStackTrace();
183    } finally {
```

```java
184        if (rs != null)
185            try { rs.close(); } catch(SQLException ex) {}
186        if (pstmt != null)
187            try { pstmt.close(); } catch(SQLException ex) {}
188        if (conn != null)
189            try { conn.close(); } catch(SQLException ex) {}
190    }
191    return bookList;
192 }
193
194    // 쇼핑몰 메인에 표시하기 위해서 사용하는 분류별 신간책목록을 얻어내는 메소드
195    public ShopBookDataBean[] getBooks(String book_kind,int count)
196 throws Exception {
197    Connection conn = null;
198    PreparedStatement pstmt = null;
199    ResultSet rs = null;
200    ShopBookDataBean bookList[]=null;
201    int i=0;
202
203    try {
204        conn = getConnection();
205
206        String sql = "select * from book where book_kind = ? ";
207        sql += "order by reg_date desc limit ?,?" ;
208
209        pstmt = conn.prepareStatement(sql);
210        pstmt.setString(1, book_kind);
211        pstmt.setInt(2, 0);
212        pstmt.setInt(3, count);
213        rs = pstmt.executeQuery();
214
215        if (rs.next()) {
216            bookList = new ShopBookDataBean[count];
217            do{
218                ShopBookDataBean book= new ShopBookDataBean();
219                book.setBook_id(rs.getInt("book_id"));
```

```java
220            book.setBook_kind(rs.getString( "book_kind" ));
221            book.setBook_title(rs.getString( "book_title" ));
222            book.setBook_price(rs.getInt( "book_price" ));
223            book.setBook_count(rs.getShort( "book_count" ));
224            book.setAuthor(rs.getString( "author" ));
225            book.setPublishing_com(rs.getString( "publishing_com" ));
226            book.setPublishing_date(rs.getString( "publishing_date" ));
227            book.setBook_image(rs.getString( "book_image" ));
228            book.setDiscount_rate(rs.getByte( "discount_rate" ));
229            book.setReg_date(rs.getTimestamp( "reg_date" ));
230
231            bookList[i]=book;
232
233            i++;
234          }while(rs.next());
235        }
236    } catch(Exception ex) {
237      ex.printStackTrace();
238    } finally {
239      if (rs != null)
240        try { rs.close(); } catch(SQLException ex) {}
241      if (pstmt != null)
242        try { pstmt.close(); } catch(SQLException ex) {}
243      if (conn != null)
244        try { conn.close(); } catch(SQLException ex) {}
245    }
246    return bookList;
247 }
248
249 // bookId에 해당하는 책의 정보를 얻어내는 메소드로
250 //등록된 책을 수정하기 위해 수정폼으로 읽어들기이기 위한 메소드
251 public ShopBookDataBean getBook(int bookId)
252 throws Exception {
253    Connection conn = null;
254    PreparedStatement pstmt = null;
255    ResultSet rs = null;
```

```java
256        ShopBookDataBean book=null;
257
258        try {
259           conn = getConnection();
260
261           pstmt = conn.prepareStatement(
262                "select * from book where book_id = ?" );
263           pstmt.setInt(1, bookId);
264
265           rs = pstmt.executeQuery();
266
267           if (rs.next()) {
268              book = new ShopBookDataBean();
269
270              book.setBook_kind(rs.getString( "book_kind" ));
271              book.setBook_title(rs.getString( "book_title" ));
272              book.setBook_price(rs.getInt( "book_price" ));
273              book.setBook_count(rs.getShort( "book_count" ));
274              book.setAuthor(rs.getString( "author" ));
275              book.setPublishing_com(rs.getString( "publishing_com" ));
276              book.setPublishing_date(rs.getString( "publishing_date" ));
277              book.setBook_image(rs.getString( "book_image" ));
278              book.setBook_content(rs.getString( "book_content" ));
279              book.setDiscount_rate(rs.getByte( "discount_rate" ));
280           }
281        } catch(Exception ex) {
282           ex.printStackTrace();
283        } finally {
284           if (rs != null)
285              try { rs.close(); } catch(SQLException ex) {}
286           if (pstmt != null)
287              try { pstmt.close(); } catch(SQLException ex) {}
288           if (conn != null)
289              try { conn.close(); } catch(SQLException ex) {}
290        }
291        return book;
```

```java
292    }
293
294    // 등록된 책의 정보를 수정시 사용하는 메소드
295    public void updateBook(ShopBookDataBean book, int bookId)
296    throws Exception {
297       Connection conn = null;
298       PreparedStatement pstmt = null;
299       String sql;
300
301       try {
302          conn = getConnection();
303
304          sql = "update book set book_kind=?,book_title=?,book_price=?";
305          sql += ",book_count=?,author=?,publishing_com=?,publishing_date=?";
306          sql += ",book_image=?,book_content=?,discount_rate=?";
307          sql += " where book_id=?";
308
309          pstmt = conn.prepareStatement(sql);
310
311          pstmt.setString(1, book.getBook_kind());
312          pstmt.setString(2, book.getBook_title());
313          pstmt.setInt(3, book.getBook_price());
314          pstmt.setShort(4, book.getBook_count());
315          pstmt.setString(5, book.getAuthor());
316          pstmt.setString(6, book.getPublishing_com());
317          pstmt.setString(7, book.getPublishing_date());
318          pstmt.setString(8, book.getBook_image());
319          pstmt.setString(9, book.getBook_content());
320          pstmt.setByte(10, book.getDiscount_rate());
321          pstmt.setInt(11, bookId);
322
323          pstmt.executeUpdate();
324
325       } catch(Exception ex) {
326          ex.printStackTrace();
327       } finally {
```

```java
328        if (pstmt != null)
329            try { pstmt.close(); } catch(SQLException ex) {}
330        if (conn != null)
331            try { conn.close(); } catch(SQLException ex) {}
332      }
333    }
334
335  // bookId에 해당하는 책의 정보를 삭제시 사용하는 메소드
336  public void deleteBook(int bookId)
337  throws Exception {
338      Connection conn = null;
339      PreparedStatement pstmt = null;
340      ResultSet rs= null;
341
342      try {
343      conn = getConnection();
344
345        pstmt = conn.prepareStatement(
346            "delete from book where book_id=?" );
347        pstmt.setInt(1, bookId);
348
349        pstmt.executeUpdate();
350
351    } catch(Exception ex) {
352        ex.printStackTrace();
353    } finally {
354      if (rs != null)
355          try { rs.close(); } catch(SQLException ex) {}
356      if (pstmt != null)
357          try { pstmt.close(); } catch(SQLException ex) {}
358      if (conn != null)
359          try { conn.close(); } catch(SQLException ex) {}
360      }
361    }
362 }
```

25~30 getConnection() 메소드는 커넥션 풀로부터 커넥션을 얻어낼 때 사용한다.

23~70 managerCheck(String id, String passwd)메소드는 관리자의 인증을 처리하는 메소드로, [ch14shopping]―[manager]―[logon] 폴더의 [managerLoginPro.jsp] 페이지에서 이 메소드를 사용해서 인증을 처리한다.

73~106 insertBook(ShopBookDataBean book) 메소드는 새로운 책을 등록하는 메소드로, [ch14shopping]―[manager]―[productProcess] 폴더의 [bookRegisterPro.jsp] 페이지에서 사용한다.

109~136 getBookCount()메소드는 전체 등록된 책의 수를 얻어내는 메소드로, [ch14shopping]―[manager]―[orderedProduct] 폴더의 [orderedList.jsp] 페이지에서 사용하는 메소드이다.

139~192 getBooks(String book_kind)메소드는 분류별 또는 전체 등록된 책의 정보를 얻어내는 메소드로, [ch14shopping]―[manager]―[productProcess] 폴더의 [bookList.jsp] 페이지와 [ch14shopping]―[shop] 폴더의 [list.jsp] 페이지에서 사용하는 메소드이다.

195~247 getBooks(String book_kind,int count)메소드는 쇼핑몰 메인에 표시하기 위해서 사용하는 분류별 신간 책목록을 얻어내는 메소드로, [ch14shopping]―[shop] 폴더의[introList.jsp] 페이지에서 사용하는 메소드이다.

251~292 getBook(int bookId)메소드는 bookId에 해당하는 책의 정보를 얻어내는 메소드로, 등록된 책을 수정하기 위해 수정 폼인 [ch14shopping]―[manager]―[productProcess] 폴더의 [bookUpdateForm.jsp] 페이지에서 사용한다.

295~333 updateBook(ShopBookDataBean book, int bookId) 메소드는 등록된 책의 정보 수정 시 사용하는 메소드로, [ch14shopping]―[manager]―[productProcess] 폴더의 [bookUpdatePro.jsp] 페이지에서 사용한다.

336~361 deleteBook(int bookId)은 bookId에 해당하는 책의 정보 삭제 시 사용하는 메소드로, [ch14shopping]―[manager]―[productProcess] 폴더의 [bookDeletePro.jsp]에서 사용한다.

2) 관리자의 메인 페이지 및 인증 관련 페이지의 작성

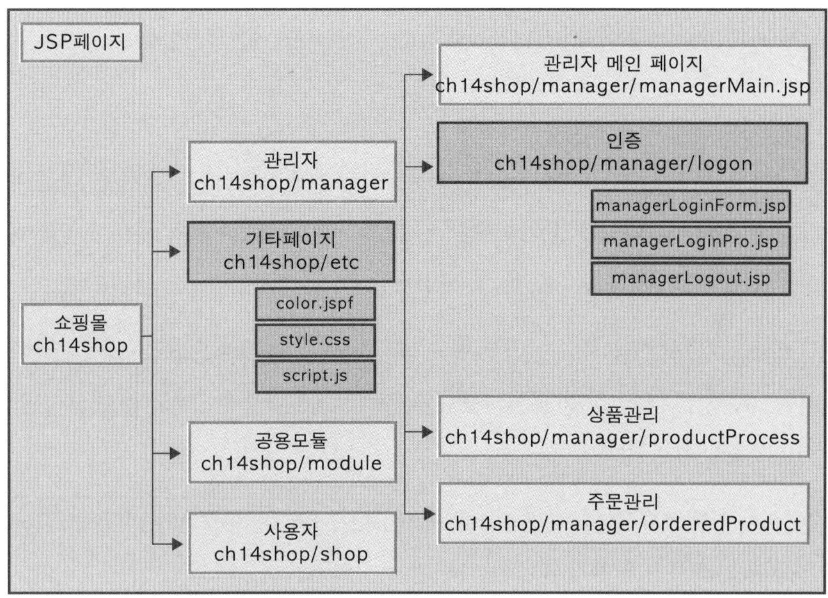

▲ 관리자의 메인 페이지 및 인증 관련 페이지

〈결과화면〉

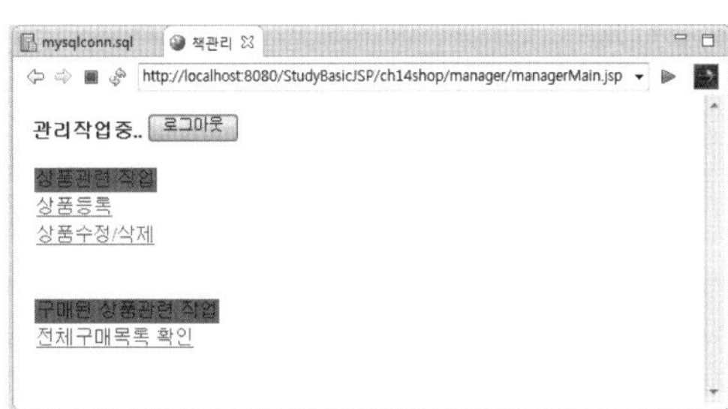

▲ 관리자 로그인시 메인인 managerMain.jsp 페이지의 실행 결과

❶ 관리자 메인 페이지 managerMain.jsp 작성

관리자 메인 페이지를 작성하기 전에 쇼핑몰과 관련된 모든 웹 페이지를 저장하는 [ch14shop] 폴더와 관리자 영역인 [ch14shop/manager] 폴더를 작성한다.

[ch14shop] 폴더와 [ch14shop/manager] 작성

[WebContent]에 [ch14shop] 폴더와 [ch14shop]-[manager] 폴더를 생성한다.

01 [StudyBasicJSP]의 [WebContent] 폴더를 선택하고, 마우스 오른쪽 버튼을 클릭해 [New]-[Folder] 메뉴를 선택한다. [New Folder] 창이 표시되면 [Folder name] 항목에 "ch14shop"를 입력하고 [Finish] 버튼을 클릭한다.

02 생성한 [ch14shop] 폴더를 선택하고, 마우스 오른쪽 버튼을 클릭해 [New]-[Folder] 메뉴를 선택한다. [New Folder] 창이 표시되면 [Folder name] 항목에 "manager"를 입력하고 [Finish] 버튼을 클릭한다.

03 [Project Explorer] 뷰에서 [WebContent] 폴더 안에 [ch14shop] 폴더와 이 폴더의 하위 폴더로 [manager] 폴더가 생성된 것을 확인할 수 있다.

▲ [ch14shop] 폴더와 [ch14shop/manager] 폴더 생성

기타 페이지 가져오기

기타 파일은 작성하지 않고 가져오기 한다.

가져올 기타 페이지

작성파일명	color.jspf
위치	StudyBasicJSP/WebContent/ch14shop/etc
부록CD에서의 제공위치	source/ch14shop/etc

작성파일명	style.css
위치	StudyBasicJSP/WebContent/ch14shop/etc
부록CD에서의 제공위치	source/ch14shop/etc

작성파일명	script.js
위치	StudyBasicJSP/WebContent/ch14shop/etc
부록CD에서의 제공위치	source/ch14shop/etc

01 [ch14shop] 폴더를 선택하고, 마우스 오른쪽 버튼을 클릭해 [New]-[Folder] 메뉴를 선택한다. [New Folder] 창이 표시되면 [Folder name] 항목에 "etc"를 입력하고 [Finish] 버튼을 클릭한다.

02 파일이 있는 부록CD의 source\ch14shop\etc 폴더에서 color.jspf, script.js, style.css 파일을 복사한다.

03 [Project Exporer] 뷰에서 [StudyBasicJSP]-[WebContent]-[ch14shop]-[etc] 폴더에 붙여넣기 한다.

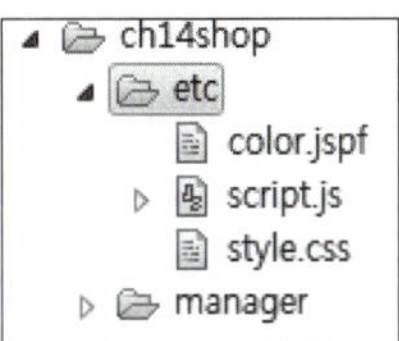

▲ 생성된 [etc] 폴더에 파일을 가져온 결과

 관리자 메인 페이지 managerMain.jsp 작성

관리자 인증, 상품의 관리 및 구매 관리를 하는 메인 페이지 managerMain.jsp를 작성한다. 작성파일의 정보는 다음과 같다.

관리자 메인 managerMain.jsp 페이지

작성파일명	managerMain.jsp
작성위치	StudyBasicJSP/WebContent/ch14shop/manager
부록CD에서의 제공위치	source/ch14shop/manager

01 managerMain.jsp 페이지를 [ch14shop]-[manager] 폴더에 작성한다.

02 managerMain.jsp 페이지의 기본적인 코딩이 작성되면 다음과 같이 수정한 후 저장한다.

```jsp
01  <%@ page language="java" contentType="text/html; charset=UTF-8"
02    pageEncoding="UTF-8"%>
03
04  <%@ include file="../etc/color.jspf"%>
05
06  <%
07    String managerId ="";
08    try{
09        managerId = (String)session.getAttribute("managerId");
10
11        if(managerId==null || managerId.equals("")){
12          response.sendRedirect("logon/managerLoginForm.jsp");
13          }else{
14  %>
15  <html>
16  <head>
17  <title>책관리</title>
18  </head>
19  <body>
20    <form method="post" action="logon/managerLogout.jsp">
21        <b>관리작업중.. </b> <input type="submit" value="로그아웃">
22    </form>
23
24    <table>
25      <tr> <td align="center" bgcolor="<%=bar%>"> 상품관련 작업</td> </tr>
26      <tr> <td>
27      <a href='productProcess/bookRegisterForm.jsp'> 상품등록</a> </td> </tr>
28      <tr> <td>
29      <a href='productProcess/bookList.jsp?book_kind=all'> 상품수정/삭제</a>
30      </td> </tr>
31    </table> <br> <br>
32
```

```
33    〈table〉
34       〈tr〉〈td align="center" bgcolor="〈%=bar%〉"〉구매된 상품관련 작업〈/td〉〈/tr〉
35       〈tr〉〈td〉
36       〈a href='orderedProduct/orderedList.jsp'〉 전체구매목록 확인〈/a〉〈/td〉〈/tr〉
37       〈/table〉
38    〈/body〉
39    〈/html〉
40    〈%
41          }
42       }catch(Exception e){
43          e.printStackTrace();
44       }
45    %〉
```

소스 코드 설명

09   세션 설정된 속성값을 얻어내 managerId 변수에 저장한다.

11   if(managerId==null || managerId.equals("")){는 세션 속성값이 없는 경우, 즉 인증된 관리자가 아닌 경우 12라인으로 이동해 response.sendRedirect("logon/managerLoginForm.jsp");를 수행한다. 즉, 관리자 인증 폼으로 이동한다. 만일 인증된 관리자인 경우 else문 즉, 13~41라인을 수행해 관리자 화면이 표시된다.

관리자 메인 페이지의 작성이 끝났으니, 관리자 인증 페이지를 한다. 관리자의 인증 관련 페이지는 모두 [ch14shop]-[manager]-[logon] 폴더에 위치한다.

❷ 관리자 인증 페이지 작성

여기서는 관리자 인증과 관련된 페이지들인 관리자의 인증을 위한 로그인 폼 manager LoginForm.jsp 페이지와 로그인 처리 managerLoginPro.jsp 페이지를 작성하고, 로그아웃을 처리하는 managerLogout.jsp 페이지를 작성한다.

 [ch14shop/manager/logon] 폴더 작성

관리자 인증 관련 웹 페이지를 저장하는 [logon] 폴더를 [ch14shop/manager]에 생성한다.

(01) [WebContent]-[ch14shop]-[manager] 폴더를 선택하고, 마우스 오른쪽 버튼을 클릭해 [New]-[Folder] 메뉴를 선택한다. [New Folder] 창이 표시되면 [Folder name] 항목에 "logon"을 입력하고 [Finish] 버튼을 클릭한다.

(02) [Project Explorer] 뷰에서 [WebContent]-[ch14shop]-[manager] 폴더 안에 [logon] 폴더가 생성된 것을 확인할 수 있다.

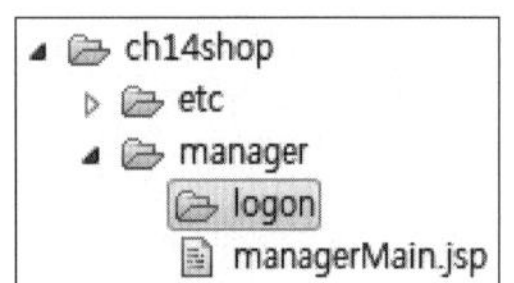

▲ [ch14shop/manager/logon] 폴더 생성

 로그인 폼, 로그인 처리 페이지 및 로그아웃 페이지 작성

관리자의 인증을 위한 로그인 폼 managerLoginForm.jsp 페이지와 로그인 처리 managerLoginPro.jsp 페이지를 작성한다. 또한 로그아웃을 하기 위한 페이지도 작성한다.

실행 결과는 다음과 같다.

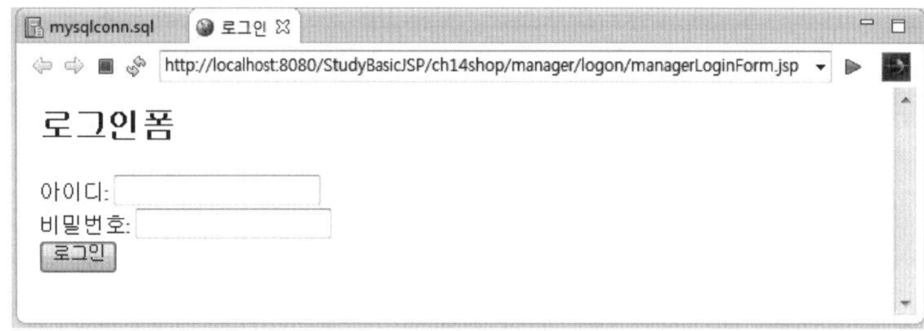

▲ 관리자 로그인 화면 managerLoginForm.jsp 페이지

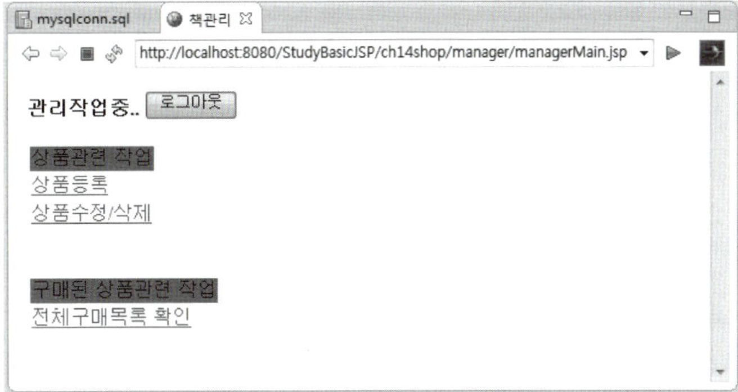

▲ 관리자 로그인 성공시 managerMain.jsp 페이지가 표시

작성파일의 정보는 다음과 같다.

관리자 로그인 폼 managerLoginForm.jsp 페이지

작성파일명	managerLoginForm.jsp
작성위치	StudyBasicJSP/WebContent/ch14shop/manager/logon
부록CD에서의 제공위치	source/ch14shop/manager/logon

관리자 로그인을 처리하는 managerLoginPro.jsp 페이지

작성파일명	managerLoginPro.jsp
작싱위치	StudyBasicJSP/WebContent/ch14shop/manager/logon
부록CD에서의 제공위치	source/ch14shop/manager/logon

관리자 로그아웃을 처리하는 managerLogout.jsp 페이지

작성파일명	managerLogout.jsp
작성위치	StudyBasicJSP/WebContent/ch14shop/manager/logon
부록CD에서의 제공위치	source/ch14shop/manager/logon

01 managerLoginForm.jsp 페이지를 [ch14shop]-[manager]-[logon] 폴더에 작성한다.

02 managerLoginForm.jsp 페이지의 기본적인 코딩이 작성되면, 다음과 같이 수정한 후
저장한다.

```
01  <%@ page language="java" contentType="text/html; charset=UTF-8"
02      pageEncoding="UTF-8"%>
03
04  <html>
05  <head>
06  <title>로그인</title>
07  </head>
08  <body>
09   <h2>로그인 폼</h2>
10
11    <form method="post" action="managerLoginPro.jsp">
12        아이디: <input type="text" name="id" maxlength="50"
13          style="ime-mode:inactive;"> <br>
14        비밀번호: <input type="password" name="passwd" maxlength="16"
15          style="ime-mode:inactive;"> <br>
16      <input type="submit" value="로그인">
17    </form>
18  </body>
19  </html>
```

소스 코드 설명

11~17 <form> 태그영역으로 아이디와 비밀번호를 입력하고 [로그인] 버튼을 클릭하면 프로그램의 제어가
managerLoginPro.jsp로 이동한다.

03 managerLoginPro.jsp 페이지를 [ch14shop]–[manager]–[logon] 폴더에 저장한다.

04 managerLoginPro.jsp 페이지의 기본적인 코딩이 작성되면 다음과 같이 수정한 후 저
장한다.

```jsp
01  <%@ page language="java" contentType="text/html; charset=UTF-8"
02     pageEncoding="UTF-8"%>
03  <%@ page import="ch14.bookshop.master.ShopBookDBBean"%>
04
05  <% request.setCharacterEncoding("utf-8");%>
06
07  <%
08     String id = request.getParameter("id");
09     String passwd  = request.getParameter("passwd");
10
11     ShopBookDBBean manager = ShopBookDBBean.getInstance();
12     int check = manager.managerCheck(id,passwd);
13
14     if(check == 1){
15        session.setAttribute("managerId",id);
16        response.sendRedirect("../managerMain.jsp");
17     }else if(check == 0){%>
18     <script>
19       alert("비밀번호가 맞지 않습니다.");
20      history.go(-1);
21     </script>
22  <% }else{ %>
23     <script>
24       alert("아이디가 맞지 않습니다..");
25       history.go(-1);
26     </script>
27  <% }%>
```

08~12 관리자가 입력한 아이디와 비밀번호를 얻어내 12라인에서 manager.managerCheck(id,passwd) 메소드를 호출한다. 이 메소드는 관리자가 입력한 아이디와 비밀번호가 맞는지를 확인하여 맞으면 1을, 아이디는 맞으나 비밀번호가 틀리면 0을, 아이디가 맞지 않으면 −1을 리턴한다. 이 값은 check 변수에 저장된다.

14~27 check 변수의 값이 1이면 15라인에서 세션 속성 menagerId에 값을 설정하고, manageMain.jsp 페이지로 이동한다. 그렇지 않으면 상황에 따른 메시지 상자가 표시된다.

05 managerLogout.jsp 페이지를 [ch14shop]-[manager]-[logon] 폴더에 저장한다.

06 managerLogout.jsp 페이지의 기본적인 코딩이 작성되면, 다음과 같이 수정한 후 저장한다.

```
01  <%@ page language="java" contentType="text/html; charset=UTF-8"
02     pageEncoding="UTF-8"%>
03
04  <% session.invalidate(); %>
05
06  <script>
07     alert("로그아웃 되었습니다.");
08     location.href="../managerMain.jsp";
09  </script>
```


04 <%session.invalidate( ); %>에서 모든 세션 속성을 무효화한다.

06~09 "로그아웃 되었습니다."라는 메시지가 표시된 후 [확인] 버튼을 클릭하면, 프로그램 제어가 managerMain.jsp 페이지로 이동한다.

07 managerLogout.jsp 페이지의 수정이 끝나면 managerMain.jsp 파일을 선택하고, 마우스 오른쪽 버튼을 클릭해 [Run As]-[Run on Server] 메뉴를 선택 후 [Finish] 버튼을 눌러 실행한다.

08 관리자 로그인을 하지 않아 managerMain.jsp에서 manager LoginForm.jsp 페이지로 제어가 이동한다.

관리자 로그인 화면이 표시되면 관리자 아이디와 비밀번호를 입력 후 [로그인] 버튼을 클릭한다.

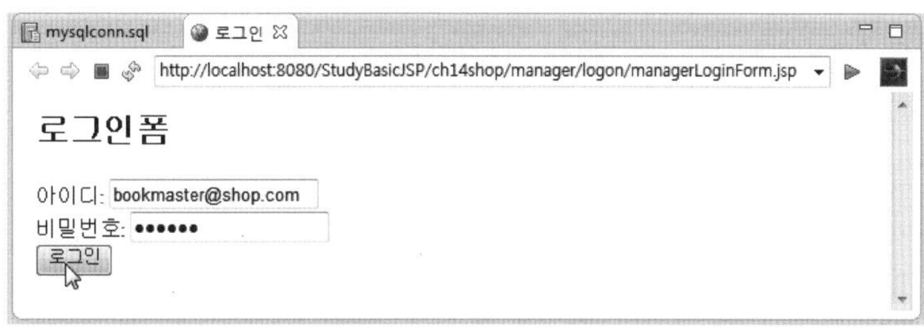

로그인에 성공해 관리자 인증이 되면, 관리자 메인 화면이 표시된다.

관리자 인증에 성공하면 상품등록 및 수정 삭제 작업을 수행할 수 있다. 또한 구매 목록 관리도 할 수 있다.

3) 상품등록, 수정 및 삭제 작업

여기서는 관리자가 하는 주요한 작업 중의 하나인 상품의 등록, 수정 및 삭제 작업을 수행한다.

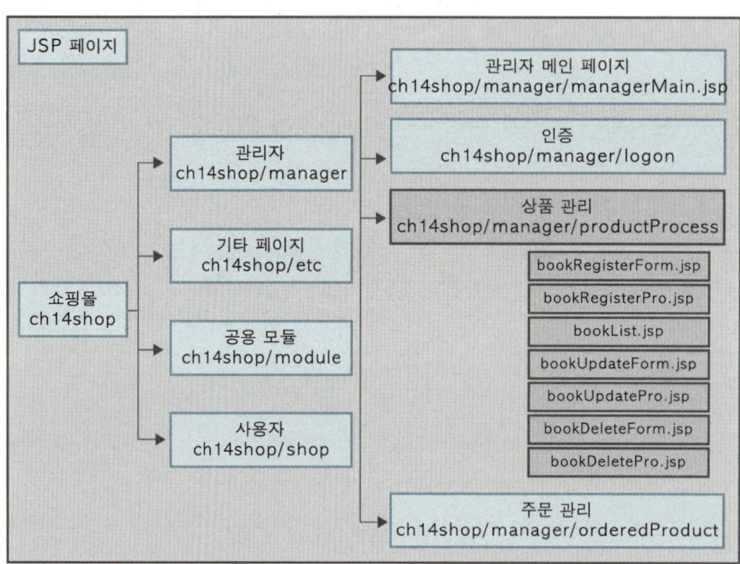

▲ 관리자의 상품 관리 관련 페이지

❶ 상품등록

관리자 영역에서 상품등록과 관련된 페이지들을 작성한다.

실습 | [imageFile] 폴더 작성

등록한 상품의 이미지를 저장하는 [imageFile] 폴더를 [WebContent]에 생성한다.

01 [WebContent]를 선택하고, 마우스 오른쪽 버튼을 클릭해 [New]-[Folder] 메뉴를 선택한다. [New Folder] 창이 표시되면 [Folder name] 항목에 "imageFile"를 입력하고 [Finish] 버튼을 클릭한다.

02 [Project Explorer] 뷰에서 [WebContent] 폴더 안에 [imageFile] 폴더가 생성된 것을
확인할 수 있다.

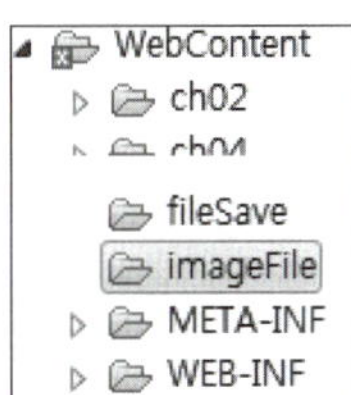

▲ [imageFile 폴더 생성]

 [ch14shop/manager/productProcess] 폴더 작성

상품 관리 관련 웹 페이지를 저장하는 [productProcess] 폴더를 [ch14shop/manager]에
생성한다.

01 [WebContent]-[ch14shop]-[manager] 폴더를 선택하고, 마우스 오른쪽 버튼을 클릭
해 [New]-[Folder] 메뉴를 선택한다. [New Folder] 창이 표시되면 [Folder name] 항목
에 "productProcess"를 입력하고 [Finish] 버튼을 클릭한다.

02 [Project Explorer] 뷰에서 [WebContent]-[ch14shop]-[manager] 폴더 안에
[productProcess] 폴더가 생성된 것을 확인할 수 있다.

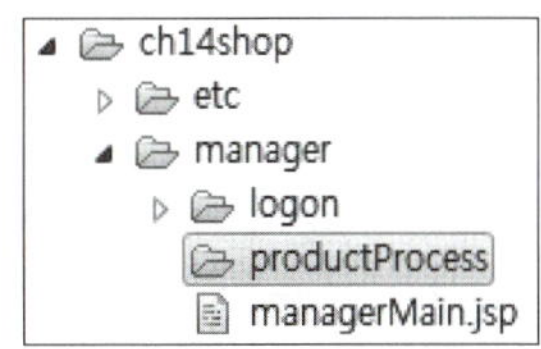

▲ [ch14shop/manager/productProcess] 폴더 생성

상품등록에 필요한 상품 이미지가 있는 [images] 폴더를 복사해 탐색기의 임의의 위치에
붙여넣기 한다. 이 폴더는 부록CD의 source\ch14shop\manager 폴더 안에 있다.

실습 상품등록 폼 작성 및 등록 처리 페이지 작성

상품등록 폼인 bookRegisterForm.jsp 페이지와 등록 처리를 하는 bookRegisterPro.jsp
페이지를 작성한다.

작성파일의 정보는 다음과 같다.

상품등록 폼 bookRegisterForm.jsp 페이지

작성파일명	bookRegisterForm.jsp
작성위치	StudyBasicJSP/WebContent/ch14shop/manager/productProcess
부록CD에서의 제공위치	source/ch14shop/manager/productProcess

상품등록 처리를 하는 bookRegisterPro.jsp 페이지

작성파일명	bookRegisterPro.jsp
작성위치	StudyBasicJSP/WebContent/ch14shop/manager/productProcess
부록CD에서의 제공위치	source/ch14shop/manager/productProcess

01 bookRegisterForm.jsp 페이지를 [ch14shop]-[manager]-[productProcess] 폴더에
저장한다.

02 bookRegisterForm.jsp 페이지의 기본적인 코딩이 작성되면 다음과 같이 수정한 후 저
장한다.

```jsp
01  <%@ page language="java" contentType="text/html; charset=UTF-8"
02      pageEncoding="UTF-8"%>
03  <%@ page import = "java.sql.Timestamp" %>
04
05  <%@ include file="../../etc/color.jspf"%>
06
07  <%
08    String managerId ="";
09    try{
10        managerId = (String)session.getAttribute("managerId");
11        if(managerId==null || managerId.equals("")){
12           response.sendRedirect("../logon/managerLoginForm.jsp");
13        }else{
14  %>
15  <html>
16  <head>
17  <title>상품등록</title>
18  <link href="../../etc/style.css" rel="stylesheet" type="text/css">
19  <script type="text/javascript" src="../../etc/script.js"></script>
20  </head>
21  <body bgcolor="<%=bodyback_c%>">
22  <p>책 등록</p>
23  <br>
24
25  <form method="post" name="writeform"
26      action="bookRegisterPro.jsp"  enctype="multipart/form-data">
27  <table>
28    <tr>
29     <td align="right" colspan="2" bgcolor="<%=value_c%>">
30        <a href="../managerMain.jsp"> 관리자 메인으로</a>
31     </td>
32    </tr>
33    <tr>
34     <td  width="100"  bgcolor="<%=value_c%>">분류 선택</td>
35     <td  width="400" align="left">
36        <select name="book_kind">
```

```
37            <option value="100">문학</option>
38            <option value="200">외국어</option>
39            <option value="300">컴퓨터</option>
40       </select>
41     </td>
42   </tr>
43   <tr>
44     <td width="100"  bgcolor="<%=value_c%>">제목</td>
45     <td width="400" align="left">
46        <input type="text" size="50" maxlength="50" name="book_title"></td>
47   </tr>
48   <tr>
49     <td width="100"  bgcolor="<%=value_c%>">가격</td>
50     <td width="400" align="left">
51        <input type="text" size="10" maxlength="9" name="book_price">원</td>
52   </tr>
53   <tr>
54     <td width="100"  bgcolor="<%=value_c%>">수량</td>
55     <td width="400" align="left">
56        <input type="text" size="10" maxlength="5" name="book_count">권</td>
57   </tr>
58   <tr>
59     <td width="100"  bgcolor="<%=value_c%>">저자</td>
60     <td width="400" align="left">
61        <input type="text" size="20" maxlength="30" name="author"></td>
62   </tr>
63   <tr>
64     <td width="100"  bgcolor="<%=value_c%>">출판사</td>
65     <td width="400" align="left">
66        <input type="text" size="20" maxlength="30" name="publishing_com"></td>
67   </tr>
68   <tr>
69     <td width="100"  bgcolor="<%=value_c%>">출판일</td>
70     <td width="400" align="left">
71        <select name="publishing_year">
72        <%
```

```
73        Timestamp nowTime  = new Timestamp(System.currentTimeMillis());
74        int lastYear = Integer.parseInt(nowTime.toString().substring(0,4));
75        for(int i=lastYear;i>=2010;i--){
76     %>
77            <option value="<%=i %>"> <%=i %> </option>
78     <%} %>
79     </select>년
80
81     <select name="publishing_month">
82     <%
83       for(int i=1;i<=12;i++){
84     %>
85            <option value="<%=i %>"> <%=i %> </option>
86     <%} %>
87     </select>월
88
89     <select name="publishing_day">
90     <%
91       for(int i=1;i<=31;i++){
92     %>
93            <option value="<%=i %>"> <%=i %> </option>
94     <%} %>
95     </select>일
96   </td>
97  </tr>
98  <tr>
99   <td width="100"  bgcolor="<%=value_c%>">이미지</td>
100   <td width="400" align="left">
101     <input type="file" name="book_image"> </td>
102  </tr>
103  <tr>
104   <td width="100"  bgcolor="<%=value_c%>">내용</td>
105   <td width="400" align="left">
106     <textarea name="book_content" rows="13" cols="40"> </textarea> </td>
107  </tr>
108  <tr>
```

```
109      <td  width="100"  bgcolor="<%=value_c%>">할인율</td>
110       <td  width="400" align="left">
111          <input type="text" size="5" maxlength="2" name="discount_rate">%</td>
112      </tr>
113    <tr>
114     <td colspan=2 bgcolor="<%=value_c%>" align="center">
115      <input type="button" value="책등록" onclick="checkForm(this.form)">
116      <input type="reset" value="다시 작성">
117    </td> </tr> </table>
118    </form>
119    </body>
120    </html>
121    <%
122          }
123    }catch(Exception e){
124        e.printStackTrace();
125    }
126    %>
```


이 폼은 이미지 파일을 업로드하기 때문에 파일 업로드 폼으로서의 형식을 갖추어야 한다. 즉, 25~26라인의
<form> 태그의 enctype 속성의 값을 "multipart/form-data"로 지정해야 한다.

```
25    <form method="post" name="writeform"
26    action="bookRegisterPro.jsp"  enctype="multipart/form-data">
```

03 bookRegisterPro.jsp 페이지를 [ch14shop]-[manager]-[productProcess] 폴더에 저
장한다.

04 bookRegisterPro.jsp 페이지의 기본적인 코딩이 작성되면, 다음과 같이 수정한 후 저
장한다.

```jsp
01  <%@ page language="java" contentType="text/html; charset=UTF-8"
02     pageEncoding="UTF-8"%>
03  <%@ page import = "ch14.bookshop.master.ShopBookDBBean" %>
04  <%@ page import = "java.sql.Timestamp" %>
05  <%@ page import="com.oreilly.servlet.MultipartRequest"%>
06  <%@ page import="com.oreilly.servlet.multipart.DefaultFileRenamePolicy"%>
07  <%@ page import="java.util.*"%>
08  <%@ page import="java.io.*"%>
09
10  <% request.setCharacterEncoding("utf-8");%>
11
12  <%
13     String realFolder = "";//웹 어플리케이션상의 절대 경로
14     String filename ="";
15     MultipartRequest imageUp = null;
16
17     String saveFolder = "/imageFile";//파일이 업로드되는 폴더를 지정한다.
18     String encType = "utf-8"; //엔코딩타입
19     int maxSize = 2*1024*1024;  //최대 업로드될 파일크기 5Mb
20     //현재 jsp페이지의 웹 어플리케이션상의 절대 경로를 구한다
21     ServletContext context = getServletContext();
22     realFolder = context.getRealPath(saveFolder);
23
24     try{
25        //전송을 담당할 콤포넌트를 생성하고 파일을 전송한다.
26        //전송할 파일명을 가지고 있는 객체, 서버상의 절대경로,최대 업로드될 파일크기, 문
자코드, 기본 보안 적용
27        imageUp = new MultipartRequest(
28           request,realFolder,maxSize,encType,new DefaultFileRenamePolicy());
29
30        //전송한 파일 정보를 가져와 출력한다
31        Enumeration<?> files = imageUp.getFileNames();
32
33        //파일 정보가 있다면
34        while(files.hasMoreElements()){
35           //input 태그의 속성이 file인 태그의 name 속성값 :파라미터이름
```

```jsp
36        String name = (String)files.nextElement();
37
38        //서버에 저장된 파일 이름
39        filename = imageUp.getFilesystemName(name);
40      }
41    }catch(Exception e){
42      e.printStackTrace();
43    }
44  %>
45
46  <jsp:useBean id="book" scope="page"
47        class="ch14.bookshop.master.ShopBookDataBean" >
48  </jsp:useBean>
49
50  <%
51   String book_kind = imageUp.getParameter("book_kind");
52   String book_title = imageUp.getParameter("book_title");
53   String book_price = imageUp.getParameter("book_price");
54   String book_count = imageUp.getParameter("book_count");
55   String author = imageUp.getParameter("author");
56   String publishing_com = imageUp.getParameter("publishing_com");
57   String book_content = imageUp.getParameter("book_content");
58   String discount_rate = imageUp.getParameter("discount_rate");
59
60   String year = imageUp.getParameter("publishing_year");
61   String month =
62              (imageUp.getParameter("publishing_month").length()==1)?
63              "0" + imageUp.getParameter("publishing_month"):
64              imageUp.getParameter("publishing_month");
65   String day =  (imageUp.getParameter("publishing_day").length()==1)?
66              "0" + imageUp.getParameter("publishing_day"):
67                   imageUp.getParameter("publishing_day");
68
69   book.setBook_kind(book_kind);
70   book.setBook_title(book_title);
71   book.setBook_price(Integer.parseInt(book_price));
```

```
72    book.setBook_count(Short.parseShort(book_count));
73    book.setAuthor(author);
74    book.setPublishing_com(publishing_com);
75    book.setPublishing_date(year+"-"+month+"-"+day);
76    book.setBook_image(filename);
77    book.setBook_content(book_content);
78    book.setDiscount_rate(Byte.parseByte(discount_rate));
79    book.setReg_date(new Timestamp(System.currentTimeMillis()));
80
81    ShopBookDBBean bookProcess = ShopBookDBBean.getInstance();
82    bookProcess.insertBook(book);
83
84    response.sendRedirect("bookList.jsp?book_kind="+book_kind);
85 %>
```

소스 코드 설명

업로드용 폼을 분석해야 하므로 일반적인 request.getParameter() 메소드로는 폼의 정보를 넘겨받을 수 없다. 여기서는 cos.jar를 사용했다.

이 소스는 크게 두 부분으로 나눌 수 있는데, 먼저 업로드 폼으로부터 파라미터 정보와 파일의 정보를 얻어내는 12~44라인 부분이고, 두 번째로는 이렇게 얻어내 입력한 새로운 상품의 정보를 book 테이블에 넣기 위한 46~85라인 부분이다.

❷ 등록된 상품목록 보기

등록된 상품의 목록을 보기 위한 페이지를 작성한다.

 **등록된 상품목록 보기 페이지 작성**

등록된 상품목록을 보기 위해 bookList.jsp 페이지를 작성한다.

실행한 결과

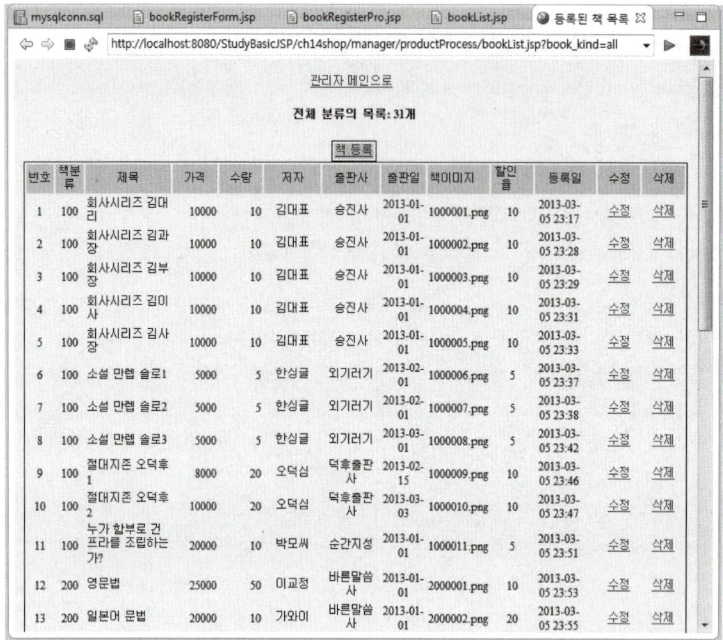

작성파일의 정보는 다음과 같다.

상품목록 보기 bookList.jsp 페이지

작성파일명	bookList.jsp
작성위치	StudyBasicJSP/WebContent/ch14shop/manager/productProcess
부록CD에서의 제공위치	source/ch14shop/manager/productProcess

01 bookList.jsp 페이지를 [ch14shop]–[manager]–[productProcess] 폴더에 작성한다.

02 bookList.jsp 페이지의 기본적인 코딩이 작성되면, 다음과 같이 수정한 후 저장한다.

```
01  <%@ page language="java" contentType="text/html; charset=UTF-8"
02     pageEncoding="UTF-8"%>
03  <%@ page import = "ch14.bookshop.master.ShopBookDBBean" %>
04  <%@ page import = "ch14.bookshop.master.ShopBookDataBean" %>
```

```jsp
05  <%@ page import = "java.util.List" %>
06  <%@ page import = "java.text.SimpleDateFormat" %>
07
08  <%@ include file="../../etc/color.jspf"%>
09
10  <%
11  String managerId ="";
12  try{
13      managerId = (String)session.getAttribute("managerId");
14      if(managerId==null || managerId.equals("")){
15          response.sendRedirect("../logon/managerLoginForm.jsp");
16      }else{
17  %>
18
19  <%!
20      SimpleDateFormat sdf =
21          new SimpleDateFormat("yyyy-MM-dd HH:mm");
22  %>
23
24  <%
25      List<ShopBookDataBean> bookList = null;
26      int number =0;
27      String book_kind="";
28
29      book_kind = request.getParameter("book_kind");
30
31      ShopBookDBBean bookProcess = ShopBookDBBean.getInstance();
32      int count = bookProcess.getBookCount();
33
34      if (count > 0) {
35      bookList = bookProcess.getBooks(book_kind);
36      }
37  %>
38  <html>
39  <head>
40  <title>등록된 책목록</title>
```

```
41    <link href="style.css" rel="stylesheet" type="text/css">
42    </head>
43    <body bgcolor="<%=bodyback_c%>">
44    <%
45       String book_kindName="";
46       if(book_kind.equals("100")){
47           book_kindName="문학";
48       }else if(book_kind.equals("200")){
49           book_kindName="외국어";
50       }else if(book_kind.equals("300")){
51           book_kindName="컴퓨터";
52       }else if(book_kind.equals("all")){
53           book_kindName="전체";
54       }
55    %>
56    <a href="../managerMain.jsp"> 관리자 메인으로</a>  
57    <p> <%=book_kindName%> 분류의 목록:
58    <%if(book_kind.equals("all")){%>
59       <%=count%> 개
60    <%}else{%>
61       <%=bookList.size() %> 개
62    <%} %>
63    </p>
64    <table>
65    <tr>
66      <td align="right" bgcolor="<%=value_c%>">
67        <a href="bookRegisterForm.jsp"> 책등록</a>
68      </td>
69    </table>
70
71    <%
72      if (count == 0) {
73    %>
74    <table>
75    <tr>
76      <td align="center">
```

```jsp
77              등록된 책이 없습니다.
78       〈/td〉
79    〈/table〉
80
81    〈%} else {%〉
82    〈table〉
83       〈tr height="30" bgcolor="〈%=value_c%〉"〉
84         〈td align="center"  width="30"〉번호〈/td〉
85         〈td align="center"  width="30"〉책분류〈/td〉
86         〈td align="center"  width="100"〉제목〈/td〉
87         〈td align="center"  width="50"〉가격〈/td〉
88         〈td align="center"  width="50"〉수량〈/td〉
89         〈td align="center"  width="70"〉저자〈/td〉
90         〈td align="center"  width="70"〉출판사〈/td〉
91         〈td align="center"  width="50"〉출판일〈/td〉
92         〈td align="center"  width="50"〉책이미지〈/td〉
93         〈td align="center"  width="30"〉할인율〈/td〉
94         〈td align="center"  width="70"〉등록일〈/td〉
95         〈td align="center"  width="50"〉수정〈/td〉
96         〈td align="center"  width="50"〉삭제〈/td〉
97       〈/tr〉
98    〈%
99       for (int i = 0 ; i 〈bookList.size() ; i++) {
100        ShopBookDataBean book =
101               (ShopBookDataBean)bookList.get(i);
102   %〉
103      〈tr height="30"〉
104        〈td width="30"〉〈%=++number%〉〈/td〉
105        〈td width="30"〉〈%=book.getBook_kind()%〉〈/td〉
106        〈td width="100"〉〈%=book.getBook_title()%〉〈/td〉
107        〈td width="50"〉〈%=book.getBook_price()%〉〈/td〉
108        〈td width="50"〉
109        〈% if(book.getBook_count()==0) {%〉
110           〈font color="red"〉〈%="일시품절"%〉〈/font〉
111        〈% }else{ %〉
112          〈%=book.getBook_count()%〉
```

```
113        <%} %>
114      </td>
115      <td width="70"> <%=book.getAuthor()%> </td>
116      <td width="70"> <%=book.getPublishing_com()%> </td>
117      <td width="50"> <%=book.getPublishing_date()%> </td>
118      <td width="50"> <%=book.getBook_image()%> </td>
119      <td width="50"> <%=book.getDiscount_rate()%> </td>
120      <td width="50"> <%=sdf.format(book.getReg_date())%> </td>
121      <td width="50">
122        <a href="bookUpdateForm.jsp?book_id=<%=book.getBook_id()%>&
123          book_kind=<%=book.getBook_kind()%>">수정</a> </td>
124      <td width="50">
125        <a href="bookDeleteForm.jsp?book_id=<%=book.getBook_id()%>&
126          book_kind=<%=book.getBook_kind()%>">삭제</a> </td>
127    </tr>
128  <%}%>
129  </table>
130  <%}%>
131  <br>
132  <a href="../managerMain.jsp"> 관리자 메인으로</a>
133  </body>
134  </html>
135
136  <%
137    }
138  }catch(Exception e){
139    e.printStackTrace();
140  }
141 %>
```

소스 코드 설명

등록된 책이 없으면 74~79라인이 실행되고, 등록된 책이 있으면 81~130라인을 수행해 등록된 책을 화면에 표시한다.

03 bookList.jsp 페이지의 수정이 끝나면 managerMain.jsp를 선택하고, 마우스 오른쪽 버튼을 클릭해 [Run As]-[Run on Server] 메뉴를 선택 후 [Finish] 버튼을 눌러 실행한다.

04 managerMain.jsp 페이지가 화면에 표시되면 [상품등록] 버튼을 클릭한다.

▲ managerMain.jsp 페이지에서 [상품등록] 항목을 선택

그러면 프로그램의 제어가 bookRegisterForm.jsp 페이지로 이동한다. book RegisterForm.jsp 페이지가 표시되면 데이터를 입력 후 [책등록] 버튼을 클릭한다.

주의) 분류 선택 항목과 출판일 항목은 반드시 직접 선택한다. 기본값이 경우에 따라서 인식되지 않는 경우가 있다.

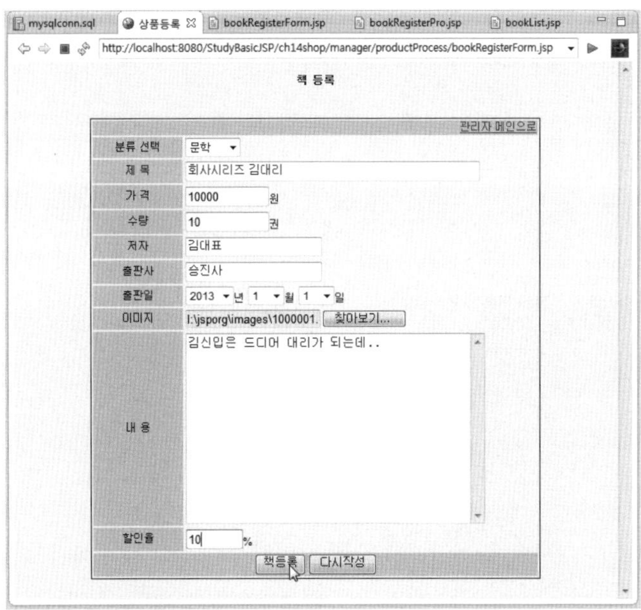

▲ bookRegisterForm.jsp 페이지의 실행

그러면 책의 등록 처리가 끝난 후 프로그램의 제어가 bookList.jsp 페이지로 이동한다. 이때 전체 목록이 표시되는 것이 아니라 등록한 책의 분류가 "문학"이면 문학 분류의 책 목록만 표시된다.

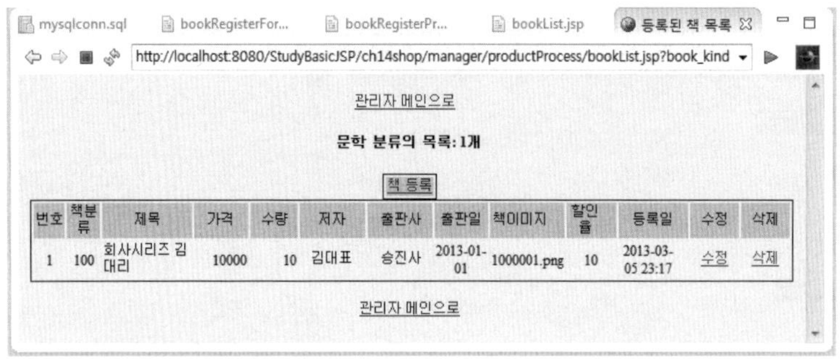

▲ bookList.jsp 페이지의 실행 결과

귀찮더라도 상품을 여러 개 등록해 놓는다. 각 분류별로 최소 3개 이상 등록한다(총 9개의 레코드). 만일 등록된 전체 목록을 보고자 하는 경우 [관리자 메인]을 클릭하여 [상품 수정/삭제] 항목을 클릭한다.

▲ managerMain.jsp 페이지에서 등록된 전체 목록을 볼 경우

▲ bookList.jsp 페이지에서 등록된 전체 목록 표시

상품이 등록된 것을 확인했으니, 등록된 정보를 수정하고 삭제하는 작업을 수행해 보자.

❸ 등록된 상품 수정

등록된 상품을 수정하는 수정폼과 수정처리 페이지를 작성한다.

상품 수정폼 및 수정처리 페이지 작성

상품 수정폼인 bookUpdateForm.jsp 페이지와 수정처리를 하는 bookUpdatePro.jsp 페이지를 작성한다.

실행 결과는 다음과 같다.

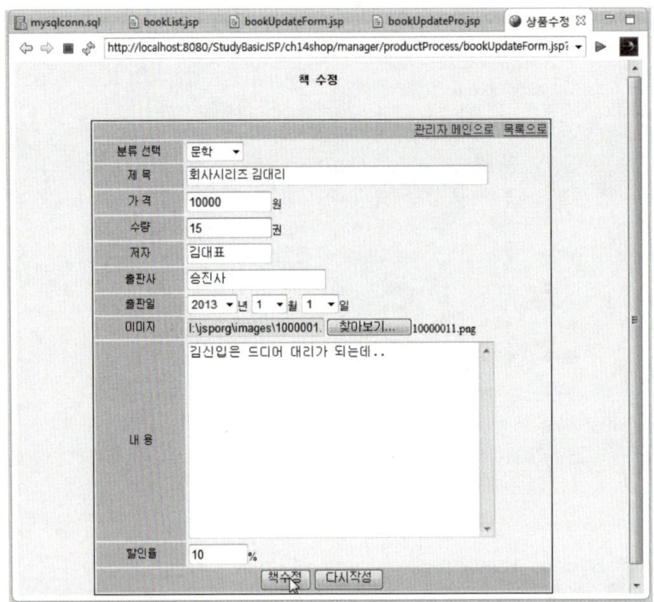

▲ bookUpdateForm.jsp 페이지의 실행 결과

작성파일의 정보는 다음과 같다.

상품 수정폼 bookUpdateForm.jsp 페이지

작성파일명	bookUpdateForm.jsp
작성위치	StudyBasicJSP/WebContent/ch14shop/manager/productProcess
부록CD에서의 제공위치	source/ch14shop/manager/productProcess

상품 수정처리를 하는 bookUpdatePro.jsp 페이지

작성파일명	bookUpdatePro.jsp
작성위치	StudyBasicJSP/WebContent/ch14shop/manager/productProcess
부록CD에서의 제공위치	source/ch14shop/manager/productProcess

01 bookUpdateForm.jsp 페이지를 [ch14shop]-[manager]-[productProcess] 폴더에 저
    장한다.

02 bookUpdateForm.jsp 페이지의 기본적인 코딩이 작성되면 다음과 같이 수정한 후 저
    장한다.

```jsp
01  <%@ page language="java" contentType="text/html; charset=UTF-8"
02    pageEncoding="UTF-8"%>
03  <%@ page import = "java.sql.Timestamp" %>
04  <%@ page import = "ch14.bookshop.master.ShopBookDBBean" %>
05  <%@ page import = "ch14.bookshop.master.ShopBookDataBean" %>
06
07  <%@ include file="../../etc/color.jspf"%>
08
09  <%
10  String managerId ="";
11  try{
12    managerId = (String)session.getAttribute("managerId");
13    if(managerId==null || managerId.equals("")){
14      response.sendRedirect("../logon/managerLoginForm.jsp");
15  }else{
16  %>
17  <%
18  int book_id = Integer.parseInt(request.getParameter("book_id"));
19  String book_kind = request.getParameter("book_kind");
20  try{
21    ShopBookDBBean bookProcess = ShopBookDBBean.getInstance();
22    ShopBookDataBean book =  bookProcess.getBook(book_id);
23  %>
24  <html>
25  <head>
26  <title> 상품수정 </title>
27  <link href="../../etc/style.css" rel="stylesheet" type="text/css">
28  <script type="text/javascript" src="../../etc/script.js"> </script>
29  </head>
```

```
30   <body bgcolor="<%=bodyback_c%>">
31   <p>책 수정</p>
32   <br>
33
34   <form method="post" name="writeform"
35     action="bookUpdatePro.jsp"  enctype="multipart/form-data">
36   <table>
37     <tr>
38     <td align="right" colspan="2" bgcolor="<%=value_c%>">
39         <a href="../managerMain.jsp"> 관리자 메인으로</a>  
40         <a href="bookList.jsp?book_kind=<%=book_kind%>"> 목록으로</a>
41     </td>
42     </tr>
43     <tr>
44     <td  width="100"  bgcolor="<%=value_c%>">분류 선택</td>
45     <td  width="400"  align="left">
46       <select name="book_kind">
47         <option value="100"
48           <%if (book.getBook_kind().equals("100")) {%> selected <%} %>
49           >문학</option>
50         <option value="200"
51           <%if (book.getBook_kind().equals("200")) {%> selected <%} %>
52           >외국어</option>
53         <option value="300"
54           <%if (book.getBook_kind().equals("300")) {%> selected <%} %>
55           >컴퓨터</option>
56       </select>
57     </td>
58     </tr>
59     <tr>
60     <td  width="100"  bgcolor="<%=value_c%>">제목</td>
61     <td  width="400" align="left">
62       <input type="text" size="50" maxlength="50" name="book_title"
63         value="<%=book.getBook_title() %>">
64       <input type="hidden" name="book_id" value="<%=book_id%>"> </td>
65     </tr>
```

```
66    〈tr〉
67     〈td  width="100"  bgcolor="〈%=value_c%〉"〉가격〈/td〉
68     〈td  width="400" align="left"〉
69        〈input type="text" size="10" maxlength="9" name="book_price"
70          value="〈%=book.getBook_price() %〉"〉원〈/td〉
71    〈/tr〉
72    〈tr〉
73     〈td  width="100"  bgcolor="〈%=value_c%〉"〉수량〈/td〉
74     〈td  width="400" align="left"〉
75        〈input type="text" size="10" maxlength="5" name="book_count"
76          value="〈%=book.getBook_count() %〉"〉권〈/td〉
77    〈/tr〉
78     〈tr〉
79     〈td  width="100"  bgcolor="〈%=value_c%〉"〉저자〈/td〉
80     〈td  width="400" align="left"〉
81        〈input type="text" size="10" maxlength="5" name="author"
82          value="〈%=book.getAuthor()%〉"〉 〈/td〉
83    〈/tr〉
84    〈tr〉
85     〈td  width="100"  bgcolor="〈%=value_c%〉"〉출판사〈/td〉
86     〈td  width="400" align="left"〉
87        〈input type="text" size="20" maxlength="30" name="publishing_com"
88          value="〈%=book.getPublishing_com() %〉"〉 〈/td〉
89    〈/tr〉
90    〈tr〉
91     〈td  width="100"  bgcolor="〈%=value_c%〉"〉출판일〈/td〉
92     〈td  width="400" align="left"〉
93       〈select name="publishing_year"〉
94       〈%
95       Timestamp nowTime  = new Timestamp(System.currentTimeMillis());
96       int lastYear = Integer.parseInt(nowTime.toString().substring(0,4));
97       for(int i=lastYear;i〉=2010;i--){
98       %〉
99        〈option value="〈%=i %〉"
100       〈%if (Integer.parseInt(book.getPublishing_date().substring(0,4))==i) {%〉
101         selected〈%} %〉 〉 〈%=i %〉 〈/option〉
```

```
102      <%} %>
103      </select>년
104
105      <select name="publishing_month">
106      <%
107      for(int i=1;i<=12;i++){
108      %>
109      <option value="<%=i %>"
110      <%if (Integer.parseInt(book.getPublishing_date().substring(5,7))==i) {%>
111          selected<%} %>> <%=i %> </option>
112      <%} %>
113      </select>월
114
115      <select name="publishing_day">
116      <%
117      for(int i=1;i<=31;i++){
118      %>
119       <option value="<%=i %>"
120       <%if (Integer.parseInt(book.getPublishing_date().substring(8))==i) {%>
121          selected<%} %>> <%=i %> </option>
122      <%} %>
123       </select>일
124    </td>
125  </tr>
126  <tr>
127   <td width="100" bgcolor="<%=value_c%>">이미지</td>
128   <td width="400" align="left">
129    <input type="file" name="book_image"> <%=book.getBook_image() %> </td>
130  </tr>
131  <tr>
132   <td width="100" bgcolor="<%=value_c%>">내용</td>
133   <td width="400" align="left">
134   <textarea name="book_content" rows="13"
135      cols="40"> <%=book.getBook_content() %> </textarea> </td>
136  </tr>
137  <tr>
```

```
138     <td  width="100"  bgcolor="<%=value_c%>">할인율</td>
139      <td  width="400" align="left">
140         <input type="text" size="5" maxlength="2" name="discount_rate"
141            value="<%=book.getDiscount_rate() %>">%</td>
142      </tr>
143   <tr>
144    <td colspan=2 bgcolor="<%=value_c%>" align="center">
145    <input type="button" value="책수정" onclick="updateCheckForm(this.form)">
146    <input type="reset" value="다시 작성">
147   </td> </tr> </table>
148   </form>
149   <%
150   }catch(Exception e){
151      e.printStackTrace();
152   }%>
153   </body>
154   </html>
155   <%
156     }
157   }catch(Exception e){
158      e.printStackTrace();
159   }
160   %>
```

03 bookUpdatePro.jsp 페이지를 [ch14shop]–[manager]–[product Process] 폴더에 작성한다.

04 bookUpdatePro.jsp 페이지의 기본적인 코딩이 작성되면, 다음과 같이 수정한 후 저장한다.

```jsp
01  <%@ page language="java" contentType="text/html; charset=UTF-8"
02    pageEncoding="UTF-8"%>
03  <%@ page import="ch14.bookshop.master.ShopBookDBBean" %>
04  <%@ page import="java.sql.Timestamp" %>
05  <%@ page import="com.oreilly.servlet.MultipartRequest"%>
06  <%@ page import="com.oreilly.servlet.multipart.DefaultFileRenamePolicy"%>
07  <%@ page import="java.util.*"%>
08  <%@ page import="java.io.*"%>
09
10  <% request.setCharacterEncoding("utf-8");%>
11
12  <%
13  String realFolder = "";//웹 어플리케이션상의 절대 경로
14  String filename ="";
15  MultipartRequest imageUp = null;
16
17  String saveFolder = "/imageFile";//파일이 업로드되는 폴더
18  String encType = "utf-8"; //엔코딩타입
19  int maxSize = 2*1024*1024;  //최대 업로될 파일크기 5Mb
20
21  //현재 jsp페이지의 웹 어플리케이션상의 절대 경로를 구한다
22  ServletContext context = getServletContext();
23  realFolder = context.getRealPath(saveFolder);
24
25  try{
26
27    //전송을 담당할 콤포넌트를 생성하고 파일을 전송한다.
28    //전송할 파일명을 가지고 있는 객체, 서버상의 절대경로,최대 업로드될 파일크기, 문자
코드, 기본 보안 적용
29    imageUp = new MultipartRequest(request,realFolder,
30             maxSize,encType,new DefaultFileRenamePolicy());
31
32    //전송한 파일 정보를 가져와 출력한다
33    Enumeration<?> files = imageUp.getFileNames();
34
35    //파일 정보가 있다면
```

```
36    while(files.hasMoreElements()){
37      //input 태그의 속성이 file인 태그의 name 속성값 :파라미터이름
38        String name = (String)files.nextElement();
39
40      //서버에 저장된 파일 이름
41        filename = imageUp.getFilesystemName(name);
42     }
43  }catch(IOException ioe){
44   System.out.println(ioe);
45  }catch(Exception ex){
46   System.out.println(ex);
47  }
48  %>
49
50  <jsp:useBean id="book" scope="page"
51     class="ch14.bookshop.master.ShopBookDataBean">
52  </jsp:useBean>
53
54  <%
55  int book_id= Integer.parseInt( imageUp.getParameter("book_id" ));
56  String book_kind = imageUp.getParameter("book_kind" );
57  String book_title = imageUp.getParameter("book_title" );
58  String book_price = imageUp.getParameter("book_price" );
59  String book_count = imageUp.getParameter("book_count" );
60  String author = imageUp.getParameter("author" );
61  String publishing_com = imageUp.getParameter("publishing_com" );
62  String book_content = imageUp.getParameter("book_content" );
63  String discount_rate = imageUp.getParameter("discount_rate" );
64
65  String year = imageUp.getParameter("publishing_year" );
66  String month = (imageUp.getParameter("publishing_month" ).length()==1)?
67           "0" + imageUp.getParameter("publishing_month" ):
68                 imageUp.getParameter("publishing_month" );
69  String day = (imageUp.getParameter("publishing_day" ).length()==1)?
70           "0" + imageUp.getParameter("publishing_day" ):
71                 imageUp.getParameter("publishing_day" );
```

```
72
73  book.setBook_kind(book_kind);
74  book.setBook_title(book_title);
75  book.setBook_price(Integer.parseInt(book_price));
76  book.setBook_count(Short.parseShort(book_count));
77  book.setAuthor(author);
78  book.setPublishing_com(publishing_com);
79  book.setPublishing_date(year+"-"+month+"-"+day);
80  book.setBook_image(filename);
81  book.setBook_content(book_content);
82  book.setDiscount_rate(Byte.parseByte(discount_rate));
83  book.setReg_date(new Timestamp(System.currentTimeMillis()));
84
85  ShopBookDBBean bookProcess = ShopBookDBBean.getInstance();
86  bookProcess.updateBook(book, book_id);
87
88  response.sendRedirect("bookList.jsp?book_kind="+book_kind);
89
90  %>
```

05 bookUpdatePro.jsp 페이지의 수정이 끝나면 managerMain.jsp 파일을 실행한다.

06 관리자 메인 화면이 표시되면 [상품수정/삭제]를 클릭한다.

전체 상품목록이 표시되면 수정할 상품항목에서 [수정]을 클릭한다.

▲ bookList.jsp 페이지에서 [수정]을 클릭

그러면 프로그램의 제어가 bookUpdateForm.jsp 페이지로 이동한다. book Update Form.jsp 페이지가 표시되면 데이터를 수정 후 [책수정] 버튼을 클릭한다.

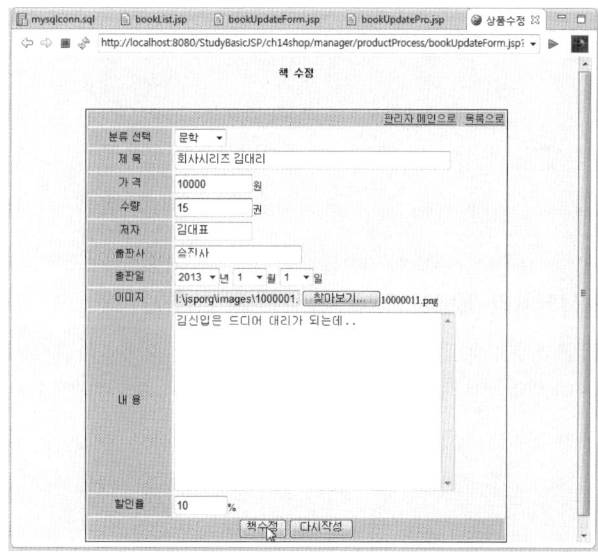

▲ bookUpdateForm.jsp 페이지의 실행

그러면 책의 수정처리가 끝난 후 프로그램의 제어가 bookList.jsp 페이지로 이동한다.
수정된 부분을 확인한다.

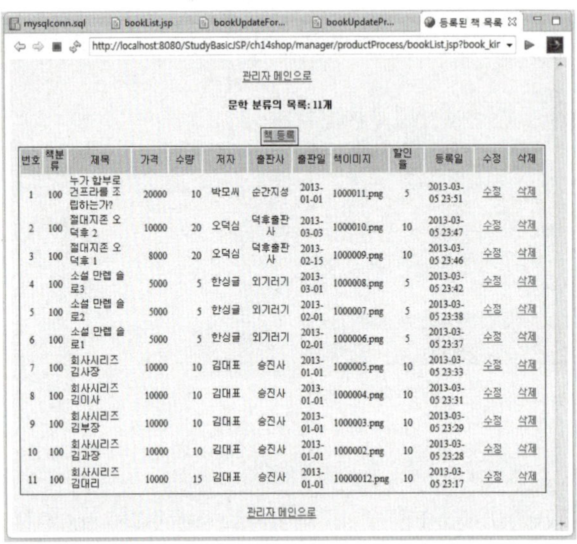

▲ 수정 후의 bookList.jsp 페이지의 실행 결과

❹ 등록된 상품 삭제

등록된 상품을 삭제하기 위해 삭제 폼과 삭제처리 페이지를 작성한다.

 상품삭제 폼 작성 및 삭제처리 페이지 작성

상품삭제 폼인 bookDeleteForm.jsp 페이지와 삭제처리를 하는 bookDeletePro.jsp 페이지를 작성한다.

실행 결과는 다음과 같다.

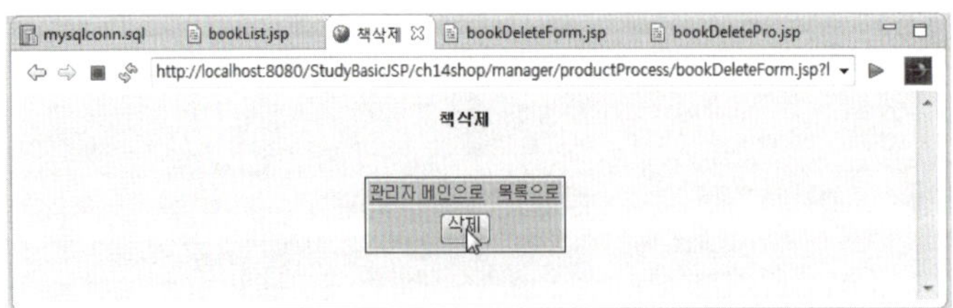

▲ bookDeleteForm.jsp 페이지의 실행 결과

작성파일의 정보는 다음과 같다.

상품등록 폼 bookDeleteForm.jsp 페이지

작성파일명	bookDeleteForm.jsp
작성위치	StudyBasicJSP/WebContent/ch14shop/manager/productProcess
부록CD에서의 제공위치	source/ch14shop/manager/productProcess

상품등록 처리를 하는 bookDeletePro.jsp 페이지

작성파일명	bookDeletePro.jsp
작성위치	StudyBasicJSP/WebContent/ch14shop/manager/productProcess
부록CD에서의 제공위치	source/ch14shop/manager/productProcess

01 [productProcess] 폴더를 선택해 bookDeleteForm.jsp 페이지를 생성한 후 다음과 같
이 작성한다. 완성된 소스는 다음과 같다.

```jsp
01  <%@ page language="java" contentType="text/html; charset=UTF-8"
02     pageEncoding="UTF-8"%>
03
04  <%@ include file="../../etc/color.jspf"%>
05
06  <%
07  String managerId ="";
08  try{
09     managerId = (String)session.getAttribute("managerId");
10     if(managerId==null || managerId.equals("")){
11       response.sendRedirect("../logon/managerLoginForm.jsp");
12     }else{
13       int book_id = Integer.parseInt(request.getParameter("book_id"));
14       String book_kind = request.getParameter("book_kind");
15  %>
```

```
16
17  <html>
18  <head>
19  <title> 책삭제 </title>
20  <link href="../../etc/style.css" rel="stylesheet" type="text/css">
21  </head>
22  <body bgcolor="<%=bodyback_c%>">
23  <p> 책삭제 </p>
24  <br>
25  <form method="POST" name="delForm"
26    action="bookDeletePro.jsp?book_id=<%=
book_id%>&book_kind=<%=book_kind%>"
27    onsubmit="return deleteSave()">
28  <table>
29  <tr>
30    <td align="right"  bgcolor="<%=value_c%>">
31      <a href="../managerMain.jsp"> 관리자 메인으로 </a>  
32      <a href="bookList.jsp?book_kind=<%=book_kind%>"> 목록으로 </a>
33    </td>
34  </tr>
35
36  <tr height="30">
37    <td align=center bgcolor="<%=value_c%>">
38      <input type="submit" value="삭제" >
39    </td>
40  </tr>
41  </table>
42  </form>
43  </body>
44  </html>
45  <%
46    }
47  }catch(Exception e){
48      e.printStackTrace();
49  }
50  %>
```

 [productProcess] 폴더를 선택 후 bookDeletePro.jsp 페이지를 생성한 후 다음과 같이 작성한다. 완성된 소스는 다음과 같다.

```jsp
01  <%@ page language="java" contentType="text/html; charset=UTF-8"
02    pageEncoding="UTF-8"%>
03
04  <%@ page import = "ch14.bookshop.master.ShopBookDBBean" %>
05
06  <% request.setCharacterEncoding("utf-8");%>
07
08  <%
09    int book_id = Integer.parseInt(request.getParameter("book_id"));
10    String book_kind = request.getParameter("book_kind");
11
12    ShopBookDBBean bookProcess = ShopBookDBBean.getInstance();
13    bookProcess.deleteBook(book_id);
14
15    response.sendRedirect("bookList.jsp?book_kind="+book_kind);
16  %>
```

소스 코드 설명

12~13　　ShopBookDBBean 객체를 성성 후 13라인 bookProcess.deleteBook(book_id);에서 상품 삭제를 실행하는 deleteBook( ) 메소드를 실행한다.

 책 목록이 표시된 화면에서 [삭제]를 클릭한다.

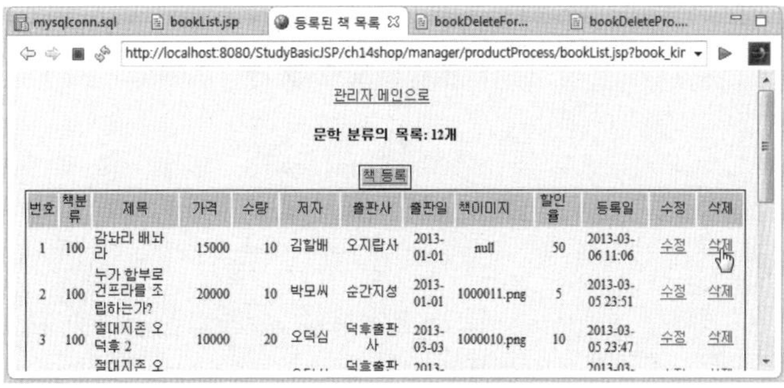

해당 책의 삭제 폼인 bookDeleteForm.jsp 페이지가 표시된다. 이때 [삭제] 버튼을 클릭하면 삭제된다.

해당 책의 삭제 처리가 끝난 후 프로그램 제어가 bookList.jsp 페이지로 이동한다. 책이 삭제된 것을 확인할 수 있다.

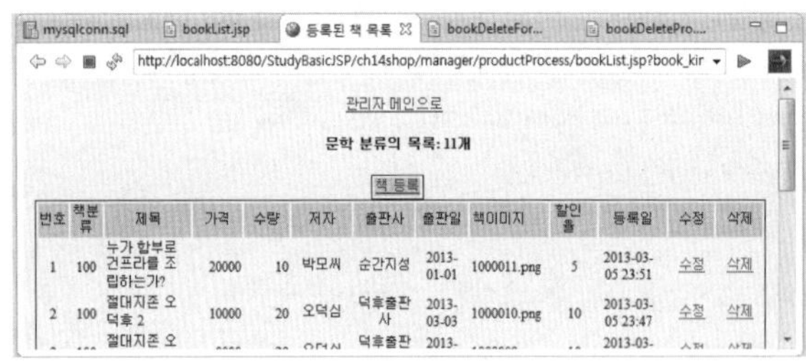

▲ 삭제 후의 bookList.jsp 페이지의 실행 결과

4) 주문된 구매목록 관리

여기서는 관리자가 하는 주요한 작업 중의 하나인 주문된 구매목록을 관리하는 작업을 수행한다. 간단하게 주문된 구매목록을 확인하는 작업만 수행해 본다.

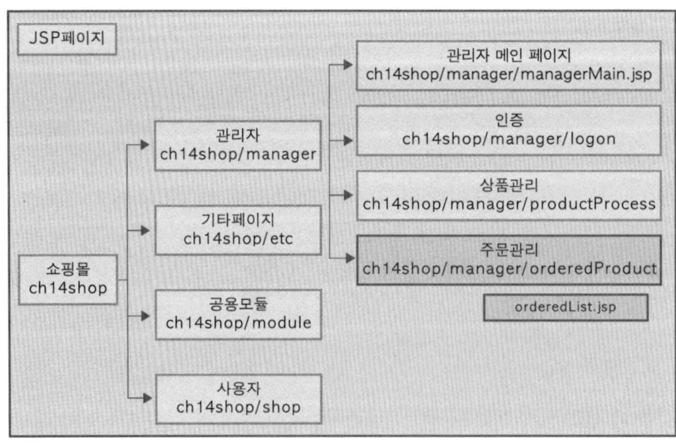

▲ 관리자의 상품관리 관련 페이지

사실 구매목록 관리는 사용자 영역을 완성 후 사용자가 구매를 해야만 볼 수 있는 부분이다. 이 부분을 작성하기 전에 사용자 영역을 먼저 작성하기를 권장한다. 다만 설명을 영역별로 하기 위해 여기서 다루기로 한다.

❶ 주문된 구매목록 확인

주문된 구매목록 페이지를 작성한다.

실습 ‖ [chl4shop/manager/orderedProduct] 폴더 작성

구매관리 관련 웹 페이지를 저장하는 [orderedProduct] 폴더를 [ch14shop/manager]에 생성한다.

01 [WebContent]–[ch14shop]–[manager] 폴더에 [orderedProduct] 폴더를 생성한다.

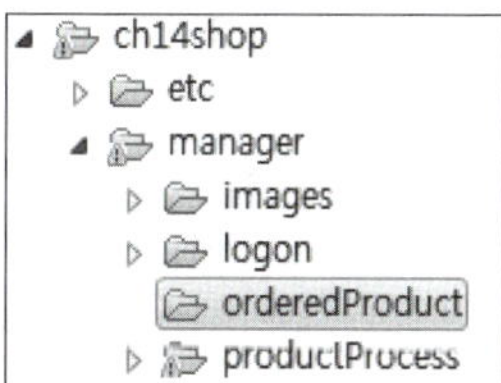

▲ [ch14shop/manager/orderedProduct] 폴더 생성

실습 ‖ 주문된 구매목록 보기 페이지 작성

주문된 구매 목록을 보기 위해 orderedList.jsp 페이지를 작성한다.

실행 결과

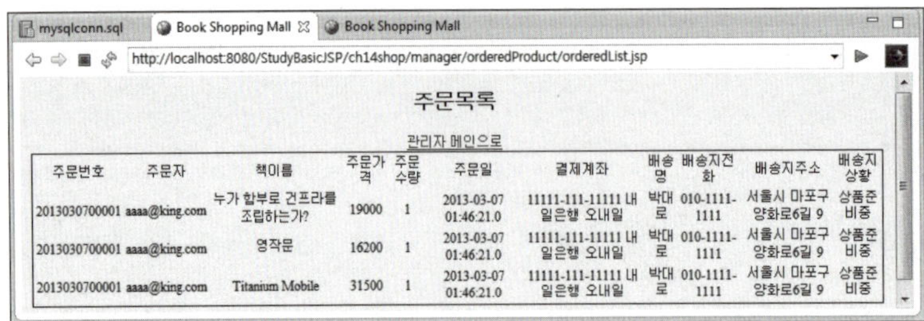

▲ orderedList.jsp 페이지의 실행 결과

작성파일의 정보는 다음과 같다.

주문된 구매 목록 보기 orderedList.jsp 페이지

작성파일명	orderedList.jsp
작성위치	StudyBasicJSP/WebContent/ch14shop/manager/orderedProduct
부록CD에서의 제공위치	source/ch14shop/manager/orderedProduct

01 [orderedProduct] 폴더를 선택 후 orderedList.jsp 페이지를 생성한 후 다음과 같이 작성한다. 완성된 소스는 다음과 같다.

```
01  <%@ page language="java" contentType="text/html; charset=UTF-8"
02     pageEncoding="UTF-8"%>
03  <%@ page import = "ch14.bookshop.shopping.BuyDataBean" %>
04  <%@ page import = "ch14.bookshop.shopping.BuyDBBean" %>
05  <%@ page import = "java.util.List" %>
06  <%@ page import = "java.text.NumberFormat" %>
07
08  <%@ include file="../../etc/color.jspf"%>
09
10  <%
```

```
11    String buyer = (String)session.getAttribute("id");
12  %>
13
14  <html>
15  <head>
16  <title>Book Shopping Mall</title>
17  <link href="../../etc/style.css" rel="stylesheet" type="text/css">
18  </head>
19  <body bgcolor="<%=bodyback_c%>">
20  <%
21  List<BuyDataBean> buyLists = null;
22  BuyDataBean buyList = null;
23  int count = 0;
24
25  BuyDBBean buyProcess = BuyDBBean.getInstance();
26  count = buyProcess.getListCount();
27
28  if(count == 0){
29  %>
30    <h3><b>주문목록</b></h3>
31
32    <table>
33     <tr><td>구매목록이 없습니다.</td></tr>
34    </table>
35    <a href="../managerMain.jsp">관리자 메인으로</a>
36  <%
37  }else{
38    buyLists = buyProcess.getBuyList();
39  %>
40    <h3><b>주문목록</b></h3>
41    <a href="../managerMain.jsp">관리자 메인으로</a>
42    <table>
43     <tr>
44      <td>주문번호</td>
45      <td>주문자</td>
46      <td>책이름</td>
```

```
47        <td>주문가격</td>
48        <td>주문수량</td>
49        <td>주문일</td>
50        <td>결제계좌</td>
51        <td>배송명</td>
52        <td>배송지전화</td>
53        <td>배송지주소</td>
54        <td>배송지상황</td>
55      </tr>
56  <%
57    for(int i=0;i<buyLists.size();i++){
58      buyList = (BuyDataBean)buyLists.get(i);
59  %>
60      <tr>
61        <td><%=buyList.getBuy_id() %></td>
62        <td><%=buyList.getBuyer() %></td>
63        <td><%=buyList.getBook_title() %></td>
64        <td><%=buyList.getBuy_price() %></td>
65        <td><%=buyList.getBuy_count()%></td>
66        <td><%=buyList.getBuy_date().toString() %></td>
67        <td><%=buyList.getAccount() %></td>
68        <td><%=buyList.getDeliveryName() %></td>
69        <td><%=buyList.getDeliveryTel() %></td>
70        <td><%=buyList.getDeliveryAddress() %></td>
71        <td><%=buyList.getSanction() %></td>
72      </tr>
73  <%}%>
74  </table>
75  <%}%>
76  </body>
77  </html>
```

02 페이지의 수정이 끝나면 managerMain.jsp를 실행한다.

managerMain.jsp 페이지가 표시되면 다음과 같이 [전체구매목록 확인]을 클릭한다.

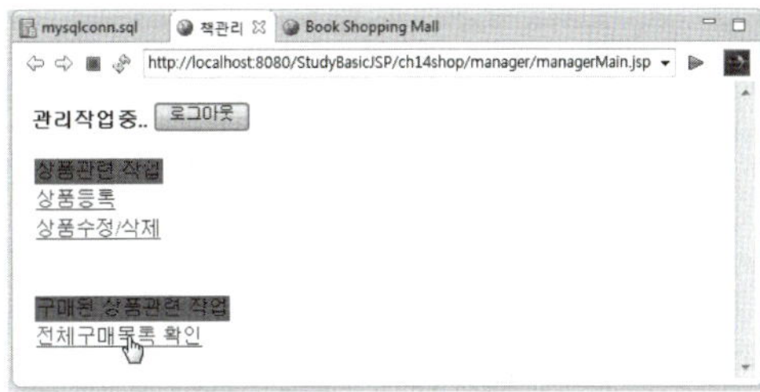

▲ managerMain.jsp 페이지에서 [전제구매목록 확인] 항목을 선택

그러면 다음과 같이 orderedList.jsp 페이지가 표시된다.

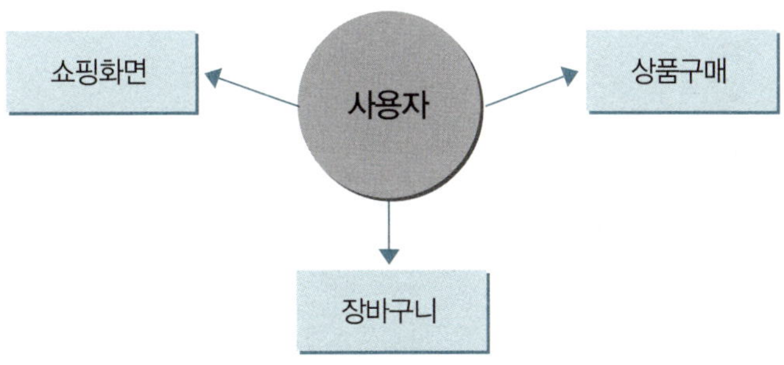

▲ orderedList.jsp 페이지에서 [전제구매목록 확인] 항목을 선택

4 사용자 영역 작성

사용사의 영역은 크게 세 부분으로 구분힐 수 있는데, 하니는 쇼핑을 위한 화면을 구성하는 부분이고, 다른 하나는 쇼핑몰에서 장바구니에 담기를 한 후의 장바구니 관리 부분이다. 마지막으로 장바구니에서 구매를 수행했을 때 처리해야 할 작업을 수행하는 부분이다.

▲ 사용자 영역

작성할 사용자 영역의 페이지와 자바빈의 관계는 다음과 같다.

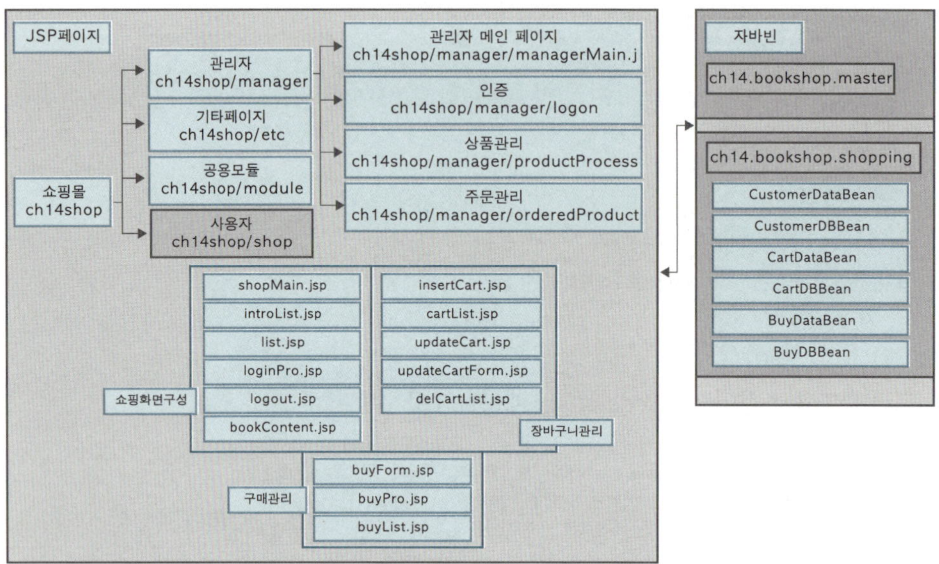

▲ 사용자 영역의 페이지 및 자바빈

■ 쇼핑을 위한 화면구성

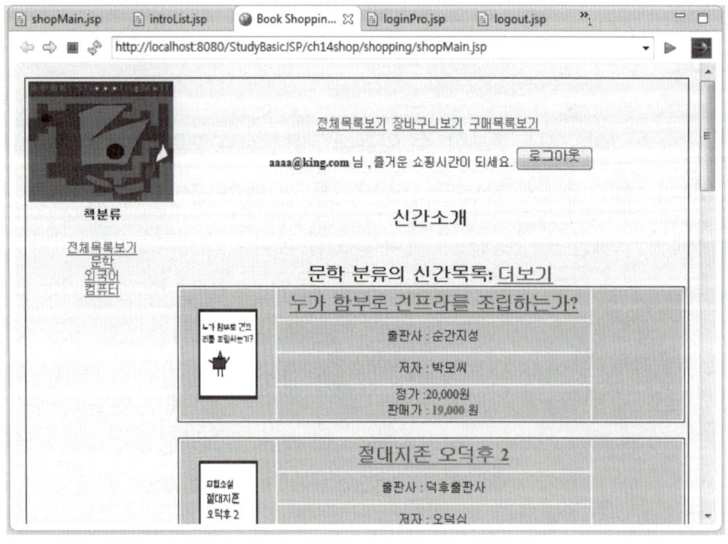

▲ 쇼핑을 위한 화면구성

■ 장바구니 관리

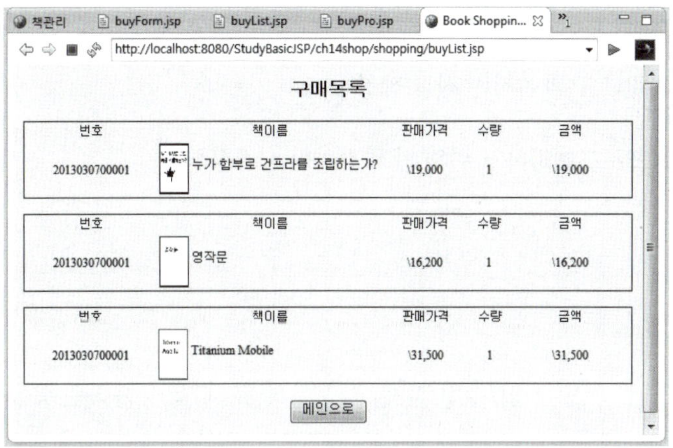

▲ 장바구니 관리 화면

■ 구매 관리

▲ 구매 관리 화면

1) 쇼핑을 위한 화면구성

이 부분은 사용자가 쇼핑몰에서 쇼핑을 할 수 있도록 제공하는 부분으로, 쇼핑몰 자체에 해당하는 부분이다.

쇼핑하기 위한 부분에서 필요한 페이지와 자바빈은 다음과 같다.

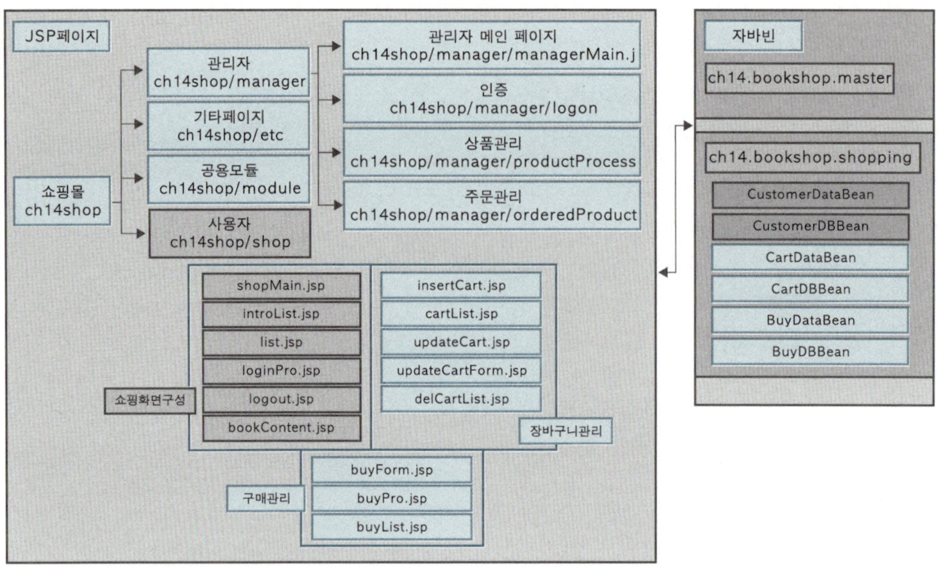

▲ 쇼핑하기 위한 부분에서 필요한 페이지와 자바빈

여기서 회원 관련 자바빈은 회원인증밖에 사용하지 않는다. 나머지 회원가입, 수정, 삭제
는 자바빈에서 제공하니 관련 JSP 페이지는 직접 작성해 보기 바란다.

쇼핑을 위한 화면구성을 프로그래밍하기 위해 먼저 자바빈을 작성한다.

❶ 쇼핑 관련 자바빈 작성

쇼핑 관련 자바빈은 회원인증 및 가입/수정/삭제, 상품목록 표시 및 상품내용 등을 표시
한다.

실습 쇼핑 관련 자바빈 작성

데이터 저장빈 CustomerDataBean.java와 DB 연동빈 CustomerDBBean.java를 작성
한다.

쇼핑을 위한 화면구성에서 데이터를 저장하는 자바빈 CustomerDataBean.java

작성파일명	CustomerDataBean.java
작성위치	Java Resources/src/ch14.bookshop.shopping
부록CD에서의 제공위치	source/ch14shop/shopping

쇼핑을 하기 위한 화면구성에서 DB와 연동하는 자바빈 CustomerDBBean.java

작성파일명	CustomerDBBean.java
작성위치	Java Resources/src/ch14.bookshop.shopping
부록CD에서의 제공위치	source/ch14shop/shopping

01 [Java Resources]–[src]에 [ch14.bookshop.shopping] 패키지를 생성한다.

02 생성된 [ch14.bookshop.shopping] 패키지에 CustomerDataBean.java 파일을 작성한다. 완성된 소스는 다음과 같다.

```
01   package ch14.bookshop.shopping;
02
03   import java.sql.Timestamp;
04
05   public class CustomerDataBean {
06       private String id;//아이디
07       private String passwd;//비밀번호
08       private String name;//이름
09       private Timestamp reg_date;//가입일자
10       private String tel;//전화번호
11       private String address;//주소
12
13       public String getId() {
14           return id;
15       }
```

```java
16        public void setId(String id) {
17                this.id = id;
18        }
19        public String getPasswd() {
20                return passwd;
21        }
22        public void setPasswd(String passwd) {
23                this.passwd = passwd;
24        }
25        public String getName() {
26                return name;
27        }
28        public void setName(String name) {
29                this.name = name;
30        }
31        public Timestamp getReg_date() {
32                return reg_date;
33        }
34        public void setReg_date(Timestamp reg_date) {
35                this.reg_date = reg_date;
36        }
37        public String getTel() {
38                return tel;
39        }
40        public void setTel(String tel) {
41                this.tel = tel;
42        }
43        public String getAddress() {
44                return address;
45        }
46        public void setAddress(String address) {
47                this.address = address;
48        }
49
50 }
```

(03) [ch14.bookshop.shopping] 패키지에 CustomerDBBean.java 파일을 작성한다. 완성된 소스는 다음과 같다.

```
01  package ch14.bookshop.shopping;
02
03  import java.sql.Connection;
04  import java.sql.PreparedStatement;
05  import java.sql.ResultSet;
06  import java.sql.SQLException;
07
08  import javax.naming.Context;
09  import javax.naming.InitialContext;
10  import javax.sql.DataSource;
11
12  public class CustomerDBBean {
13
14      private static CustomerDBBean instance = new CustomerDBBean();
15
16      public static CustomerDBBean getInstance() {
17          return instance;
18      }
19
20      private CustomerDBBean() {}
21
22      private Connection getConnection() throws Exception {
23          Context initCtx = new InitialContext();
24          Context envCtx = (Context) initCtx.lookup("java:comp/env");
25          DataSource ds = (DataSource)envCtx.lookup("jdbc/basicjsp");
26          return ds.getConnection();
27      }
28
29      //회원가입
30      public void insertMember(CustomerDataBean member)
31      throws Exception {
32          Connection conn = null;
```

```java
33        PreparedStatement pstmt = null;
34
35     try {
36        conn = getConnection();
37
38        pstmt = conn.prepareStatement(
39            "insert into member values (?,?,?,?,?,?,?,?,?)");
40        pstmt.setString(1, member.getId());
41        pstmt.setString(2, member.getPasswd());
42        pstmt.setString(3, member.getName());
43        pstmt.setTimestamp(4, member.getReg_date());
44        pstmt.setString(5, member.getTel());
45        pstmt.setString(6, member.getAddress());
46
47        pstmt.executeUpdate();
48     }catch(Exception ex) {
49            ex.printStackTrace();
50     } finally {
51        if (pstmt != null)
52            try { pstmt.close(); } catch(SQLException ex) {}
53        if (conn != null)
54            try { conn.close(); } catch(SQLException ex) {}
55     }
56  }
57
58     public int userCheck(String id, String passwd) //사용자 인증처리
59     throws Exception {
60        Connection conn = null;
61        PreparedStatement pstmt = null;
62        ResultSet rs= null;
63        String dbpasswd="";
64        int x=-1;
65
66        try {
67            conn = getConnection();
68
```

```java
69          pstmt = conn.prepareStatement(
70              "select passwd from member where id = ?");
71          pstmt.setString(1, id);
72          rs= pstmt.executeQuery();
73
74          if(rs.next()){
75              dbpasswd= rs.getString("passwd");
76              if(dbpasswd.equals(passwd))
77                      x= 1; //인증 성공
78              else
79                      x= 0; //비밀번호 틀림
80          }else
81              x= -1;//해당 아이디 없음
82      }catch(Exception ex) {
83              ex.printStackTrace();
84      } finally {
85        if (rs != null)
86              try { rs.close(); } catch(SQLException ex) {}
87        if (pstmt != null)
88              try { pstmt.close(); } catch(SQLException ex) {}
89        if (conn != null)
90              try { conn.close(); } catch(SQLException ex) {}
91      }
92      return x;
93  }
94
95  public int confirmId(String id) //중복아이디 체크
96  throws Exception {
97      Connection conn = null;
98      PreparedStatement pstmt = null;
99      ResultSet rs= null;
100      int x=-1;
101
102      try {
103          conn = getConnection();
104
```

```java
105        pstmt = conn.prepareStatement(
106            "select id from member where id = ?");
107        pstmt.setString(1, id);
108        rs= pstmt.executeQuery();
109
110        if (rs.next())
111          x= 1; //해당 아이디 있음
112        else
113          x= -1;//해당 아이디 없음
114    }catch(Exception ex) {
115      ex.printStackTrace();
116    } finally {
117      if (rs != null)
118        try { rs.close(); } catch(SQLException ex) {}
119      if (pstmt != null)
120        try { pstmt.close(); } catch(SQLException ex) {}
121      if (conn != null)
122        try { conn.close(); } catch(SQLException ex) {}
123    }
124    return x;
125  }
126
127 //회원정보를 수정하기 위해 기존의 정보를 표시
128 public CustomerDataBean getMember(String id)
129 throws Exception {
130    Connection conn = null;
131    PreparedStatement pstmt = null;
132    ResultSet rs = null;
133    CustomerDataBean member=null;
134
135    try {
136      conn = getConnection();
137
138      pstmt = conn.prepareStatement(
139          "select * from member where id = ?");
140      pstmt.setString(1, id);
```

```java
141         rs = pstmt.executeQuery();
142
143         if (rs.next()) {
144             member = new CustomerDataBean();
145
146             member.setId(rs.getString("id"));
147             member.setPasswd(rs.getString("passwd"));
148             member.setName(rs.getString("name"));
149             member.setReg_date(rs.getTimestamp("reg_date"));
150             member.setTel(rs.getString("tel"));
151             member.setAddress(rs.getString("address"));
152         }
153     }catch(Exception ex) {
154         ex.printStackTrace();
155     }finally {
156         if (rs != null)
157             try { rs.close(); } catch(SQLException ex) {}
158         if (pstmt != null)
159             try { pstmt.close(); } catch(SQLException ex) {}
160         if (conn != null)
161             try { conn.close(); } catch(SQLException ex) {}
162     }
163     return member;
164 }
165
166 public void updateMember(CustomerDataBean member) //회원의 정보 수정
167 throws Exception {
168     Connection conn = null;
169     PreparedStatement pstmt = null;
170
171     try {
172         conn = getConnection();
173
174         pstmt = conn.prepareStatement(
175           "update member set passwd=?,name=?,tel=?,address=? "+
176             "where id=?");
```

```java
177        pstmt.setString(1, member.getPasswd());
178        pstmt.setString(2, member.getName());
179        pstmt.setString(3, member.getTel());
180        pstmt.setString(4, member.getAddress());
181        pstmt.setString(5, member.getId());
182
183        pstmt.executeUpdate();
184    }catch(Exception ex) {
185        ex.printStackTrace();
186    }finally {
187      if (pstmt != null)
188          try { pstmt.close(); } catch(SQLException ex) {}
189      if (conn != null)
190          try { conn.close(); } catch(SQLException ex) {}
191    }
192  }
193
194 public int deleteMember(String id, String passwd) //회원 탈퇴
195 throws Exception {
196     Connection conn = null;
197     PreparedStatement pstmt = null;
198     ResultSet rs= null;
199     String dbpasswd="";
200     int x=-1;
201
202     try {
203        conn = getConnection();
204
205        pstmt = conn.prepareStatement(
206           "select passwd from member where id = ?");
207        pstmt.setString(1, id);
208        rs = pstmt.executeQuery();
209
210            if(rs.next()){
211                dbpasswd= rs.getString("passwd");
212                    if(dbpasswd.equals(passwd)){
```

```
213                    pstmt = conn.prepareStatement(
214                          "delete from member where id=?");
215                    pstmt.setString(1, id);
216                    pstmt.executeUpdate();
217                    x= 1; //회원 탈퇴 성공
218                }else
219                    x= 0; //비밀번호 틀림
220            }
221        }catch(Exception ex) {
222            ex.printStackTrace();
223        }finally {
224            if (rs != null)
225                try { rs.close(); } catch(SQLException ex) {}
226            if (pstmt != null)
227                try { pstmt.close(); } catch(SQLException ex) {}
228            if (conn != null)
229                try { conn.close(); } catch(SQLException ex) {}
230        }
231        return x;
232    }
233
234 }
```

❷ 쇼핑몰 메인 페이지 작성

쇼핑하는 부분의 메인 페이지를 작성한다. 먼저 사용자 영역 모든 페이지를 저장하는 [shopping] 폴더를 작성한다. 그리고 사용자 영역에서 반복적으로 사용하는 모듈 페이지를 저장하는 [module] 폴더를 작성한 후 관련 페이지를 가져온다.

실습 ‖ [ch14shop/shopping] 폴더 작성

쇼핑몰의 사용자 영역 페이지를 저장하는 [shopping] 폴더를 [ch14shop]에 생성한다.

01 [WebContent]-[ch14shop] 폴더를 선택하고, 마우스 오른쪽 버튼을 클릭해 [New]-[Folder] 메뉴를 선택한다. [New Folder] 창이 표시되면 [Folder name] 항목에 "shopping"을 입력하고 [Finish] 버튼을 클릭한다.

02 [Project Explorer] 뷰에서 [WebContent]-[ch14shop] 폴더 안에 [shopping] 폴더가 생성된 것을 확인할 수 있다.

▲ [ch14shop/shopping] 폴더 생성

 ## [ch14shop/module] 폴더 생성 후 관련 페이지 가져오기

쇼핑몰의 사용자 영역에서 반복적으로 사용되는 페이지를 관리하는 [module] 폴더를 [ch14shop]에 생성 후 관련 파일을 가져온다.

01 [WebContent]-[ch14shop] 폴더를 선택하고, 마우스 오른쪽 버튼을 클릭해 [New]-[Folder] 메뉴를 선택한다. [New Folder] 창이 표시되면 [Folder name] 항목에 "module"을 입력하고 [Finish] 버튼을 클릭한다.

02 [Project Explorer] 뷰에서 [WebContent]-[ch14shop] 폴더 안에 [module] 폴더가 생성된 것을 확인할 수 있다.

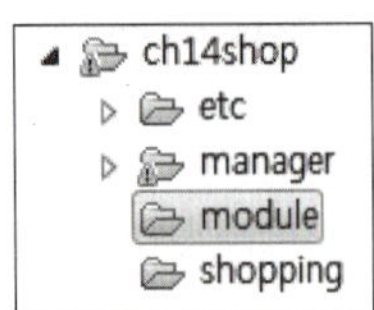

▲ [ch14shop/module] 폴더 생성

03 파일이 있는 부록CD의 source\ch14shop\module 폴더에서 left.jsp, top.jsp, bottom.jsp, logo.png 파일을 복사한다.

04 [Project Exporer] 뷰에서 [StudyBasicJSP]–[WebContent]–[ch14shop]–[module] 폴더에 붙여넣기한다.

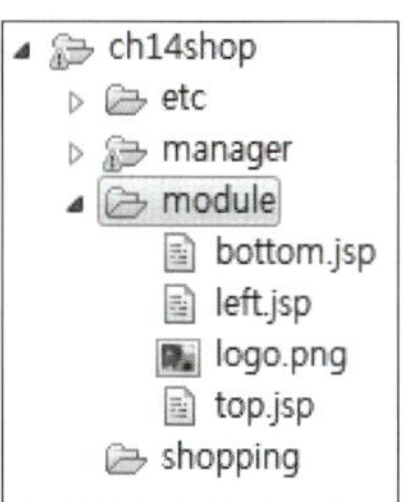

실습 ▌▌ **쇼핑몰 메인 페이지 작성**

쇼핑몰 메인 페이지인 shopMain.jsp 페이지와 메인 페이지의 초기 내용 부분을 표시하는 introList.jsp 페이지를 작성한다. 또한 회원 인증이 되어야 전체 서비스를 볼 수 있으므로 loginPro.jsp, logout.jsp도 작성한다.

주의) 이 부분 작성 전에 [book] 테이블에 레코드가 분류별 3개 이상, 총 9개 이상 있는지 확인한 후 실행한다. 분류별 3개 이상, 총 9개 이상의 레코드가 없으면 실행 시 에러가 발생한다.

실행 결과는 다음과 같다.

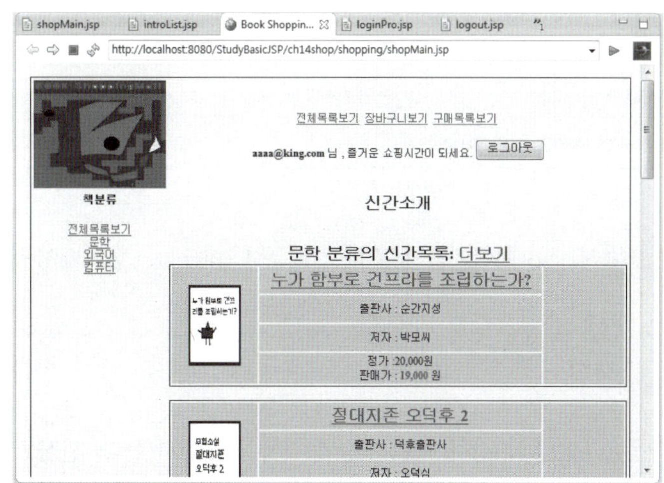

▲ shopMain.jsp 페이지의 실행 결과

작성파일의 정보는 다음과 같다.

쇼핑몰 메인 페이지 shopMain.jsp

작성파일명	shopMain.jsp
작성위치	StudyBasicJSP/WebContent/ch14shop/shopping
부록CD에서의 제공위치	source/ch14shop/shopping

쇼핑몰 메인 페이지의 초기 내용인 introList.jsp

작성파일명	introList.jsp
작성위치	StudyBasicJSP/WebContent/ch14shop/shopping
부록CD에서의 제공위치	source/ch14shop/shopping

회원 인증을 처리하는 loginPro.jsp

작성파일명	loginPro.jsp
작성위치	StudyBasicJSP/WebContent/ch14shop/shopping
부록CD에서의 제공위치	source/ch14shop/shopping

로그아웃을 처리하는 logout.jsp

작성파일명	logout.jsp
작성위치	StudyBasicJSP/WebContent/ch14shop/shopping
부록CD에서의 제공위치	source/ch14shop/shopping

shopMain.jsp 페이지에서 introList.jsp 페이지를 참조하기 때문에 introList.jsp 페이지를 먼저 작성해야 한다.

01 introList.jsp 페이지의 작성은 [ch14shop]-[shopping] 폴더를 선택해서 한다. 완성된 소스는 다음과 같다.

```jsp
01  <%@ page language="java" contentType="text/html; charset=UTF-8"
02     pageEncoding="UTF-8"%>
03  <%@ page import = "ch14.bookshop.master.ShopBookDBBean" %>
04  <%@ page import = "ch14.bookshop.master.ShopBookDataBean" %>
05  <%@ page import = "java.text.NumberFormat" %>
06
07  <%@ include file="../etc/color.jspf"%>
08
09  <html>
10  <head>
11  <title>Book Shopping Mall</title>
12  <link href="../etc/style.css" rel="stylesheet" type="text/css">
13  </head>
14  <body bgcolor="<%=bodyback_c%>">
15  <h3>신간소개</h3>
16  <%
17    ShopBookDataBean bookLists[] = null;
18    int number =0;
19    String book_kindName="";
20
21    ShopBookDBBean bookProcess = ShopBookDBBean.getInstance();
22    for(int i=1; i<=3;i++){
23        bookLists = bookProcess.getBooks(i+"00",3);
24
25      if(bookLists[0].getBook_kind().equals("100")){
26          book_kindName="문학";
27      }else if(bookLists[0].getBook_kind().equals("200")){
28          book_kindName="외국어";
29      }else if(bookLists[0].getBook_kind().equals("300")){
30          book_kindName="컴퓨터";
31      }
32  %>
33    <br> <font size="+1"> <b> <%=book_kindName%> 분류의 신간목록:
34    <a href="list.jsp?book_kind=<%=bookLists[0].getBook_kind()%>"> 더보기 </a>
35    </b> </font>
36  <%
```

```jsp
37     for(int j=0;j<bookLists.length;j++){
38  %>
39    <table >
40     <tr height="30" bgcolor="<%=value_c%>">
41      <td rowspan="4"  width="100">
42        <a
href="bookContent.jsp?book_id=<%=bookLists[j].getBook_id()%>&book_kind=<%=bookL
ists[0].getBook_kind()%>">
43          <img src="../../imageFile/<%=bookLists[j].getBook_image()%>"
44          border="0" width="60" height="90"></a></td>
45     <td width="350"><font size="+1"><b>
46        <a
href="bookContent.jsp?book_id=<%=bookLists[j].getBook_id()%>&book_kind=<%=bookL
ists[0].getBook_kind()%>">
47          <%=bookLists[j].getBook_title() %></a></b></font></td>
48     <td rowspan="4" width="100">
49       <%if(bookLists[j].getBook_count()==0){ %>
50         <b>일시품절</b>
51       <%}else{ %>
52           
53       <%} %>
54      </td>
55     </tr>
56   <tr height="30" bgcolor="<%=value_c%>">
57      <td width="350">출판사 : <%=bookLists[j].getPublishing_com()%></td>
58    </tr>
59   <tr height="30" bgcolor="<%=value_c%>">
60      <td width="350">저자 : <%=bookLists[j].getAuthor()%></td>
61    </tr>
62   <tr height="30" bgcolor="<%=value_c%>">
63      <td width="350">정가
:<%=NumberFormat.getInstance().format(bookLists[j].getBook_price())%> 원<br>
64          판매가 : <b><font color="red">
65
<%=NumberFormat.getInstance().format((int)(bookLists[j].getBook_price()*((double)(100-
bookLists[j].getDiscount_rate())/100)))%>
```

```
66          </font> </b> 원 </td>
67       </tr>
68       </table>
69       <br>
70    <%
71     }
72    }
73    %>
74
75    </body>
76    </html>
```

소스 코드 설명

이 introList.jsp 페이지는 쇼핑몰 메인 페이지인 shopMain.jsp 페이지가 처음 실행될 때 표시되는 책 분류별 신간 도서를 3권씩 표시한다.

21 ShopBookDBBean bookProcess = ShopBookDBBean.getInstance();에서 객체를 생성해 22라인 for(int i=1; i<=3;i++){문에서 23라인 bookLists = bookProcess.getBooks(i+"00",3);을 세 번 반복한다. 즉 ShopBookDBBean 클래스에서 최신 책을 가져오는 getBooks(분류번호, 가져올 레코드 수) 메소드가 3번 수행된다. 즉 각 분류별로 최신의 책 3권을 각각 가져온다.

만일 이미지가 표시되지 않는 경우 43라인의 코드를 다음과 같이 변경한다.

43 <img src="/StudyBasicJSP/imageFile/<%=bookLists[j].getBook_image()%>"

---

(02) shopMain.jsp 페이지의 작성은 [ch14shop]-[shopping] 폴더를 선택해서 한다. 완성된 소스는 다음과 같다. 이 액션태그를 사용해서 페이지를 구현했다.

```
01    <%@ page language="java" contentType="text/html; charset=UTF-8"
02      pageEncoding="UTF-8"%>
03
04    <%@ include file="../etc/color.jspf"%>
05
```

```
06    <html>
07    <head>
08    <meta charset="UTF-8">
09    <title>Book Shopping Mall</title>
10    <link href="../etc/style.css" rel="stylesheet" type="text/css">
11    </head>
12    <body>
13    <table>
14    <tr>
15      <td width="150" valign="top">
16          <img src="../module/logo.png" border="0" width="150" height="120">
17       </td>
18       <td>
19         <jsp:include page="../module/top.jsp" flush="false" />
20       </td>
21    </tr>
22    <tr>
23       <td width="150" valign="top">
24          <jsp:include page="../module/left.jsp" flush="false" />
25       </td>
26       <td width="700" valign="top">
27          <jsp:include page="introList.jsp" flush="false"/>
28       </td>
29    </tr>
30    <tr>
31       <td width="150" valign="top">
32          <img src="../module/logo.png" border="0" width="90" height="60">
33       </td>
34       <td width="700" valign="top">
35          <jsp:include page="../module/bottom.jsp" flush="false" />
36       </td>
37    </tr>
38    </table>
39    </body>
40    </html>
```

```jsp
01  <%@ page language="java" contentType="text/html; charset=UTF-8"
02     pageEncoding="UTF-8"%>
03  <%@ page import="ch14.bookshop.shopping.CustomerDBBean"%>
04
05  <% request.setCharacterEncoding("utf-8");%>
06
07  <%
08    String id = request.getParameter("id");
09     String passwd  = request.getParameter("passwd");
10
11     CustomerDBBean manager = CustomerDBBean.getInstance();
12     int check= manager.userCheck(id,passwd);
13
14     if(check==1){
15          session.setAttribute("id",id);
16          response.sendRedirect("shopMain.jsp");
17     }else if(check==0){%>
18   <script>
19     alert("비밀번호가 맞지 않습니다.");
20     history.go(-1);
21   </script>
22  <%}else{ %>
23    <script>
24     alert("아이디가 맞지 않습니다..");
25     history.go(-1);
26   </script>
27  <%}%>
```

04 logout.jsp 페이지의 작성은 [ch14shop]–[shopping] 폴더를 선택해서 한다. 완성된 소스는 다음과 같다.

```
01  <%@ page language="java" contentType="text/html; charset=UTF-8"
02     pageEncoding="UTF-8"%>
03
04  <% session.invalidate(); %>
05
06  <script>
07     alert("로그아웃 되었습니다.");
08     location.href="shopMain.jsp";
09  </script>
```

05 logout.jsp 페이지의 수정이 끝나면 shopMain.jsp 파일을 실행한다.

06 쇼핑몰 메인 화면이 표시되면 아이디와 비밀번호를 입력 후 [로그인] 버튼을 클릭하면, 인증된 사용자만 볼 수 있는 전제 서비스가 표시된 메인 화면이 나타난다.

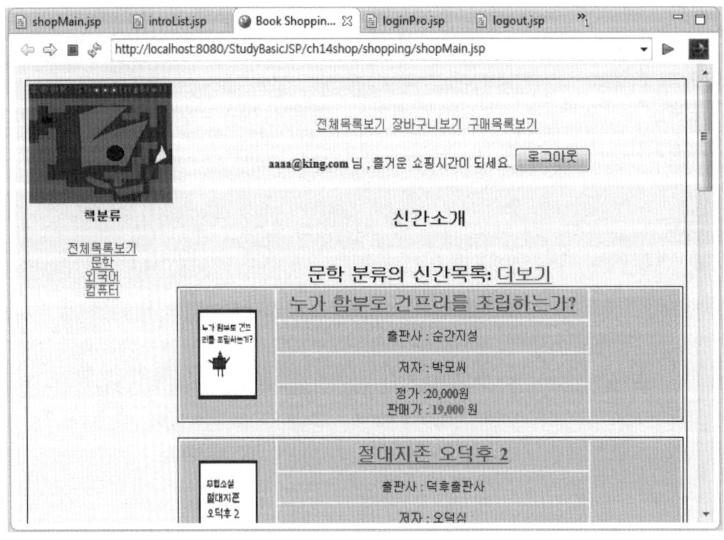

▲ 전체 서비스가 표시된 쇼핑몰 메인 화면

❸ 쇼핑목록 표시 list.jsp 페이지

쇼핑할 상품 목록을 보여주는 list.jsp 페이지는 book_kind 파라미터의 값이 all이면 모든 상품의 목록을 표시하고, 그 이외의 값이면 그 분류값에 해당하는 상품의 목록만을 표시한다.

쇼핑몰 메인 페이지의 왼쪽 메뉴를 선택하거나 가운데 표시되는 신간 목록 위의 [더보기] 링크를 누르면 list.jsp 페이지가 표시된다.

 쇼핑목록을 표시하는 list.jsp 페이지

쇼핑을 할 수 있도록 상품의 전체 목록 또는 선택한 분류에 해당하는 목록만을 표시하는 list.jsp 페이지를 작성한다.

실행 결과는 다음과 같다.

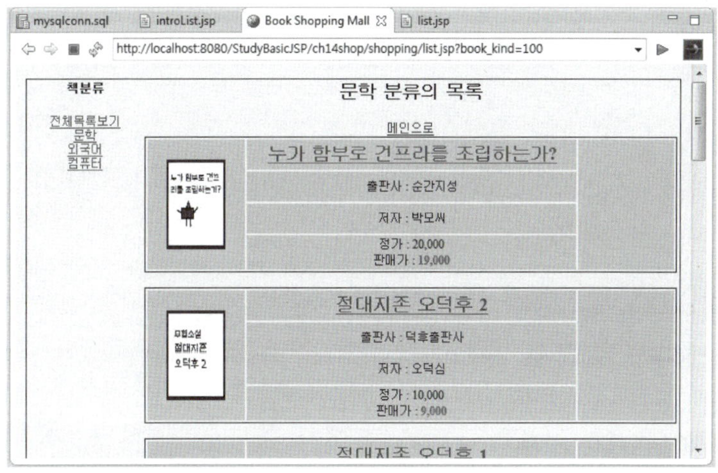

▲ list.jsp 페이지의 실행 결과

쇼핑목록 표시하는 페이지 list.jsp

작성파일명	list.jsp
작성위치	StudyBasicJSP/WebContent/ch14shop/shopping
부록CD에서의 제공위치	source/ch14shop/shopping

01 list.jsp 페이지의 작성은 [ch14shop]-[shopping] 폴더를 선택해서 한다. 완성된 소스
는 다음과 같다.

```jsp
01  <%@ page language="java" contentType="text/html; charset=UTF-8"
02     pageEncoding="UTF-8"%>
03  <%@ page import = "ch14.bookshop.master.ShopBookDBBean" %>
04  <%@ page import = "ch14.bookshop.master.ShopBookDataBean" %>
05  <%@ page import = "java.util.List" %>
06  <%@ page import = "java.text.NumberFormat" %>
07
08  <%@ include file="../etc/color.jspf"%>
09
10  <%
11     String book_kind = request.getParameter("book_kind");
12  %>
13
14  <html>
15  <head>
16  <title>Book Shopping Mall</title>
17  <link href="../etc/style.css" rel="stylesheet" type="text/css">
18  </head>
19  <body bgcolor="<%=bodyback_c%>">
20  <table>
21  <tr>
22  <td width="150" valign="top">
23     <jsp:include page="../module/left.jsp" flush="false" />
24  </td>
25  <td width="700">
26
27  <%
28  List<ShopBookDataBean> bookLists = null;
29  ShopBookDataBean bookList = null;
30  String book_kindName="";
31
32  ShopBookDBBean bookProcess = ShopBookDBBean.getInstance();
```

```
33
34      bookLists = bookProcess.getBooks(book_kind);
35      if(book_kind.equals("100"))
36              book_kindName="문학";
37      else if(book_kind.equals("200"))
38              book_kindName="외국어";
39      else if(book_kind.equals("300"))
40              book_kindName="컴퓨터";
41      else if(book_kind.equals("all"))
42              book_kindName="전체";
43      %>
44      <h3> <b> <%=book_kindName%> 분류목록</b> </h3>
45        <a href="shopMain.jsp"> 메인으로</a>
46      <%
47      for(int i=0;i<bookLists.size();i++){
48        bookList = (ShopBookDataBean)bookLists.get(i);
49      %>
50        <table>
51        <tr height="30" bgcolor="<%=value_c%>">
52        <td rowspan="4"  width="100">
53          <a
href="bookContent.jsp?book_id=<%=bookList.getBook_id()%>&book_kind=<%=book_ki
nd%>">
54            <img src="../../imageFile/<%=bookList.getBook_image()%>" border="0"
width="60" height="90"> </a> </td>
55          <td width="350"> <font size="+1"> <b>
56          <a
href="bookContent.jsp?book_id=<%=bookList.getBook_id()%>&book_kind=<%=book_ki
nd%>">
57          <%=bookList.getBook_title() %> </a> </b> </font> </td>
58        <td rowspan="4" width="100"  align="center"  valign="middle">
59          <%if(bookList.getBook_count()==0){ %>
60            <b> 일시품절</b>
61        <%}else{ %>
62             
63        <%} %>
```

```
64        </td>
65      </tr>
66      <tr height="30" bgcolor="<%=value_c%>">
67        <td width="350">출판사 : <%=bookList.getPublishing_com()%> </td>
68      </tr>
69      <tr height="30" bgcolor="<%=value_c%>">
70        <td width="350">저자 : <%=bookList.getAuthor()%> </td>
71      </tr>
72      <tr height="30" bgcolor="<%=value_c%>">
73        <td width="350">정가 :
<%=NumberFormat.getInstance().format(bookList.getBook_price())%> <br>
74                판매가 : <b> <font color="red">
75
<%=NumberFormat.getInstance().format((int)(bookList.getBook_price()*((double)(100-
bookList.getDiscount_rate())/100)))%>
76          </font> </b> </td>
77      </tr>
78    </table>
79    <br>
80  <%
81    }
82  %>
83  </td>
84  </tr>
85  </table>
86  </body>
87  </html>
```

소스 코드 설명

34 bookLists = bookProcess.getBooks(book_kind);은 상품의 분류별 코드값을 갖고 ShopBookDBBean 클래스의 getBooks(book_kind) 메소드를 실행한다. 전체 상품목록을 볼 경우에는 book_kind 변수값이 "all" 이다.

만일 이미지가 표시되지 않는 경우 54라인의 코드를 다음과 같이 변경한다.

54 <img src="/StudyBasicJSP/imageFile/<%=bookList.getBook_image()%>" border="0" width="60" height="90"></a></td>

02 list.jsp 페이지의 수정이 끝나면 list.jsp 파일을 실행한다. 그러면 쇼핑 목록이 화면에 표시된다.

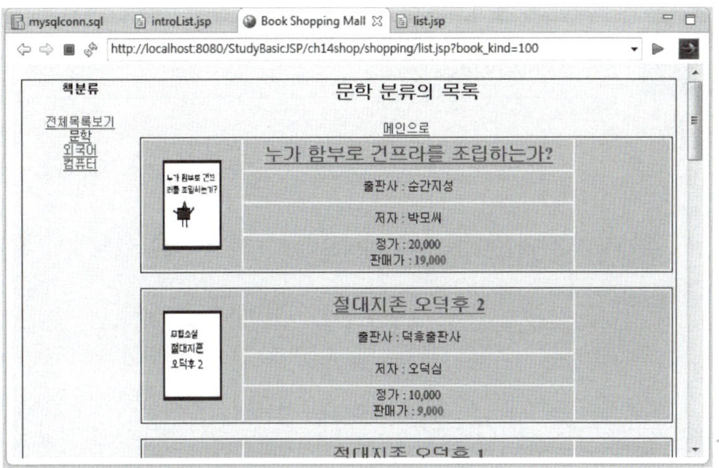

❹ 상품의 상세한 내용을 표시하는 bookContent.jsp 페이지

쇼핑 목록의 상품을 클릭하면 해당 상품에 대한 상세한 설명을 표시하는 페이지를 작성한다.

 상품에 대한 상세한 설명을 표시하는 bookContent.jsp 페이지

해당 상품에 대한 상세한 설명을 표시하는 bookContent.jsp 페이지를 작성한다.

실행 결과는 다음과 같다.

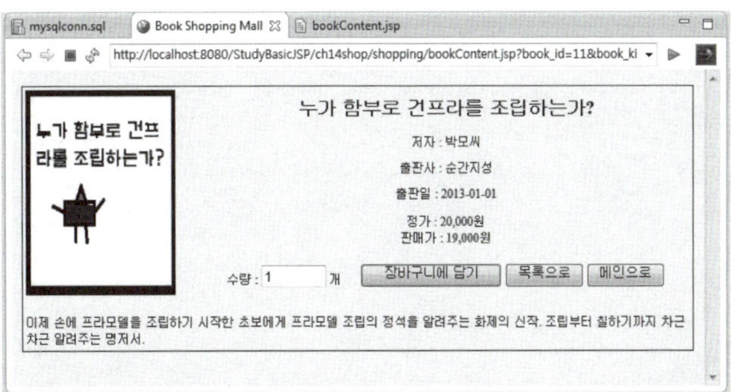

▲ bookContent.jsp 페이지의 실행 결과

상품의 상세한 설명을 표시하는 페이지 bookContent.jsp

작성파일명	bookContent.jsp
작성위치	StudyBasicJSP/WebContent/ch14shop/shopping
부록CD에서의 제공위치	source/ch14shop/shopping

01 bookContent.jsp 페이지의 작성은 [ch14shop]–[shopping] 폴더를 선택해서 한다. 완
성된 소스는 다음과 같다.

```jsp
01  <%@ page language="java" contentType="text/html; charset=UTF-8"
02    pageEncoding="UTF-8"%>
03  <%@ page import = "ch14.bookshop.master.ShopBookDBBean" %>
04  <%@ page import = "ch14.bookshop.master.ShopBookDataBean" %>
05  <%@ page import = "java.text.NumberFormat" %>
06
07  <%@ include file="../etc/color.jspf"%>
08
09  <%
10  String book_kind = request.getParameter("book_kind");
11  String book_id = request.getParameter("book_id");
12  String id = "";
13  int buy_price=0;
14  try{
15    if(session.getAttribute("id")==null)
16      id="not";
17    else
18      id= (String)session.getAttribute("id");
19  }catch(Exception e){}
20  %>
21
22  <html>
23  <head>
24  <title> Book Shopping Mall </title>
```

```jsp
25    <link href="../etc/style.css" rel="stylesheet" type="text/css">
26    </head>
27    <body bgcolor="<%=bodyback_c%>">
28    <%
29    ShopBookDataBean bookList = null;
30    String book_kindName="";
31
32    ShopBookDBBean bookProcess = ShopBookDBBean.getInstance();
33
34    bookList = bookProcess.getBook(Integer.parseInt(book_id));
35
36    if(book_kind.equals("100"))
37        book_kindName="문학";
38    else if(book_kind.equals("200"))
39        book_kindName="외국어";
40    else if(book_kind.equals("300"))
41        book_kindName="컴퓨터";
42
43    %>
44    <form name="inform" method="post" action="cartInsert.jsp">
45    <table>
46      <tr height="30">
47        <td rowspan="6"  width="150">
48          <img src="../../imageFile/<%=bookList.getBook_image()%>"
49             border="0" width="150" height="200"> </td>
50        <td width="500"> <font size="+1">
51          <b> <%=bookList.getBook_title() %> </b> </font> </td>
52      </tr>
53        <tr> <td width="500"> 저자 : <%=bookList.getAuthor()%> </td> </tr>
54        <tr> <td width="500"> 출판사 : <%=bookList.getPublishing_com()%> </td> </tr>
55        <tr> <td width="500"> 출판일 : <%=bookList.getPublishing_date()%> </td> </tr>
56        <tr> <td width="500"> 정가 :
    <%=NumberFormat.getInstance().format(bookList.getBook_price())%> 원 <br>
57          <%buy_price = (int)(bookList.getBook_price()*((double)(100-
    bookList.getDiscount_rate())/100)) ;%>
58            판매가 : <b> <font color="red">
```

```jsp
59          <%=NumberFormat.getInstance().format((int)(buy_price))%> 원
60          </font> </b> </td>
61      <tr> <td width="500">수량 : <input type="text" size="5"name="buy_count" value="1">
개
62   <%
63    if(id.equals("not")){
64      if(bookList.getBook_count()==0){
65   %>
66        <b> 일시품절</b>
67   <%
68      }
69    }else{
70      if(bookList.getBook_count()==0){
71   %>
72        <b> 일시품절</b>
73
74   <%   }else{ %>
75        <input type="hidden" name="book_id" value="<%=book_id %>">
76        <input type="hidden" name="book_image"
value="<%=bookList.getBook_image()%>">
77        <input type="hidden" name="book_title" value="<%=bookList.getBook_title() %>">
78        <input type="hidden" name="buy_price" value="<%=buy_price %>">
79        <input type="hidden" name="book_kind" value="<%=book_kind %>">
80        <input type="submit" value="장바구니에 담기">
81   <%}}%>
82    <input type="button" value="목록으로"
83     onclick="javascript:window.location='list.jsp?book_kind=<%=book_kind%>'">
84    <input type="button" value="메인으로"
85     onclick="javascript:window.location='shopMain.jsp'">
86    </td>
87   </tr>
88   <tr>
89    <td colspan="2" align="left">
90      <br> <%=bookList.getBook_content()%> </td>
91   </tr>
92   </table>
```

```
93    〈/form〉
94    〈/body〉
95    〈/html〉
```


> **34** bookList = bookProcess.getBook(Integer.parseInt(book_id));는 상품의 코드값을 갖고 ShopBookDBBean 클래스의 getBook(book_id) 메소드를 실행한다. book_id 값이 문자열이므로 사용하려면 Integer.parseInt(book_id) 메소드를 사용해 int 타입으로 파싱해서 한다.
>
> 만일 이미지가 표시되지 않는 경우 48라인의 코드를 다음과 같이 변경한다.
>
> **48** <img src="/StudyBasicJSP/imageFile/<%=bookList.getBook_image()%>"

02 bookContent.jsp 페이지의 수정이 끝나면 shopMain.jsp 페이지를 실행해, 해당 상품의 제목을 클릭한다. 그러면 상품에 대한 상세정보가 화면에 표시된다.

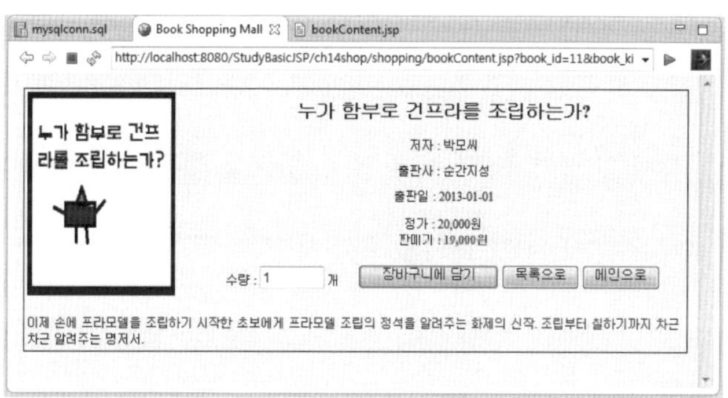

2) 장바구니 관리

상품을 구매하기 전에 담아두는 장소인 장바구니에는 상품을 추가할 수 있는 기능 및 담아둔 상품의 목록을 보는 기능도 있어야 한다. 또한 담아둔 상품의 목록에서 상품을 수정 및 삭제하는 작업도 수행해야 한다.

장바구니 관리에서 필요한 페이지와 자바빈은 다음과 같다.

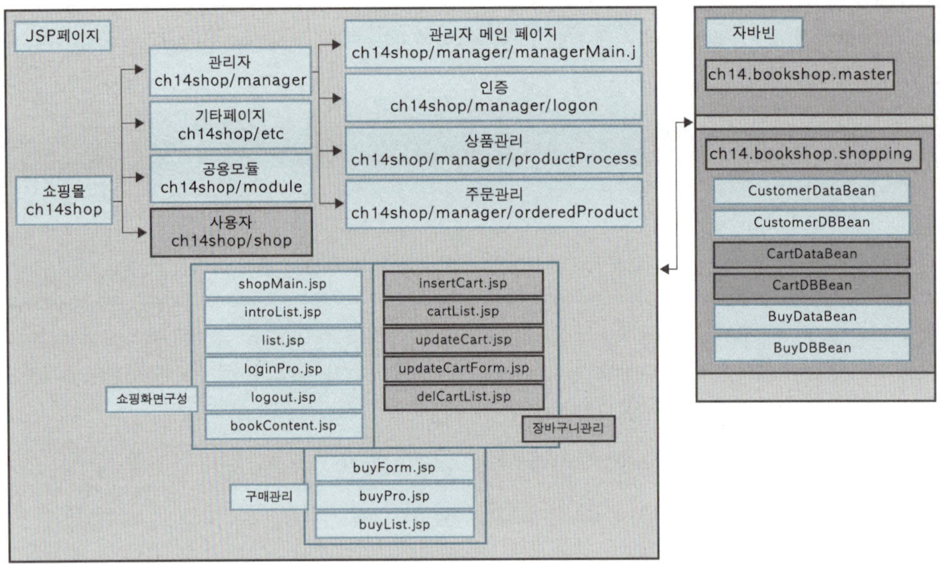

▲ 장바구니에서 필요한 페이지와 자바빈

먼저 장바구니에서 DB 관련 작업을 수행하기 위한 자바빈을 작성한다.

❶ 장바구니 자바빈 작성

장바구니에 상품추가, 수정, 삭제 및 장바구니 목록을 볼 수 있도록 해주는 데이터 저장빈
과 데이터 처리빈을 작성한다.

실습 ‖ 장바구니 자바빈 작성

데이터 저장빈 CartDataBean.java와 DB 연동빈 CartDBBean.java를 작성한다.

장바구니에서 데이터를 저장하는 자바빈 CartDataBean.java

작성파일명	CartDataBean.java
작성위치	Java Resources/src/ch14.bookshop.shopping
부록CD에서의 제공위치	source/ch14shop/shopping

장바구니에서 DB와 연동하는 자바빈 CartDBBean.java

작성파일명	CartDBBean.java
작성위치	Java Resources/src/ch14.bookshop.shopping
부록CD에서의 제공위치	source/ch14shop/shopping

01 [ch14.bookshop.shopping] 패키지에 CartDataBean.java 파일을 작성 후 프로퍼티만 입력하고 [Source]-[Generate Getters and Setters...] 메뉴를 선택해서 완성한다.

```
01   package ch14.bookshop.shopping;
02
03   public class CartDataBean {
04       private int cart_id; //장바구니의 아이디
05       private String buyer; //구매자
06       private int book_id; //구매된 책의 아이디
07       private String book_title;//구매된 책명
08       private int  buy_price;//판매가
09       private byte buy_count; //판매수량
10       private String book_image;//책이미지
11
12       public int getCart_id() {
13             return cart_id;
14       }
15       public void setCart_id(int cart_id) {
16             this.cart_id = cart_id;
17       }
18       public String getBuyer() {
19             return buyer;
20       }
21       public void setBuyer(String buyer) {
22             this.buyer = buyer;
23       }
```

```java
24     public int getBook_id() {
25             return book_id;
26     }
27     public void setBook_id(int book_id) {
28             this.book_id = book_id;
29     }
30     public String getBook_title() {
31             return book_title;
32     }
33     public void setBook_title(String book_title) {
34             this.book_title = book_title;
35     }
36     public int getBuy_price() {
37             return buy_price;
38     }
39     public void setBuy_price(int buy_price) {
40             this.buy_price = buy_price;
41     }
42     public byte getBuy_count() {
43             return buy_count;
44     }
45     public void setBuy_count(byte buy_count) {
46             this.buy_count = buy_count;
47     }
48     public String getBook_image() {
49             return book_image;
50     }
51     public void setBook_image(String book_image) {
52             this.book_image = book_image;
53     }
54
55 }
```

02 [ch14.bookshop.shopping] 패키지에 CartDBBean.java 파일을 작성한다. 완성된 소스는 다음과 같다.

```java
01    package ch14.bookshop.shopping;
02
03    import java.sql.Connection;
04    import java.sql.PreparedStatement;
05    import java.sql.ResultSet;
06    import java.sql.SQLException;
07    import java.util.ArrayList;
08    import java.util.List;
09
10    import javax.naming.Context;
11    import javax.naming.InitialContext;
12    import javax.sql.DataSource;
13
14    public class CartDBBean {
15        private static CartDBBean instance = new CartDBBean();
16
17        public static CartDBBean getInstance() {
18         return instance;
19        }
20
21    private CartDBBean() {}
22
23    private Connection getConnection() throws Exception {
24        Context initCtx = new InitialContext();
25        Context envCtx = (Context) initCtx.lookup("java:comp/env");
26        DataSource ds = (DataSource)envCtx.lookup("jdbc/basicjsp");
27        return ds.getConnection();
28    }
29
30    //[장바구니에 담기]를 클릭하면 수행되는 것으로 cart 테이블에 새로운 레코드를 추가
31    public void insertCart(CartDataBean cart)
32    throws Exception {
```

```
33      Connection conn = null;
34      PreparedStatement pstmt = null;
35      String sql="";
36
37      try {
38         conn = getConnection();
39         sql = "insert into cart (book_id, buyer," +
40                    "book_title,buy_price,buy_count,book_image) " +
41                    "values (?,?,?,?,?,?)";
42         pstmt = conn.prepareStatement(sql);
43
44         pstmt.setInt(1, cart.getBook_id());
45         pstmt.setString(2, cart.getBuyer());
46         pstmt.setString(3, cart.getBook_title());
47         pstmt.setInt(4, cart.getBuy_price());
48         pstmt.setByte(5, cart.getBuy_count());
49         pstmt.setString(6, cart.getBook_image());
50
51         pstmt.executeUpdate();
52      }catch(Exception ex) {
53          ex.printStackTrace();
54      } finally {
55         if (pstmt != null)
56             try { pstmt.close(); } catch(SQLException ex) {}
57         if (conn != null)
58             try { conn.close(); } catch(SQLException ex) {}
59      }
60   }
61
62   //id에 해당하는 레코드의 수를 얻어내는 메소드
63   public int getListCount(String id)
64   throws Exception {
65      Connection conn = null;
66      PreparedStatement pstmt = null;
67      ResultSet rs = null;
68
```

```java
69        int x=0;
70
71        try {
72            conn = getConnection();
73
74            pstmt = conn.prepareStatement(
75                        "select count(*) from cart where buyer=?");
76            pstmt.setString(1, id);
77            rs = pstmt.executeQuery();
78
79            if (rs.next()) {
80                x= rs.getInt(1);
81                        }
82        } catch(Exception ex) {
83            ex.printStackTrace();
84        } finally {
85            if (rs != null)
86                try { rs.close(); } catch(SQLException ex) {}
87            if (pstmt != null)
88                try { pstmt.close(); } catch(SQLException ex) {}
89            if (conn != null)
90                try { conn.close(); } catch(SQLException ex) {}
91        }
92        return x;
93    }
94
95
96    //id에 해당하는 레코드의 목록을 얻어내는 메소드
97    public List<CartDataBean> getCart(String id)
98    throws Exception {
99        Connection conn = null;
100        PreparedStatement pstmt = null;
101        ResultSet rs = null;
102        CartDataBean cart=null;
103        String sql = "";
104        List<CartDataBean> lists = null;
```

```
105
106     try {
107         conn = getConnection();
108
109         sql = "select * from cart where buyer = ?";
110         pstmt = conn.prepareStatement(sql);
111
112         pstmt.setString(1, id);
113         rs = pstmt.executeQuery();
114
115         lists = new ArrayList<CartDataBean>();
116
117         while (rs.next()) {
118             cart = new CartDataBean();
119
120             cart.setCart_id(rs.getInt("cart_id"));
121             cart.setBook_id(rs.getInt("book_id"));
122             cart.setBook_title(rs.getString("book_title"));
123             cart.setBuy_price(rs.getInt("buy_price"));
124             cart.setBuy_count(rs.getByte("buy_count"));
125             cart.setBook_image(rs.getString("book_image"));
126
127             lists.add(cart);
128         }
129     }catch(Exception ex) {
130         ex.printStackTrace();
131     }finally {
132         if (rs != null)
133             try { rs.close(); } catch(SQLException ex) {}
134         if (pstmt != null)
135             try { pstmt.close(); } catch(SQLException ex) {}
136         if (conn != null)
137             try { conn.close(); } catch(SQLException ex) {}
138     }
139     return lists;
140 }
```

```java
//장바구니에서 수량을 수정시 실행되는 메소드
public void updateCount(int cart_id, byte count)
throws Exception {
    Connection conn = null;
    PreparedStatement pstmt = null;

    try {
        conn = getConnection();

      pstmt = conn.prepareStatement(
        "update cart set buy_count=? where cart_id=?");
      pstmt.setByte(1, count);
      pstmt.setInt(2, cart_id);

      pstmt.executeUpdate();
    }catch(Exception ex) {
      ex.printStackTrace();
    }finally {
      if (pstmt != null)
        try { pstmt.close(); } catch(SQLException ex) {}
      if (conn != null)
        try { conn.close(); } catch(SQLException ex) {}
    }
}

//장바구니에서 cart_id에 대한 레코드를 삭제하는 메소드
public void deleteList(int cart_id)
throws Exception {
    Connection conn = null;
    PreparedStatement pstmt = null;

    try {
      conn = getConnection();

      pstmt = conn.prepareStatement(
```

```
177              "delete from  cart where cart_id=?");
178          pstmt.setInt(1, cart_id);
179
180          pstmt.executeUpdate();
181     }catch(Exception ex) {
182          ex.printStackTrace();
183     }finally {
184
185          if (pstmt != null)
186              try { pstmt.close(); } catch(SQLException ex) {}
187          if (conn != null)
188              try { conn.close(); } catch(SQLException ex) {}
189     }
190   }
191
192     //id에 해당하는 모든 레코드를 삭제하는 메소드로 [장바구니 비우기] 단추를 클릭시
실행된다.
193     public void deleteAll(String id)
194     throws Exception {
195        Connection conn = null;
196        PreparedStatement pstmt = null;
197
198        try {
199          conn = getConnection();
200
201          pstmt = conn.prepareStatement(
202            "delete from cart where buyer=?");
203          pstmt.setString(1, id);
204
205          pstmt.executeUpdate();
206     }catch(Exception ex) {
207          ex.printStackTrace();
208     }finally {
209          if (pstmt != null)
210              try { pstmt.close(); } catch(SQLException ex) {}
211          if (conn != null)
```

```
212              try { conn.close(); } catch(SQLException ex) {}
213          }
214      }
215
216  }
```


31~60 insertCart(CartDataBean cart) 메소드는 [장바구니에 담기]를 클릭하면 수행되는 것으로 cart 테이블에 새로운 레코드를 추가하는 메소드이다. cartInsert.jsp 페이지에서 사용한다.

63~93 getListCount(String id) 메소드는 id에 해당하는 레코드의 수를 장바구니인 cart 테이블에서 얻어내는 메소드이다. cartList.jsp 페이지에서 사용한다.

97~140 getCart(String id) 메소드는 id에 해당하는 레코드의 목록을 얻어내는 메소드이다. cartInsert.jsp 페이지와 buyForm.jsp 페이지에서 사용한다.

143~165 updateCount(int cart_id, byte count) 메소드는 장바구니에서 수량을 변경시 실행되는 메소드이다. updateCart.jsp 페이지에서 사용된다.

168~190 deleteList(int cart_id) 메소드는 장바구니에서 cart_id에 대한 레코드를 삭제하는 메소드이다. cartListDel.jsp 페이지에서 사용된다.

193~214 deleteAll(String id) 메소드 id에 해당하는 모든 레코드를 삭제하는 메소드로 [장바구니 비우기] 버튼을 클릭시 실행된다. cartListDel.jsp 페이지에서 사용된다.

자바빈을 작성했으니 이제 장바구니 관련 페이지를 작성해 보자.

❷ 장바구니에 목록 표시

장바구니의 목록을 표시하는 페이지를 작성한다. 여기서는 장바구니에 목록을 추가하는 페이지를 작성한 후에 한다.

실습 **장바구니에 상품추가 페이지 및 목록표시 페이지 작성**

실행 결과는 다음과 같다.

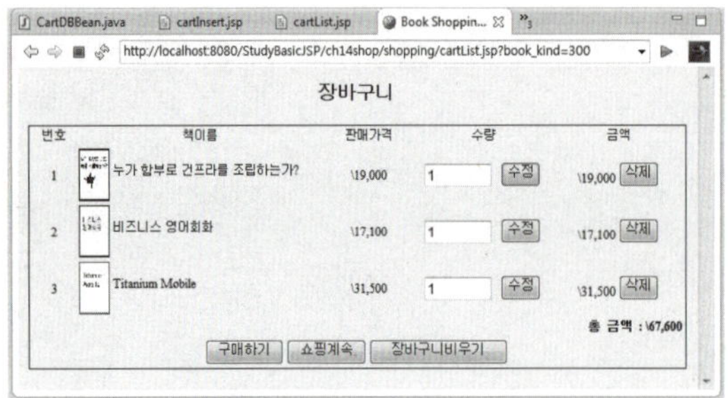

▲ cartList.jsp 페이지의 실행 결과

작성파일의 정보는 다음과 같다.

장바구니에 상품추가 페이지 cartInsert.jsp

작성파일명	cartInsert.jsp
작성위치	StudyBasicJSP/WebContent/ch14shop/shopping
부록CD에서의 제공위치	source/ch14shop/shopping

장바구니 목록표시 페이지 cartList.jsp

작성파일명	cartList.jsp
작성위치	StudyBasicJSP/WebContent/ch14shop/shopping
부록CD에서의 제공위치	source/ch14shop/shopping

01 cartInsert.jsp 페이지의 작성은 [ch14shop]-[shopping] 폴더를 선택해서 한다. 완성된 소스는 다음과 같다.

```
01    <%@ page language="java" contentType="text/html; charset=UTF-8"
02        pageEncoding="UTF-8"%>
03
04    <%@ page import = "ch14.bookshop.shopping.CartDBBean" %>
```

```jsp
05
06    <% request.setCharacterEncoding("utf-8");%>
07
08    <%
09      String book_kind = request.getParameter("book_kind");
10      String buy_count = request.getParameter("buy_count");
11      String book_id = request.getParameter("book_id");
12      String book_title = request.getParameter("book_title");
13      String book_image = request.getParameter("book_image");
14      String buy_price = request.getParameter("buy_price");
15      String buyer = (String)session.getAttribute("id");
16    %>
17
18    <jsp:useBean id="cart" scope="page"
19           class="ch14.bookshop.shopping.CartDataBean">
20    </jsp:useBean>
21
22    <%
23      cart.setBook_id(Integer.parseInt(book_id));
24      cart.setBook_image(book_image);
25      cart.setBook_title(book_title);
26      cart.setBuy_count(Byte.parseByte(buy_count));
27      cart.setBuy_price(Integer.parseInt(buy_price));
28      cart.setBuyer(buyer);
29
30      CartDBBean bookProcess = CartDBBean.getInstance();
31      bookProcess.insertCart(cart);
32      response.sendRedirect("cartList.jsp?book_kind="+book_kind);
33    %>
```

소스 코드 설명

bookContent.jsp 페이지에서 넘겨받은 정보를 갖고 18~19라인에서 데이터 저장빈 CartDataBean의 객체 cart를
생성 후, 31라인에서 DB 저장빈인 CartDBBean 클래스의 bookProcess.insertCart(cart) 메소드를 사용해 [cart]
테이블에 새로운 레코드를 추가한다.

02 cartList.jsp 페이지의 작성은 [ch14shop]−[shopping] 폴더를 선택해서 한다. 완성된
소스는 다음과 같다.

```jsp
01    <%@ page language="java" contentType="text/html; charset=UTF-8"
02       pageEncoding="UTF-8"%>
03    <%@ page import = "ch14.bookshop.shopping.CartDataBean" %>
04    <%@ page import = "ch14.bookshop.shopping.CartDBBean" %>
05    <%@ page import = "java.util.List" %>
06    <%@ page import = "java.text.NumberFormat" %>
07
08    <%@ include file="../etc/color.jspf"%>
09
10    <%
11    String book_kind = request.getParameter("book_kind");
12    String buyer = (String)session.getAttribute("id");
13    %>
14
15    <html>
16    <head>
17    <title>Book Shopping Mall</title>
18    <link href="../etc/style.css" rel="stylesheet" type="text/css">
19    </head>
20    <body bgcolor="<%=bodyback_c%>">
21    <%
22    List<CartDataBean> cartLists = null;
23    CartDataBean cartList = null;
24    int count = 0;
25    int number = 0;
26    int total = 0;
27
28    if(session.getAttribute("id")==null){
29       response.sendRedirect("shopMain.jsp");
30    }else{
31       CartDBBean bookProcess = CartDBBean.getInstance();
32       count = bookProcess.getListCount(buyer);
```

```jsp
33
34      if(count == 0){
35  %>
36      <h3><b>장바구니</b></h3>
37      <table>
38        <tr><td>장바구니에 담긴 물품이 없습니다.</td></tr>
39      </table>
40      <input type="button" value="쇼핑계속"
41        onclick="javascript:window.location='list.jsp?book_kind=<%=book_kind%>'">
42  <%
43      }else{
44        cartLists = bookProcess.getCart(buyer);
45  %>
46      <h3><b>장바구니</b></h3>
47      <form name="inform" method="post" action="updateCart.jsp">
48      <table>
49        <tr>
50          <td width="50">번호</td>
51          <td width="300">책이름</td>
52          <td width="100">판매가격</td>
53          <td width="150">수량</td>
54          <td width="150">금액</td>
55        </tr>
56
57  <%
58      for(int i=0;i<cartLists.size();i++){
59        cartList = (CartDataBean)cartLists.get(i);
60  %>
61
62        <tr>
63          <td width="50"><%=++number %></td>
64          <td  width="300" align="left">
65            <img src="../../imageFile/<%=cartList.getBook_image()%>"
66              border="0" width="30" height="50" align="middle">
67              <%=cartList.getBook_title()%>
68          </td>
```

```
69        <td
width="100"> <%=NumberFormat.getInstance().format(cartList.getBuy_price())%> </td>
70        <td width="150">
71            <input type="text" name="buy_count" size="5"
value="<%=cartList.getBuy_count()%>">
72            <input type="hidden" name="cart_id" value="<%=cartList.getCart_id()%>">
73            <input type="hidden" name="book_kind" value="<%="book_kind"%>">
74            <input type="submit" value="수정" >
75        </td>
76        <td align="center"  width="150">
77            <%total += cartList.getBuy_count()*cartList.getBuy_price();%>
78
<%=NumberFormat.getInstance().format(cartList.getBuy_count()*cartList.getBuy_price())
%>
79            <input type="button" value="삭제"
80            onclick="javascript:window.location='cartListDel.jsp?list=<%=cartList.getCart_id()
%>&book_kind=<%=book_kind%>'">
81        </td>
82      </tr>
83    <%}%>
84      <tr>
85      <td colspan="5" align="right"> <b>총금액 :
<%=NumberFormat.getInstance().format(total)%> </b> </td>
86      </tr>
87      <tr>
88      <td colspan="5">
89        <input type="button" value="구매하기"
90          onclick="javascript:window.location='buyForm.jsp'">
91        <input type="button" value="쇼핑계속"
92          onclick="javascript:window.location='list.jsp?book_kind=<%=book_kind%>'">
93        <input type="button" value="장바구니 비우기"
94
onclick="javascript:window.location='cartListDel.jsp?list=all&book_kind=<%=book_kind%
>'">
95      </td>
96      </tr>
```

```
97      </table>
98      </form>
99  <%
100     }
101 }
102 %>
103 </body>
104 </html>
```

소스 코드 설명

> **44**　cartLists = bookProcess.getCart(buyer);는 CartDBBean 클래스의 getCart(buyer) 메소드를 사용해 [cart] 클래스에 있는 장바구니 목록을 얻어낸다. 얻어낸 장바구니 목록은 화면에 표시한다. title〉 태그는 웹 브라우저 창의 타이틀 바에 표시할 내용을 지정할 때 사용한다.
>
> 만일 이미지가 표시되지 않는 경우 65라인의 코드를 다음과 같이 변경한다.
>
> **65**　<img src="/StudyBasicJSP/imageFile/<%=cartList.getBook_image()%>"

③ cartList.jsp 페이지의 수정이 끝나면 shopMain.jsp 파일을 실행한다. 원하는 상품을 클릭하면 bookContent.jsp 페이지가 표시된다.

④ bookContent.jsp 페이지에서 [장바구니에 담기] 버튼을 클릭하면, cartInsert.jsp가 실행되어 장바구니에 상품을 추가한 후 cartList.jsp가 표시되어 장바구니의 목록이 표시된다.

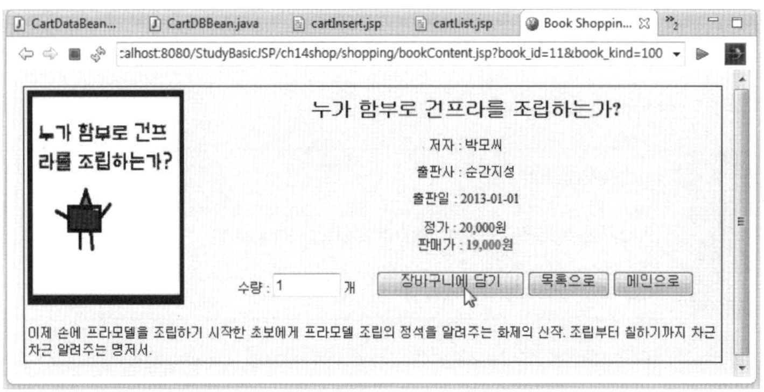

▲ bookContent.jsp 페이지

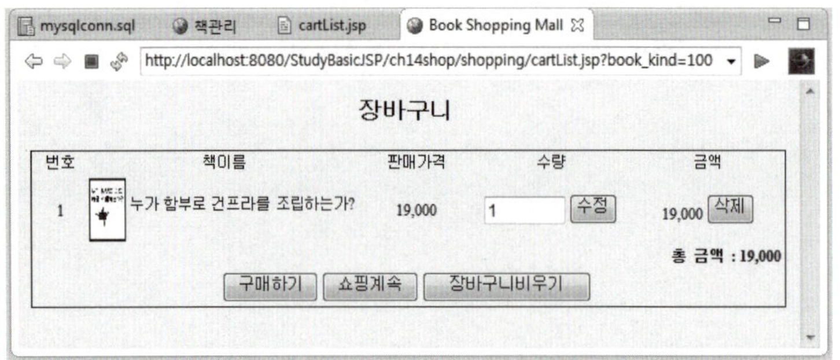

▲ 장바구니 목록 cartList.jsp

장바구니에 몇 가지 상품을 더 추가해 총금액 등이 맞는지도 확인한다.

❸ 장바구니 목록의 수량을 변경하는 페이지와 장바구니 목록과 장바구니 비우기를 수행하는 페이지

장바구니 목록의 수량은 해당 항목의 [수정] 버튼을 눌러서 수정한다. 또한 장바구니의 개별 목록은 [삭제] 버튼을 눌러서 처리하고, 장바구니 비우기는 [장바구니 비우기] 버튼을 눌러서 한다.

실습 | **장바구니 목록의 수량을 변경, 장바구니의 개별목록 삭제 및 장바구니 비우기**

장바구니 목록의 수량을 변경하는 페이지를 작성한다.

작성파일의 정보는 다음과 같다.

장바구니 목록 수량의 변경 폼 updateCartForm.jsp

작성파일명	updateCartForm.jsp
작성위치	StudyBasicJSP/WebContent/ch14shop/shopping
부록CD에서의 제공위치	source/ch14shop/shopping

장바구니 목록 수량을 변경하는 페이지 updateCart.jsp

작성파일명	updateCart.jsp
작성위치	StudyBasicJSP/WebContent/ch14shop/shopping
부록CD에서의 제공위치	source/ch14shop/shopping

장바구니 목록의 개별항목 삭제 및 장바구니 비우기 페이지 cartListDel.jsp

작성파일명	cartListDel.jsp
작성위치	StudyBasicJSP/WebContent/ch14shop/shopping
부록CD에서의 제공위치	source/ch14shop/shopping

01 updateCartForm.jsp 페이지의 작성은 [ch14shop]-[shopping] 폴더를 선택해서 한다. 완성된 소스는 다음과 같다. 간단한 페이지라도 반드시 작성해야만 수량이 제대로 수정된다.

```jsp
01  <%@ page language="java" contentType="text/html; charset=UTF-8"
02      pageEncoding="UTF-8"%>
03  <%@ page import = "ch14.bookshop.shopping.CartDBBean" %>
04
05  <%@ include file="../etc/color.jspf"%>
06
07  <%
08  String cart_id = request.getParameter("cart_id");
09  String buy_count = request.getParameter("buy_count");
10  String book_kind = request.getParameter("book_kind");
11
12
13  if(session.getAttribute("id")==null){
14      response.sendRedirect("shopMain.jsp");
15  }else{
```

```
16    %>
17    <html>
18    <head>
19    <title>Book Shopping Mall</title>
20    <link href="../etc/style.css" rel="stylesheet" type="text/css">
21    </head>
22    <body bgcolor="<%=bodyback_c%>">
23    <form method="POST" name="updateForm"  action="updateCart.jsp" >
24        변경할 수량 :
25        <input type="text" name="buy_count" size="5" value="<%=buy_count%>">
26        <input type="hidden" name="cart_id" value="<%=cart_id%>">
27        <input type="hidden" name="book_kind" value="<%=book_kind%>">
28        <input type="submit" value="변경" >
29    </form>
30    </body>
31    </html>
32    <%}%>
```


이 페이지는 장바구니의 수량을 수정하는 [수정] 버튼을 클릭하면 표시된다. 이 페이지에서 변경할 수량을 입력 후 [변경] 버튼을 클릭하면 updateCart.jsp가 수행된 후 장바구니 목록인 cartListDel.jsp 페이지 상품의 수량이 변경된다.

02 updateCart.jsp 페이지의 작성은 [ch14shop]-[shopping] 폴더를 선택해서 한다. 완성된 소스는 다음과 같다.

```
01    <%@ page language="java" contentType="text/html; charset=UTF-8"
02        pageEncoding="UTF-8"%>
03    <%@ page import = "ch14.bookshop.shopping.CartDBBean" %>
04
```

```
05    <%@ include file=" ../etc/color.jspf" %>
06
07    <%
08    String cart_id = request.getParameter( "cart_id" );
09    String buy_count = request.getParameter( "buy_count" );
10    String book_kind = request.getParameter( "book_kind" );
11
12    if(session.getAttribute( "id" )==null){
13        response.sendRedirect( "shopMain.jsp" );
14    }else{
15        CartDBBean bookProcess = CartDBBean.getInstance();
16      bookProcess.updateCount(Integer.parseInt(cart_id), Byte.parseByte(buy_count));
17      response.sendRedirect( "cartList.jsp?book_kind=" + book_kind);
18    }
19    %>
```

소스 코드 설명

16	bookProcess.updateCount(Integer.parseInt(cart_id), Byte.parseByte(buy_count));는 장바구니의 상품 아이디와 변경된 수량을 갖고 updateCount( ) 메소드를 호출해 [cart] 테이블에서 해당 상품의 수량을 변경한다.

03 cartListDel.jsp 페이지의 작성은 [ch14shop]−[shopping] 폴더를 선택해서 한다. 완성된 소스는 다음과 같다.

```
01    <%@ page language="java" contentType="text/html; charset=UTF-8"
02      pageEncoding="UTF-8"%>
03    <%@ page import = "ch14.bookshop.shopping.CartDBBean" %>
04
05    <%@ include file="../etc/color.jspf"%>
06
07    <%
```

```
08     String list = request.getParameter("list");
09     String buyer = (String)session.getAttribute("id");
10     String book_kind = request.getParameter("book_kind");
11
12     if(session.getAttribute("id")==null){
13         response.sendRedirect("shopMain.jsp");
14     }else{
15         CartDBBean bookProcess = CartDBBean.getInstance();
16
17         if(list.equals("all"))
18             bookProcess.deleteAll(buyer);
19         else
20             bookProcess.deleteList(Integer.parseInt(list));
21
22         response.sendRedirect("cartList.jsp?book_kind=" + book_kind);
23     }
24 %>
```

소스 코드 설명

18　bookProcess.deleteAll(buyer);은 [장바구니 비우기] 버튼을 누른 경우 실행되는 메소드로, [cart] 테이블의 모든 레코드를 제거해 장바구니를 비운다.

20　bookProcess.deleteList(Integer.parseInt(list));는 [삭제] 버튼을 누른 경우 실행되는 메소드로, [cart] 테이블에서 해당 레코드만을 제거한다. 즉, 장바구니에서 하나의 품목을 제거한다.

04 장바구니 목록 페이지에서 [수정], [삭제], [쇼핑 계속], [장바구니 비우기] 버튼을 눌러 제대로 실행되는지 확인한다.

3) 구매 관리

구매 관리는 장바구니에 임시로 저장한 품목들을 실제로 구매하는 부분으로, 결제 및 배송에 필요한 정보를 입력하고, 사용자가 구매한 상품의 목록을 제공한다.

구매 관리에서 필요한 페이지와 자바빈은 다음과 같다.

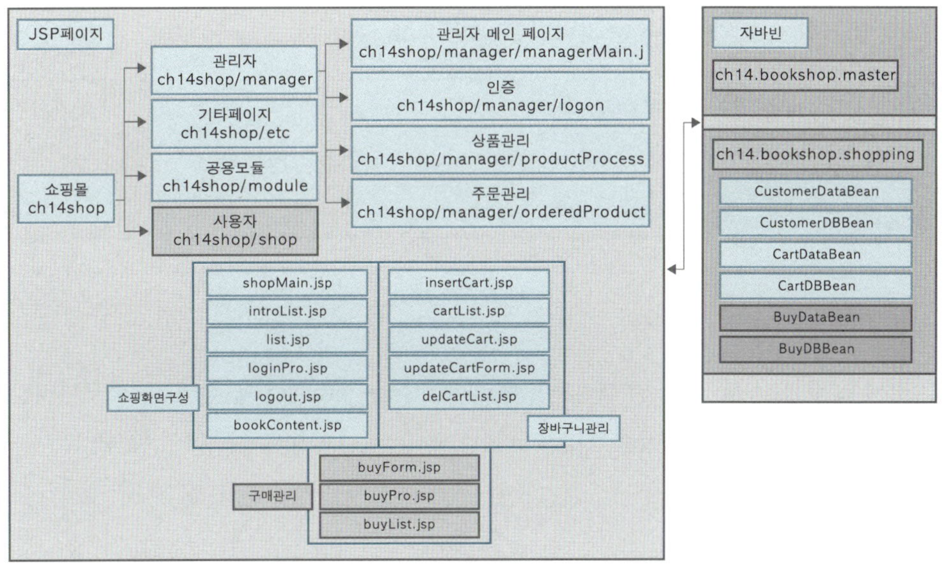

▲ 구매에 필요한 페이지와 자바빈

먼저 구매에서 DB 관련 작업을 수행하기 위한 자바빈을 작성한다.

❶ 구매 관리 자바빈 작성

구매 테이블인 [buy] 테이블과 연동한 작업을 처리하기 위한 자바빈을 작성한다.

 구매 관리 자바빈 작성

데이터 저장빈인 BuyDataBean.java와 DB 연동빈인 BuyDBBean.java를 작성한다.

구매 작업을 위해 데이터를 저장하는 자바빈 BuyDataBean.java

작성파일명	BuyDataBean.java
작성위치	Java Resources/src/ch14.bookshop.shopping
부록CD에서의 제공위치	source/ch14shop/shopping

구매 작업을 위해 DB와 연동하는 자바빈 BuyDBBean.java

작성파일명	BuyDBBean.java
작성위치	Java Resources/src/ch14.bookshop.shopping
부록CD에서의 제공위치	source/ch14shop/shopping

01 [ch14.bookshop.shopping] 패키지에 BuyDataBean.java 파일을 작성 후 프로퍼티만 입력하고 [Source]-[Generate Getters and Setters...] 메뉴를 선택하여 완성한다.

```
01  package ch14.bookshop.shopping;
02
03  import java.sql.Timestamp;
04
05  public class BuyDataBean {
06      private Long buy_id;//구매아이디
07      private String buyer;//구매자
08      private int book_id;//구매된 책아이디
09      private String book_title;//구매된 책명
10      private int buy_price;//판매가
11      private byte buy_count;//판매수량
12      private String book_image;//책이미지
13      private Timestamp buy_date;//구매일자
14      private String account;//결제계좌
15      private String deliveryName;//배송지
16      private String deliveryTel ;//배송지 전화번호
```

```java
17    private String deliveryAddress;//배송지 주소
18    private String sanction;//배송상황
19
20    public Long getBuy_id() {
21            return buy_id;
22    }
23    public void setBuy_id(Long buy_id) {
24            this.buy_id = buy_id;
25    }
26    public String getBuyer() {
27            return buyer;
28    }
29    public void setBuyer(String buyer) {
30            this.buyer = buyer;
31    }
32    public int getBook_id() {
33            return book_id;
34    }
35    public void setBook_id(int book_id) {
36            this.book_id = book_id;
37    }
38    public String getBook_title() {
39            return book_title;
40    }
41    public void setBook_title(String book_title) {
42            this.book_title = book_title;
43    }
44    public int getBuy_price() {
45            return buy_price;
46    }
47    public void setBuy_price(int buy_price) {
48            this.buy_price = buy_price;
49    }
50    public byte getBuy_count() {
51            return buy_count;
52    }
```

```java
53    public void setBuy_count(byte buy_count) {
54            this.buy_count = buy_count;
55    }
56    public String getBook_image() {
57            return book_image;
58    }
59    public void setBook_image(String book_image) {
60            this.book_image = book_image;
61    }
62    public Timestamp getBuy_date() {
63            return buy_date;
64    }
65    public void setBuy_date(Timestamp buy_date) {
66            this.buy_date = buy_date;
67    }
68    public String getAccount() {
69            return account;
70    }
71    public void setAccount(String account) {
72            this.account = account;
73    }
74    public String getDeliveryName() {
75            return deliveryName;
76    }
77    public void setDeliveryName(String deliveryName) {
78            this.deliveryName = deliveryName;
79    }
80    public String getDeliveryTel() {
81            return deliveryTel;
82    }
83    public void setDeliveryTel(String deliveryTel) {
84            this.deliveryTel = deliveryTel;
85    }
86    public String getDeliveryAddress() {
87            return deliveryAddress;
88    }
```

```
89      public void setDeliveryAddress(String deliveryAddress) {
90          this.deliveryAddress = deliveryAddress;
91      }
92      public String getSanction() {
93          return sanction;
94      }
95      public void setSanction(String sanction) {
96          this.sanction = sanction;
97      }
98  }
```

02 [ch14.bookshop.shopping] 패키지에 BuyDBBean.java 파일을 작성한다. 완성된 파일
은 다음과 같다. 128, 137, 145라인의 경고는 무시한다.

```
01  package ch14.bookshop.shopping;
02
03  import java.sql.Connection;
04  import java.sql.PreparedStatement;
05  import java.sql.ResultSet;
06  import java.sql.SQLException;
07  import java.sql.Timestamp;
08  import java.util.ArrayList;
09  import java.util.List;
10  import javax.naming.Context;
11  import javax.naming.InitialContext;
12  import javax.sql.DataSource;
13
14  public class BuyDBBean {
15      private static BuyDBBean instance = new BuyDBBean();
16
17      public static BuyDBBean getInstance() {
18          return instance;
```

```java
19      }

20

21      private BuyDBBean() {}

22

23      private Connection getConnection() throws Exception {
24          Context initCtx = new InitialContext();
25          Context envCtx = (Context) initCtx.lookup( "java:comp/env" );
26          DataSource ds = (DataSource)envCtx.lookup( "jdbc/basicjsp" );
27          return ds.getConnection();
28      }

29

30      // bank테이블에 있는 전체 레코드를 얻어내는 메소드
31      public List<String> getAccount(){
32          Connection conn = null;
33          PreparedStatement pstmt = null;
34          ResultSet rs = null;
35          List<String> accountList = null;
36          try {
37              conn = getConnection();

38

39              pstmt = conn.prepareStatement( "select * from bank" );
40              rs = pstmt.executeQuery();

41

42              accountList = new ArrayList<String>();

43

44              while (rs.next()) {
45                  String account = new String(rs.getString( "account" )+" "
46                      + rs.getString( "bank" )+" "+rs.getString( "name" ));
47                  accountList.add(account);
48              }
49          }catch(Exception ex) {
50              ex.printStackTrace();
51          } finally {
52              if (pstmt != null)
53                  try { pstmt.close(); } catch(SQLException ex) {}
54              if (conn != null)
```

```java
55            try { conn.close(); } catch(SQLException ex) {}
56        }
57      return accountList;
58   }
59
60   //구매 테이블인 buy에 구매목록 등록
61   public void insertBuy( List<CartDataBean> lists,
62              String id, String account, String deliveryName, String deliveryTel,
63              String deliveryAddress) throws Exception {
64      Connection conn = null;
65      PreparedStatement pstmt = null;
66      ResultSet rs = null;
67      Timestamp reg_date = null;
68      String sql = "";
69      String maxDate =" ";
70      String number = "";
71      String todayDate = "";
72      String compareDate = "";
73      long buyId = 0;
74      short nowCount ;
75      try {
76         conn = getConnection();
77         reg_date = new Timestamp(System.currentTimeMillis());
78         todayDate = reg_date.toString();
79         compareDate = todayDate.substring(0, 4) + todayDate.substring(5, 7) +
todayDate.substring(8, 10);
80
81         pstmt = conn.prepareStatement( "select max(buy_id) from buy" );
82
83         rs = pstmt.executeQuery();
84         rs.next();
85         if (rs.getLong(1) > 0){
86           Long val = new Long(rs.getLong(1));
87            maxDate = val.toString().substring(0, 8);
88            number =  val.toString().substring(8);
89            if(compareDate.equals(maxDate)){
```

```java
90          if((Integer.parseInt(number)+1) 〈10000)
91            buyId = Long.parseLong(maxDate + (Integer.parseInt(number)+1+10000));
92          else
93            buyId = Long.parseLong(maxDate + (Integer.parseInt(number)+1));
94        }else{
95          compareDate += "00001";
96          buyId = Long.parseLong(compareDate);
97        }
98      }else {
99        compareDate += "00001";
100       buyId = Long.parseLong(compareDate);
101     }
102     //103~151라인까지 하나의 트랜잭션으로 처리
103     conn.setAutoCommit(false);
104     for(int i=0; i〈lists.size();i++){
105         //해당 아이디에 대한 cart테이블 레코드를을 가져온후 buy테이블에 추가
106         CartDataBean cart = lists.get(i);
107
108         sql = "insert into buy (buy_id,buyer,book_id,book_title,buy_price,buy_count,";
109         sql += "book_image,buy_date,account,deliveryName,deliveryTel,deliveryAddress)";
110         sql += " values (?,?,?,?,?,?,?,?,?,?,?,?)";
111         pstmt = conn.prepareStatement(sql);
112
113         pstmt.setLong(1, buyId);
114         pstmt.setString(2, id);
115         pstmt.setInt(3, cart.getBook_id());
116         pstmt.setString(4, cart.getBook_title());
117         pstmt.setInt(5, cart.getBuy_price());
118         pstmt.setByte(6, cart.getBuy_count());
119         pstmt.setString(7, cart.getBook_image());
120         pstmt.setTimestamp(8, reg_date);
121         pstmt.setString(9, account);
122         pstmt.setString(10, deliveryName);
123         pstmt.setString(11, deliveryTel);
124         pstmt.setString(12, deliveryAddress);
125         pstmt.executeUpdate();
```

```
126
127         //상품이 구매되었으므로 book테이블의 상품수량을 재조정함
128         pstmt = conn.prepareStatement(
129                     "select book_count from book where book_id=?" );
130         pstmt.setInt(1, cart.getBook_id());
131         rs = pstmt.executeQuery();
132         rs.next();
133
134         nowCount = (short)(rs.getShort(1) - cart.getBuy_count());
135
136         sql = "update book set book_count=? where book_id=?";
137         pstmt = conn.prepareStatement(sql);
138
139         pstmt.setShort(1, nowCount);
140         pstmt.setInt(2, cart.getBook_id());
141
142         pstmt.executeUpdate();
143       }
144
145     pstmt = conn.prepareStatement(
146       "delete from cart where buyer=?" );
147     pstmt.setString(1, id);
148
149     pstmt.executeUpdate();
150
151     conn.commit();
152     conn.setAutoCommit(true);
153   }catch(Exception ex) {
154     ex.printStackTrace();
155   } finally {
156     if (pstmt != null)
157         try { pstmt.close(); } catch(SQLException ex) {}
158     if (conn != null)
159         try { conn.close(); } catch(SQLException ex) {}
160   }
161 }
```

```java
//id에 해당하는 buy테이블의 레코드수를 얻어내는 메소드
public int getListCount(String id)
throws Exception {
    Connection conn = null;
    PreparedStatement pstmt = null;
    ResultSet rs = null;

    int x=0;

    try {
        conn = getConnection();

        pstmt = conn.prepareStatement(
            "select count(*) from buy where buyer=?" );
        pstmt.setString(1, id);
        rs = pstmt.executeQuery();

        if (rs.next()) {
            x= rs.getInt(1);
        }
    } catch(Exception ex) {
        ex.printStackTrace();
    } finally {
        if (rs != null)
            try { rs.close(); } catch(SQLException ex) {}
        if (pstmt != null)
            try { pstmt.close(); } catch(SQLException ex) {}
        if (conn != null)
            try { conn.close(); } catch(SQLException ex) {}
    }
    return x;
}

//buy테이블의 전체 레코드수를 얻어내는 메소드
public int getListCount()
```

```java
198    throws Exception {
199        Connection conn = null;
200        PreparedStatement pstmt = null;
201        ResultSet rs = null;
202
203        int x=0;
204
205        try {
206            conn = getConnection();
207
208            pstmt = conn.prepareStatement(
209                        "select count(*) from buy");
210            rs = pstmt.executeQuery();
211
212            if (rs.next()) {
213                x= rs.getInt(1);
214            }
215        } catch(Exception ex) {
216            ex.printStackTrace();
217        } finally {
218            if (rs != null)
219                try { rs.close(); } catch(SQLException ex) {}
220            if (pstmt != null)
221                try { pstmt.close(); } catch(SQLException ex) {}
222            if (conn != null)
223                try { conn.close(); } catch(SQLException ex) {}
224        }
225        return x;
226    }
227
228    //id에 해당하는 buy테이블의 구매목록을 얻어내는 메소드
229    public List<BuyDataBean> getBuyList(String id)
230    throws Exception {
231        Connection conn = null;
232        PreparedStatement pstmt = null;
233        ResultSet rs = null;
```

```java
234        BuyDataBean buy=null;
235        String sql = "";
236        List<BuyDataBean> lists = null;
237
238        try {
239          conn = getConnection();
240
241          sql = "select * from buy where buyer = ?";
242          pstmt = conn.prepareStatement(sql);
243
244          pstmt.setString(1, id);
245          rs = pstmt.executeQuery();
246
247          lists = new ArrayList<BuyDataBean>();
248
249          while (rs.next()) {
250              buy = new BuyDataBean();
251
252              buy.setBuy_id(rs.getLong("buy_id"));
253              buy.setBook_id(rs.getInt("book_id"));
254              buy.setBook_title(rs.getString("book_title"));
255              buy.setBuy_price(rs.getInt("buy_price"));
256              buy.setBuy_count(rs.getByte("buy_count"));
257              buy.setBook_image(rs.getString("book_image"));
258              buy.setSanction(rs.getString("sanction"));
259
260              lists.add(buy);
261          }
262        }catch(Exception ex) {
263          ex.printStackTrace();
264        }finally {
265          if (rs != null)
266              try { rs.close(); } catch(SQLException ex) {}
267          if (pstmt != null)
268              try { pstmt.close(); } catch(SQLException ex) {}
269          if (conn != null)
```

```java
270                try { conn.close(); } catch(SQLException ex) {}
271        }
272     return lists;
273  }
274

275  //buy테이블의 전체 목록을 얻어내는 메소드
276  public List〈BuyDataBean〉 getBuyList()
277  throws Exception {
278     Connection conn = null;
279     PreparedStatement pstmt = null;
280     ResultSet rs = null;
281     BuyDataBean buy=null;
282     String sql = "";
283     List〈BuyDataBean〉 lists = null;
284
285     try {
286        conn = getConnection();
287
288        sql = "select * from buy";
289        pstmt = conn.prepareStatement(sql);
290        rs = pstmt.executeQuery();
291
292        lists = new ArrayList〈BuyDataBean〉();
293
294        while (rs.next()) {
295             buy = new BuyDataBean();
296
297             buy.setBuy_id(rs.getLong("buy_id"));
298             buy.setBuyer(rs.getString("buyer"));
299             buy.setBook_id(rs.getInt("book_id"));
300             buy.setBook_title(rs.getString("book_title"));
301             buy.setBuy_price(rs.getInt("buy_price"));
302             buy.setBuy_count(rs.getByte("buy_count"));
303             buy.setBook_image(rs.getString("book_image"));
304             buy.setBuy_date(rs.getTimestamp("buy_date"));
305             buy.setAccount(rs.getString("account"));
```

```
306            buy.setDeliveryName(rs.getString("deliveryName"));
307            buy.setDeliveryTel(rs.getString("deliveryTel"));
308            buy.setDeliveryAddress(rs.getString("deliveryAddress"));
309            buy.setSanction(rs.getString("sanction"));
310
311            lists.add(buy);
312          }
313       }catch(Exception ex) {
314          ex.printStackTrace();
315       }finally {
316          if (rs != null)
317             try { rs.close(); } catch(SQLException ex) {}
318          if (pstmt != null)
319             try { pstmt.close(); } catch(SQLException ex) {}
320          if (conn != null)
321             try { conn.close(); } catch(SQLException ex) {}
322       }
323       return lists;
324    }
325 }
```

소스 코드 설명

31~58 getAccount() 메소드는 bank 테이블에 있는 전체 레코드를 얻어내는 메소드이다. buyForm.jsp 페이지에서 사용한다.

61~161 insertBuy(Vector lists,String id, String account, String deliveryName, String deliveryTel,String deliveryAddress) 메소드는 구매 테이블인 buy에 구매목록을 등록한다. buyPro.jsp 페이지에서 접근한다.

85~101 구매번호를 계산하는 부분이다. 103~151라인까지 하나의 트랜잭션으로 처리하는 부분으로, 103라인에서 conn.setAutoCommit(false)로 설정하면 오토커밋이 이루어지지 않아서 151라인의 conn.commit();을 만날 때까지 하나의 트랜잭션으로 처리된다.

105~143 해당 아이디에 대한 cart 테이블 레코드를 가져온 후 buy 테이블에 추가한다.

134~142 상품이 구매되었으므로 book 테이블의 상품 수량을 재조정하는 부분이다.

164~194 getListCount(String id) 메소드는 id에 해당하는 buy 테이블의 레코드 수를 얻어내는 메소드이다. buyList.jsp 페이지이다.

197~226 getListCount( ) 메소드는 buy 테이블의 전체 레코드 수를 얻어내는 메소드로 orderedList.jsp 페이지에서 사용한다.

229~273 getBuyList(String id) 메소드는 id에 해당하는 buy 테이블의 구매목록을 얻어내는 메소드이다. buyList.jsp 페이지이다.

276~324 getBuyList( ) 메소드는 buy 테이블의 전체 목록을 얻어내는 메소드이다. 관리자 영역의 구매관리 영역인 orderedList.jsp 페이지에서 사용한다.

❺ 구매 관련 페이지 작성

장바구니에서 [구매하기] 버튼을 눌러 구매 폼이 표시되면 구매 및 배송에 관한 정보를 입력한다. 구매처리 페이지가 처리되면 사용자 영역의 구매목록에 구매된 상품목록이 표시된다.

실습 | 구매 관련 페이지 작성

구매 폼인 buyForm.jsp 페이지와 구매목록에 추가하는 작업을 처리하는 buyPro.jsp 페이지를 작성한다. 또한 구매된 목록을 확인하기 위해 buyList.jsp 페이지도 작성한다.

실행 결과는 다음과 같다.

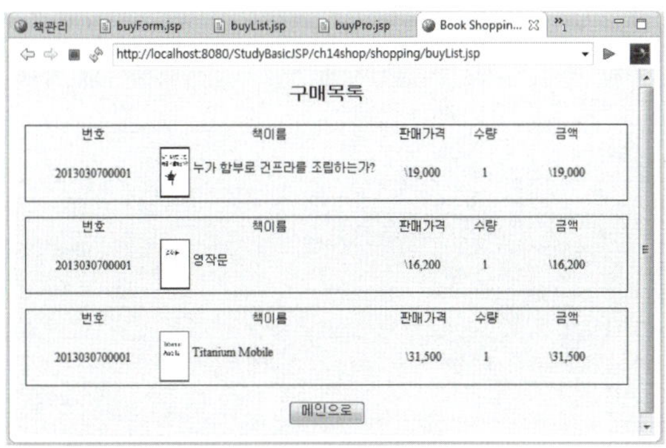

▲ buyList.jsp 페이지의 실행 결과

작성파일의 정보는 다음과 같다.

구매 폼 페이지 buyForm.jsp

작성파일명	buyForm.jsp
작성위치	StudyBasicJSP/WebContent/ch14shop/shopping
부록CD에서의 제공위치	source/ch14shop/shopping

구매목록에 추가하는 작업을 처리하는 페이지 buyPro.jsp

작성파일명	buyPro.jsp
작성위치	StudyBasicJSP/WebContent/ch14shop/shopping
부록CD에서의 제공위치	source/ch14shop/shopping

구매된 목록을 확인하는 페이지 buyList.jsp

작성파일명	buyList.jsp
작성위치	StudyBasicJSP/WebContent/ch14shop/shopping
부록CD에서의 제공위치	source/ch14shop/shopping

01 buyForm.jsp 페이지의 작성은 [ch14shop]-[shopping] 폴더에 한다. 완성된 소스는 다음과 같다.

소스 코드 설명

만일 이미지가 표시되지 않는 경우 63라인의 코드를 다음과 같이 변경한다.

```
63    <img src="/StudyBasicJSP/imageFile/<%=cartList.getBook_image()%>"
```

```
01    <%@ page language="java" contentType="text/html; charset=UTF-8"
02       pageEncoding="UTF-8"%>
```

```jsp
03    <%@ page import = "ch14.bookshop.shopping.CartDataBean" %>
04    <%@ page import = "ch14.bookshop.shopping.CartDBBean" %>
05    <%@ page import = "ch14.bookshop.shopping.CustomerDataBean" %>
06    <%@ page import = "ch14.bookshop.shopping.CustomerDBBean" %>
07    <%@ page import = "ch14.bookshop.shopping.BuyDBBean" %>
08    <%@ page import = "java.util.List" %>
09    <%@ page import = "java.text.NumberFormat" %>
10
11    <%@ include file="../etc/color.jspf"%>
12
13    <%
14      String book_kind = request.getParameter("book_kind");
15      String buyer = (String)session.getAttribute("id");
16    %>
17
18    <html>
19    <head>
20    <title>Book Shopping Mall</title>
21    <link href="../etc/style.css" rel="stylesheet" type="text/css">
22    </head>
23    <body bgcolor="<%=bodyback_c%>">
24    <%
25    List<CartDataBean> cartLists = null;
26    List<String> accountLists = null;
27    CartDataBean cartList = null;
28    CustomerDataBean member= null;
29    int number = 0;
30    int total = 0;
31
32    if(session.getAttribute("id")==null){
33      response.sendRedirect("shopMain.jsp");
34    }else{
35      CartDBBean bookProcess = CartDBBean.getInstance();
36      cartLists = bookProcess.getCart(buyer);
37
38      CustomerDBBean memberProcess = CustomerDBBean.getInstance();
```

```jsp
39        member = memberProcess.getMember(buyer);
40
41     BuyDBBean buyProcess = BuyDBBean.getInstance();
42     accountLists = buyProcess.getAccount();
43  %>
44   <h3> <b>구매목록</b> </h3>
45
46   <form name="inform" method="post" action="updateCart.jsp">
47   <table>
48    <tr>
49     <td width="50   ">번호</td>
50     <td width="300">책이름</td>
51     <td width="100">판매가격</td>
52     <td width="150">수량</td>
53     <td width="150">금액</td>
54    </tr>
55  <%
56   for(int i=0;i<cartLists.size();i++){
57     cartList = cartLists.get(i);
58  %>
59
60    <tr>
61     <td width="50"> <%=++number %> </td>
62     <td width="300" align="left">
63      <img src="../../imageFile/<%=cartList.getBook_image()%>"
64       border="0" width="30" height="50" align="middle">
65       <%=cartList.getBook_title()%>
66     </td>
67     <td
width="100"> <%=NumberFormat.getInstance().format(cartList.getBuy_price())%> </td>
68     <td width="150"> <%=cartList.getBuy_count()%> </td>
69     <td width="150">
70       <%total += cartList.getBuy_count()*cartList.getBuy_price();%>
71       <%=NumberFormat.getInstance().format(cartList.getBuy_count()*cartList.getBuy
_price()) %>
72     </td>
```

```
73      </tr>
74    <%
75      }
76    %>
77      <tr>
78      <td colspan="5" align="right"> <b>총구매금액 :
<%=NumberFormat.getInstance().format(total)%> </b> </td>
79      </tr>
80    </table>
81    </form>
82    <%}
83    %>
84    <br>
85    <form method="post" action="buyPro.jsp" name="buyinput">
86    <table>
87      <tr>
88      <td  colspan="2"> <font size="+1" > <b>주문자 정보</b> </font> </td>
89      </tr>
90      <tr>
91      <td  width="200" align="left">성명</td>
92      <td  width="400" align="left"> <%=member.getName()%> </td>
93      </tr>
94      <tr>
95      <td  width="200" align="left">전화번호</td>
96      <td  width="400" align="left"> <%=member.getTel()%> </td>
97      </tr>
98      <tr>
99      <td  width="200" align="left">주소</td>
100     <td  width="400" align="left"> <%=member.getAddress()%> </td>
101     </tr>
102     <tr>
103      <td  width="200" align="left">결제계좌</td>
104      <td  width="400" align="left">
105       <select name="account">
106        <%
107          for(int i=0;i<accountLists.size();i++){
```

```
108            String accountList = accountLists.get(i);
109        %>
110            <option value="<%=accountList %>"> <%=accountList %> </option>
111        <%}%>
112      </select>
113    </td>
114  </tr>
115  </table>
116  <br>
117
118  <table>
119  <tr>
120  <td  colspan="2" align="center"> <font size="+1" > <b> 배송지 정보</b> </font> </td>
121  </tr>
122  <tr>
123    <td  width="200" align="left"> 성명 </td>
124    <td  width="400" align="left">
125      <input type="text" name="deliveryName" value="<%=member.getName()%>">
126    </td>
127  </tr>
128  <tr>
129    <td  width="200" align="left"> 전화번호 </td>
130    <td  width="400" align="left">
131      <input type="text" name="deliveryTel" value="<%=member.getTel()%>">
132    </td>
133  </tr>
134  <tr>
135    <td  width="200" align="left"> 주소 </td>
136    <td  width="400" align="left">
137  <input type="text" name="deliveryAddess" value="<%=member.getAddress()%>">
138    </td>
139  </tr>
140  <tr>
141    <td colspan="2" align="center" bgcolor="<%=value_c%>">
142      <input type="submit" value="확인" >
143      <input type="button" value="취소"
```

```
144          onclick="javascript:window.location='shopMain.jsp'">
145     &lt;/td&gt;
146    &lt;/tr&gt;
147   &lt;/table&gt;
148   &lt;/form&gt;
149  &lt;/body&gt;
150  &lt;/html&gt;
```

02 buyPro.jsp 페이지의 작성은 [ch14shop]–[shopping] 폴더를 선택해서 한다. 완성된
소스는 다음과 같다.

```
01  <%@ page language="java" contentType="text/html; charset=UTF-8"
02     pageEncoding="UTF-8"%>
03  <%@ page import = "ch14.bookshop.shopping.CartDataBean" %>
04  <%@ page import = "ch14.bookshop.shopping.CartDBBean" %>
05  <%@ page import = "ch14.bookshop.shopping.BuyDBBean" %>
06  <%@ page import = "ch14.bookshop.master.ShopBookDBBean" %>
07  <%@ page import = "java.util.List" %>
08  <%@ page import = "java.sql.Timestamp" %>
09
10  <% request.setCharacterEncoding("utf-8");%>
11  <%
12    String account = request.getParameter("account");
13    String deliveryName = request.getParameter("deliveryName");
14    String deliveryTel = request.getParameter("deliveryTel");
15    String deliveryAddess = request.getParameter("deliveryAddess");
16    String buyer = (String)session.getAttribute("id");
17
18    CartDBBean cartProcess = CartDBBean.getInstance();
19    List<CartDataBean> cartLists = cartProcess.getCart(buyer);
20
21    BuyDBBean buyProcess = BuyDBBean.getInstance();
22
```

```
23      buyProcess.insertBuy(cartLists,buyer,account,
24              deliveryName, deliveryTel, deliveryAddess);
25
26      response.sendRedirect("buyList.jsp");
27  %>
```

03 buyList.jsp 페이지의 작성은 [ch14shop]-[shopping] 폴더를 선택해서 한다. 완성된
소스는 다음과 같다.

소스 코드 설명

만일 이미지가 표시되지 않는 경우 72라인의 코드를 다음과 같이 변경한다.

```
72  <img src="/StudyBasicJSP/imageFile/<%=buyList.getBook_image()%>"
```

```
01  <%@ page language="java" contentType="text/html; charset=UTF-8"
02    pageEncoding="UTF-8"%>
03  <%@ page import = "ch14.bookshop.shopping.BuyDataBean" %>
04  <%@ page import = "ch14.bookshop.shopping.BuyDBBean" %>
05  <%@ page import = "java.util.List" %>
06  <%@ page import = "java.text.NumberFormat" %>
07
08  <%@ include file="../etc/color.jspf"%>
09
10  <%
11    String buyer = (String)session.getAttribute("id");
12  %>
13  <html>
14  <head>
15  <title>Book Shopping Mall</title>
16  <link href="../etc/style.css" rel="stylesheet" type="text/css">
17  </head>
```

```jsp
18  <body bgcolor=" <%=bodyback_c%>">
19  <%
20  List<BuyDataBean> buyLists = null;
21  BuyDataBean buyList = null;
22  int count = 0;
23  int number = 0;
24  int total = 0;
25  long compareId=0;
26  long preId=0;
27
28  if(session.getAttribute("id")==null){
29    response.sendRedirect("shopMain.jsp");
30  }else{
31    BuyDBBean buyProcess = BuyDBBean.getInstance();
32    count = buyProcess.getListCount(buyer);
33
34    if(count == 0){
35  %>
36    <h3><b>구매목록</b></h3>
37
38    <table>
39      <tr><td align="center">구매목록이 없습니다.</td></tr>
40    </table>
41      <input type="button" value="메인으로"
42        onclick="javascript:window.location=' shopMain.jsp'">
43  <%
44    }else{
45    buyLists = buyProcess.getBuyList(buyer);
46  %>
47    <h3><b>구매목록</b></h3>
48    <table><tr><td>
49  <%
50    for(int i=0;i<buyLists.size();i++){
51      buyList = buyLists.get(i);
52
53      if(i<buyLists.size()-1){
```

```jsp
54        BuyDataBean compare = buyLists.get(i+1);
55        compareId = compare.getBuy_id();
56
57        BuyDataBean pre = buyLists.get(buyLists.size()-2);
58        preId = pre.getBuy_id();
59      }
60 %>
61   <table>
62     <tr>
63       <td width="150">번호</td>
64       <td width="300">책이름</td>
65       <td width="100">판매가격</td>
66       <td width="50">수량</td>
67       <td width="150">금액</td>
68     </tr>
69     <tr>
70       <td align="center" width="150"><%=buyList.getBuy_id()%></td>
71       <td width="300" align="left">
72         <img src="../../imageFile/<%=buyList.getBook_image()%>"
73           border="0" width="30" height="50" align="middle">
74         <%=buyList.getBook_title()%>
75       </td>
76       <td width="100"
>\<%=NumberFormat.getInstance().format(buyList.getBuy_price())%></td>
77       <td width="50"><%=buyList.getBuy_count()%></td>
78       <td width="150">
79         <%total += buyList.getBuy_count()*buyList.getBuy_price();%>
80         \<%=NumberFormat.getInstance().format(buyList.getBuy_count()*buyList.getBuy_
price()) %>
81       </td>
82     </tr>
83 <%
84   if( buyList.getBuy_id() != compareId ||
85     (i == buyLists.size()-1) && preId != buyList.getBuy_id() ) {
86 %>
87     <tr>
```

```
88      <td colspan="5" align="right">
89         <b>총 금액 : \<%=NumberFormat.getInstance().format(total)%></b></td>
90      </tr></table>
91  <%
92      compareId = buyList.getBuy_id();
93      total = 0;
94    }else{
95  %>
96    </td></tr></table><br>
97  <%
98      }
99    }
100 %>
101 <input type="button" value="메인으로"
102   onclick="javascript:window.location=' shopMain.jsp' ">
103 <%
104   }
105 }
106 %>
107 </body>
108 </html>
```

04 logout.jsp 페이지의 수정이 끝나면 shopMain.jsp 파일을 실행한다

05 쇼핑몰 메인 화면이 표시되면 위쪽에 있는 [장바구니 보기] 링크를 클릭하면 장바구니
가 표시된다. 여기서 [구매하기] 버튼을 클릭한다.

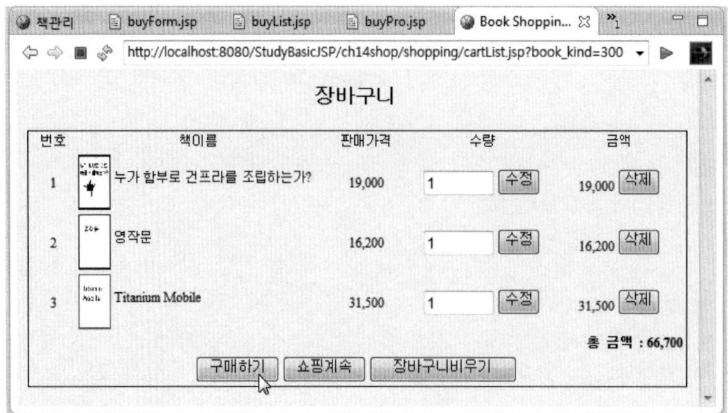

▲ 장바구니 cartList.jsp

구매 폼에서 주문자 정보와 배송지 정보 등을 수정할 부분은 수정 후 [확인] 버튼을 클릭한다.

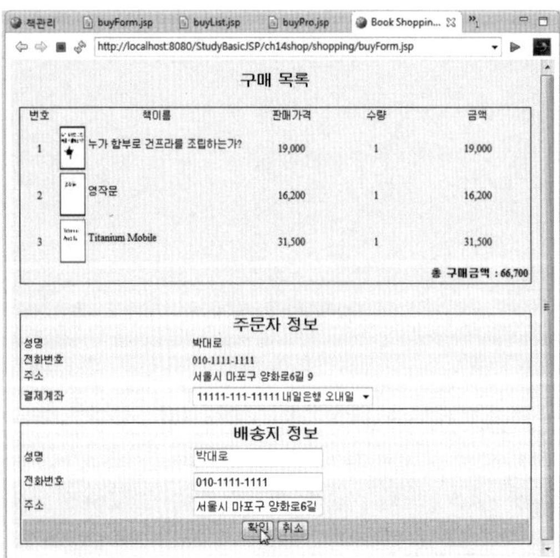

▲ 구매 폼 buyForm.jsp

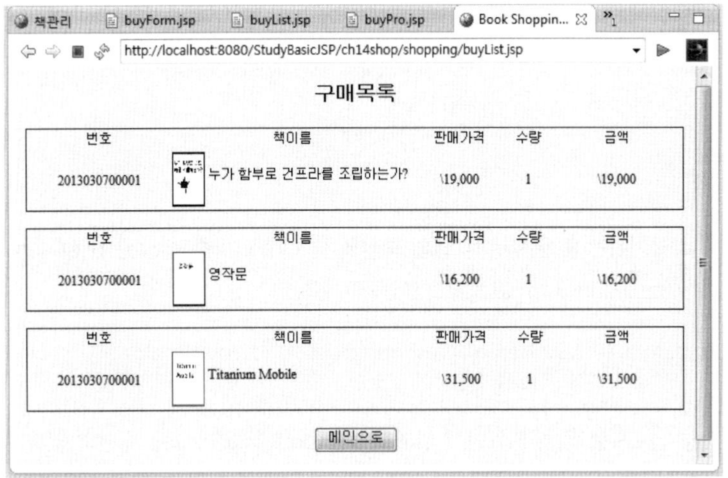

▲ 구매목록 buyList.jsp

01 파일 업로드

- 파일 업로드를 위한 폼은 form 태그의 속성들 중 method 속의 값은 "post", enctype 속성의 값은 "multipart/form-data"로 지정해야 한다.

```
<form name="formName" method="post" enctype="multipart/form-data">
```

- 또한 파일 업로드를 위해 입력받기 위해서는 <input> 태그의 type 속성의 값을 "file"로 지정한다.

```
<input type="file" name="selectfile">
```

- 파일을 업로드하거나 폼 데이터를 분석하는 컴포넌트인 cos.jar 파일은 http://www.servlets.com 사이트에서 다운로드 받아서 사용한다.

02 쇼핑몰 구축하기

쇼핑몰은 관리자 영역과 사용자 영역이 나뉘며, 각각 그에 맞는 필요한 작업을 수행한다. 쇼핑몰의 기본 구조는 다음과 같다.

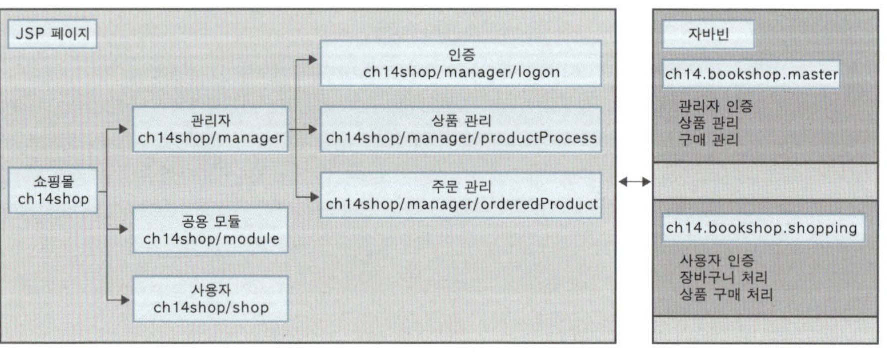

은노기의 JSP 웹 프로그래밍 입문

4th Edition

발 행 일	초판 1쇄 발행 2013년 10월 5일
	초판 10쇄 발행 2022년 5월 25일
지 은 이	김은옥
발 행 인	신재석
발 행 처	(주)삼양미디어
주 소	서울시 마포구 양화로 6길 9-28
전 화	02) 335-3030
팩 스	02) 335-2070
등록번호	제 10-2285호
	Copyright ⓒ 2013. samyangmedia
홈페이지	www.samyangM.com
I S B N	978-89-5897-278-5(13560)
정 가	28,000원

삼양미디어는 이 책에 대한 독점권을 가지고 있습니다.
따라서 삼양미디어의 서면 동의 없이는 누구도 이 책의
전체 또는 일부를 어떤 형태로도 사용할 수 없습니다.
이 책에 등장하는 제품명은 각 개발 회사의 상표 또는 등록상표입니다.
잘못된 책은 바꾸어 드립니다.